U0415668

物联网安全与隐私保护

——模型、算法和实现

Security and Privacy in Internet of Things (IoTs): Models、Algorithms and Implementations

［美］胡 飞 主编

赵 越 郭 绮 译

国防工业出版社

·北京·

著作权合同登记　图字：军-2021-007 号

图书在版编目（CIP）数据

物联网安全与隐私保护：模型、算法和实现/（美）胡飞（Hu Fei）主编；赵越，郭绮译. —北京：国防工业出版社，2022.12

书名原文：Security and Privacy in Internet of Things (IoTs): Models、Algorithms and Implementations

ISBN 978-7-118-12599-3

Ⅰ. ①物…　Ⅱ. ①胡…　②赵…　③郭…　Ⅲ. ①物联网－安全技术②计算机网络－隐私权－安全技术　Ⅳ.①TP393.4 ②TP18③TP393.08

中国版本图书馆 CIP 数据核字（2022）第 194810 号

Security and Privacy in Internet of Things (IoTs) by Fei Hu

ISBN-13: 978-1498723183

※

国防工业出版社出版发行

（北京市海淀区紫竹院南路 23 号　邮政编码 100048）

北京虎彩文化传播有限公司印刷

新华书店经售

*

开本 710×1000　1/16　**印张** 29½　**字数** 590 千字

2022 年 12 月第 1 版第 1 次印刷　**印数** 1—1500 册　**定价** 258.00 元

（本书如有印装错误，我社负责调换）

国防书店：（010）88540777　书店传真：（010）88540776

发行业务：（010）88540717　发行传真：（010）88540762

译 者 序

物联网是通信网和互联网的拓展应用和网络延伸，它利用感知技术与智能装置对物理世界进行感知识别，通过网络传输互联，进行计算、处理和信息挖掘，实现人与物、物与物信息交互和无缝链接，帮助实现对物理世界的实时控制、精确管理和科学决策。

任何事物都有其两面性，当人们在享受物联网技术给生活带来便利的同时，却往往忽视了其背后的安全隐患。近年来，频繁发生的物联网安全事件表明，随着物联网和行业应用的充分融合发展，物联网安全问题很可能对国家基础设施、社会和个人安全构成新的威胁。例如：2019 年 1 月，沃尔玛和百思买等大型零售商送检的 12 种不同的物联网设备均发现安全问题，包括缺少数据加密和缺少加密证书验证，这次安全“体检”为整个物联网行业敲响了警钟；2020 年 6 月，全球最大的信号灯控制器制造巨头 SWARCO 被报道存在严重漏洞，黑客可以利用这个漏洞破坏交通信号灯，造成交通瘫痪，甚至引发交通事故；2021 年 3 月，物联网巨头 Sierra Wireless 无线设备制造公司遭勒索软件攻击，迫使其停止了所有工厂的正常生产的工作。

物联网是对传统网络的继承和发展，其不可避免地也继承了传统网络的安全特征，当前互联网面临的病毒、恶意代码、数据窃取、拒绝服务攻击、身份假冒等安全风险在物联网中依然存在。因此，物联网安全目标也是要达到信息的保密性、完整性、可用性、可控性、不可否认性以及可追究性等。从物联网的信息处理过程来看，感知信息经过采集、汇聚、融合、传输、决策与控制等过程，整个信息处理的过程体现了物联网安全的特征与要求与传统网络安全的一致性。另外，由于物联网还具备泛在性、智能化和实时性等特征，其在信息安全方面还具备一些新特征，主要体现在隐私保护、轻量级需求、易受攻击性、复杂性等方面。

《物联网安全与隐私保护——模型、算法和实现》一书集结了世界顶级物联网安全专家，就物联网安全的不同方面分享他们的知识与经验。本书回答了“如何使用高效的算法、模型和实现来解决机密性、认证、完整性和可用性这 4 个物联网安全的重要方面？”的问题。

本书由 5 个部分组成，内容涵盖威胁与攻击、隐私保护、信任与认证、数据安全，以及社会认知。本书覆盖面广，几乎覆盖了所有类型的物联网威胁与攻击，深入阐述了应对这些攻击的对策，给出了恶意软件传播和女巫攻击等一些特定攻击的详细描述；本书论证严谨，全面描述了物联网基础设施中的各类信任模型，深入讨论了物联网数据的访问控制，并提供了针对物联网认证问题的一项调查；本书选材精良，选择了基于物联网的医疗数据产生、流通、存储、利用等各环节的隐私保护方法，还以智能楼宇为例论述了隐私保护解决方案；本书内容新颖，关注了物联网数据计算中的安全问题，详细介绍了物联网数据处理的计算安全问题、时序数据聚合安全策略、数据传输密钥生成方法等内容；此外，本书还充分介绍了基于社会背景的物联网平台隐私与信任设计方法，以及物联网中基于策略的知情同意等内容。

本书从理论、技术和应用等不同角度切入，为学术界与产业界的研究者提供了物联网技术最具创新性、最有意义的研究成果。这些宝贵的研究成果将会促进我国物联网安全技术体制与标准规范的完善，推动国家信息化基础设施、物联网应用安全产品的成熟与应用，解决我国应对物联网安全威胁和适应物联网新技术发展所面临的急迫问题。相信本译著的出版会有助于提升我国物联网安全领域的研究与技术水准，成为国内科研人员、工程技术人员研究网络安全协议的经典读物。

本书的翻译得到了国家自然科学基金项目（项目编号：U20B2049）和四川省重点研发计划项目（项目编号：2020YFG0292）的资助，以及保密通信国家级重点实验室祝世雄研究员、田波研究员的悉心指导和殷切关怀，国防工业出版社崔云老师、王晓光老师也对本书的翻译非常重视，对书稿进行了仔细审校并提供宝贵的修改建议。没有他们的辛勤的付出，本书的中文译本是无法顺利完成的，在此表示衷心的感谢。

原著主编胡飞是美国阿拉巴马大学电子与计算工程学院教授、博士生导师。在翻译的过程中，译者常常为原著者严谨的治学态度及书中博大精深的内容赞叹不已。原著综合了诸多物联网安全与隐私的最新研究成果，在翻译过程中虽然力求准确地反映该著作内容，但由于译者水平有限，翻译中如有错漏之处，恳请读者批评指正。

赵越　郭绮

2022 年 1 月于成都新少城

前　言

学术界和工业界均对物联网（IoT）投注了浓厚的兴趣。IoT 集成了射频识别（RFID）、传感器、智能设备、互联网、智能电网、云计算、汽车网络和其他多种信息载体。高盛集团曾预测，到 2020 年，IoT 会向互联网引入超过 280 亿“事物”。典型“事物”包括最终用户、数据中心、处理单元、智能手机、平板电脑、蓝牙、ZigBee、irDA、UWB、蜂窝网络、Wi-Fi 网络、近场通信（NFC）数据中心、RFID 及其标签、传感器和芯片、家用机械、手表、汽车、房门，以及很多其他网络单元。随着纳米设备、智能手机、5G、微型传感器和分布式网络的发展，IoT 可以随时随地结合“现实与虚拟”，受到“制造商与黑客”的共同关注。

然而，万物互联也意味着各种不同威胁与攻击能够互联。例如，恶意软件病毒就能通过 IoT 以前所未有的速度轻易扩散。IoT 系统设计的四个方面都可能面临各种威胁与攻击：①数据感知与收集：在这个方面，通常容易发生数据泄露、主权损害和身份验证攻击。②数据存储：可能发生拒绝服务攻击（可用性攻击）、访问控制攻击、完整性攻击、假冒、敏感数据修改等。③数据处理：这个方面可能存在计算攻击，导致产生错误的数据处理结果。④数据传输：可能发生的攻击包括信道攻击、会话劫持、路由攻击、泛洪攻击等。除了衰减、盗窃、丢失、泄露和灾难，数据还可能遭到被黑传感器伪造和修改。

因此，高效防御机制是确保 IoT 安全的关键。为此，美国能源部（DoE）特地指明，作为 IoT 新兴应用领域的智能电网中，抗攻击性是其运营所需 7 个主要属性之一。但问题是，我们如何采用高效的算法、模型和实现，来保障保密性、身份验证、完整性和可用性这 4 个 IoT 安全的重要方面？很明显，由于 IoT 攻击极其复杂，没有哪一套方案能完全覆盖这 4 个方面。

本书中，我们邀请几位全球著名 IoT 安全专家，就 IoT 安全的不同方面分享他们的知识与经验。这些章节无缝衔接，完美融合成覆盖 IoT 安全 4 个方面的完整指南，每一章都有清晰的问题描述与详细的解决方案。书中一百多幅图表也为读者提供了直观的图形化描述，便于读者理解。

通过阅读本书，工业工程师将可深入了解复杂 IoT 系统中的安全与隐私原则，并能基于书中某些章节提供的详细算法推出具体的加密方案。

通过阅读本书，学术研究人员将可了解 IoT 安全领域所有待解决的关键问题，获悉这些研究问题的一些极具前景的解决方案，选出富有挑战性的未解决问题作为自己的研究方向。

通过阅读本书，决策者将可总览 IoT 安全与隐私设计，了解实现健壮云端 IoT 信息收集、计算、传输和共享的必要程序。

研究人员与开发人员均适用本书。我们避免使用太多行话，尽量采用通俗易懂的语言描述含义深广的概念。在很多地方，为了方便读者实现安全测试，我们还提供了逐步数学模型。

总体上，本书包含以下 5 个部分：

第一部分为攻击与威胁；这一部分介绍所有类型的 IoT 攻击与威胁，阐述应对这些攻击的对策原则。而且，我们还给出了女巫（Sybil）攻击、恶意软件传播及其他一些特定攻击的详细描述。

第二部分为隐私保护：隐私总是任何网络应用的首要考虑。IoT 从人们身边的所有“事物”收集数据。太多数据与人类活动相关。例如，生物医学数据就可能包含患者的健康记录。我们怎样在互联网分发共享这些数据的同时保护好人们的隐私？这一部分中，我们将讨论数据传播、参与式感知和室内活动期间的隐私保护问题，还将以智能建筑为例论述隐私保护解决方案。

第三部分为信任与身份验证：信任模型是 IoT 安全设计的关键主题。这一部分将描述 IoT 基础设施中的各类信任模型。IoT 数据访问控制也在讨论之列。此外，这一部分还将提供针对 IoT 身份验证问题的一项调查。

第四部分为 IoT 数据安全：这一部分强调 IoT 数据计算中的安全问题。我们将介绍 IoT 数据处理的计算安全问题、时序数据聚合的安全设计、数据传输密钥生成，以及具体的数据访问安全协议。

第五部分为社会认知：任何安全设计都应考虑策略和人类行为特征。例如，安全方案不能在未经用户同意的情况下安装到真实平台上。很多攻击旨在利用用户行为的漏洞。安全设计会深刻影响 IoT 数据向世界每个角落传播。在这一部分，我们将介绍基于社会背景的 IoT 平台隐私和信任设计，以及 IoT 中基于策略的知情同意。

我们要求每章作者给出待解决问题的详细描述、所提解决方案的动机，以及详尽的算法和实现。我们的目标是让读者全面了解 IoT 系统安全与隐私的各个方面。书中少数章节以概观纵览的风格编写，可供初学者熟悉实现抗攻击 IoT 基础设施的基本原则。

由于时间所限，本书可能留有一些未尽之处。若您有任何改进意见和建议，请联系本书出版商。

Natick, MA 01760-2098 USA
电话：001-508-647-7000
传真：001-508-647-7001
电子邮箱：info@mathworks.com
网站：www.mathworks.com

目　录

第一部分　威胁与攻击

第二部分　隐私保护

第三部分　信任与认证

第四部分 物联网数据安全

第五部分 社会认知

第一部分　威胁与攻击

第1章　物联网即威胁互连（IoT）

1.1 引　言

全世界都做好了享受物联网（IoT）种种益处的准备。从人体传感器到新兴云计算，IoT 无所不包。IoT 由主宰了 IT 世界十几年的几类主要网络组成，例如分布式网络、网格网络、泛在网络和车载网络。从驻车到车辆追踪，从录入患者信息到观察术后，从儿童保育到老人看护，从智能卡到近场卡，传感器在生活中的存在感越来越强。IoT 领域中，传感器也扮演着重要角色。IoT 跨异构网络和不同标准运行，但没有哪个网络能免除安全威胁和漏洞，IoT 的每一层都面临着不同类型的威胁。本章专注实现安全 IoT 通信所需解决和缓解的潜在威胁。

1999 年，美国麻省理工学院（MIT）的 Auto-ID 实验室提出 IoT 概念。2005 年，国际电信联盟（ITU）正式发布 IoT 概念，IoT 应用在中国起步。IoT 可定义为“通过互联网持续提供的数据和设备”。可明确编址的互连事物（物体）和异构网络组成了 IoT。如图 1-1 所示，射频识别（RFID）、传感器、智能技术和纳米技术为 IoT 多种服务提供技术支撑。高盛集团指出，IoT 上有 280 亿个需要关注的“事物”；并补充道，20 世纪 90 年代，固定互联网可以连接 10 亿最终用户，而 21 世纪初，移动互联网能再多连 20 亿最终用户。按这种增长速度，到 2020 年，IoT 会向互联网引入 280 亿之多的“事物”。随着各种事物、传感器、带宽、处理、智能手机和 IPv6 迁移的成本大幅下降，5G 可以比预期更加容易地推进 IoT 采纳。每样“事物”都罩在涵盖所有事物的同一把大伞下。

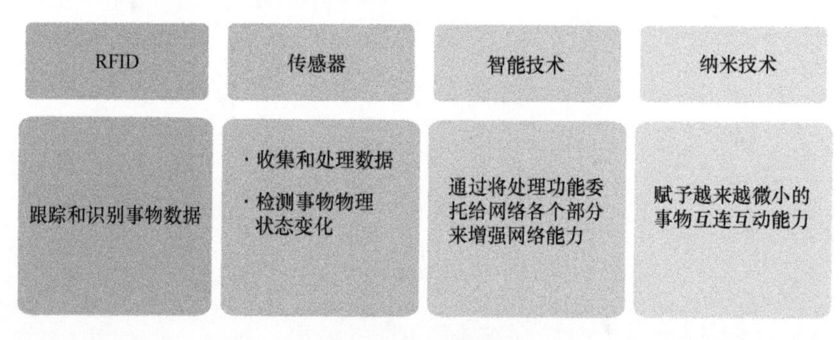

图 1-1　IoT 底层技术

IoT 平等对待一切事务，甚至不区分人和机器。事物包括最终用户、数据中心

（DC）、处理单元、智能手机、平板电脑、蓝牙、ZigBee、红外数据协会（IrDA）、超宽带（UWB）、蜂窝网络、Wi-Fi 网络、近场通信（NFC）数据中心、RFID 及其标签、传感器及芯片、家用设备、手表、车辆和房门；换句话说，IoT 随时随地结合“现实与虚拟”，吸引“制造商与黑客”共同关注。不可避免地，将设备长期置于无人干预的状态可能招致盗窃。仅在包含两个设备的情况下，安全防护都是个重大问题。IoT 融合了如此之多的事物，其防护的复杂性堪称难以想象。

1.2 IoT 系统各个阶段

如图 1-2 所示，从数据收集到数据按需或不按需交付给最终用户，IoT 需要经历 5 个阶段。

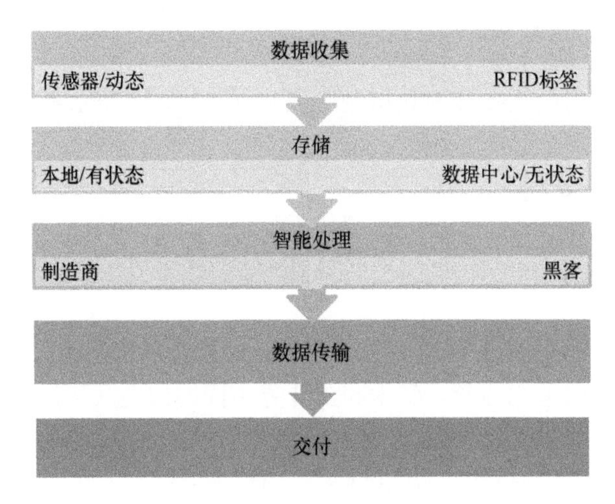

图 1-2 IoT 系统各个阶段

1.2.1 第一阶段：数据收集、获取、感知

无论是远程医疗还是车辆追踪系统，第一步都是从设备或事物收集或获取数据。根据事物的特征采用不同类型的数据收集器。事物可能是静态人体（人体传感器或 RFID 标签）或动态车辆（传感器和芯片）。

1.2.2 第二阶段：存储

第一阶段收集的数据应存储下来。如果事物拥有自己的本地存储器，数据就可以进行本地存储。但通常，IoT 组件自身存储容量很小，处理能力也很弱。云就承担起了存储无状态设备数据的责任。

1.2.3 第三阶段：智能处理

IoT 分析存储在云 DC 的数据，硬实时提供工作和生活所需的智能服务。除了分析和响应查询，IoT 还控制其上事物。在 IoT 上，靴子与机器人并无二致，所有事物均享受同等智能处理与控制服务。

1.2.4 第四阶段：数据传输

每个阶段都会出现数据传输：

（1）从传感器、RFID 标签或芯片传输到 DC；

（2）从 DC 传输到处理单元；

（3）从处理单元传输到控制器、设备或最终用户。

1.2.5 第五阶段：交付

及时向事物交付经过处理的数据是一项必须执行的常规敏感任务，且须保证数据无错和不遭更改。

1.3 物联网攻击方式

随着 IPv6 和 5G 网络的铺开，数以百万计的异构事物将融入 IoT。届时，隐私与安全将成为主要的考虑因素。学术和工业界不同部门会从不同维度解读 IoT；但无论观点如何，IoT 终究尚未步入成熟，仍然容易遭到各种各样的威胁和攻击侵害。由于其连接性，传统网络和互联网采用的预防或恢复系统无法用于 IoT。

变化是唯一不变的东西，最终用户需努力开发适应自身需求的技术。威胁的发展进化导致需纳入考虑的安全措施越来越多。本章从阶段、架构和组件三个维度呈现 IoT 安全问题。图 1-3～图 1-6 显示这 3 个不同视角的所有潜在攻击类型，将 IoT 描绘成威胁互连。

1.3.1 阶段攻击

图 1-3 展示 IoT 的 5 个阶段的各种攻击。数据泄露、主权、违规和身份验证是数据感知阶段存在的主要问题。

1．数据泄露

数据泄露可以是内部的或外部的、故意的或无意的、经授权的或恶意的，可能涉及硬件或软件。将未授权数据或信息导出至非既定目的地址就是数据泄露。企业或机构中不诚实或心怀不满的雇员通常会做出这种事。数据泄露是对可靠性的巨大威胁。云数据从一个租户移往云上其他租户时就冒着巨大的数据泄露风险。可通过数据泄露防护（DLP）降低数据泄露的严重性。

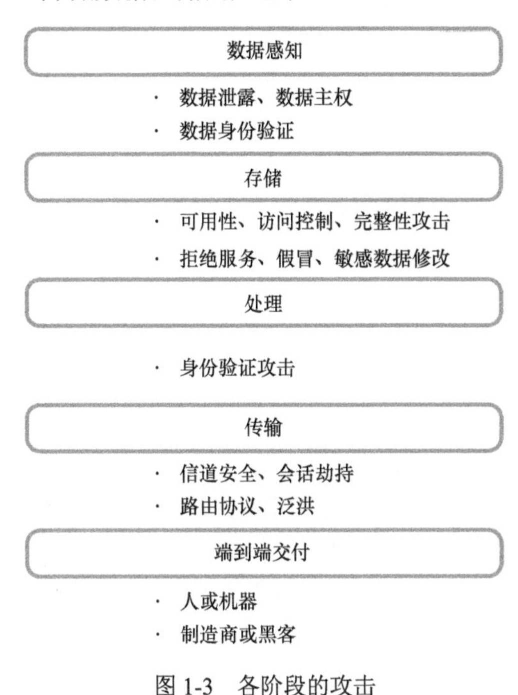

图 1-3　各阶段的攻击

2．数据主权

数据主权意味着以数字形式存储的信息受国家或地区法律的管辖。IoT 囊括全球各地的所有事物，因而受主权辖制。

3．数据丢失

数据丢失与数据泄露的区别在于后者是对雇主或管理人员的一种报复性行为。数据丢失则是硬件或软件故障和自然灾害导致的数据意外丧失。

4．数据身份验证

任何时候都可以从任何设备感知数据。入侵者能够伪造数据。必须要确保感知到的数据仅来自于既定或合法用户。而且，须强制验证数据在传输过程中未遭更改。数据身份验证可提供完整性与原始性。

5．可用性攻击

可用性是提供给既定客户的主要安全特性。分布式拒绝服务（DDoS）是由分散各地的大量攻击者导致的过载状况。但导致既定客户无法访问 DC 的过载状况并非只有 DDoS 一种。下面我们分析致使 DC 被恶意流量冻结的各种过载威胁事件：

（1）攻击者导致的泛洪。

（2）合法用户导致的泛洪（瞬间拥塞）。

（3）欺骗泛洪。

（4）激进合法用户导致的泛洪，具体包括以下几种形式。

① 攻击者导致的泛洪

攻击者构造恶意或不兼容数据包泛洪涌向 DC 就会造成 DDoS。可使用 Matchboard Profiler（假型板分析器）轻松检测此类过载威胁。被检出攻击者特征的用户即在防火墙处加以过滤。

② 合法用户导致的泛洪（瞬间拥塞）

瞬间拥塞是大量合法用户同时请求 DC 资源而导致的一种过载状况。可以通过缓冲过量请求来减少过载状况持续时间，从而使过载状况仅持续一段时间。

③ 欺骗泛洪

此类泛洪由假冒攻击导致，可通过应答每个请求和维护请求序列号及请求者互联网协议（IP）地址加以检测。

④ 激进合法用户导致的泛洪

激进合法用户指的是在短时间内不停发起相同请求的用户。此类用户的行为会导致过载，造成服务器遭受请求泛洪攻击，降低 DC 的效率。由于其合法特征，此类攻击难以检测。可以通过分析数据包之间的间隔时间和退避计时器值来检测这些攻击。

6．敏感数据修改

在从传感器传输到目标节点的过程中，数据可能会遭捕获、修改和转发。无需修改整个数据，仅修改部分消息即可达成目的。

修改有三种形式：①内容修改，即部分信息遭改动；②顺序修改，即数据交付顺序被打乱，导致消息毫无意义；③时间修改，可导致重放攻击。

例如，远程医疗诊断过程中如果心电图（ECG）报告遭更改，患者就可能会失去生的机会。与之类似，如果道路堵塞或事故情况未通知后续车流，可能会导致另一场灾难。

1.3.2 架构攻击

IoT 不止一种架构。不同供应商和应用各有其不同层次。一般情况下可认为 IoT 分为 4 层：最底层是感知层（或传感层），往上依次是网络层、传输层和应用层。图 1-4 描述各个层次及每一层上的潜在威胁。

1．外部攻击

想要充分利用 IoT 的种种益处，就需先解决 IoT 上的安全问题。云服务提供商的可信度是个中关键考虑。企业和机构特意卸载敏感和非敏感数据以获得各种服务。但他们不知道自己的数据会在哪个位置进行处理和存储。服务提供商很有可能与其他人共享这些信息，或者提供商自己就将这些信息用于了恶意目的。

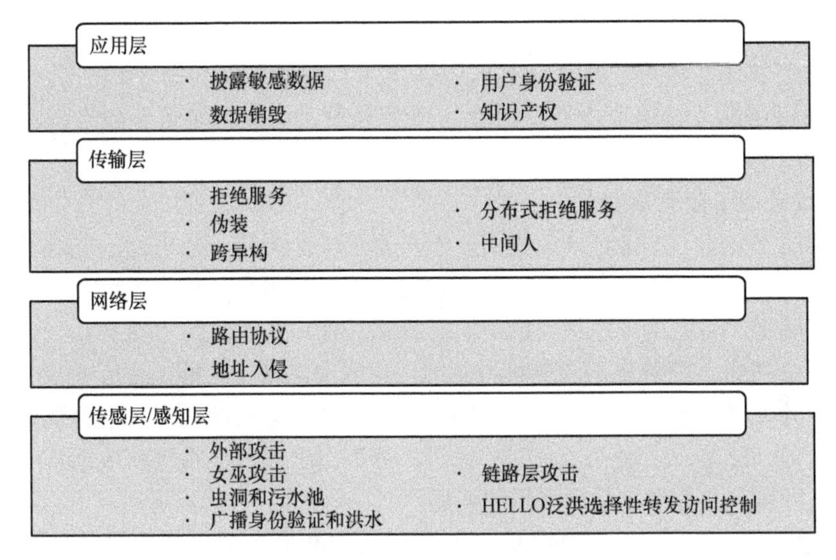

图 1-4　基于架构的潜在攻击

2. 虫洞攻击

虫洞攻击在自组网络中非常常见。IoT 不仅连接静态物体，也连接动态物体，从手表和冰箱到路面上行驶的车辆都在 IoT 连接范围内。绑定这些物体的连接也是异构的，可以有线也可以无线，取决于其地理位置。虫洞攻击中入侵者无需破坏网络中的任何主机，只是捕获数据，转发至另一节点，然后从该节点重新发送。虫洞攻击十分奇特，难以识别。

3. 选择性转发攻击

恶意节点选择数据包并将之丢弃；即，恶意节点选择性过滤特定数据包，允许其他数据包通过。被丢弃的数据包可能含有进一步处理所需的必要敏感数据。

4. 沉洞攻击

网络中长期无人照管的传感器主要容易遭受沉洞攻击，被黑节点从周围节点抽取信息。入侵者借此发动其他攻击，如选择性转发、伪造和修改。

5. 污水池攻击

污水池攻击中，恶意用户的目标是吸引所选区域的所有消息，然后交换基站节点，从而降低选择性攻击的有效性。

6. 巫婆攻击

恶意节点利用合法节点故障。合法节点故障时，所有未来通信的实际连接改道恶意节点，造成数据丢失。

7. HELLO 泛洪攻击

HELLO 泛洪消息攻击中，每个物体都用 HELLO 消息向自身频率水平上所有可达邻居节点介绍自己。一个恶意节点就可覆盖大片频率范围，从而变身网络中所有节点的邻居。随后，该恶意节点还会向所有邻居节点广播 HELLO 消息，影响网络的可用性。泛洪攻击通过向特定服务分发大量垃圾请求导致合法用户无法使用资源。

8. 编址 IoT 所有事物

虚拟机（VM）IP 地址欺骗是另一个严重的安全问题。恶意用户能够获取虚拟机 IP 地址，植入恶意机器，然后攻击这些虚拟机的用户。攻击者可以借此访问用户的机密数据，将之用于恶意目的。由于提供按需服务并支持多租户，云也更容易遭到 DDoS 攻击。随着攻击者持续不断地用泛洪消息冲刷目标，目标会投入越来越多的资源处理这些泛洪请求。一定时间后，提供商就会资源耗尽，甚至连合法用户都无法服务。除非云上嵌入了 DLP 代理，否则由于多租户机制和数据从用户控制下移往云环境，还会存在数据泄露的问题。

互联网诞生至今一直不断扩张，互联网用户和服务提供商面临的威胁也不断增多。安全问题已成为互联网的一个主要方面。很多企业和机构通过互联网提供各种服务，包括银行交易、注册等。因此，这些网站需受到妥善保护，防止遭到恶意攻击。

9. 分布式拒绝服务

DDoS 是由成百上千乃至数万攻击者发起的持续攻击，通过填入大量无用流量数据包，占领并完全耗尽内存资源。同时，该流量会耗尽 DC 的带宽，阻止合法请求到达 DC，最终导致合法请求得不到响应。拒绝服务（DoS）或 DDoS 攻击会压垮目标的资源，让授权用户无法访问云端正常服务。此类攻击是造成可用性故障的原因之一。表 1-1 列出了各类 DDoS 攻击、其所用工具，以及起源年份。

表 1-1 DDoS 攻击起源

DDoS 工具	潜在攻击	年份
Fapi	UDP、TCP（SYN 和 ACK）和 ICMP 泛洪	1998 年 6 月
Trinoo	分布式 SYN DoS 攻击	1999 年 6 月
部落泛洪网络（TFN）	Tribe Flood Network（TFN）	1999 年 8 月
Stacheldraht	ICMP 泛洪、SYN 泛洪、UDP 泛洪和 SMURF 攻击	1999 年夏末
Shaft	数据包泛洪攻击	1999 年 11 月
Mstream	TCP ACK 泛洪攻击	2000 年 4 月
Trinity	UDP、碎片、SYN、RST、ACK 和其他泛洪攻击	2000 年 8 月

（续）

DDoS 工具	潜在攻击	年份
部落泛洪网络 2000（TFN2K）	Tribe Flood Network 2K（TFN2K）	2000 年 12 月
Ramen	使用反向链接模型自动传播攻击	2001 年 1 月
Code Red 和 Code Red II	TCP SYN 攻击	2001 年 7—8 月
Knight	SYN 攻击、UDP 泛洪攻击	2001 年 7 月
Nimda	电子邮件附件攻击和 SMB 网络与后门攻击	2001 年 9 月
SQL slammer	SQL 代码注入攻击	2003 年 1 月
DDOSIM（0.2 版）	TCP 连接攻击	2010 年 11 月
Loris	Slowloris 攻击及其变种，即 Pyloris	2009 年 6 月
Qslowloris	攻击网站，如 IRC 机器人程序、僵尸网络	2009 年 6 月
L4D2	传播攻击	2009 年
XerXeS	维基解密攻击、二维码攻击	2010 年
Saladin	Web 服务器攻击、Tweet 攻击	2011 年 11 月
Apachekiller	Apache 服务器攻击、脚本攻击	2011 年 8 月
Tor’s Hammer	http POST 攻击	2011 年
Anonymous LOIC tool	—	2013 年

译者注：SYN—SYN 攻击属于 DDoS 攻击的一种，利用 TCP 协议缺陷，通过发送大量的半连接请求，耗费 CPU 和内存资源。SYN 指请求同步数据包。ACK—ACK 攻击指 ACK BLOOD（泛洪）攻击，属于 DDoS 攻击的一种，是指攻击者尝试使用 TCP 协议的 ACK 数据包使服务器过载。ACK 指确认同步数据包。ICMP—互联网控制协议。SMB—服务器消息块。SQL—结构化查询语言。SMURF—SMURF 攻击是 DDoS 攻击的一种形式，以最初发动这种攻击的程序“SMURF”来命名。POST—POST 请求是 HTPP 协议中常用的请求方法。IRC—通过中继网聊天。UDP—用户数据报协议。TCP—传输控制协议

10．瞬间拥塞

瞬间拥塞主要指互联网上任何特定网页或网站的总体访问流量突增，以及引起此大规模人流访问该网页或网站的突发事件。

不够健壮的站点无法应对流量激增，会变得无法访问。造成瞬间拥塞的常见原因是缺乏足够数据带宽、服务器无法应对大量请求，以及流量限额。

11．IP 欺骗攻击

欺骗攻击是指攻击者假装其他人，从而骗取受限资源的访问权或盗取信息。此类攻击有多种形式；例如，攻击者可以假冒合法用户的 IP 地址以登录其账户。IP 地址欺骗又称 IP 欺骗，指的是用伪造的源 IP 地址构造 IP 数据包，之所以称为欺骗，是因为其目的是隐藏发送者身份或假冒另一计算系统。

IP 欺骗常见于 DoS 攻击。此类攻击的目的是以超大规模流量压垮受害者，攻击者不在乎接不接收对攻击数据包的响应。由于每个欺骗数据包貌似来自不同地

址，此类攻击还具有其他好处，更难以过滤，以及能够隐藏攻击的真实源头。

欺骗攻击分为 3 种不同类型：假冒攻击、隐藏攻击和反射攻击。如果入站数据包数量超出最大容量，任何网络中的拥塞都是个威胁。拥塞时受影响的因素是吞吐量。

12．欺骗攻击类型

下面描述欺骗攻击的几种类型，均为以客户名义发起，旨在破坏 DC（数据中心）资源的攻击。

类型 I，隐藏攻击：攻击者以随机 IP 地址同时发送大量欺骗数据包。如图 1-5 所示，这会扰乱 DC，使其无法判断哪些数据包应作为合法数据包加以处理。

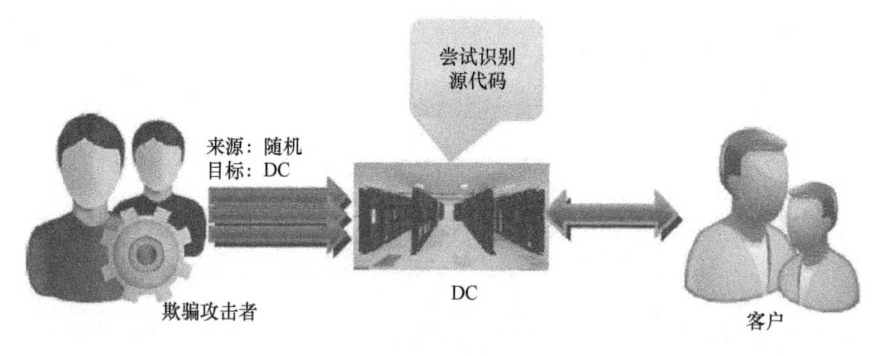

图 1-5　隐藏攻击

类型 II，反射攻击：攻击者以受害者的 IP 地址为源地址，向任意未知用户发送欺骗数据包。如图 1-6 所示，这会导致受害者收到来自未知用户的不必要响应，增加泛洪速率。

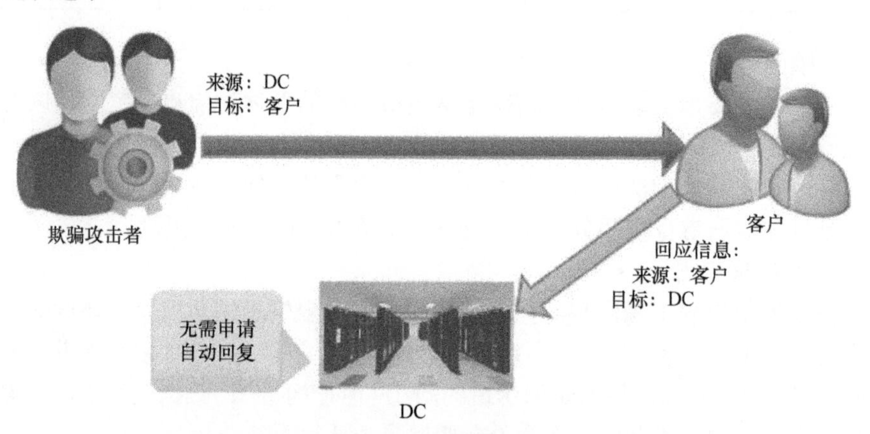

图 1-6　反射攻击

类型 III，假冒攻击：攻击者以任意合法用户的 IP 地址作为源地址发送欺骗数据包，假冒合法用户行事。此类攻击等同于中间人攻击。假冒攻击者接收来自客户的请求，假冒其 IP，将请求转发到 DC，表现得像合法用户一样。DC 的响应也一样经过中间处理之后才发给客户。如图 1-7 所示，假冒攻击会导致保密性问题和 DC 数据盗窃或丢失。

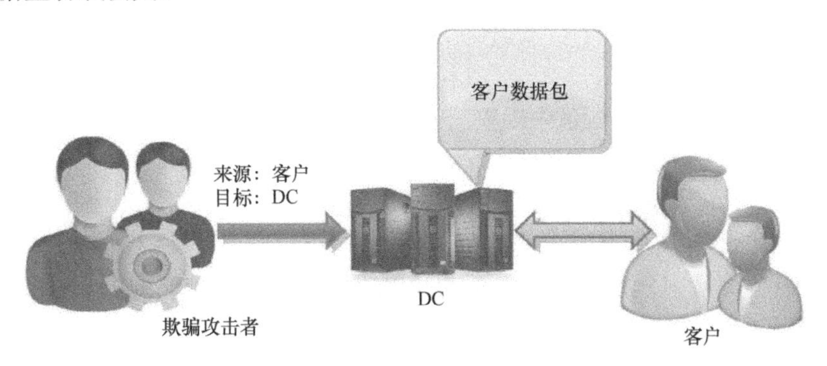

图 1-7 假冒攻击

如果没有设置恰当的欺骗检测机制，DC 可能会响应失败，导致部分服务关停。

（1）网络级 DDoS 攻击中，攻击者会尝试发送无效请求，比如半开连接请求，以期淹没云服务提供商（CSP）。

（2）服务级 DDoS 攻击中，攻击者会发送貌似合法的请求，内容与合法用户的请求类似，只是目的是恶意的。

13．有效吞吐量

有效吞吐量是应用级吞吐量，也就是网络每单位时间交付到特定目的地址的有效信息比特数，考虑的数据量排除了协议开销比特和重发数据包。

有效吞吐量是交付信息数量与总交付时间的比值。交付时间包含数据包间时间间隔、传输时延开销、数据包排队时延、数据包重传时间、应答时延和处理时延。

14．数据中心

DC 是实体或虚拟的集中存储库，用于存储、管理和分发围绕特定知识主体或归属特定公司的有组织数据和信息。

DC 是安置计算机系统和相关组件及大型存储系统的设施。DC 主要用于运行各种应用，处理企业或机构的核心业务与运营数据。此类应用系统可以是企业或机构内部开发的专有系统，也可能购自企业软件供应商。这些应用通常由多台主机组成，每台主机运行一个组件。数据库、文件服务器、应用服务器、中间件等都是此类应用的常见组件。

15．僵尸网络

僵尸网络是安全防御被攻破、控制权落入恶意方手中的一系列联网计算机。恶意软件每渗透一台计算机就能制造出一台“僵尸主机”。通过互联网中继聊天

（IRC）和超文本传输协议（HTTP）等标准网络协议形成的通信信道，僵尸网络的控制者能够指挥被黑计算机的行动。

DDoS 攻击中，多个系统向单个互联网服务或计算机提交尽可能多的请求，造成过载，阻止目标服务或计算机响应合法请求。对受害者电话号码的攻击就是一例。受害者遭到僵尸主机的呼叫轰炸，试图连接互联网。

16．保密性

所有客户数据在网络信道中以更高的可见性加以处理，保证数据不遭篡改。

17．物理安全

需持续审计涉及服务客户的硬件，设置安全检查点以防威胁识别滞后。

18．软件安全

应用软件遭黑客破坏或修改，可能会影响依赖特定应用编程接口 (API) 及相关软件接口的多个客户。

19．网络安全

DoS 和 DDoS 等带宽攻击可导致网络严重拥塞，还会影响正常运营，造成通信故障。

20．服务水平协议（SLA）法律问题

客户与服务提供商之间的 SLA 必须满足法律要求，因为不同国家和地区的网络法律不一样。不兼容可能导致合规问题。

21．监听

监听是拦截网络流量以实施未授权访问，会破坏保密性。中间人攻击也属于监听范畴。

这种攻击会与对话双方均建立连接，让双方都认为自己在与对方直接通话，但实际上其间对话已遭感染。

22．重放攻击

攻击者拦截并保存历史消息，随后以其中一方参与者的身份重新发送，借此访问未授权资源。

23．后门

攻击者通过调制解调器和异步外部连接等“后门”绕过控制机制，进入目标网络。

24．女巫攻击

假冒是恶意节点修改数据流路由，将其他节点引诱到错误位置的一类威胁。女巫攻击中，恶意用户在获取多个身份后冒充不同用户尝试与诚实的用户建立关系。如果恶意用户成功渗透诚实用户，攻击者就能获得未授权权限，助推攻击过程。

25．拜占庭故障

拜占庭故障是破坏一台或多台服务器以降级云性能的恶意活动。

26. 数据保护

云客户难以有效检查云供应商的行为，因此，客户认为数据是以合法方式处理的。但实际上，各种数据转换加重了数据保护工作。

27. 数据删除不彻底

准确数据删除是不可能的，因为数据副本保存在最近的备份中，但无法访问。

1.3.3 基于组件的攻击

IoT 通过互联网连接“万物”。这些事物本质上是异构的，跨越一定距离传递敏感数据。除了衰减、盗窃、遗失、泄露和灾难，数据还可能遭到被黑传感器伪造和修改。图 1-8 展示了几类潜在的组件级攻击。

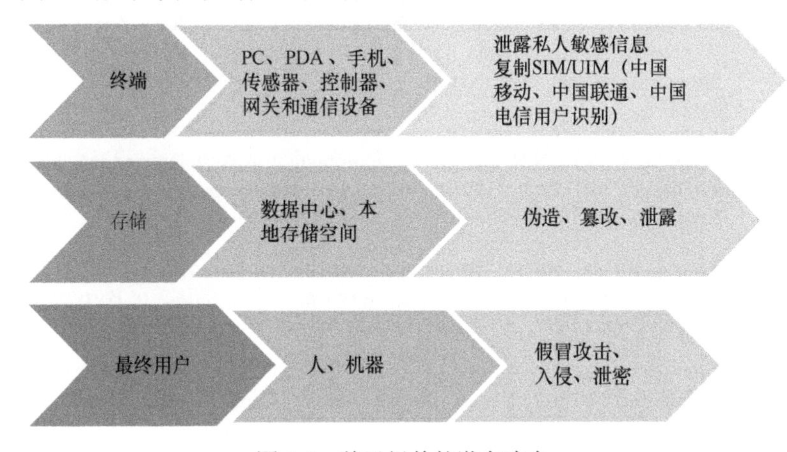

图 1-8　基于组件的潜在攻击

初级最终用户验证是强制性的；区别人和机器尤为重要。不同类型的 CAPTCHA（全自动区分计算机和人类的图灵测试）帮助实现此基本区分。

如图 1-9 所示，IoT 呈指数级增长，将很快主导 IT 产业。

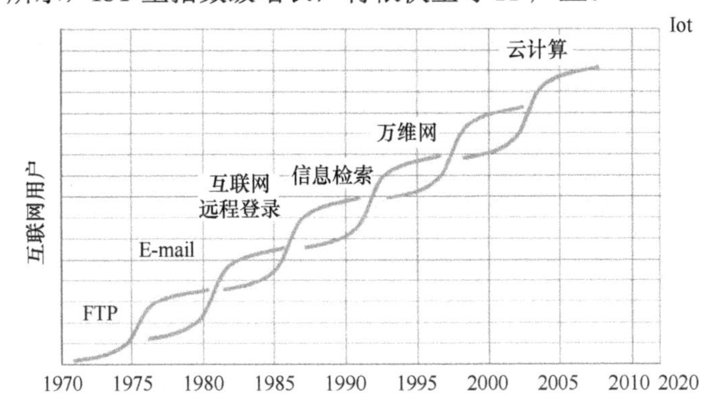

图 1-9　IoT 增长（佛瑞斯特研究所提供）

参考文献

[1] Chuankun, Wu. A preliminary investigation on the security architecture of the Internet of Things. *Strategy and Policy Decision Research*, 2010, 25(4): 411–419.

[2] Goldman Sachs. *IoT Primer, The Internet of Things: Making Sense of the Next Mega-Trend*. September 3, 2014.

[3] International Telecommunication Union. ITU Internet reports 2005: The Internet of Things. 2005.

[4] Ibrahim Mashal, Osama Alsaryrah, Tein-Yaw Chung, Cheng-Zen Yang, Wen-Hsing Kuo, Dharma P. Agrawal. Choices for interaction with things on internet and underlying issues. *Ad Hoc Networks*, 2015, 28: 68–90.

[5] Jeyanthi, N., N.Ch.S.N. Iyengar. Escape-on-sight: An efficient and scalable mechanism for escaping DDoS attacks in cloud computing environment. *Cybernetics and Information Technologies*, 2013, 13(1): 46–60.

[6] Kang Kai, Pang Zhi-bo, Wang Cong. Security and privacy mechanism for health Internet of Things. *The Journal of China Universities of Posts and Telecommunications*, 2013, 20(Suppl. 2): 64–68.

[7] Kim Thuat Nguyen, Maryline Laurent, Nouha Oualha. Survey on secure communication protocols for the Internet of Things. *Ad Hoc Networks*, 2015, 32: 17–31.

[8] Lan Li. Study on security architecture in the Internet of Things. *Measurement, International Conference on Information and Control (MIC)*, 2012, pp. 374–377.

[9] Peng, Xi, Zheng Wu, Debao Xiao, Yang Yu. Study on security management architecture for sensor network based on intrusion detection. *2009 International Conference on Networks Security, Wireless Communications and Trusted Computing*, IEEE, New York.

[10] Prabadevi, B., N. Jeyanthi. Distributed denial of service attacks and its effects on cloud environment: A survey. *The 2014 International Symposium on Networks, Computer and Communications*, June 17–19, 2014, Hammamet, Tunisia, IEEE.

[11] Qazi Mamoon Ashraf, Mohamed Hadi Habaebi. Autonomic schemes for threat mitigation in Internet of Things. *Journal of Network and Computer Applications*, 2015, 49: 112–127.

[12] Qinglin, Cao. Review of research on the Internet of Things. *Software Guide*, 2010, 9(5): 6–7.

[13] Rodrigo Roman, Jianying Zhou, Javier Lopez. On the features and challenges of security and privacy in distributed Internet of Things. *Computer Networks*, 2013, 57: 2266–2279.

[14] Rolf H. Weber. Internet of Things—New security and privacy challenges. *Computer Law and Security Review*, 2010, 26: 23–30.

[15] Sicari, S., Rizzardi, A., Grieco, L.A., Coen-Porisini, A. Security, privacy and trust in Internet of Things: The road ahead. *Computer Networks*, 2015, 76: 146–164.

[16] Wang, Y.F., Lin, W.M., Zhang, T., Ma, Y.Y. Research on application and security protection of Internet of Things in smart grid, *Information IET International Conference on Science and Control Engineering 2012 (ICISCE 2012)*, 2012, pp. 1–5, Shenzhen, China.

[17] Xingmei, Xu, Zhou Jing, Wang He. Research on the basic characteristics, the key technologies, the network architecture and security problems of the Internet of Things. *3rd International Conference on Computer Science and Network Technology (ICCSNT)*, 2013, pp. 825–828.

[18] Yang Guang, Geng Guining, Du Jing, Liu Zhaohui, Han He. Security threats and measures for the Internet of Things. *Tsinghua University (Science and Technology)*, 2011, 51(10): 19–25.

[19] Yang Yongzhi, Gao Jianhua. A study on the "Internet of Things" and its scientific development in China. *China's Circulation Economy*, 2010, 2: 46–49.

[20] Yang Geng, Xu Jian, Chen Wei, Qi Zheng-hua, Wang Hai-yong. Security characteristic and technology in the Internet of Things. *Journal of Nanjing University of Posts and Telecommunications (Natural Science)*, 2010, 30(4): 21–28.

[21] Zhang Fu-Sheng. *Internet of Things: Open a New Life of Intelligent Era*. ShanXi People's Publishing House. 2010, pp. 175–184.

第 2 章　物联网的攻击、防御与网络鲁棒性

2.1 引　言

物联网（IoT）[3]为不同设备提供了泛在通信能力。然而，物联网的功能和操作在很大程度上依赖于底层网络的连接结构。因此，尽管物联网可以为各种电子设备提供泛在通信能力，但由于各种应用之间的无缝嵌合和自动集成，也不可避免地引发了很多安全问题。例如，攻击方可能利用互联设备传播恶意软件[7,16-19]。因此，可行且有效的防御机制对于确保物联网的可靠性至关重要[9,12]。对于物联网新兴领域之一的智能电网，美国能源部（DOE）已将抗攻击性确定为其运行所需的七大特性之一[1]。

通过将物联网的复杂连接表示为图表形式，可以研究物联网在面临各种攻击时的网络漏洞。研究得出了应对致命攻击的 3 种防御方案：固有拓扑防御方案、基于融合的防御方案和序贯防御方案。此外，攻击方和防御方之间的相互作用可视为作零和博弈，双方均在这一博弈中追求使网络连通性方面的收益最大化，可以利用博弈均衡来评估网络的鲁棒性。还可使用一种有序防御方案来抵御物联网中的致命攻击。上述防御方案的效果已经过现实网络数据验证。

本章使用无向和无权图 $\boldsymbol{G}=(\boldsymbol{v},\boldsymbol{\varepsilon})$来描述物联网的网络连接性结构，其中 $\boldsymbol{v}$ 表示 n 个节点（设备）的集合，$\boldsymbol{\varepsilon}$ 表示 m 条边（连接）的集合。等价地，该图可以用 $n \times n$ 二元对称邻接矩阵 $\boldsymbol{A}$ 表示，当节点 i 和 j 之间存在边时 $\boldsymbol{A}_{ij}=1$，反之 $\boldsymbol{A}_{ij}=0$。后续章节使用最大连接图的分数来衡量在物联网节点或边移除时的网络弹性。在物联网场景下，节点或边移除可能是临时设备、连接故障或针对性攻击等情况。例如，图中的节点或边移除可能是由拒绝访问（DoS）、干扰攻击或自然条件等引起的。

2.2 中心性攻击、网络弹性和拓扑防御方案

2.2.1 中心性攻击

节点中心性是衡量网络中节点重要性的一个指标。中心性度量的效用在于，可以突破对所有可能的节点排列组合进行搜索而造成的瓶颈，从而实现缩减最大组件

规模。根据节点中心性删除节点的攻击称为中心性攻击[14]。例如，文献[2,6,11,28]的作者研究了度中心性攻击的有效性，即通过删除最大的中心节点，来缩减网络中最大组件的规模。然而据文献[13]指出，在对最大组件规模进行最大程度缩减时，节点度并不是最有效的中心性度量方式。对于不同的网络拓扑结构，通过研究网络连接对中心性攻击的恢复能力，可以作为评估网络漏洞的统一度量标准。用 N_i 表示连接到节点 i 的节点集（即节点 i 的相邻节点集），用$|N_i|$表示集合的大小。节点 i 的度数为连接到该节点的边的数量，即 $d_i=\sum_{j=1}^{|v|}\boldsymbol{A}_{ij}=|N_i|$ 。度矩阵 $\boldsymbol{D}$ 定义为 $\boldsymbol{D}=\text{diag}(d_1, d_2, \cdots, d_{|v|})$，其中，$\boldsymbol{D}$ 是一个对角矩阵，其主对角线为各个节点的度，其余元素为 0。图拉普拉斯矩阵 $\boldsymbol{L}$ 定义为 $\boldsymbol{L}=\boldsymbol{D}-\boldsymbol{A}$，对图的度信息和连接结构进行编码。$\boldsymbol{L}$ 是一个半正定矩阵，其所有特征值都是非负的，$\boldsymbol{L}$ 的特征值之和 $\text{trace}(\boldsymbol{L})=2|\varepsilon|$，其中$|\varepsilon|$是 $\boldsymbol{G}$ 中的边数。而且，$\boldsymbol{L}$ 的最小特征值恒为 0，最小特征值的特征向量是一个常向量。$\boldsymbol{L}$ 的次小特征值，用 $\mu(\boldsymbol{L})$表示，称为代数连接性[21]。文献[21]已经证明了对于任意一个不完备图，$\mu(\boldsymbol{L})$是节点和边的连通性的下界。即代数连通性≤节点连通性≤边连通性。

节点的中心性是节点对网络重要性的一个度量方式。中心性度量方式可分为两类：全局度量方式和局部度量方式。全局中心性度量方式需要完整的拓扑信息来进行计算，而局部中心性度量方式只需要来自相邻节点的部分拓扑信息。例如，获取每对节点之间的最短路径信息得到中介中心性采用的是全局方法，而获取每个节点的度信息则是局部方法。常用的中心性度量方式如下。

（1）中介中心性[22]：中介中心性是网络中通过特定节点的最短路径数量和最短路径总数的比值，属于全局度量方式，其定义为

$$(i)=\sum_{k\neq i}\sum_{j\neq i,j>k}\frac{\sigma_{kj}(i)}{\sigma_{kj}}$$

式中：σ_{kj} 是从 k 到 j 的最短路径总数；$\sigma_{kj}(i)$是上述最短路径中通过节点 i 的数量。

（2）接近中心性[25]：接近中心性是一个节点到所有其他节点的最短路径距离，属于全局度量方式。某节点与其他节点的最短距离之和越小，该节点的接近中心性就越高。以 $\rho(i, j)$表示连通图中节点 i 与节点 j 之间的最短路径距离，则节点 i 的接近中心性表示为

$$(i)=1/\sum_{j\in\boldsymbol{v},j\neq i}\rho(i,j)$$

（3）特征向量中心性（特征中心性）：特征向量中心性取决于与邻接矩阵 $\boldsymbol{A}$ 的最大特征值相关联的特征向量的 i。定义为特征 $(i)=\lambda_{\max}^{-1}\sum_{j\in\boldsymbol{v}}\boldsymbol{A}_{ij}\xi_j$，其中 $\lambda_{\max}$ 是 $\boldsymbol{A}$ 的最大特征值，而 ξ 是与 $\lambda_{\max}$ 相关的特征向量，它是一个全局度量方式，因为 $\boldsymbol{A}$ 的特征值分解需要整个网络的完整拓扑信息。

（4）度(d_i)：度是最简单的局部中心性度量方式，即相邻节点的数目。

（5）个体中心性[20]：考虑节点 i 的 (d_i+1)-by-(d_i+1) 局部邻接矩阵，用 $\boldsymbol{A}(i)$ 表示，设 $\boldsymbol{I}$ 为单位矩阵。个体中心性可以看作是中间性的局部版本，它是计算相邻节点之间的最短路径。由于 $[\boldsymbol{A}^2(i)]_{kj}$ 是 k 和 j 之间的两跳步数，而 $[\boldsymbol{A}^2(i)\circ(\boldsymbol{I}\text{-}\boldsymbol{A}(i))]_{kj}$ 是 k 和 j 之间所有 $k\neq j$ 的两跳最短路径的总数，其中∘表示入口矩阵积，个体中心性定义为

$$\mathrm{ego}(i)=\sum_k\sum_{j>k}1/[\boldsymbol{A}^2(i)\circ(\boldsymbol{I}-\boldsymbol{A}(i))]_{kj}$$

（6）局部费德勒（Fiedler）向量中心性（LFVC）[15]：LFVC 是一种衡量节点移除弱点的指标。具有较高 LFVC 的节点对于网络连接结构更为重要。设 $\boldsymbol{y}$（Fiedler 向量）表示与图的拉普拉斯矩阵 $\boldsymbol{L}$ 的第二个最小特征值 $\mu(L)$ 相关的特征向量。LFVC 可表示为 $\mathrm{LFVC}(i)=\sum_{j\in N_i}(y_i-y_j)^2$。虽然 LFVC 属于全局中心性度量方式，但可以通过局部计算和消息传递来精确获取，可以使用文献[5]中的分布式幂迭代方法来计算 Fiedler 向量 $\boldsymbol{y}$。

需要注意的是，可以用类似的方式定义边的中心性度量方式。

2.2.2 网络弹性

在评估网络对于不同中心性攻击的弹性时，通常会比较中心性攻击将最大组件大小缩减到预设值时需要删除的节点数量，例如将最大组件大小缩减至原始大小的10%时需要删除的节点数量。图 2-1 所示为欧洲互联网主干网络拓扑（据 GTS-CE

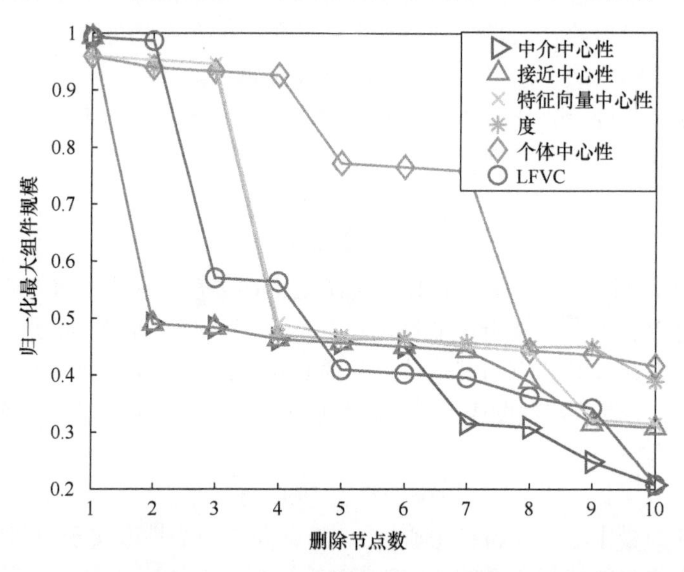

图 2-1 欧洲互联网主干网络拓扑（据 GTS-CE 数据集）对于各种中心性攻击的网络连通性的弹性（对于 LFVC 攻击或中间性攻击，均可通过删除 10 个节点使最大组件规模缩减到原始大小的20%[23]）（实验数据来源：S. Knight, H.X. Nguyen, N. Falkner, R. Bowden, and M. Roughan. The Internet topology zoo. *IEEE J. Sel. Areas Commun.*, 29(9), 1765—1775, 2011.）

数据集）的网络弹性[23]。欧洲互联网主干网络共包含 149 个节点（路由器）和 193 条边（物理连接）。对于该网络，中介中心性攻击和 LFVC 攻击的效果相当，均可通过从网络中删除 10 个节点使最大组件的规模减少 20%。每当从图中删除节点时，均更新用于计算中心性所需的拓扑信息（即采用贪婪删除算法）。文献[14]给出了美国西部电网的网络弹性数据。

2.2.3 拓扑防御方案

拓扑防御方案通过改变网络拓扑结构增强网络弹性。文献[14]指出，通过交换网络拓扑中的少量的边，可以在不增加边数量的情况下大大提高网络弹性。如图 2-2 所示，欧洲互联网主干网可以通过交换 20 条边实现提高网络弹性，重连后的网络更能加强对中心性攻击的抵御性。此外，文献[14]中提出的边重连方法可采用分布式方式实现，这一伸缩性使之尤其适用于物联网。

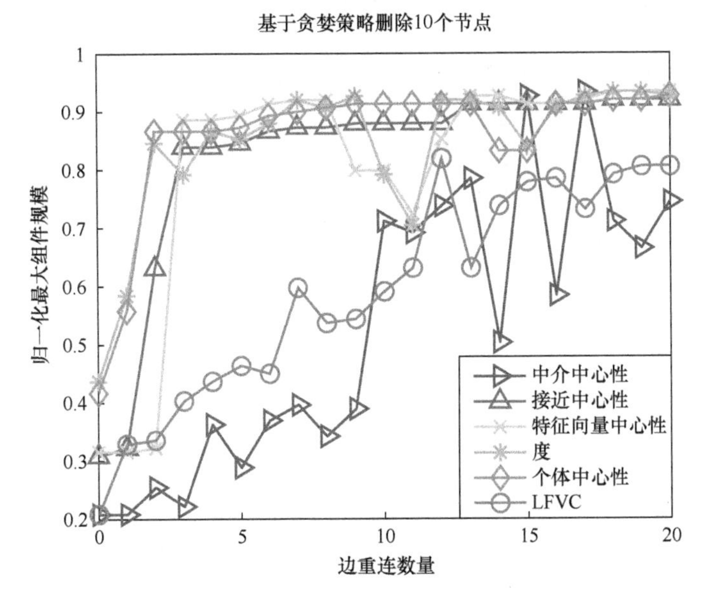

图 2-2 对欧洲互联网主干网拓扑（根据 GTS-CE 数据集）基于贪婪策略删除 10 个节点时，边重连方法的网络连通性[23]（在增加边数量的情况下，边重连方法可以大大提高网络弹性[14]）实验数据可参考 S. Knight, H.X. Nguyen, N. Falkner, R. Bowden, and M. Roughan. The Internet topology zoo. *IEEE J. Sel. Areas Commun.*, 29(9):17651775, 2011；边重连方法可参考 Pin-Yu Chen and Alfred O. Hero. Assessing and safeguarding network resilience to nodal attacks. *IEEE Commun. Mag.*, 52(11):138–143, 2014.）

2.3 网络鲁棒性与融合防御方案的博弈分析

在许多情况下，由于协议、地理位置等因素的限制，物联网中不允许进行边重连。针对这一情况，有研究试图利用节点的可探测性来判断攻击是否存在[6,8,11]。该研究提出了一种基于融合的防御机制[6,8,11]，可以根据每个节点的反馈推断出是否存在攻击。反馈的信息可以是一个二状态报告，基于节点级别的检测能力反映各个节点是否遭受攻击的状态。在此基础上，由融合中心得到网络级的攻击推理方案。

图 2-3 给出了物联网的基于攻击和融合的防御模型。考虑到网络弹性临界值（例如，最大组件的最大缩减程度为其原始大小的 50%）和节点级检测配置，防御方（融合中心）和攻击方之间自然形成了博弈关系。从攻击方的角度来看，删除节点的数量过少无法破坏网络连通性，而删除节点的数量过多则容易被融合中心检测到，导致攻击被发现并抵御。从防御方的角度来看，基于所有节点反馈进行攻击推断可能会将拓扑攻击判断为虚警，因为拓扑攻击中只有少数节点是受到攻击。基于少数节点反馈进行攻击推断可能会导致信息不足，而无法检测到攻击。因此，博弈中存在一个攻击方和防御方均满意于各自策略的平衡点，这正是博弈论中纳什平衡的概念[24]。在博弈平衡条件下，任何一个博弈者都无法通过单方面改变策略来增加收益。因此，博弈平衡时的博弈利益可以用来研究网络的鲁棒性。

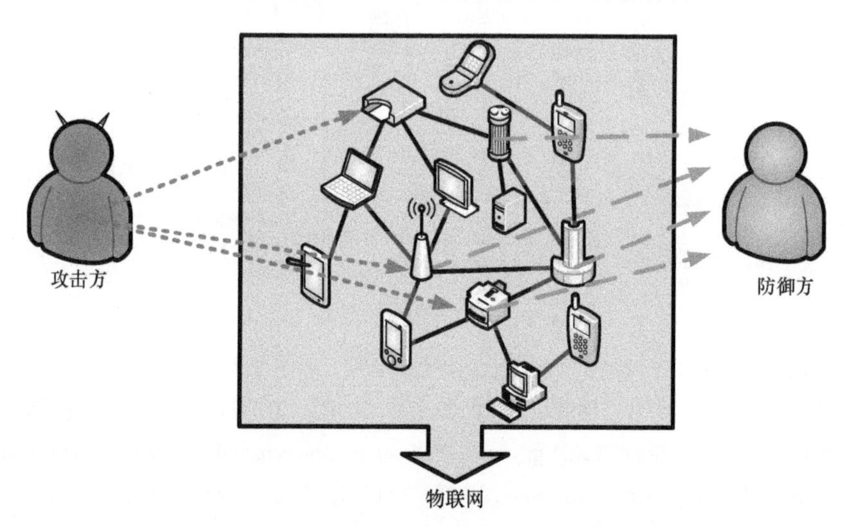

图 2-3　物联网基于攻击和融合的防御模型说明（攻击方攻击网络中的一组节点，如短虚线箭头所示，防御方根据网络中另一组节点的攻击状态反馈执行攻击推断，如长虚线箭头所示）

举例说明，在图 2-4 的博弈均衡下，根据防御方的收益评估互联网路由器级拓扑[2]和欧盟（EU）电网[26]的网络鲁棒性。参数 P_D 和 P_F 分别表示对实际发生攻击的检出概率和误检概率。结果表明，在 P_D 和 P_F 相同的情况下，EU 电网的鲁棒性比互联网路由器级拓扑更强；并且随着检测能力的增强，两个网络的鲁棒性均接近于 1。这表明随着检测能力的增强，攻击方的破坏力逐渐减弱，恶意攻击造成的危害可以通过融合防御机制得到缓解。

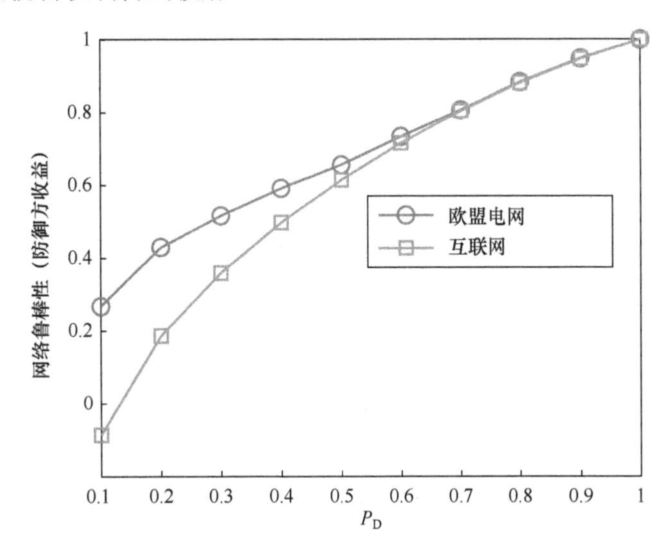

图 2-4　当 $P_F = 0.01$ 时，互联网路由器级拓扑和欧盟电网在度攻击下的网络鲁棒性（互联网路由器级拓扑包含 6209 个节点和 12200 条边，欧盟电网则包含 2783 个节点和 3762 条边）（网络参数数据可参考 R′eka Albert, Hawoong Jeong, and Albert-Laszlo Barab′asi. Error and attack tolerance of complex networks(*Nature*), 406(6794):378–382, 2000 和 Ricard V. Sol′e, Mart′ı RosasCasals, Bernat Corominas-Murtra, and Sergi Valverde. Robustness of the European power grids under intentional attack. *Phys. Rev. E*, 77:026102, 2008.）

这些结果表明，除了拓扑防御方法（如边重连）之外，还可以通过网络级防御机制来提高物联网的网络弹性。然而，融合防御的一个主要缺点是需要从所有节点获取反馈信息，因此不适用于设备数量庞大的物联网。尽管如此，融合防御仍可以分层的方式应用于多层防御。

2.4　序贯防御方案

文献[10]提出了一种序贯防御方案，该方案从高阶节点有序收集反馈信息，用于推断网络攻击。序贯防御的优点是不需要从所有节点获取反馈信息，当收集到的反馈信息足以进行攻击推断时即终止收集过程。在大规模网络（如包括大量互联网路由器、传感器等的物联网）中，尤其对于无线电资源稀缺的无线网络，无法实现同步数据传输。此外，由于网络规模大且计算能力有限，分析所有节点收集的信息会产生巨大的计算量，使网络可能无法提供及时防御。

值得一提的是，序贯防御方案与传统的数据融合方案有很大区别[27]。由于不是网络中所有节点都会经常遭受攻击，换句话说，攻击方并不需要对整个网络发起攻击，而只需攻击一些关键节点就能有效地破坏网络，同时降低被发现的风险，因此这一攻击策略会影响攻击判断的准确性，严重威胁网络鲁棒性。

文献[10]证明，基于少量反馈信息就足以检测出导致网络中断的致命攻击。下面将就万维网（WWW）中的网页链接[4]、互联网路由器级拓扑结构[2]和欧盟电网[26]等三个真实网络，比较使其崩溃所需删除的节点数量，以及基于序贯防御方案检出攻击所需的反馈信息数量。图 2-5 所示为参数 P_D和 P_F与序贯防御所需的反馈信息数量的关系图。可以看出，P_F较大而 P_D较小时所需的反馈信息数量激增，直观来说，这是因为在低检出率和高虚警率的情况下，需要更多观测来验证攻击是否存在。通过比较造成网络故障的节点删除数量临界值，可以看出这 3 个网络的反馈信息所需数量小于中等 P_D和 P_F下的节点删除数量临界值。上述结果表明，序贯防御只需获取少量反馈信息，就可以在网络崩溃之前有效地检测到攻击。

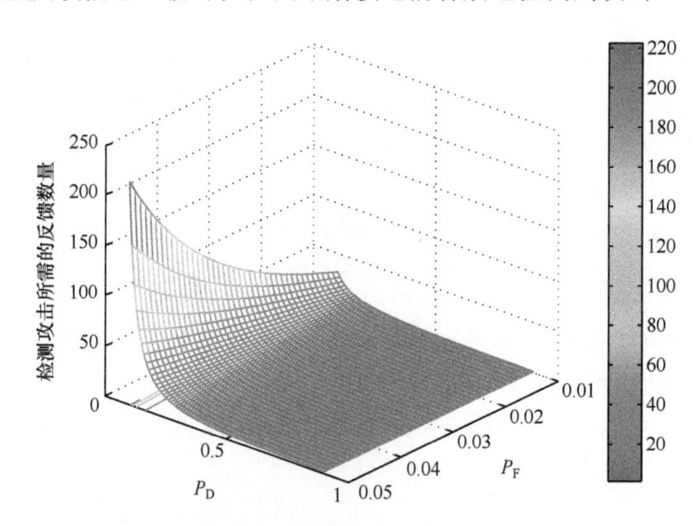

图 2-5　序贯防御方案检测到度攻击所需的反馈数量

（万维网、互联网和欧盟电网崩溃的节点删除数量临界值分别为 21824、187 和 766 个）

2.5 本章小结

本章介绍了几种旨在最大限度地破坏物联网网络连通性的中心性攻击，并研究了应对这些致命攻击的 3 种防御方案：一是拓扑防御方案，通过边重连来增强网络内在的弹性；二是基于融合的防御机制和网络鲁棒性的博弈论观点；三是序贯防御方案，只需从网络获取少量反馈信息就可以进行有效的攻击判断。

致 谢

笔者要感谢美国安娜堡密歇根大学电子工程与计算机科学系的艾尔弗雷德·赫罗（Alfred Hero）博士，台湾科技大学计算机科学与信息工程系的明申成（Shin-Ming Cheng）博士，台湾大学电子工程系的陈光诚（Kwang-Cheng Chen）博士，感谢他们的宝贵交流与合作。

参 考 文 献

[1] U.S. Department of Energy (DOE). *A System View of the Modern Grid*. National Energy Technology Laboratory (NETL), U.S. Department of Energy (DOE), 2007.

[2] Réka Albert, Hawoong Jeong, and Albert-Laszlo Barabási. Error and attack tolerance of complex networks. *Nature*, 406(6794):378–382, 2000.

[3] Luigi Atzori, Antonio Iera, and Giacomo Morabito. The internet of things: A survey. *Computer Networks*, 54(15):2787–2805, 2010.

[4] Albert-Laszlo Barabási and Réka Albert. Emergence of scaling in random networks. *Science*, 286(5439):509–512, October 1999.

[5] Alexander Bertrand and Marc Moonen. Distributed computation of the Fiedler vector with application to topology inference in ad hoc networks. *Signal Processing*, 93(5):1106–1117, 2013.

[6] Pin-Yu Chen, Shin-Ming Cheng, and Kwang-Cheng Chen. Smart attacks in smart grid communication networks. *IEEE Commun. Mag.*, 50(8): 24–29, August 2012.

[7] Pin-Yu Chen and Kwang-Cheng Chen. Information epidemics in complex networks with opportunistic links and dynamic topology. In *Proceedings of IEEE Global Telecommunications Conference (GLOBECOM)*, pages 1–6, December 2010.

[8] Pin-Yu Chen and Kwang-Cheng Chen. Intentional attack and fusion-based defense strategy in complex networks. In *Proc. IEEE Global Telecommunications Conference (GLOBECOM)*, pages 1–5, December 2011.

[9] Pin-Yu Chen and Kwang-Cheng Chen. Optimal control of epidemic information dissemination in mobile ad hoc networks. In *IEEE Global Telecommunications Conference (GLOBECOM)*, pages 1–5, December 2011.

[10] Pin-Yu Chen and Shin-Ming Cheng. Sequential defense against random and intentional attacks in complex networks. *Phys. Rev. E*, 91:022805, February 2015.

[11] Pin-Yu Chen, Shin-Ming Cheng, and Kwang-Cheng Chen. Information fusion to defend intentional attack in internet of things. *IEEE IoT-J.*, 1(4):337–348, August 2014.

[12] Pin-Yu Chen, Shin-Ming Cheng, and Kwang-Cheng Chen. Optimal control of epidemic information dissemination over networks. *IEEE Trans. Cybern.*, 44(12):2316–2328, December 2014.

[13] Pin-Yu Chen and Alfred O. Hero. Node removal vulnerability of the largest component of a network. In *Proceedings of IEEE GlobalSIP*, 2013.

[14] Pin-Yu Chen and Alfred O. Hero. Assessing and safeguarding network resilience to nodal attacks. *IEEE Commun. Mag.*, 52(11):138–143, November 2014.

[15] Pin-Yu Chen and Alfred O. Hero. Local Fiedler vector centrality for detection of deep and overlapping communities in networks. In *IEEE International Conference on Acoustics, Speech and Signal Processing (ICASSP)*, pages 1120–1124, 2014.

[16] Pin-Yu Chen, Han-Feng Lin, Ko-Hsuan Hsu, and Shin-Ming Cheng. Modeling dynamics of malware with incubation period from the view of individual. In *79th IEEE Vehicular Technology Conference (VTC Spring)*, pages 1–5, May 2014.

[17] Shin-Ming Cheng, Weng Chon Ao, Pin-Yu Chen, and Kwang-Cheng Chen. On modeling malware propagation in generalized social networks. *IEEE Commun. Lett.*, 15(1):25–27, January 2011.

[18] Shin-Ming Cheng, Pin-Yu Chen, and Kwang-Cheng Chen. Ecology of cognitive radio ad hoc networks. *IEEE Commun. Lett.*, 15(7):764–766, July 2011.

[19] Shin-Ming Cheng, Vasileios Karyotis, Pin-Yu Chen, Kwang-Cheng Chen, and Symeon Papavassiliou. Diffusion models for information dissemination dynamics in wireless complex communication networks. *Journal of Complex Systems*, Article ID 972352, 2013.

[20] Martin Everett and Stephen P. Borgatti. Ego network betweenness. *Social Networks*, 27(1):31–38, 2005.

[21] Miroslav Fiedler. Algebraic connectivity of graphs. *Czech. Math. J.*, 23(98):

298–305, 1973.

[22] Linton C. Freeman. A set of measures of centrality based on betweenness. *Sociometry*, 40:35–41, 1977.

[23] Simon Knight, Hung X. Nguyen, Nickolas Falkner, Rhys Bowden, and Matthew Roughan. The Internet topology zoo. *IEEE J. Sel. Areas Commun.*, 29(9):1765–1775, October 2011.

[24] Martin Osborne and Ariel Rubinstein. *A Course in Game Theory*. MIT, Cambridge, MA, 1999.

[25] Gert Sabidussi. The centrality index of a graph. *Psychometrika*, 31(4): 581–603, 1966.

[26] Ricard V. Solé, MartíRosas-Casals, Bernat Corominas-Murtra, and Sergi Valverde. Robustness of the European power grids under intentional attack. *Phys. Rev. E*, 77:026102, February 2008.

[27] Pramod K. Varshney. *Distributed Detection and Data Fusion*. Springer, New York, 1996.

[28] Shi Xiao, Gaoxi Xiao, and Tee Hiang Cheng. Tolerance of intentional attacks in complex communication networks. *IEEE Commun. Mag.*, 45(1): 146–152, February 2008.

第3章　车载网络中女巫攻击的检测

本章讨论了如图3-1所示的车载自组网络（VANET）中的安全问题。车载网络起源于信息领域，如今也用于许多安全关键系统，例如应急车辆网络。车载网络由于其开放性，更容易受到恶意攻击；而由于其高移动性和动态拓扑结构，车载网络的攻击检测和预防也更加困难。本章讨论女巫攻击对车载网络的影响。女巫攻击是一种严重的威胁，攻击方试图伪造并呈现多个身份以破坏车辆标识符（ID）的唯一性，可能导致大规模的拒绝服务或其他网络安全风险。本章在传统密码技术的基础上，结合车载网络的特点，提出了一种预防车辆网络遭受女巫攻击的新方法。该方法关键是使用固定的路侧单元和认证中心。本章使用 Promela 语言给出了系统的形式化模型，并展示了如何使用 SPIN 模型检查器来验证系统的安全性。

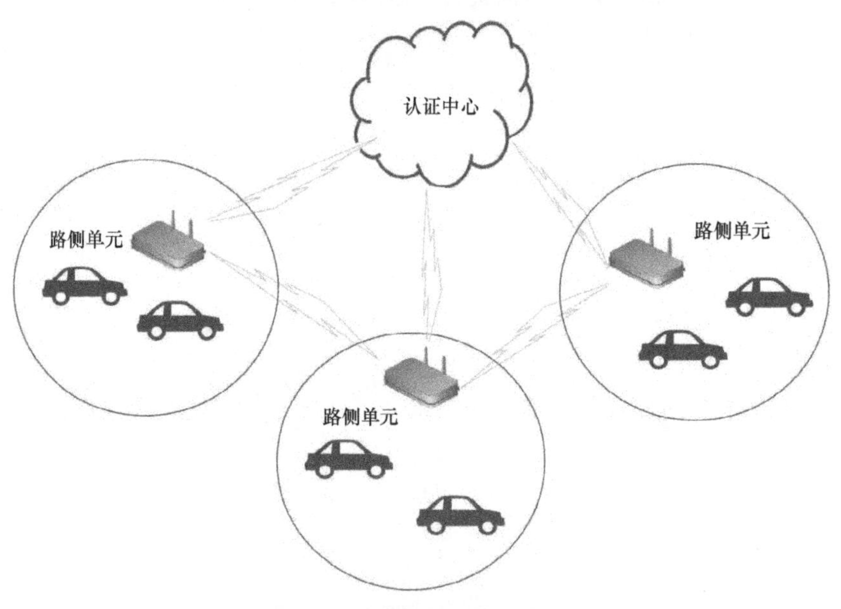

图3-1　车载自组网体系结构

3.1　引　言

如今的汽车已经从复杂机电系统演变成“轮子上的计算机系统”，而车载网络正在推动物联网的前沿技术发展，以接入大量高移动性实体，即车辆。“车联网”实现了车辆之间以及车辆和基础设施之间的通信，可能实现全球车辆间的实时连接。“车联网”还可进一步与交通灯、RFID 设备等实体的连接，以实现安全高效的交通环境。与其他嵌入式和移动设备相比，车辆具有更高的存储、通信和计算能力，因此车载网络可以充当连接各种事物的核心基础设施。

车载自组网络通过共享路况和安全信息来促进网络中车辆之间的通信。这种网络在人口密集的城市尤为有效，可提升道路安全和交通管制能力。与移动自组网络相比，车载自组网络的拓扑结构动态性更高，这是由车辆快速移动、网络频繁中断和资源限制更多等特点决定的[13]。车载自组网采用的组网技术包括 Wi-Fi IEEE 802.11p、WAVE IEEE 1609、WiMAX IEEE 802.16、蓝牙、红外数据组织（IRDA）和 ZigBee 等。

车载网络中有两种通信类型：车辆对车辆和车辆对网络基础设施。VANET 通信的开放性使其更容易受到恶意攻击[11,18]，而车辆的移动性使车载网难以防范这些攻击。本章主要探讨车载网对女巫攻击的防范。在女巫攻击中，单个实体可以通过呈现多个身份来控制系统的大部分功能。女巫攻击主要有两种类型：单个节点使用多个身份；一个女巫节点使用另一个节点的身份。女巫攻击破坏了节点与其身份唯一对应的基本假设。在 VANET 环境中，女巫攻击会产生以下多种负面影响[1,14]。

（1）路由：女巫攻击影响地理路由的性能，导致大规模的拒绝服务。

（2）篡改投票和真信系统：真信管理系统在很大程度上依赖于节点的唯一 ID 和真实性。女巫攻击违反了这一假设，导致真信值的计算出现错误。

（3）资源公平分配：具有多个身份的节点可以占用更多的带宽和网络时间，具有网络优势。

（4）数据聚合：无线传感器网络通常会聚合来自各个传感器节点的值，而不是将这些值单个发送。Sybil 节点可以操纵数据聚合从而给出错误的聚合值。

本章的目的是提出一种在高动态的车载自组网络中有效检测女巫攻击的方法。通常可以使用认证中心（CA）发布的公钥证书来防止女巫攻击[4]。但是这种方法不具备伸缩性，因为认证中心可能成为通信瓶颈。虽然已经提出了一些方法来防止 VANET 遭到女巫攻击[2,10,15]，但这些方法无法捕捉网络的动态特性。本章提出的方法是利用路侧单元（RSU）和一个带有定位验证的加密证书方案来捕获车辆所处的动态网络环境。这一方法的基本原理是，由 RSU 使用附近其他 RSU 中的信息来验证车辆节点的真实性。与 CA 相比，RSU 可以更快地联系附近的 RSU。

因此，本章提出的方法运用半集中的方式，利用 CA 和多个 RSU 提供了一种有效的女巫攻击检测机制。本质上，该方法由 CA 通过各个 RSU 和 CA 实现捕获网络动态特性的功能。一个真正的车载网络通常包含数千个车辆节点和数百个 RSU。在将系统部署到实际环境之前，需要对技术的关键方面进行抽象建模，以验证所提出协议的正确性。因此对提出的方法进行了形式化建模，并利用模型检查方法[3]能推理所有可能的执行路径的特点，验证了该方法的关键属性。

本章首先使用 Promela（进程元语言）开发了一个车载网络描述模型，并使用开源模型检查器 SPIN（简单进程元语言解释器）检查其正确性[6]。车辆、RSU 和 CA 建模为 Promela 进程，其间的通信由 Promela 通道代表。Promela 支持创建动态的进程和通道，而动态通道模拟车辆从一个 RSU 移动到另一个 RSU 的关键。攻击检测也建模为一个进程，用于持续观察网络中是否存在不符合关键系统属性的行为，如一个 ID 只能由一辆车使用进行通信。

本章的其余部分构成如下：第 2 节介绍了与女巫攻击检测密切相关的方法及其局限性；第 3 节介绍了女巫攻击检测方法的总体设计；第 4 节给出了使用 Promela/SPIN 方法进行形式化描述建模和验证的过程；第 5 节提出了结论和下一步工作的方向。附录中给出了完整的 Promela 模型。

3.2 相关研究

女巫攻击会损害通信的不同层面[7,16]。本节将讨论针对不同网络场景提出的方法。

Newsome 等人[8]假设每个实体的资源有限，提出了一种基于资源探测的无线传感器网络检测方案，将通信能力用于资源探测。该方法的基础原理是无线设备不能在多个频道上同时发送或接收。如果一个节点想验证其相邻节点，则会为每个相邻节点的广播消息分配不同的频段。进行验证的节点随机选择一个信道进行监听，如果在指定信道上接收到广播消息，则这是合法节点，反之则是 Sybil 节点。但在实际运用中，攻击方可以使用无限的资源或无线设备来发起攻击。

Douceur[4]指出，使用 CA 发布的公钥证书可以有效地防止女巫攻击。然而由于 VANET 的动态特性，不能做到每次都与 CA 通信。此外，在这种方法中由于证书没有与唯一物理标识绑定，攻击方可以很容易地使用被盗的证书进行通信。

Zhou 等人[19]提出了一个基于假名的隐私保护方案。在该方案中，每辆车都有一套车管局（DMV）颁发的假名。车辆在一次通信中使用一个假名，而不使用真实 ID。车辆的各个假名经 hash 处理为唯一值，因此不能用于发起女巫攻击。该方案需要与认证中心进行大量通信以进行假名验证，因此不太适用于高度动态的车载网络环境。

Park 等人[10]提出了一种基于时间序列的方案。在该方案中，每个车对车通信都包含一个由 RSU 认证的唯一时间序列证书。这一方法是基于两辆车不可能同时经过同一 RSU 的基本假设。当车辆从不同的车辆接收到类似的证书时，就可以判断其为女巫攻击。该方法可以在一定程度上识别女巫攻击，但攻击检测是由车辆进行的，并且要求密集部署 RSU。该方法仅适用于 Sybil 节点和合法节点都在同一 RSU 范围内的情况。

方位验证方案[12]是另一种检测合法节点的方法。该方法的基础是假设车辆在特定时间只能出现在一个位置。Yan 等人[17]提出了一种在节点上使用车载雷达验证相邻车辆位置的方法。该方法中，每辆车都会发送一条包含方位信息的消息，车辆通过车载雷达接收方位信息并进行交叉检查。方位验证方案受到其作用范围的限制。

根据 Guette 等人[5]的研究，构建在可信赖平台模块（TPM）上的安全硬件可用于防止 VANET 中的女巫攻击。安全信息存储在 TPM 中，因此不可能伪造和捏造数据。车辆制造商信任相应的安全信息，两个 TPM 之间的通信可以免受攻击。

3.3 基于证书和方位的方案

本章提出的女巫攻击检测方法是基于传统的公钥证书和方位验证。在该方法中，整个网络视为一个根为 CA 的树状结构，包含了 VANET 中所有车辆的信息。从根目录开始的第二层是所有 RSU 的集合，构成了一个固定基础设施。与普通的树状结构不同，RSU 之间是有链接的。从根目录开始的第三级（也是最后一级）包含了移动节点（车辆）。每辆车都对应于注册到 CA 的唯一的 ID 和证书。

本章所提方法的主要特点如下。

（1）不依赖于专用硬件：此方案不需要任何特殊类型的硬件，而是利用现有的基础设施来检测攻击。

（2）CA 和 RSU 都参与检测：这种方法避免了通信中心瓶颈，攻击检测发生在 CA 和 RSU 级别。不需要网络中其他车辆的支持。

（3）节点认证依赖于地理位置信息：使用接收信号的强度以及节点的地理位置来验证节点位置。

（4）支持高机动性车辆：该方法支持车辆在 RSU 之间的高速移动。攻击检测不影响 VANET 的性能。

（5）Sybil 节点与网络隔离：Sybil 节点将自动从网络中删除，并且不允许其进一步参与任何通信。

所提方案的基本假设如下：①每个 RSU 必须知道其地理位置；②RSU 通过高速网络后端连接到相邻的 RSU 和 CA；③RSU 视为受信任的实体；④每辆车都使用唯一的 ID 和公钥证书注册到 CA；⑤每辆车都有一个全球定位系统（GPS）设备来获取其地理位置。

3.3.1 Sybil 节点检测方案

本章提出的方案建立在由 RSU 提供其所属车辆间的通信定位证书的概念之上。对于每个车辆 j，CA 对应于车辆 ID 存储相应公钥（PKV_j）。每个 RSU 使用信标信号连续广播其公钥（PKRS）。在描述此方案中的主要步骤之前，首先在表 3-1 中解释其常用符号。

表 3-1 常用符号及其含义

符号	含义
$(PKCA, PKCA^{-1})$	CA 的公钥和私钥
$(PKRS_i, PKRS_i^{-1})$	RSU 的公钥和私钥
(PKV_j, PKV_j^{-1})	车辆 j 的公钥和私钥

（1）假设车辆 j 进入 RSU i 的范围（图 3-2）。此步骤在每个会话中仅在车辆没有有效的定位证书时才会进行一次。车辆用以下格式创建定位证书请求：{Vid（车辆 ID），position（位置），timestamp（时间戳）}。其中，位置信息来自 GPS 传感器。为了通信安全，消息使用车辆的私钥 PKV_j^{-1} 签名，并由 RSU i 的公钥 $PKRS_i$ 进行加密。

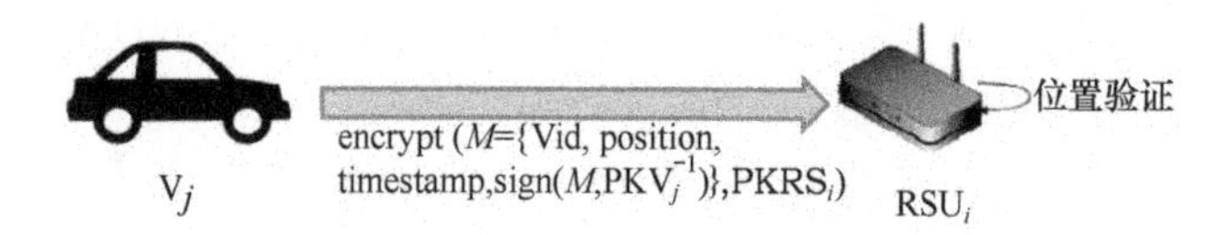

图 3-2 从车辆到 RSU 的通信

（2）当收到车辆 j 的定位请求时，RSU 首先使用接收的信号强度（RSS）来计算与节点的距离[9]以验证其提供的定位。如果验证为有效，RSU 会使用 PKCA 加密请求并转发给 CA（图 3-3）。如果车辆定位验证为无效，则 RSU 会将车辆 ID 通知相邻的 RSU。

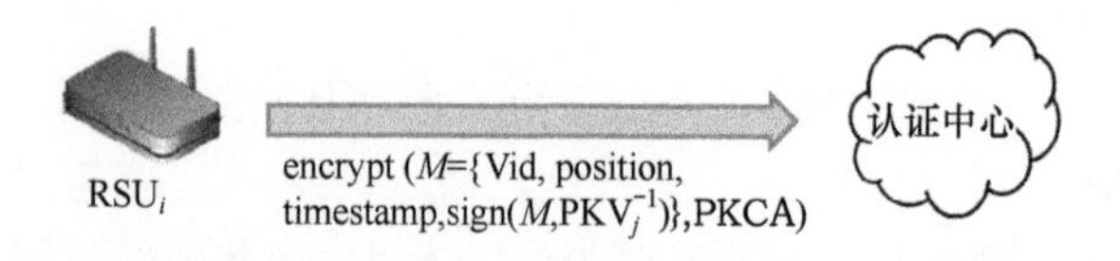

图 3-3 从 RSU 到 CA 的通信

（3）CA 使用 PKV_j 来验证请求，并检查车辆 j 是否注册到网络中的任意位置。如果车辆 j 没有注册，CA 会向 RSU 注册车辆位置，并使用车辆的 PKV_j 通知相应的 RSU（图 3-4）。CA 掌握所有 RSU 的公钥，因此可以安全地与之通信。

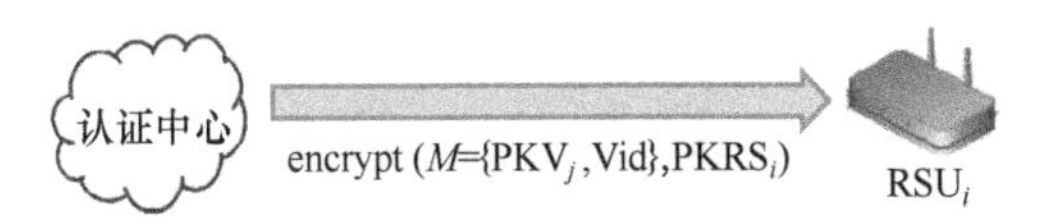

图 3-4 从 CA 到 RSU 的通信

（4）在得到 CA 的确认后，RSU 发布一个带有由车辆公钥加密的定位证书，其中包括{rsu_ID, rsu_shared_key, vehicle_ID, expiry_time}（图 3-5）。如果 CA 检测到女巫攻击，就会通知相关的 RSU，RSU 则不会向该车辆发布证书。

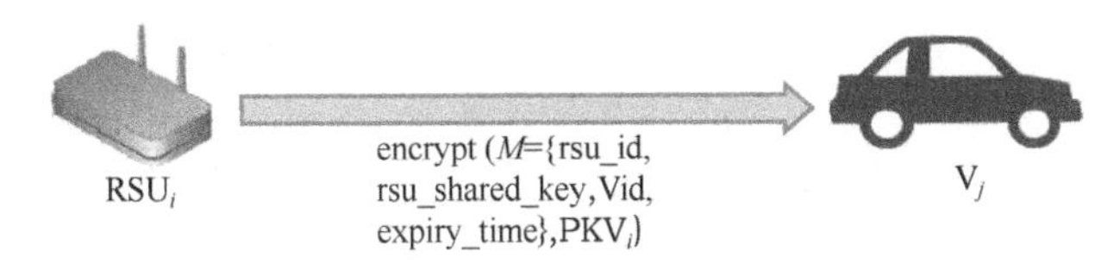

图 3-5 从 RSU 到车辆的通信

（5）特定车辆使用 RSU 共享密钥与其他车辆进行通信。每辆车持续检查定位证书的有效期，并在之前颁发的证书过期之前发送定位证书请求。有效的定位证书作为车辆之间通信的密钥。

（6）当车辆进入下一个 RSU 的范围时，会再次向 RSU 发送一个定位证书请求，其中包含来自上一个 RSU 的位置证书（图 3-6）。当 RSU$_k$ 收到来自 RSU$_i$ 的带有定位证书的请求时，会检查来自 RSU$_i$ 的证书的有效性并获取相应车辆的公钥。然后，RSU$_k$ 会发布证书并将车辆 ID 和 RSU ID 通知 CA。随后，RSU$_i$ 从其存储器中删除相应的车辆。

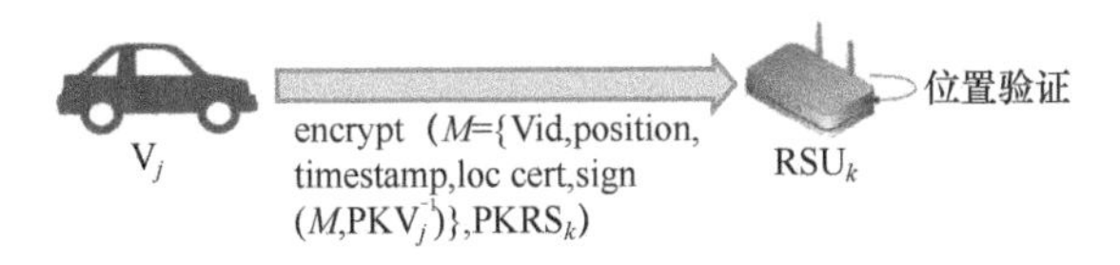

图 3-6 已具备位置证书的车辆与 RSU 之间的通信

在本方案中，Sybil 节点检测发生在两个层面，一是每个 RSU 可以基于位置信息验证节点（车辆），二是 CA 可以使用唯一 ID 检查节点是否注册到网络中的任何位置。攻击方无法向 CA 发送合法请求，因为 CA 可以使用车辆的公钥验证消息的有效性。每个 RSU 需要的存储空间更少，只需存储在其范围内的车辆信息。当车辆移动到下一个 RSU 后，之前的 RSU 会删除车辆的详细信息。如果没有位置证书，车辆将无法与其他车辆通信，这将阻止 Sybil 节点参与进一步的通信。如果 RSU 或 CA 检测到女巫攻击，便会通知附近的 RSU，而附近的 RSU 就可以直接拒绝车辆请求，而无需进行其他步骤。

3.4 形式化建模与验证

形式化验证是一种检验各种系统属性的方法，如活跃度、死锁、设计缺陷等。简单进程无语言解释器（SPIN）是在 Promela（一种过程规范语言）中，使用规范对并存系统进行形式化验证的强大工具。这里建立了位置证书分发方法的模型，没有考虑当中的加密过程。其中将 CA、RSU 和车辆建模为一个 Promela 进程类型。系统有多个 RSU 和车辆实例。这些进程之间的通信通过 Promela 信道进行。为了进行车辆通信，每个 RSU 有一个证书请求信道（veh_rsu_chan）和一个证书响应信道（rsu_veh_chan）。这些信道是异步的，定义为

```
chan veh_rsu_chan[NO_OF_RSU+1]=[0] of {CER_REQ};
chan rsu_veh_chan[NO_OF_RSU+1]=[0] of {CER_RES}
```

CER_REQ 和 CER_RES 类型分别表示来自车辆的认证请求和来自 RSU 的响应。位置证书请求包含车辆标识（veh_ID）、车辆位置（veh_loc）、请求时间和可用位置证书。初始 RSU ID 由初始化进程提供。车辆移动是通过改变 RSU ID 和位置来实现的。如图 3-7 所示，这些结构的定义由 Promela 类型定义给出。

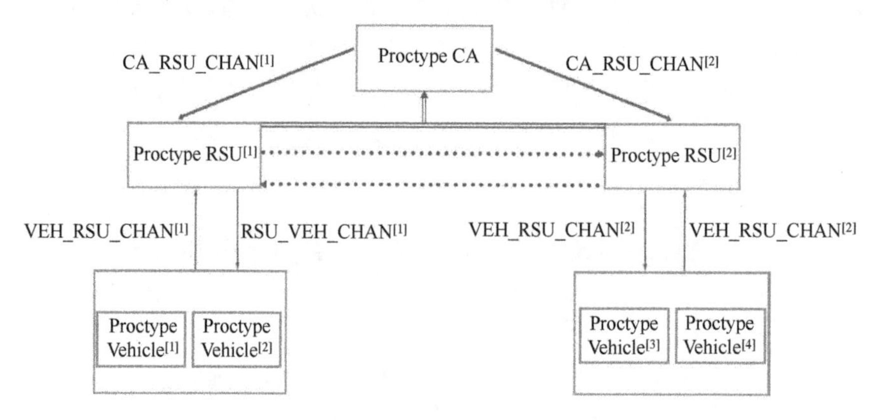

图 3-7 Promela 信道和进程类型

```
typedef CER_REQ {byte veh_ID; byte veh_loc; byte rsu_ID; int loc_cert; int time;}
typedef CER_RES {byte veh_ID; byte rsu_ID; int loc_cert;}
```

loc_cert 类型包含代表有效证书的正值。从 RSU 获取有效证书后，车辆进程将 RSU ID 值加 1，并尝试使用当前位置证书将车辆关联到当前 RSU ID。车辆进程类型详见附录 3A.1。RSU 使用另外两个信道与 CA 通信：rsu_ca_chan 信道用于从

RSU 到 CA 通信，ca_rsu_chan 信道用于从 CA 到 RSU 的通信。

```
chan rsu_ca_chan=[0] of {RSU_REQ};
chan ca_rsu_chan[NO_OF_RSU+1]=[0] of {CO_RES}
```

根据上述方案，每个 RSU 采用 RSS（接收信号强度）方法进行定位验证。但很难在 SPIN 中模拟这样的环境。因此本章使用了一种简单的方法进行定位验证。RSU 检查定位是否在 4km 范围内。如果在这一范围，并且请求中包含无效证书，则 RSU 使用 RSU_REQ 数据结构将该请求转发给 CA。

```
typedef RSU_REQ {byte veh_ID; byte rsu_ID; bit update;}
```

对于证书无效的请求，RSU_REQ 中的更新（update）字段会设置为零。如果来自车辆的请求包含有效证书，则该请求将转发给发布当前证书的 RSU。为了与附近的 RSU 通信，每个 RSU 都有一个请求与响应通道。

```
chan rsu_req_chan[NO_OF_RSU+1]=[0] of {CER_REQ,byte}
chan rsu_res_chan[NO_OF_RSU+1]=[0] of {CO_RES}
```

在这里，CO_RES 是 RSU 的通用响应格式：

```
typedef CO_RES {byte veh_ID; bit status;}
```

收到附近 RSU 或 CA 的有效请求后，RSU 会通过 cer_res_chan 信道发布新证书。为了更新证书，RSU 会通知 CA 新的 rsu_ID。这时会再次使用包括 update 字节的 CA_REQ 结构。CA 具有一个包含 veh_ID 和 rsu_ID 信息的数据库，可以有效地将车辆标识映射到到其对应的 RSU 标识。

```
typedef VEHID_STORE {byte veh_ID; byte rsu_ID;}
```

CA 可以使用数据库检查车辆是否在其他 RSU 中注册过。如果已经注册，CA 将通知 RSU 可能存在 Sybil 攻击。在这种情况下，RSU 可以用将该车辆的无效证书更新到本地存储。这可以阻止该车辆随后通过请求获得有效证书。完整的 RSU 和 CA 进程类型分别在附录 3.6.2 节和 3.6.3 节中有详细说明。

验证：验证进程用于确保车辆不能同时具备两个不同 RSU 发布的有效位置证书。每个 RSU 保存其范围内当前使用的位置证书的副本。为验证这一点，方案使用观测进程扫描不同的 RSU，并确保每辆车只有一个有效的位置证书。在下面的描述中，如果两个 RSU 保存了同一车辆的有效证书，则认为 assert 条款验证失败。

```
active proctype Observer(){
    int i;
    int j;
    do
        ::for(i:1..NO_OF_RSU){
            atomic{
```

```
                    for(j:1..NO_OF_RSU){
                        if
                            ::(i!=j && rsu_pids[i]>0 && rsu_pids[j]>0)->
                                for(k:1..NO_OF_VEH){
                                    assert(!(RSU[rsu_pids[i]]:loc_cert
[k]>0 &&
                                            RSU[rsu_pids[j]]:loc_cert[k]
>0));
                                }
                            :: else ->skip;
                        fi
                        }}}
        od
    }
```

图 3-8 所示为 SPIN 的输出类型，下面对此进行简要解释。

（1）5:Vehicle 是标识为 1 的合法节点，6:Vehicle 是使用与 5:Vehicle 相同标识的 Sybil 节点。

（2）接收到的输入 veh_rsu_chan[1]？1,4,0,－1,0 表示为 5:Vehicle 通过 3:RSU 请求的位置证书。RSU 会咨询 CA 并通过 rsu_veh_chan[1]？1,1,4 分配有效证书。

（3）6:Vehicle 是 Sybil 节点，试图与 4:RSU 进行关联，但通过 rsu_veh_chan[2]？1,2,－1 从 RSU 获得无效证书。

（4）Sybil 节点反复尝试获取有效证书，但没有成功。

3.5 本章小结

本章提出了一种基于加密和位置验证的车载网络 Sybil 攻击检测方法。这种方法可以避免对 CA 的绝对依赖，这种依赖会产生通信瓶颈。该方法给出了一个半集中式的体系结构，RSU 也参与了检测过程。本章使用 Promela 规范语言对系统的精确度进行了建模，并使用 SPIN 模型检查器进行了验证。

该方案的一个缺点是没有考虑 RSU 之间的切换。处于切换过程当中的车辆无法出示有效的车辆通信证书。此外，本章介绍的 Promela 模型仅涵盖车辆与基础设施的通信。通过将加密模型与车对车通信结合起来，可以更全面地描述 VANET 通信。SPIN 模型检查器无法对时间进行定量测量，而这是安全性中的一个关键因素。在 SPIN 模型中引入时间概念将产生一种更强大的安全协议验证方法。

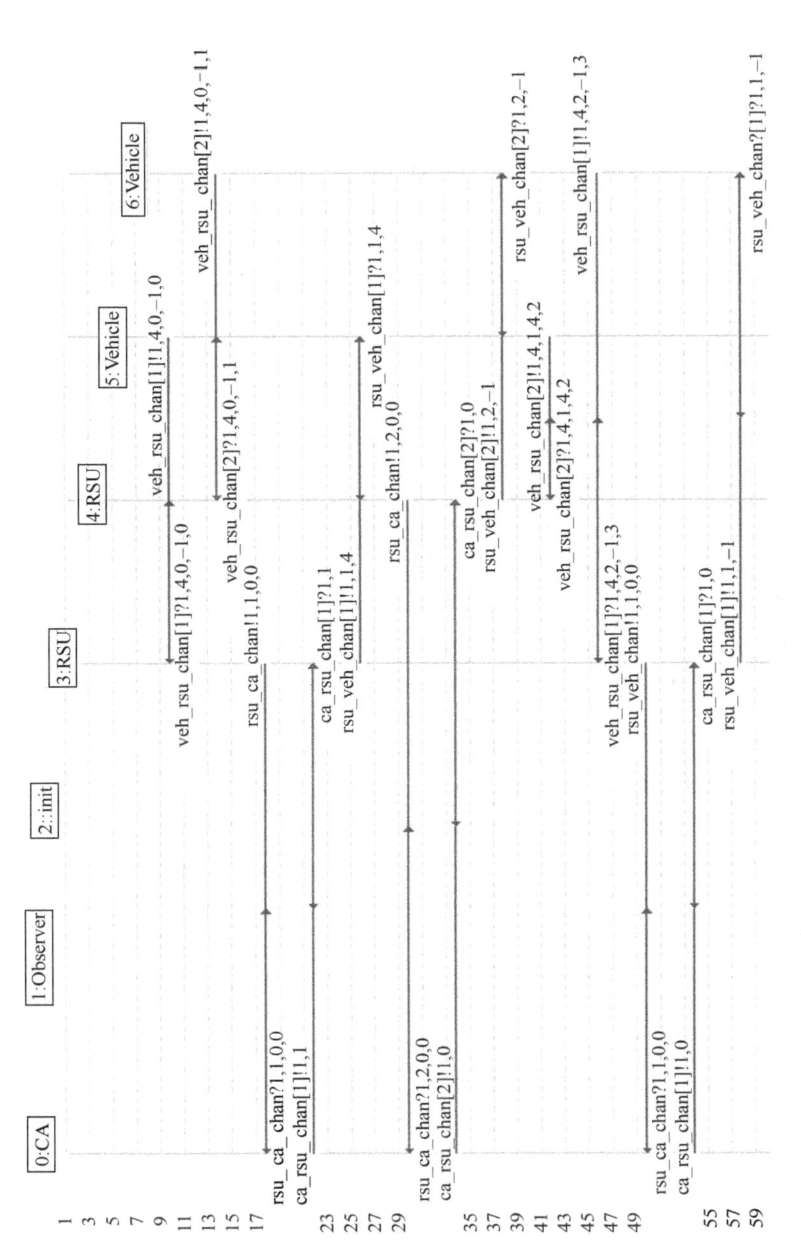

图 3-8 SPIN 序列图（6:Vehicle 是 Sybil 节点，试图冒充 5:Vehicle，但无法获取到有效证书）

最后，可以注意到 Sybil 攻击是针对车载网络的多种攻击类型中的一种。后续工作的目标是将不同类型攻击的防范技术集成到单一的抽象模型中，从而实现一个更安全有效的车辆网络。

3.6 附　录

3.6.1 车辆进程类型

```
proctype Vehicle(byte veh_ID; byte rsu_ID;byte loc){
CER_REQ cer_req;
CER_RES cer_res;
byte new_rsu_ID;
veh_pids[veh_ID]=_pid;
/*Setup inital request*/
new_rsu_ID=rsu_ID;
cer_req.veh_ID=veh_ID;
cer_req.veh_loc=loc;
cer_req.loc_cert=-1;   //Invalid certificate -1
do
    ::true->
         cer_req.time=g_curr_time;
         veh_rsu_chan[new_rsu_ID]!cer_req;  //send request to RSU
         g_curr_time=g_curr_time+1;  //update time
         rsu_veh_chan[new_rsu_ID]?cer_res;
         cer_req.loc_cert=cer_res.loc_cert;  //Get response from RSU
         cer_req.rsu_ID=cer_res.rsu_ID;  //Setup new request
         new_rsu_ID=(cer_res.rsu_ID%NO_OF_RSU)+1;  //Increment RSU_ID
od
}
```

3.6.2 RSU 进程类型

```
/* Input : rsu_ID and location of RSU*/
proctype RSU(byte rsu_ID; byte loc) {
   int loc_cert[NO_OF_VEH+1];
```

```
      int i;
        for(i:1 .. NO_OF_VEH){
            loc_cert[i]=-1;
        }
        rsu_pids[rsu_ID]=_pid;
         CER_REQ cer_req;
         RSU_REQ rsu_req;
         CO_RES co_res;
         CER_RES cer_res;
         int loc_cert_temp;
         int loc_cert_old;
         byte req_rsu;
         do
         /*Listener for cer_req request from vehicle*/
         ::veh_rsu_chan[rsu_ID]?cer_req->
         if
             ::cer_req.veh_loc-loc<=4 ->
              cer_res.veh_ID=cer_req.veh_ID;    //Set location response
veh_ID
              cer_res.rsu_ID=rsu_ID;  //Set location response rsu_ID
              loc_cert_old=cer_req.loc_cert;          //Taking  location
certificate
              rsu_req.veh_ID=cer_req.veh_ID;
              rsu_req.rsu_ID=rsu_ID;
              if
                /*For 1st request(without a valid loc_cert)*/
                   ::loc_cert_old==-1->
                   rsu_req.update=0;   //Update 0 means vehicle is not
registered in any RSU
                   rsu_ca_chan!rsu_req;   //send RSU request to CA
                   ca_rsu_chan[rsu_ID]?co_res;   //Get response from CA
                  ::loc_cert_old>=0->
                   rsu_req_chan[cer_req.rsu_ID]!cer_req,rsu_ID;
           rsu_res_chan[rsu_ID]?co_res;
           ::else->skip;
```

```
        fi
        if
          ::co_res.status==1->   //
          loc_cert_temp=cer_req.time+cer_req.veh_loc;
          loc_cert[cer_req.veh_ID]=loc_cert_temp;
          cer_res.loc_cert=loc_cert_temp;
          ::else->cer_res.loc_cert=-1;
          ::else  ->  cer_res.loc_cert=-1;
          fi
                  rsu_veh_chan[rsu_ID]!cer_res;
                  if
                  /*if request for loc_cert update initamte CA with
new RSU_ID*/
    ::loc_cert_old>=0->
    rsu_req.update=1;
    rsu_req.old_rsu_ID=cer_req.rsu_ID;
    rsu_ca_chan!rsu_req;
    ca_rsu_chan[rsu_ID]?co_res;
    if
      ::co_res.status==0->loc_cert[co_res.veh_ID]=-1;
      ::else->skip;
    fi
    ::else -> skip;
          fi
              /*listener for near by RSU request to check validity of
certificate */
    ::rsu_req_chan[rsu_ID]?cer_req,req_rsu->
     co_res.veh_ID=cer_req.veh_ID;
    if
    ::loc_cert[cer_req.veh_ID]==cer_req.loc_cert->
      co_res.status=1;
      loc_cert[cer_req.veh_ID]=-1;
    ::else ->
      co_res.status=0;
    fi
```

```
    rsu_res_chan[req_rsu]!co_res;
od
}
```

3.6.3 CA 进程类型

```
active proctype CA(){
    RSU_REQ rsu_req;
    CO_RES co_res;
    do
    /*listener for request from RSU*/
         ::rsu_ca_chan?rsu_req ->
          co_res.status=0;
          co_res.veh_ID=rsu_req.veh_ID;
          if
            ::rsu_req.update==0&&vehid_store[rsu_req.veh_ID]==0->
         vehid_store[rsu_req.veh_ID]=rsu_req.rsu_ID;
         co_res.status=1;
            ::rsu_req.update==1->
         if
            ::rsu_req.old_rsu_ID==vehid_store[rsu_req.veh_ID]->
       vehid_store[rsu_req.veh_ID]=rsu_req.rsu_ID;
       co_res.status=1;
     ::else->co_res.status=0;
         fi
     ::else->co_res.status=0;
         fi
             ca_rsu_chan[rsu_req.rsu_ID]!co_res;
       od
}
```

参考文献

[1] Nitish Balachandran and Sugata Sanyal. A review of techniques to mitigate Sybil attacks. *Int. J. Adv. Netw. Applic.*, 4:1514–1518, 2012.

[2] Brijesh Kumar Chaurasia and Shekhar Verma. Infrastructure based authentication in VANETs. *Int. J. Multimed. Ubiquitous Eng.*, 6(2):41–54, 2011.

[3] Edmund M. Clarke, Orna Grumberg, and Doron Peled. *Model Checking*, MIT Press, Cambridge, MA 1999.

[4] John R. Douceur. The Sybil attack. In *Peer-to-Peer Systems*, pages 251–260, Vol. 2429 of Lecture Notes in Computer Sciences. Springer, 2002.

[5] Gilles Guette and Ciarán Bryce. Using TPMS to secure behicular ad-hoc networks (VANETs). In *Information Security Theory and Practices. Smart Devices, Convergence and Next Generation Networks*, pages 106–116. Springer, 2008.

[6] Gerard J. Holzmann. The model checker SPIN. *IEEE Trans. Softw. Eng.*, 23(5):279–295, 1997.

[7] Gökhan Korkmaz, Eylem Ekici, Füsun Özgüner, and Ümit Özgüner. Urban multi-hop broadcast protocol for inter-vehicle communication systems. In *Proceedings of the 1st ACM International. Workshop on Vehicular Ad-hoc Networks*, pages 76–85. ACM, 2004.

[8] James Newsome, Elaine Shi, Dawn Song, and Adrian Perrig. The Sybil attack in sensor networks: Analysis & defenses. In *Proceedings of the 3rd International Symposium on Information Processing in Sensor Networks*, pages 259–268. ACM, 2004.

[9] Charalampos Papamanthou, Franco P. Preparata, and Roberto Tamassia. Algorithms for location estimation based on RSSI sampling. In *Algorithmic Aspects of Wireless Sensor Networks*, pages 72–86. Springer, 2008.

[10] Soyoung Park, Baber Aslam, Damla Turgut, and Cliff C. Zou. Defense against Sybil attack in vehicular ad-hoc network based on roadside unit support. In *Military Communications Conference, 2009. MILCOM 2009. IEEE*, pages 1–7. IEEE, 2009.

[11] Bryan Parno and Adrian Perrig. Challenges in securing vehicular networks. In *Workshop on Hot Topics in Networks (HotNets-IV)*, pages 1–6. ACM, 2005.

[12] Ali Akbar Pouyan and Mahdiyeh Alimohammadi. Sybil attack detection in vehicular networks. *Computer Science and Information Technology*, 2(4):197–202, 2014.

[13] Prabhakar Ranjan and Kamal Kant Ahirwar. Comparative study of VANET and MANET routing protocols. In *Proceedings of the International Conference on Advanced Computing and Communication Technologies (ACCT 2011)*, pages 517–523.

[14] Mukul Saini, Kaushal Kumar, and Kumar Vaibhav Bhatnagar. Efficient and feasible methods to detect Sybil attack in VANET. *Int. J. Eng.*, 6(4):431–440, 2013.

[15] Amol Vasudeva and Manu Sood. Sybil attack on lowest ID clustering algorithm in the mobile ad-hoc network. *Int. J. Netw. Security Applic*, 4(5):135, 2012.

[16] Ravi M. Yadumurthy, Mohan Sadashivaiah, Ranga Makanaboyina, et al. Reliable MAC broadcast protocol in directional and omni-directional transmissions for vehicular ad-hoc networks. In *Proceedings of the 2nd ACM International Workshop on Vehicular Ad-Hoc Networks*, pages 10–19. ACM, 2005.

[17] Gongjun Yan, Stephan Olariu, and Michele C Weigle. Providing VANET security through active position detection. *Comput. Commun.*, 31(12): 2883–2897, 2008.

[18] Jie Zhang. Trust management for VANETs: Challenges, desired properties and future directions. *Int. J. Distrib. Sys. Technol. (IJDST)*, 3(1):48–62, 2012.

[19] Tong Zhou, Romit Roy Choudhury, Peng Ning, and Krishnendu Chakrabarty. Privacy-preserving detection of Sybil attacks in vehicular ad-hoc Networks. In *Mobile and Ubiquitous Systems: Networking & Services, 2007. MobiQuitous 2007. Fourth Annual International Conference*, pages 1–8. IEEE, 2007.

第 4 章　恶意软件在物联网中的传播及控制

4.1 引　言

网络物理系统（CPS）集成了计算和物理过程，而嵌入式计算机则监测和控制物理过程。该系统由一组具有诸多通信功能的节点组成，包括多个传感器和执行器，一台处理器或者控制单元，以及一部通信设备。这些节点构成网络，并与每个人通信，以智能的方式支持日常生活，这就是物联网。物联网应用程序，例如智能家居、智能工厂、智能电网和智能交通，其中的“智能”意味着节点可以自动感知环境，收集数据，彼此通信并执行相应的动作，仅需极少的人工干预[44]。物联网具备如下一些特点。

（1）对象数量大：物联网包含的对象数量巨大，使物联网日益呈现泛在的状态。

（2）自治运行：由于仅需极少的人工干预，物联网中的对象将以自治方式进行数据收集、处理、相互协作和决策制定[44]。

（3）异构通信和计算功能：物联网可以支持不同无线通信方式和计算能力的设备，例如低功耗蓝牙（BLE）、全球移动通信系统（GSM）、近场通信（NFC）、无线局域网（Wi-Fi）和无线传感器网络（Zigbee）技术，因此这些对象在不同的物联网场景中可能发挥不同作用[36]。

（4）网络与现实世界之间的相互依赖：例如，在一类众所周知的物联网即智能电网当中，现实世界与网络相互协作[12]。

（5）复杂的网络结构：通过各种无线接口，对象能够以更加复杂的方式相互通信，从而形成复杂的系统[53]。例如，一个对象可以使用 GSM 接口通过蜂窝网络与另一个对象通信，同时又使用基于邻近度的 BLE 或 Wi-Fi 与附近的其他对象通信。

图 4-1 所示为物联网平台的网络架构。物联网的安全性问题受到了大量关注[23]。显然，物联网中的对象具有丰富的无线通信功能，而这类对象的日益普及导致物联网遭受了数字病毒和恶意内容的威胁。此外，移动性以及新颖的基于邻近度的通信技术增加了恶意软件传播的可能性[14,16-17]。下面将简要介绍由于物联网的独特功能而导致的恶意软件漏洞。

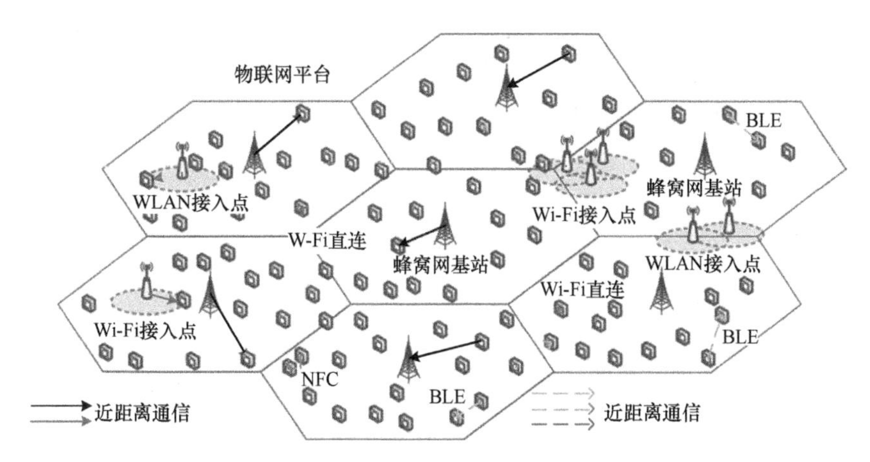

图 4-1　基于基础设施和基于邻近度通信的物联网平台

计算能力有限的对象的弱点：由于计算能力和能源有限，应用于对象的算法和机制相对简单。此外，由于物联网平台无法承受常规安全机制（例如实时防病毒扫描）的开销，因此攻击者入侵所需的资源较少，使物联网中的对象成为恶意用户的目标。另一个例子是物联网由于日志记录有限，使得识别入侵更加困难。

（1）复杂环境下的身份隐藏：大量具有各种异构动作和行为的对象有助于编造身份。此外，具备智能的对手会首先感染一些关键节点，而不是同时对整个网络发起攻击，以便于有效地破坏网络并降低被检测发现的风险，从而对网络鲁棒性构成严重威胁。

（2）丰富的无线通信功能下的各种感染模式：由于能够使用基于基础设施和基于邻近度的通信技术，物联网中恶意软件传播速度更快，后果更严重[36]。

通常而言，节点被恶意软件感染之后，攻击方可以控制这些节点发起其他攻击。下面总结了受感染节点对于物联网平台的影响。

（1）宝贵网络资源的可用性：当大量受感染节点同时访问无线资源之时，服务可能会中断。此外，扰乱型攻击可以通过发起拒绝服务攻击来阻塞整个系统，使得物联网操作陷入瘫痪。对于整个网络造成的破坏性后果会对公众接受和使用物联网产生负面影响，从而可能阻碍物联网平台的广泛部署。

（2）人身和环境安全：攻击可能从现实世界或者网络发起，并可能影响两个领域。针对智能电网，网络攻击的后果可能对人类生活和环境造成严重影响[12]。美国第 13636 号行政令[1]和第 21 号总统政策指令[2]指出，必须采取积极和协调的努力，以强化和维护安全、有效和弹性的关键基础设施，以及在物理空间和网络空间当中实现相互依赖的功能和系统。

由于上述漏洞和负面反馈，人们越来越关注在物联网对象数量爆发性增长的情况下，对当前恶意软件的传播行为建模[40]。本章旨在为评估恶意软件传播动力学提供理论框架，为物联网中的恶意软件传播控制建立一个参数化插件模型。具体而言，本章将从整个网络和单个对象的角度研究恶意软件的传播。从宏观和微观的角度了解恶意软件的传播特性，有助于评估恶意软件造成的破坏和检测程序的开发进程。

4.2 物联网内的恶意软件方案

通常，物联网恶意软件可以通过基于基础设施的通信技术传播，如 GSM/通用分组无线服务（GPRS）/通用移动电信系统（UMTS）/长期演进技术（LTE）和无线局域网（WLAN）等。另一种传播途径是利用基于邻近度的无线媒介，如 BLE，Wi-Fi 直连和 NFC 等，感染附近的对象[59]，如图 4-1 所示。通过这两种感染途径，恶意软件的传播动力学可能发生重大变化。图 4-2 给出了一个传播过程示例。针对这一变化，需要对应的分析模型来检查复杂的恶意软件传播动力学，相应地提出恶意软件缓解方案。

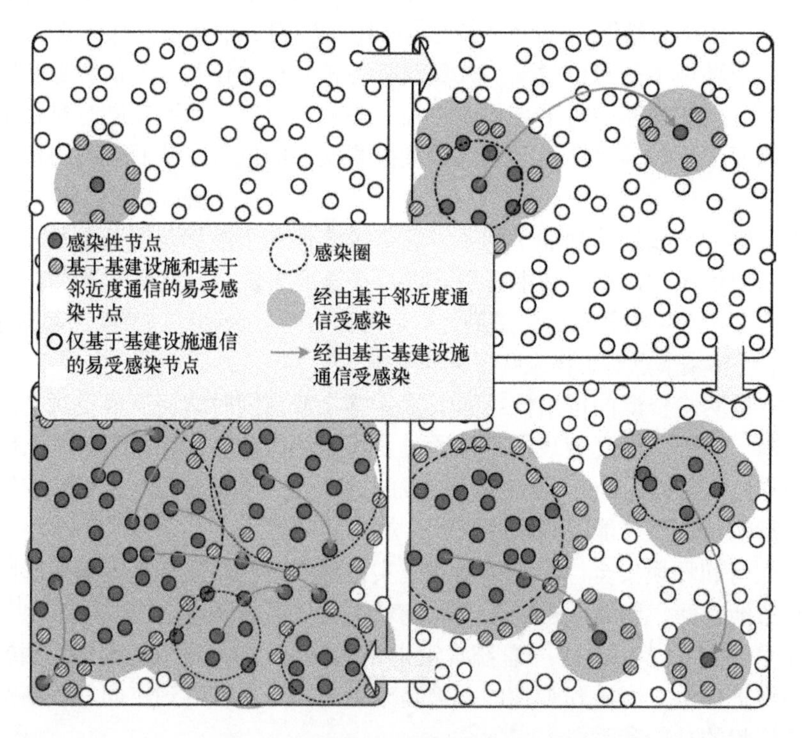

图 4-2 物联网恶意软件的传播现象

4.2.1 从个体角度建模

Darabi Sahneh 和 Scoglio 提出使用时间连续马尔可夫过程来构建模型[43]，而 Karyotis 提出使用马尔可夫随机场（MRF）来构建恶意软件传播模型[29]，二者都是基于随机模型。Szongott 等人提出了一个时空模型[48]。照此来看，对恶意软件传播建模已经有了充分认知；但这些研究都是从网络角度出发的，也就是说，这些研究在图中将节点视为智能手机，将边视为智能手机间的连接，并隐含地假设所有节点都具有相同的感染概率，这就有别于本章从个体角度出发的模型。在现实世界中，每台智能手机在面临恶意软件传播时都会有不同的反应。因此，网络视角不适合解决这一问题[52]，因为在这一角度考虑问题时会丢失各个节点的特性。

4.2.2 从整体网络角度建模

由于人际流行病的传播与物联网平台上的恶意软件传播类似，通常采用流行病学模型[3,18,26]的理念来构建恶意软件模型[10,15,17,19]。当前恶意软件的传播动力学可以分为以下几类：确定性模型、随机模型和时空模型[40]。确定性模型使用微分方程从网络角度描述感染性恶意软件的传播，包括易感-感染（SI）模型[16,28]、易感-感染-易感模型（SIS）模型[7-8,25,35,39]和易感-感染-恢复（SIR）模型[31,33]。文献[33]的作者进一步从整个网络角度考虑了潜伏期的概念。

由于通信网络的复杂交互作用和庞大规模，互联网蠕虫之类的恶意代码可能会利用固有的固定拓扑来破坏网络运行[22,46]。在文献[30,47]中，作者发现互联网蠕虫的传播与流行病的传播方式相似，并对系统安全构成了严重威胁。在文献[6]中，Castellano 和 Pastor-Satorras 证明了在固定拓扑网络中，当感染率超过某个阈值时流行病便会爆发；而当网络具有偏态的度分布之时，阈值会趋于消失[24]，例如互联网[20]。在文献[9]中，Chen 和 Carley 以计算机病毒和防护措施通过两个独立但相互关联的复杂网络传播的理念为基础，提出了防护措施竞争策略。

对互联网蠕虫传播动力学的研究表明，在短临阶段，可以通过有效的检测技术或者防御来大大减轻互联网蠕虫造成的破坏[15,45,50,54,56-58]。Hu 等人也证明了，紧密互联的邻近网络可用于传播恶意软件，作为发起大规模欺诈攻击的基础[27]。此外，在移动环境中，恶意软件仍然可以在机会性相遇时间歇连接的网络中传播[49]。Wang 等人通过仿真研究了手机病毒的传播模式，包括通过多媒体消息服务（MMS）或蓝牙进行传播[51]。在文献[16]中，Cheng 等人进一步模拟了恶意软件在由非本地化和本地化链接组成的通用社交网络中的传播。结果表明，如果恶意软件能够通过异构链接传播，那么其感染速度将大大加快。

4.2.3 控制恶意软件传播

下面将讨论流行病学的免疫机制，并将其直接映射到恶意软件传播控制领域。考虑以下两种方案。

（1）自我修复方案：在全局定时器到期之时，受感染的节点会删除数据，因此节点从受感染状态转换为恢复状态。

（2）疫苗传播方案：已恢复的节点参与到对易感节点的免疫过程。在这种情况下，易感结节作为接种者，因此对该病毒免疫。易感节点成为接种者的概率用 κ 表示。

本章将探讨恶意软件传播控制的两种免疫方案的工程学诠释以及效果。据作者所知，时间依赖性控制能力及其产生的恶意软件传播动力学之间的权衡问题仍未有定论[21]，而在有异构链接的物联网中，这一问题变得更加复杂。

依传统而言，大多数研究都隐含地假定控制能力（即从感染中恢复的能力）在恶意软件传播后会立即生效。但是，这种假设在物联网中也许不可行，特别是对实时应用程序（例如防病毒程序）[21,38]的执行而言，因为当出现新的恶意软件之时，控制信号（例如安全补丁或系统更新）通常不可用。因此，本章考虑一个更加现实的情况：控制能力是（控制信号）分发时间的函数。

4.2.4 恶意软件传播的最佳控制

如何确定控制信号的最优分发时间是减轻恶意软件影响的重要问题[11,13]。本章首先基于最佳控制理论[34]提出问题，目的在于将累积成本最小化，这不仅与恶意软件造成的损害有关，而且与中继辅助网络中复制数据包的数量有关。但是，最佳控制理论假定能够完全操纵控制功能，因此其解决方案不足以确定控制信号的最佳分发时间。考虑到依赖于时间的控制能力，本章采用动态编程[4]以实时获得信息传播过程中控制信号的最佳分发时间。本章还进行了早期分析[56]以便获得封闭的 SIR 模型。利用上述技术可以大大降低移动网络和广义社交网络中信息传播的累积成本。此外，使用相图来说明网络的可控制性，以便研究控制能力和感染率之间的关系。

4.3 从个体角度建模恶意软件传播动力学

4.3.1 无脉冲模型（IFM）

我们首先考虑简单情况，即无论潜伏期多长，由于接触受感染个体而导致个体的恶意软件传播动力学以及恶意软件的感染率是具有暴露率 λ（接触/单位时间）的齐次泊松过程，而由于防火墙或防病毒软件导致的个体的恢复动力学以在单位时间内呈平均为 $1/\mu$ 的指数分布，因此，借助连续时间马尔可夫链（CTMC）$\{X(t), t\geqslant 0\}$ 来建模无潜伏期的恶意软件的传播动力学，其状态表示此类恶意软件的级别（量化为 N 度），因此总共有 $N+1$ 个状态。连续时间马尔可夫链的有限个状态具有遍历性，状态转换率图如图 4-3 所示。

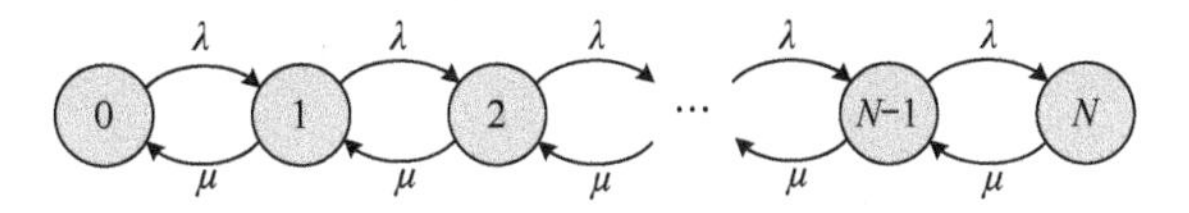

图 4-3　无潜伏期的连续时间马尔可夫链

但是，图 4-3 中描述的连续时间马尔可夫链不适合描述具有潜伏期特征的恶意软件。为使提出的模型更真实，将潜伏期 T 定义为个体从状态 0 到某个阈值 δ 的时间，概率 $P_{0\delta}(t)$表示个体从最初安全到最终在时刻 t 被感染的概率。这种解释比较实用，因为恶意软件的传播取决于个体的暴露率和自身免疫能力，需要考虑防火墙或防病毒软件，并且阈值不仅从移动网络的角度而且从个体角度来看也具备意义。

为评估恶意软件的特征所关注的状态包括：恶意软件 $E[X(t)]$的预期级别、潜伏期 T、剩余生命期 R、个体状态在时间 t 从安全变为受感染的概率 $P_{ij}(t)$，以及稳态概率 P_n。对应建立的连续时间马尔可夫链模型如图 4-4 所示。

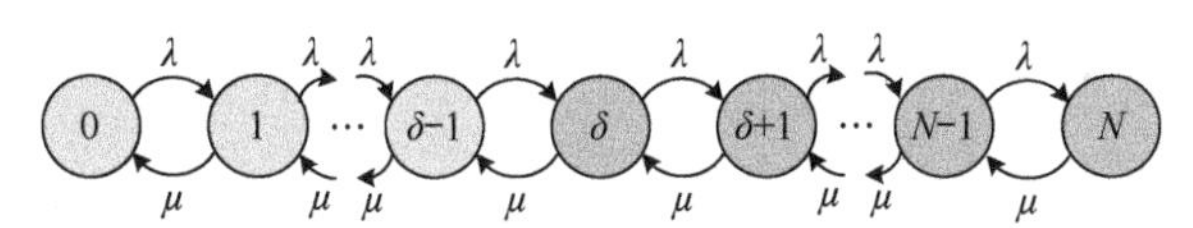

图 4-4　有潜伏期的连续时间马尔可夫链

1．预期恶意软件级别 $E[X(t)]$

由于恶意软件极难达到致命程度，可以假设 N 值相对较大（即如果达到状态 N，那么恶意软件则可致命）。因此，可以将这个连续时间马尔可夫链视为无边界的连续时间马尔可夫链。对于小时间间隙 h，假定 $X(t)$和 $X(0)=i$，则

$$X[t+h\,|\,X(t)]=\begin{cases}X(t)+1 & \text{概率为}\lambda h+o(h),\\ X(t)-1 & \text{概率为}\mu h+o(h),\\ X(t) & \text{概率为}1-(\lambda+\mu)h+o(h)\end{cases}$$

得出

$$\begin{aligned}E[E[X(t+h)|X(t)]]&=E[(X(t)+1)(\lambda h+o(h))+(X(t)-1)(\mu h+o(h))+X(t)(1-(\lambda+\mu)h+o(h))]\\&=E[X(t)]+(\lambda-\mu)hE[X(t)]+o(h)=E[X(t+h)]\end{aligned}$$

式中：$M(t)=E[X(t)]$，则

$$M'(t)=\lim_{h\to 0}\frac{M(t+h)-M(t)}{h}=(\lambda-\mu)M(t)$$

且

$$M(t)=E[X(t)]=\begin{cases}(\lambda-\mu)t+i & \lambda\neq\mu\\ i & \lambda=\mu\end{cases}$$

2．潜伏期 T 和剩余寿命 R

将潜伏期 T 定义为从状态 0 到阈值 δ 的时间。对于具有恒定参数 λ 和 μ 的生灭过程，从状态 x 到状态 x+1 所花费的时间表示为 Z_x，因此 Z_x 的预期时间和方差为

$$E[Z_x]=\begin{cases}\dfrac{1-\left(\dfrac{\mu}{\lambda}\right)^{x+1}}{\lambda-\mu} & \lambda\neq\mu\\[2ex] \dfrac{x+1}{\lambda} & \lambda=\mu\end{cases}$$

且

$$\mathrm{Var}(Z_x)=\frac{1}{\lambda(\lambda+\mu)}+\frac{\mu}{\lambda}\mathrm{Var}(Z_{x-1})+\frac{\mu}{\lambda+\mu}(E[Z_{x-1}]+E[Z_x])^2$$

式中：$E[Z_0]=\dfrac{1}{\lambda}$；$\mathrm{Var}(Z_0)=1/\lambda^2$。

状态 k 到状态 j 的预期时间为

$$E\left[\sum_{x=k}^{j-1}Z_x\right]=\sum_{x=k}^{j-1}E[Z_x]=\sum_{x=k}^{j-1}\frac{1-\left(\dfrac{\mu}{\lambda}\right)^{x+1}}{\lambda-\mu}$$

$$=\begin{cases}\dfrac{1}{\lambda-\mu}\left[j-k-\dfrac{\left(\dfrac{\mu}{\lambda}\right)^{k+1}-\left(\dfrac{\mu}{\lambda}\right)^{j+1}}{1-\dfrac{\mu}{\lambda}}\right] & \lambda\neq\mu\\[2ex] \dfrac{j(j+1)-k(k+1)}{2\lambda} & \lambda=\mu\end{cases}$$

因此

$$T=E\left[\sum_{x=0}^{\delta-1}Z_x\right]=\begin{cases}\dfrac{1}{\lambda-\mu}\left[\delta-\dfrac{\dfrac{\mu}{\lambda}-\left(\dfrac{\mu}{\lambda}\right)^{\delta+1}}{1-\dfrac{\mu}{\lambda}}\right] & \lambda\neq\mu\\[2ex] \dfrac{\delta(\delta+1)}{2\lambda} & \lambda=\mu\end{cases}\tag{4.1}$$

并且 $\mathrm{Var}(T)=\sum_{x=0}^{\delta-1}\mathrm{Var}(Z_x)$。

如果假设恶意软件达到致命级别 N 是造成个体系统崩溃的原因，那么剩余生命周期定义为从恶意软件出现到到达状态 N 的时间。因此，

$$R=E\left[\sum_{x=\delta}^{N-1}Z_x\right]=\begin{cases}\dfrac{1}{\lambda-\mu}\left[N-\delta-\dfrac{\left(\dfrac{\mu}{\lambda}\right)^{\delta+1}-\left(\dfrac{\mu}{\lambda}\right)^{N+1}}{1-\dfrac{\mu}{\lambda}}\right] & \lambda\neq\mu\\ \dfrac{N(N+1)-\delta(\delta+1)}{2\lambda} & \lambda\neq\mu\end{cases}$$

并且 $\mathrm{Var}(R)=\sum_{x=\delta}^{N-1}\mathrm{Var}(Z_x)$。

3．转移概率

转移概率 $P_{ij}(t)$定义为 $P_{ij}(t)=\{X(t)=j|X(0)=i\}$，关注的是概率 $P\{X(t)=j,\ j\geqslant\delta|X(0)=I,\ i<\delta\}$，即个体最初处于安全状态，最终将在时间 t 受到感染；观察时间设置为 0，代表对个体进行检查或诊断的时间，以便通过防火墙或防病毒软件识别某些恶意软件。可以将 Kolmogorov 前向方程重写为 $\boldsymbol{P}'(t)=\boldsymbol{P}(t)\boldsymbol{R}$，其中 $\boldsymbol{P}(t)$是包含 $P_{ij}(t)$元素的转移概率矩阵，$\boldsymbol{R}$ 是包含各类元素的速率转移矩阵

$$r_{ij}=\begin{cases}q_{ij} & i\neq j\\ -v_i & i=j\end{cases}$$

因此，可以将图 4-4 中 CTMC 模型的速率概率矩阵 $\boldsymbol{R}$ 表达为

$$\boldsymbol{R}=\begin{pmatrix}-\lambda & \lambda & 0 & 0 & 0\\ \mu & -\lambda-\mu & \lambda & 0 & 0\\ 0 & \mu & -\lambda-\mu & \lambda & 0\\ 0 & 0 & \mu & -\lambda-\mu & \lambda\end{pmatrix} \tag{4.2}$$

转移概率矩阵 $\boldsymbol{P}(t)$的解为 $\boldsymbol{P}(t)=\mathrm{e}^{\boldsymbol{R}t}$，可以在[X]中运用近似法，通过 $\boldsymbol{P}(t)=\lim_{n\to\infty}\left(\boldsymbol{I}+\boldsymbol{R}\dfrac{t}{n}\right)^n$，其中 $\boldsymbol{I}$ 是单位矩阵，而 $\mathrm{e}^{\boldsymbol{R}t}$ 定义为$\mathrm{e}^{\boldsymbol{R}t}=\sum_{n=0}^{\infty}\boldsymbol{R}^n\dfrac{t^n}{n!}$。由此，可以得到转移概率 $\boldsymbol{P}_{ij}(t)$以及更多个体最初处于安全状态并最终将在时间 t 受到感染的概率 $\boldsymbol{P}\{X(t)=j,\ j\geqslant\delta|X(0)=i,\ i<\delta\}$的信息。

4．稳态概率

具有常数参数 λ、μ 的生灭过程和有限状态的稳态概率 P_n 是具有以下条件的截断 M/M/1/N 队列

$$P_n=\begin{cases}\dfrac{(1-\rho)\rho^n}{\sum_{x=0}^{N}(1-\rho)\rho^x} & \lambda\neq\mu\\ \dfrac{1}{N+1} & \lambda=\mu\end{cases}\quad 0\leqslant n\leqslant N,\rho=\frac{\lambda}{\mu} \tag{4.3}$$

4.3.2 脉冲响应模型（IRM）

图 4-4 所示的 CTMC 模型假设所有状态的暴露率和平均自我免疫时间相同，暗示暴露率从未降低。根据上述建模经验，本章提出了一个通用的 CTMC 模型，以更加通用的方式捕获动态，如图 4-5 所示。

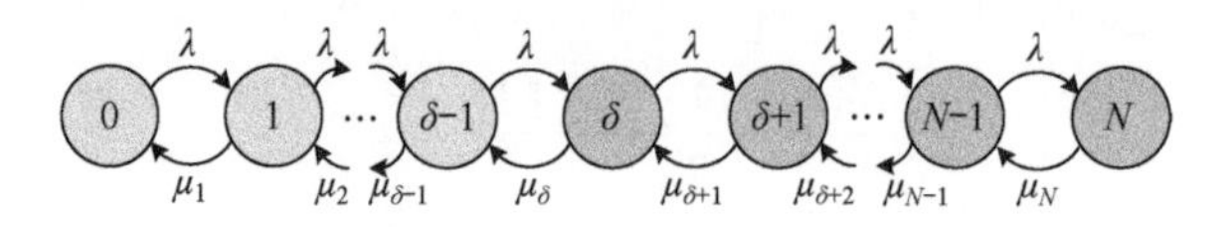

图 4-5　一般连续时间马尔可夫链模型

为了研究具有潜伏期的恶意软件的传播动力学通用模型的适用性，考虑了一个实际案例，即个体在计算机工程师的协助下针对恶意软件出现寻求帮助，并使用一种能够降低恶意软件迁移能力的方法。此外，诸如防火墙和防病毒软件之类的自身免疫要素的脉冲响应也有助于提高恢复率。因此，合理的假设为

$$\lambda_n=\begin{cases}\lambda & 0\leqslant n\leqslant \delta-1\\ \alpha\lambda & \delta\leqslant n\leqslant N-1\end{cases}\tag{4.4}$$

并且

$$\mu_n=\begin{cases}\mu & 1\leqslant n\leqslant \delta-1\\ \beta\mu & \delta\leqslant n\leqslant N\end{cases}\tag{4.5}$$

式中：$0\leqslant\alpha<1$；$\beta>1$。根据式（4.4）和式（4.5），如果有 $\lambda'=\alpha\lambda$ 和 $\mu'=\beta\mu$，则可以改写潜伏期 T、剩余寿命 R、转移概率 $P_{ij}(t)$和稳态概率 P_n。

1．潜伏期 T 和剩余寿命 R

在式（4.1）中，潜伏期 T 不变

$$T=E\left[\sum_{x=0}^{\delta-1}Z_x\right]=\begin{cases}\dfrac{1}{\lambda-\mu}\left[\delta-\dfrac{\left(\dfrac{\mu}{\lambda}\right)-\left(\dfrac{\mu}{\lambda}\right)^{\delta+1}}{1-\left(\dfrac{\mu}{\lambda}\right)}\right] & \lambda\neq\mu\\ \dfrac{\delta(\delta+1)}{2\lambda} & \lambda=\mu\end{cases}$$

并且 $\operatorname{Var}(T)=\sum_{x=0}^{\delta-1}\operatorname{Var}(Z_x)$。

在式（4.2）中，剩余寿命 R 为

$$R=E\left[\sum_{x=\delta}^{N-1}Z_x\right]=\begin{cases}\dfrac{1}{\lambda'-\mu'}\left[N-\delta-\dfrac{\left(\dfrac{\mu'}{\lambda'}\right)^{\delta+1}-\left(\dfrac{\mu'}{\lambda'}\right)^{N+1}}{1-\left(\dfrac{\mu'}{\lambda'}\right)}\right] & \lambda'\neq\mu' \\ \dfrac{N(N+1)-\delta(\delta+1)}{2\lambda'} & \lambda'=\mu'\end{cases}$$

并且 $\mathrm{Var}(R)=\sum_{x=\delta}^{N-1}\mathrm{Var}(Z_x)$，

$$E[Z_x]=\begin{cases}\dfrac{1-\left(\dfrac{\mu}{\lambda}\right)^{x+1}}{\lambda-\mu} & \lambda\neq\mu \\ \dfrac{x+1}{2\lambda} & \lambda=\mu\end{cases}\qquad 0\leqslant x\leqslant\delta-1$$

且

$$E[Z_x]=\begin{cases}\dfrac{1-\left(\dfrac{\mu'}{\lambda'}\right)^{x+1}}{\lambda'-\mu'} & \lambda'\neq\mu' \\ \dfrac{x+1}{\lambda'} & \lambda'=\mu'\end{cases}\qquad \delta\leqslant x\leqslant N-1$$

$$\mathrm{Var}[Z_x]=\begin{cases}\dfrac{1}{\lambda(\lambda+\mu)}+\dfrac{\mu}{\lambda}\mathrm{Var}(Z_{x-1})+\dfrac{\mu}{\lambda+\mu}(E[Z_{x-1}]+E[Z_x])^2 & 0\leqslant x\leqslant\delta-1 \\ \dfrac{1}{\lambda'(\lambda'+\mu')}+\dfrac{\mu'}{\lambda'}\mathrm{Var}(Z_{x-1})+\dfrac{\mu'}{\lambda'+\mu'}(E[Z_{x-1}]+E[Z_x])^2 & \delta\leqslant x\leqslant N-1\end{cases}$$

2．转移概率

式（4.6）中显示了式（4.2）中的速率转换矩阵 $\boldsymbol{R}$。

$$\boldsymbol{R}=\begin{array}{c|cccccccc} & 0 & 1 & 2 & \cdots & \delta & \cdots & N-1 & N \\ \hline 0 & -\lambda & \lambda & 0 & & & & & \\ 1 & \mu & -\lambda-\mu & \lambda & \cdots & & & & \\ 2 & 0 & \mu & -\lambda-\mu & \cdots & & & & \\ \vdots & 0 & 0 & \vdots & \vdots & & & & \\ \delta & 0 & \cdots & & \beta\mu & -\alpha\lambda-\beta\mu & \alpha\lambda & \cdots & \\ \vdots & 0 & & \cdots & 0 & \beta\mu & -\alpha\lambda-\beta\mu & \cdots & \\ N-1 & 0 & & \cdots & & & \mu & -\alpha\lambda-\beta\mu & \lambda \\ N & 0 & & \cdots & & & 0 & \beta\mu & -\beta\mu \end{array}$$

可以基于上述 $P(t)$的计算过程来获得转移概率矩阵。

3．稳态概率

图 4-5 中一般生灭模型的稳态概率 P_n 为

$$P_n=\left[1+\sum_{n=1}^{N}\frac{\prod_{x=0}^{n-1}\lambda_x}{\prod_{x=1}^{n}\mu_x}\right]^{-1}\frac{\prod_{x=0}^{n-1}\lambda_x}{\prod_{x=1}^{n}\mu_x}$$

对于式（4.3）中参数为 $\rho=\dfrac{\lambda}{\mu}$ 的情况，若 $\rho\neq 1$，则

$$P_n=\begin{cases}C(1-\rho)\rho^n & 0\leqslant n\leqslant \delta-1\\ C(1-\rho)\rho^n\dfrac{\alpha^{n-\delta}}{\beta^{n-\delta+1}} & \delta\leqslant n\leqslant N-1\end{cases}$$

式中：C 定义为

$$\left[\sum_{x=0}^{\delta-1}(1-\rho)\rho^x+\sum_{y=\delta}^{N}(1-\rho)\rho^y\frac{\alpha^{y-\delta}}{\beta^{y-\delta+1}}\right]^{-1}$$

若 $\rho=1$，则

$$P_n=\begin{cases}\left[\delta+\sum_{y=\delta}^{N}\dfrac{\alpha^{y-\delta}}{\beta^{y-\delta+1}}\right]^{-1} & 0\leqslant n\leqslant \delta-1\\ \left[\delta+\sum_{y=\delta}^{N}\dfrac{\alpha^{y-\delta}}{\beta^{y-\delta+1}}\right]^{-1}\dfrac{\alpha^{n-\delta}}{\beta^{n-\delta+1}} & \delta\leqslant n\leqslant N\end{cases}$$

4.3.3 数值结果

将图 4-4 所描述的模型表示为无脉冲模型（IFM），图 4-5 所描述模型以及式（4.4）和式（4.5）表示为脉冲响应模型（IRM）。在不失一般性的前提下，进一步假定阈值 μ 之前的恢复率等于 1。将显示两个模型的潜伏期 T、剩余寿命 R、转移概率 $P_{ij}(t)$和稳态概率 P_n，针对结果提供直观解释。对于数值结果参数，设 N=100、δ=20、α=0.6 和 β=1.5。

图 4-6 所示为 IFM 和 IRM 在可行区域内的潜伏期 T 和剩余寿命 R 的数值结果。结果表明潜伏期没有改变，因为两个模型在阈值之前具有相同的 CTMC 参数。然而由于脉冲响应，感染率下降直接导致剩余寿命变长，这种解释是合理的，因为个体可以通过自身免疫或在工程师的帮助下从疾病中康复。

此外，还关注转移概率，即个体从最初安全状态（初始状态为 0）最终达到阈值 δ（即 $P_{0\delta}(t)$，后者随时间变化。以及关注累积概率，即个体从最初安全状态（初始状态为 0）达到最终受到感染状态（达到 δ 以上状态），该概率也会随着时间变化，表达为 $F(t)=\sum_{k\geqslant\delta}P_{0k}(t)$。

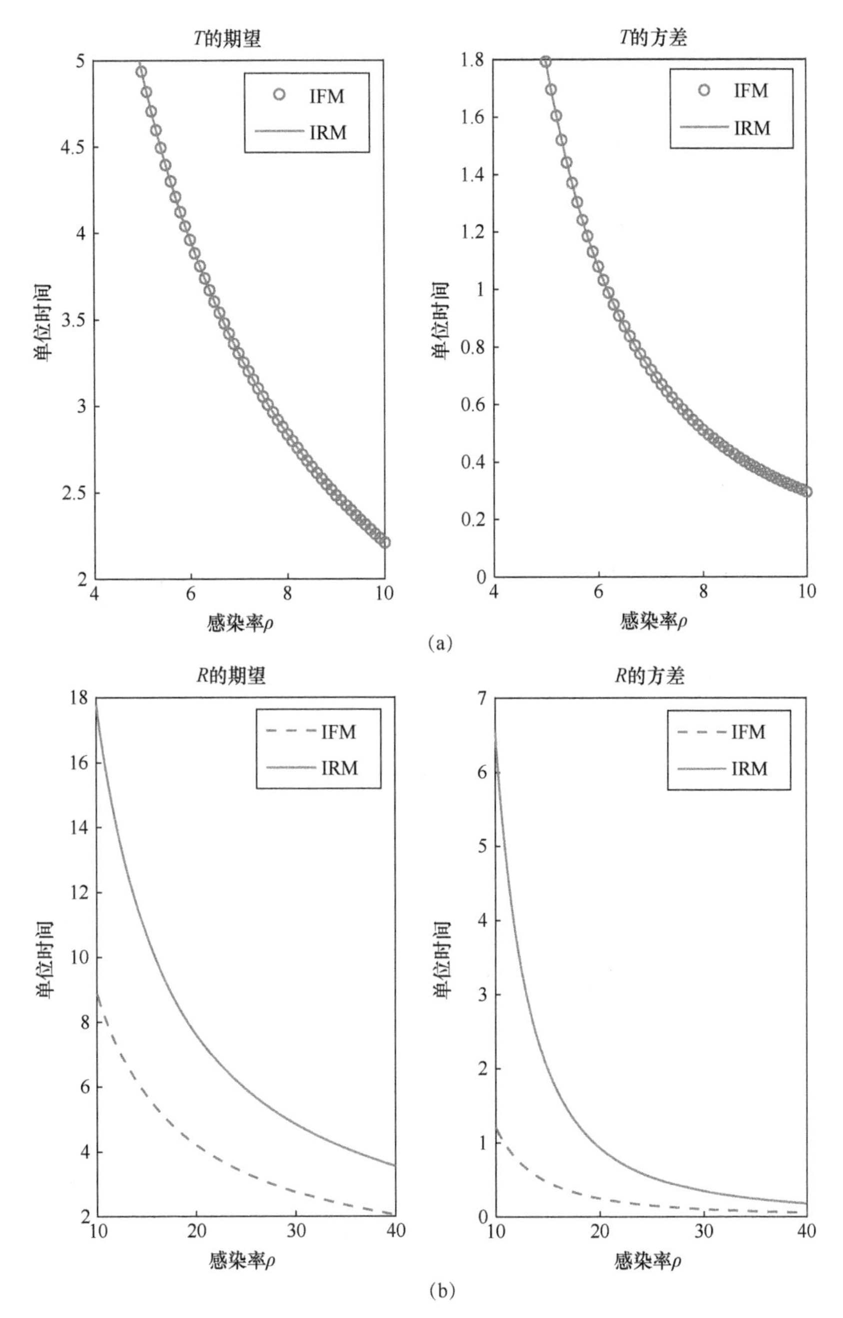

图 4-6 可行区域内潜伏期 T 和剩余寿命 R 的数值结果
（a）T 的预期值和方差；（b）R 的预期值和方差。

图 4-7 和图 4-8 分别显示了两种传播动力学数据。在图 4-7 中，感染率 ρ 越大

则转移概率 $P_{0\delta}(t)$的峰值出现越早。这是合理的，因为感染率较大则暴露率较高。为了强调脉冲响应的影响，图 4-8 中设 α=0.6，β=8。直观来讲，如果考虑 IRM 模型，则感染转移概率 $F(t)$会大大降低。

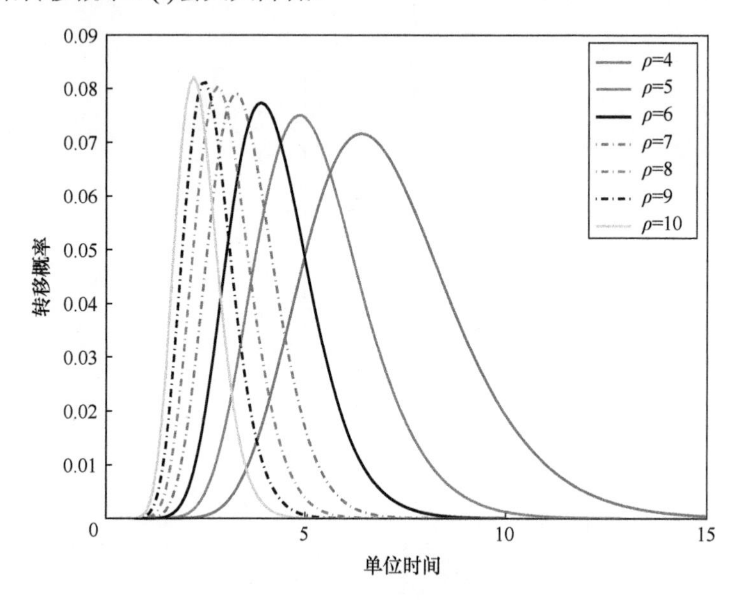

图 4-7　转移概率 $P_{0\delta}(t)$

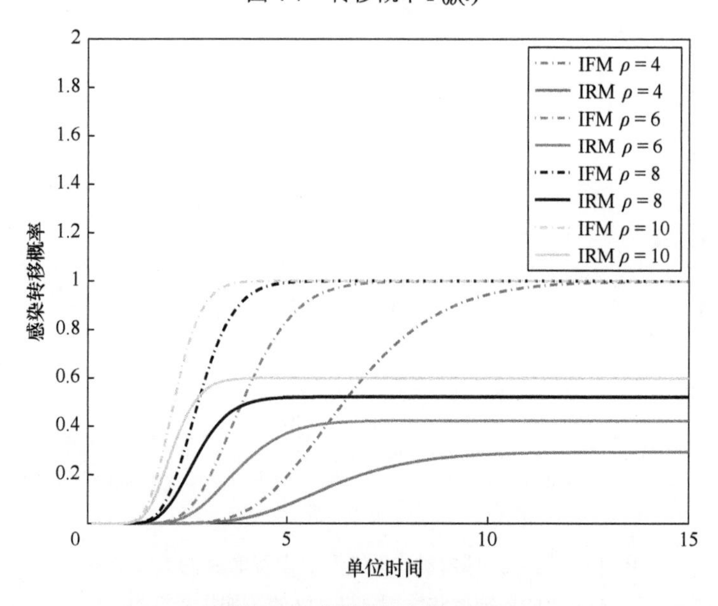

图 4-8　感染转移概率 $F(t)$

图 4-9 所示为感染转移概率 $F(t)$。对于 IRM，设定 α=0.6，对照 IFM，观察不

同 β 的稳态概率分布情况。稳态概率的趋势表明，较高的 β 可以更好地改善稳态概率在阈值附近的分布，或至少在恶意软件级别值极高处降低稳态概率。该结果充分体现了脉冲响应的效果。

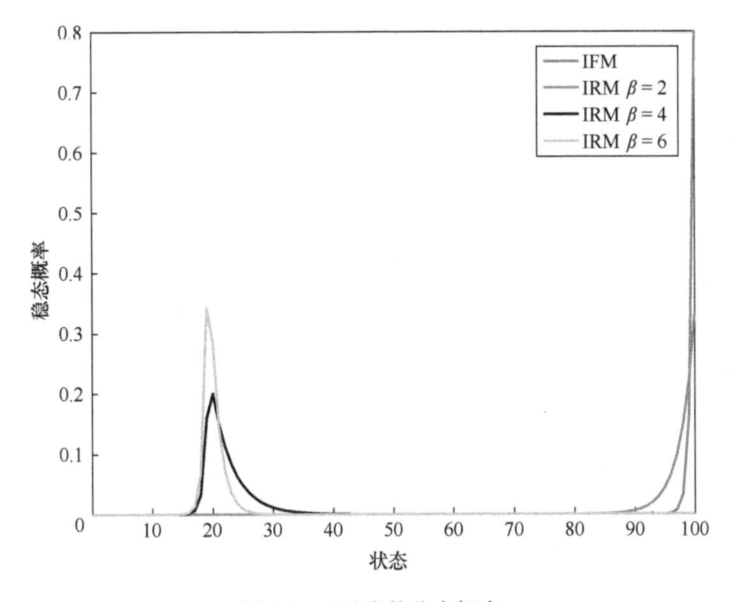

图 4-9 β 对应的稳态概率

4.3.4 本节小结

本节利用 CTMC 建模了具有潜伏期的恶意软件的传播动力学，涉及个体的暴露率和恢复率以及广义的生灭过程，并考虑到恶意软件级别一旦超过一定阈值便会感染个体的事实，从而更好地了解恶意软件的动态。本节共提出了两个模型，即 IFM 和 IRM，并针对恶意软件级别、潜伏期、剩余寿命、转换概率和稳态概率得出了解析解决方案。数值结果表明，尽管两种情况下的预期潜伏期都相同，但是 IRM 的剩余寿命更长，在致命级别的累积感染概率和稳态概率较低，并且在感染率可行区间的阈值周围改善了恶意软件级别。

4.4 网络角度建模恶意软件传播动力学

从整个物联网角度来看，群体视作节点 N 的总数，假设节点固定并且均匀分布在种群密度为 $\rho=(N/(L_2))$的 $L\times L$ 正方形区域当中。假设所有对象都使用基础设施基于邻近度进行通信，以便保持均匀混合特性。子群体函数 $I(t)=I_{\text{pro}}(t)+I_{\text{inf}}(t)$表示在

时间 t 时受感染的手持设备总数，其中 $I_{pro}(t)$和 $I_{inf}(t)$为在 t 时刻经由基础设施中基于邻近度的基础设施通信信道受到感染的群体。同样，$S(t)$表示 t 时刻的易感染节点。

假设所有节点都具有相同的基于邻近度的传输范围 δ。基于邻近度的通信对象的平均数量表示为 $\eta_{pro}=\rho\pi\delta^2$。进一步假设每个节点随机选择 η_{inf} 个节点作为其基于基础设施的通信对象，这与基于邻近度的通信对象截然不同。请注意，如果将 η_{inf} 和 η_{pro} 视为随机变量，并将其均值应用于模型，则结果仍然有效。基于基础设施的通信链路和基于邻近度的通信链路上的成对感染率分别表示为 λ_{inf} 和 λ_{pro}。

4.4.1 恶意软件动态：SI 模型

本小节将研究 SI 模型。在该模型中，易感节点会受到感染后不会再次变得易感。这是由于用户缺乏对恶意软件的威胁意识以及当前抗病毒软件的功能有限造成的。显然有

$$I(t)+S(t) = I_{pro}(t)+I_{inf}(t)+S(t) = 1 \tag{4.6}$$

且

$$\dot{I}(t) = \dot{I}_{pro}(t) + \dot{I}_{inf}(t) \tag{4.7}$$

在不失一般性的前提下，假设在初始阶段仅有一部手机受到感染，即 $I(0)=I_{inf}(0)=1$ 和 $I_{pro}(0)=0$。恶意软件通过基于邻近度以及基于基础设施的通信链接传播。从这种意义上讲，控制信号的分发类似于恶意软件的传播，均通过这些异构链接进行，以便降低网络成本。基于基础设施的感染的状态方程为

$$\dot{I}_{inf}(t) = \lambda_{inf}(\eta_{inf}-1)S(t)I(t) \tag{4.8}$$

式中：$\eta_{inf}-1$ 表示若某个节点被感染，则其相邻节点中至少有一个受到感染[10]。

此外，因为基于邻近度的感染和基于基础设施的感染相互依赖，基于基础设施的感染所生成的受感染源节点会基于邻近度扩大感染范围，如图 4-2 所示。基于邻近度的感染四处扩散，就像以感染源节点为中心的涟漪一样，感染群体随时间增长。换句话说，基于邻近度通信发生的传染空间的扩散仅由感染圈的波前决定，而位于感染圈内部的感染节点则不参与感染范围的进一步扩大。对于半径为 $r(t)$的单个涟漪，$\rho\pi r^2(t)=N\cdot I_{pro}(t)$，而外围圆环带中宽度为 δ 的感染群体为 $\rho\pi r^2(t)-\rho\pi(r(t)-\delta)^2$。可以得到

$$\begin{aligned}
\gamma_{S\to I_{pro}}(t) &= \frac{1}{N}\lambda_{pro}\frac{1}{2}\eta_{pro}S(t)\left[\rho\pi r^2(t)-\rho\pi(r(t)-\delta)^2\right] \\
&= \frac{1}{N}\lambda_{pro}\frac{1}{2}\eta_{pro}S(t)\left[2\rho\pi\delta r(t)-\rho\pi\delta^2\right] \\
&= \frac{1}{N}\lambda_{pro}\frac{1}{2}\eta_{pro}S(t)\left[\delta\sqrt{\rho\pi N I_{pro}(t)}-\frac{1}{2}\rho\pi\delta^2\right]
\end{aligned}$$

$$\approx \frac{1}{N}\sigma\lambda_{\text{pro}}\eta_{\text{pro}}S(t)\sqrt{NI_{\text{pro}}(t)} \tag{4.9}$$

式中：$\sigma=\delta\sqrt{\rho\pi}$，且 $\frac{1}{2}\rho\pi\delta^2$ 与 N 相比通常可以忽略不计[37]。

请注意，$\Upsilon_{X\to Y}(t)$是在时刻 t 从状态 X 到状态 Y 的预期群体转换率。$\frac{1}{2}\eta_{\text{pro}}$ 代表位于外围圆环带之外基于接近度的通信对象的平均数量。由于基于基础设施的感染会随着时间的推移产生多个受感染的源节点，因此，源于时刻 z 的 s 个时间单位内持续扩展而产生的增量空间感染节点的数量可以表示为

$$\dot{W}(z,s) \triangleq \frac{\mathrm{d}W(z,s)}{\mathrm{d}s} = \sigma\lambda_{\text{pro}}\eta_{\text{pro}}S(z+s)\sqrt{W(z,s)} \tag{4.10}$$

式中：$W(z,0)=1$。基于邻近度的累计感染的状态方程表示为

$$\dot{I}_{\text{pro}}(t) = \frac{1}{N}\int_0^t \dot{I}_{\text{inf}}(\tau)\dot{W}(\tau,t-\tau)\mathrm{d}\tau \tag{4.11}$$

这表示在时间 τ 内产生了 $\dot{I}_{\text{inf}}(t)\mathrm{d}\tau$ 个被感染的源节点，并且每个节点都在时间 t 造成了 $\dot{W}(\tau,t-\tau)$个增量空间感染节点。$I(t)$的整体状态方程变为

$$\dot{I}(t) = \lambda_{\text{inf}}(\eta_{\text{inf}}-1)S(t)I(t) + \frac{1}{N}\int_0^t \dot{I}_{\text{inf}}(\tau)\dot{W}(\tau,t-\tau)\mathrm{d}\tau \tag{4.12}$$

1．数值结果

本小节给出了一种混合恶意软件通过仅基于邻近度、仅基于基础设施以及两者混合的通信方式，在均匀部署在大小为 50×50 平面上的 2000 个节点（ρ=0.8）中的传播动力学的分析结果和仿真结果，如图 4-10 所示。从速度和可达性两方面考虑 η_{pro} 对于传播过程的影响。将参数设置为 $\lambda_{\text{pro}}=\lambda_{\text{inf}}=0.05$ 和 $\eta_{\text{inf}}=6$（根据文献[51]中的数据）。观察到传播动力学曲线与前述提出的分析模型非常吻合。二者间存在一定差异的主要原因是混合恶意软件可能传播到已经被感染的对象，以及分析模型中无法考虑未明确的边界条件。

通过图 4-10 可以看到，由于空间扩展特性不同，与仅通过基于基础设施的通信传播相比，仅通过基于邻近度的通信传播的速度较慢。还观察到在传播速度更快的混合型恶意软件中也有相同现象，基于基础设施的快速入侵在传播中占主要地位。当 η_{pro} 从 2 增加到 3 时，模型表明早期传播过程时的传播速度显著增加。这表明 η_{pro} 值越大会导致受感染亚群越大，受感染亚群可以利用基于邻近度以及基于基础设施的通信进行传播，从而加剧传播的严重性。

注意，基于代理的仿真模型[5]和模拟[51]要求刻画 N 个节点的行为及其之间的所有交互作用，这需要巨大的计算能力。相反，上述提出的模型将 N 个节点聚合为两个状态，仅跟踪这两个状态的行为以及其之间的相互作用，因此这一模型计算效率更高。

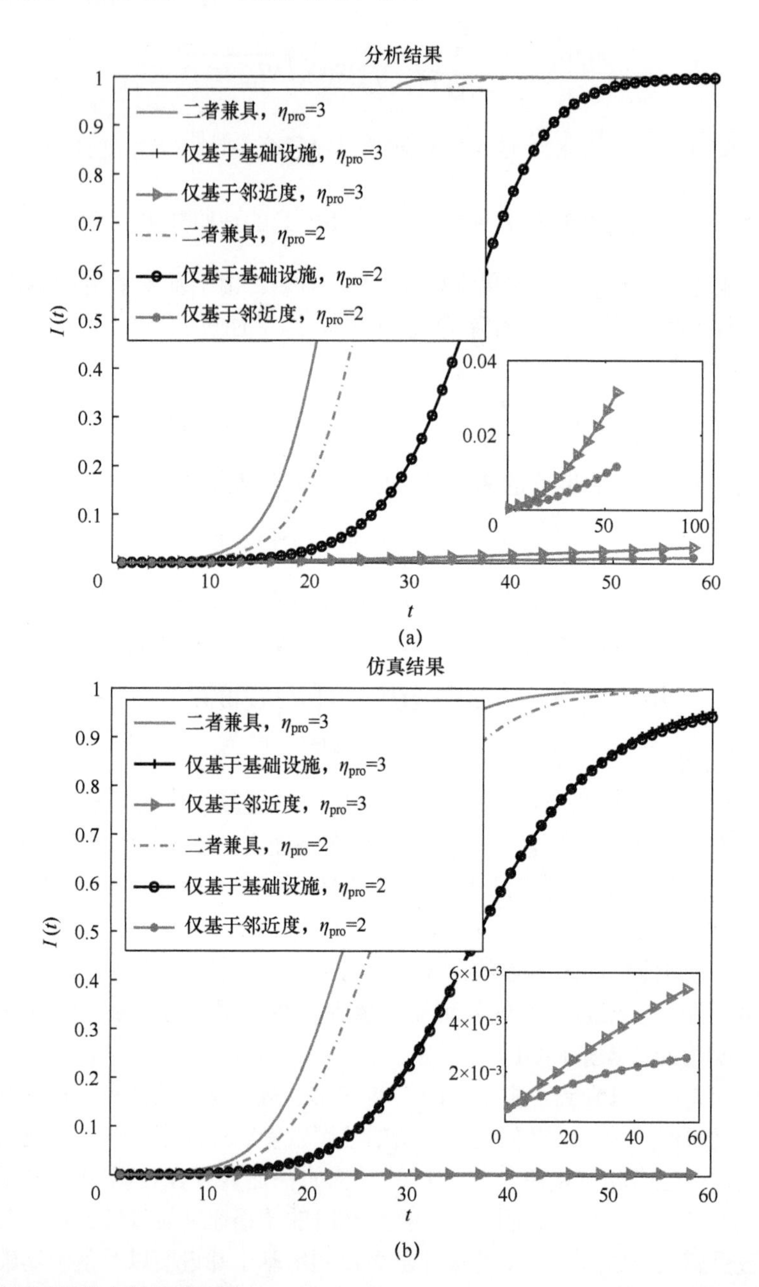

图 4-10　物联网网络中的受感染数（N=2000，L=50，$I_0=1/N$，$\lambda_{inf}=\lambda_{pro}$=0.05，$\eta_d$=6，$\eta_{pro}$=3 和 2）

2．结论

从计算负担来说，本章提出的基于微分方程的分析模型比现有的基于代理的模型更加高效，并且可以快速提供参考，以便收集物联网内在各种感染率和平均节点度条件的情况下的混合恶意软件的传播速度以及严重性的相关知识。这些结果可以为安全评估所用，以便开发检测和遏制策略和流程，从而避免严重爆发。

4.4.2 恶意软件控制下的恶意软件动态：SIR 模型

考虑到针对恶意软件的控制机制（例如自我修复和疫苗），加入“恢复”状态以便解释免疫力。与流行病学类似，如果节点接收到恶意软件并变为感染节点，那么该节点便处于感染状态。当节点从感染状态恢复或者得到了对该感染的疫苗，则该节点被称为处于恢复（免疫）状态。请注意，在前一种情况下，节点从受感染状态转换为恢复状态，而在后一种情况下，节点从易感染状态转换为恢复状态。只有易感染节点容易受到传染影响，恢复节点则对传染持续免疫。在本章中，此类状态转换被称为 SIR 模型，其中 $S(t)$、$I(t)$和 $R(t)$分别是在 t 时刻归一化的易感者、感染者和恢复者数量，即 $S(t)+I(t)+R(t)=1$。考虑到免疫机制和时变的控制能力，设 $u(t)$为自愈方案的恢复概率为

$$u(t)=\begin{cases}0 & t<T_{\mathrm{D}},\\ f(T_{\mathrm{D}}) & t\geqslant T_{\mathrm{D}}\end{cases} \tag{4.13}$$

代入方程式 $S(t)=1-I(t)-R(t)$，将状态放宽为连续值和非负值，得出在较小间隔 Δt 内有

$$I(t+\Delta t)=I(t)+\Upsilon_{S\to I}(t)\Delta t-\Upsilon_{I\to R}(t)\Delta t \tag{4.14}$$

需要注意的是，$\Upsilon_{X\to Y}(t)$是在 t 时刻从状态 X 转变为状态 Y 的预期群体转换率。一阶常微分方程（ODE）状态方程为

$$\dot{I}(t)=\lim_{\Delta t\to 0}\frac{I(t+\Delta t)-I(t)}{\Delta t}=\Upsilon_{S\to I}(t)-\Upsilon_{I\to R}(t)\triangleq G(I(t),R(t),u(t)) \tag{4.15}$$

同样，设 $\phi(t)$为疫苗传播方案的恢复概率；恢复节点的 ODE 为

$$\dot{R}(t)=\Upsilon_{I\to R}(t)+\Upsilon_{S\to R}(t)\triangleq G_R(I(t),R(t),u(t),\phi(t)) \tag{4.16}$$

式中

$$\phi(t)=\begin{cases}0 & t<T_{\mathrm{D}},\\ \kappa & t\geqslant T_{\mathrm{D}}\end{cases} \tag{4.17}$$

当 $\kappa=0$ 时，流体模型退化为一个非合作网络，其中没有参与疫苗传播的节点。在不失一般性的前提下，使用疫苗扩散的状态方程计算最佳的控制信号分发时间 T_{D}^{*}，因为自愈即不存在合作（$\kappa=0$）时的一种特殊的疫苗扩散过程。

图 4-11 说明了恶意软件的传播和控制信号的分发过程。恶意软件通过基于邻近度和基于基础设施的通信链接传播。从某种意义上讲，控制信号的分发类似于恶意软件的传播，均通过这些异构链路进行以降低网络成本。基于基础设施感染的状态方程为

$$\dot{I}_{\mathrm{inf}}(t)=\lambda_{\mathrm{inf}}(\eta_{\mathrm{inf}}-1)S(t)I(t)-u(t)I_{\mathrm{inf}}(t) \tag{4.18}$$

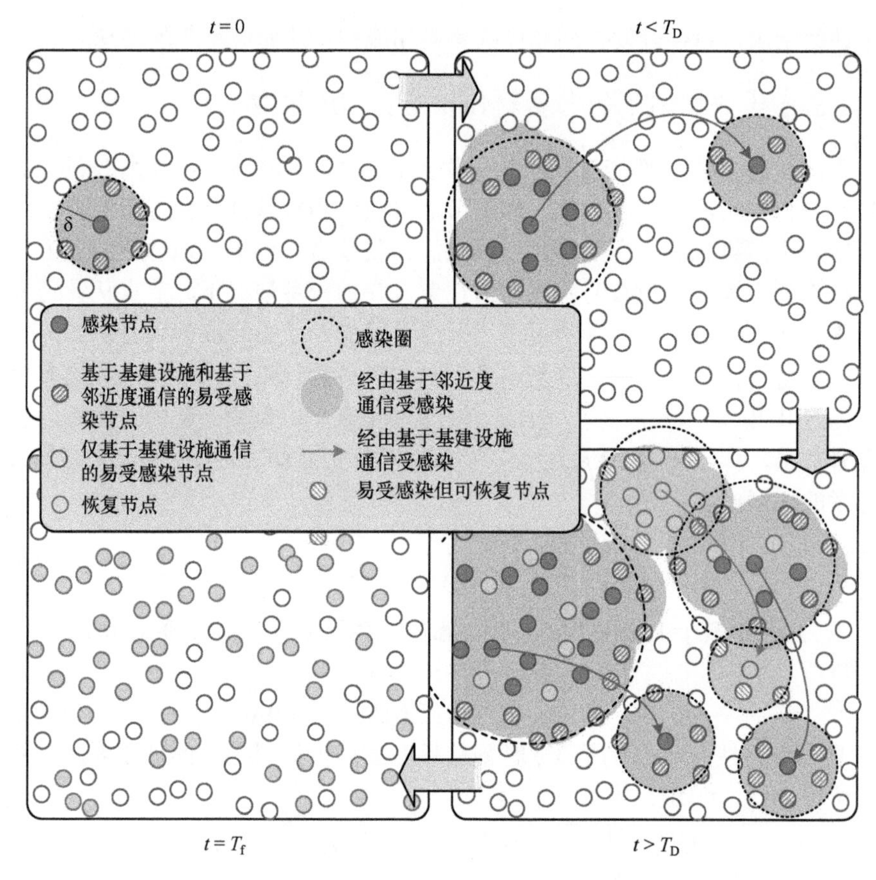

图 4-11　物联网中恶意软件传播和控制信号分发示意图

（基于邻近度和基于基础设施的通信链接被用于传播恶意软件；t=0 时感染了一个节点；T_{D}表示控制信号分发时间；T_{f}表示用于根除本次感染的时间实例）

与式（4.8）相比，式（4.18）中的 $u(t)I_{\mathrm{inf}}(t)$与恢复状态相关。基于邻近度的总计感染的状态方程可以表示为

$$\dot{I}_{\mathrm{pro}}(t)=\frac{1}{N}\int_0^t \dot{I}_{\mathrm{inf}}(\tau)\dot{W}(\tau,t-\tau)\mathrm{d}\tau-u(t)I_{\mathrm{pro}}(t) \tag{4.19}$$

与式（4.11）相比，式（4.19）中的 $u(t)I_{\mathrm{pro}}(t)$与恢复状态相关。$I(t)$的整体状态方程变为

$$\dot{I}(t)=\left[\lambda_{\mathrm{inf}}(\eta_{\mathrm{inf}}-1)S(t)-u(t)\right]I(t)+\frac{1}{N}\int_0^t \dot{I}_{\mathrm{inf}}(\tau)\dot{W}(\tau,t-\tau)\mathrm{d}\tau \tag{4.20}$$

同样，免疫方案也可以利用基于邻近度和基于基础设施的通信链路来根除传感。通过基于基础设施的通信进行恢复的状态方程为

$$\dot{R}_{\mathrm{d}}(t)=u(t)I_{\mathrm{inf}}(t)+\phi(t)(\eta_{\mathrm{inf}}-1)S(t)R(t) \tag{4.21}$$

增量空间恢复过程表示为

$$\dot{Q}(z,s)=\sigma\phi(t)\eta_{\text{pro}}S(z+s)\sqrt{Q(z,s)} \tag{4.22}$$

式中：$Q(z,0)=1$。基于邻近度的恢复的状态方程是

$$\dot{R}_{\text{pro}}(t)=\frac{1}{N}\int_0^t\dot{R}_{\text{inf}}(\tau)\dot{Q}(\tau,t-\tau)\mathrm{d}\tau+u(t)I_{\text{pro}}(t) \tag{4.23}$$

$R(t)$的整体状态方程变为

$$\dot{R}(t)=u(t)I(t)+\frac{1}{N}\int_0^t\dot{R}_{\text{inf}}(\tau)\dot{Q}(\tau,t-\tau)\mathrm{d}\tau+\phi(t)(\eta_{\text{inf}}-1)S(t)R(t) \tag{4.24}$$

4.4.3 性能评估

为了证明控制信号分发及其对恶意软件传播的影响，设式（4.13）中有 $f(T_{\text{D}})=\min\{1，c\cdot T_{\text{D}}^{\alpha}\}$，其中 α 是非负值，表示控制信号的有效性，c 为正的常数。控制信号的效果与控制信号的分发时间呈指数关系。这种指数增长模型是一种通用参数模型，可用于研究控制能力和控制信号分发及时性之间的平衡。

指数 α 与控制能力的有效性相关。$\alpha=0$ 时退化为控制能力与其分发时间无关的情况。对于仿真设置，N 个节点通过 Lèvy 步行移动性模型[42]在环绕条件下遍历正方形区域，其中步长和暂停时间分别遵循指数为负的指数分布。设长度指数 $l=1.5$ 和暂停时间指数 $\varphi=1.38$，这些指数与加州大学圣迭戈分校和达特茅斯分校的人类活动模式的轨迹数据相符[33]。除了固定设 $\eta_{\text{pro}}=3$（$\delta\approx1.1$）以外，仿真设置与上一节相同，这是因为一般而言，基于邻近度的通信范围是有限的。

自我修复方案下的感染群体如图 4-12 所示。在分发控制信号之前，SIR 模型会捕获物联网中恶意软件传播的仿真结果。尽管基于基础设施的通信和基于邻近度的通信的成对感染率都非常低（$\lambda_{\text{inf}}=\lambda_{\text{pro}}=0.05$），但是由于恶意软件的传播能够从这些异构链接当中得益，因此感染会迅速传播。在控制信号分发之后，由于恢复实际上破坏了基于邻近度的感染的传播；并且随着时间的推移可能出现多个涟漪重叠的情况，从而导致恶意软件传播被高估，因此模型分析得到的受感染种群数量下降速度低于仿真结果。此外，初期分析提示早发送控制信号，也使感染曲线衰减较慢。通过最佳控制理论得出的感染曲线还意味着，如果能够完全操控控制能力，就可以更好地控制恶意软件的传播。

在图 4-13 中可以看出，在疫苗扩散方案下，恶意软件的传播情况相似。与自愈方案相比，借助基于基础设施和基于邻近度传播的疫苗，可以进一步减轻感染。由于易感节点可能会在疫苗扩展方案下成为疫苗，免疫节点可能会阻碍基于邻近度的感染涟漪的增长，从而使得感染减速，因此也会导致控制信号分发后的 SIR 模型出现估计值偏高的问题。在图 4-12 和图 4-13 中，最优控制理论的 $u^{*}(t)$阐明了考虑随时间变化的控制能力 $f(T_{\text{D}})$后的差异。与时变控制功能必然比最佳控制功能产生

更多的网络成本。

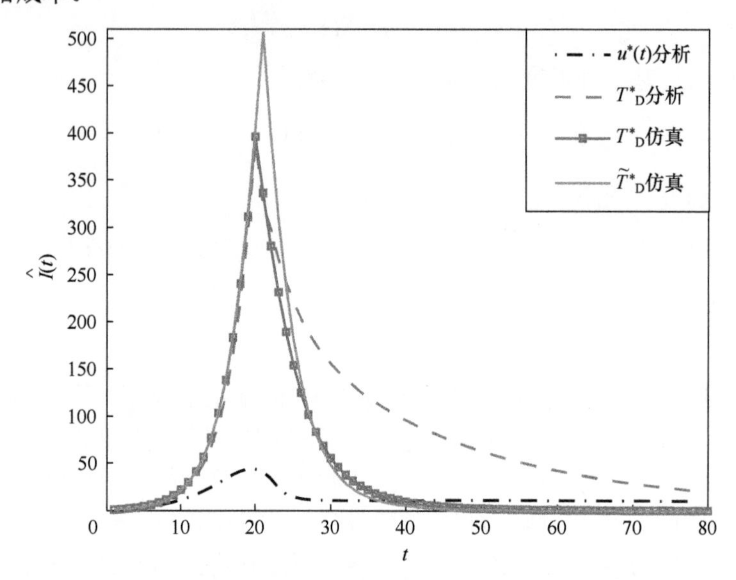

图 4-12　物联网中采用自愈方案的感染群体（进行了 300 余次仿真，其中 $N=2000$，$L=50$，$I_0=1/N$，$\delta=1.1$，$\lambda_{\mathrm{inf}}=\lambda_{\mathrm{pro}}=0.05$，$\eta_{\mathrm{d}}=6$，$\eta_{\mathrm{pro}}=3$，$\alpha=2$，$\beta=1$，$\kappa=0$，$T_{\mathrm{f}}=200$，$M=1000$，$\Lambda_I(0)=200$，$\Lambda_R(0)=100$，$t'=1$，$c=10^{-3}$）

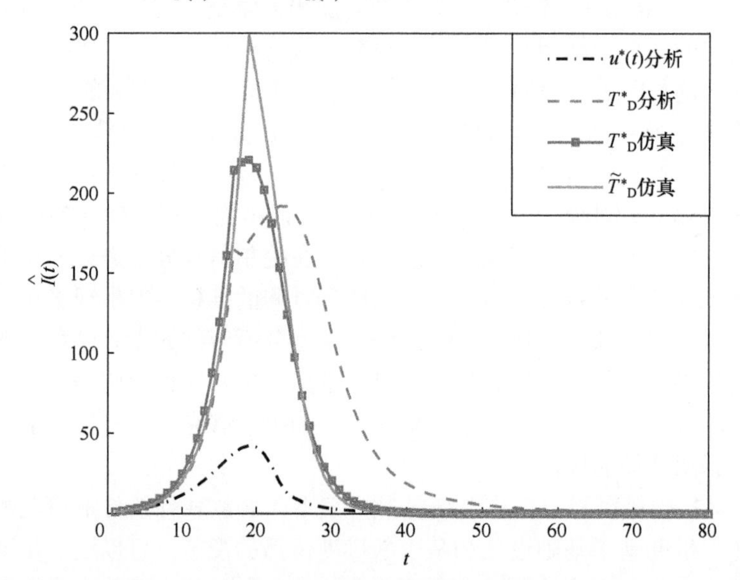

图 4-13　物联网中疫苗扩散方案下的感染群体（共进行了 300 多次仿真，其中 $N=2000$，$L=50$，$I_0=1/N$，$\delta=1.1$，$\lambda_{\mathrm{inf}}=\lambda_{\mathrm{pro}}=0.05$，$\eta_{\mathrm{inf}}=6$，$\eta_{\mathrm{pro}}=3$，$\alpha=2$，$\beta=1$，$\kappa=0.1$，$T_{\mathrm{f}}=200$，$M=1000$，$\Lambda_I(0)=200$，$\Lambda_R(0)=100$，$t'=1$ 及 $c=10^{-3}$）

4.5 恶意软件的最佳控制

本章节的最终目标是确定最佳分发时间 T^*，以将由病毒传染引起的累积成本降到最低。下面基于最优控制理论[34]解决这一优化问题。

$$\begin{aligned}
&\text{最小化} \quad J=\int_{T_0}^{T_f}[NI(t)]^\beta+\nu\cdot u^2(t)\mathrm{d}t \\
&\text{受约束} \quad \dot{I}(t)=G_I(I(t),R(t),u(t)), \\
&\qquad\qquad \dot{R}(t)=G_R(I(t),R(t),u(t),\phi(t)), \\
&\qquad\qquad S(t)+I(t)+R(t)=1, \\
&\qquad\qquad S(t)\geqslant 0,I(t)\geqslant 0,R(t)\geqslant 0
\end{aligned} \tag{4.25}$$

式中：$\beta>0$ 表示病毒传染的严重性；T_0 是初始时间，设置为 0；T_f 是完成时间，假定不受限制。v 代表针对恶意软件传播过程的控制信号分发成本的系数，为了简单起见，将其归一设定为 $v=\dfrac{1}{2}$。如果 $v=0$，则控制信号分发的成本与恶意软件的传播过程无关。性能度量 J 表示由病毒传染引起的累积成本，并且对于控制函数 $u(t)$采取其二次形式，因此其在 $I(t)$和 $u(t)$中均为凸函数。J 的物理解释是，与累积的感染群体成正比，这与一段时间以来已接收到的恶意软件节点数有关。此外，当 $\beta=1$ 时，J 表示从 T_0 到 T_f 的累积感染群体，这与关注的多个网络的性能度量一致[19,32,55]。

利用式（4.25）可以找到最佳控制信号分发时间 T^*，使得 $T^*=\mathrm{argmin}_T J$。根据 Pontryagin 的最小原则[41]，如果 $G_I(I(t), R(t), u(t))$和 $G_R(I(t), R(t), u(t), \phi(t))$在 $I(t)$, $R(t)$, $u(t)$和 $\phi(t)$ 中均为凸函数，则控制函数 $u^*(t)$可以通过将带有变量$\Lambda_I(t)$和$\Lambda_R(t)$的哈密顿量（拉格朗日对偶函数）最小化而获得。其中

$$\begin{aligned}
H(I(t), R(t), u(t), \phi(t), \Lambda_I(t), \Lambda_R(t))=&J(I(t), u(t))+\Lambda_I(t)G_I(I(t), R(t), u(t)) \\
&+\Lambda_R(t)G_R(I(t), R(t), u(t), \phi(t))
\end{aligned}$$

通过联合状态方程更新联合状态变量，

$$\dot{\Lambda}_I(t)=-\frac{\partial H}{\partial I};\ \dot{\Lambda}_R(t)=-\frac{\partial H}{\partial R} \tag{4.26}$$

式中：$\dot{\Lambda}_I(t)\geqslant 0$ 和 $\dot{\Lambda}_R(t)\geqslant 0$，边界条件为 $\Lambda_I(T_f)=\Lambda_R(T_f)=0$。请注意，在更新过程中，负状态值将被截断为零，从而满足非负状态限制条件（$S(t), I(t), R(t)\geqslant 0$）。

最优控制理论的解决方案对控制函数 $u(t)$没有固定的限制。但值得注意的是，当控制能力与 T_D 相关时，最优控制理论的解决方案仅提供了系统输出的趋势，无法提供可行的控制信号分发方法。从 Pontryagin 的最小原则获得的结果实际意义不大，但仍可与本章提出的方法进行性能比较。为了弥补最优控制理论的不足，采用

动态规划[4]来解决最优控制信号的分发分配时间。通过将时间离散为 M 个间隔，长度为 $\Delta t=T_f/M$，将成本 C_m 定义为第 m 个时期的感染群体和第 m 个与第 $m+1$ 个阶段之间的新感染群体的函数，$0\leqslant m\leqslant M-1$，其中

$$C_m=[NI(m\Delta t)+NG_I(I(m\Delta t), R(m\Delta t), u(m\Delta t))\cdot\Delta t]^\beta=[NI((m+1)\Delta t)]^\beta \tag{4.27}$$

设 $V_m(I(m\Delta t),R((m\Delta t)),u(m\Delta t))$ 从第 m 阶段起的最终条件 $V_m(I(M\Delta t),R((M\Delta t)),u(M\Delta t))=0$（即整个系统处于稳定阶段）；通过求解最优方程，可以获得最优分发时间

$$V_m=\min_{a_m\in\{0,1\}}\{C_m+V_{m+1}\} \qquad 0\leqslant m\leqslant M-1 \tag{4.28}$$

式中：$a_m=1$ 表示分发了控制信号，并且免疫机制从第 m 阶段开始生效，即 $T_{\mathrm{D}}^*=m\Delta t$，$f(m\Delta t)=f(n\Delta t)$，$\forall n\geqslant m$。$V_0$ 表示最小累计成本，与式（4.25）中的性能指标 J 等效。式（4.28）等效于在 M 个阶段的所有可能的一次性开关路径中找到从 0 变为 1 的最佳一次性开关，以便最大程度地降低累积成本，可以使用复杂度为 $O(2^M)$的 Bellman-Ford 算法[4]实现。换句话说，结合恶意软件传播过程和时变的控制能力，可以通过式（4.28）中的动态编程实时获得最佳控制信号分发时间，以最大程度地减少网络累积成本。

使用状态方程，可以将式（4.13）、式（4.17）、式（4.20）、式（4.24）和式（4.25）中的参数带入式（4.26）中来获得相应的哈密顿量：

$$\begin{aligned}H=&[NI(t)]^\beta+\frac{1}{2}u^2(t)+\varLambda_I(t)\left[\lambda_{\inf}(\eta_{\inf}-1)S(t)I(t)+\frac{1}{N}\int_0^t I_{\inf}(\tau)W(\tau,t-\tau)\mathrm{d}\tau-u(t)I(t)\right]\\&+\varLambda_R(t)\left[u(t)I(t)+\frac{1}{N}\int_0^t\dot{R}_{\inf}(\tau)\dot{Q}(\tau,t-\tau)\mathrm{d}\tau+\phi(t)(\eta_{\inf}-1)S(t)R(t)\right]\end{aligned} \tag{4.29}$$

式中：联合状态方程为 $\dot{\varLambda}_I(t)=-\partial H/\partial I$ 和 $\dot{\varLambda}_R(t)=-\partial H/\partial R$。设开关函数 $\theta^*(t)=[\varLambda_I^*(t)-\varLambda_R^*(t)]I^*(t)$，使 J 最小的约束最优控制函数 $u^*(t)$可表示为饱和函数：

$$u^*(t)=\begin{cases}0 & \theta^*(t)\leqslant 0\\ \theta^*(t) & \theta^*(t)\in(0,1)\\ 1 & \theta^*(t)\geqslant 1\end{cases} \tag{4.30}$$

考虑到控制能力随时间变化，可以求解式（4.28）中的动态规划来获得最佳控制信号分发时间 T_{D}^*。同样，式（4.30）的饱和函数仅提供了在控制与时间相关的情况下，恶意软件传播的可实现的下界。

4.5.1 早期分析

根据式（4.10），在早期阶段 $S(t)\approx 1$ 且初始条件 $W(z,0)=1$ 时，得到了空间感

染增量的近似值。

$$W(z,s)=\left(\frac{\sigma\lambda_{\mathrm{pro}}\eta_{\mathrm{pro}}}{2}s+1\right)^2 \tag{4.31}$$

此外，由于在早期阶段 $I_{\mathrm{inf}}(t)\propto I(t)$，而且 $I_{\mathrm{pro}}(t)\propto\sqrt{I(t)}$，所以可获得近似值 $I(t)\approx I_{\mathrm{inf}}(t)$。也就是说，恶意软件通过基础设施链接传播的速度要比通过基于邻近度的链接传播的速度更快[16,51]。在早期阶段 t' 有

$$S(t')=1-I_0-I_0u(t)\left[t'+\frac{\phi(t)(\eta_{\mathrm{inf}}-1)}{2}t'^2\right],$$

一阶线性微分方程为

$$\dot{I}(t)=[\lambda_{\mathrm{inf}}(\eta_{\mathrm{inf}}-1)S(t')-u(t)]I(t)+\frac{1}{N}\int_0^t\dot{I}(\tau)\dot{W}(\tau,t-\tau)\mathrm{d}\tau \tag{4.32}$$

使用在 $t=T_{\mathrm{D}}$ 处的 $u(t)$的次梯度来定义次导数 $\dot{u}(T_{\mathrm{D}})=0$，并对式（4.32）两侧的 t 值进行微分，从而得到二阶线性微分方程（忽略二阶项 $W(z,s)$）

$$\ddot{I}(t)=[\lambda_{\mathrm{inf}}(\eta_{\mathrm{inf}}-1)S(t')+\sigma\lambda_{\mathrm{pro}}\eta_{\mathrm{pro}}N^{-1}-u(t)]\dot{I}(t)\triangleq[K_1-K_2\phi(t)-u(t)]\dot{I}(t) \tag{4.33}$$

式中：$K_1=\lambda_{\mathrm{inf}}(\eta_{\mathrm{inf}}-1)[1-I_0-I_0u(t)t']+\sigma\lambda_{\mathrm{pro}}\eta_{\mathrm{pro}}N^{-1},K_2=I_0u(t)\frac{\eta_{\mathrm{inf}}-1}{2}t'^2$。

在初始值 $I(0)=I_0$ 及 $\dot{I}(0)=\lambda_{\mathrm{inf}}(\eta_{\mathrm{inf}}-1)(1-I_0)I_0\triangleq K_3$ 的情况下，获得

$$\begin{aligned}I(t)&=\frac{K_3}{K_1-K_2\phi(t)-u(t)}\exp\{[K_1-K_2\phi(t)-u(t)]t\}+I_0-\frac{K_3}{K_1-K_2\phi(t)-u(t)}\\&=\begin{cases}\dfrac{K_3}{K_1}\exp\{K_1t\}+I_0-\dfrac{K_3}{K_1} & t<T_{\mathrm{D}}\\ \dfrac{K_3}{K_1-K_2\kappa-f(T_{\mathrm{D}})}\exp\{[K_1-K_2\kappa-f(T_{\mathrm{D}})]t\}+I_0-\dfrac{K_3}{K_1-K_2\kappa-f(T_{\mathrm{D}})} & t\geqslant T_{\mathrm{D}}\end{cases}\end{aligned} \tag{4.34}$$

式（4.25）中的性能指标 J 估算为

$$\begin{aligned}J&=\int_0^{T_{\mathrm{D}}}[NI(t)]^\beta\mathrm{d}t+\int_{T_{\mathrm{D}}}^{T_f}\left\{[NI(t)]^\beta+\frac{1}{2}f^2(T_{\mathrm{D}})\right\}\mathrm{d}t\\&=\frac{\dfrac{NK_3}{K_1}}{K_1\beta}(\exp\{K_1\beta T_{\mathrm{D}}\}-1)+\left(I_0-\frac{K_3}{K_1}\right)T_{\mathrm{D}}+\\&\quad\frac{\left(\dfrac{NK_3}{K_1-K_2\kappa-f(T_{\mathrm{D}})}\right)^\beta}{[K_1-K_2\kappa-f(T_{\mathrm{D}})]\beta}\times\left(\exp\{[K_1-K_2\kappa-f(T_{\mathrm{D}})]\beta T_f\}-\exp\{[K_1-K_2\kappa-f(T_{\mathrm{D}})]\beta T_{\mathrm{D}}\}\right)+\end{aligned}$$

$$\left(I_0-\frac{K_3}{K_1-K_2\kappa-f(T_\mathrm{D})}+\frac{1}{2}f^2(T_\mathrm{D})\right)(T_\mathrm{f}-T_\mathrm{D}) \tag{4.35}$$

对于早期分析，可以通过 $\tilde{T}_\mathrm{D}^*=\mathrm{argmin}_{T}J$ 获得最佳控制信号分发时间。

4.5.2 性能评估

仿真参数设置与上一节相同。当运用动态规划来决定最佳分发时间时，重度病毒传染（大写的 β）会导致更早进行分发，以便实现累积成本的最小化，如图 4-14 所示。此外，随着信号（α）有效性的提高，最佳控制和早期分析方法都提示进行早期分发，如图 4-15 所示。这两种方法的相对差异如图 4-16 所示。与早期分析相比，通过动态编程进行的最优控制更倾向于在 α 值较小之时进行早期分发，而随着 α 的增加，更倾向于后期分发。

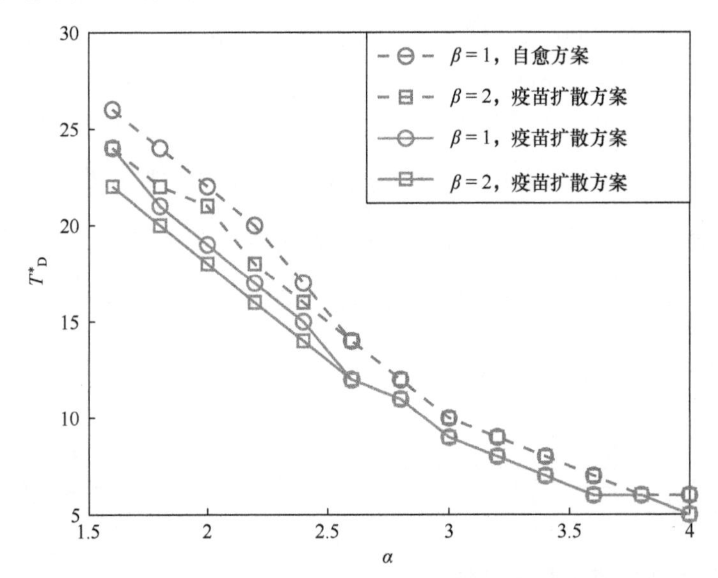

图 4-14　物联网在不同（α，β）配置下的动态编程来优化控制信号分发时间（$N=2000$，$L=50$，$I_0=1/N$，$\delta=1.1$，$\lambda_\mathrm{inf}=\lambda_\mathrm{pro}=0.05$，$\eta_\mathrm{inf}=6$，$\eta_\mathrm{pro}=3$，$\kappa=0.1$，$T_\mathrm{f}=200$，$M=1000$，$t'=1$ 及 $c=10^{-3}$）

4.5.3 本节小结

本节的贡献主要包括两个方面。首先，借助流行病模型提供了一种考虑时变控制能力的、用于分析恶意软件传播控制的易于分析的参数化插件模型，目的是确定最佳控制信号分发时间，通过动态编程实时最大程度地减少累积网络成本。其次，演示了如何使用本章开发的工具来控制物联网中的恶意软件传播。与自我修复方案相比，本节证明了当免疫节点参与传递控制信号时，疫苗传播可进一步降低累积成本。因此，本节为有控制和无控制的物联网提供了全新的恶意软件传播分析数学工具。

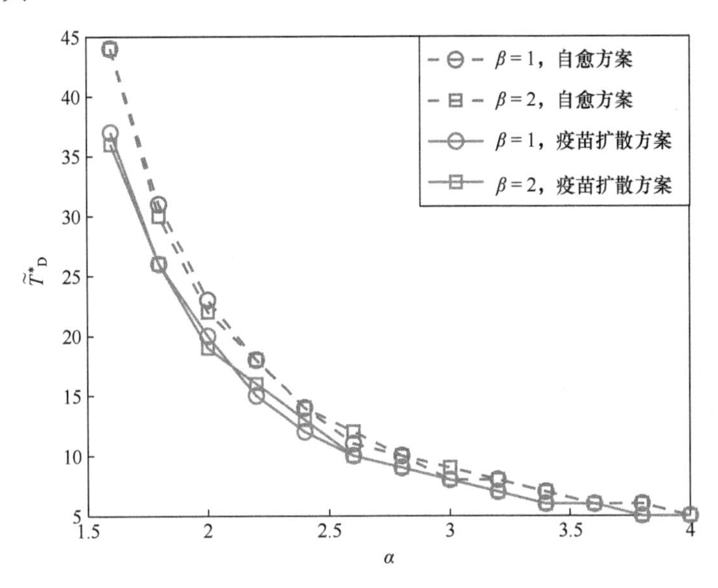

图 4-15　在物联网在不同（α,β）配置下的早期分析获得的最佳控制信号分发时间（$N=2000$，$L=50$，$I_0=1/N$，$\delta=1.1$，$\lambda_{\text{inf}}=\lambda_{\text{pro}}=0.05$，$\eta_{\text{inf}}=6$，$\eta_{\text{pro}}=3$，$\kappa=0.1$，$T_{\text{f}}=200$，$t'=1$ 及 $c=10^{-3}$）

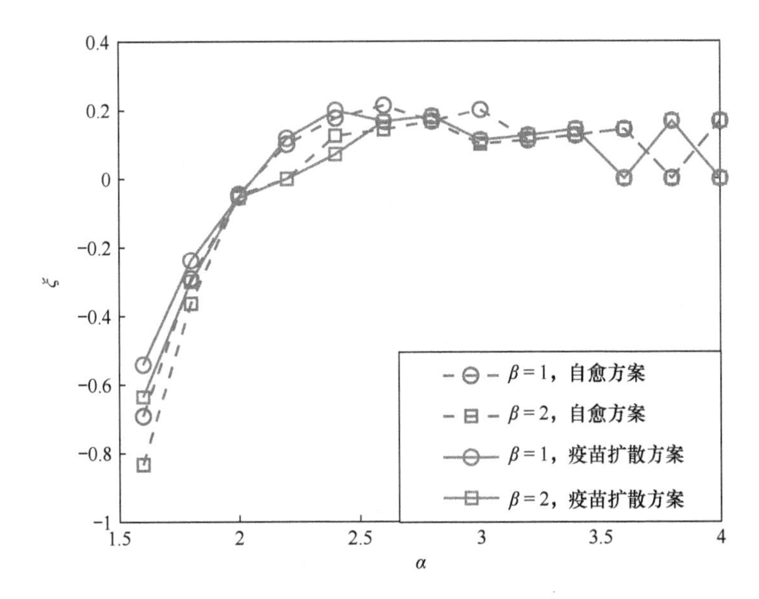

图 4-16　物联网中不同（α,β）配置下最佳控制信号分发时间的相对差异（$N=2000$，$L=50$，$I_0=1/N$，$\delta=1.1$，$\lambda_{\text{inf}}=\lambda_{\text{pro}}=0.05$，$\eta_{\text{inf}}=6$，$\eta_{\text{pro}}=3$，$\kappa=0.1$，$T_{\text{f}}=200$，$M=1000$，$t'=1$ 及 $c=10^{-3}$）

4.6 本章小结

本章针对包括异构通信功能的物联网架构，从多个方面介绍了恶意软件传播和控制模型，从单个设备的微观视角以及整个系统的宏观视角研究了恶意软件的传播，并且提出了最佳控制方法来减轻恶意软件传播，增强系统可靠性。

参考文献

[1] President Barack Obama. Improving critical infrastructure cybersecurity. Executive Order, Office of the Press Secretary. 12 February 2013.

[2] President Barack Obama. Presidential policy directive 21: Critical infrastructure security and resilience. Washington, DC, 2013.

[3] Roy Malcolm Anderson and Roy Malcolm May. Directly transmitted infections diseases: Control by vaccination. *Science*, 215(4536):1053–1060, May 1982.

[4] Dimitri P. Bertsekas. *Dynamic Programming and Optimal Control (2 Vol Set)*. Athena Scientific, 3rd edition, 2007.

[5] Abhijit Bose and Kang G. Shin. On capturing malware dynamics in mobile power-law networks. in *Proceedings of the 4th International Conference on Security and Privacy in Communications Networks (SecureComm '08)*, New York, number 12, September 2008.

[6] Claudio Castellano and Romualdo Pastor-Satorras. Thresholds for epidemic spreading in networks. *Phys. Rev. Lett.*, 105(21):218701, November 2010.

[7] Eric Cator and Piet Van Mieghem. Second-order mean-field susceptible-infected-susceptible epidemic threshold. *Phys. Rev. E*, 85(5):056111, May 2012.

[8] Eric Cator and Piet Van Mieghem. Susceptible-infected-susceptible epidemics on the complete graph and the star graph: Exact analysis. *Phys. Rev. E*, 87(1):012811, January 2013.

[9] Li-Chiou Chen and Kathleen M. Carley. The impact of countermeasure propagation on the prevalence of computer viruses. *IEEE Trans. Syst. Man., Cybern. B*, 34(2):823–833, April 2004.

[10] Pin-Yu Chen and Kwang-Cheng Chen. Information epidemics in complex networks with opportunistic links and dynamic topology. In *Proceedings of the Global Telecommunications Conference, GLOBECOM 2010*, Miami, FL, 6–10 December 2010, pp. 1–6.

[11] Pin-Yu Chen and Kwang-Cheng Chen. Optimal control of epidemic infor-

mation dissemination in mobile ad hoc networks. In *Proceedings of the Global Telecommunications Conference, GLOBECOM 2011*, Houston, TX, 5–9 December 2011, pp. 1–5.

[12] Pin-Yu Chen, Shin-Ming Cheng, and Kwang-Cheng Chen. Smart attacks in smart grid communication networks. *IEEE Commun. Mag.*, 50(8):24–29, August 2012.

[13] Pin-Yu Chen, Shin-Ming Cheng, and Kwang-Cheng Chen. Optimal control of epidemic information dissemination over networks. *IEEE Trans. Cybern.*, 44(12):2316–2328, December 2014.

[14] Pin-Yu Chen, Han-Feng Lin, Ko-Hsuan Hsu, and Shin-Ming Cheng. Modeling dynamics of malware with incubation period from the view of individual. In *Proceedings of the Vehicular Technology Conference (VTC Spring)*, 2014 IEEE 79th, Seoul, 18–21 May 2014, pp. 1–5.

[15] Thomas M. Chen and Jean-Marc Robert. Worm epidemics in high-speed networks. *IEEE Computer*, 37(6):48–53, June 2004.

[16] Shin-Ming Cheng, Weng Chon Ao, Pin-Yu Chen, and Kwang-Cheng Chen. On modeling malware propagation in generalized social networks. *IEEE Commun. Lett.*, 15(1):25–27, January 2011.

[17] Shin-Ming Cheng, Vasileios Karyotis, Pin-Yu Chen, Kwang-Cheng Chen, and Symeon Papavassiliou. Diffusion models for information dissemination dynamics in wireless complex communication networks. *Journal of Complex Systems*, vol. 2013, pp.1–13.

[18] Daryl J. Daley and Joseph Gani. *Epidemic Modelling: An Introduction.* Cambridge University Press, 2001.

[19] Patrick T. Eugster, Rachid. Guerraoui, A.-M. Kermarrec, and L. Massoulie. Epidemic information dissemination in distributed systems. *IEEE Computer*, 37(5):60–67, May 2004.

[20] Michalis Faloutsos, Petros Faloutsos, and Christos Faloutsos. On power-law relationships of the Internet topology. In *Proc. ACM SIGCOMM 1999*, pages 251–262, October.

[21] Eric Filiol, Marko Helenius, and Stefano Zanero. Open problems in computer virology. *J. Comput. Virol.*, 1(3):55–66, February 2006.

[22] A. Ganesh, L. Massoulie, and D. Towsley. The effect of network topology on the spread of epidemics. In *Proceedings of IEEE Infocom 2005*, volume 2, 13–17 March 2005, pp. 1455–1466.

[23] Jorge Granjal, Edmundo Monteiro, and Jorge Sá Silva. Security for the Internet of Things: A survey of existing protocols and open research issues. *IEEE Commun. Surv. Tut.*, 17:1294–1312, January 2015.

[24] Christopher Griffin and Richard Brooks. A note on the spread of worms in scale-free networks. *IEEE Trans. Syst. Man. Cybern. B*, 36(1):198–202, February 2006.

[25] Chang-Rui Guo, ShaoHong Cai, HaiPing Zhou, and DaMin Zhang. Susceptible-infected-susceptible virus spread model in 2-dimension regular network under local area control. In *Proc. ICNDS 2009*, volume 1, Guiyang, Guizhou, 30–31 May 2009, pp. 97–100.

[26] Herbert W. Hethcote. The mathematics of infectious diseases. *SIAM Rev.*, 42:599–653, December 2000.

[27] Hao Hu, Steven Myers, Vittoria Colizza, and Alessandro Vespignani. WiFi networks and malware epidemiology. *Proc. Natl. Acad. Sci. USA*, 106(5):1318–1323, February 2009.

[28] Jennifer T. Jackson and Sadie Creese. Virus propagation in heterogeneous bluetooth networks with human behaviors. *IEEE TDSC*, 9(6):930–943, November 2012.

[29] Vasileios Karyotis. Markov random fields for malware propagation: The case of chain networks. *IEEE Commun. Lett.*, 14(9):875–877, September 2010.

[30] Jeffrey O. Kephart and Steve R. White. Directed-graph epidemiological models of computer viruses. In *Proc. IEEE Computer Society Symposium on Research in Security and Privacy*, Oakland, CA, 20–22 May 1991, pp. 343–359.

[31] William Ogilvy Kermack and Anderson Gray McKendrick. Contributions to the mathematical theory of epidemics. Part I. *Proc. R. Soc. A*, 115(5):700–721, August 1927.

[32] Mohammad Hossein Rezaei Khouzani, Eitan Altman, and Saswati Sarkar. Optimal quarantining of wireless malware through reception gain control. *IEEE Trans. Autom. Control*, 57(1):49–61, January 2012.

[33] Seong-Woo Kim, Jong-Ho Park, Eun-Dong Lee, Mid-Eum Choi, and In Proc. IEEE VTC 2010, Taipei, 16–19 May 2010, pp. 1–5.

[34] Donald E. Kirk. *Optimal Control Theory: An Introduction.* Dover Publications, Mineola, NY, 2004.

[35] Cong Li, Ruud van de Bovenkamp, and Piet Van Mieghem. Susceptible-infected-susceptible model: A comparison of N-intertwined and heterogeneous mean-field approximations. *Phys. Rev. E*, 86(2), September 2012.

[36] Yong Li, Pan Hui, Depeng Jin, Li Su, and Lieguang Zeng. Optimal distributed malware defense in mobile networks with heterogeneous devices. *IEEE Trans. Mobile Comput.*, 13(2):377–391, February 2014.

[37] Yao Liu, Peng Ning, and Michael K. Reiter. False data injection attacks against state estimation in electric power grids. In *Proc. ACM Conf. Comput. Commun. Security*, pages 21–32, November 2009.

[38] Alun L. Lloyd and Robert M. May. How viruses spread among computers and people. *Science*, 292(5520):1316–1317, May 2001.

[39] Piet Van Mieghem. The N-intertwined SIS epidemic network model. *Computing*, 93(2–4):147–169, October 2011.

[40] Sancheng Peng, Shui Yu, and Aimin Yang. Smartphone malware and its propagation modeling: A survey. *IEEE Commun. Surv. Tut.*, 16(2): 952–941, April 2014.

[41] Lev Semyonovich Pontryagin, Vladimir Grigorevich Boltyanskii, Revaz Valerianovich Gamkrelidze, and E. Mishchenko. *The Mathematical Theory of Optimal Processes (International Series of Monographs in Pure and Applied Mathematics)*. Interscience, New York, 1962.

[42] Injong Rhee, Minsu Shin, Seongik Hong, Kyunghan Lee, Seong Joon Kim, and Song Chong. On the Levy-walk nature of human mobility. *IEEE/ACM Trans. Netw.*, 19(3):630–643, June 2011.

[43] Faryad Darabi Sahneh and Caterina Scoglio. Epidemic spread in human networks. In *Proc. IEEE CDC-ECC 2011*, Orlando, FL, 12–15 December 2011, pp. 3008–3013.

[44] Chayan Sarkar, Akshay Uttama Nambi S. N., R. Venkatesha Prasad, Abdur Rahim, Ricardo Neisse, and Gianmarco Baldini. DIAT: A scalable distributed architecture for IoT. *IEEE Internet Things J.*, 2:230–239, June 2015.

[45] Sarah H. Sellke, Ness B. Shroff, and Saurabh Bagchi. Modeling and automated containment of worms. *IEEE TDSC*, 5(2):71–86, April-June 2008.

[46] Daniel Smilkov and Ljupco Kocarev. Influence of the network topology on epidemic spreading. *Phys. Rev. E*, 85:016114, January 2012.

[47] Stuart Staniford, Vern Paxson, and Nicholas Weaver. How to own the Internet in your spare time. In *Proc. USENIX Security 2002*, San Francisco, August 5–9, 2002, pp. 149–167.

[48] Christian Szongott, Benjamin Henne, and Matthew Smith. Evaluating the threat of epidemic mobile malware. In *Proc. IEEE WiMob 2012*, Barcelona, 8–10 October 2012, pp. 443–450.

[49] Sapon Tanachaiwiwat and Ahmed Helmy. Encounter-based worms: Analysis and defense. *Ad Hoc Netw.*, 7(7):1414–1430, September 2009.

[50] Richard Thommes and Mark Coates. Epidemiological modelling of peer-to-peer viruses and pollution. In *Proc. IEEE Infocom 2006*, Barcelona, Spain, April 2006, pp. 1–12.

[51] Pu Wang, Marta C. Gonzalez, Cesar A. Hidalgo, and Albert-Laszlo Barabasi. Understanding the spreading patterns of mobile phone viruses. *Science*, 324(5930):1071–1075, May 2009.

[52] Mina Youssef and Caterina Scoglio. An individual-based approach to SIR epidemics in contact networks. *J. Theor. Biol.*, 283(1):136–144, August 2011.

[53] Shui Yu, Guofei Gu, Ahmed Barnawi, Song Guo, and Ivan Stojmenovic. Malware propagation in large-scale networks. *IEEE TDSC*, 27:170–179,

January 2015.

[54] Wei Yu, Xun Wang, P. Calyam, Dong Xuan, and Wei Zhao. Modeling and detection of camouflaging worm. *IEEE TDSC*, 8(3):377–390, May–June 2011.

[55] Xiaolan Zhang, Giovanni Negli, Jim Kurose, and Don Towsley. Performance modeling of epidemic routing. *Comput. Netw.*, 51(8):2867–2891, July 2007.

[56] Cliff C. Zou, Weibo Gong, Don Towsley, and Lixin Gao. The monitoring and early detection of Internet worm. *IEEE/ACM Trans. Netw.*, 13(5): 961–974, October 2005.

[57] Cliff C. Zou, Don Towsley, and Weibo Gong. On the performance of Internet worm scanning strategies. *Perform. Eval.*, 63:700–723, July 2006.

[58] Cliff C. Zou, Don Towsley, and Weibo Gong. Modeling and simulation study of the propagation and defense of Internet e-mail worms. *IEEE TDSC*, 4(2):105–118, April–June 2007.

[59] Gjergji Zyba, Geoffrey M. Voelker, Michael Liljenstam, A. Mehes, and Per Johansson. Defending mobile phones from proximity malware. In *Proc. IEEE Infocom 2009*, Rio de Janeiro, 19–25 April 2009, pp 1503–1511.

第 5 章　基于解决方案的智能家居系统攻击向量分析

智能家居技术的发展和广泛采用要求更安全的、具有隐私约束保证的智能家居环境。本章首先就更广泛的智能世界环境下的隐私和安全性进行简要的调查，随后重点分析和排序攻击向量或者智能家居系统入口点，并提出解决方案以消除或降低安全或隐私受到威胁的风险。此外，本章还评估了解决方案对于可用性的影响。本章所分析的智能家居系统为 digital STROM（dS）系统，这是一种在中欧地区日益普及的家庭自动化解决方案，但本章提出的研究结果尽量独立于具体解决方案。

5.1 引　言

随着福利措施和技术产品的普及，琐碎平常的杂事变得自动化，减轻了日常生活的负担。最近几年，个人住宅和商业建筑中使用自动化技术的趋势日益明显。智能家居系统（SHS）的逐步普及不仅提出了功能性需求，而且还要求一个安全、可靠且功能强大的环境。目前的智能电网安全之战[1]中就涵盖了智能家居安全[2]。当某种技术变得特别普及之时，就会自然成为一类高价值的目标。私人智能家居正是由于其技术普及而增大了变成此类目标的分析。多家公司在市场上投放了各种自动照明、遮阴、加热、降温等功能的产品。在众多具有不同的有线或无线拓扑结构的系统中，dS 是一种采用基于电力线的总线和嵌入式中央服务器的系统。本研究利用 dS 系统作为示例，旨在探索智能家居系统在安全和隐私方面的弱点，并尽可能尝试以通用的方式解决问题，以便将其应用于其他系统。

本章构成如下：首先简介和回顾智能家居如何适应到更广泛的智能世界中，并介绍相关研究工作。第 5.4 节介绍 dS 环境，第 5.5 节列出对于智能家居系统的可能攻击向量，以及针对 dS 基础设施的两个攻击案例。第 5.6 节提出并讨论防止或减少上述攻击向量的解决方案。第 5.7 节分析解决方案，并给出结论。

5.1.1　智能世界

当今世界比以往任何时候都“更加智能”，可以通过不同的方式将智能家居融入更广泛的智能服务、智能电网甚至智能城市当中。不同领域的研究人员一直在研究这种持续发展的趋势，并且开发出了有趣且实用的应用程序。本节将简要介绍其中一些应用程序，以强调现代智能家居系统的安全和隐私需求。尤其是考虑到大多数消费者对技术不甚了解并且不一定接受过计算机和网络安全方面的培训的情况，当其智能环境泄漏或者显示了某些传感器数据时，这些消费者可能无法完全意识到其隐私将会遭受怎样的侵害。

文献[4]将智能社区定义为共享特定公共处理基础设施的、相互连接且处于同一地点的家庭集合。作者举例说明了一种分布式入侵检测/规避方案，该方案在社区中集中处理的来自多个家庭的监视数据；还说明了一个智能医疗系统，该系统在检测到严重的健康状况时会向邻居发出警报。文献中还构思了一个呼叫中心，负责应对多个智能社区的紧急情况或者提供进一步的帮助。尽管作者出于隐私考虑而建议对数据进行集中处理，但可能并非每个智能社区都希望在其范围内建立数据中心。文献[6]则预测未来人工智能技术将日益普及，而未来的智能家居所需的处理能力也将越来越强。该文献预言，随着传感器和测量数据的增加，单个智能家居可能无法处理所有数据，因此会将其放在云环境中进行处理。

隐私问题被列为潜在问题。与文献[4]类似，文献[5]提出了一个将智能家居作为服务云集成到平台中的框架。数据隐私应当由用户管理，但是在将数据传输到云之后才能确定需要使用和处理哪些数据。云接口还提供其他服务，或者虚拟智能家居设备由第三方提供。文献[7]中提到了环境智能，生活方式将得到更广泛的改善。该文献预测了智能设备将如何体现个人喜好，让人们可以在博物馆和其他公共场所等地点获得个性化的体验。

总体而言，这种趋势显然指向了高度互连的智能世界。在这个世界中，数据以分布式方式进行处理，而私有数据共享（例如高度敏感的个人病历）和有益服务之间的界线将面临日益模糊的风险。实际上，由于设计、营销或者基础设施方面的决定，这两者甚至将无法区分。当个人无法选择将哪些传感器采集数据共享甚至上传到可能不安全的网络时，安全和隐私问题将进一步加剧。因此，设定较高的安全性和隐私性门槛非常重要。即使个人明确同意共享数据，实际的传输协议也必须始终保持开放，并且能够检查是否存在潜在泄漏①。问责能力是获得用户信任的关键，以便帮助产品获得成功。由于智能家居装置的使用寿命较长，长达数年或者数十年，并且会处理敏感的传感器信息，因此关注这些数据的各方可以从容地评估和研究其行动选择。通常而言，当所有者/用户不需要特定工具或数字签名就可以安装修改和扩展的情况下，开源方式非常有利于建立信任，也可能有利于产品的使用寿命。然而，向更加开放的协议转变的速度很慢，而且客户不一定能看到开放式解决方案的好处。只有当大多数客户要求或者成功的开放解决方案足够多时，才会有望

① 理想情况下，协议应独立审核，并发布其未编辑的原始数据。

改变这一现状。

5.2 相关研究

本节列出了智能家居环境下的相关安全性研究，并解释了其与本章工作的区别。在此之前，还没有文章对采用有线电力线总线的智能家居环境进行过类似的安全评估，尤其是针对 dS 架构。文献[8]调查了可用的智能家居系统技术，但仅简要列出了对智能家居系统控制基础设施的潜在攻击向量（如 DDoS）。该文献还详细介绍了个人安全性，即与软件系统无关的安全性，诸如检测到火灾时执行通知紧急服务、使用神经网络检测异常用户行为等自动化逻辑建议，以及防止敏感信息泄漏的隐私保护等。文献[9]涵盖了在智能家居系统环境下无线传感器网络中针对多个安全问题的检测和预防方法。该文献提出了针对系统的保密性、完整性和可用性的几种攻击向量。与此相反，本章针对使用有非出厂默认设置和可选无线连接功能的有线总线系统 dS 产品，分析了该系统的安全问题。文献[10]提出了一种基于公钥加密的电表系统，该系统不会向电力公司透露具体的用电量，以受信任的读表器获取签名的读数为，由系统为获得的度数匹配和应用对应的价格费率，从而在不获取用量信息的情况下得到完全可验证的账单。这篇文章提出了一个极佳的解决方案，使用由公司提供的可信仪表得到可验证的汇总计量数据。但这一方式并不适用于 dS 环境。文献[11]提出了一个评估家用技术安全风险的框架，还将勒索或敲诈等高级别攻击意图与破坏基础设施等低级攻击关联起来。而本章仅关注低级别的安全问题，不考虑其潜在后果。最后，文献[3]深入总结了智能家居相关文献，并预测了集成医疗系统的未来发展。由于人民的居家时间较长，因此集成服务的经济潜力巨大。此外，该文献还提到了一些探讨安全性的论文。文献[3]涉及的内容均没有提到 dS 系统，DNA 提到了一些有线系统，如 KNX（Konnex 的缩写）等。

5.3 digitalSTROM 环境

digitalSTROM 环境是主要针对个人家庭设计的智能家居系统，也可以同时用于一栋建筑物内的多套公寓中，每套公寓分别安装系统设备。系统设备包括一个（可选[①]）digitalSTROM 服务器（dSS）、一个 digitalSTROM 仪表（dSM）、每个电路均需安装的 digitalSTROM 滤波器（dSF）以及许多接线端子（小型钳子），上述

① 尽管可以在没有 dSS 的情况下进行基本配置，但是只有安装了 dSS 才能实现更复杂的事件，例如基于计时器的事件。

设备均有一个 digitalSTROM 芯片（dSC)。dSF 负责过滤电源总线上的 dS 消息，阻止其抵达外界，这是为了在附近存在多个 dS 系统设备时防止串扰。每个 dSM 最多可以处理 128 个端子，并使用 ds485 两线协议与其他 dSM 和 dSS 通信①。ds485 总线的最大距离为 100m，但通常限于机柜内（图 5-1 中的虚线)。dSC 通常集成在接线盒（“端子”）中，接线盒直接连接到电源开关或设备。dSC 还可以由授权制造商直接集成到设备、电源插座或接管表当中。这些设备使用专有的封闭协议通过电源线进行通信（图 5-1 中的虚线)。dS 设备可用的带宽非常有限，只有 100 波特（dSM→dSC）/400 波特（dSC→dSM）[12]。事件反应时间介于 250ms 到 750ms 之间。图 5-1 展示了 1 套简化的智能家居系统，由 3 个独立的电源电路（每个楼层 1 个)、两个 dS 设备（电视、虚线上的灯）和 1 个在室外插头上充电的非 dS 电动汽车组成。dSM 通过两线总线与 dSS 互连（虚线)。dSS 通过第 5 类电缆，也可以选择支持的无线通用串行总线（USB）加密狗，连接到由无线路由器表示的家庭网络。控制设备（通常是智能手机或平板电脑）通过无线网络连接到家庭网络。dSS 提供了用于配置的 Web 界面和 AJAX/JSON（异步 JavaScript 和 XML/JavaScript 对象表示法）应用程序的可编程应用接口（API)。

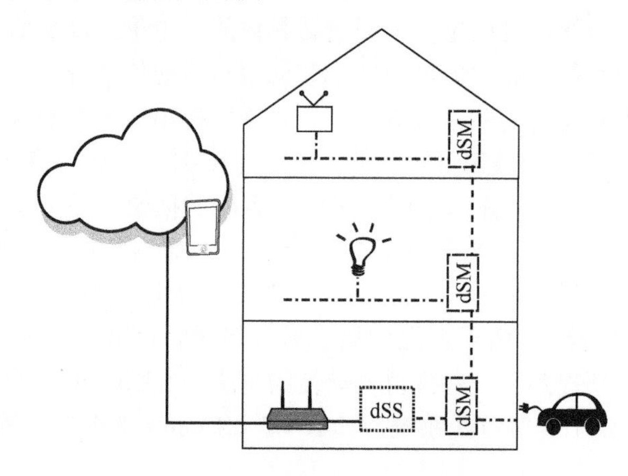

图 5-1　digitalSTROM 智能家居系统示例

5.4　SHS 上的攻击向量

本节将可能的 SHS 攻击向量分为 5 个漏洞类别。包括有线 SHS 中的：①用于状态管理并提供控制接口或 API 的服务器；②与家用电器通信的总线；③用于切换

① ds485 这个名称从串行 RS485 总线协议类推而来。

单个设备的小型端子或控制设备；④系统最终由用户使用的控制设备（如智能手机）；⑤用于扩展系统核心功能的签约远程第三方服务。

上述各类漏洞及其关联如图 5-2 所示。

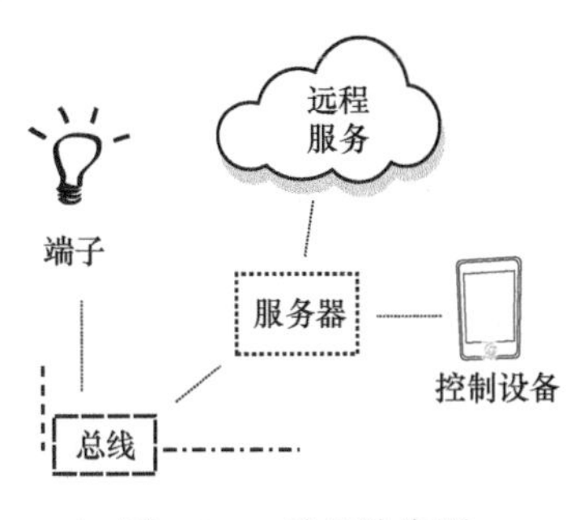

图 5-2　5 种风险类别

如图 5-3 所示，我们将攻击分为 9 种风险等级：在严重程度和可能性两个维度区分了低、中和高。风险等级取决于攻击的可能性和严重程度。注意到，与严重程度更高的攻击相比，可能性更高的攻击具有更高的风险等级。

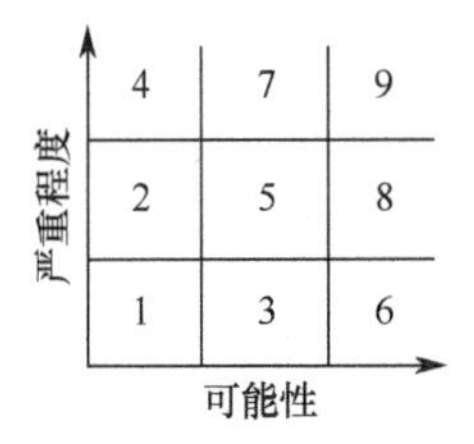

图 5-3　9 种风险等级

5.4.1　中央 digitalSTROM 服务器

5.4.1 节详细说明了获得访问中央 dS 服务器权限以破坏整个智能家居系统的可能性。中央服务器具有针对 SHS 的全部访问权限：可以切换设备、读取计量值、管理家庭网络上的 API 连接，并且中央服务器几乎一直运行。因此服务器是 SHS 内部最需要受到保护的关键组件。由于接口众多，服务器也是暴露最多的部件。服务器由置于机柜中的 dSS 组件实现。在 dS 系统当中，设备位置定义为其与 dSM 电路表的接近程度。dSS 是一个嵌入式 Linux 平台，配备 400Mhz ARM9 CPU、64Mb ram、1Gb 闪存、两个 USB 端口和一个 RJ45 100Mbit 以太网端口。dSS 安装有用于恢复目的的板载 RS-232 串行端口[13]。

攻击 dSS 的第一种可能性是获得物理访问权并破坏根系统密码。实现这一攻击，可以通过调试端口访问串行控制台，进而访问（uBoot）引导加载程序。早期版本的 dSS 仅具有 256Mbit 闪存，使用 SD 卡作为主存储驱动器，增加了将 SD 卡恶意切换为具有已添加或已修改凭据的 SD 卡的可能性。这种攻击的影响大但是存在本地限制（需要物理访问），因此其攻击风险等级为 4 级。

攻击 dSS 的第二种可能性是获得本地有线或无线网络（如果可用）的访问权限，并且利用系统漏洞。例如，如果在 dSS 中插入了无线局域网（WLAN）加密狗，则利用局域网（LAN）或 WLAN 的 Linux IP 堆栈或网络驱动程序中的 TCP/IP 漏洞；或者利用已启用的系统权限服务，例如 SSH 服务器（Dropbear）的服务漏洞。

在这一点上，注意到处理 dS 事件的 dSS 进程没有提高权限。因此在上述两种方式以外，攻击者还可以（3）利用 dSS 进程中的 API 漏洞。这种攻击发生在本地家庭网络内和无线网络范围内，但如果路由器/防火墙规则薄弱则会将 dSS 直接暴露在互联网中，造成严重的潜在缺陷。由于家居自动化系统是长期系统，运行时间长达 10～15 年，因此其软件在使用期间极有可能过时且无法维护，从而大大增加了风险。第二类攻击可能造成严重的后果，因此将其风险等级定为 7 级。

攻击 dSS 的第三种可能性是通过连接 dSM 的 dS485 总线攻击服务器，具体方式包括直接获得有线访问权，或者通过恶意 dSC 向总线注入事件，使其触发总线上的 dSM 发送指定消息。

由于具有控制整个静态 SHS 的能力（即未安装 dSS 之时可使用的 SHS 功能）的可能性很小，因此将该攻击判定为具有中等影响。除了对电力线总线的影响外，尚且存疑的是这种攻击是否能够损害 dSS 的完整性，以及是否必须对 dS485 总线处理程序进行代码分析以确定这种攻击。因此，将该攻击向量定的风险等级确定为 2 级。

攻击 dSS 的第四种可能性是重定向或者滥用应用商店，以实现以下目的。

（1）使用开放的后门注入恶意更新。这是有可能的，因为更新没有经过数字验证；

（2）借助用户操作错误或误导用户安装恶意应用程序。由于 dS 应用程序没有系统权限，运行在 dSS 进程内部运行且仅限于 JavaScript 沙箱，因此恶意应用程序主要威胁隐私，因为其可以触发和记录所有事件。当攻击者控制本地网络时，如果更新是通过未加密的超文本传输协议（HTTP）连接提供的，攻击者就可以拦截和修改进出 dSS 的家庭网络流量，安装恶意更新和应用程序。

没有本地访问，便很难操纵网络流量。但是，由于更新程序受感染后的影响很大，因此将攻击向量的风险等级确定为 4 级。在考虑恶意应用之时，由于这种攻击的可能性较高但严重性较低，因此将风险等级提高到 5 级：诱骗用户安装恶意应用程序是有可能的，但是这在很大程度上取决于受害者。

5.4.2 智能控制设备

本节描述了被感染的智能手机或控制站等智能控制设备（SCD）如何导致 SHS 受到入侵。

除了房间开关外，SHS 的控制通常委派给受信任或已认证的控制设备，或两者皆有，例如智能手机或者控制终端。针对 dS，只能通过安全的超文本传输安全协议（HTTPS）连接访问 JSON-API，并且需要在成功身份验证后才能获得令牌。但是，如果某个控制设备（例如 Android 或 iPhone 智能手机）遭到入侵，假设该设备没有存储实际凭证，那么在 API 支持达到的范围内，整个系统的控制权就会因此受到破坏，直到令牌被撤销或过期为止。dS 当前不具有特定的（通常是壁挂式）控制终端，因此可以忽略这种情况。dS 同时发布了 iOS 和 Android 应用程序。由于智能手机大部分都已连接互联网，因此会暴露在许多第三方应用程序下，甚至可能感染病毒和蠕虫。此外，控制设备通常具有家庭网络的完全访问权限。鉴于这些事实，将这一高风险攻击向量的风险等级设定为 9 级。

5.4.3 智能家居通信总线

本节将分析通信总线受损的风险，其影响会直接导致 SHS 的严重损害。dS 使用专有的非加密电源线上通信[12]。由于该协议既不使用加密也不使用身份验证，因此任何接收到的消息都会被认定为有效消息。这就导致了①可以通过注入控制信号直接控制设备或者破坏系统；②可以通过注入无效的功率读数伪造功耗上报系统。伪造功耗读数时，只会伪造单个设备的读数，因为 dSM 不需要根据其连接的 dSC 就可以得知子电路总功耗。一旦获得通信总线的访问权限就可以轻易干扰 SHS，从而造成拒绝服务（DoS）类型的攻击。由于智能家居通信总线的带宽低，因此拒绝服务类攻击对其特别有效。攻击者可以连续地发送系统范围内事件（例如警报），dSM 会将事件广播发送到相邻的子电路当中，从而干扰连接到恶意发送设备的子电路或者整个系统。由于所有 dS 设备都可以访问电力线总线，从而可以完全控制子电路当中的总线，攻击者可以选择将恶意设备连接在系统中的任何位置。即使没有物理访问权限，攻击者依然可以欺骗具有访问权限的人为其插入设备，例如通过赠送或出借准备好的设备。dS 设备可以是从电灯到电视或者计算机的任何东西。由于 dSC 端子相对较小，并且仅消耗最低功率，因此很容易隐藏在设备外壳内部。另一种有限攻击方式是将未被修改的原始 dS 端子连接系统，后者会自动注册并且添加设备，这是一个自动的即插即用（PnP）过程，耗时不到 10min。注册后，该设备即可使用，例如带有黄色代码[①]的端子可以控制其插入房间内的所有室

① dS 端子按照其功能分色编码。

内照明灯。通用应急按钮可以触发应急程序，程序默认操作为点亮整个设置内部的所有灯光，打开所有窗帘和百叶窗。由于电力线总线的局部暴露程度有限，且通常发生在安全场所（室外插头除外），但是其控制权限较高，因此将面向无室外插头的私人住宅环境的该攻击向量的风险等级定为 4 级，将面向带有易于触及的室外插头或者 SHS 为办公室等半公共环境的该攻击向量的风险等级定为 7 级。另一个进入点是与 dSM 和 dSS 连接的 ds485 总线，其危害与侵害动力线总线相当，有较小可能通过缓冲区溢出控制 dSS 过程，但这种可能尚未得到证实。由于 dSM 通常位于更有价值的 dSS 旁边，使得通过 ds485 总线实施攻击似乎不太可能或者没有吸引力，因此将其风险等级定为 4 级。

5.4.4 远程第三方服务

本节分析了将 SHS 与第三方服务连接时的信任关系问题。第三方服务为 SHS 提供附加功能，主要可以分为两类，即监视服务和控制委派服务。第三方服务也可以同时属于两个类别。监视服务接受能耗统计信息、系统事件或其他收集到的数据，并根据数据解读结果提供建议或分析服务。这种类型的服务仅会带来隐私风险，可能泄露是否在家以及活动情况等可用于身份识别的事件[18]，因此将此攻击向量的风险等级定为 3 级。但是该攻击实际导致的风险可能会有很大变化，具体取决于所泄漏信息的性质以及此类信息泄漏有长期不受注意的危险。第二类服务需要控制权限，因此需要通过令牌进行 API 访问，而令牌可以单独撤销[18]。例如，此类服务可以提供基于互联网的备用用户界面。因此，当这类第三方服务受到感染时将直接导致 SHS 感染，根据第三方服务的安全性和可信度不同，其风险等级可高达 7 级或 9 级。dS 通过 dS 应用程序提供 mein.digitalSTROM[19]服务，该应用程序可以通过远程控制安装，还允许使用超时链接进行临时控制委派，并备份本地配置和计量数据。由此可见，所有第三方服务都必须得到私有数据和系统控制的信任。

5.4.5 两种攻击想定

本节将根据先前的分析详述两种理论上的攻击想定。

第一种攻击使用 dS Android 智能手机应用程序[14]作为进入向量，在房主睡觉期间在晚上打开灯光。第二种攻击将电力读数上传到远程服务器，使攻击者得知房屋何时（可能）是空置的。第一种攻击通过在房主的安卓智能手机上安装流氓应用程序予以实施。该流氓应用程序伪装成与 SHS 完全无关的应用程序，安装到 SHS 拥有者的智能手机上后将启动一个后台服务，会在夜间某个时间向 dS 应用程序发送安卓意向[16]，即利用 dS 应用程序公共界面发送的跨应用程序消息。然后，这个未经修改且不为人知的 dS 应用程序将使用其保存的凭据执行操作。恶意应用程序不需要知道任何连接详细信息或者 API 令牌。这个攻击听起来平淡无奇，但也可能引发更加可怕的后果。在第二种攻击中，用户通过官方 dS 应用商店将 dS 应用程序安装在 dSS 上。安装之后，该应用程序收集从所有与之连接的 dSM 的功耗数据，并且定期上传到某个远程位置；攻击者则使用这些收集到的数据确定住所可能空置的时间。前面确实提到过，第三方应用程序必须通过代码审查才能进入 dS 应用商店。但由于有许多合法的服务都要求发送私人数据，因此审查应用程序代码时应当考虑不同的应用程序检查目的和用户期望，尤其是在相关文档含糊不清、具有暗示性或者根本没有文档的情况下。

5.5 SHS 强化

本节以第 4 章为模板，包括中央 dS 服务器、SCD、智能家庭通信总线和第三方服务四方面的内容。为使 SHS 能够抵御上一节描述的攻击，建议采纳其他领域的成熟策略。除了提供增强安全性的建议措施之外，本节还给出了建议措施对所提出解决方案的易用性的影响。

5.5.1 中央 digitalSTROM 服务器

本节重申了中央 dS 服务器对于整个系统安全性的关键作用。由于中央 dS 服务器在系统中处于中心地位，并且暴露于 SHS 中的各种接口，因此中央 dS 服务器的物理漏洞在严重度和可能性上都为最高等级。为了防止服务器遭到物理破坏，如果机柜位于（半）公共空间内，最简单也是最有效的方法就是给机柜上锁。应该通过安装文档向每个客户推荐此方法。该解决方案对于易用性的影响很小，并将选择权和风险评估留给了客户。在私人空间内，dSS 遭受物理入侵的风险等级较低。如果需要额外增强安全性，则可以使用防拆机箱，从而防范特定的攻击者。这种更改需要客户了解如何检查密封是否完整，可以进行远程检查，但是仍然需要可上锁的机柜。由于需要进行额外培训，因此防拆机箱会对易用性造成较大影响。为了保护 dSS 免受网络攻击，用户应当更改默认访问密码，最好是在初始设置时进行。默认访问密码和开放网络会使遭受攻击的可能性和严重度极高。要求用户在设置中更改密码对于易用性的影响极低。遵循设置向导便可进行初始设置。为了防止中间人（MitM）攻击（例如修改系统或者应用程序更新），dS 更新服务器应默认采用有效 SSL 证书的加密 HTTPS 连接。这类安全连接对于用户是透明的，因此不会影响易用性。为了降低 SHS 遭受完全入侵的风险，建议为 API 引入基于许可的访问控制系统。这些许可包括读取仪表值和可控的 dSM/房间，以便限制应用程序只能控制一个子电路内的设备或者甚至是单个设备，只能触发允许和能够注册的事件。除列出的这些许可之外，还可以根据需要使用其他许可。正如文献[15]所分析的，在可用性和权限可配置性之间存在一定的权衡；可以通过默认开通全部许可来减轻这一方式对易用性的影响，由客户通过“高级设置”菜单选项来设置特定限制。

5.5.2 智能控制设备

SCD 对于 SHS 拥有全部控制，因此必须让所有用户知晓：SCD 遭到入侵便意味 SHS 遭到破坏。适用于安卓系统的 dS 应用程序可以在智能手机上提供可以发送意图（安卓系统控制消息）的其他应用程序，并且 dS 应用程序可能响应这些意图。这样智能手机上面的任何应用程序都可以控制 SHS。建议向安卓系统上的 dS 应用添加由用户管理的注册白名单应用软件，以验证是否允许某个应用程序控制 SHS。可以在第一次请求时立即更新这一列表，以最小化对易用性的影响。当知道哪些应用程序能够或者正在尝试控制 SHS 时，用户可能会感觉更加安全。

5.5.3 智能家居通信总线

dS 使用专有协议在 dSC 和 dSM 之间通信。由于上行和下行通道分开，因此该技术不允许在不先经过 dSM 的情况下进行 dSC 间通信。如果对通信协议开展逆向工程，采用一台使用该协议的设备，或者对 dSC 接口/固件进行逆向工程，那么攻击者可以轻松注入消息或者阻塞电路和系统，以发起 DoS 攻击。因此强烈建议添加一层加密层，使其对易用性的影响极低[17]。如果必须由用户设置密钥，那么加密层可能会对易用性方面产生一些影响。还建议添加禁用 PnP 功能的选项，以便自动注册新设备。尤其是在办公室等半私人环境当中，由于凡有物理访问权限的人都可以使用电源插头，因此这一选项更加重要。为了易于使用，不建议默认禁用 PnP；但当自动注册功能被禁用时，建议添加基于计时器的启用功能（类似于蓝牙配对），以允许短时插电设备进行自动注册。由于只在高级配置模式中增加一个选项，这种功能对易用性的影响很小。

5.5.4 远程第三方服务

通过远程访问 dSS 或者分析和上报所收集到的数据，远程服务为 SHS 提供了附加功能。出于强化系统防止隐私泄漏的目的，建议针对提议的许可系统执行可配置的时间分辨率限制许可。例如，这种分辨率限制不允许访问累计时长低于 15min 的数据，以最大程度上保护隐私。由于这种限制是可选的，因此在给用户带来更多隐私安全的同时，对于易用性的影响依然较小。为了应对受到感染的第三方服务，应当为远程控制的 API 访问指定一组受限的许可；此外，应当记录所有 API 访问和操作以备将来审核。由于用户负责检查日志，除非结合使用自动检查日志异常的方法，否则的确会对易用性造成极大的影响。只有在文档中充分、清晰和无歧义地说明了可以远程处理和发送哪些数据以及该应用软件发起了哪些控制事件，才能允许第三方应用软件在 dS 应用商店上架。代码审查者负责根据文档检查代码路径，并在应用上架之前提出更正要求。在安装应用程序之前，用户应该可以接受或拒绝该应用程序所请求的功能。显示应用程序文档并由用户手动接受或拒绝对于易用性的影响很小。

5.6 方案分析

回顾前述举例的攻击，可以看到上面提出的解决方案可以杜绝其发生的可能性。需要注意的是，上述解决方案都是在相关领域研究和经验的基础上进行的理论改进，今后还需就此开展实际的试验。

第一种攻击想定使用 dS 安卓应用程序将控制事件隐秘注入 SHS。有了允许通过 dS 安卓应用程序发送控制事件的应用程序白名单，智能手机上的任何应用程序都必须在获得许可后才能被授予访问权限，从而阻止了隐秘攻击。当与 SHS 毫无关系的应用程序试图通过安卓意图访问 SHS 之时，手机会给出相应的提示，便可以判断该应用程序在进行恶意行为。

第二个应用程序会将功耗事件发送到远程服务器。基于上述解决方案，该应用程序必须在文档当中声明其将读数发送到远程服务的意图，并且在安装过程中请求允许这些特定权限。如果这种做法违反了应用程序的目的，那么用户应能识别出威胁，并且选择不安装该应用程序。

可以看到，实施本章提出的解决方案之后，这两种样本攻击都不可能发生。

5.7 本章小结

居家环境是人们希望并且应该享有高度隐私和安全的私人场所，而功能驱动型的行业目前在这方面无法令人满意。本章详述了 dS 智能家居系统的各种攻击向量，从物理破坏到网络攻击再到第三方远程问题，一应俱全。本章还展示了其中两种攻击向量的实际使用方式，并针对所有列出的攻击向量提出了解决方案建议，并说明解决方案可能造成的易用性损失。希望这项研究可以提高通用型智能家居系统产品早期发展过程中的开放性和安全性意识，尤其希望能够带来 dS 系统的改进提升。

参 考 文 献

[1] European Union Agency for Network and Information Security ENISA, Smart Grid Security Recommendations, 2012.

[2] National Institute of Standards and Technology NIST, NISTIR 7628 guidelines for smart grid cyber security, 2010.

[3] Alam, M.R., Reaz, M.B.I., Ali, M.A.M., A review of smart homes—Past, present, and future, *Systems, Man, and Cybernetics, Part C: Applications and Reviews, IEEE Transactions on*, vol. 42, no. 6, pp. 1190, 1203, 2012.

[4] Li, X., Lu, R.X., Liang, X.H., Shen, X.M., Chen, J.M., Lin, X.D., Smart community: An Internet of Things application, *IEEE Communications Magazine* vol. 49, pp. 68, 75, 2011.

[5] Eom, B., Lee, C., Yoon, C., Lee, H., Ryu, W., A platform as a service for smart home, *International Journal of Future Computer and Communication* vol. 2, no. 3, pp. 253, 257, 2013.

[6] Cook, D., How smart is your home? *Science* vol. 335, no. 6076, pp. 1579, 1581, March 2012.

[7] O'Grady, M., O'Hare, G., How smart is your city? *Science* vol. 335, no. 6076, pp. 1581, 1582, 2012.

[8] Robles, R., Kim, T., A review on security in smart home development, *International Journal of Advanced Science and Technology* vol. 15, pp. 13–22, 2010.

[9] Islam, K., Sheng, W., Wang, X., Security and privacy considerations for wireless sensor networks in smart home environments. In *Computer Supported Cooperative Work in Design (CSCWD), 2012 IEEE 16th International Conference on*, pp. 622–633. Wuhan, China, 2012.

[10] Rial, A., Danezis, G., Privacy-preserving smart metering. In *Proceedings of the 10th Annual ACM Workshop on Privacy in the Electronic Society (ACM WPES11)*, pp. 49–60. ACM, Chicago, IL, 2011.

[11] Denning, T., Kohno, H.M., Leving, T., Computer security and the modern home. *Communications of the ACM*, vol. 56, no. 1, pp. 94–103, 2013.

[12] Aizo AG (12/2013). digitalSTROM FAQ [Online] digitalSTROM, Schlieren, Switzerland. Available: http://www.digitalstrom.com/documents/A0818D044V005_FAQ.pdf

[13] Aizo AG (12/2013). dSS 11 Produktinformation [Online]. Available: http://www.digitalstrom.com/documents/digitalSTROMServerdSS11ProduktinformationV1.0.pdf.

[14] Google Playstore, Aizo AG (12/2013). dS Home Control [Online]. Available: https://play.google.com/store/apps/details?id=com.aizo.digitalstrom.control.

[15] Kim, T. H.-J., Bauer, L., Newsome, J., Perrig, A., Walker J., Challenges in access right assignment for secure home networks. In *Proceeding HotSec' 10 Proceedings of the 5th USENIX Conference on Hot Topics in Security*, Washington, DC, 2010.

[16] Google Ltd. (12/2013). Android API Reference [Online]. Available: http://developer.android.com/reference/android/content/Intent.html

[17] Luk, M., Mezzour, G., Perrig, A., Gligor, V., MiniSec: A secure sensor network communication architecture, In *Proceedings of the 6th International Conference on Information Processing in Sensor Networks*, pp. 479–488. Cambridge, MA 2007.

[18] Rouf, I., Mustafa, H., Xu, M., Xu, W., Miller, R., Gruteser, M., Neighborhood watch: Security and privacy analysis of automatic meter reading systems. *Proceedings of the 2012 ACM Conference on Computer and Communications Security* (ACM CCS12), pp. 462–473. ACM, 2012.

[19] Aizo AG (11/2013). digitalSTROM Installation Manual [Online]. Available: http://www.aizo.com/de/support/documents/html/digitalSTROM_Installationshandbuch_A1121D002V010_EN_2013-11-12/index.html#page/digitalSTROM%2520Installationshandbuch/digitalSTROM%2520Installationshandbuch_A1121D002V010_EN_12-11-2013_Final.1.56.html

第二部分　隐私保护

第6章　隐私保护数据分发

6.1 引　言

随着无线通信技术的发展，无线传感器网络（WSN）被广泛应用于环境监测。随着这些无线传感器网络规模的扩大，大量的传感数据和数据收集能耗需求促使了数据中心传感器网络（DCSN）的出现[9,21]。在 DCSN 中，传感数据存储在网络中的几个专用存储节点中，移动信息接收设备会在特定时间访问网络以收集存储节点中的数据。与之前类似系统不同的是，DCSN 是基于信息接收设备的传感器网络，使用该信息接收设备收集和存储感测数据，而不需要每个传感器节点分别将数据传送到信息接收设备，克服了数据传输距离可能较长的缺点，也避免出现单点故障，因此具有高效和健壮的特点。

DCSN 一旦部署在远程环境中，通常无人值守，偶尔会有访问，并且能产生大量信息。DCSN 具有物理保护少、成本低的特点，容易受到各种网络变化和攻击的干扰，包括节点捕获、节点泄露、节点失效、数据包注入、干扰攻击等。因此，攻击方可能通过破坏节点来获取存储在网络中的敏感数据，从而破坏了数据的隐私性；或者通过禁用网络节点来永久删除数据，从而影响数据的可用性。例如，部署在森林中用于监测和跟踪濒危动物的 DCSN，获取其存储的数据可以获得目标的位置信息，这可能会对濒危动物造成生命威胁。

为了解决这些问题，已经设计出了许多基于密码学的策略[3,18,21]，来确保传感器网络数据的完整性、安全性和访问控制。这些策略对于保护无线传感器网络免受各种攻击至关重要，但仅能部分解决对数据隐私性和可用性的威胁。例如，这类策略不能处理由节点被破坏引起的信息泄漏或由干扰攻击引起的通信干扰。此外，大多数基于密码学的策略依赖于健壮的密钥管理方案，这将增加额外的存储成本，并使网络部署及其运行复杂化。因此本章关注的是如何仅利用典型无线传感器网络的传感器定位多样性，以非加密方法来缓解对数据隐私性和可用性面临的威胁。

解决数据隐私性和可用性问题是比较困难的。为了提高节点故障时的数据可用性，将数据复制到多个节点是很常见的做法。但这种做法会增加节点被破坏造成的数据泄露风险。对能耗效率的要求使解决方案更加复杂。为了在上述三者之间取得平衡，本章构建了空间隐私图（SPG）来指导数据分发，并确保与其他数据分发方案相比，该方案能够以较低的能耗水平实现更好的数据隐私性和可用性。

6.2 问题概述

基于密码的策略不能缓解对数据隐私性和可用性的所有威胁，因此本章研究了能够实现这一目标的非密码学方案。首先基于对网络模型和威胁模型的研究简要描述了需要解决的问题。表 6-1 为本章使用的符号。

表 6-1 常用符号

符号	释义
S_n	传感器节点集合
n_n	传感器节点总数
S_s	存储节点集合
n_s	存储节点总数
x_i	传感器节点 i，$i\in\{1,\cdots,n_n\}$
r_s	传感器节点的感知半径
$\eta_i(t)$	存储节点 i 在时刻 t 的状态
y_i	存储节点 i，$i\in\{1,\cdots,n_s\}$
r_c	传感器节点的通信半径
$\eta^*(t)$	主 I 状态，$\eta^*(t)=\bigcap_{i\in S_s}\eta_i(t)$
p	复制概率
$V(\eta(t))$	I 状态区域 $\eta(t)$
P	基于 I 状态的隐私度量
A	基于 I 状态的可用性度量
E	能量消耗

6.2.1 网络模型

本章关注一个用于目标跟踪的数据中心传感器网络。具体地说，传感应用程序首先利用可信数据采集器来收集每个传感器生成的消息，然后从消息中得到目标的位置信息。网络由传感器节点、存储节点和移动信息接收设备组成，如图 6-1 所示。

1. 传感器节点

将包括 n_n 个静态传感器节点的集合 S_n 部署在一个平面环境 W 中的 $x_1,x_2,\cdots,x_{n_n}$ 位置处组成网络，其中 $S_n=\{x_i\}_{i\in[1,\cdots,n_n]}$。每个传感器节点不断地检测其周围环境，并在关注事件发生时向存储节点发送事件消息。各个传感器节点是相同的，具有相同的传感范围 r_s 和通信范围 r_c。传感器节点不存储数据，因为其缺乏足够的内存来存储数月或数年的数据，并且移动信息接收设备一次无法获取所有传感器的数据。

因此，传感器将数据转发到存储节点。

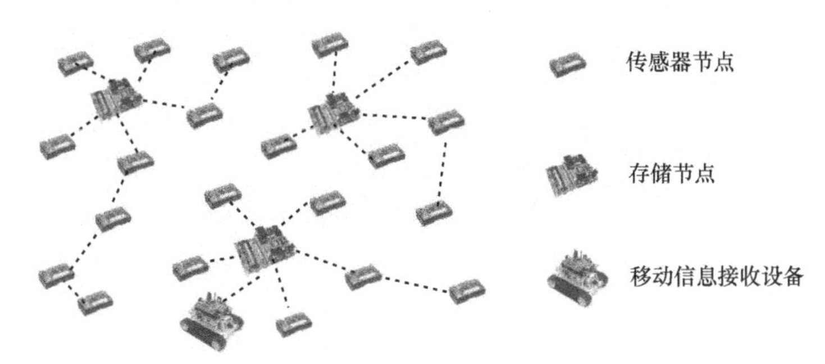

图 6-1　数据中心传感器网络（DCSN）示意图

此外，各传感器均为仅具备粗略感知能力的低成本传感器，即各个传感器都配备一个近距离传感器，只要满足$\| q(t)-x_{n_i} \| \leqslant r_s$就可以检测目标，其中 $q(t)$是 t 时刻的目标位置。这种检测方式被称为 Boolean 检测，即节点只知道是否检测到了目标，而不知道其他信息。因此，传感器测量范围是半径为 r_s 的圆。此外，由于 r_s 的值足够大，因此捕获一条消息不会违反隐私性的要求。

最后，每个传感器节点都知道与相邻传感器之间的相对位置。这些信息可以通过无线定位算法获得[19]。

2．存储节点

将包括 n_s 个存储节点的集合 s_s 部署在一个平面环境 W 中的 $y_1, y_2, \cdots, y_{n_s}$ 位置处，$n_s \ll n_n$，且 $S_s = \{y_i\}_{i\in[1,\cdots,n_s]}$。存储节点具有更大的内存和电池容量，负责在移动信息接收设备收集数据之前的数据存储。为了防止恶意用户通过注入错误数据包覆盖存储节点中的数据，每个存储节点都会进行数据过滤。因此，无论数据在消息传递期间是否加密，存储节点都需要访问每个数据包的明文数据。

3．移动信息接收设备

一个或多个移动信息接收设备偶尔会访问网络，并靠近各个存储节点以收集数据。由于数量相对较少，移动信息接收设备配备了防篡改硬件，或配备人工值守。因此移动信息接收设备不会被任何攻击方破坏，也不会被干扰器破坏通信，是可靠且可信的。

6.2.2 威胁模型

本章考虑无意威胁和恶意威胁，这些威胁会破坏数据隐私性并损害数据的可用性。本章针对攻击方或网络动态可能造成的损害进行以下假设。

节点可以被破坏。由于传感器节点和存储节点都处于无人值守的状态，并且容易受到攻击，因此假设其都是不可信的。但是攻击方最多只能危害 g 个存储节点、传感器节点或二者的任意组合。首先假设 $g=1$ 并且攻击方只对攻击存储节点感兴趣，这是因为损害存储节点的回报高于传感器节点。当一个存储节点受到攻击时，攻击方就可以获得其存储的所有数据，包括密钥和传感数据。此外，还假设对手没有网络的全局视图，并且不知道全部传感器节点和存储节点的位置。

节点可能会发生故障或被阻塞。假设传感器节点和存储节点在网络的生存期内都会发生故障，例如会遇到硬件问题造成永久性数据丢失，或者通信信道会受到严重干扰导致无法收发数据。在这两种情况下，移动信息接收设备将无法获得已存储或计划存储在受攻击的存储节点上的数据。

总之，由于各种原因，数据可能会泄露给对方，也可能无法提供给移动信息接收设备，从而破坏数据隐私性并损害数据可用性。

6.3 问题表述

6.3.1 隐私范围

网络的数据隐私包括内容隐私和上下文隐私[10]。本章研究主要关注由节点破坏、节点故障甚至 DoS 攻击引起的内容隐私泄露。本章建议读者参考其他关于保护相关隐私的研究[4,10]，如通信的发生位置和参与方。有两个问题是互补的：关注将数据传输到哪个存储节点的内容感知数据分发问题，以及关注如何传输数据的环境感知路由问题。

6.3.2 隐私和可用性定义的来源

通常认为，隐私保护是确保只有应当访问数据的用户才能看到数据。但这一定义没有体现隐私性和不确定性的量化之间的关联。以位置隐私为例，人们通常不愿透露自己的位置。位置隐私中，所处位置的定义方式决定了隐私性的容受程度，这在不同的情况下可能会有很大不同。例如，Alice 可能愿意透露她所在城市的位置信息，而不愿意透露她当前所在的具体街道地址。同样，用于监测濒危动物的位置分辨率必须大于 25m，因此，可以设 250m 等一系列数值。因此，隐私性的定义应对信息的不确定性进行量化。同样，数据可用性不一定是指保证可以获取所有数据记录，而是确保可用的数据集以可接受的分辨率（即不确定性）生成与目标相关的足够信息。

在量化不确定信息之前，首先要弄清传感器网络中信息与消息之间的关系。由于每个节点生成的消息仅提供一部分传感应用程序所提供的全局位置信息，因此量化不确定信息的一种简单方法是计算消息的数量。例如，侵犯数据隐私可以通过对手获得的消息数量来量化，而数据可用性可以定义为可用消息的数量。

但就隐私性和可用性而言，信息的内容比其数量更为重要。图 6-2 提供了一个简单的例子，阐述了在目标跟踪应用中的设想，其中内容是指目标的位置信息。在图中，节点 A、B、C 和 D 使用近距离传感器检测目标，并且每个节点生成一条消息，将以自身为中心的圆作为目标检测区域。一组消息提供的目标位置信息是相应的目标检测区域的交集。将节点 A、B 和 C 三者的检测区域交集远大于节点 A 和 D 的检测区域交集。因此，泄露三条消息并不一定比泄露两条消息更严重，数据隐私性和可用性的定义应该是内容识别，而不仅仅是统计消息数量。

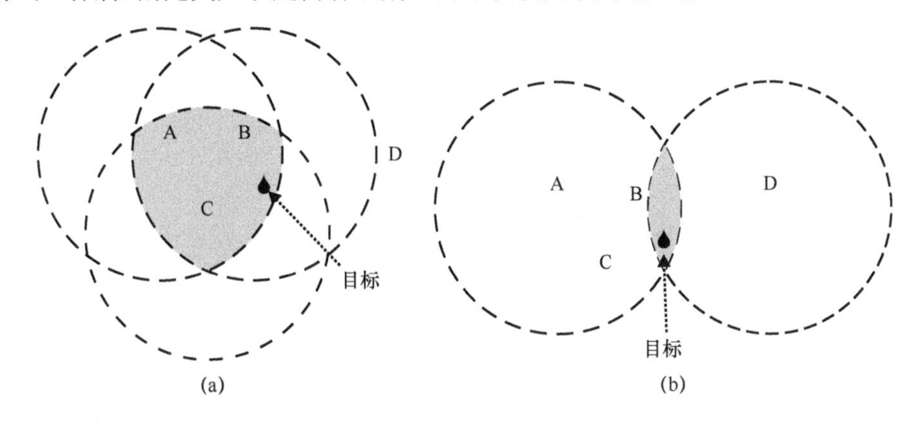

图 6-2　两个相关节点的组合比三个具有相似信息的节点组合提供的信息更有价值

6.3.3　不确定性与信息状态

1. 不确定性建模

通过采用信息状态（I 状态）的概念[6,17]来捕获一组消息的隐私性和可用性的容受程度。在机器人技术中，I 状态用于推理不确定性，并对目标的不确定性进行显式编码。更准确地说，状态一词是指在给定时刻对目标的瞬时描述。在目标跟踪中，I 状态是与传感器提供的测量值一致的一组可能状态，例如，可以产生这种测量值的目标位置；I 状态是根据消息内容计算的。使用 I 状态概念的主要优点是不需要目标的先验知识，但需要消息内容。相比之下，熵被用来定义隐私性[5,20]，但由于其计算需要事先了解目标运动的概率分布，因此适用范围有限。

形式上，对于使用近距离传感器跟踪目标在平面环境 W 中运动的传感器网络，假设在一段时间 t_f 之前传感器节点已经检测到 m 个样本，这些样本对应于 m 条消息，

$$\{(O_1,t_1),\cdots,(O_m,t_m)\} \tag{6.1}$$

式中：O_i 是已知的包含真实状态的圆；t_i 是获知该信息有效的时间戳。当且只有当存在连续轨迹 $q:[0,t_f] \to W$ 时，目标位置 $\hat{q}$ 与这些信息一致，正如

（1）$\mathrm{d}q/\mathrm{d}t \leqslant v_{\max}$，$t \in [0,t_{\mathrm{f}}]$，$v_{\max}$是目标的最大速度；

（2）$q(t_i) \in O_i$，$i \in [1,m]$；

（3）$q(t_{\mathrm{f}}) = \hat{q}$。

时间 t 的 I 状态 $\eta(t)$是与时间 t 之前具有时间戳的消息一致的目标位置集。$V(\eta(t))$表示 I 状态 $\eta(t)$的区域，量化了不确定性。$V(\eta(t))$的较大值意味着目标可能位于较大区域内的任何位置，对应于较高的不确定性。

考虑图 6-2（a）中的示例，假设在 t=0 时节点 A、B 和 C 生成三条消息。与三条消息相关联的 I 状态 $\eta(0)$是以节点 A、B 和 C 为中心的三个圆的交叠区域内的所有点；$V(\eta(t))$是交叠区域的面积，在图 6-2（a）中使用阴影区域表示。

2．信息计算状态

图 6-3 说明了 I 状态的计算。从初始状态 $\eta(0)=W$ 开始，并随时间或收到的新消息进行更新。

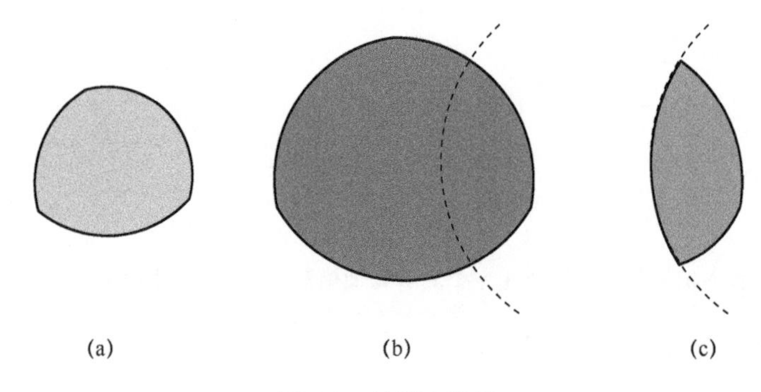

图 6-3　计算 I 状态

（a）初始信息状态；（b）扩展以说明时间的流逝，以及与接收到消息的检测区域的交集；（c）得到的更新 I 状态。

（1）当从 t_1 到 t_2 的过程中没有收到任何消息时，通过使用半径球$(t_2-t_1)v_{\max}$对$\eta(t_1)$进行闵可夫斯基求和，从 $\eta(t_1)$计算 $\eta(t_2)$。通俗地讲，这就“扩展”了 I 状态，以反映自收到上一条消息以来状态可能已经改变的事实。得到的区域设为 $\eta(t_2)$。

（2）当接收到消息(O,t)时，通过将当前 I 状态与 O 相交，将现有 I 状态更新为正确的 $\eta(t)$。这就需要考虑由消息提供的信息。

3．网络中的信息状态

对于具有 n_{s} 个存储节点的网络，每个存储节点 y_j 将通过其接收到的消息来计算 I 状态 $\eta_j(t)$。此外，还存在一个“主”I 状态 $\eta^*(t)$，是根据所有存储节点上接收到的所有消息得到的，$\eta^*(t)=\eta_1(t)\cap\cdots\cap\eta_{n_{\mathrm{s}}}(t)$。因此，网络中共计存在 $n_{\mathrm{s}}+1$ 个 I 状态。

在没有任何攻击或硬件故障的情况下，移动信息接收设备能够收集存储在每个存储节点上的所有数据并获得 $\eta^*(t)$，而在实践中，一些存储节点可能会失效，减少了移动信息接收设备的可用信息量，使其无法获得 $\eta^*(t)$。此外，攻击方可能破坏其中一个存储节点 y_j，并获取其 I 状态的 $\eta_j(t)$，从而破坏网络隐私性。

6.3.4 评价标准

本章的目标是设计一个既能提高隐私性，又能提高可用性的节能数据分发方案。为此定义了 3 个评价指标。

1．隐私性

考虑到攻击方破坏一个存储节点 i 的情况。将隐私破坏的程度定义为攻击方可以获得的 $\eta_j(t)$与整个网络的 $\eta^*(t)$的面积比值①。这一比率反映了没有受到破坏的信息量。当然，被破坏的存储节点不同可能会引入不同程度的风险。鉴于安全性通常由系统中最薄弱的环节决定，因此考虑所有可能受损存储节点中最坏情况来定义 t 时刻的隐私级别

$$P = 1 - \frac{V(\eta^*(t))}{\min_{i \in S_s} V(\eta_i(t))} \tag{6.2}$$

当 P=0 时，单个存储节点可以访问网络的全部内容，当该存储节点受到破坏时无法确保系统隐私性；P=1 表示“完美”隐私，但这显然无法实现，因为这要求网络不在任何存储节点上存储信息。

2．可用性

与隐私性的定义类似，在定义网络可用性时，比较整个网络的 I 状态区域与每个存储节点的区域。如果某个存储节点出现故障，则通过剩余的 n_s-1 个存储节点的 I 状态的交集重构故障节点的知识。因此，可以通过所有存储节点故障中最坏的情况来定义可用性：

$$A = \frac{V(\eta^*(t))}{\max_{i \in S_s} V(\cap_{j \in S_s - \{i\}} \eta_j(t))} \tag{6.3}$$

这一度量方式的解释是：如果所有的消息都只发送到一个存储节点，则 A=0，即最差的可用性，因为传感器网络存在单点故障。相反，如果每条消息被发送到至少两个不同的存储节点，则 A=1，即实现了“完美”可用性，因为单一故障不会导致数据丢失。现实中的节能协议就介于这种极端情况之间。

3．能耗

由于无线传感器节点可用的能量受到电池容量限制，因此，最小化单位时间中传递消息的能耗是重要任务之一。设 $E(i)$表示在 t=0 到 $t=T$ 之间传感器节点 i 转发

① 由于攻击方不掌握网络的全局信息，这里没有考虑存储节点缺失传感数据（如节点 A 未检测到目标）对隐私性的破坏。

或生成的消息数量。系统力求使 E 尽可能小，即

$$E = \frac{1}{T}\sum_{i=1}^{n_n} E(i) \tag{6.4}$$

注意到由于可以使用系数 α 来增大 E，式（6.4）的能量表示方式可以模拟收发两端的能耗。使用系数后，E 包括发送者传输消息的能耗，以及其邻居监听和处理消息的能耗。

6.3.5 问题界定

制定数据分发方案时，应当确定传感器节点向哪个存储节点发送观测数据，以使系统整体的隐私性 P 和可用性 A 较好，且能量消耗 E 较小。可以将数据分发协议建模为颜色分配函数。每个存储节点都有一个唯一的颜色标识，例如，与存储节点标识相同；并为每个传感器分配颜色，以指示需要向哪些存储节点传递其数据。这里定义颜色分配函数 C，描述各个传感器节点 x_i 与 S_s 中的一个或多个存储器节点的映射关系。

$$C: S_n \rightarrow 2^{S_s}$$

式中：2^{S_s} 是 S_s 的幂集。保护隐私性和可用性的问题相当于找到一个颜色分配函数 C，使其能源消耗量最少，而且网络的隐私性和可用性最大。

解决这一非线性多目标优化问题很具有挑战性，因为评价标准 P、A 和 E 至少会部分相冲突：直觉表明且由实验证实，增加 A 通常会减少 P 并增加 E。为了解决这个问题，首先通过分析基础的数据分发技术以获取新的解决思路。

6.3.6 基础数据分发技术

本质上来说，数据分发协议的设计灵感来自秘密分割算法[22]。每个传感器都能对目标进行粗略的测量，类似于秘密分片的概念。存储节点组合多条消息，类似于获取更大的秘密分片。最后，可靠数据采集器可以通过合并所有消息来获得 $\eta^*(t)$，并且可以精确定位目标，类似于获得完整的秘密。

直观来讲，数据分发协议应该引导消息在多个存储节点之间分发，从而在存储节点之间平均地分割秘密。为了证明这一点，下面分析两种基础数据分发协议。

1. 最短路径

最短路径着色算法代表了一般的数据分发方案[14]，其目的是在不考虑数据隐私性或数据可用性的情况下降低能耗，传感器节点选择最近（网络中跳数最少）的存储节点来存储其数据。图 6-4（a）描绘了具有 3 个存储节点的着色方案示例，每个传感器节点均将数据发送到最近的存储节点，即 $C(x_i) = \arg\min_{y_j \in S_s} h(x_i, y_j)$，其中 $h()$ 表示 x_i 和 y_j 之间的跳数。尽管基于最短跳数的着色方案的能耗最低，但不能确保良

好的隐私性和可用性。例如，假设目标在白色区域（右上角）中移动，则存储在白色存储节点 $\eta_w(t)$处的 I 状态等于 $\eta^*(t)$。如果白色的存储节点恰好受到攻击，则攻击方就可以获得由整个传感器网络给出的目标位置信息。此外，如果白色存储节点由于硬件故障而不可用，则没有可用的目标移动信息。

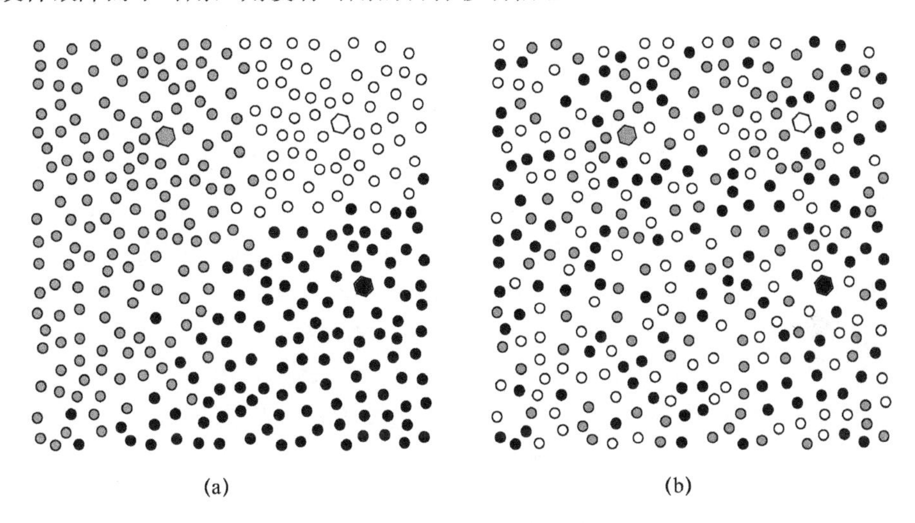

图 6-4　最短路径着色和随机着色的图示

表 6-2　3 个存储节点网络中最短路径着色和随机着色方案的比较

方案	最短路径	随机着色
P	0.30	0.49
A	0.02	0.28
E	36	61

2. 随机着色

改善网络中数据分布的一种简单技术是随机为每个传感器节点分配一种颜色，不同颜色对应一个存储节点。也就是说，随机选择函数 C，并且仅向每个传感器节点分配一种颜色。图 6-4（b）给出了与图 6-4（a）相同的网络部署下的随机着色示例。

为了评估最短路径和随机着色方案的性能，仿真了一个由 325 个相同传感器节点组成的部署在 2000m×2000m 区域内的网络。一个目标穿过网络区域时，传感器节点可以在其周围 250m 范围内都检测到目标。表 6-2 中列出的结果证实，最短路径方案的可用性 A 和隐私性 P 均较低，但消耗能量 E 较少。相比之下，随机着色方案的能耗几乎是最短路径的两倍，但实现了更高的数据隐私性和可用性。

6.4 基于 SPG 的数据发布

6.4.1 空间隐私图

随机着色方案向各个存储节点分发相等数量的消息，以提高隐私性和可用性。然而，信息的平均分布是不够的。以图 6-2 为例，信息状态组合 $\eta_A(t)\cap\eta_D(t)$ 比 $\eta_A(t)\cap\eta_B(t)\cap\eta_C(t)$ 更“有价值”。因此，节点 A 和 D 必须将其观察结果传输到不同的存储节点，以提高隐私性和可用性。相反，可将节点 A、B、C 的数据发送到同一存储节点，因为这些传感器节点提供的信息非常相似。基于这一结论，可以构造一个 SPG，以识别能够将目标定位在较小区域的传感器节点对。

正常情况下，一组传感器节点 S 形成 SPG，$G_P=(S,E_P)$，当两个传感器节点(x_i,x_j)形成隐私对时，二者通过边 e_{ij} 连接。给定一个标量参数隐私因子 a，一个隐私对中两个节点的距离如果有 $d\in[2r_s-a, 2r_s]$，则直观来看这一隐私对的节点的检测区域存在较小的交叠范围。图 6-5（a）给出了一个包括 7 个节点的简单网络场景，其中的边表示通信链路。图 6-5（b）为对应的空间隐私图，其中的边连接隐私对。尽管节点 G 和 D 在彼此的通信范围内，但是二者距离太近，检测区域交叠面积过大不能构成隐私对。因此，G 和 D 在空间隐私图中没有连接。假设 $2r_s> r_c$,，则节点对(A,F)之间的距离大于其通信范围 r_c 且小于 $2r_s$，因此在空间隐私图中节点 A 和 F 是相互连接的。

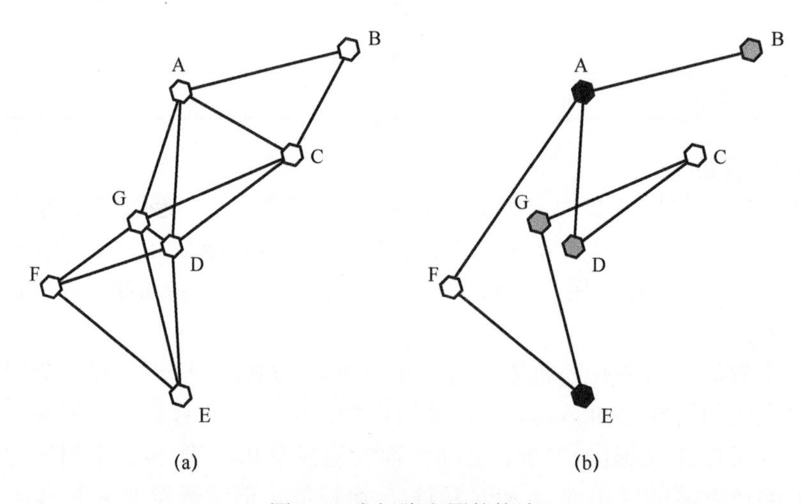

图 6-5 空间隐私图的构建

（a）通信拓扑；（b）空间隐私图。

6.4.2 通过分布式着色算法增强隐私性

SPG 标识出了隐私对，隐私对中的传感器节点应选择不同存储节点以确保数据的隐私性。为此，每个传感器节点可以通过分布式图着色方案来确定其存储节点。对于具有 n 个顶点的 SPG，其 $G_{\mathrm{P}}=(S, E_{\mathrm{P}})$，分布式着色方案的输出是一个着色图 $G_{\mathrm{c}}=(S,E_{\mathrm{P}},C)$。不失一般性，为每个传感器节点分配一个颜色，并将颜色分配函数 C 表示为 $C=\{c_{x_i} \mid c_{x_i}=C(x_i)\}_{\forall x_i} \in S$。理想情况下，$G_{\mathrm{c}}$ 应该满足两个要求：可用性和可行性。可用性是指对于每个边 $e_{ij}\in E_{\mathrm{P}}$，其顶点 x_i 和 x_j 具有不同的颜色，即 $c_{x_i} \neq c_{x_j}$；可行性是指每个顶点的颜色应该是存储节点的颜色之一。可用且可行的着色方案可以引导网络将属于同一隐私对的消息分发到不同的存储节点，从而增强隐私性。但对于 SPG 和给定数量的存储节点，并不总是能够得到一个可用且可行的着色图。例如，如果只有两个存储节点可以为图 6-5（b）所示的 SPG 着色，那么就不可能在节点 A、C 和 D 之间获得可用的着色结果。为了解决这个问题，分布式着色算法将首先生成可用的着色结果，然后将其中不可行的着色改为可行的着色。

1．算法演示

分布式着色算法来源于利尼亚尔（Linial）着色方案[13]，该方案初始使用包括大量颜色的使用可用颜色的着色图，然后迭代地减少颜色总数。然而，Linial 着色方案不能直接应用于本章讨论的问题，因为其不考虑能耗因素，而能耗对传感器网络是至关重要的。

分布式算法的工作方式如下：在为传感器节点着色之前，将每个存储节点映射到编号为 1 到 n_{s} 的唯一颜色。然后，每个传感器节点同步执行分布式着色（如算法 6.1 所示），完全基于其邻居的颜色来确定自身颜色。不同于基于通信能力定义的邻居概念，这里将 SPG 中是连接的节点对称为邻居。每个传感器 x_i 将其颜色初始化为一个唯一的不可行颜色。例如，传感器 I_{x_i} 将其 ID 添加到 n_{s}。这样能防止传感器节点预先为自己指定一种可行的颜色。然后每个传感器节点参与迭代颜色更新，直到两次连续迭代之间再没有出现颜色更新为止。

在每次迭代开始时，x_j 节点通过广播消息 (I_{x_i}, c_{x_i}) 向所有邻居公布其 ID I_{x_j} 和当前颜色，其中 c_{x_j} 是当前的颜色。同时，还记录了邻居的当前颜色$\{c_{x_i}\}_{x_i\in \mathrm{Nbr}}$。在每次迭代中，只有满足以下条件的传感器节点可允许更新其颜色。

（1）未指定可行颜色的传感器节点。

（2）颜色比所有的邻居都多。

UpdateColor()函数首先尝试找到满足以下所有条件的新颜色。

（1）可行性：新颜色应该是存储节点的颜色之一，$c'_{x_j}\in\{1,\cdots,n_{\mathrm{s}}\}$。

（2）可用性：其邻居均没有选择这种颜色，$c'_{x_j} \notin \{c_{x_i}\}_{x_i\in \mathrm{Nbr}}$。

（3）最接近性：在所有可用且可行的颜色中，选择与本节点之间跳数最少的存储节点。

有时可能没有可行且可用的颜色，如图 6-5（b）所示。在这些情况下，UpdateColor()返回到$|c_{x_i}|$。当没有节点可以进一步更新其颜色时，算法终止，以下论点成立。

算法 6.1：分布式着色
Require: INPUT: Nbr: neighbor set I_o: local sensor ID PROCEDURES: 1: $c_o = I_o + n_s$; 2: repeat 3: Announce(I_o, c_o); 4: $\{c_{x_i}\}_{x_i\in \text{Nbr}}$=ReceiveAnnounce(); 5: if $c_o > n_s$ and $c_o > \max\{c_{x_i}\}_{x_i\in \text{Nbr}}$ then 6: c_o = UpdateColor($\{c_{x_i}\}_{x_i\in \text{Nbr}}$); 7: **end if** 8: **until** NoChange(c_o) **and** NoChange($\{c_{x_i}\}_{x_i\in \text{Nbr}}$)

论点 6.1

算法 6.1 总是在$|S|$迭代之后终止，并以可用（但不一定可行）的彩色图 $G_c=(S, E_P, C)$终止。

证明：

算法终止：在每次迭代中，可以更新其颜色的节点必须具有大于 n_s 的颜色。同时，节点只能更新 1 和 n_s 之间的数量颜色，或负节点的 ID。因此，每个节点 $x_i\in S$ 最多只能更新一次颜色。当所有节点都不能更新颜色，且总迭代次数 $I\leqslant|S|$时，算法终止。

可用性：在 k 上通过归纳来证明可用性，设 $G^{(0)}=(S,E,C^{(0)})$为初始化后的着色图，为每个节点的 x_i，$c_{x_i}=I_{x_i}+n_s$。由于所有节点都有唯一的标识，那么$\forall x_i$，$x_j\in S$，$c_{x_i}\neq c_{x_j}$，$G_c^{(0)}$是可用的。

假设$G_c^{(k-1)}$是可用的。设第 k 次迭代后的图为$G_c^{(k)}$。因此在每次迭代中，只有在其相邻的具有最大着色的节点才能更新其颜色，假设为不失一般性，节点 x_p 可将其颜色从$c_{x_p}^{(k-1)}$更新至$c_{x_q}^{(k)}$，根据色彩更新条件 2，$c_{x_p}^{(k)}\neq c_{x_q}^{(k)}$，所有的 x_q 都是其邻居。因此，$G_c^{(k)}$是可用的。

当算法 6.1 生成一个可用但不可行的图表时，如某些传感器节点的颜色超出了可行范围$[1,\cdots,n_s]$，那么使用不可行颜色的传感器节点不会考虑其相邻的颜色，而是将随机选择一种可行的颜色。

2．算法面临的挑战

这种分布式着色算法在实际应用中面临着一些挑战。

松散同步：只有当邻域中最多有一个节点在每次迭代中会更新其颜色时，才能体现分布式着色算法的正确性。只有当每个节点在所有着色通知传递完成后再决定是否更新其颜色时，才能保证这样的条件。因此，重要的是让每个节点都有一个松散同步的时钟，并让着色通知到达相邻节点。在同步实现上可以使用传感器网络的定时同步协议（TPSN）[7]，这是一种轻量级同步协议。为了避免出现严重的泛洪，着色通知使用生存时间（TTL）来控制泛洪的范围。相邻节点并不是指能与 SPG 通信的节点。因此，着色公告必须扩散到一跳之外的节点。在通信范围 r_c 等于传感范围 r_s 的情况下，隐私对至今的距离最长可为 $2r_s$，因此 $TTL=2r_s/r_c=2$。

通过按需、增量着色的方式降低能耗：能源效率是设计传感器网络算法的主要关注点之一。基于 SPG 的着色算法的能源效率较高，因为每个节点总是选择最接近的存储节点的可用颜色，并且在$|S|$跳以内完成传输。此外，该算法还采用了以下规则来进一步降低能耗：①按需构造 SPG。在跟踪传感器网络中，一些节点会检测到目标，这些节点称为热节点(S_{hot})。只有热节点通过本地扩散控制消息参与 SPG 的构建，而不是在整个网络上构建 SPG。②增量着色：随着目标移动而增量着色。

增量着色算法的工作方式如下。当目标最初移动到位置 L_1 时，所有热节点 $S_{hot}(L_1)$将使用算法 6.1 为其自身着色。在下一个时间窗口中，目标移动到另一个位置 L_2，$S_{hot}(L_2)$将与 $S_{hot}(L_1)$相交。属于 $S_{hot}(L_2)\cap S_{hot}(L_1)$部分的节点颜色保持不变，并且属于$S_{hot}(L_2)-S_{hot}(L_1)$部分的节点可以颜色。因此，可将$S_{hot}(L_2)\cap S_{hot}(L_1)$的颜色视为先验知识，并且只有 $S_{hot}(L_2)-S_{hot}(L_1)$部分的节点需要迭代地通知和更新其颜色。当目标以低速移动时，这种增量着色方式特别有利于降低能量消耗。

6.4.3 通过消息复制来增强可用性

在无故障情况下，移动信息接收设备可以根据从各个存储节点获得的数据来计算 $\eta^*(t)$。但由于硬件故障或干扰攻击，存储节点中的数据可能不可用。保持数据可用性较高，是指确保可用存储节点信息状态的交集$\cap_{i\in S_s}\eta_i(t)$接近 $\eta^*(t)$。提高可用性的一种常见方法是复制。例如让一个传感器节点向另一个存储节点传递数据的副本。然而，单纯的复制会增加耗能。为了提高复制的效率，着色算法必须解决以下三个问题：①哪些节点应当复制消息？②复制的方式如何？③哪些节点应当接收复制的消息？

哪些节点应当复制消息？只有隐私对才能复制其信息。图 6-6 中的示例可以说明此方法，该示例由两个隐私对（B, D）、（B、E）和独立节点 A 和 C 组成。与任何热节点不形成隐私对的节点，通常位于热节点之间。它们的交集（由浅灰色阴影表示）通常大于隐私对的交互作用，因此对提高可用性的价值较小。由于隐私对可以复制消息，因此将花费更多的精力筛选最有价值的消息。

复制的方式如何？可用性和隐私性是相互冲突的目标。因此利用复制概率 p 对二者进行平衡。隐私对中的每个节点以概率 p 复制消息。特别是在每个数据报告周期汇总，节点会生成范围为[0,1]的随机数。只有当随机数小于 p 时，才会将复制的消息发送到另一个存储节点。当设置 $p=0$ 时，会在分配时赋予隐私性更高的优先级，而 $p=1$ 时，会在分配时赋予可用性更高的优先级。

哪些节点应当接收复制的消息？为了避免来自同一区域的消息被重复传递到同一存储节点，隐私对将随机选择另一个存储节点，将重复的消息传递到该存储节点。

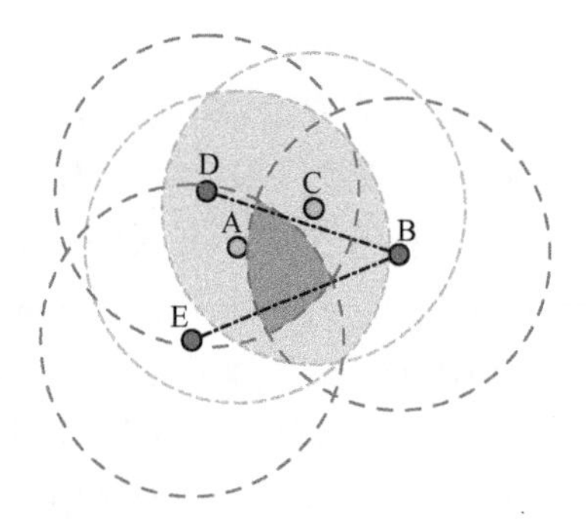

图 6-6　SPG 和信息冗余（节点 B、D 和 E 形成隐私对，并且它们的交叉感测区域包含在 A 和 C 感测区域的交叉处）

6.5　实验验证

6.5.1　仿真方法

采用 C++实现了基于 SPG 的数据分发算法。仿真中模拟了一个部署在 2000m×2000m 区域的 $r_s=r_c=250$m 的传感器网络，可以发现以 25m/s 速度在整个网络区域内随机移动的目标。仿真研究了 3 种数据分发策略：最短路径、随机着色和基于 SPG 的算法。针对基于 SPG 的算法，将隐私因子 a 设置为 15m，并测量了构建 SPG 和传输数据的能量消耗。为了获取统计特征，仿真通过运行十轮实验来评估 P、A 和 E，其中传感器数据获取间隔为 1s，整个过程持续 1000s。

6.5.2 实验结果

通过两组实验分别研究 p 和存储节点 n_s 的影响。

1．*P* 的影响

首先比较 3 种算法在 200 个传感器节点和 3 个存储节点的情况下，p 从 0 变为 1 的性能变化。仿真结果如图 6-7 所示，可以看到，3 种算法的数据可用性都随着 p 值的增加而提高，但代价是隐私性减少且耗能增加。与其他两种算法相比，基于 SPG 算法的能量消耗上升较慢。当 p 大于 0.1 时，基于 SPG 算法的能量消耗比使用最短路径方案时要小。这是因为基于 SPG 算法只允许隐私对复制消息，而不是所有热节点。

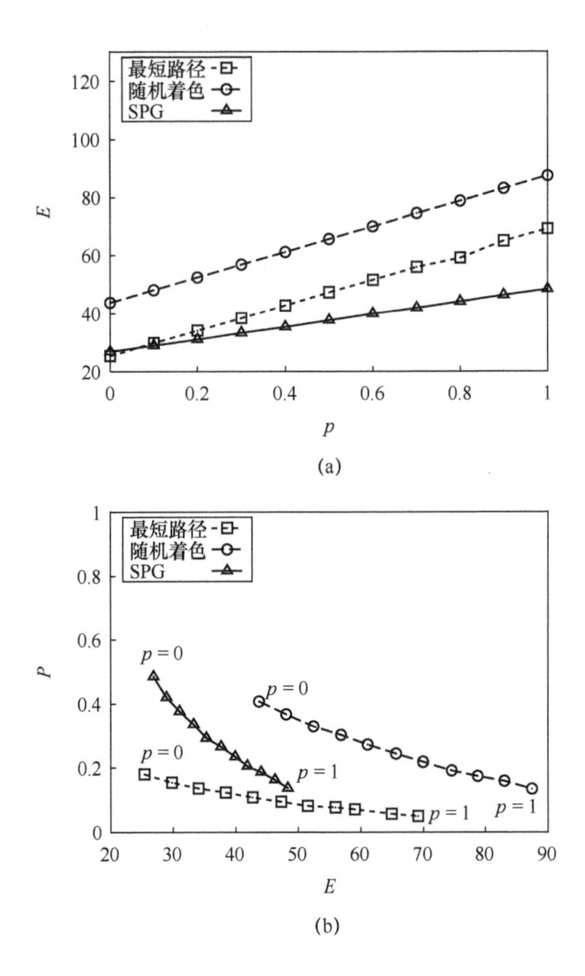

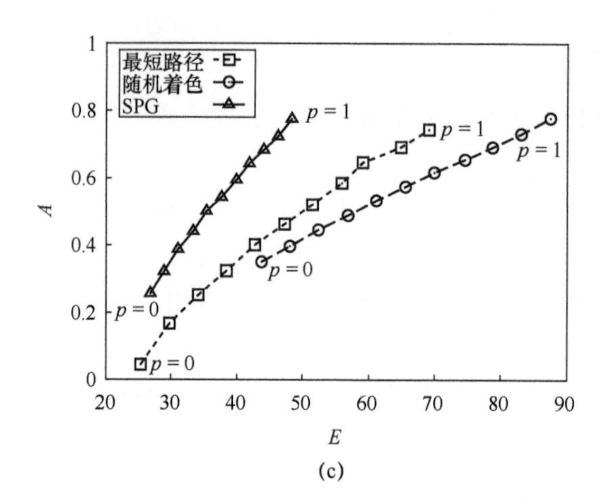

(c)

图 6-7　最短路径着色、随机着色和基于 SPG 的算法之间的比较

(a) p 从 0 变为 1，n_n=200, n_s = 3 与能量相比；(b) 隐私性与能源（$0 \leqslant p \leqslant 1$）相比；(c) 可用性与能源（$0 \leqslant p \leqslant 1$）相比。

图 6-7（b）显示了所有 3 种算法的 P 和 E。需要注意的是（0,1）处的点表示（无法实现的）理想的完全隐私状态，且没有能耗。图 6-7（b）显示基于 SPG 的算法实现了比最短路径方案更高的隐私性，而最短路径方案的最大隐私值只能达到 0.2。与随机着色方案相比，基于 SPG 的算法能以较低的能耗达到相同的隐私级别。

最后，图 6-7（c）显示基于 SPG 的算法在 A 和 E 上优于最短路径和随机着色方案。也就是说，在能耗相同的情况下，基于 SPG 的算法提供了最强的可用性。

2．n_s 的影响

除了调整 p 在 A 和 p 之间保持平衡外，最有趣的是，在给定能量预算和 p 最小要求值的情况下，可以得到 A 的最大可实现值。图 6-8（a）和（b）就显示了这种情况，要求 $E \leqslant 50$ 且 $P \geqslant 0.4$。当 n_s 大于 4 时，基于 SPG 的算法的性能优于随机着色方案，且能耗较小。此外还观察到，在图 6-8（a）中，随着存储节点数量的增加，基于 SPG 的算法中的可用性值的增加速度，远远大于随机着色算法中的可用性值。这证实了此前的分析：平均分配信息是不够的，而且就数据不确定性而言，消息的内容比消息的数量更重要。需要注意的是，最短路径算法不能达到要求，因此在图 6-8（c）和（d）另行示出，假设 $A \geqslant 0.6$ 且 $E \leqslant 50$ 的要求，基于 SPG 的算法实现了比最短路径方案更高的最大私密性，并且使用更少的能量。随机着色方案无法找到任何满足要求的可行办法，因此图中并未示出。

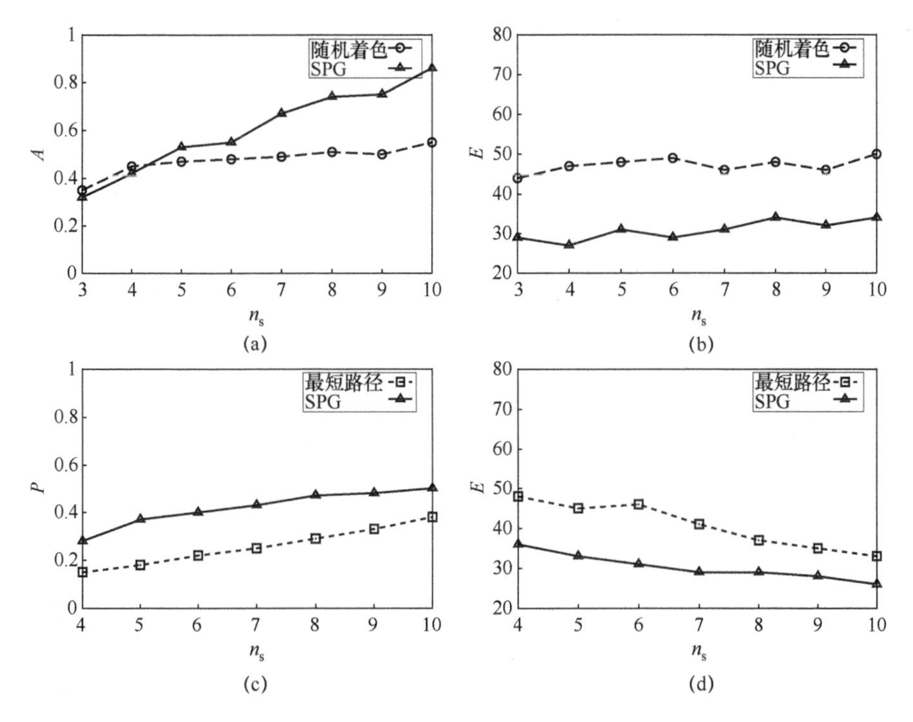

图 6-8 （a）和（b）为在 $P \geqslant 0.4$ 和 $E \leqslant 50$ 条件下，最大可实现的 A 和相应的 E；（c）和（d）为在 $A \geqslant 0.6$ 和 $E \leqslant 50$ 条件下，最大可实现的 P 和相应的 E（n_n=200 时，存储节点数量变化）。

总之，我们基于 SPG 的数据分发协议结合了两种基线分发方案的优点，可以更好地实现数据隐私和更高级别的数据可用性，同时消耗更少的能源。

6.6 相关工作

在数据挖掘和数据库的背景下，隐私问题一直备受关注[1,12,16]。一种常见的技术是打乱数据，在聚合级别重构数据分发方式。这种方法是集中式的，不能应用于资源受限的传感器网络。

这里对无线传感器网络中提供上下文位置隐私的问题进行了深入研究。WSN 中位置隐私的主要问题是保护源位置[10,15,23]和接收器位置信息[4]。为了保护源位置免受本地对手的攻击，幻影路由[10]在开始常规泛洪/单路径路由之前使用随机行走。后来，Mehta 等人[15]和杨的团队[23]研究了在一个全球对手在场的情况下源位置隐私问题，该对手可以观察网络中的所有流量。Mehta 等人提出了利用逐跳加密隐藏消息流的方法，杨先生等人提出了引入假消息的建议。邓等人[4]提出了随机路由算法和假消息注入，以防止对手基于观察到的业务模式来定位网络接收器。

无线传感器网络中数据分发协议[2]的一个共同设计目标，是调高能量利用效率。Ugur 等人[2]让数据沿着基于时间表的事件传播树向下传播，以节省能源。为了解决数据隐私问题，邵等人[21]设计了一种称为主域控制系统（pDCS）的数据分发方案，该方案可以基于不同的加密密钥，提供不同级别的数据隐私。

在构建存储系统方面，Gregory 等人[8]和 Safe-Store[11]已经解决了在存在组件故障和恶意攻击的情况下，如何确保系统可用性和完整性。

与以往的工作不同，这里所提出的资料传播方案，是使用非密码方法，同时可解决资料的私密性和资料的可用性问题。

6.7 本章小结

在无线传感器网络中保护数据隐私性和数据可用性，不能仅仅通过加密策略来实现。本章提出了一种基于 SPG 的数据分发协议。它是对传统密码技术的补充，可以增强传感器网络中用于目标跟踪的数据隐私性和数据可用性。我们认为，数据的不确定性对于量化数据隐私性和数据可用性非常重要，对于数据的不确定性，消息内容比消息数量更加重要。因此，我们利用信息状态提供了基于内容的数据隐私性和数据可用性定义。为了在两个相互冲突的目标之间取得平衡，我们引入了一个称为 SPG 的图来识别节点对，该节点对的组合感测数据提供了目标位置的准确性，并表明向存储节点分发数据的任务相当于 SPG 的着色问题。

基于 SPG 的数据分发协议包括以下步骤：①根据需要在热点节点（检测目标的节点）之间构造 SPG；②使用节能分布式着色算法对 SPG 进行着色；③让那些提供“有价值”信息的节点以概率 p 回复消息。实验结果表明，基于 SPG 的数据分发方案综合了最短路径路由和随机着色两种基线分发方案的优点。它可以实现更好的数据隐私性和更高水平的数据可用性，同时比任何一种基准数据分发方案都耗能更低。

参考文献

[1] R. Agrawal and R. Srikant. Privacy-preserving data mining. In *Proc. of the ACM SIGMOD Conference on Management of Data*, 439–450. ACM Press, May 2000.

[2] U. Cetintemel, A. Flinders, and Y. Sun. Power-efficient data dissemination in wireless sensor networks. In *Proceedings of Workshop on Data Engineering for Wireless and Mobile Access (MobiDe)*, 1–8, 2003.

[3] H. Chan and A. Perrig. Security and privacy in sensor networks. *IEEE Computer*, 36(10):103–105, October 2003.

[4] J. Deng, R. Han, and S. Mishra. Intrusion tolerance and anti-traffic analysis strategies for wireless sensor networks. In *Proceedings of Conference on Dependable Systems and Networks (DSN)*, 637, 2004.

[5] C. Díaz, S. Seys, J. Claessens, and B. Preneel. Towards measuring anonymity. In *Proceedings of the 2nd International Conference on Privacy Enhancing Technologies*, 54–68, 2003.

[6] M. Erdmann. Randomization for robot tasks: Using dynamic programming in the space of knowledge states. *Algorithmica*, 10:248–291, October 1993.

[7] S. Ganeriwal, Ram Kumar, and M. B. Srivastava. Timing-sync protocol for sensor networks. In *Proceedings of Conference on Embedded Networked Sensor Systems (SenSys)*, 138–149, 2003.

[8] G. Ganger, P. Khosla, M. Bakkaloglu, M. Bigrigg, G. Goodson, S. Oguz, V. Pandurangan, C. Soules, J. Strunk, and J. Wylie. Survivable storage systems. *DARPA Information Survivability Conference and Exposition*, 2: 184–195, 2001.

[9] C. Intanagonwiwat, R. Govindan, and D. Estrin. Directed diffusion: A scalable and robust communication paradigm for sensor networks. In *Proceedings of Conference on Mobile Computing and Networks (MobiCOM)*, 2000.

[10] P. Kamat, Y. Zhang, W. Trappe, and C. Ozturk. Enhancing source-location privacy in sensor network routing. In *Proceedings of the 25th IEEE International Conference on Distributed Computing Systems (ICDCS)*, 2005.

[11] R. Kotla, L. Alvisi, and M. Dahlin. Safestore: A durable and practical storage system. In *USENIX Annual Technical Conference*, 07–20, 2007.

[12] C. K. Liew, U. J. Choi, and C. J. Liew. A data distortion by probability distribution. *ACM Trans. Database Syst.*, 10(3):395–411, 1985.

[13] N. Linial. Locality in distributed graph algorithms. *SIAM J. Computing*, 21(1):193–201, 1992.

[14] S. Madden, M. Franklin, J. Hellerstein, and W. Hong. TAG: A tiny aggregation service for ad-hoc sensor networks. In *Proceedings of the Usenix Symposium on Operating Systems Design and Implementation*, 2002.

[15] K. Mehta, D. Liu, and M. Wright. Location privacy in sensor networks against a global eavesdropper. In *Proceedings of Conference on Network Protocols (ICNP)*, 314–323, 2007.

[16] N. Minsky. Intentional resolution of privacy protection in database systems. *Commun. ACM*, 19(3):148–159, 1976.

[17] J. M. O'Kane and W. Xu. Energy-efficient target tracking with a sensorless robot and a network of unreliable one-bit proximity sensors. In *Proc. IEEE International Conference on Robotics and Automation*, 2009.

[18] A. Perrig, R. Szewczyk, D. Tygar, V. Wen, and D. Culler. SPINS: Security protocols for sensor networks. *Wireless Networks*, 8(5):521–534, 2002.

[19] A. Savvides, C. Han, and M. B. Strivastava. Dynamic fine-grained localization in Ad-Hoc networks of sensors. In *International Conference on Mobile Computing and Networks (MobiCOM)*, 166–179, 2001.

[20] A. Serjantov and G. Danezis. Towards an information theoretic metric for anonymity. In *Proceedings of the 2nd International Conference on Privacy Enhancing Technologies*, 41–53, 2003.

[21] M. Shao, S. Zhu, W. Zhang, G. Cao, and Y. Yang. pDCS: Security and privacy support for data-centric sensor networks. *IEEE Trans. Mob. Comput.*, 8(8):1023–1038, 2009.

[22] W. Trappe and L. Washington. *Introduction to Cryptography with Coding Theory*. Prentice Hall, 2002.

[23] Y. Yang, M. Shao, S. Zhu, B. Urgaonkar, and G. Cao. Towards event source unobservability with minimum network traffic in sensor networks. In *Proceedings of Conference on Wireless Network Security (WiSec)*, 77–88, 2008.

第 7 章　智能建筑中的物联网隐私保护

7.1　引　言

各种物联网设备的激增带来了一些创新应用，包括智能家居和智能建筑的发展。虽然物联网设备的使用在效率、便捷性和成本方面有很大优势，但其广泛使用也引起了用户身份和用户在智能建筑内活动方面的隐私问题。例如，通过分析智能电表数据，可以推断客户或其家庭的喜好、收入、职业、信用度、健康状况等个人信息。在商业建筑中，当员工使用连接到 Wi-Fi 接入点的智能设备时，所引发的隐私问题主要集中在用户跟踪和行为模式检测上。同样，在工作场所使用物联网设备可能会泄露工作机构的组织结构信息，而这些信息多数是无法直接获得的。通过监控和分析建筑物内的物联网流量，可以基于物联网设备在空间中的物理交互得到一个群体的人际关系网。从个人和组织隐私的角度来看，这些交互的细节非常敏感，因此需要谨慎对待。

本章 7.2 节介绍智能建筑的概念，以及智能建筑中常用的物联网设备；7.3 节讨论物联网设备使用的隐私问题；7.4 节介绍如何应对这些挑战；最后总结了这一新兴领域在未来研究中面临的挑战。

7.2　智能建筑的概念

智慧建筑的概念已经存在了 30 多年，其定义随着技术的新发展而不断演变[10]。随着定义的扩展，出现了可以与“智慧建筑”一词互换使用的“智能建筑”。然而近年来，智能建筑在业界报告和学术文献中的使用越来越多，逐渐取代了智慧建筑。智能建筑的范围比智慧建筑更广，融入了智能电网等最新趋势。与智慧建筑的定义类似，智能建筑也有各种各样的定义，学术机构、公司和组织等都介绍了这些定义。感兴趣的读者请参阅文献[10]和文献[55]，以便更全面地讨论各种智能/智慧建筑的定义。

本节主要介绍建筑节能机构[20]对智能建筑的定义，以建立一个总体的认识。该定义为："通过在建筑运行中使用信息技术，从而提供最低成本和便捷环境的建筑服务，从而激发居住者创造力的建筑"。使用信息技术将建筑内的各个独立子系统相互连接，并实现建筑之间的信息共享；并实现建筑方和居住者的交互，向其提供可操作的信息。智能建筑通常假设其自身具有可再生能源发电系统，并使用智能电表作为智能电网的网关，如图 7-1 所示。

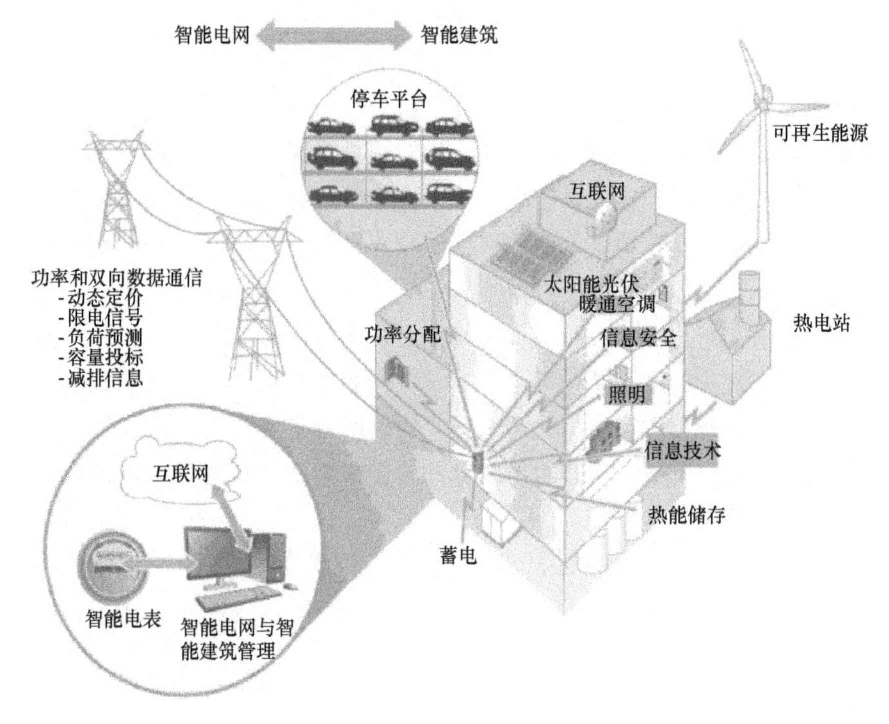

图 7-1　智能建筑和智能电网

（来自建筑节能机构：http://www.institutebe.com/smart-grid-smart-building/What-is-a-Smart-Building.aspx）

除了"智能"和"智慧"建筑，还出现了如绿色建筑[59]和净零能耗建筑[49]等概念，这些也可能进一步混淆现有定义。尽管国际上尚未在各个概念上达成一致标准，但基本上可以通过其目标来区分这些概念。绿色建筑理念着眼于环境保护，涵盖整个建筑生命周期，包括设计、施工、运营、维护、改造和拆除。净零能耗建筑的概念则是由分布式可再生能源发电的可用性，以及建筑中的节能工作驱动的，以提供自我供给的能源。智慧/智能建筑概念侧重于节能建筑的智能和通信能力。这也可能涉及从设计到维护的建筑生命周期的某些部分。值得注意的是，后两个概念是智能电网成功实施的基础。图 7-2 展示了这些概念之间的区别。

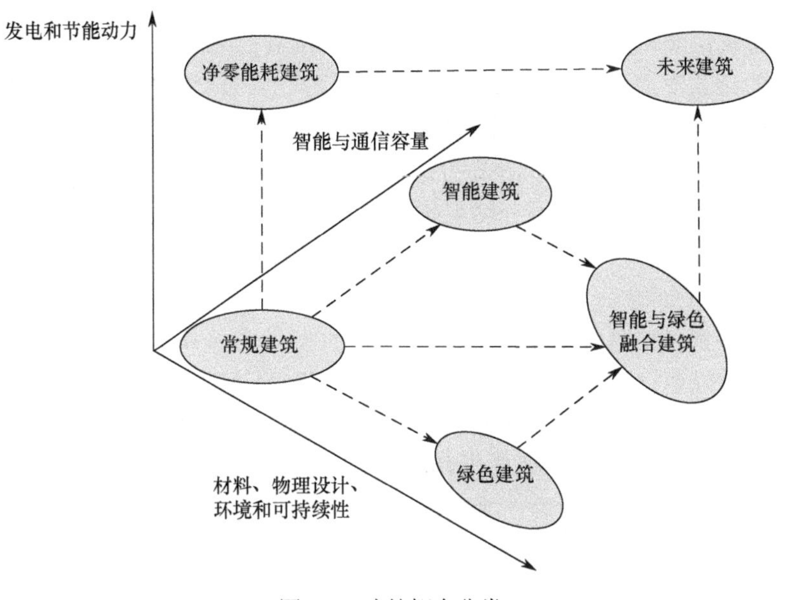

图 7-2　建筑概念分类

（参考 J. Pan et al. *Communications Surveys Tutorials*, IEEE, 16(3), 2014 重新绘制）

7.2.1 智能建筑子系统

随着信息和通信技术的进步以及智能电网等新概念的发展，智能建筑子系统已经随着时间的推移而发展。当前的主要子系统包括三个相互关联的基本子系统[47]，如图 7-3 所示。

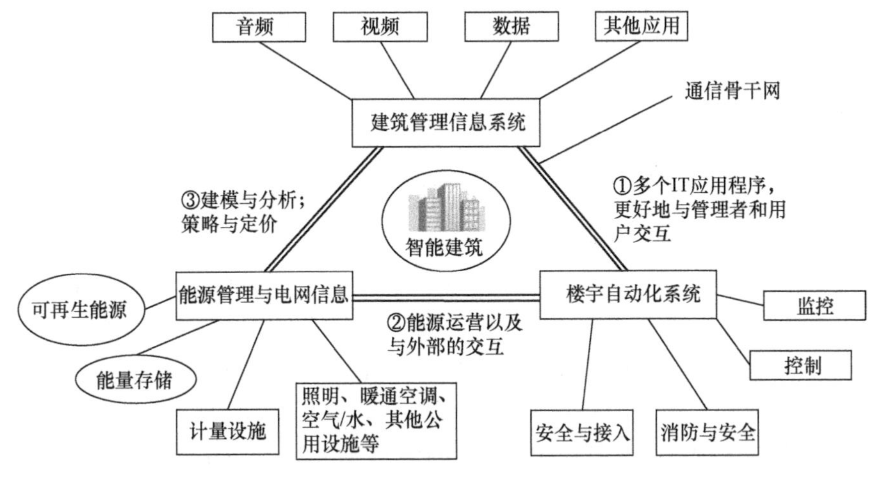

图 7-3　智能建筑和相关系统[47]

（参考 J. Pan et al. *Communications Surveys Tutorials*, IEEE, 16(3), 2014 重新绘制）

（1）建筑自动化系统（BAS）。自 20 世纪 40 年代初以来，BAS 从集中控制和监控面板的形式演变到了与互联网或内部网兼容[53]。BAS 采用了各种常用的互联网/内部网通信和软件技术来监测和控制各种建筑子系统，如照明、供暖、通风和空调（HVAC）、安全和接入、消防和安全等。

（2）建筑能源管理与电网互动系统（BEMGS）。近年来，随着传统电网向智能电网的转变，建筑能源管理系统应运而生，负责智能电网内部的能源运营以及与外部的交互。

（3）楼宇管理信息技术（IT）系统（BMITS）。该系统与其他两个子系统建立了双向通信，以更好地构建功能和性能，实现各种目标。该系统通过视频或语音应用程序更好地呈现当前的建筑状态，进而提高建筑商和住户对控制 BAS 性能的认识和参与度。BMITS 还通过收集功耗数据与 BEMGS 进行交互，以便进一步建模和分析。研究结果可用于建筑能源策略或与智能电网的交互。这些策略由 BAS 和建筑能源管理部门负责实施。

7.2.2 智能建筑中的物联网设备

智能建筑环境中使用的物联网设备可分为 3 类：①建筑设备，用于智能建筑中对建筑进行监控；②移动无线设备，通常由居住者个人使用，如智能手机、个人数字助理、笔记本电脑、体感器、数码相机、便携式游戏机、可穿戴式设备等；③智能家电，这些家电一般都是固定的，大多出现在居民楼里，如电视机、洗衣机、冰箱等。智能建筑中使用的主要物联网构建设备如下。

（1）智能电表，是一种先进的电子记录设备，用于记录建筑物在一定时间间隔内的能耗（以 h 或 min 为单位），并通过各种类型的通信技术（如光纤、电力线通信（PLC）、蜂窝网络、无线网状网络等）。尽管术语智能计量也可用于记录水或天然气消耗量，但它通常被称为记录电量的电表。智能电表取代了传统的电表，实现了供电公司和消费者之间的双向通信。

（2）无线局域网（LAN），为智能建筑内的人提供无线接入，由分布在整个建筑中的多个无线接入点（AP）组成。

（3）射频识别（RFID），是一种应用多年的无线短程低能耗设备。RFID 被认为是物联网的使能技术之一，因为其可以为任何东西（如消费品、服装、汽车、动物、人类等）提供唯一的身份信息。典型的 RFID 系统由读卡器和标签两个组件组成，均工作在特定的频率。前者是主动发送查询信息的有源设备，后者是响应该查询信息的有源或无源设备。智能建筑中的 RFID 读卡器通常用于进出控制，如用于自动门入口等。RFID 标签可嵌入员工的工作证中，在向员工提供物理或逻辑访问之前识别其身份。RFID 标签可以存储数据并将其传输给读卡器。标签和读卡器之间的通信不需要进行监控，并且可以是非接触性的。

（4）多年来，视频监控多用于安全和进出控制，用于提高静止图像和视频的空间分辨率；对于设备视线范围内的内目标，可进行捕获并生成更多信息，如形状、颜色、大小、纹理等。

（5）各种传感器：二氧化碳（CO_2）传感器、被动红外（PIR）传感器、超声波传感器、磁门传感器等。二氧化碳传感器用于测量空气中的二氧化碳浓度，通常用于监测室内空气质量。二氧化碳传感器也可以用来根据二氧化碳浓度计算特定区域中的间接占位信息（即人、物体等形成的空间占位）。PIR 传感器在其直线范围内测量物体发出的红外光。通常情况下，人体会释放出肉眼不可见、但可被 PIR 传感器检测到的热能。然而，PIR 传感器只能检测视线内的连续运动对象，因此无法检测静止的占位。超声波传感器则没有这类限制。超声波传感器是一种主动传感器，通过发射并接收物体和障碍物反射的超声波来进行检测。图 7-4 所示为智能建筑中使用的各种物联网设备。

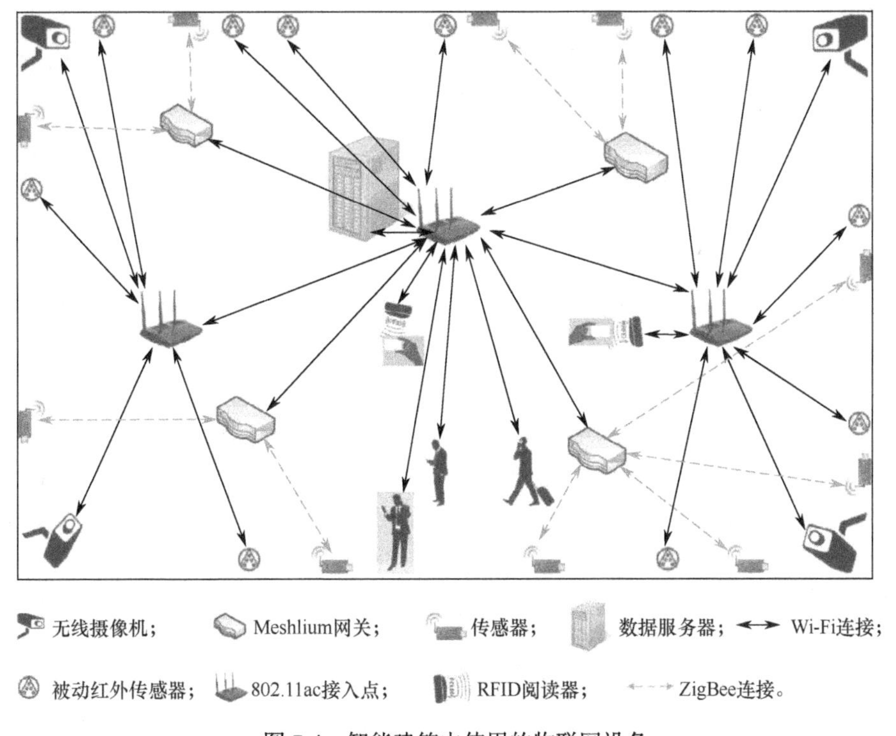

图 7-4　智能建筑中使用的物联网设备

7.2.3　智能建筑中的智能

从独立的建筑子系统到子系统集成，智能/智慧建筑的研究已经进行了 30 多年。在各种建筑子系统中，采暖、通风与空调（HVAC）子系统和照明子系统占建筑总能耗的比例最大，因此相关研究备受关注。现有研究表明，通过对 HVAC 子系统进行基于占用率的控制，以及对采光子系统，如日间采光（即利用外部光源）、占位感应、调度和减负荷等控制策略组合，可以节约高达 40%的能源[43]。

基于实时占位的暖通空调和照明系统控制，是智能/智慧建筑近几十年来的主要研究方向。各种物联网设备被用于收集占位信息。这些设备以无线传感器网络的形式运行，可以采用单一类型的传感器类型，也可以使用多种传感器融合。单一类型的传感器足以收集所需的占位信息，而大多数情况下采用多类型传感器融合能提供更准确的结果。例如，使用 PIR 或超声传感器生成的二进制信息均可以确定是否存在占位。但基于 PIR 和磁性门传感器[2]，或 PIR 和图像传感器[18]的融合，可以提供更为准确的占位信息。此外，通过使用 PIR、座椅压力传感器和声学传感器，使用简单二进制传感器的传感器融合还可以提供更多信息的占用信息，例如占位的活动信息[42]。

许多类型的占位信息都可用于实现基于实时占位的控制，包括监控区域中是否有人的简单二进制信息，到更重要的占位信息[31]，如占位的位置、数量、活动、身份以及位置跟踪。通常，每个物联网设备都可以在一定程度上获得占位信息。一些物联网设备还可以同时提供若干占用信息。例如，文献[34]中使用 RFID 来实时估计占位的活动，同时还可提供其身份、数量、位置以及是否存在等信息。近年来，通过间接占位感知方式获得占位信息也成为可能，例如通过已有 IT 基础设施（如 Wi-Fi）获取占位信息[5,14]。

基于实时占位的控制方法可进一步分为两类，即个体化方法和非个体化方法。个体化方法获取居住者的身份，能够跟踪单个居住者。而非个体化方法只能提供非个人的居住信息，例如居住者的实际数量。通常情况下，非个性化方法是非侵入性的、可扩展的、易于部署的，但其实现需要物理环境，在虚拟环境中效果不佳。

除了基于实时占位的控制方法外，近年来智能建筑还出现了两个新的研究方向，即基于居住者个人偏好的实时占位控制，和基于预测占位行为的控制[43]。第一个研究方向的目标不是在特定位置为所有人提供统一的室内环境或照明，也不是按照固定时间表和最大占位假设运行，而是根据个人喜好控制该个体周围相对较小的空间，创造一个使符合该个体舒适性要求的小环境区。例如，在文献[12]中，RFID 被用作个人的标识符，当在某个位置检测到某个人的 RFID 时，将根据这个人的偏好调整环境和照明。感兴趣的读者可以阅读文献[52]中更加全面的描述。第二个研究方向的动因是因为环境控制不同于照明控制，其响应时间更长，因此环境控制需要提前设置，以便及时满足个体的舒适性需求。这方面的研究是非常有挑战性的，因为需要准确而有效地预测个体行为，这可能涉及识别个体活动。例如，文献[36]介绍了一种智能恒温器，使用占位传感器，在居住者睡觉或家中无人时自动关闭 HVAC。使用由无线运动和车门传感器组成的融合传感器推断个体活动（例如睡眠、房间无人或活动频繁等）。感兴趣的读者可以参考文献[43]以获得更详细的信息。

7.3 智能建筑中的隐私威胁

智能建筑的设计主要是为了提高用户的舒适度，提供更好的访问控制和安全，并提供高效的建筑管理。智能建筑需要通过众多活动，包括收集和处理居住者的相关情况和活动信息，以便向其提供理想的服务。但智能建筑收集这些信息可能会带来一些隐私问题。基于建筑物内传感器收集的信息或居住者个人设备信息，可以很容易地检测到居住者的物理位置。此外，还可以通过收集个人在一段时间内的实际位置信息来跟踪其活动。未经授权的用户和攻击者可以基于这些信息确定居住者的行为及设备使用模式。

与智能建筑中使用的其他物联网设备相比，智能电表有一些特殊的特点和挑战。其他物联网设备从建筑物收集占位信息，数据在建筑物内部传输，用于实现建筑物内部的功能；而智能电表是建筑物到智能电网基础设施的网关，将收集的数据报告给供电公司或第三方，以供外部使用。此外，与传统抄表（主要用于计费）方式不同，智能抄表的数据收集频率为每个计费周期一次。智能抄表能以更短的时间间隔收集用电数据，以更高的频率向供电公司或第三方报告（例如 d/h/min）。供电公司可以将这些数据用于各种目的，如实时动态定价、需求预测和电网运营。在这种情况下，从智能电表、供电公司或第三方，以及二者之间的通信网络上均可能获得上述用电数据，可能引入更高的隐私风险。因此，与智能电表相关的隐私问题近年来受到学术界的广泛关注，对智能电网的成功运行起着至关重要的作用。长期及大量的实时用电信息可以用于推断居住者的数量、习惯以及活动规律。这些信息通常都属于用户隐私的范畴。

7.3.1 用户行为隐私

这一类型的隐私问题源于这样一个事实，物联网设备产生的信息可能会暴露居住者的身份，通过收集、跟踪或推断的方式获知其活动情况。

用户的行为隐私问题将越来越突出，特别是在住宅中使用智能电表的情况下。从智能电表生成的精细能耗数据可以分解获得设备级信息。分解功耗数据可以得到有关能耗细分的信息，并分析高能耗设备。家电级信息可带来多方面的好处[3]：消费者可以获得与其用电量相关的直接反馈，并自动获得个性化建议，从而使他/她能够主动地减少或改变他/她的用电量需求。供电公司可以获得精细数据，以改进经济建模和政策建议。最后，研发机构和制造商可以利用这些精细的数据来支持节能家电的更新设计，支持节能营销，改进建筑仿真模型。然而，数据的分解也会产生隐私问题，因为这个过程不需要侵入性操作。

非侵入式负荷监测（NILM）或非侵入式家电负荷监测（NIALM）是一种非侵入式的从功耗中分析和提取设备级信息的技术。自从首次提出以来[26]，一直有各种各样的 NILM 方法提出。图 7-5 显示了使用 NILM 方法推导用户活动的示例。感兴趣的读者可查阅文献[56]和文献[3]了解更多详细信息。

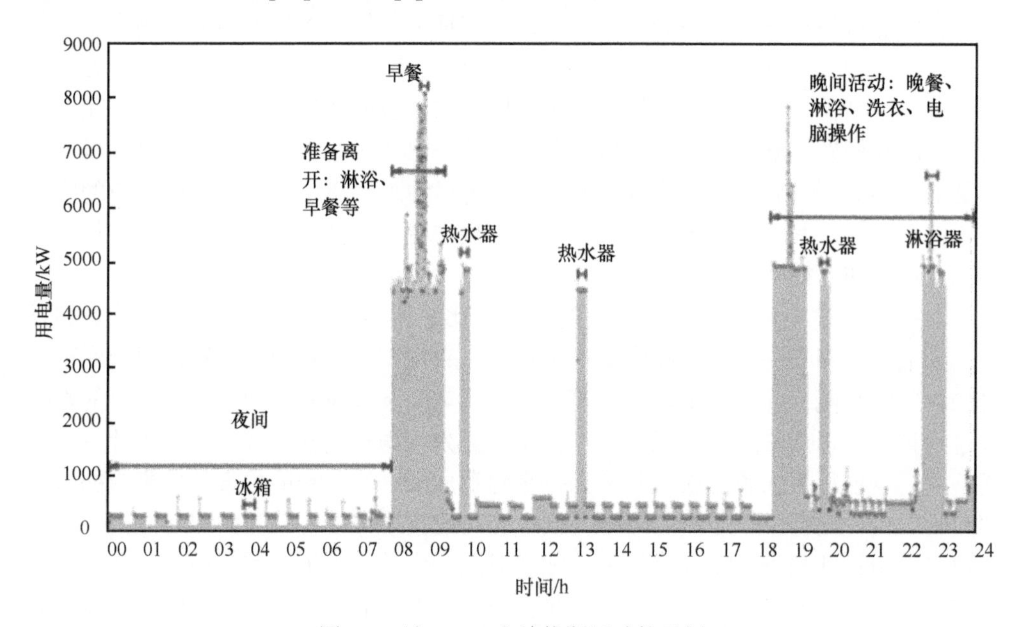

图 7-5　以 NILM 方法推断活动的示例

（来源于 A. Molina-Markham et al. *Proceedings of the 2nd ACM Workshop on Embedded Sensing Systems for Energy-Efficiency in Building, BuildSys'10, ACM,* New York, 2010.）

7.3.2 位置隐私

位置隐私被定义为"防止未经授权方了解某人当前或过去位置的能力"[35]。位置信息的来源可以是智能建筑中使用的各种技术，如传感器、RFID 阅读器、摄像机、Wi-Fi 接入点、PIR 传感器等，也可以是居住者自己使用的个人电子设备，如智能手机、笔记本电脑、平板电脑、身体传感器或可穿戴设备。对于一个相对较小的环境，比如在房子里面，用户的位置确定，并且没有足够的内部空间来移动，就不会存在位置泄露问题。然而，在封闭的公共环境中，如机场或购物中心，或在大型办公楼中，位置隐私泄露就会成为一个问题。

1. 无线局域网的隐私问题

由于无线局域网技术的传播特性，获取用户的私人信息变得更加容易。在无线通信期间，可以向未经授权方公开以下用户数据：通信内容、发送者或接收者（用户身份）、通信发生的时间（时刻）和通信发生的地点（位置）。虽然应用程序可以使用加密来保护上述内容，但仍有一些信息可能泄露，包括以下方面。

（1）可以根据节点信息（即 MAC 和 IP 地址）来确定用户身份。

（2）可以通过发送或接收包的时间获取时间信息。

（3）位置信息可从以下方面推断：根据一个接收传输的接入点（AP），可粗略预估位置；根据多个接收传输的 AP 的传输信号强度信息，例如通过三角测量方法或基于指纹的定位，可以提供更准确的位置信息[4,57]。将上述信息组合在一起，可以根据无线通信事件的地点、时间和人员来跟踪和推断用户行为。

2. RFID 隐私问题

隐私问题的出现源于 RFID 标签和阅读器不必在视线内就可以完成信息读取。远处或墙外未经授权的 RFID 阅读器可能获取标签信息，而标签所有者可能不知道他/她的标签正在被读取。

7.3.3 视觉隐私

视觉隐私是指以图像或视频形式存在的隐私信息。现代城市的街道和几乎所有封闭的公共场所都配备了监控摄像头，以便追踪可疑活动和识别罪犯。预计在不久的将来，随着智能摄像头和基于视觉的智能监控系统的引入，摄像头的数量将进一步增加。监控摄像头也可以作为辅助生活系统的一部分，以提升老年人或残疾人的自主性和幸福感。在任何情况下，个人的视频或图像都包含了自身及其环境的最丰富的隐私信息。不仅是个人的外貌，连衣服、姿势、步态、时间和环境都会泄露敏感信息。

7.4 智能建筑中的隐私保护方法

7.4.1 无线局域网隐私保护方法

解决隐私泄露问题的一个有效办法是打破用户身份与时间和位置信息之间的联系。最佳的方法是通过频繁更换短期标识符或假名，来隐藏用户或节点信息。

在无线局域网中，想要通过频繁更换一次性标识符来保护位置隐私，需要考虑的因素有：①环境类型；②位置分辨率；③攻击者对系统或用户的先验知识。首先，如果是一个开放的环境，用户波动很大，比如有众多员工的办公楼，或者在机场、购物中心等公共区域，很难发现标识符的变化。然而，如果用户位于封闭环境中，例如在对所有授权客户机的接口标识符进行了注册的公司网络中，则更容易检测到标识符中的变化。第二个要考虑的因素是位置分辨率，即用户定位的精度。利用一个用户接入点可以对用户进行粗略的定位。而利用多个 AP 则可以得到更准确的位置信息（即通过三角测量方法使得 AP 之间能够进行合作以确定用户位置）。解决这个问题的方法是控制从设备发送的信号强度，以减少能够接收传输的 AP 的数量[28]。最后，如果攻击者事先知道环境（例如，建筑布局、办公室分配、员工的工作安排等），他就可以使用这些信息更好地识别用户[25]。

对用户进行匿名的目标有三个。第一，标识符是不可关联的，也就是说，同一客户机节点的新标识符和旧标识符应该不相关。第二，匿名会使网络中断最小化。为了实现这一目标，需要考虑适当的地址交换时机。地址交换可能会关闭实时应用中的网络连接，例如 IP 语音（VoIP）或流媒体之类的长通信会话。最后，该解决方案应适用于当前的 ieee802.11 标准[4]。匿名的主要挑战如下。

（1）地址选择。地址（包括伪装地址）必须有效并遵循网络标准，即使用 48bit MAC 地址，该地址由 24 位组织唯一标识符（OUI）和 NIC 供应商分配的另 24bit 组成，避免地址因不兼容而被拒绝或忽略。

（2）地址唯一性。共享网络源的所有节点或用户应具有唯一的地址。因此，需要一个检测和预防地址重复的机制。如果是一个有许多用户的大型网络，地址冲突就会成为一个问题，特别是如果每个用户独立地生成自己的虚假 MAC 地址。这个问题的一个解决方案是将 AP 配置为 MAC 地址池，并将 MAC 地址分配给接入的节点或用户。在这种情况下，用户或客户端在加入 AP 时需要请求 MAC 地址。但是请求必须是可追溯的，因此必须包含用户的真实 MAC 地址，在这种情况下，用户身份将再次被泄露。为了解决这个问题，蒋等人[28]提出在请求中使用联合地址（即组地址），并使用 128bit nonce（一次性代码）来提供唯一性。

（3）端口身份验证集成。除 MAC 地址之外的其他标识符（在可扩展认证协议-传输层安全（EAP-TLS）、询问握手认证协议（CHAP）、远程用户拨号认证系统（RADIUS）等协议中）也应考虑在内，使其不被窃听者用于跟踪用户。

在地址频繁变化的情况下，如何对同一用户的不同 MAC 地址进行去关联，即如何降低同一用户的两个地址之间的相关性，增加地址选择的熵，是一个需要考虑的重要问题。

一种解决方案是在执行地址更改后加入静默期[27]。在这种方法中，用户在改变地址后的一段时间不传输数据，以借助其他用户或客户端的通信来掩盖更改地址的行为。当然，这种方法只在用户密度高到足以掩盖地址更改时才有效。由于用户无法跳过强制静默期，因此可能造成通信终端。为此，文献[27]引入了机会静默期的概念，在用户空闲时间内执行地址更改，从而将对已建立通信的负面影响降至最低，从而提高服务质量。

另一个解决方案是使用混合区域[7,21]，这可以看作是静默期方法的空间版本，即不允许客户端在预设的混合区域中进行数据传输。这一方法需要在移动设备上安装中间件提供用户位置信息，进而实现混合区域内的用户不可识别。所有客户端都可以在混合区域中更改其假名（例如 MAC 地址），但不允许在混合区中传输数据。一组用户的混合区域是一个有面积上限的连续空间区域，该区域中的用户都进行应用程序注册。而应用程序区域则是用户可以注册应用程序回调的区域。当一个刚更改了假名的客户端移出混合区域并再次开始传输时，攻击方或基于位置的服务（LBS）应用程序将无法关联该用户的新旧假名，因为新假名可能来自刚进入混合区的任何客户端。当许多客户机同时进入或退出混合区域时，这种方法非常有效。为了增加匿名性，如果混合区域中的用户少于 k 个，则应用可被配置为不传输或不发送任何位置更新。

7.4.2 RFID 隐私保护方法

对于 RFID 设备引起的隐私问题有很多解决方案，包括：①隐藏和阻止；②重写和加密[32]。在隐藏和阻止方案中，干扰用于 RFID 通信的无线信道，并仅向具有适当凭证的读卡器提供应答，从而防止对标签的未授权读取。在重写和加密方案中，使用基于哈希的匿名方法等技术，可以安全地控制对标签的访问。使用哈希锁定机制[54]，可以防止未经授权的读卡器访问标签，因为在默认情况下标签是锁定的，只有在引入正确的密钥时才打开。要打开标记，读取器请求 metaID（哈希 ID）并尝试在后端服务器中查找密钥和 ID。后端服务器将信息（key,ID）发送给读卡器，读卡器将密钥发送给标签。然后，标签对密钥进行哈希处理并将其与 metaID 进行比较。如果存在匹配项，则标记将被解锁。

由于数据库是由哈希表实现的，所以在一定程度上可以保护隐私并且搜索时间较短，但是由于使用了固定的 metaID（即单个假名），所以在哈希锁定机制中仍然可能实现用户跟踪。为了克服这一问题，提出了一种随机哈希锁定机制，即每次读卡器访问标签时，标签都会用随机字符串加上连接标签 ID 的散列值生成输出，即每次读取标签时，假名都会改变，以防止未经授权的读卡器跟踪用户。这一随机方案利用标签确保了完全隐私，但受到后端服务器运行哈希值的能力限制，不能用于标签数量较多的场景。此外，这一方案不能保证前向隐私，因为一旦标签被破解，将泄露该标签之前的大量通信数据[11]。图 7-6 显示了两种基于哈希的方案的工作原理。

为了克服前向安全问题，文献[44]提出了一种哈希链方案，其基本思想是每次读取器查询标签时刷新标签标识符。该方案可以通过一种低成本的哈希链机制来实现。然而，由于必须由后端服务器执行全面的搜索过程，因此该方案的标签数量也不能过多。

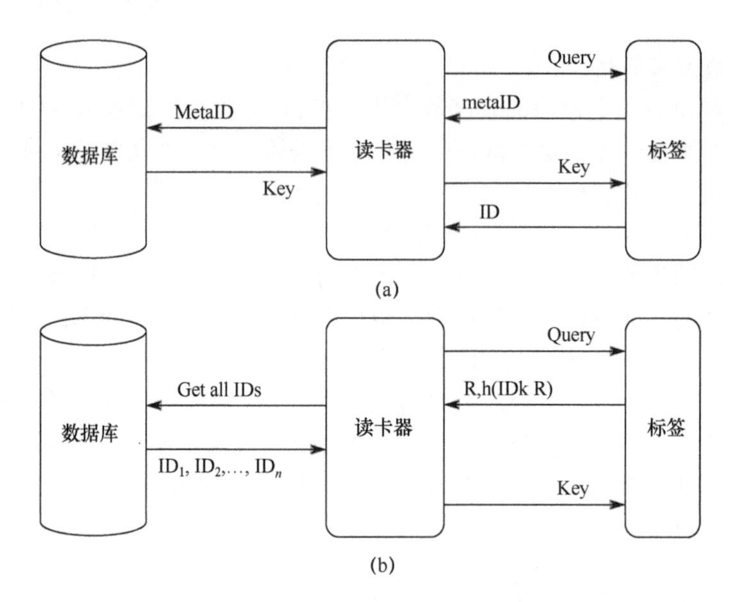

图 7-6　哈希锁定机制：读卡器解锁哈希锁定的标签和随机散列锁：在随机散列锁方案中，读取器解锁 ID 为 *k* 的标记

（参考 S.A. Weis et al. in D. Hutter et al. [eds]. *Security in Pervasive Computing*, Springer, Berlin 2004. 重新绘制）

7.4.3 视频监控隐私保护方法

由于视频监控和相关的智能监控系统包含了最丰富的关于主体的隐私信息，因此应该最好在设计阶段就给出保护视觉隐私的解决方案，例如是否选择高分辨率或低分辨率相机，是否使用加密等。

一个重要的问题是，需要确定不同类型的用户对视频监控数据的访问控制策略。如图 7-7 所示，Senior 等人[50]提出了一种分层方法，能够明确在什么情况下谁可以查看什么数据。在这个模型中，3 种不同类型的用户可以在 3 个不同的级别进行访问：普通用户只能访问视频的统计信息；高权限用户可以访问重新提交的和指定的信息；最后，执法机构具有完全的访问权限，包括原始视频和相关的个人身份信息。系统应该具备视频分析、编码/解码、存储设备和基本的安全功能，如身份验证、记录和加密。

在应用时间方面，视觉隐私保护机制可以实时应用在图像或视频的获取过程中，也可以用于图像或视频获取之后。张等人[58]提出的一个实际的示例是使用红外（IR）和红绿蓝（RGB）两个摄像头同时捕获视频。红外热像仪是根据人体皮肤辐射波长较短（～10μm）的原理来区分脸部区域和人体的其他部位。热成像产生与被拍摄物体的面部位置相对应的掩模图案。在 RGB 相机的电荷耦合器件/互补金属氧化物半导体（CCD/CMOS）图像传感器前面插入一个空间光调制器（SLM）（例如液晶显示器（LCD）)，应用热成像掩模并防止记录被摄物的面部（图 7-8）。由于该方式仅保护被摄物体的面部或暴露的四肢，因此如果可以获得之前的信息，则仍然可以从被摄物体的衣服或环境中获得有价值的隐私信息。

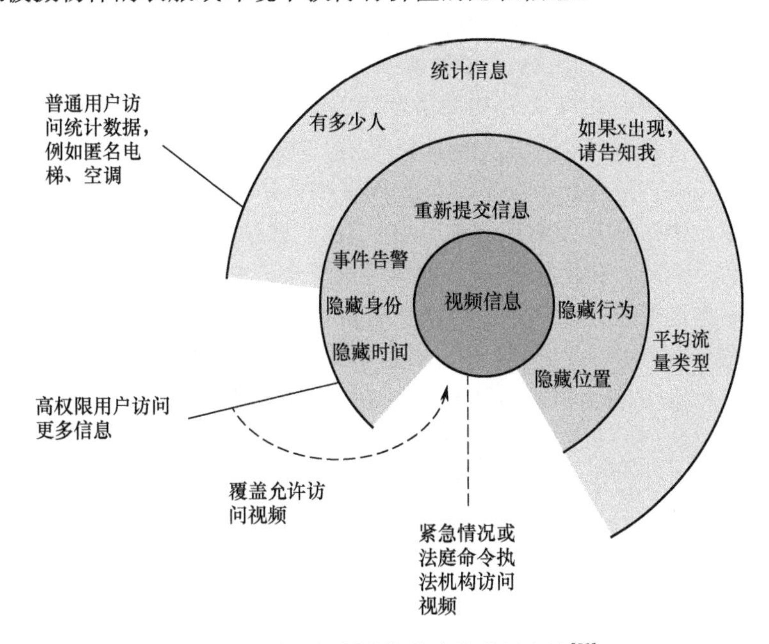

图 7-7　访问视频监控信息的分层方法[50]

（参考 A.Senior et al. Security Priracy,IEEE,3(3),2005 重新绘制）

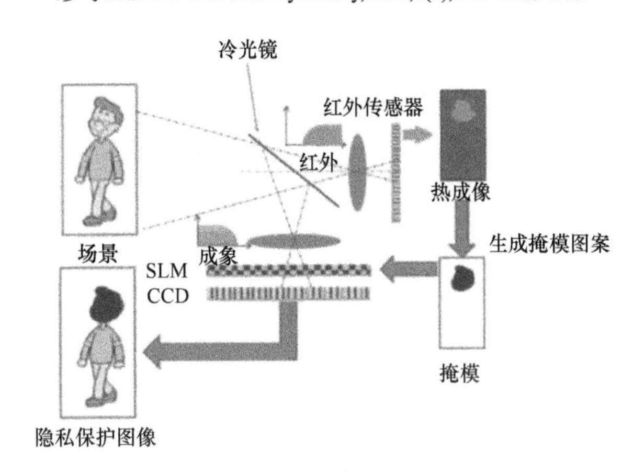

图 7-8　匿名摄像系统的概念

（来源于 Y. Zhang et al. *Pattern Recognition* (*ICPR*), 2014 22*nd International Conference on*, 2014）

视频监控隐私保护的方法可分为 5 类[45]：干预、盲视、安全处理、编校和数据隐藏。

（1）干预方法是指通过物理干扰相机设备（例如，通过创建过度照明），来防止从环境中捕获视觉数据。

（2）盲视的实现包括使用密码技术以匿名方式进行图像或视频处理，例如安全多方计算技术（SMC），其中主导方会使用另一方的算法并且不知道其细节。

（3）安全处理方法使用 SMC 以外的视频处理技术，以保护隐私。

（4）加密方法有很多子类，如图像过滤、加密、k-same 算法、对象/人删除和视觉抽象，是最常见的保存方法，后面将提供一些示例。

（5）数据隐藏方法是将原始图像数据隐藏在伪装信息中，需要时可以恢复。

在图像滤波中，高斯模糊原理或高斯平滑滤波器通过使用相邻像素来修改图像中的每个像素。例如，将图像分为 8 个部分×8 个像素块，并计算该块中像素的平均颜色。然后将结果用作该块中所有像素的新颜色。

视频和图像的加密可以使用传统加密方式，如数据加密标准（DES）、高级加密标准（AES）和 Rivest-Shamir-Adleman（RSA）算法，其速度较慢；或使用轻量级加密，速度较快但安全性较差。可借助加密技术对关注的图像区域数据进行伪随机位翻转。这一方法可用于压缩视频/图像（码流）域、空间域和频域[9,15]。

对于人脸识别技术，实现隐私的目标是改变人脸区域，使人脸识别系统无法进行识别。最健壮的方法之一是 *k*-same family 算法，该算法是 *k*-anonymity 匿名算法的一种实现。算法计算集合中 *k* 个图像的平均值，并用获得的平均图像替换对应的簇（图 7-9）[41]。还可以从原始图像中移除隐私对象或人的图像区域。问题是如何在移除后重新填充该区域，只有通过修补方式来填补被移除部分。静态图像修补更容易，因为只需考虑空间一致性。而视频修补则必须同时处理空间和时间的一致性[24]。最后，视觉抽象或对象替换的目标是在保持对象活动（包括位置、姿势和方向）的同时保护隐私，因此可以使用图像滤波和去识别技术[13]。

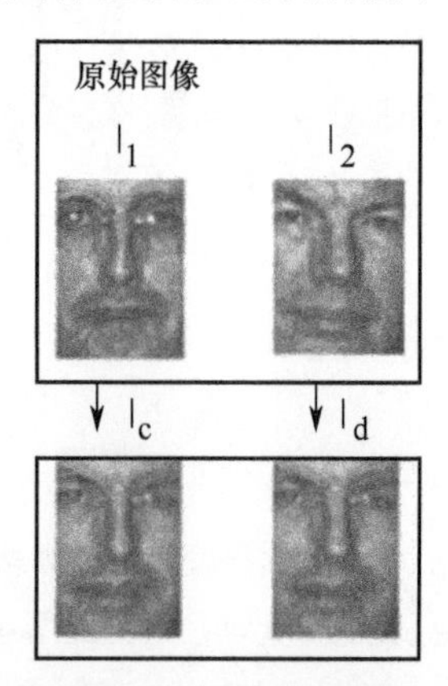

图 7-9　通过平均 *k* 显著面孔使用 *k* 匿名算法

（来源于 E.M. Newton et al. *Knowledge and Data Engineering, IEEE Transactions on*, 17(2), 2005.）

7.5 智能电表隐私保护方法

智能电表的隐私保护基于以下事实：电表计费需要电表读数和消费者身份之间的关联，但不需要精细的电表读数。而电网运行需要精细的电表读数，但几乎不需要准确的用户身份。当用户身份和精细功耗同时暴露给未授权方时，可能会产生一些隐私泄露威胁。

保护隐私的做法可分为 3 类：①通过匿名化将消费者身份与抄表数据分离（即处理用户身份）；②防止 NILM 通过修改电表读数来获取设备级信息（即处理电表读数数据）；③通过加密和数据聚合保护数据在智能电网通信网络中传输时的隐私。此外，第三方还可以参与保护隐私的工作。第三方可以作为数据网关，发送单个或聚合的电表读数（也充当数据聚合器）；或者作为身份生成器，为智能电表创建假名身份。

7.5.1 匿名化方法

用户匿名的实现方式包括：使用假名来替换消费者身份（即身份假名化）、使用可信数据网关或使用可信的第三方（TTP）作为数据收集器等。

1. 身份假名

通过使用公钥基础设施（PKI）[19]或使用组匿名[51]，可以在不涉及 TTP 的情况下通过 TTP[16]生成假名。

在文献[16]中，TTP 给每个消费者生成两个不同的假名：匿名身份和可追溯身份。匿名身份用于将非计费抄表数据发送给需要汇总抄表数据的供电公司或第三方，而可追溯身份用于将计费抄表数据发送给供电公司。图 7-10 说明了假名的使用情况。这些假名写在智能电表的硬件中，只有 TTP 掌握假名之间的关联信息。供电公司只知道可追溯身份。为了避免未经授权方发现假名之间的关联，假名的传递是在一个很长的随机时间表上单独进行的。

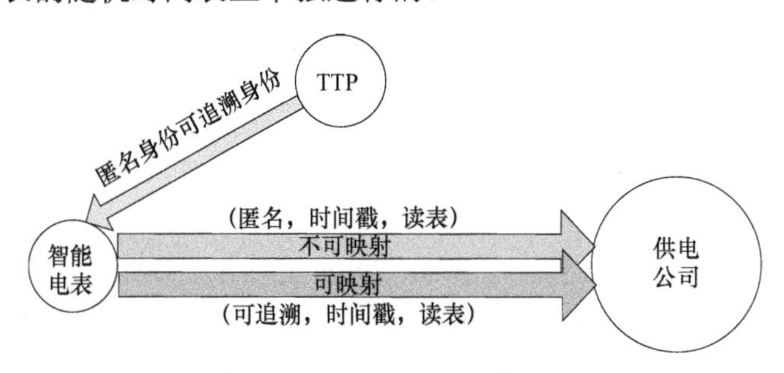

图 7-10 通过 TTP 的身份假名

在文献[19]中，智能电表不使用 TTP，而是生成一个公钥和私钥的 RSA 密钥对（SM_{PUB},SM_{PRV}），而电网运营商则生成两个公钥和私钥的 RSA 密钥对。电网运营商使用第一个公钥和私钥对来创建和检查盲签名（GS_{PUB},GS_{PRV}），而第二个密钥对用于加密和解密抄表数据（GE_{PUB},GE_{PRV}）。盲因子 r 用于从智能电表公钥创建盲假名。这个盲假名通过安全通道发送给电网运营商。电网运营商用其私钥 GS_{PRV} 对盲假名进行签名，并将此签名发送到智能电表。当智能电表发送其电表读数时，电表读数用电网运营商公钥 GE_{PUB} 加密，并用智能电表私钥 S_{PRV} 签名。然后，智能电表向供电公司发送一个数据元组，该元组由加密的电表读数、签名、智能电表公钥和智能电表公钥签名组成。为了避免直接向供电公司发送抄表数据时，智能电表的假名和网络地址之间产生关联，会采用对等（P2P）覆盖网络[38]来隐藏关联。在 P2P 覆盖网络中，智能电表产生的每一个电表读数在到达供电公司之前都会经过其他几个智能电表。使供电公司不知道接收到的电表读数来自哪个智能电表。另一种创建匿名性的方法是使用组匿名性[51]。在这种方法中，一组 k 个智能电表使用一个组假名（即 k 匿名算法）。

2. 通过可信邻居网关实现匿名化

供电公司也可以提供匿名性，做法是不将精细抄表直接传输到供电公司。可信邻居网关[40]可用作数据采集器。每个智能电表都将其可追溯的精细能耗数据发送到网关（例如，发送“用户身份、时间戳、用电量”）。然后，网关以匿名能耗的形式将其转发给供电公司（即不发送用户身份（例如“时间戳，用电量”）。假定智能电表、网关和公共设施之间的所有通信都通过安全通道进行，该通道可确保数据的真实性、机密性和完整性。由于供电公司只接收匿名用电量，因此由智能电表执行计费计算，并将其直接发送给供电公司。为了验证计费报告的正确性，采用了零知识协议[23]。在每个计费周期中，智能电表必须通过密码指定 N 个伪随机标签和一组 m 个密钥来执行注册。N 是计费所需的电表读数数量，m 是每个计费周期的验证轮数。供电公司将与智能电表进行 m 轮挑战响应机制的交互计费验证。此外，网关会泄露少量可追溯用户身份的功耗数据给电力公司，以供其进行少量的随机抽查，目的是防止智能电表的数据被修改。图 7-11 说明了网关的运行方式。

依靠智能电表进行计费会带来一个问题，即当计费规则发生变化时需要进行软件更新。这意味着要更新数以百万计智能电表的软件，这是不现实的。为克服这个问题，采用了另一种方法，即用 TTP 代替网关[8]。在这种方法中，TTP 不向公共事业公司发送匿名的单个电表读数，而是整合多个电表读数，并发送这些电表的总能耗。在每个计费周期结束时，TTP 汇总来自每个智能电表的单个耗电量，并将来自每个智能电表的可追溯身份的能耗数据发送给公共事业公司进行计费处理。

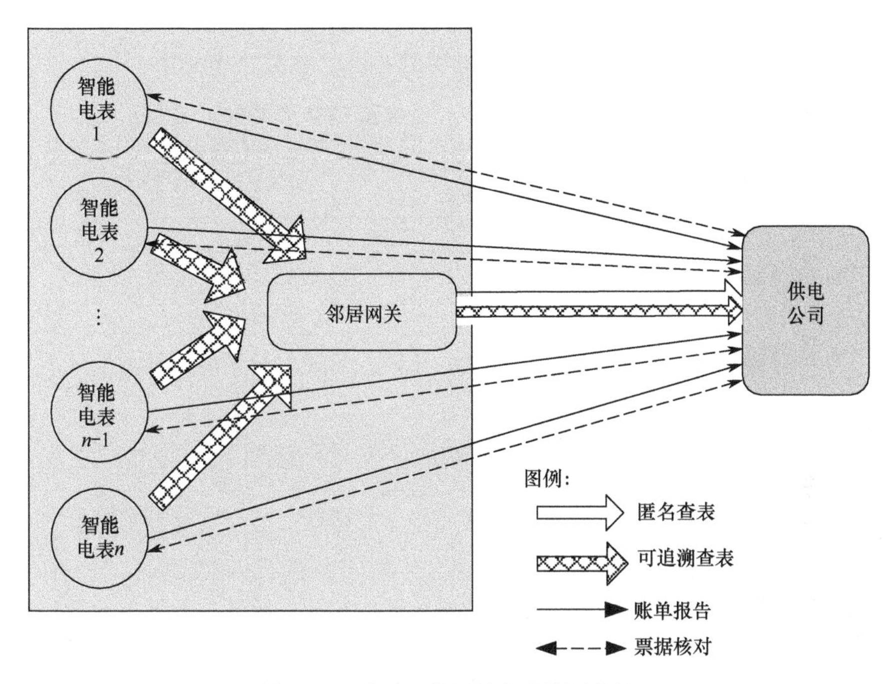

图 7-11　通过可信网关实现的匿名性

7.5.2 功耗修改方法

功耗修改方法是指隐藏可追溯身份的功耗报告中的用户真实能耗。在这些方法中，消费者的身份不是匿名的，而是修改了消费数据。这样攻击方就无法从数据中得出正确的结论，因为无法推断出准确的设备级信息。可以在智能电表采集用电数据之前进行修改，也可以在智能电表采集并发送给公共事业公司之后对其进行修改。通常，如果在智能电表采集能耗数据之前修改能耗数据，则需要设置内部供电装置。智能电表采集数据前进行修改的方式被称为负荷特征调节，智能电表采集后的修改被称为用电数据屏蔽。

1．负载特征调节

有两种方法可以调节负载特征：（1）基于电池的负载隐藏（BLH）；（2）基于负载的负载隐藏（LLH）。顾名思义，第一种方法采用可充电电池。该电池用作内部能源为建筑物供电。电池在关键时刻进行放电和充电，以改变智能电表记录的外部负载。电池充放电的方式应确保可重塑设备负载特征。有几种方法可以实现这一点：可以隐藏、平整、更改或模糊负载特征。图 7-12 显示了负载重塑策略的三个示例，即隐藏、平整和模糊处理。当电池完全满足设备的电力需求时，智能电表将完全隐藏负载特征。如图 7-12（a）所示，当电池缓慢充电时，智能电表只记录到恒定的用电量。如图 7-12（b）和（c）所示，采用电池和外部电源组合进行供电，使用不同的能源供应组合和充电时间可以得到不同的负载重塑结果。

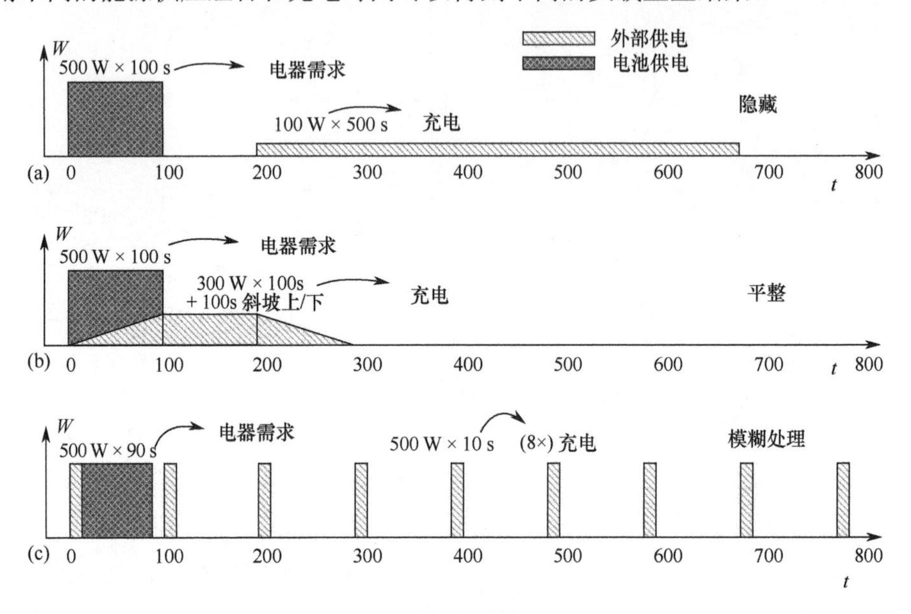

图 7-12　负载重塑策略示例

（来源于 G . Kalogridis et al. Privacy for smart meters: towards undetectable appliance load signatures. In *Smart Grid Communications* (*SmartGridComm*), 2010 *First IEEE International Conference on.*）

目前，已经提出了几种负载特征调节算法。尽力算法[29]是一种确定性算法，尽可能保持外部负载恒定。当能量需求高于先前报告的负载时，电池会放电向设备提供部分电能，当能量需求低于先前报告的负载时，电池将进行充电。然而这种方法会受到电池容量的限制。当电池电量耗尽且能量需求较高时，外部负载会发生变化。在这种情况下，电池无法进行放电，甚至可能需要充电，从而增加了外部负载。当能量需求较低且电池充满电时，也会出现类似的情况。与文献[29]不同的是，非侵入式负载均衡（NILL）算法[39]通过考虑所有的电池状态，尽力确保可对目标负载曲线进行调节。

BLH 试图利用 NILM 无法从聚合功耗中检测设备级信息的特性隐藏负载特征。与之不同，基于负载的负载隐藏方法利用非用户驱动的方式控制高能耗设备，例如电热水器，以增加随机随机噪声[17]的方式隐藏负载特征。LLH 在给定日耗电量的限制下随机开关电热水器，模糊了智能电表采集的用电量。LLH 的优点是可增加设备级的隐私，使 NILM 方法无法检测设备级的信息。

2．用电量数据屏蔽

这一方式是在将功耗值发送到公共事业公司之前，在其中添加掩盖值，使攻击方不知道实际功耗值。生成掩盖值的方式是所有掩码值相加结果是预设的已知值，例如零。公共事业公司可以通过将所有接收到的模糊电表读数相加，并减去该已知值来获得实际的总功耗数据。

掩盖值的生成有几种方法，例如秘密共享方法[30]：使用具有已知方差和期望的已知分布的随机值[8]，或使用分布式拉普拉斯摄动算法[1]。考虑到秘密值的生成需要一定的计算量，因此应仔细考虑这一方法的成本和扩展性。

7.5.3 基于加密的方法

基于加密的方法是指对在智能电网通信网络中传输的抄表数据进行端到端加密以提供隐私保护。智能电表对抄表数据（包括消费者身份）进行加密，并将加密后的数据发送给公共事业公司。公共事业公司对加密抄表进行解密，可以获得真实的用电量和用户身份。加密可使用对称或非对称密钥。尽管对称密钥加密速度更快，但将密钥存储在智能电表中会增加密钥被盗的风险；因此，首选非对称密钥加密。

另一种方法是隐私保护数据聚合，该方法已经应用于智能电表。数据聚合的目标是减少使用的总带宽，因为有大量的智能电表将其抄表发送给公共事业公司。文献[6]将逐跳级联用于加密的抄表数据，其中使用了两个不同的对称密钥对。智能电表和公共事业公司使用第一对密钥为抄表数据提供端到端加密。第二对密钥用于聚合器及其单跳节点的逐跳身份验证。在这种方法中，公共事业公司将获得单个智能电表的读数。这种方法主要是通过减少报头的数量来节省带宽。

具有同形态特性的加密机制也可用于保护隐私的数据聚合。同形态特性允许对密文执行一组操作而不公开明文。在众多同形态加密机制中，Paillier[46]同态加密广泛应用于智能电网中的数据聚合，如网络安全数据聚合[33]、欺诈/泄漏检测[22]和多维抄表聚合[37]。由于 Paillier 具有加法性质、较小的消息扩展因子和强大的安全特性[48]，因此可作为首选。

7.6 本章小结

本章介绍了智能建筑在使用各种物联网设备时，尤其是为确保居住者舒适度而提供的节能环保的建筑服务所引起的隐私问题。本章确定了实现隐私感知智能建筑必须解决的 3 个隐私问题：用户行为隐私（可从精细仪表读数或通过跟踪移动物联网设备推断）、位置隐私和视觉隐私。本章研究了几种针对引起隐私问题的物联网设备的隐私保护方法，并对这些方法进行了分类和概述；还为感兴趣的读者提供了其他有用的参考资料。

此外，还讨论了智能电表的隐私问题，这一问题源自使用 NILM 方法分解功耗以获得设备级信息。设备级信息还可以通过其他方式获得。事实上，对于暖通空调系统的在线监控和可能的在线服务，在几年前就开始提供远程监控服务。这种远程服务使第三方能够访问设备，并从中收集一些操作信息，以便进行准确的故障检测和提出适当的维修措施。远程收集数据还可能给出一些占位信息，例如占位是否在建筑物中。当这种远程监控服务在不久的将来被广泛应用于各种智能家电时，类似的问题也会出现。第三方可以访问每个智能设备的用电量报告，以便进行诊断和维修。因此，隐私感知远程监控服务可能成为未来的研究方向之一。

另一个可能的研究方向是跨学科研究，并将用户视角纳入隐私研究。大多数方法都基于对用户隐私观点的固定假设。然而每个用户可能对隐私有不同的敏感度，这需要借由不同的方法来体现。这就需要科学家用人种学的方法来了解用户的需求。一旦确定了这些需求，就可以通过新的方法提供不同的隐私保护。

参考文献

[1] G. Ács and C. Castelluccia. I have a dream!: differentially private smart metering. In *Proceedings of the 13th international conference on Information hiding, IH'11*, pages 118–132, Berlin, 2011. Springer-Verlag.

[2] Y. Agarwal, B. Balaji, R. Gupta, J. Lyles, M. Wei, and T. Weng. Occupancy-driven energy management for smart building automation. In *Proceedings of the 2nd ACM Workshop on Embedded Sensing Systems for Energy-Efficiency in Building, BuildSys '10*, pages 1–6, New York, 2010. ACM.

[3] K.C. Armel, A. Gupta, G. Shrimali, and A. Albert. Is disaggregation the holy grail of energy efficiency? the case of electricity. *Energy Policy*, 52:213–234, 2013.

[4] P. Bahl and V.N. Padmanabhan. Radar: an in-building RF-based user location and tracking system. In *INFOCOM 2000. Nineteenth Annual Joint Conference of the IEEE Computer and Communications Societies. Proceedings. IEEE*, volume 2, pages 775–784, vol. 2, 2000.

[5] B. Balaji, J. Xu, A. Nwokafor, R. Gupta, and Y. Agarwal. Sentinel: occupancy based HVAC actuation using existing WIFI infrastructure within commercial buildings. In *Proceedings of the 11th ACM Conference on Embedded Networked Sensor Systems, SenSys '13*, pages 17:1–17:14, New York, 2013. ACM.

[6] A. Bartoli, J. Hernandez-Serrano, M. Soriano, M. Dohler, A. Kountouris, and D. Barthel. Secure lossless aggregation for smart grid M2M networks. In *Smart Grid Communications (SmartGridComm), 2010 First IEEE International Conference on*, pages 333–338, Oct. 2010.

[7] A.R. Beresford and F. Stajano. Mix zones: user privacy in location-aware services. In *Pervasive Computing and Communications Workshops, 2004. Proceedings of the Second IEEE Annual Conference on*, pages 127–131, Mar. 2004.

[8] J.-M. Bohli, C. Sorge, and O. Ugus. A privacy model for smart metering. In *Communications Workshops (ICC), 2010 IEEE International Conference on*, pages 1–5, May 2010.

[9] T.E. Boult. Pico: privacy through invertible cryptographic obscuration. In *Computer Vision for Interactive and Intelligent Environment, 2005*, pages 27–38, Nov. 2005.

[10] A.H. Buckman, M. Mayfield, and S.B.M. Beck. What is a smart building? *Smart and Sustainable Built Environment*, 3(2):92–109, 2014.

[11] J.-C. Chang and H.-L. Wu. A hybrid rfid protocol against tracking attacks. In *Intelligent Information Hiding and Multimedia Signal Processing, 2009. IIH-MSP '09. Fifth International Conference on*, pages 865–868, Sep. 2009.

[12] H. Chen, P. Chou, S. Duri, H. Lei, and J. Reason. The design and implementation of a smart building control system. In *e-Business Engineering, 2009. ICEBE '09. IEEE International Conference on*, pages 255–262, Oct. 2009.

[13] K. Chinomi, N. Nitta, Y. Ito, and N. Babaguchi. Prisurv: privacy protected video surveillance system using adaptive visual abstraction. In *Proceedings of the 14th International Conference on Advances in Multimedia Modeling, MMM'08*, pages 144–154, Berlin, 2008. Springer-Verlag.

[14] K. Christensen, R. Melfi, B. Nordman, B. Rosenblum, and R. Viera. Using existing network infrastructure to estimate building occupancy and control plugged-in devices in user workspaces. *Int. J. Commun. Netw. Distrib. Syst.*, 12(1):4–29, Nov. 2014.

[15] F. Dufaux and T. Ebrahimi. Scrambling for privacy protection in video surveillance systems. *Circuits and Systems for Video Technology, IEEE Transactions on*, 18(8):1168–1174, Aug. 2008.

[16] C. Efthymiou and G. Kalogridis. Smart grid privacy via anonymization of smart metering data. In *Smart Grid Communications (SmartGridComm), 2010 First IEEE International Conference on*, pages 238–243, Oct. 2010.

[17] D. Egarter, C. Prokop, and W. Elmenreich. Load hiding of households power demand. In *Smart Grid Communications (SmartGridComm), 2014 IEEE International Conference on*, pages 854–859, Nov. 2014.

[18] V.L. Erickson, S. Achleitner, and A.E. Cerpa. Poem: power-efficient occupancy-based energy management system. In *Information Processing in Sensor Networks (IPSN), 2013 ACM/IEEE International Conference on*,

pages 203–216. IEEE, 2013.

[19] S. Finster and I. Baumgart. Pseudonymous smart metering without a trusted third party. In *Trust, Security and Privacy in Computing and Communications (TrustCom), 2013 12th IEEE International Conference on*, pages 1723–1728, July 2013.

[20] Institute for Building Efficiency. What is a smart building. http://www.institutebe.com/smart-grid-smart-building/What-is-a-Smart-Building.aspx. Accessed: 2015-04-27.

[21] J. Freudiger, R. Shokri, and J.-P. Hubaux. On the optimal placement of mix zones. In *Proceedings of the 9th International Symposium on Privacy Enhancing Technologies, PETS '09*, pages 216–234, Berlin, 2009. Springer-Verlag.

[22] F.D. Garcia and B. Jacobs. Privacy-friendly energy-metering via homomorphic encryption. In *Proceedings of the 6th international conference on Security and trust management, STM'10*, pages 226–238, Berlin, 2011. Springer-Verlag.

[23] S. Goldwasser, S. Micali, and C. Rackoff. The knowledge complexity of interactive proof-systems. In *Proceedings of the Seventeenth Annual ACM Symposium on Theory of Computing, STOC '85*, pages 291–304, New York, 1985. ACM.

[24] M. Granados, J. Tompkin, K. Kim, O. Grau, J. Kautz, and C. Theobalt. How not to be seen & object removal from videos of crowded scenes. *Comp. Graph. Forum*, 31(2pt1):219–228, May 2012.

[25] M. Gruteser and D. Grunwald. Enhancing location privacy in wireless lan through disposable interface identifiers: a quantitative analysis. In *Proceedings of the 1st ACM International Workshop on Wireless Mobile Applications and Services on WLAN Hotspots, WMASH '03*, pages 46–55, New York, 2003. ACM.

[26] G.W. Hart. Nonintrusive appliance load monitoring. *Proceedings of the IEEE*, 80(12):1870–1891, Dec. 1992.

[27] L. Huang, K. Matsuura, H. Yamane, and K. Sezaki. Enhancing wireless location privacy using silent period. In *Wireless Communications and Networking Conference, 2005 IEEE*, volume 2, pages 1187–1192, Mar. 2005.

[28] T. Jiang, H.J. Wang, and Y.-C. Hu. Preserving location privacy in wireless lans. In *Proceedings of the 5th International Conference on Mobile Systems, Applications and Services, MobiSys '07*, pages 246–257, New York, 2007. ACM.

[29] G. Kalogridis, C. Efthymiou, S.Z. Denic, T.A. Lewis, and R. Cepeda. Privacy for smart meters: towards undetectable appliance load signatures. In *Smart Grid Communications (SmartGridComm), 2010 First IEEE International Conference on*, pages 232–237, Oct. 2010.

[30] K. Kursawe, G. Danezis, and M. Kohlweiss. Privacy-friendly aggregation for the smart-grid. In *Proceedings of the 11th international conference on Privacy enhancing technologies, PETS'11*, pages 175–191, Berlin, 2011. Springer-Verlag.

[31] T. Labeodan, W. Zeiler, G. Boxem, and Y. Zhao. Occupancy measurement in commercial office buildings for demand-driven control applicationsa survey and detection system evaluation. *Energy and Buildings*, 93(0):303–314, 2015.

[32] M. Langheinrich. A survey of rfid privacy approaches. *Personal and Ubiquitous Computing*, 13(6):413–421, 2009.

[33] F. Li, B. Luo, and P. Liu. Secure information aggregation for smart grids using homomorphic encryption. In *Smart Grid Communications (SmartGridComm), 2010 First IEEE International Conference on*, pages 327–332, Oct. 2010.

[34] N. Li, G. Calis, and B. Becerik-Gerber. Measuring and monitoring occupancy with an {RFID} based system for demand-driven {HVAC} operations. *Automation in Construction*, 24(0):89–99, 2012.

[35] L. Liu. From data privacy to location privacy: models and algorithms. In *Proceedings of the 33rd International Conference on Very Large Data Bases, VLDB '07*, pages 1429–1430. VLDB Endowment, 2007.

[36] J. Lu, T. Sookoor, V. Srinivasan, G. Gao, B. Holben, J. Stankovic, E. Field, and K. Whitehouse. The smart thermostat: using occupancy sensors to save energy in homes. In *Proceedings of the 8th ACM Conference on Embedded Networked Sensor Systems, SenSys '10*, pages 211–224, New York, 2010. ACM.

[37] R. Lu, X. Liang, X. Li, X. Lin, and X. Shen. Eppa: an efficient and privacy-preserving aggregation scheme for secure smart grid communications. *Parallel and Distributed Systems, IEEE Transactions on*, 23(9):1621–1631, Sep. 2012.

[38] E.K. Lua, J. Crowcroft, M. Pias, R. Sharma, and S. Lim. A survey and comparison of peer-to-peer overlay network schemes. *Communications Surveys Tutorials, IEEE*, 7(2):72–93, 2005.

[39] S. McLaughlin, P. McDaniel, and W. Aiello. Protecting consumer privacy from electric load monitoring. In *Proceedings of the 18th ACM conference on Computer and communications security, CCS '11*, pages 87–98, New York, 2011. ACM.

[40] A. Molina-Markham, P. Shenoy, K. Fu, E. Cecchet, and D. Irwin. Private memoirs of a smart meter. In *Proceedings of the 2nd ACM Workshop on Embedded Sensing Systems for Energy-Efficiency in Building, BuildSys '10*, pages 61–66, New York, 2010. ACM.

[41] E.M. Newton, L. Sweeney, and B. Malin. Preserving privacy by de-identifying face images. *Knowledge and Data Engineering, IEEE Transactions on*, 17(2):232–243, Feb. 2005.

[42] T.A. Nguyen and M. Aiello. Beyond indoor presence monitoring with simple sensors. In *PECCS*, pages 5–14, 2012.

[43] T.A. Nguyen and M. Aiello. Energy intelligent buildings based on user activity: a survey. *Energy and Buildings*, 56(0):244–257, 2013.

[44] M. Ohkubo, K. Suzuki, S. Kinoshita, et al. Cryptographic approach to privacy-friendly tags. In *RFID privacy workshop*, volume 82. Cambridge, USA, 2003.

[45] J.R. Padilla-López, A.A. Chaaraoui, and F. Flórez-Revuelta. Visual privacy protection methods: a survey. *Expert Systems with Applications*, 42(9):4177–4195, 2015.

[46] P. Paillier. Public-key cryptosystems based on composite degree residuosity classes. In *Proceedings of the 17th international conference on Theory and application of cryptographic techniques, EUROCRYPT'99*, pages 223–238, Berlin, 1999. Springer-Verlag.

[47] J. Pan, R. Jain, and S. Paul. A survey of energy efficiency in buildings and microgrids using networking technologies. *Communications Surveys Tutorials, IEEE*, 16(3):1709–1731, 2014.

[48] N. Saputro and K. Akkaya. On preserving user privacy in smart grid advanced metering infrastructure applications. *Security and Communication Networks*, 7(1):206–220, 2014.

[49] I. Sartori, A. Napolitano, and K. Voss. Net zero energy buildings: a consistent definition framework. *Energy and Buildings*, 48(0):220–232, 2012.

[50] A. Senior, S. Pankanti, A. Hampapur, L. Brown, Y.-L. Tian, A. Ekin, J. Connell, C.F. Shu, and M. Lu. Enabling video privacy through computer vision. *Security Privacy, IEEE*, 3(3):50–57, May 2005.

[51] M. Stegelmann and D. Kesdogan. Gridpriv: a smart metering architecture offering k-anonymity. In *Trust, Security and Privacy in Computing and Communications (TrustCom), 2012 IEEE 11th International Conference on*, pages 419–426, June 2012.

[52] M. Vesel and W. Zeiler. Personalized conditioning and its impact on thermal comfort and energy performance: a review. *Renewable and Sustainable Energy Reviews*, 34(0):401–408, 2014.

[53] S. Wang. *Intelligent building and building automation*. Routledge, 2009.

[54] S.A. Weis, S.E. Sarma, R.L. Rivest, and D.W. Engels. Security and privacy aspects of low-cost radio frequency identification systems. In D. Hutter, G. Müller, W. Stephan, and M. Ullmann, editors, *Security in Pervasive Computing*, volume 2802 of *Lecture Notes in Computer Science*, pages 201–212, Springer Berlin 2004.

[55] J.K.W. Wong, H. Li, and S.W. Wang. Intelligent building research: a review. *Automation in Construction*, 14(1):143–159, 2005.

[56] M. Zeifman and K. Roth. Nonintrusive appliance load monitoring: review and outlook. *Consumer Electronics, IEEE Transactions on*, 57(1):76–84, Feb. 2011.

[57] D. Zhang, F. Xia, Z. Yang, L. Yao, and W. Zhao. Localization technologies for indoor human tracking. In *Future Information Technology (FutureTech), 2010 5th International Conference on*, pages 1–6, May 2010.

[58] Y. Zhang, Y. Lu, H. Nagahara, and R.-I. Taniguchi. Anonymous camera for privacy protection. In *Pattern Recognition (ICPR), 2014 22nd International Conference on*, pages 4170–4175, Aug. 2014.

[59] J. Zuo and Z.-Y. Zhao. Green building research current status and future agenda: a review. *Renewable and Sustainable Energy Reviews*, 30(0): 271–281, 2014.

第 8 章　利用移动社交特征增强车联网位置隐私

作为物联网（IoT）的分支之一，车联网（IoV）具有广阔前景，有望成为未来智能交通系统（ITS）必不可少的数据传感、交换和处理平台。本章将透过车辆的移动社交特征解决车联网的位置隐私问题。在基于假名的传统解决方案当中，隐私保护的力度主要取决于在同一场合下会面的车辆数量。我们注意到，实际上单个车辆经常会与其他多个车辆相遇，而在大多数会面中同时出现的车辆数量较少。受到这些观察结果的启发，本章提出一种名为 MixGroup 的新隐私保护方案，能够有效地利用稀缺的会面机会进行假名更改。通过结合群签名方案，MixGroup 构造出扩展的假名更改区间，该区间允许车辆相继交换其假名。对于跟踪攻击者而言，由于多个车辆假名的混合所带来的不确定性会形成累加，从而极大地增强位置信息的隐私性。本章还对 MixGroup 算法进行仿真分析以验证其性能。仿真结果表明，MixGroup 的性能明显优于现有方案。此外，即使在交通流量低的情况下，MixGroup 也能够实现良好的性能。

8.1 引　言

随着无线技术尤其是专用短距离通信（DSRC）技术的飞速发展，车联网已经成为必不可少的数据传输平台。值得一提的是，车联网大大促进了智能运输系统（ITS）的实现[1-3]。在车联网中，有具备先进传感和通信功能的车辆以及紧凑型计算和存储功能的智能路边基础设施。借助车载单元（OBU）和路边单元（RSU），车联网能够在车与车（V2V）和车与基础设施（V2I）之间实现可靠的数据交换[4,5]。通常而言，这种情景被称为车载自组织网络（VANET）[6]。由于 VANET 具有广泛的应用潜力，因此备受学术界和行业关注。

可以预见的是，VANET 可以与先进的计算智能（例如云计算）和社交网络结合，以有效支持与车辆、道路和交通相关的 ITS 应用程序数据传感、传输和处理，并最终向着车辆社交网络（VSN）的新范式演进[7]。

尽管 VSN 有望广泛运用于未来的 ITS 服务，但是其实现过程中还存在严峻的技术挑战。作为 ITS 至关重要的数据传输和处理平台，VSN 应能始终保护 ITS 用户的物理网络系统的安全性和隐私性[8-10]。

然而，为了安全起见，车辆需要使用经验证的安全消息定期向周围的车辆通报其当前位置、速度和加速度。这些消息可提高车辆对于其邻近车辆位置的认识，向驾驶员发出危险预警，但同时也可能对车辆的位置隐私构成潜在威胁。为了解决这个问题，已经提出了诸如 Mix-zone[11-13]和群签名[14]等有效方案来保护位置隐私。这些方案旨在使车辆能够扰乱攻击者的窃听行为。但是，Mix-zone 方案受限于假名变更之时出现的车辆数量。在车辆较少或者交通流量较小的地方，Mix-zone 的效果可能不佳。群签名方案则受限于群组大小。大群的签名管理效率较低，而小群的隐私保护能力较弱。

通过观察车辆痕迹并利用机动性的社会特征，我们发现单个车辆实际上有很多机会与许多其他车辆相遇。但是，在大多数的相遇时刻，同时出现的车辆数量却不多。这意味着车辆可以通过累积多次相遇来获得足够的假名混合时机。反之，如果车辆仅在车辆拥挤的地点执行假名更改，便会浪费大量时机。本章将提出一种隐私保护新方案，有效利用潜在的假名混合机会。通过创建本地群组构建具有多个路口的扩展区域，这些区域内允许连续进行假名交换。因此，针对进行车辆跟踪攻击者来说，假名混合的不确定性在累积中被扩大，对车辆位置隐私的保护得到了实质性的改善。

8.1.1 相关研究

为了行车安全，车辆必须广播定期消息，该消息由四元组信息{时间，位置，速度，内容}组成。如果在安全消息中使用了车辆的真实身份，则其位置信息就很容易被窃听。因此车辆应使用假名代替真实身份。此外，车辆在驾驶时应随机更改其假名，利用假名的不相关性保护车辆的位置隐私[12]。但是，在攻击者的连续跟踪之下，如果车辆长时间使用同一组假名或者在不适当的情况下更改假名，那么假名机制仍然很容易被击破。

如图 8-1 所示，三辆车在直线行驶。如果在 Δt 期间只有一辆车将其假名从 P_3 更改为 A_1，那么由于 P_1 和 P_2 不变，攻击者可以轻松地将 A_1 与 P_3 关联起来。即使三辆车同时更改其假名，通过安全消息中的位置和速度信息仍然可以为攻击者提供辨别假名的线索。这可能使假名无法保护位置隐私。为了解决这个隐私保护问题，以往的研究共提出了三种主要类型的方案：Mix-zone、群签名和静默期[15]。这些方案的本质是阻断车辆真实身份与其假名之间的映射关系。

Mix-zone 的概念首见于文献[16]关于位置隐私的段落，而其变体则在文献[11,17,18]中进行了讨论。车辆使用不同假名，通过假名的不可关联性来保证位置的私密性。但是，如果车辆在不适当的情况下更改了假名，该方案就无法确保位置的隐私性。攻击者可以通过持续窃听周围的车辆推断车辆假名变化，从而将新假名与旧假名关联起来。在文献[11]中，作者将道路网络分为被观察区域和未观察区域。将未观察区域（如图 8-2 所示的灰色区域）作为 Mix-zone。在未观察区域中，多个车辆更改并混合其假名，因此攻击者很难跟踪车辆。因此，Mix-zone 为车辆构造了更改假名的适当时间和位置。通常而言，多个车辆在多个入口的交汇处可以更改假名，随后分别从不同的出口离开，从而实现假名的不可关联性。

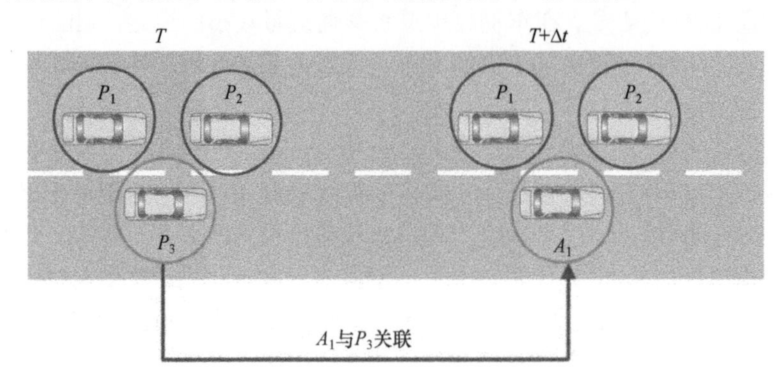

图 8-1　可进行假名间关联

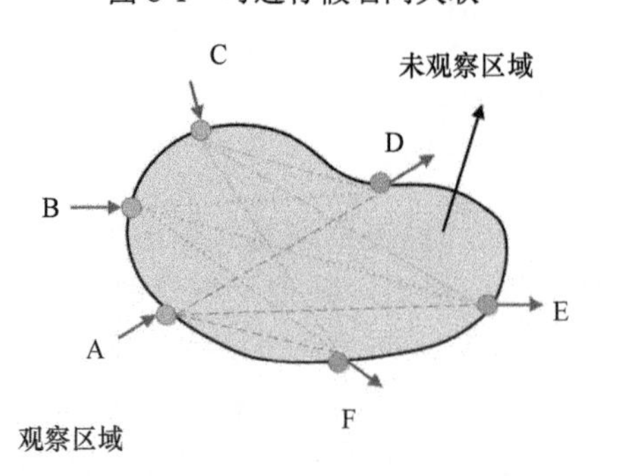

图 8-2　Mix-zone 方案

更具体地说，在图 8-2 中有 3 个入口（即 A、B、C）和 3 个出口（即 D、E、F）。车辆通过 A 进入 Mix-zone 覆盖范围，并在 RSU 的帮助下广播其安全消息。车辆在 Mix-zone 覆盖范围内更改假名，然后从任何一个出口离开，确保了假名的不可关联性。道路交叉口或停车场自然可以指定为 Mix-zone[19]。Mix-zone 方案的局限在于要求多个车辆同时出现在同一交叉路口，因此在交通流量较小的道路上这一方案可能效果不佳。

在群签名方案中，车辆加入一个群并使用群标识对消息进行签名，从而保护其位置隐私。基于群签名方案，群成员可以使用各自的密钥对消息进行签名，可以使用公钥验证这些签名。签名仅指示签名者是群成员，而不包含签名者本身的任何信息。群签名方案的核心是群主，由受信任的实体担任。群主掌握车辆的真实身份，并且有权限在必要时追踪任何群成员。但如果群组的规模太大[20]，则有效管理群成员就非常困难。

在静默时段方案中，目标车辆在进入关注区域时，首先广播安全消息，然后保持静默；目标车辆从位置 L_1 行驶到位置 L_2 期间，会在随机静默时段内将其假名从 P_1 更新为 P_2（图 8-3）。该目标车辆最终在位置 L_2 使用假名 P_2 广播安全消息。

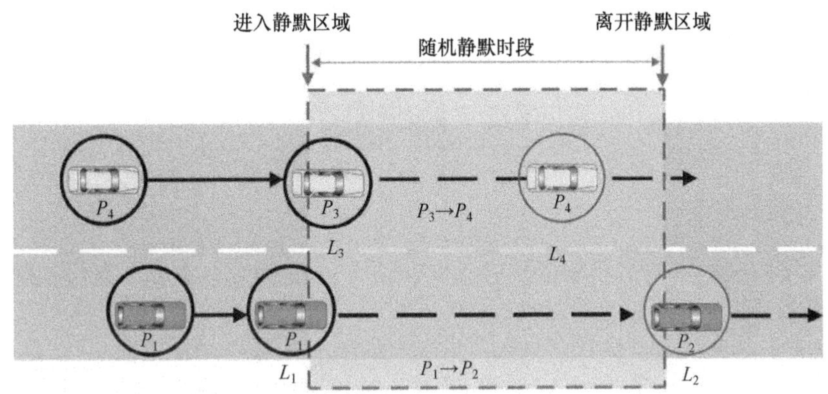

图 8-3　静默时段方案

在同一时段，如果目标车辆的邻近车辆从位置 L_3 行驶到位置 L_4 并将假名由 P_3 更新为 P_4，则攻击者会受误导将相邻车辆作为目标车辆。随机静默时段方案能够有效抵抗攻击者的跟踪。但最长静默时段受到安全消息广播时间段的限制[21]。如果最长静默时段被限制为百分之几毫秒，那么依然可以通过推断车辆的时间和空间关系来进行跟踪。

8.1.2 本章研究贡献与组织结构

本章尝试解决 VSN 中的位置隐私保护问题，主要研究贡献如下。

首先，给出了对车辆轨迹的观察结果：尽管交汇点的车辆数量大，但是车辆的相遇大多是偶然的，并且大多发生在交汇点之外。根据观察结果，本章提出了名为 MixGroup 的新方案，通过累积多次车辆相遇中的假名更改机会来优化位置隐私保护。

其次，通过利用群签名构造了一个扩展的假名变化区域，即“群区域”。该区域内允许车辆使用组标识代替假名，同时彼此之间累积地交换假名。使用组标识可以有效隐蔽假名交换过程。

最后，设计了一种方便车辆间假名交换的熵最优化协商过程。在该过程中，每辆车都会评估参与假名交换的收益和风险。假名交换期间的收益和风险通过预定义的假名熵来定量测量。

本章后续组织结构如下：第 8.2 节介绍网络模型、威胁模型和位置隐私要求。第 8.3 节提出位置隐私保护方案，称为 MixGroup：首先描述来自车辆轨迹的两个观察结果，随后简要概述 MixGroup 方案，最后详细介绍 MixGroup 的详细运行方式和协议。第 8.4 节进行方案的性能分析和优化。第 8.5 节进行方案性能评估。第 8.6 节是本章的总结归纳。

8.2 系统模型

8.2.1 网络模型

图 8-4 所示为一个城市中的车载社交网络。VSN 由众多车辆、路边基础设施和智能运输系统（ITS）数据中心组成。

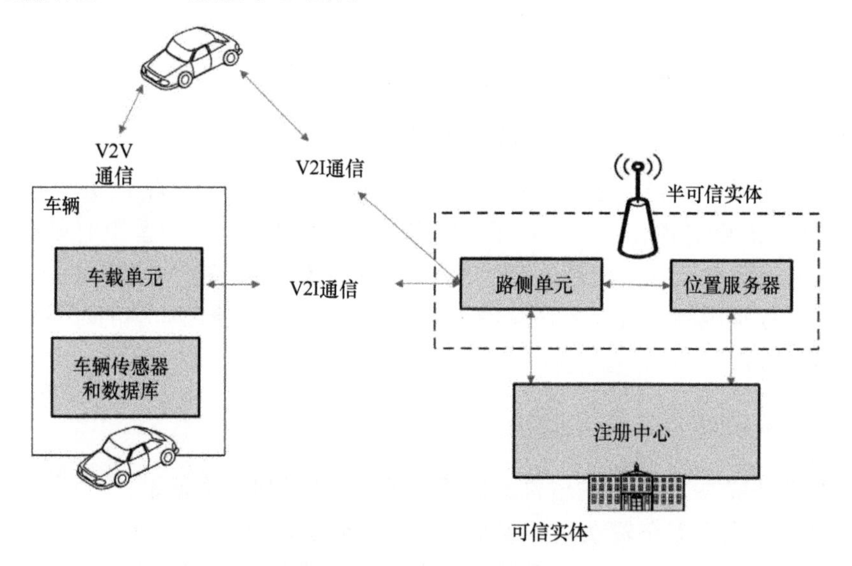

图 8-4 车辆社交网络架构

（1）车辆。城市相关区域内，大量车辆在道路上行驶。每辆车都配备了 OBU，允许车辆间通信或者与路边基础设施通信以完成数据交换。出于行车安全需要，车辆均会定期广播其位置信息。为了保护自身位置隐私，各车辆在广播与位置有关的安全消息时，消息中都应使用预先定义的假名而不是真实身份。

此外，为了确保 OBU 的安全性，需要两个硬件模块，即防篡改设备（TPD）和事件数据记录器（EDR）。TPD 具有加密处理功能，EDR 为 TPD 提供存储空间。EDR 记录紧急事件期间车辆的关键数据，如车辆速度、位置、时间等，类似于飞机上的“黑匣子”。通过扩展，EDR 可以在行驶过程中记录安全消息广播。由于驾驶员和某些技师有访问电子设备的权限，因此 TPD 内的车辆加密密钥应受到保护。TPD 是一种安全硬件，用于存储所有加密材料并执行加密操作。TPD 存储了一组加密密钥，对应的身份信息与给定车辆绑定。TPD 中存储的密钥确保了可追责性。TPD 使用自带时钟，并配有由车辆定期充电的蓄电池[22]。

（2）路边基础设施。路边基础设施部署在目标市区道路沿线，以便收集车辆 ITS 相关数据（如交通流量、车况和路况）。路边基础设施主要由两部分组成：作为无线通信接口的 RSU 和用于本地数据处理的前置计算单元（FCU）。路边基础设施通过重新分配信息或者将信息发送至其他路边基础设施来扩展 VANET 通信。路边基础设施还为 OBU 提供互联网连接，以运行安全应用程序，例如事故警告或黑名单广播[23]。出于成本考虑，路边基础设施沿路稀疏部署，因此车辆只能间歇性地进入其覆盖范围。所有路边基础设施都通过线缆连接到 ITS 数据中心。

（3）数据中心。所有 ITS 相关数据都汇总至数据中心。受信任的注册机构、位置服务器和假名数据库都设在数据中心。注册机构是由政府组织运营的可信第三方，管理注册到车联网的所有车辆的身份和凭证。数据中心负责全局决策，例如假名的生成和撤销。

VSN 中车辆的行驶轨迹会表现出固有的社会特征，可利用这种特征设计隐私保护方案。为便于描述车辆空间分布的社会特征，提出了下面的社交热点和个体热点概念。

（1）全局社交点。从 VSN 的角度来看，全局社交点是特定时间下多个车辆相遇的地方。例如，中央商务区（CBD）内繁忙街道的路口便是典型的全局社交点，许多车辆在此处等待红灯。值得一提的是，在当前许多文献中，例如文献[11,18,19,24]，通常会选择全局社交点作为 Mix-zone。

（2）个体社交点。从单个车辆的角度来看，个体社交点指该车辆常去的地方。例如，车主工作场所附近的道路交叉口和车主家庭附近的超市停车场通常是潜在的个体社交点。实际上，车辆之间可能会有相同的个体社交点。例如，在同一家公司工作的人，其车辆停放的同一个停车场便成为了共同的社交点。从这个意义上说，如果某个地点是许多车辆共同的个体社交点，那么该地点就成为了全局社交点。请注意，如果某个车辆在其个体社交点与足够多的车辆相会，那么这些个体社交点便成为了假名更改的候选地点。

8.2.2 威胁模型

为了定期广播安全信息，车辆在道路上行驶时不能关闭 OBU 无线电。因此窃听者可以利用周期性的安全消息[19,25]来跟踪特定车辆，并监视其位置信息。为此，有必要保护位置隐私以应对潜在的攻击者。本章提出的威胁模型考虑了外部攻击者和内部攻击者，具体包括全局被动攻击者（GPA）和受限制的被动攻击者（RPA），以及内部背叛攻击者（IBA）和内部欺骗攻击者。

（1）全局被动攻击者（GPA）。GPA（例如国家监视[21]）可以通过监听广播来定位和跟踪感兴趣区域内的任何车辆。

（2）受限制的被动攻击者（RPA）。由于 RPA（例如遭到入侵的服务提供商）只能利用已部署的基础设施 RSU 监听和估计车辆广播位置，因此在相关区域内的位置跟踪能力有限。RPA 能够跟踪车辆的区域取决于车辆的行动范围，以及连续部署的 RSU 之间的距离[26]。

（3）内部背叛攻击者（IBA）。针对基于群签名的方案，内部攻击者是在加入群之后受到感染的群成员。IBA 会与 GPA 或 RPA 密谋以便跟踪目标车辆。与目标车辆交换与隐私相关的信息（例如假名）后，IBA 会将信息泄漏给 GPA 和 RPA。如果目标车辆在 MixGroup 当中交换一次假名，那么其轨迹便会被重建。

例如，将车辆 V_i 的一组假名表示为 PID_i。该车辆与拥有一组假名 PID_j 的攻击者（例如，受感染的群成员）交换了假名。最后，V_i 获得 PID_j，而攻击者获得 PID_i。攻击者将假名的信息泄露给 GPA 或 RPA。然后，攻击者可以通过分析 PID_i 所签名的安全消息的窃听记录来重构 V_i 的历史轨迹。如果 V_i 离开 Mix-zone 之后不再与其他车辆交换 PID_j，则 V_i 将使用 PID_j 广播安全消息。通过监视 PID_j 所签名的安全消息，攻击者可以推断出目标车辆的真实踪迹并继续跟踪目标车辆。

（4）内部欺骗攻击者（ITA）。与 IBA 不同，ITA 会自动使用与他人交换过的假名。受害人获得了无用的假名，并可能在不知情的情况下继续与其他车辆进行假名交换。受攻击车辆的数量取决于与 ITA 交换过信息的车辆数量。

窃听者还有其他跟踪目标车辆的方法。例如，基于交通监控摄像头的视频数据，通过颜色、大小或车牌号从视觉上识别目标；利用专用硬件捕获和处理电磁信号（例如信号强度）；还可以利用现成的商用硬件被动地跟踪多个车辆。但这些方法需要付出巨大努力，即便是跟踪单个目标车辆也需要分辨率足够高的昂贵摄像头。攻击者必须承担整个系统的巨大开销。因此本章只考虑攻击者使用前面所述的无线电窃听手段的情况，因为这种方式的系统成本较低。

8.2.3 位置隐私要求

为了保护车辆社交网络当中车辆的位置隐私免受前面所述 4 种类型的攻击者的侵害，必须满足以下要求[19]。

（1）身份隐私：身份隐私是保护位置隐私的先决条件。每辆车都应使用假名而不是真实身份来广播安全消息，以便保护其身份隐私。

（2）假名：每辆车都应定期更改其假名，以便削弱车辆先前位置和稍后位置之间的关系。车辆应选择适当的时间和位置，定期更改假名，避免攻击者的持续跟踪。

（3）有条件的跟踪：本章中的位置隐私有条件限制。由于需要追踪攻击者的非法活动，受信任的注册机构（RA）应该能够追踪车辆假名，能够获得 VSN 中任何车辆的真实身份和位置。

后续章节将提出并讨论能够实现上述要求的 VSN 位置隐私保护方案。

8.3 位置隐私保护方案：MixGroup

本节介绍了 VSN 中保护车辆位置隐私的 MixGroup 设计方式。下面首先讨论车辆社交网络的特征以及从真实车辆轨迹中得出的两个有趣且直观的结论。表 8-1 列出了本章所用符号的标准定义。

表 8-1 本章所用符号的标准定义

符号	描述
v_i	VSN 中第 i 辆车
$PID_{i,k}$	车辆 i 的第 k 个假名。每辆车都有 w 个假名，$\{PID_{i,k}\}_{k=1}^{w}=\{PID_i\}$
G_j	VSN 中的第 j 个车辆群
GL_j	VSN 中 j 群组的群主
GID_j	第 j 个群的身份
$SK_{Gj,i}$,$Cert_{Gj,i}$	针对车辆 i 的群 ID 的群私钥和对应证书
$\{x\}$	含有元素 x 的集合
$L_S^{v_i}$	车辆 v_i 的第 s 个位置
$C_k^{v_i}$	车辆 v_i 的第 k 个交换位置
$i \to j$	车辆 v_i 向车辆 v_j 发送一条信息
$x\|\|y$	元素 x 串联到 y
RSU_k	VSN 中的第 k 个 RSU
PK_i, SK_i, $Cert_i$	车辆 v_i 的公钥和私钥对以及对应证书
PK'_i, SK'_i, $Cert'_i$	车辆 v_i 的公钥和私钥对的临时身份以及对应证书
$PK_{e,i}$, $SK_{e,i}$, $Cert_{e,i}$	车辆 v_i 进行假名交换的公钥和私钥对以及对应证书
$E_{PK_x}(m)$	使用条目 x 的公钥对消息 m 进行加密
$E_{SK_x}(m)$	使用条目 x 的私钥对消息 m 进行加密
$Sign_{SK_x}(m)$	带有条目 x 私钥的消息 m 上的数字签名
$\text{dual-signature}_{i\to j}$	车辆 v_i 和车辆 v_j 的双重签名
TimeRecord	假名交换事件的时间记录

8.3.1 车辆社交网络的特征

在人口密集地区，许多人每天在住宅、工作场所和商业区之间行驶 1h 以上。由于车辆的机动性受到道路网络的限制，因此车辆的轨迹是可预测且有规律的。日复一日，同一个人几乎在同一时段在同一条道路上行驶。因此，有可能形成周期性的虚拟移动社区。这些虚拟社区被称为车载社交网（VSN）[27]。

VSN 是一种 VANET，包括传统的 V2V 通信和 V2I 通信。与其他 VANET 相比，VSN 考虑了人的因素。车辆在道路网络中由人驾驶，因此车辆的机动性直接反映了人的意图。人的意图通过某些社会特征得以体现。VSN 的社会特征如下[7]。

（1）基于路径最短的运动：车辆在道路网络上随机选择起点和终点。车辆使用 Dijkstra 的算法来计算到达目的地的最短路径。

（2）基于社交热点的模型：在 VSN 中，道路网络会有几个社交吸引力较高的地点。社交吸引力由当前在该场所（如闹市区的超市）停车的车辆数量所决定。

（3）时空流动模型：人们驾驶的车辆每天在不同的时间到达不同的地点，但其运动基本上是周期性的。例如，人们早上去办公室，中午去餐馆，晚上回家。日复一日，车辆的机动性表现出一些时空规律。

8.3.2 来自真实车辆痕迹的两个观察结果

基于跟踪的实验和分析[28]可以得到以下两个观察结果。

1. 观察结果一

发生在全局社交点的车辆相遇很少，大多数车辆是在全局社交点之外的位置擦身而过。车辆的机动性在空间上受到道路形状和分布的限制。通常，当交通信号灯为红色时，车辆会聚集在停车场或路口处。本章选择 40 个主要道路交叉路口作为旧金山的社交热点，观察了上午 8:00 点到下午 12:10 点期间每 10min 经过该交叉路口的车辆数量。如图 8-5（a）所示，在进行观察的 250min 内，每 10min 大约有 13%的观察车辆作为一个群体经过社交点（超过 10 辆车辆即被视为一个群体）。此外，地理上接近的车辆往往会经常碰面。其余 87%的车辆都是稀疏地行驶。每辆车会在不同路口偶尔遇到其他车辆，但不一定在社交热点。

2. 观察结果二

大多数车辆总是来往于各自的社交点，并且在这些社交点遇到一天中可能遇到的大部分其他车辆。大多数车辆每天都以高度规律的模式行驶。每辆车通常经过数个固定地点，将其标记为个体社交点。此外，车辆每天到达这些场所的时间非常相似。这是因为人们的社交行为模式通常会在相对较长的时间间隔内保持稳定[29]。观察关注车辆的相遇，发现一天当中每辆车通常会在个体社交点遇到 64%的车辆，见

图 8-5（b），而在全局社交点只会与 13%的其他车辆相遇。上述两个发现共同揭示了一个事实，即车辆具有个人社会特征和共同社会特征。个体的社会特征对车辆的行驶方式具有重大影响。

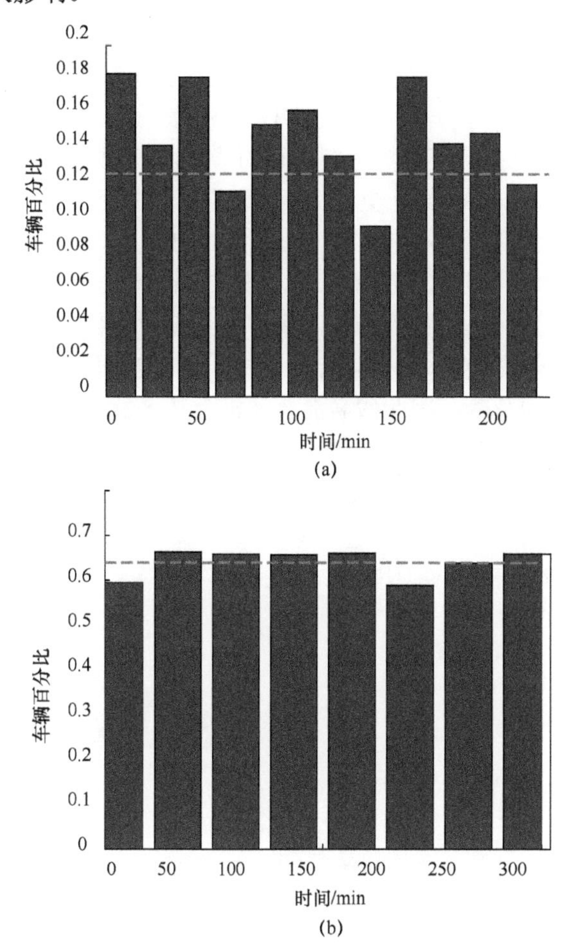

图 8-5　社会点车辆统计

（a）观察结果一；（b）观察结果二。

关于车辆移动性特征的两个观察结果可以追溯到帕累托原理（也称为 80/20 法则），即约 80%的车辆在 20%的社交场所（即热点）与其他车辆相遇。上述观察结果符合帕累托原理，并且进一步揭示了热点可以分为全局热点和个体热点的事实。在上述接近 80%的车辆中（实际上是 77%），64%在个体热点与其他车辆相遇，只有 13%在全局社交点与其他车辆相遇。

在设计位置隐私保护方案时，重要的是要利用车辆运动模式的共同和个体社会特征。

8.3.3 MixGroup 概述

正如前面所述，车联网设计位置隐私保护的主要关切点是增加相遇车辆的数量，从而最大程度地提高假名混合的不确定性。传统方案仅在全局社交点更改假名。根据上述两个观察结果可以知道，传统方案浪费了很多假名混合机会。本章提出了一种新的位置隐私保护方案，即 MixGroup，旨在总体利用车辆移动路径上的假名更改机会。具体而言，可以参考图 8-6 的情况。车辆 v_i 沿途具有全局和个体社交点。传统方案允许 v_i 在全局社交点 S_3 更改其假名，而在该社交点处的路口还有其他 8 辆车。实际上，在个体社交点 S_1、S_2 和 S_4 的交叉口处还分别有 3 辆、3 辆和 4 辆车辆。为了有效地利用这些潜在机会，该方案将地点 S_1 到 S_4 组合起来，构成了一个扩展的社交区域 R_1。然后允许车辆 v_i 与其在 R_1 遇到的车辆累积交换假名，例如先在 S_1 与车辆 v_b 交换假名，然后在 S_3 中与 v_c 交换假名。从理论上讲，由于 v_i 总共会遇到 18 辆其他车辆，因此假名混合的机会从 8 大大增加到 18，极大提高了隐私保护能力。

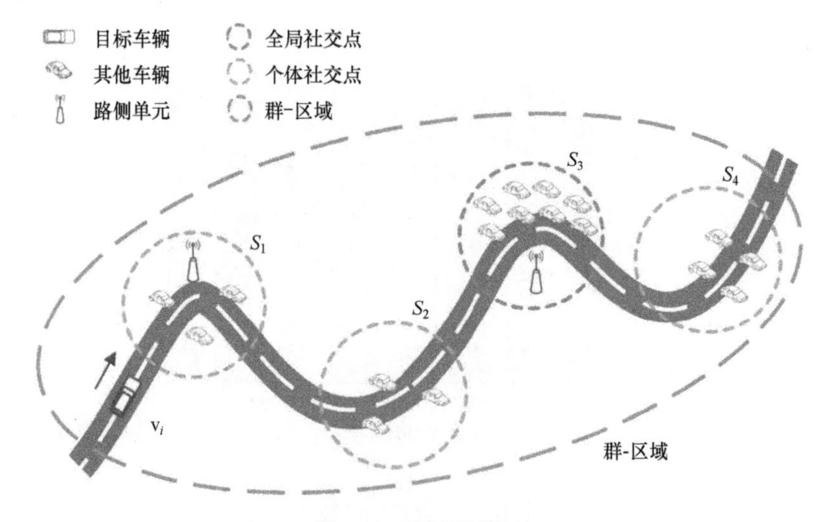

图 8-6　群-区域图示

为了实现 MixGroup 方案，设计了 4 个关键机制：①假名机制；②群签名；③临时群内身份；④加密和认证。说明如下。

（1）假名机制。在 MixGroup 中，使用假名是保护车辆位置隐私的基本机制。给车辆 v_i 分配假名 w。例如，$PID_{i,k}(k=1,\cdots,w)$表示 v_i 的第 k 个假名。假名在群-区域外用于安全消息广播。在群-区域当中，车辆使用群组标识而不是假名。假名在群-区域内的车辆之间更改。

（2）群签名。利用群签名机制，MixGroup 构造了扩展的假名 Mix-zone 域（即群-区域），在这些区域内允许车辆累积地更改假名。每个群都有一个组身份 GID_j 和一个群主 GL_j。当车辆 v_i 进入群-区域时，群主 GL_j 在认证之后将组身份 GID 以及对应的群私钥 $SK_{G_{j,i}}$ 和证书 $Cert_{G_{j,i}}$ 传递给该车辆。车辆 v_i 利用 GID_j，$SK_{G_{j,i}}$ 和 $Cert_{G_{j,i}}$ 广播安全消息后更改假名。

（3）临时群内身份。在假名交换过程中，每辆车都需要一个专用身份来表明自己并与其他人交换假名。为了避免将真实身份与假名交换和对手跟踪的身份相关联，真实身份或当前假名均不能设置为专用身份。因此，我们为每辆车定义了一个新的 ID，称为临时群内身份（TID）。当车辆 v_i 进入群-区域时，群主将为其分配一组 TID，$PK'_{i,l}$，$SK'_{i,l}(l=1,\cdots,L)$编号。之后，TID 将用于假名交换过程中发送请求和回应。通常，每个 TID 只能用于一次假名交换。从而让攻击者无法在车辆的真实身份与假名交换身份之间建立映射关系。

（4）加密和认证。为了保护无线通信安全并排除非法车辆，MixGroup 使用了严格的加密和身份验证机制。对于每辆车 v_i，分别有三套公用和专用密钥和证书，用于真实身份、TID 和假名交换。具体来说，$\{PK_i,SK_i,Cert_i\}$用于 V2I 通信，RA 可以利用该身份验证车辆的真实身份；根据 TID，$\{PK'_i,SK'_i,Cert'_i\}$用于在假名交换之前发送请求和给予响应；$\{PK_{e,i},SK_{e,i},Cert_{e,i}\}$用于在假名交换期间验证双方的有效性。

在该系统当中，车辆彼此之间互相广播交换请求，不透露其位置。两辆车利用交换密钥进行加密，交换假名和相关数据，例如，v_i 使用 $PK_{e,i}$，$Cert_{e,i}$ 作为交换密钥。在交换过程中会产生双重签名，双方可利用该双重签名验证交换数据的有效性。事件记录设备用于记录两辆车之间的交换事件并确保问责性。车辆只有在获得 RA 授权之后，才有权使用交换后的假名。

8.3.4 MixGroup 运行方式

MixGroup 主要包括 6 个操作：系统初始化、密钥生成、群加入、假名交换、群退出和撤销。图 8-7 显示了 MixGroup 当中车辆的状态图，以便说明车辆如何从一种状态过渡到另一种状态。

1．系统初始化和密钥生成

MixGroup 使用文献[20,30]中的 Boneh-Boyen 短签名方案来进行系统初始化和密钥生成。在该方案中，身份为 ID_i 的车辆 v_i 加入系统并获得其公共/隐私密钥和证书，分别表示为 PK_i，SK_i 和 $Cert_i$。RA 将(ID_i,PK_i)存储在跟踪列表中。RA 为车辆 v_i 提供一组 w 假名 $\{PID_{i,k}\}_{k=1}^{w}$，为每个假名 $PID_{i,k}$ 提供相应的公/私钥对（$PK_{PID_{i,k}}$,$SK_{PID_{i,k}}$）和证书 $Cert_{PK_{PID_{i,k}}}$。群 G_j 的群公共密钥以及车辆 v_i 的群专用密钥分别表示为$\{GID_j,SK_{G_{j,i}},Cert_{G_{j,i}}\}$。在本章中，TID 通过 RSA 算法生成。此后，车辆

进入 MixGroup 区域时通过位于 MixGroup 区域边界的 RSU 传递 TID。值得注意的是，仅在假名交换过程中使用 TID 发送请求和给予响应。

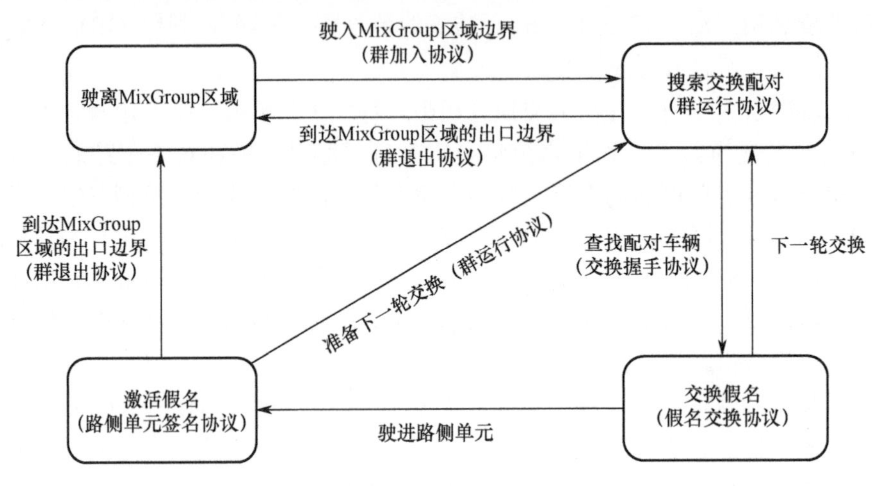

图 8-7　车辆状态图

2. 群加入

进入群区域并加入群之前，每辆车 v_i 会周期性地广播由 RA 给出的带有自己假名$\{PID_i\}$的安全消息。在收听到来自附近的 RSU（例如 RSU_k）的广播消息后，v_i 将通过 RSU_k 向群主 GL_j 提出加入 G_j 群组的请求。群主是由群 G_j 的各个 RSU 选举产生的，负责分发和管理群组标识（GID）以及相关密钥和证书。群主 GL_j 在 RA 的帮助下验证 v_i 的合法性（v_i 的身份参数包含在请求当中）。然后，GL_j 向 v_i 提供群组标识（GID）的参数以及关联的私钥和证书，以及与其他车辆进行假名交换期间使用的临时群内身份（TID）的参数。此后，v_i 成为群组成员，并将使用 GID_j 而不是$\{PID_i\}$广播安全消息，以防止潜在攻击者连续跟踪假名。为了确保消息发件人的责任和消息接收者的安全，每辆车都在带有时间戳的安全消息上签名以确保消息的新鲜度，并且加入群私钥和证书以便进行验证。表 8-2 为群加入协议伪代码。

表 8-2　群加入协议伪代码

群加入协议（**Group_Join**）
1. v_i: listen to the messages from neighboring RSU_k, $RSU_k \in G_j$;
2. v_i: verify the legitimate identity of RSU_k, and change its pseudonyms from $PID_{i,k-1}$ to $PID_{i,k}$, $PID_{i,k} \in \{PID_i\}$;
3. $v_i \rightarrow GL_j$: request=RSU_k || E_{GL_j} (join_request||$PID_{i,k}$||($Cert_{PID_{i,k}}$)||TimeStamp, where join_request = $PK_{PID_{i,k}}$ || $location_{v_i}$ || $velocity_{v_i}$ ||$acceleration_{vi}$||TimeStamp;
4. if (verified $PID_{i,k}$) and ($location_v i$ is within range of RSU_k, $RSU_k \in G_j$) $GL_j \rightarrow$ i:

（续）

```
    reply = E_{PK_{PID_{i,k}}} (Group_key||TID_key|| Cet_{GL_j} )||TimeStamp,
    where Group key=GID_j|| SK_{G_{j,i}} || Cert_{G_{j,i}} ,
          TID_key=PK'_i||SK'_i||Cert'_i;
else
        GL_j: do not reply;
cndif
5.      if (received reply within T_max)
    v_i: broadcast by GID_j instead of PID_{i,k},
      broadcast = GID_j ||navigation_data_i || Sign_{SK_{G_{j,i}}} (navigation_data_i)|| Cet_{G_{j,i}} ,
    where navigation_data_i = location_{G_j} || velocity_{G_j} ||acceleration_{G_j} ||TimeStamp,
      v_i: go to GROUP OPERATION when meeting other vehicles;
else
      v_i: go to step 3;
endif
```

3．假名交换

车辆 v_i 作为 G_j 的群成员导航时，将使用身份 GID_j 定期广播安全消息。车辆 v_i 与 G_j 的其他小组成员会面后，就有机会交换假名。此时，车辆将广播假名交换请求。在传统的 Mix-zone[11]内，车辆在 RSU 的帮助下在道路交叉口更改其假名。MixGroup 中的假名更改操作不同于 Mix-zone 的更改操作，允许同一组内的两辆车直接交换其假名，无需 RSU 的参与。这意味着可以在 RSU 的覆盖范围之外执行假名更改。此外，新交换的假名不会立即使用，而是在车辆离开群-区域之后使用。此外，群组标识仍将用于广播安全消息。群组标识的使用有利于“掩饰”假名交换过程。通过使用群签名机制，当车辆与其他车辆相遇时，MixGroup 中的假名更改可以在任何地方发生。

假名交换的过程步骤如下：首先，如果车辆 v_i 在监听到安全消息之后发现附近还有其他车辆，并尝试交换假名，那么 v_i 将使用 TID PK'_i 公钥相关联的假名交换广播请求消息。在从其他车辆接收到请求消息后，车辆 v_i 将计算其自身的交换收益并决定是否进行交换。这里通过假名熵对交换收益进行了定量评价。第 8.4 节将详细说明参与假名交换的协商程序。如果车辆 v_i 决定与其他车辆交换假名，将随机选择一个相邻车辆，例如 v_j（实际上通过 TID 表示），向 v_j 发送一个假名交换提议，并且在其他广播请求中利用 v_j 的 TID（即 PK'_j）的公钥进行加密。v_j 表示同意之后，v_i 将接收并验证 v_j 的回应，包括交换公钥 PK_{e_j} 和相关证书。本章介绍了用于假名交换操作的伪代码，包括 3 个协议：群运行协议（GROUP_OPERATION）、交换握手协议（EXCHANGE_HANDSHAKE）和假名交换协议（PSEUDONYM_EXCHANGE）。

表 8-3 群运行协议伪代码

群运行协议（**Group_Operation**）
1. v_i: receive and verify broadcast messages from neighbors;
2. v_j : receive and verify broadcast messages from neighbors;
3. if (v_i wants to exchange $\{PID_i\}$ with neighbor v_j)
v_i: broadcast request = $(\text{exchange\_request} \Vert PK'_i \Vert Cert'_i \Vert Cert_{G_{j,i}} \Vert \text{TimeStamp})$
and go to EXCHANGE_HANDSHAKE protocol;
else
v_i: go to step 1;
endif

表 8-4 交换握手协议伪代码

交换握手协议（**Exchange_Handshake**）
1. v_i: receive pseudonym exchanging request from neighbors;
2. v_i: verify and evaluate the benefit to decide whether to exchange right now;
3. v_i: if (exchange)
3.1 v_i: randomly choose a vehicle v_j with PK'_j;
3.2 $v_i \to v_j$:
proposal=$PK'_j \Vert E_{PK'_j}(\text{exchange\_proposal} \Vert Cert'_i \Vert Sign_{SK'_j}(M) \Vert (Cert'_i) \Vert \text{TimeStamp})$;
3.3 $v_j \to v_i$:
if (v_j agrees to exchange)
response=$PK'_i \Vert E_{PK'_j}(\text{reponse\_confirm} \Vert M \Vert Sign_{SK'_j}(M) \Vert Cert'_j)$,
where $M = PK_{e,j} \Vert Cet_{e,j} \Vert Sign_{SK'_{e,j}}\left(PK_{e,j} \Vert Cet_{e,j}\right) \Vert \text{TimeStamp}$;
3.4 $v_i \to v_j$:
reply=$E_{PK_{e,j}}(PK_{e,i} \Vert Cert_{e,i} \Vert SIG \Vert \text{TimeStamp})$,
where SIG= $Sign_{SK_{e,i}}(PK_{e,i} \Vert Cert_{e,i} \Vert \text{TimeStamp})$;
3.5 go to PSEUDONYM EXCHANGE protocol;
else
$v_j \to v_i$:
response=$PK_i' \Vert E_{PK_i'}(\text{disagree} \Vert Cert'_j \Vert Sign_{SK'_j}(Cert'_j) \Vert \text{TimeStamp})$;
3.6 v_i: go to step 3.1;
endif
else
3.7 v_i: go to step 1;
endif

表 8-5 假名交换协议伪代码

假名交换协议（**Pseudonym_Exchange**）
1. $v_i \rightarrow v_j$:
$\text{Pscudonyms}_{i\rightarrow j}=E_{PKe,j}(\text{data\_1}\|\text{Sig\_1}\|\|\text{Ccrt}_{i,j}\|\|\text{TimcStamp})$,
where data-1 = $PID_{i,k}\|\|Cert_{PIDi,k}\|\|Sign_{SKPIDi,k}(PID_{i,k}\|\|Cert_{PIDi,k})$
$\text{Sig\_1} = Sign_{SKe,i}(\text{data\_1})$;
2. v_j: verify and store data from v_i;
3. $v_j \rightarrow v_i$:
$\text{Pseudonyms}_{j\rightarrow i} = E_{PKe,i}(\text{data\_2}\|\|\text{Sig\_2}\|\|\text{Sig\_1}\|\|\text{Dual-signature}_{j\rightarrow i}\|\|\|\text{TimeStamp})$,
where data_ 2 = $PID_{j,k}\|\|Cert_{PIDj,k}\|\|Sign_{SKPIDj,k}(PID_{j,k}\|\|Cert_{PIDj,k})$,
$\text{Sig\_2} = Sign_{SKe,j}(\text{data\_2})$,
$\text{Dual-signature}_{j\rightarrow i} = E_{SK_{e,j}}(\text{Sig\_1}\|\|\text{TimeStamp})$;
4. v_i: verify and store from v_j;
$v_i \rightarrow v_j$:
$\text{data}_i = E_{PK_{e,j}}[\text{Dual-signature}_{i\rightarrow j}\|\|\text{Sig\_2}\|\|\text{TimeRecord}\|\|\text{TimeStamp}]$,
where $\text{Dual-signature}_{i\rightarrow j}=Sign_{SK_{e,i}}(\text{Sig\_2}\|\|\text{TimeStamp})$;
5. v_j: verify and store data from v_i;
6. v_i: $\text{Record\_1}= E_{PK_{RA}}(Cert_{e,i}\|\|Cert_{e,j}\|\|\{PID_i\}\|\|\{PID_j\}\|\|\text{Add\_data})$,
v_j : $\text{Record\_2} = E_{PK_{RA}}(Cert_{e,i}\|\|Cert_{e,j}\|\|\{PID_i\}\|\|\{PID_j\}\|\|\text{Add\_data})$,
where Add_data=TimeRecord;
7. v_i: send Record_1 to v_j;
v_j: send Record_2 to v_i;
8. v_i: compare received Record_2 with Record_1,
if (Record_2 and Record_1 are identical)
i→j:
$R_2=E_{PK_{e,j}}(\text{Record\_2}\|\|SigR_{i\rightarrow j}\|\|\text{TimeRecord})$,
where $SigR_{i\rightarrow j}= Sign_{SK_{e,i}}(\text{Record\_2}\|\|\text{TimeStamp})$;
9. v_j : verify and store data from v_i;
10. v_j: compare received Record_1 with Record_2,
if (Record_2 and Record_1 are identical)
$v_j \rightarrow v_i$:
$R_1=E_{PK_{e,i}}(\text{Record\_1}\|\|SigR_{j\rightarrow i}\|\|\text{TimeRecord})$,
where $SigR_{j\rightarrow i}=Sign_{SK_{e,j}}(\text{Record\_1}\|\|\text{TimeStamp})$;
11. v_i: verify and store data from v_j.

4. RSU 签名协议

如上所述，车辆可以与其他车辆相遇，交换假名及关联的证书。但在使用交换后的假名之前，应首先由 RA 通过 RSU 激活该假名。与最后一辆车 v_j 交换假名之后，v_i将监听附近RSU的广播消息。当连接到RSU（例如RSU_m）时，v_i将向其发送签名请求，包含使用RA的公钥加密的Exchange_data（交换数据）和Personal_data（个人数据）。Exchange_data包括交换的假名以及v_i和v_j的共同签名，以防止伪造。RA对个人数据进行验证，以便确保v_i的合法身份，并且向v_i分发下次交换要用的新的交换密钥以及更新后的证书$\{PID_j\}$。RA会保留这些数据记录，而v_i也将进行验证和存储。如果Exchange_data无效，那么RA将在其备份列表中将有效的假名和证书重新分配给v_i。RUS_SIGN协议的伪代码如表8-6所示。

表8-6 RSU签名协议伪代码

RSU签名协议（RUS_SIGN）

1. v_i: receive and verify broadcast from RSU_m and decide to activate the new pseudonyms ($RSU_m \in G_j$);
2. $v_i \to RSU_m$ (RA):
request_sign = $RSU_m \| E_{PK_{RA}}$ (Exchange_data‖Personal_data)‖TimeStamp,
where Personal_data = $PK_{e,i} \| Cert_{e,i}$,
Exchange_data=($PID_j \| Cert_{e,i} \|$ Dual−signature$_{j\to i} \| Sig_{j\to i}$),
$SigR_{j\to i}$=$Sign_{SK_{e,j}}$(Record_1‖TimeStamp);
3. RA: if (validate Personal_data and v_i)
go to REVOCATION
else
3.1 if (Exchange_data valid)
send new exchanging keys and certificates,
RA→ v_i:
update=E_{PK_i}(new_key‖new_certification‖new_pseudonyms‖$Cert_{Ri}$)‖TimeStamp
where new_key=Hash($PID_j \| SK_i \| Cert_i$‖TimeStamp)
new_certification=Hash($PID_j \| Cert_i$‖TimeStamp)
new_pseudonyms=PID_j
3.2 v_i: validate and store renewed data;
else
3.3 RA: redistribute pseudonyms for v_i
go to REVOCATION;
endif
3.4 go to GROUP_LEAVE;
endif

5. 退出群组

退出群-区域之后，车辆将使用最近交换后的假名广播安全消息。退出群组的过程描述如下。当v_i从位于区域边界的RSU收到消息之后，它会根据RSU的签名协议将新更改的假名发送给RA，为退出群组做准备。车辆v_i在经过边界RSU而且不能接收信号时，将使用 $PID_{j,k}$ 替换群组标识 GID_j，以便广播安全消息。对于 RSU 和 RA，如果 GL_j 在最长时间段 T_{max} 内没有收到来自带有证书 $Cert_{G_{j,i}}$ 的 v_i 的任何安全消息，那么 GL_j 会认为 v_i 已退出群组，并将从群组成员列表中删除条目 v_i。离开群组时，v_i 将自行确定是否有必要在下一个群-区域中加入一个新群组，或者继续使用当前假名。表 8-7 为 GROUP_LEAVING 的伪代码。

表 8-7　退出群组协议伪代码

退出群组协议（GROUP_LEAVING）
1. v_i: compute distance from zone boundary of G_j;
2. v_i: if (before going out of G_j at leave_time, t)
3. v_i: randomly choose *t* to use PID_j instead of GID_j
go to GROUP_JOIN
4. GL_j: if (no broadcast received from v_i during D_{max})
GL_j: delete entry v_i from current group member list
endif
else
5. go to GROUP_OPERATION
endif

6．撤销协议

在 MixGroup 中，车辆的任何违规行为都接受相邻车辆或者 RSU 的监视和指控。例如，如果 v_i 监测到该组中的 v_k 车辆受到攻击，v_i 会记录 v_k 的违规行为并报告给群主 GL_j，并在报告中列出重要证据。如果 v_i 还在群-区域当中，报告中将包含 v_k 违规类型、v_i 和 v_k 的群证书以及 v_i 签名等信息。如果 v_i 退出了该群组，则报告中还会包括假名 $PID_{i,n}$、公钥 $PK_{PIDi,n}$ 和证书 $Cert_{PIDi,n}$ 等信息。群主 GL_j 收到报告后，将检查报告的有效性以及 v_i 的身份，随后将其转发给 RA。RA 会验证报告并通过跟踪列表废止 v_k 的真实身份。如果确认存在违规行为，则 RA 会将 v_k 添加到黑名单中，并向 VSN 当中所有 RSU 和车辆广播新的黑名单。

REVOCATION 协议的伪代码如表 8-8 所示。

表 8-8　撤销协议伪代码

撤销协议（REVOCATION）
1. v_i: if (being in G_j);
2. $v_i \rightarrow GL_j$: accuse vehicle v_k to GL_j;
report_1= E_{GL_j}(VIO{type||Mess_1}||$Cert_{G_{j,i}}$||TimeStamp)
where
Mess1=(GID_j||message||Sig_G j (message)||$Cert_{G_{j,k}}$||TimeStamp)
3. $GL_j \rightarrow$ RA: validate report_1 and send report to RA

（续）

```
report = E_{PK_RA} (Mess||GL_j|| Cert_{GL_j} ||TimeStamp)
where Mess = Mess_1||Cert_{G_{j,i}}
4.  RA: validate report, repeal v_k and add v_k into blacklist;
5.  RA→GL_j and all vehicles: broadcast newest blacklist;
  else
6.  v_i →RA: accuse vehicle v_k to RA
report = E_{PK_RA}[ VIO{type||Mess}||PK_{PID_{i,n}}||Cert_{PID_{i,n}}||TimeStamp]
where Mess = (PID_k||message||Sig_{SK_{PID_k}}(message)||TimeStamp);
7.  RA: validate report, repeal v_k and add v_k into blacklist;
8.  RA→ GL_j and all vehicles: broadcast newest blacklist;
  endif
```

7．条件追踪

车辆在群组 G_j 中时，会定期广播的消息包括安全相关数据和群证书 $Cert_{G_{j,i}}$。尽管 G_j 的群组成员只能验证安全消息的有效性，但是 RA 可以通过查看跟踪列表将所有带有证书的消息关联到车辆的真实身份。当车辆不在任何群组当中并且使用自己的假名进行通信时，其安全消息中也包括了 RA 可识别的证书。换句话说，每辆车的真实身份对于受信任的 RA 而言是完全公开的，对于群主而言是有条件隐藏，而对于其他普通车辆则是未知的。

8．讨论

MixGroup 方案中有两个与假名改变相关的单独过程：假名交换过程和假名激活过程。这两个过程被有效整合，允许分布式的化名更改。假名交换过程仅涉及车辆，允许同一组车辆直接在 RSU 的覆盖范围之外交换其假名。另外，在不涉及 RSU 的情况下，允许车辆与其他车辆累计交换其假名。在假名激活过程中，车辆必须通过 RSU 激活其假名。与其他车辆交换假名之后，每当遇到 RSU 之时，车辆便会激活新假名。从这个意义上讲，RSU 的无线电覆盖范围没必要保持连续。当车辆在 MixGroup 区域的边界并接入 RSU 时，会开展最终检查以确保执行假名激活过程。

8.4 安全分析

本节讨论 MixGroup 中的潜在攻击以及相应的防御措施。另外还提出了优化假名交换的方法，以便改进针对位置隐私跟踪的假名熵。

8.4.1 攻击和防御分析

从原理来看，基于假名的方案的位置隐私保护强度，取决于从攻击者角度将假名映射到真实车辆身份的不确定性（即熵）。因此，MixGroup 的中心思想是将目标车辆相继经过的个体热点组合成一个扩展的假名更改区域。由于该区域的面积更大，并且允许车辆累计更改假名，因此可以显著改进假名混合的不确定性，实现强化隐私保护的效果。

MixGroup 具有抵御多种安全和隐私攻击的杰出防御能力。例如，由于采用了加密和身份验证机制，攻击者在计算上受到限制，无法针对加密消息发起暴力密码分析攻击。此外，由于所有消息都经过身份验证，因此攻击者很难模仿合法车辆。由于使用了时间戳，因此重放攻击难以成功。同时，攻击者无法模拟 RSU 或伪造 RSU 消息，因此无法使用其控制的有效密钥创建虚拟的 MixGroup。

下面将进一步讨论几种主要攻击类型和 MixGroup 的防御措施。

1. GPA 和 RPA 攻击

在 GPA 和 RPA 攻击当中，攻击者被动窃听车辆的安全信息，观察进出车辆的时间和位置，从而针对可能的映射得出概率分布。如果假名更改场所的车辆较少，那么攻击者跟踪目标车辆的成功概率就很大。但是，MixGroup 并不限于在一个位置上更改一个假名。车辆进入群-区域时，在行驶过程中会遇到许多车辆。通过使用统一的群签名，车辆可以与任何经过的车辆交换假名。在这种情况下，针对 GPA 和 RPA 攻击，如果目标车辆与足够多的车辆“混淆”，则很难跟踪目标。所有这些车辆在群签名的保护下看起来都是相同的，从而使得 GPA 和 RPA 攻击失去跟踪目标的能力。

2. 错误数据攻击

内部攻击者可以通过不当行为和广播错误数据来攻击附近车辆，从而对车辆安全发起攻击。但在 MixGroup 当中，由于每辆车都签署了安全消息（参阅 GROUPJOIN 协议的第 5 步），因此攻击者将因为提供错误数据而被追责。为了检测此类攻击，每辆车必须能够检测到错误的安全消息。文献[31]提出了一种有效方案来检测错误数据，确保每辆车都能够保持自己对周围环境的观察（例如，估计相邻车辆的位置），检查从相邻车辆处接收到的数据是否存在前后矛盾之处。

3. 问责攻击

攻击者可能会攻击车辆问责机制。为了躲避问责机制，攻击者可以在 VSN 当中伪造一个随机假名。实际上，MixGroup 可以防止此类攻击。每辆车的安全信息都必须包含有效的证书，此外如果在群组之内，会由合法的群组签名进行签名；如果在群组之外，则应由经过验证的假名进行签名。车辆可以验证安全消息的有效性。攻击者还会尝试使用其窃听到的假名和相关证书假冒目标车辆[21]。MixGroup 让所有车辆在安全消息上签名，并且根据在用假名在安全消息中加入来自 RA 的有效证书，可以避免这种假冒攻击。

4. IBA 及 ITA 攻击

本章中介绍了两种特殊的内部攻击者，即内部背叛攻击者（IBA）和内部欺骗攻击者（ITA）。IBA 会与目标车辆交换已经使用过的假名。IBA 找出目标使用过的假名，当目标车辆驶离群组区域且不再与 IBA 交换假名时，可能会受到跟踪。IBA 可能会与 GPA 共享一些信息，包括目标在群组区域之外会使用哪些假名，以及进入群组区域之前会使用哪些假名。通过窃听这些假名签署的安全消息，GPA 便能够找出车辆位置。但是，如果目标车辆与一辆或者多辆车辆交换假名，便能使攻击者无法将假名精确地关联到目标，从而较为容易地抵抗这种攻击。众所周知，互换假名的车辆越多，风险越低，但是开销也就越高。此外，在邻近群组成员和群主的帮助下，可以很快发现群组中的内部攻击者，并将其驱逐出系统。

内部欺骗攻击者会反复利用与他人交换过的假名，重复执行 PSEUDONYMS_EXCHANGE（假名交换）协议。被攻击车辆将接收到过度使用的假名，并与其他车辆交换。被攻击车辆的数量取决于车辆与 ITA 的假名交换次数。针对这种攻击者，在双重签名和签名记录 SigR 的帮助下，RA 可以通过 SigR 检测到这些攻击者，由于使用了 RA 公钥加密（如 PSEUDONYMS_EXCHANGE 协议所示），攻击者无法改变 SigR。车辆在检测到这类攻击者时会向 RA 上报，攻击者将被列入黑名单，并在稍后追究责任。

8.4.2 熵最优假名交换

车辆的相遇是车辆增强其位置隐私的潜在机会。然而，内部 IBA 和 ITA 攻击带来了潜在威胁，合法车辆的假名信息可能被复制和泄露出去。因此，车辆与其他车辆交换假名并不总是有益的。本节定义了假名熵来衡量车辆位置隐私保护的强度。假设一个道路交叉口，其中有一组车辆，用 $V=\{\mathrm{v}_1, \mathrm{v}_2, \cdots, \mathrm{v}_K\}$表示，这些车辆会互相交换假名。$p_i$代表车辆 v_i在假名交换后成功跟踪的概率。v_i的假名熵表示为

$$H_{\mathrm{v}_i} = -\log_2 p_i \tag{8.1}$$

集合 V 的假名熵表示为

$$H_V = -\sum_{i=1}^{K} p_i \log_2 p_i \tag{8.2}$$

显然，成功跟踪概率 p_i取决于集合 V 内的内部攻击者（IBA 或 ITA）的数量。假设车联网内共有 N 辆车，其中有 B 辆车是内部攻击者，用集合 V_{IA}表示。v_j是内部攻击者，v_i恰好选择 v_j的概率为

$$\Pr\{v_j \in \mathrm{V}_{\mathrm{IA}}\} = \sum_{i=1}^{B} \frac{\binom{B}{i}\binom{N-1}{N-1-i}}{\binom{N-1}{K-1}} \frac{i}{K-1} = \frac{B}{N-1} \tag{8.3}$$

通过假名交换，v_i 的假名熵增长表示为

$$\Delta h = \sum_{i=1}^{B} \frac{\binom{B}{i}\binom{N-1}{N-1-i}}{\binom{N-1}{K-1}} \log_2(K-i) \tag{8.4}$$

第 k 次假名交换后，v_i 的假名熵表示为

$$H_{\mathrm{v}_i}(k) = \begin{cases} 0 & \mathrm{v}_j \in V_{\mathrm{IA}} \\ H_{\mathrm{v}_i}(k-1) + \Delta h & \mathrm{v}_j \notin V_{\mathrm{IA}} \end{cases} \tag{8.5}$$

根据式（8.5），每辆车将评估假名交换的收益和风险。已经具有高假名熵的车辆会倾向于跳过假名交换；而低假名熵的车辆会希望借此机会增强位置隐私。更具体而言，当车辆假名熵的增量足够大时，则倾向于交换假名，即

$$\Delta h > \frac{\Pr\{\mathrm{v}_j \in V_{\mathrm{IA}}\} H_{\mathrm{v}_i}(k-1)}{1 - \Pr\{\mathrm{v}_j \in V_{\mathrm{IA}}\}} \tag{8.6}$$

为促进车辆间假名交换的决策过程，本章设计了以下协商程序。

（1）发送假名交换请求。车辆定期广播假名交换请求，同时接收其他车辆的请求。考虑到道路交叉口车辆众多，需要进行多轮协商。

（2）评估假名交换收益。在每一轮协商中，车辆将首先观察可供交换的候选车辆数量，然后利用式（8.6）评估收益。如果满足式（8.6）的条件，车辆会发送假名交换确认消息；否则，车辆会广播一个假名交换结束消息，表明放弃这次假名交换机会。

（3）观察假名交换候选者。车辆通过监听其相邻车辆的假名交换请求和确认/结束消息来观察假名交换的候选者。最初，所有车辆都被视为候选者。

（4）选择假名交换候选者。在收到所有候选者的确认消息后，每辆车将随机选择一个候选者进行交换。如果一辆车被多辆车选中，则这两车可以反选其中一辆。确定交换对象后，两辆车互相发送公钥和相关证书。在假名交换过程中，车辆以配对的方式交换假名。

如果车辆数量为奇数，未配对车辆可以随机选择已配对车辆进行假名交换。在这种情况下，被未配对车辆选中的车辆将依次交换两次假名。此外，未配对车辆也可以跳过当前的交换流程，直到遇到其他车辆。正如 8.3.2 节所述，MixGroup 区域内每辆车都有足够的机会与其他车辆会面并交换假名。即使某辆车离开 MixGroup

区域并且没有与其他车交换假名，攻击者也无法识别该车是否交换过假名。因此，在这种情况下车辆也可以保护自己的隐私。

8.5 性能评估

本节基于 NS-3[32]和 SUMO[33]自行研发了网络模拟器，用于研究 MixGroup 方案的性能。使用合成车辆轨迹和路线图来模拟不同的交通流量和群组区域覆盖率。具体而言，设定一个 20km^2 的城市区域，并假设各种交通流量：500 辆车代表低交通负载，1000 辆车代表中等交通负载，1500 辆车代表高交通负载。RSU 以不同的密度均匀分布在道路交叉口：0.5/km^2 为稀疏部署，1/km^2 为中等部署，2/km^2 为密集部署。RSU 和 OBU 的无线电覆盖半径设置为 500m，即 IEEE 802.11p WAVE 协议的典型范围。值得注意的是，通过整合群签名和假名更改，MixGroup 方案以分布式方式运行，因此，MixGroup 对于更大面积的城市路线图仍然有效。表 8-9 列出了仿真参数，其中大部分是现有文献中的常见设置[24]。

表 8-9 仿真模拟中的参数设置

参数	设置
安全距离	10m
节点密度	[10, 160]车辆/街道
节点速度	[25, 70]km/h
会车频率	[10, 30]次/h
区域	10×10 均匀街道网格，0.5km 街道分隔带，40 个交叉路口，2 车道单向街道或两车道双向街道，3m 车道分隔带

8.5.1 VSN 全局假名熵

图 8-8 为 VSN 全局假名熵。为便于比较，MixGroup 的启动时间设置为 0 时刻，全局假名熵重置为 0。从图 8-8（a）可知，随着车辆开始在群组区域内交换假名，全局假名熵会迅速增加。更重要的是，仿真发现交通流量对于全局假名熵的增长率具有显著影响。这是很好理解的。道路上的车辆越多，交换假名的机会就越大。相比总量 500 辆车的低交通流量，总量 1000 辆车的中等交通流量下的全局假名熵要多出 35%。而 1500 辆车的高交通流量下的全局假名熵仅比中等交通流量多出 10%。这是由于交通负载增加，交通拥堵会减慢车辆之间交换假名的频率。

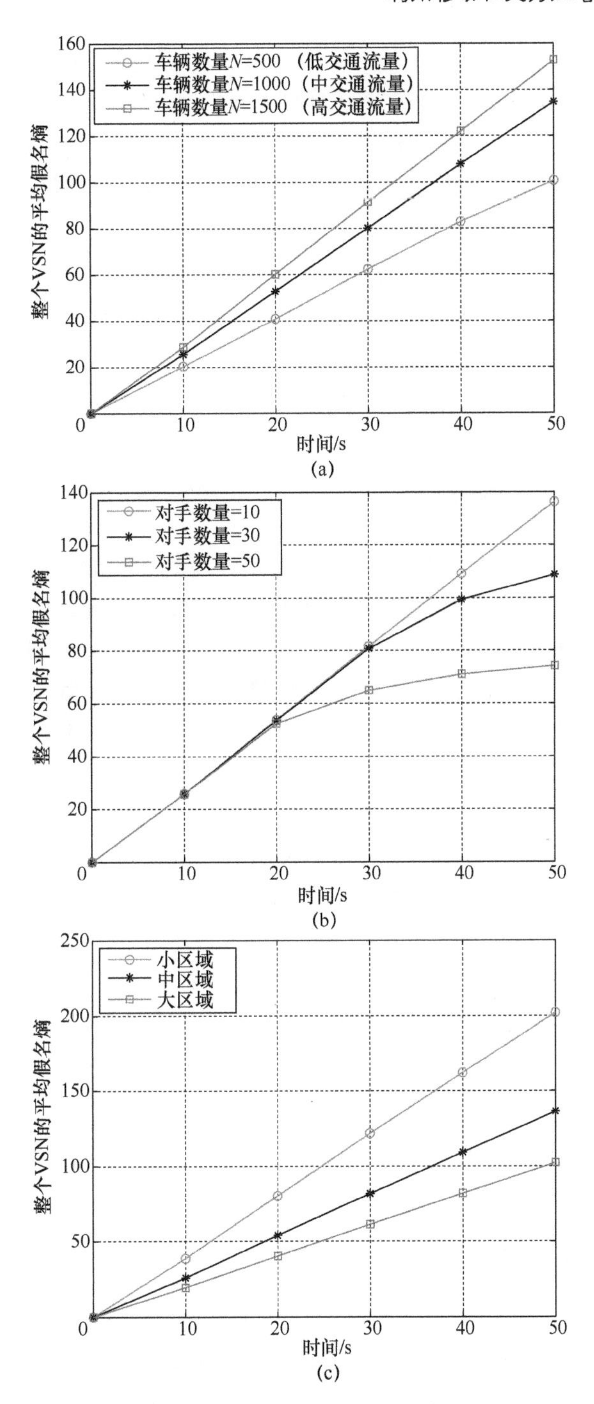

图 8-8　全 VSN 的全局假名熵

（a）不同交通条件；（b）不同攻击强度；（c）不同城市区域。

图 8-8（b）展示了不同的追踪攻击强度。仿真假设 4 种攻击类型：GPA、RPA、ITA 和 IBA。针对高交通流量，分别对 10、30 和 50 辆攻击车辆进行了微弱攻击、中等攻击和强力攻击，并展开调查。可以看到，不同攻击强度下的全局假名熵最初具有相同的增长率，但最终会收敛到不同的数值。微弱攻击下的全局假名熵是强力攻击下的两倍多。

图 8-8（c）展示了不同群组区域覆盖下的全局假名熵。根据 RSU 密度设置了群组区域覆盖率。例如，50%、30%和 15%的群组区域覆盖率分别设置为密集、中等和稀疏 RSU 部署。从图中可以观察到，在群组区域覆盖较大的情况下，车辆往往会更加频繁地相遇，因此由此产生的全局假名熵明显大于较小群组区域覆盖下的全局假名熵。

8.5.2 目标车辆假名熵

仿真还评估了特定目标车辆的假名熵，针对预期和实际的假名熵进行了调查。选择了一个活跃的社会活动载体并跟踪其假名熵的变化情况。仿真开始时，重置假名熵为 0。之后，车辆进入群组区进行假名交换。图 8-9（a）展示车辆将与更多车辆相遇，并且在繁忙的交通流量下，假名熵增长得更快。实际的假名熵与预期存在差距，这是因为攻击者的存在会对车辆构成潜在风险。特别是针对 ITA 和 IBA，如果目标车辆碰巧选择了 ITA 攻击者或 IBA 攻击者进行假名交换，那么其位置隐私将遭到侵犯，并且假名熵被重置为 0。图 8-9（b）还展示，目标车辆假名熵的预期值和实际值都会随着攻击强度的增加而迅速减小。此外，如图 8-9（c）所示群组区域覆盖越密集，车辆的假名熵就越大。

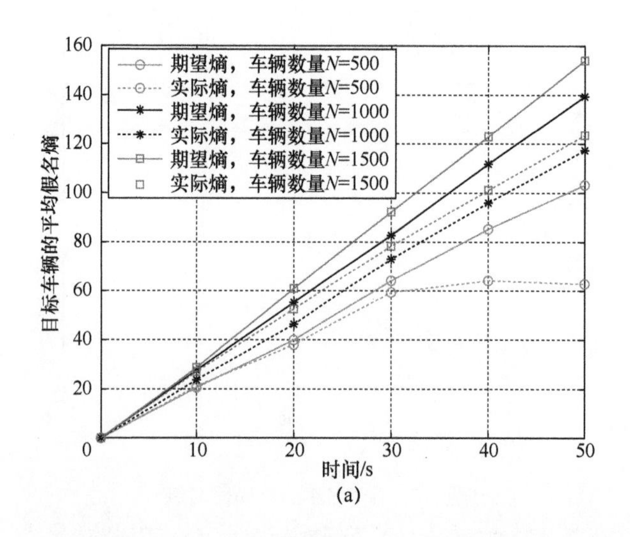

(a)

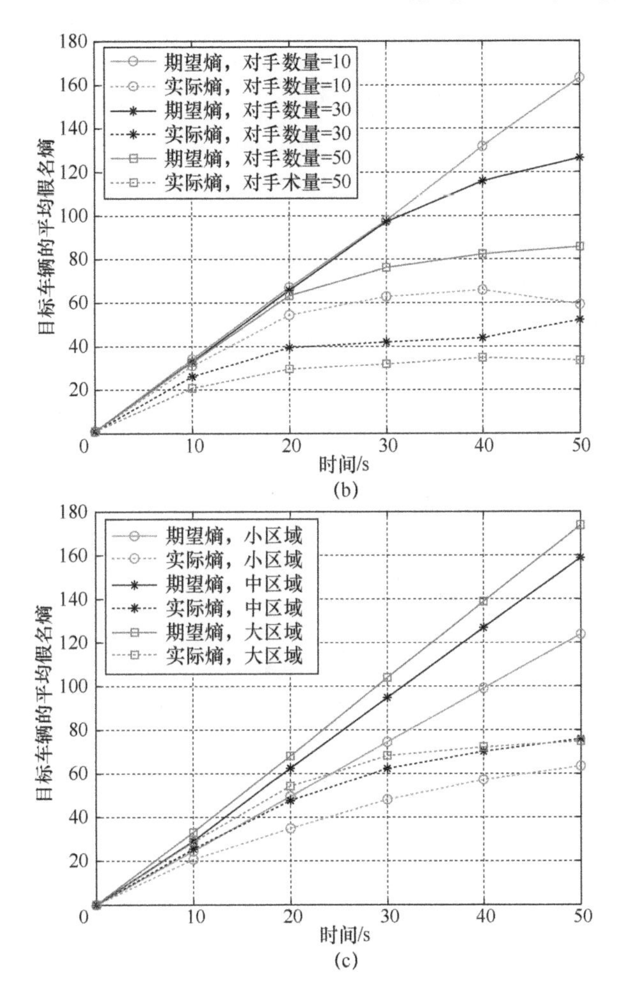

图 8-9　目标车辆的预期和实际假名熵

（a）不同交通条件；（b）不同攻击强度；（c）不同群-区域大小。

8.5.3 对比现有方案

本节比较了 MixGroup 方案和两个现有位置隐私保护方案 Mix-zone 和 PCSS 进行了比较。Mix-zone[11]是一种众所周知的保护车辆位置隐私的方案。作为一种有效方案，PCSS[19]，即“在社交地点更改假名”，利用了车辆的社交特性，在社交地点（本章中称为全局社交点）进行化名更改。仿真中考虑了两种类型的 RSU 覆盖密度，对应为 Mix-zone/群组区域方案中的密集和稀疏覆盖率。

图 8-10 比较了 3 种方案下 VSN 的全局假名熵。可以看到，密集覆盖情况下，MixGroup 中的全局假名熵分别比 PCSS 和 Mix-zone 中的全局假名熵高出约 56%及

5 倍。稀疏覆盖情况下，MixGroup 的全局假名熵分别比 PCSS 和 Mix-zone 高出约 28%及 4 倍。图 8-11 展示了目标车辆的实际假名熵。如图所示，密集覆盖情况下，MixGroup 的实际假名熵分别比 PCSS 和 Mix-zone 高出 47%及 96%。稀疏覆盖情况下，MixGroup 的实际假名熵分别比 PCSS 和 Mix-zone 高出 29%及 3.8 倍。

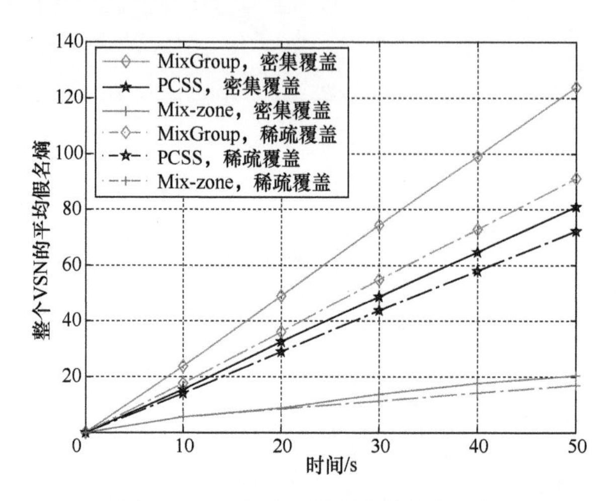

图 8-10　VSN 全局假名熵的性能比较

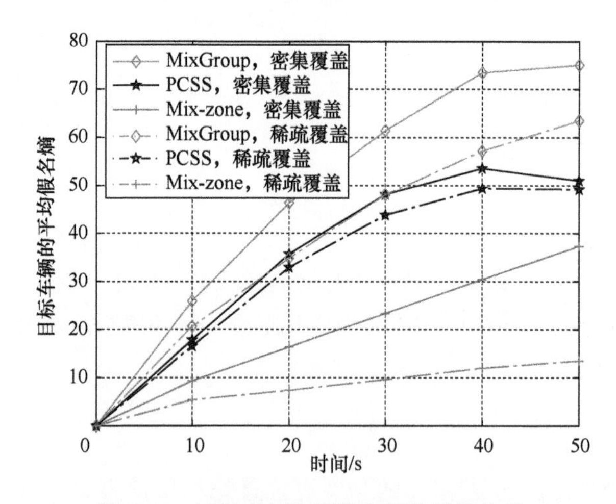

图 8-11　目标车辆实际假名熵的性能比较

上述结果说明 MixGroup 方案明显优于其他两种方案。在稀疏覆盖情况下，MixGroup 相对于其他两种方案的优势仍然明显。在低交通流量下，很少有车辆会同时出现在道路交叉口。但是，MixGroup 天然具有累积利用车辆相遇机会的能力。即使是在低交通流量下，会面车辆的累积总量依然保持在中等水平，因此 MixGroup 在低交通流量下仍然具有出色性能。

8.6 本章小结

本章利用车辆轨迹的机动性社会特征，提出了一种新的位置隐私保护方案，即车联网 MixGroup 方案。MixGroup 方案采用群签名机制，构建了一个扩展的假名更改区域。通过在 MixGroup 区域内累积交换假名，车辆的假名熵连续增加，从而大大增强了位置隐私。此外，还提出了熵最优协商程序以便促进车辆之间的假名交换。仿真结果表明 MixGroup 方案即使在低交通流量条件下也能良好运行。通过比较还发现 MixGroup 方案显著优于现有方案。

致　谢

本章获得了国家自然科学基金（NSFC）项目（项目号：61422201、61370159、U1201253）、广东省自然科学基金（项目号：S2011030002886）、广东省高等教育优秀青年教师培养计划（项目号：YQ2013057）和广州市科技计划项目珠江新星计划（项目号：2014J2200097）的支持。

参考文献

[1] L. B. Othmane, H. Weffers, M. M. Mohamad, and M. Wolf, A survey of security and privacy in connected vehicles, in D. Benhaddou and A. Al-Fuqaha (eds) *Wireless Sensor and Mobile Ad-Hoc Networks*, pp. 217–247, Springer, New York, 2015.

[2] R. G. Engoulou, M. Bellaïche, S. Pierre, and A. Quintero, Vanet security surveys, *Computer Communications*, vol. 44, pp. 1–13, 2014.

[3] R. Hochnadel and M. Gaeta, A look ahead network (lanet) model for vehicle-to-vehicle communications using dsrc, in *Proc. of the ITS World Congress*, vol. 8, 2003.

[4] M. H. Eiza and Q. Ni, An evolving graph-based reliable routing scheme for vanets, *IEEE Transactions on Vehicular Technology*, vol. 62, no. 4, pp. 1493–1504, 2013.

[5] M. H. Eiza, Q. Ni, T. Owens, and G. Min, Investigation of routing reliability of vehicular ad hoc networks, *EURASIP Journal on Wireless Communications and Networking*, vol. 2013, no. 1, pp. 1–15, 2013.

[6] H. Hartenstein and K. P. Laberteaux, A tutorial survey on vehicular ad hoc networks, *IEEE Communications Magazine*, vol. 46, no. 6, pp. 164–171,

2008.

[7] R. Lu, Security and privacy preservation in vehicular social networks. PhD thesis, University of Waterloo, 2012.

[8] S. H. Dau, W. Song, and C. Yuen, On block security of regenerating codes at the MBR point for distributed storage systems, in *IEEE International Symposium on Information Theory (ISIT)*, pp. 1967–1971, June 2014.

[9] S. H. Dau, W. Song, and C. Yuen, On the existence of MDS codes over small fields with constrained generator matrices, in *IEEE International Symposium on Information Theory (ISIT)*, pp. 1787–1791, June 2014.

[10] S. H. Dau, W. Song, Z. Dong, and C. Yuen, Balanced sparsest generator matrices for mds codes, in *IEEE International Symposium on Information Theory (ISIT)*, pp. 1889–1893, July 2013.

[11] J. Freudiger, M. Raya, M. Félegyházi, P. Papadimitratos, et al., Mix-zones for location privacy in vehicular networks, in *Proceedings of the First International Workshop on Wireless Networking for Intelligent Transportation Systems (Win-ITS)*, 2007.

[12] L. Buttyán, T. Holczer, and I. Vajda, On the effectiveness of changing pseudonyms to provide location privacy in VANETS, in L. Buttyan, V. Gligor, and D. Westhoff (eds) *Security and Privacy in Ad-Hoc and Sensor Networks*, pp. 129–141, Springer, 2007.

[13] C. Zhang, X. Lin, R. Lu, P.-H. Ho, and X. Shen, An efficient message authentication scheme for vehicular communications, *IEEE Transactions on Vehicular Technology*, vol. 57, no. 6, pp. 3357–3368, 2008.

[14] R. Lu, X. Lin, X. Liang, and X. Shen, A dynamic privacy-preserving key management scheme for location-based services in VANETS, *IEEE Transactions on, Intelligent Transportation Systems,* vol. 13, no. 1, pp. 127–139, 2012.

[15] L. Buttyán, T. Holczer, A. Weimerskirch, and W. Whyte, Slow: A practical pseudonym changing scheme for location privacy in VANETS, in *IEEE Vehicular Networking Conference (VNC),* pp. 1–8, IEEE, 2009.

[16] A. R. Beresford and F. Stajano, Location privacy in pervasive computing, *IEEE Pervasive Computing*, vol. 2, no. 1, pp. 46–55, 2003.

[17] B. Palanisamy and L. Liu, Mobimix: Protecting location privacy with mix-zones over road networks, in *IEEE 27th International Conference on Data Engineering (ICDE)*, pp. 494–505, IEEE, 2011.

[18] A. R. Beresford and F. Stajano, Mix zones: User privacy in location-aware services, in *IEEE International Conference on Pervasive Computing and Communications Workshops*, pp. 127–127, IEEE Computer Society, 2004.

[19] R. Lu, X. Li, T. H. Luan, X. Liang, and X. Shen, Pseudonym changing at social spots: An effective strategy for location privacy in VANETS, *IEEE Transactions on Vehicular Technology*, vol. 61, no. 1, pp. 86–96, 2012.

[20] J. Guo, J. P. Baugh, and S. Wang, A group signature based secure and privacy-preserving vehicular communication framework, *Mobile Networking for Vehicular Environments*, vol. 2007, pp. 103–108, 2007.

[21] M. Raya and J.-P. Hubaux, Securing vehicular ad hoc networks, *Journal of Computer Security*, vol. 15, no. 1, pp. 39–68, 2007.

[22] M. Raya, P. Papadimitratos, and J.-P. Hubaux, Securing vehicular communications, *IEEE Wireless Communications Magazine, Special Issue on Inter-Vehicular Communications*, vol. 13, no. LCA-ARTICLE-2006-015, pp. 8–15, 2006.

[23] S. Al-Sultan, M. M. Al-Doori, A. H. Al-Bayatti, and H. Zedan, A comprehensive survey on vehicular ad hoc network, *Journal of Network and Computer Applications*, vol. 37, pp. 380–392, 2014.

[24] K. Sampigethaya, M. Li, L. Huang, and R. Poovendran, Amoeba: Robust location privacy scheme for vanet, *IEEE Journal on Selected Areas in Communications*, vol. 25, no. 8, pp. 1569–1589, 2007.

[25] N. Lyamin, A. Vinel, M. Jonsson, and J. Loo, Real-time detection of denial-of-service attacks in IEEE 802.11p vehicular networks, *IEEE Communications Letters*, vol. 18, no. 1, pp. 110–113, 2014.

[26] M. Gruteser and D. Grunwald, Anonymous usage of location-based services through spatial and temporal cloaking, in *Proceedings of the 1st International Conference on Mobile Systems, Applications and Services*, pp. 31–42, ACM, 2003.

[27] S. Smaldone, L. Han, P. Shankar, and L. Iftode, Roadspeak: enabling voice chat on roadways using vehicular social networks, in *Proceedings of the 1st Workshop on Social Network Systems*, pp. 43–48, ACM, 2008.

[28] C. Projects. http://cabspotting.org/projects/intransit/.

[29] J. Fan, J. Chen, Y. Du, W. Gao, J. Wu, and Y. Sun, Geocommunity-based broadcasting for data dissemination in mobile social networks, *IEEE Transactions on Parallel and Distributed Systems*, vol. 24, no. 4, pp. 734–743, 2013.

[30] D. Boneh and X. Boyen, Short signatures without random oracles and the sdh assumption in bilinear groups, *Journal of Cryptology*, vol. 21, no. 2, pp. 149–177, 2008.

[31] P. Golle, D. Greene, and J. Staddon, Detecting and correcting malicious data in VANETS, in *Proceedings of the 1st ACM International Workshop on Vehicular ad Hoc Networks*, pp. 29–37, ACM, 2004.

[32] T. R. Henderson, M. Lacage, G. F. Riley, C. Dowell, and J. Kopena, Network simulations with the ns-3 simulator, SIGCOMM demonstration, 2008.

[33] D. Krajzewicz, G. Hertkorn, C. Rössel, and P. Wagner, SUMO (simulation of urban mobility), in *Proceedings of the 4th Middle East Symposium on Simulation and Modelling*, pp. 183–187, 2002.

第 9 章　关键个人物联网应用轻量级健壮隐私保护方案：移动 WBSN 与参与式感知

随着物联网（IoT）的发展与部署，一些关键个人应用吸引了越来越多的关注，例如无线人体传感器网络和参与式感知。这些个人物联网应用中，隐私问题至关重要。目前，尽管提出了很多方案用于保障个人隐私，这些方案的整体性能和健壮性却可能未得到彻底解决。在本章中，我们探讨无线人体传感器网络和参与式感知等关键个人物联网应用中当前存在的隐私问题，并特别提出几个可行的轻量级健壮方案。

9.1 引　言

随着物联网技术的发展，物联网应用开始吸引越来越多的关注，关注的目光不仅来自工业界，也来自个人计算领域。而智能手机的发展和普及，也使得面向智能手机的物联网应用成为了每个人切身体验的现实。例如，智能手表和智能腕带等装备了多个传感器的可穿戴设备，就可以连接智能手机并上传感知数据。智能手机本身也配备了传感器，可以产生感知数据并上传到中心服务器。

本章中，我们主要讨论个人物联网的两类典型关键应用：移动无线人体传感器网络 （WBSN）和参与式感知。移动 WBSN 由多个传感器节点组成，这些节点植入（或附着）到人体，监测健康生理指标，例如心电图（ECG）或脑电图（EEG）、葡萄糖、毒素、血压等[1-7]。此类数据通常需要立即上传到中心服务器数据库（例如云计算服务器），这样医生或护士才能远程访问，进行实时诊断和应急响应。由于大多数人都持有可以安装定制应用的智能手机，将智能手机用作 WBSN 和云服务器之间的网关就很便利和经济了，也因此而能够通过智能手机简单方便地实现随时随地上传健康数据。图 9-1 展示了“WBSN-云”物联网应用中的典型基本场景。

由于健康数据是非常重要的个人隐私，而且必须遵守健康保险可携性与责任法案（HIPAA）[8]等相关监管规定，上传的数据需经过加密。智能手机和云服务器之间的通信链路隐私可通过底层媒体访问控制（MAC）协议加以保护。例如，用于 WLAN 的 IEEE 802.11 协议、无线个人局域网通信技术（WPAN）中的 IEEE

802.15.4[9]协议，或者 3G 宽带码分多址（WCDMA）标准。采用这些协议，就能防御想要找出通信链路的对手了。但由于云服务器通常被认为是不可信的，我们还需要额外的数据加密来防御恶意云服务器。一种简单的办法就是用分组密码（块密码）等现成的方法加密上传数据，例如 AES 或 KASUMI[10]加密算法。然而，这未必适用于智能手机场景，因为智能手机通常存在能量限制。而且，智能手机还可能使用不当、丢失、被盗，或者遭遇黑客攻击；所以隐私保护措施本身应该相当健壮。因此，设计轻量级健壮隐私保护方法就成了其中关键挑战。

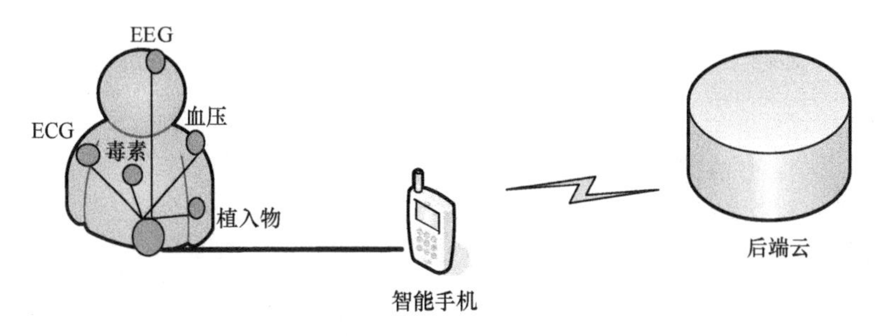

图 9-1　智能手机在“WBSN-云”模式中充当网关

与移动 WBSN 一起，参与式感知也催生了环境监测、交通运输管理和个人娱乐等大量物联网应用。例如，参与者实时报告周围交通状况，帮助他人避开拥堵；志愿者报告停车空位，帮助他人缩短找停车位的时间。参与式感知中，参与者（通常是志愿收集信息的人）通过智能手机报告其周围环境的感知数据。这些数据被上传到中心服务器（例如云服务器），经中心服务器处理后与用户共享。

为获得足够的感知数据并积累更多共享数据，可能会鼓励随机志愿者作为数据贡献者报名参加参与式感知。因而，数据极有可能是由潜在的攻击者或恶意贡献者作为随机参与者上传的。在这种情况下，参与式感知带来了几个关键的安全问题：①上传数据的可信度应经过评估。由于参与者通常是从随机志愿者中抽取的，他们贡献的数据可能会因失误或恶意目的而不准确。②数据贡献者的隐私应得到保护。上传的数据不应泄露参与者的个人隐私信息，例如位置信息、用户轨迹，以及随时间变化的位置动态。③整个防御系统解决上述安全问题的健壮性应得到保证。因为参与者可能是意图不明的随机志愿者，安全方案应防范潜在的恶意内部攻击者。

在本章中，我们探讨个人物联网两类典型关键应用的隐私保护问题：移动 WBSN 和参与式感知。我们将指出具体研究问题并加以形式化表达，还会提出几种轻量级且健壮的方案并加以评估。

本章余下部分组织如下：9.2 节讨论 WBSN 隐私保护的几种轻量级健壮方案。9.3 节讨论一种轻量级且健壮的参与式感知隐私保护方案。最后，9.4 节总结整章内容。

9.2 移动WBSN的轻量级健壮隐私保护方案

9.2.1 相关工作

针对无线传感器网络的研究有很多，但针对电子健康领域的轻量级或节能网络架构的研究却为数不多。有少数几项研究专注 WBSN 密钥管理[11]。Venkatasubramanian 等人[19]提出了基于生理信号的 WBSN 密钥管理方案。Law 等人[10]评估了无线传感器网络轻量级密码。至于安全架构、隐私和应急响应等其他安全问题，则提出了基于身份的 WBSN 密码[12,14,16-18]。Lin 等人[15]提出了 SAGE 强隐私保护方案，意图解决电子健康系统的全球窃听问题，但该方案重度依赖双线性配对，难以应用到能量受限的设备上。智能手机在电子健康领域的应用已开始吸引越来越多的关注[20]。Kotz 等人[21]提出了用于泛在电子健康的隐私框架，指出了构建隐私框架所需的若干隐私策略。

9.2.2 问题表述

1．网络模型

典型移动 WBSN 场景中存在下列相关实体。

（1）移动网关（MG）。通常是连接互联网的智能手机，向云服务器上传从 WBSN 收集的监测数据。尽管能够很方便地即时上传人体感知数据，却存在能量限制问题。

（2）云服务器（BC）。后端存储服务器，通过存储资源虚拟化而拥有了非常巨大的容量。

（3）WBSN。由植入、连接或佩戴的人体传感器组成。WBSN 中的汇聚节点通过安全信道向 MG 定期上传数据。

（4）访问器（MA）。可能是医生、护士或监护人持有的移动设备，通常能够以私密方式访问 BC 上的数据。

2．信任模型与安全要求

MG 被认为是可信的。事实上，这是 MG 上的最小信任假设与防护方案。

MG 和 BC 间的通信不可信。由于二者之间的链路隐私已由 MAC 层或链路层的协议提供，如 IEEE 802.11 或第三代合作伙伴计划（3GPP），所以链路上的对手可以忽略。与之类似，WBSN 和 MG 之间的链路隐私也可以由 IEEE 802.15.4 等 MAC 层协议保护。

BC 不可信。BC 有意获取用户隐私，但会遵照特定协议适当操作，如存储上传数据的服务等级协议。因此，本章主要关注上传到不可信 BC 的数据的隐私保护。

其间安全要求就是从 MG 传输到 BC 的数据不应被 BC 端对手恢复。

9.2.3 所提方案

本节中，我们探讨一次性掩码（OTM）和一次性置换（OTP）两种方案。

表 9-1 列出了本章其余部分使用的所有主要符号。

表 9-1 主要符号

n	WBSN 中的传感器数量
N_i	传感器 i，其中 i=1,…, n
D_i	传感器 i 的感知数据
M_i	传感器 i 的数据 D_i 的中值
O_i	传感器 i 的数据 D_i 的偏移值（与 M_i 相关）
R_i	用绝对值表示的偏移量$\|O_i\|$的上限
K_i	传感器 i 的数据 D_i 对应 O_i 的掩码值
O_i'	传感器 i 的数据 D_i 经掩码后的偏移值（与 M_i 相关）
f	数据从 MG 上传到 BC 的频率

1. 一次性掩码（OTM）方案

直觉上，一种直观的方法就是使用加密算法，如 AES。然而，加密算法会造成巨大的计算开销，每次加密都会消耗大量能量，而且加密次数也很多。感知数据上传的频率（或间隔）由医疗要求决定；因此，唯一需要权衡的因素是降低单次加密运算的功耗。

加密算法中最轻量级的运算是异或（XOR），但单纯使用异或加密是不可接受的。而且，加密密钥不能多次使用。因此，我们提出一种基于一次性异或的加密方案。在描述该方案之前，先来分析 MG 的特征和可处理上传数据的属性。为了提高能效，我们观察 MG 的下列特征。

（1）OB_1：MG 存在能量限制，其能耗源自通信、计算和存储。而其中通信耗能所占的比例往往最大。因此，通信报文的长度应尽可能短。通常，经对称加密后，密文与明文等长。所以，报文长度至少等于原始数据的长度。基于异或的加密比 AES 等对称加密方法能耗低。

此外，我们观察上传数据的下列属性：

（2）OB_2：单个用户（即一个 MG）的感知节点总数（记作 n）通常不是特别多，例如，$n<16$。原因在于所需监测信号的数量有限，如心电图、脑电图、葡萄糖、蛋白质、毒素和血压等。因此，每次上传间隔期间的源数据量通常也不太多。

（3）OB_3：因为一个人的生理感知数据极少出现极不正常的偏差，所以上传的

数据总是落在较短距离范围内。也就是说，数据 $D_i(i\in[1,n])$ 的范围是 $[M_i-R_i, M_i+R_i]$，其中 M_i 是感知结果的中位（正常或平均）值，R_i 是最大绝对偏移量，即，$R_i=\max(|D_i-M_i|)$。

此处我们假定 $D_1, D_2,\cdots, D_n$ 是正整数。如果 D_i 是负数，可以通过附加一个符号标志来记为正值；例如，用 s_i=0,1 分别表示负号和正号。如果 D_i 不是整数，可以通过乘 10^{p_i} 来转为整数，其中 p_i 是从最右一位到小数点的距离。例如，D_i=34.4 可以表示为 344,1,1，而 D_i=−34.4 就是 344,1,0。

（4）OB_4：大多数情况下数据可能会重复，或者至少中值会在大多数情况下持续或重复出现。个中原因与 OB_3 的情况类似。

鉴于上述观察结果，我们提出一次性掩码方案(OTM)。该方案不仅比朴素异或方案安全得多（其安全性稍后证明），而且通信能耗也少得多，仅依赖异或运算来提高加密能效。OTM 方案包含以下功能：

1）基本设置

根据前面提到的 OB_2，假设 WBSN 中有 n 个传感器，记为 $N_i(i=1,\cdots,n)$。n 的值通常小于 16。每个传感器在各间隔期间向 MG 上传数据。来自节点 N_i 的数据记为 D_i。根据 OB_3，D_i 总是落在 $[M_i-R_i, M_i+R_i]$ 区间范围内，其中 M_i 是感知数据的中值（或期望值），而 R_i 是最大绝对偏移量。即，$O_i\Leftarrow D_i-M_i(i=1,\cdots,n)$，其中 O_i 是偏移值，$R_i=\max(|O_i|)$。每次上传时间间隔是 I s。因此 1min 内上传次数 $t=60/I$。

2）基本数据结构

根据 OB_3，MG 为所有感知数据创建一张中值表，称作 MVT。MVT=$\langle$sn, $M_1, M_2, \cdots, M_n\rangle$，其中 sn 是唯一序列号。MG 也为所有感知数据创建一张范围值表，称作 RVT。RVT=$\langle$sn, $R_1, R_2, \cdots, R_n\rangle$，其中 sn 是唯一序列号。

为方便加密，MG 为感知数据创建一张掩码值表，称作 KVT。KVT=$\langle$sn, $K_1, K_2, \cdots, K_n\rangle$，其中 sn 是唯一序列号，且 $K_i(i=1, \cdots, n)$是感知数据 D_i 的掩码值。注意，仅当 M_i 和 R_i 有调整时才向 MVT 和 RVT 附加元组，但每次上传数据都会在 KVT 中附加一个元组。图 9-2 显示了 MVT、RVT 和 KVT 的主要数据结构。

3）数据加密和数据上传

（1）接收到一段感知数据后，MG 在 $\{0,1\}^{L_K=\sum_{i=1}^{n}\lceil\log_2 R_i\rceil}$ 范围内生成一个随机数，记为 $\{K_1||K_2||\cdots||K_n\}$。

（2）D_i 用 K_i 按如下方式加密：$O'_i=|O_i|\oplus K_i(i=1, \cdots, n)$，其中 $|\cdot|$ 是返回相应绝对值的运算符。

（3）MG 将 $\langle$sn, $M_1, \cdots, M_n\rangle$ 存至 MVT，$\langle$sn, $K_1, \cdots, K_n\rangle$ 存至 KVT。

（4）加密计算如下：

$$D'\Leftarrow\{S(O_1)||O'_1||S(O_2)||O'_2||\cdots||S(O_n)||O'_n\}$$

式中：如果 $O_i \geqslant 0$，则 $S(O_i)=1$；如果 $O_i<0$，则 $S(O_i)=0$。

MVT

sn	M_1	M_2	…	M_n
0001	23	8	…	120
0019	20	6	…	122

RVT

sn	R_1	R_2	…	R_n
0001	6	3	…	24
0019	5	4	…	23

KVT

sn	K_1	K_2	…	K_n
0001	3	2	…	22
0002	2	1	…	18

图 9-2　MG 的 MVT、RVT、KVT（只说明前两个元组）

（5）MG 将加密结果上传至 BC。$\mathrm{MG} \to \mathrm{BC}: \{D'\}$。

4）MA 访问

（1）如果 MA 想要访问上传的数据，MG 将会安全地为其提供包含所需数据的 MVT、RVT 和 KVT 表相关部分。

（2）M_i, $K_i(i=1,\cdots,n)$通过 sn 分别从 MVT 和 KVT 中检索。

（3）D' 解密方法为

$$\{S(O_1)\|O'_1 \oplus K_i\|S(O_2)\|O'_2 \oplus K_i\|\cdots\|S(O_n)\|O'_n \oplus K_i\}$$

（4）数据通过 $D_i \Leftarrow M_i+O_i\ (i=1,\cdots,n)$恢复。

5）OTM 安全与性能分析

我们对以下命题进行形式化分析。

定义 9.1： 计算数据隐私（CDP）。如果 BC 上的多项式时间图灵机（PTTM）从 D' 揭示 D 的概率 $\mathrm{negl}(n)$（n 是安全参数）可忽略，则方案 S 保护 CDP。即，

$$\mathrm{CDP}^{\mathrm{S}} = I(D;D') = H(D) - H(D\,|\,D') < \mathrm{negl}(n)$$

式中：$I(\cdot\,;\cdot)$是互信息；$H(\cdot)$是熵函数；$\mathrm{negl}(n)$是可忽略函数。

命题 9.1：

只要安全持有 MVT、RVT 和 KVT，OTM 方案就能保证任何上传数据的隐私。形式化陈述为，$\mathrm{CDP}^{\mathrm{OTM}} < \mathrm{negl}\left(\sum_{i=1}^{n} \log_2 M_i + L_K\right)$

证明：

$$\begin{aligned}\mathrm{CDP}^{\mathrm{OTM}} &= I(D;D') = H(D) - H(D\,|\,D') \\ &= \sum_{i=1}^{n}\left(H(D_i) - H\left(D_i\,|\,D_i'\right)\right)\end{aligned}$$

$$=\sum_{i=1}^{n}\left(H(D_i)-H\left(D_i \mid M_i+(K_i\oplus O_i')+S(O_i)\right)\right)$$

$$<\text{negl}\left(\sum_{i=1}^{n}(\log_2 M_i+\log_2 K_i)\right)$$

$$<\text{negl}\left(\sum_{i=1}^{n}(\log_2 M_i+L_K)\right)$$

事实上，D' 是缺乏 RVT 信息的非结构化数据，进一步降低了正确猜中的概率。

定义 9.2： 方案 S 的通信能效（EEC）（记为 $\varepsilon\varepsilon\text{C}^{\text{S}}$）：$\varepsilon\varepsilon\text{C}^{\text{S}}=1-\text{Ratio}_1$，其中 Ratio_1 根据定义由方案 S 中的通信长度除以朴素异或方案中的通信长度得出。

命题 9.2：

$$\varepsilon\varepsilon\text{C}^{\text{OTM}}=1-\frac{n+\sum_{i=1}^{n}\lceil\log_2 R_i\rceil}{\sum_{i=1}^{n}\lceil\log_2(M_i+R_i)\rceil}$$

证明： 由于能量限制仅存在于 MG，因此我们仅关注 MG 上发送操作中的能耗。假设通信能耗与报文长度成比例，则报文长度在分析中十分关键。

原始感知数据的长度是 $\sum_{i=1}^{n}\lceil\log_2 D_i\rceil=\sum_{i=1}^{n}\lceil\log_2 M_i+R_i\rceil$。

OTM 方案中上传数据的长度为

$$\sum_{i=1}^{n}\left(1+\lceil\log_2 R_i\rceil\right)=n+\sum_{i=1}^{n}\log_2 R_i$$

式中：1 是符号标志位。于是，

$$\varepsilon\varepsilon\text{C}^{\text{OMS}}=1-\frac{n+\sum_{i=1}^{n}\lceil\log_2 R_i\rceil}{\sum_{i=1}^{n}\lceil\log_2(M+R_i)\rceil}$$

我们进一步分析 $\varepsilon\varepsilon\text{C}^{\text{OTM}}$ 的近似值。假设 $\gamma=R_i/M_i$ 是一个描述数据划分的值，用于方便近似。

命题 9.3：

如果 $R_i=\gamma M_i$ 且 $0.05\leqslant\gamma\leqslant 0.3$，$\varepsilon\varepsilon\text{C}^{\text{OTM}}\approx 2/\left(\frac{1}{n}\sum_{i=1}^{n}M_i\right)$。

证明： 通过简单的数学变换为

$$\varepsilon\varepsilon C^{\mathrm{OTM}} = 1 - \frac{n + \sum_{i=1}^{n}\lceil \log_2 R_i \rceil}{\sum_{i=1}^{n}\lceil \log_2 (M_i + R_i) \rceil}$$

$$\approx 1 - \frac{n + \sum_{i=1}^{n} \log_2 \gamma M_i}{\sum_{i=1}^{n} \log_2 (1+\gamma) M_i}$$

$$= 1 - \frac{n + n\log_2 \gamma + \sum_{i=1}^{n} M_i}{n\log_2 (1+\gamma) + \sum_{i=1}^{n} M_i}$$

设 $\mathrm{AVG}_M = \sum_{i=1}^{n} M_i / n$。上述等式相当于 $1 - \frac{1+\log_2\gamma + \mathrm{AVG}_M}{\log_2(1+\gamma)+\mathrm{AVG}_M} = \frac{\log_2 \frac{1+\gamma}{2\gamma}}{\log_2(1+\gamma)+\mathrm{AVG}_M}$。近似于 $(\log_2(1/\gamma+1)-1)/\mathrm{AVG}_M$。例如，假设 $0.05 \leqslant \gamma \leqslant 0.3$，则 $\log_2(1+\gamma)$ 总是在 [0.07,0.38] 区间内不断增大，而 $\log_2 \frac{1+g}{2g}$ 在 [3.39,1.12] 区间内不断减小。假设 $\mathrm{AVG}_M \gg 2$，则最终结果如所期望的那样，约为 $2 / \left(\frac{1}{n}\sum_{i=1}^{n} M_i \right)$。

定义 9.3: 方案 S 的计算能效（EEP）（记为 $\varepsilon\varepsilon P^{\mathrm{S}}$）：$\varepsilon\varepsilon P^{\mathrm{S}} = 1-\mathrm{Ratio}_2$，其中 Ratio_2 定义为安全方案 S 的计算开销除以朴素方案的通信长度。

命题 9.4:

$$\varepsilon\varepsilon P^{\mathrm{OTM}} = 1 - \frac{n + \sum_{i=1}^{n}\lceil \log_2 R_i \rceil}{\sum_{i=1}^{n}\lceil \log_2 (M_i + R_i) \rceil}$$

证明： 由于 OTM 和朴素方案均依赖异或运算，计算的能耗与明文的长度相关。与命题 2 类似，计算的能耗与明文的长度成比例。事实上，与发送的报文等长。原始发送数据的长度为

$$\sum_{i=1}^{n}\lceil \log_2 D_i \rceil = \sum_{i=1}^{n}\lceil \log_2 (M_i + R_i) \rceil$$

OTM 方案中上传数据的长度为

$$\sum_{i=1}^{n}\left(1+\lceil \log_2 R_i \rceil\right)=n+\sum_{i=1}^{n}\lceil \log_2 R_i \rceil$$

因此，$\varepsilon\varepsilon \mathrm{P}^{\mathrm{OTM}}=1-\dfrac{n+\sum_{i=1}^{n}\lceil \log_2 R_i \rceil}{\sum_{i=1}^{n}\lceil \log_2 (M_i+R_i) \rceil}$

定义 9.4： 方案 S 导致的额外存储（记为 $\varepsilon \mathrm{S}^{\mathrm{S}}$）。这是与朴素方案相比，方案 S 增加的存储空间。

命题 9.5：

$\varepsilon \mathrm{S}^{\mathrm{OTM}}$ 是微不足道的。

2．一次性置换（OTP）方案

在 OTM 方案中，用于通信和计算的能耗比朴素异或方案少得多（当然，也比 AES 加密等直观的方案要少得多）。为了进一步降低能耗，我们提出用置换代替异或加密，并称为一次性置换（OTP）。由于避免了异或计算，这种方案可以显著降低能耗，同时又仍然保持安全（这一点与 OB3 相关，我们稍后证明）。

选用 OTP 在于其加密保密性依赖于置换方式而不是密钥。置换方式决定了上传数据中 O_i 的排列。具体设计如下。

（1）基本设置：与 OTM 相同。

（2）基本数据结构：需要 MVT 和 RVT，但 KVT 由 PVT 替代。即，为了方便置换，MG 为感知数据创建一张置换值表，称作 PVT。PVT=$\langle$sn, P_1, P_2, …, $P_n\rangle$，其中 sn 是唯一序列号，且 P_i，(i=1,…,n, $P_i \in [1,\cdots,n]$)是感知数据 D_i 在 n 个位置上的位置。图 9-3 显示了 MVT、RVT 和 PVT 的主要数据结构。

MVT

sn	M_1	M_2	…	M_n
0001	23	8	…	120
0019	20	6	…	122

RVT

sn	R_1	R_2	…	R_n
0001	6	3	…	24
0019	5	4	…	23

PVT

sn	P_1	P_2	…	P_n
0001	4	2	…	6
0002	2	5	…	9

图 9-3　MG 的 MVT、RVT、PVT（只说明前两个元组）

（3）数据加密和数据上传。

① 收到感知数据后，MG 生成 n 个数的随机排列，记为$\{P_1\|P_2\|\cdots\|P_n\}$，$P_i\in[1, n], i\in Z, \in[1, n], \forall i, j\in[1, n], P_i\neq P_j$。

② MG 将$\langle sn, M_1, \cdots, M_n\rangle$存储到 MVT，将$\langle \mathrm{sn}, P_1, \cdots, P_n\rangle$存储到 PVT。

③ MG 上传结果计算如下：

$$D'\Leftarrow\left\{S\left(O_{P_1}\right)\|O_{P_1}\|S\left(O_P\right)\|O_{P_2}\|\cdots\|S\left(O_{P_n}\right)\right\}$$

式中：如果 $O_i\geqslant 0$，则 $S(O_i)=1$；如果 $O_i<0$，则 $S(O_i)=0$。

④ MG 将加密结果上传至 BC。$\mathrm{MG}\rightarrow\mathrm{BC}: \{D'\}$。

（4）MA 访问

① 如果 MA 想要访问上传的数据，则 MG 会安全地为其提供包含所需数据的 MVT、RVT 和 PVT 表相关部分。

② $M_i, P_i(i=1,\cdots, n)$通过 sn 分别从 MVT 和 PVT 中检索。

③ D'重排为

$$\{S(O_1)\|O_1\|S(O_2)\|O_2\|\ldots\|S(O_n)\|O_n\}$$

数据通过 $D_i\Leftarrow M_i+O_i(i=1, \cdots, n)$恢复。

命题 9.6：

只要 MVT、RVT 和 PVT 是安全的，OTP 方案就能保证上传数据的隐私。形式化表述为$\mathrm{CDP}^{\mathrm{OTP}}<\mathrm{negl}\left(\sum_{i=1}^{n}(\log_2 M_i)+\log_2(n!)\right)$。

证明：因为 MVT、PVT 是安全的，对手必须正确猜测出 O_i 和 M_i $(i=1, \cdots, n)$的 P_i 才能揭示上传数据。由于 M_i 是安全的，通过$\sum_{i=1}^{n}\log_2 M_i$正确猜测出 M_i $(i=1, \cdots, n)$的概率可以忽略不计。接下来，考虑正确猜测出 P_i 的概率。一个时间间隔内恢复出 D_i 的概率是 $1/n$。一个时间间隔内恢复出所有 D_i 的概率是 $1/n!$。因此，$\mathrm{CDP}^{\mathrm{OTP}}<\mathrm{negl}\left(\sum_{i=1}^{n}(\log_2 M_i)+\log_2(n!)\right)$。与之类似，$D'$是缺乏 RVT 信息的非结构化数据，进一步降低了正确猜测的概率。

命题 9.7：

$$\varepsilon\varepsilon\mathrm{C}^{\mathrm{OTP}}=1-\frac{n+\sum_{i=1}^{n}\lceil\log_2 R_i\rceil}{\sum_{i=1}^{n}\lceil\log_2(M_i+R_i)\rceil}。$$

证明：与 $\varepsilon\varepsilon\mathrm{C}^{\mathrm{OTM}}$ 相同。

命题 9.8：

$\varepsilon\varepsilon P^{OTP} \ll \varepsilon\varepsilon P^{OTM}$。

证明：由于 OTP 避免了异或运算，计算能耗仅发生在一次性置换生成期间。OTP 为每个上传元组生成[1, *n*]区间的 *n* 个数。OTM 中的计算能耗有两个来源：一个源自异或加密，与明文的长度成比例；另一个源自一次性密钥生成。因此，结论正确。

即使仅比较随机数生成的性能，在 OTM 中为每个上传元组生成[1, R_i]区间的 *n* 个数。而在 OTP 中，为每个上传元组生成[1, *n*]区间的 *n* 个数。基于 OB_2 和 OB_3，我们知道 $n<16$。因此，$n*n$ 很可能比 $\sum_{i}^{n} R_i$ 小。这再次证明了结论的正确性。

命题 9.9：

$\varepsilon S^{OTP} < \varepsilon S^{OTM}$。

证明：由于 MVT 和 RVT 的存储成本相同，因此我们的关注重点落在 OTP 中的 PVT 与 OTM 中的 KVT 的比较上。表 PVT 中一个元组（行）的长度是 $\text{Len}(\text{sn})+\sum_{i=1}^{n}\log_2 P_i$。基于观察 $OB_2(n<16)$，$\text{Len}(\text{sn})+\sum_{i=1}^{n}\log_2 P_i < \text{Len}(\text{sn})+n*\log_2 16=\text{Len}(\text{sn})+n*4$。表 KVT 中一个元组的长度是 $\text{Len}(\text{sn})+\sum_{i=1}^{n}\log_2 K_i = \text{Len}(\text{sn})+\sum_{i=1}^{n}\log 2R_i > \text{Len}(\text{sn})+n*4$，通常平均值 $\frac{1}{n}\sum_{i=1}^{n}\log_2 R_i$ 大于 4。

具体讲，由于 PVT 中的元组总数是 $60t/I$，所以 PVT 的总存储量少于 $((60t)/I)*(\text{Len(sn)}+16*4)$，（设 n=16）。如果 t=60*24*30*12=518400，（也就是 1 年），且 I=5s，那么 1 年的元组总数 $60t/I<7*10^6$。由此，Len(sn)＜23。最后，PVT 的总存储量少于 $7*10^6*(23+64)/8\text{bit}<0.08\text{GB}$。也就是说，1 年数据的 PVT 总存储量少于 0.08GB，这在 MG 中是微不足道的。

3．比较与数值结果

鉴于上述分析，为了更好地理解我们的设计逻辑，在表 9-2 中列出了 OTM 和 OTP 之间的比较。

表 9-2　OTM 和 OTP 的性能比较

开销	OTM	OTP
通信	$\varepsilon\varepsilon C^{OTM}=1-\frac{n+\sum_{i=1}^{n}\lceil\log_2 R_i\rceil}{\sum_{i=1}^{n}\lceil\log_2(M_i+R_i)}$	=OTM

（续）

开销	OTM	OTP
计算	$\varepsilon\varepsilon C^{OTM}=1-\dfrac{n+\sum_{i=1}^{n}\lceil\log_2 R_i\rceil}{\sum_{i=1}^{n}\lceil\log_2(M_i+R_i)\rceil}$	≪OTM
存储	εS^{OTM} 微不足道	<OTM

接下来，我们以图 9-4 说明 OTM 的性能。图 9-4 描述了 OTM 的通信能效，证明了命题 3 中的近似是合理的。由于 OTP 在通信、计算和存储方面的开销比 OTM 低得多，该图也表明了 OTP 的轻量级属性。

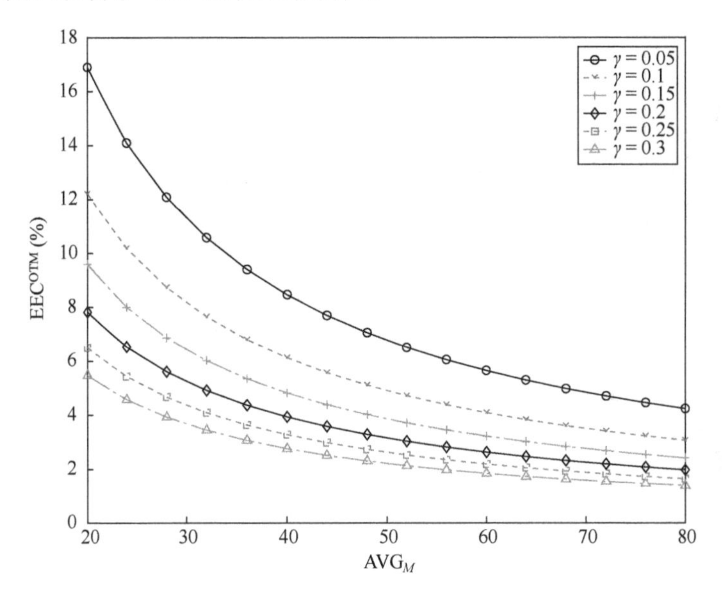

图 9-4　$\varepsilon\varepsilon C^{OTM}$ 作为 AVG_M 和 γ 的函数（见命题 9.3）

9.3 参与式感知的轻量级健壮隐私保护方案

9.3.1 相关工作

参与式感知安全正吸引越来越多的关注[22,23,26-28,30]。Boutsis 等人[24]提出了一种开销低的隐私保护方案。他们的方案假设用户数据在本地生成，并存储在各智能手机设备上，而不是在中心服务器数据库中维护。Groat 等人[29]提出了采用负面调查的多维数据隐私保护方案。Kazemi 等人[32]提出了 PiRi 隐私感知框架，能允许用户参与，而不损害其隐私。Wang 等人[33]提出了一种专用于移动环境的匿名传感器数据收集方法。他们认为以前提出的大多数方法都不是针对移动环境设计的，因此资源限制不是这些解决方案的关注重点。Huang 等人[31]提出了一种信誉方案，防止由于私有信誉的固有关系而导致数据意外泄露。他们认为存在一个两难问题：隐私通常是通过删除连续用户贡献之间的联系来实现的，但同时，这种联系又是建立信任的基础。Christin 等人[25]提出了 IncogniSense 框架，利用盲签名生成的周期性假名，依赖这些假名之间的信誉转移。目前这方面的工作无法在一个解决方案中解决数据可信度、信誉评估、隐私保护和健壮性等问题，尤其是无法以轻量级的方式解决。

9.3.2 问题表述

1. 网络模型

参与式感知中存在三个主要实体：贡献者、中心服务器和消费者。贡献者将感知数据上传到中心服务器；中心服务器管理上传数据，并为向消费者呈现数据做好准备；消费者从中心服务器检索呈现的数据。

贡献者可能是愿意在自身智能手机上为参与式感知安装应用软件的志愿者。因此，贡献者不应受到事先参加准入控制过程的限制，例如注册。应屏蔽贡献者的真实身份来保护个人隐私，如位置、随时间变化的位置动态、轨迹等。

中心服务器存储来自贡献者的上传数据。这些数据可能经清洗、精炼、重组后，最终作为呈现数据提供给消费者。

2. 攻击模型与设计目标

我们将注意力集中在针对对等节点而不是信道的对手上，因为贡献者和中心服务器之间的信道在链路层受到其他固有安全机制（如加密和完整性保护）的保护，如 IEEE 802.11i、GPRS 或码分多址（CDMA）。模型中存在 3 个实体，其中消费者不是我们关注的对象；我们主要关注贡献者和中心服务器。针对贡献者的对手有两种主要类型：①上传伪造数据的贡献者。此类贡献者会让中心服务器得到错误信息。因此，应在中心服务器上检测出此类贡献者并删除伪造数据。②故意绕过或破坏所提防御方案的贡献者。换句话说，所提方案应能防御内部恶意贡献者。

我们假设中心服务器可能泄露位置、轨迹、行为和习惯等贡献者隐私数据。所以，应该对中心服务器隐藏贡献者的实际身份。轨迹和其他随时间变化的动态也应该隐藏起来。

设计目标有如下 3 个方面：在可能存在恶意贡献者的情况下确认上传数据的可信度；在无需准入控制的情况下保护贡献者的隐私；保持所提防御系统的健壮性，阻止那些意图破坏系统的恶意贡献者。我们将在下一节提出名为 LibTip（轻量级健壮可信度与隐私）的方案，实现上述设计目标。

9.3.3 所提方案

1．数据可信度

定义 9.5： 上传数据。贡献者向中心服务器发送的数据，用于报告周围环境。

定义 9.6： 周围环境的实际数据。正确报告周围环境的实际数据。

定义 9.7： 可信贡献者。上传数据准确反映周围环境的贡献者。

定义 9.8： 流言贡献者。上传数据不能准确反映周围环境的贡献者。

定义 9.9： 流言攻击。流言贡献者所发起的攻击，造成上传数据不准确。

由于参与式感知系统可能是“开放”的，在智能手机上安装了应用（APP）的任何人都可以向中心服务器上传数据。为促进数据上传，开放系统并无准入控制，无法根据任何先验信息区分可信贡献者和流言贡献者。因此，区分数据的任务不得不依赖上传后在中心服务器上通过后续信息对贡献者的观测所得。

定义 9.10： 中心服务器的观测所得。中心服务器收到的一系列发自贡献者的上传数据。

为区分可信贡献者和流言贡献者，必须在中心服务器上设立信誉系统。中心服务器根据其观测所得评估贡献者的信誉。

定义 9.11： 贡献者信誉。用于评估贡献者是可信贡献者还是流言贡献者之概率的值。该值存储在中心服务器上的信誉系统中，根据中心服务器的观测所得计算得出。

定义 9.12： 信誉系统。一系列计算和管理方法，用于建立和评估每个贡献者的贡献者信誉，从而区分可信贡献者和流言贡献者。

我们可以陈述更为通用的原则来阐明我们的动机或所提方案的必要性。

命题 9.10：

不存在任何先验信息（如准入控制信息）的“开放”系统必须依赖信誉系统区分可信贡献者和其他人。

证明： 粗略地说，由于开放系统没有先验信息，在准入阶段无法区分可信贡献者和其他人。因此，必须依赖准入后对其行为的观测所得进行区分。为区分可信贡献者和其他人，区分系统须记录和评估观测所得，对贡献作出判断，最终形成信誉系统进行评价。

要构建信誉系统，应根据每次观测所得判断“良性行为”和“恶意行为”。信誉系统因而能够评估行为动态，也就是通常所说的信誉评估指标。在定义出“良性行为”和“恶意行为”之前，应首先定义判断的标准。判断可以基于直觉和推断信息。

定义 9.13： 推断的实际周围环境数据。中心服务器估计的实际周围环境数据的近似值，估计依据是在相似位置和时间戳由其他贡献者上传的数据。

示例：贡献者 A、B、C 上传了数据 D_a、D_b、D_c，上传位置相邻（即$|L_b-L_a|<\delta_1$，$|L_c-L_a|<\delta_1$，其中 L_a、L_b、L_c 分别是 A、B、C 的位置；δ_1 是距离阈值），上传时间相近（即$|T_b-T_a|<\delta_2$，$|T_c-T_a|<\delta_2$，其中 T_a、T_b、T_c 为分别是 A、B、C 的上传时间戳；δ_2 是时间阈值）。中心服务器会尝试估计贡献者 A 的实际周围环境数据。推断的实际周围环境数据是 D_b 和 D_c 的函数。即，$D\Leftarrow \text{Inf}(D_b, D_c)$，其中 D 是推断的实际周围环境数据；Inf 是推理函数，输入 D_b、D_c，输出 D。

接下来，我们提出推断实际周围环境数据的具体方法。

假设在相似位置（距离小于 δ_1）和时间戳（时间差小于 δ_2）上的上传数据是 $<D_i, L_i, T_i, C_i>$，其中 D_i 是上传数据；L_i 是位置 ID；T_i 是时间戳；C_i 是贡献者 ID；i=1,…,n。$D\Leftarrow \text{Inf}(D_i)$，其中 D 是推断的实际周围环境数据，而 Inf()是输入 D_i 输出 D 的推理函数。

由于策略与上传数据类型高度相关，我们将之作为开放的上下文感知组件，并提出了 5 种典型的推理策略，如下所示。

1)（推理-策略-Ⅰ）平均值法

$D=\text{Avg}\left(D_i\right)=\sum_{i=1}^{n} D_i$，其中 Avg(·)是标准函数，计算输入参数 D_i 的平均值。该策略可用于所有类型的上传数据。

2)（推理-策略-Ⅱ）中值法

D=Med(D_i)，其中 Med(D_i)是标准函数返回输入参数 D_i 的中值。该策略可用于所有类型的上传数据。

3)（推理-策略-Ⅲ）平均距离法

（1）假设推断的实际周围环境数据的推断位置为 L。计算 L_i 与 L 之间的空间欧几里得距离，记为 SD_i，i=1,…,n。

（2）SD_i 按从大到小顺序排列；两端的值分别记为 $\text{SD}_{\max}$ 和 $\text{SD}_{\min}$。这两个位置（距离）上相应的上传数据分别记为 $D_{\min}$ 和 $D_{\max}$。

（3）计算距离总和，记为 $\text{SD}_{\text{sum}}=\sum_{i=1}^{n}\text{SD}_i$。

（4）计算上传数据总和，记为 $D_{\text{sum}}=\sum_{i=1}^{n} D_i$。

（5）计算 $\left(\dfrac{D_{\text{sum}}-D_{\min}}{\text{SD}_{\max}-\text{SD}_{\min}} * \text{SD}_{\text{sum}}+D_{\text{sum}}\right)/n$ 的值。

该策略适合随距离衰减的上传数据，例如温度或噪声。

命题 9.11：

推理-策略-III 是合理的。

证明：设 k 为随距离衰减率。假设 x 是 L 的推断值，则有

$$x-D_{\min}=k*\mathrm{SD}_{\max}，x-D_{\max}=k*\mathrm{SD}_{\min}$$

因此，$k=(D_{\max}-D_{\min})/(\mathrm{SD}_{\max}-\mathrm{SD}_{\min})$。

而且，$\mathrm{SD}_{\mathrm{sum}}=\sum_{i=1}^{n}\mathrm{SD}_i$，$D_{\mathrm{sum}}=\sum_{i=1}^{n}D_i$。于是有

$$nx-D_{\mathrm{sum}}=k*\mathrm{SD}_{\mathrm{sum}}。$$

即，$x=(k*\mathrm{SD}_{\mathrm{sum}}+D_{\mathrm{sum}})/n$。此外，

$$x=\left(\frac{D_{\max}-D_{\min}}{\mathrm{SD}_{\max}-\mathrm{SD}_{\min}}*\mathrm{SD}_{\mathrm{sum}}+D_{\mathrm{sum}}\right)/n$$

4）（推理-策略-Ⅳ）平均时间法

同样，步骤如下。

（1）假设推断的实际周围环境数据的推断时间为 T。计算 T_i 和 T 之间的时间跨度，记为 $\mathrm{TS}_i, i=1,\cdots,n$。

（2）TS_i 按从大到小顺序排列；两端的值分别记为 $\mathrm{TS}_{\max}$ 和 $\mathrm{TS}_{\min}$。这两个时间戳上相应的上传数据分别记为 $D_{\min}$ 和 $D_{\max}$。

（3）计算时间跨度总和，记为 $\mathrm{TS}_{\mathrm{sum}}=\sum_{i=1}^{n}\mathrm{TS}_i$。

（4）计算上传数据总和，记为 $D_{\mathrm{sum}}=\sum_{i=1}^{n}D_i$。

（5）计算 $\left(\frac{D_{\max}-D_{\min}}{\mathrm{TS}_{\max}-\mathrm{TS}_{\min}}*\mathrm{TS}_{\mathrm{sum}}+D_{\mathrm{sum}}\right)/n$ 的值。

该策略适合随时间衰减的上传数据，例如车流或人流量。

命题 9.12：

推理-策略-Ⅳ是合理的。

证明：证明类似命题 2。

5）（推理-策略-V）信誉加权平均法

（1）假设 $R_i, i=1,\cdots,n$ 是上传了数据 $D_i, i=1,\cdots,n$ 的贡献者的信誉。计算所有信誉值总和，记为 $R_{\mathrm{sum}}=\sum_{i=1}^{n}R_i$。

（2）计算每个值的权重，记为 $w_i \Leftarrow R_i/R_{\mathrm{sum}}$。

（3）计算 D 值，$D=\sum_{i=1}^{n} D_i * w_i$。

该策略可用于所有类型的上传数据。而且，$R=\sum_{i=1}^{n} R_i * w_i$ 也可以计算出来，这是推断的实际周围环境数据的信誉值。（信誉系统的创建方法稍后陈述。）

接下来，我们定义“良性上传”行为和“恶意上传”行为。

定义 9.14： 良性（恶意）上传。当且仅当上传数据与推断的实际周围环境数据之间的差异在阈值范围内时，中心服务器上的信誉系统判断上传数据是否良好。信誉系统将此类贡献者的上传称为“良性上传”。否则，信誉系统称上传为“恶意上传”。

接下来，我们提出“良性上传”和“恶意上传”的典型判断策略：

定义 9.15： 阈值判断。假设上传数据为 U，推断的实际周围环境数据为 D。当且仅当 $|U-D|/D>\text{Th}$（其中 Th 是系统参数中的阈值）时，此上传为“良性上传”；否则，此上传为“恶意上传”。

定义 9.16： 上传数据的数据可信度。用于评估发送自贡献者的上传数据（记为 U)与实际周围环境数据（记为 A）之间的偏差。定义为 $|U-A|/A$。中心服务器上推断的实际周围环境数据近似表示实际周围环境数据，也就是说，$A \Leftarrow D$。

2．信誉评估

假设当前贡献者信誉是 R。为评估贡献者信誉动态，我们提出以下评估策略。

1)（评估-策略-Ⅰ）阈值偏差线性调整法

使用阈值判断。如果出现恶意上传，则 $R \Leftarrow R-1$；否则，$R \Leftarrow R+1$。

2)（评估-策略-Ⅱ）指数偏差线性调整法

假设上传数据为 U，推断的实际周围环境数据为 D。计算偏差值 $\text{Bia}=|U-D|/D$。假设阈值为 Th。

如果 Bia＞Th 且 $|\text{Bia-Th}|/\text{Th} \in [A_i,A_{i+1})$，令 $R \Leftarrow R-i$，其中 $A_i,i=1,\ldots,n$ 是系统参数。$A_i < A_{i+1},i=1,\ldots,n-1$。例如，$A_i=0.1*a^{i-1},a=2$。如果 Bia＜Th 且 $|\text{Bia-Th}|/\text{Th} \in [A_i,A_{i+1})$，令 $R \Leftarrow R+i$。

3)（评估-策略-Ⅲ）指数偏差线性调整法

假设上传数据为 U，推断的实际周围环境数据为 D。计算偏差值 $\text{Bia}=|U-D|/D$。假设阈值为 Th。

如果 Bia＞Th 且 $|\text{Bia}-\text{Th}|/\text{Th} \in [A_i,A_{i+1})$，$R \Leftarrow R-a^{i-1},a=2$，其中 $A_i,i=1,\ldots,n$ 是系统参数。$A_i < A_{i+1},i=1,\ldots,n-1$。例如，$A_i=0.1*a^{i-1},a=2$。如果 Bia＜Th 且 $|\text{Bia}-\text{Th}|/\text{Th} \in [A_i,A_{i+1})$，则 $R \Leftarrow R+a^{i-1},a=2$。

定义 9.17： 呈现数据（PD）。在中心服务器上呈现给消费者的数据。

定义 9.18： 呈现数据的数据可信度。用于评估呈现给消费者的数据（记为 P）与实际周围环境数据（记为 A）之间的偏差。可以定义为$|P-A|/A$。实际周围环境数据依据中心服务器上推断的实际周围环境数据估计，即，$A \Leftarrow D$。

信誉系统不仅用于推导推断的实际周围环境数据，从而计算上传数据的数据可信度，还用于创建呈现数据和计算其数据可信度。存在如下两种情况。

4）（情况-Ⅰ）推断的周围环境数据可用

假设贡献者的上传数据为 U，贡献者的信誉为 r。假设 D 是从具有相似位置与时间戳的贡献者计算得出的推断的实际周围环境数据，R 是 D 的信誉。

呈现数据 $P \Leftarrow \mathrm{FunP}(U,D,r,R)$，其中 $\mathrm{FunP}(\cdot)$是输入 U、D、r、R，输出呈现数据 P 的函数。该数据的可信度为 $T \Leftarrow \mathrm{FunT}(r,R)$，其中 $\mathrm{FunT}(\cdot)$是输入 r、R，输出呈现数据可信度 T 的函数。

示例：$\mathrm{FunP}(U,D,r,R)=U*r/(r+R)+D*R(r+R)$；$\mathrm{FunT}(r,R)=r/(r+R)$。

5）（情况-Ⅱ）推断的周围环境数据不可用

由于推断的周围环境数据不可用，呈现所用数据必须为 U。向客户提供的数据可信度由 $r/R_{\max}$ 算出，其中 $R_{\max}$ 是信誉系统中当前最大信誉值。或者，数据可信度为 Λ，表示推断的周围环境数据不可用。

3．贡献者隐私保护

定义 9.19： 贡献者实际身份标识。唯一区分贡献者的基本标识，例如学生 ID、驾照 ID、社会安全号等。

定义 9.20： 贡献者隐私(CNP)。中心服务器观测到贡献者上传数据后正确识别贡献者实际身份标识的概率。用速记法表示为

$$\mathrm{CNP} = \Pr\{\mathrm{Id} \Leftarrow \mathrm{CS} \mid \mathrm{CS} \leftarrow d\},$$

式中：Pr{A|B}表示事件 A 在事件 B 之后发生的概率；A⇐B 意味着“A 由 B 导出”；A←B 代表“A 接收 B”；Id 是贡献者实际身份标识；CS 是中心服务器；d 是贡献者上传的数据。

定义 9.21： 贡献者完美隐私。当且仅当 CNP =0 时才能保证贡献者完美隐私。

我们提出在参与式感知中使用贡献者匿名身份代替贡献者实际身份，从而保护贡献者隐私。

定义 9.22： 贡献者匿名身份。区分信誉系统中每个贡献者的唯一标识。

贡献者隐私保护包括以下步骤。

1）（隐私保护-步骤 1）准备初始密钥

贡献者首次发送上传数据时，其贡献者信誉置为初始值 r_0。该初始值归属组标识（gid）=gid_0 的初始组，具有初始组认证密钥（gak）=gak_0。gid 和 gak 由应用软件预先部署在智能手机上。

2）（隐私保护-步骤 2）贡献者生成其贡献者匿名身份

贡献者向中心服务器发送上传数据时随机生成固定长度的贡献者匿名身份。

3）（隐私保护-步骤 3）贡献者向中心服务器上传数据

贡献者向中心服务器上传的数据具有六元组：

$$<\mathrm{cai}, l, t, d, h(\mathrm{gak} \| \mathrm{cai}), \mathrm{gid}>$$

式中：cai 是贡献者匿名身份；l 是上传数据的位置标识；t 是上传数据的时间戳；d 是周围环境数据；$h()$是单向无碰撞函数。

4）（隐私保护-步骤 4）中心服务器验证贡献者的有效性

中心服务器通过 gid 查找 gak，验证 $h(\mathrm{gak}\|\mathrm{cai})$正确与否。如果正确，中心服务器认为贡献者拥有组 gid，因此具有该组的相应信誉值。

5）（隐私保护-步骤 5）中心服务器更新信誉

中心服务器上的信誉系统存储每个贡献者的贡献者信誉，并通过上述信誉评估策略更新贡献者的信誉值。也就是说，每个贡献者都有一个相应的贡献者信誉值，该值由信誉系统计算和维护。

6）（隐私保护-步骤 6）中心服务器更新 gak 和 gid

信誉系统维护更新周期。更新周期由中心服务器确定，用以更新所有组认证密钥和组标识。例如，假设更新周期是 24h。组认证密钥和组标识的更新时间就是每天中午 12:00。

假设更新周期结束时每个贡献者具有信誉值 r。当前所有贡献者都按其信誉值分组。组认证密钥和组标识均由中心服务器随机生成中心服务器存储<gid,gak,r>，并向相应贡献者秘密发送新 gid 和 gak 值。

7）（隐私保护-步骤 7）贡献者更新 gak 和 gid

同一组贡献者收到同样的 gak 和 gid。贡献者将旧的 gid 和 gak 值替换成新的。

4. 健壮性增强

我们先分析上述数据可信度和贡献者隐私保护方案可能遭受的潜在攻击。上一节中，我们指出了贡献者群体中所谓流言贡献者的对手；接下来，我们要指出当前环境中另一种可能的恶意贡献者类型。

定义 9.23： 叛徒贡献者。此类贡献者将组认证密钥泄露给其他贡献者，以便其他贡献者可以获得优势；例如，轻松获得更高信誉值。

定义 9.24： 密钥泄露攻击。叛徒贡献者将组认证密钥泄露给其他贡献者，从而其他贡献者能够直接获得相应信誉，规避信誉评估过程。

为进一步强化方案的健壮性，我们提出了以下 2 种方法。

1）（健壮性-方法 1）组成员计数

每个更新周期结束时，中心服务器记录组成员总数。下一个周期里，如果有贡献者匿名身份不同的成员加入组，中心服务器减少计数。一旦计数归零，要求加入的新来者就不再获批入组。

该方法可以限制组认证密钥泄露的影响，并能检测密钥泄露攻击。

2)（健壮性-方法 2）叛徒追踪

中心服务器可以追踪向其他贡献者暴露组认证密钥的叛徒。朴素方法是修改组认证密钥。例如，可以让组认证密钥由两个部分组成：一个部分是中心服务器生成的组认证密钥；另一个部分是贡献者生成的私钥。叛徒可以通过各自的组认证密钥加以追踪。

表 9-3 列出了 LibTip 方案的各个组成部分。

表 9-3 LibTip 组成部分

数据可信度	推理-策略 I - V
	平均值法
	中值法
	平均距离法
	平均时间法
	信誉加权平均法
信誉评估	评估-策略 I - III 调整
	阈值偏差线性
	指数偏差线性
	指数偏差指数
	情况-I - 情况-II
隐私保护	隐私保护-步骤 1 - 隐私保护-步骤 7
健壮性	健壮性-方法 1 - 健壮性-方法 2

5. 方案分析

命题 9.13：

解决方案需要贡献者匿名身份。

证明： 要隐藏贡献者实际身份，就必须生成贡献者匿名身份。此外，贡献者匿名身份必须与信誉系统中的身份相同才能进行信誉评估。也就是说，更新周期中，信誉计算专用于代表性身份（即贡献者匿名身份）。因此，设计目标解决方案需要贡献者匿名身份。

命题 9.14：

解决方案需要组认证密钥。

证明： 必须使用组认证密钥匿名验证贡献者的当前信誉值，才能在信誉系统中不断评估和更新特定贡献者的信誉值。

命题 9.15：

解决方案需要组标识。

证明：在中心服务器上排序组认证密钥需要使用组标识。由于组标识是随机生成并定期更新的，在链路层加密后，信道上的对手无法追踪特定组或其组成员。

命题 9.16：

LibTip 是轻量级方案。

证明：LibTip 方案中，六元组<cai,l,t,d,h(gak||cai),gid>中额外引入了 cai、gak、gid 3 个元素。因为 cai、gak、gid 均必需，LibTip 仅引入了必要的额外数据项；因此，LibTip 是个轻量级解决方案。

命题 9.17：

贡献者完美隐私得到保证（即 CNP=0）。

证明：中心服务器只能看到贡献者匿名身份；因此，贡献者实际身份未被中心服务器知晓。在任何情况下，贡献者匿名身份都是随机生成的。因此，贡献者实际身份和贡献者匿名身份之间的联系，以及各个贡献者匿名身份之间的联系，均被打破。即 $\text{CNP}=\Pr\{\text{Id}\Leftarrow\text{CS}|\text{CS}\leftarrow d\}=\Pr\{\text{Id}|\text{cai}\}=0$。

命题 9.18：

更新周期内贡献者轨迹暴露的风险是 $f(\min(|G|), \max(e))$，其中 $f(\cdot,\cdot)$是函数；$|G|$是组大小；e 是此贡献者于此期间在组中上传的次数。

证明：一个周期内，贡献者匿名身份不变；因此，贡献者的轨迹可追踪。贡献者轨迹暴露的风险与以下两个因素相关：如果上传次数更多，轨迹就包含更多信息，如位置和时间戳；如果组成员更少，贡献者匿名身份的轨迹暴露的风险就更大。因此，风险就是 $\min(|G|)$和 $\max(e)$的函数。然而，由于贡献者实际身份未知，所以轨迹无法与任何实际身份关联。

9.4 本章小结

本章中，我们回顾了物联网中轻量级健壮安全的重要性，提出了适用于 WBSN 和参与式感知等关键物联网应用的轻量级健壮安全方案，并在通信、计算和存储方面进行了大量分析，验证了 OTM 方案和 OTP 方案对于 WBSN 是轻量级的。我们还提出了另一个轻量级方案 LibTip，用以保证参与式感知中的数据可信度、信誉评估、贡献者隐私保护和抵御内部攻击者的健壮性。LibTip 提供了由一套方法、策略和过程组成的整体解决方案包。

本章的一些结果发表在参考文献[34,35]中。

致　谢

任伟的研究受到国家自然科学基金（项目号：61170217）资助。

参 考 文 献

[1] M. Seyedi, B. Kibret, D. Lai, and M. Faulkner, "A Survey on intrabody communications for body area network applications," *IEEE Trans. Biomed. Eng.*, vol. 60, no. 8, pp. 2067–2079, 2013.

[2] J. Liu, Z. Zhang, X. Chen, and K. Kwak, "Certificateless remote anonymous authentication schemes for wireless body area networks," *IEEE Trans. Parallel Distrib. Syst.*, vol. 25, no. 2, pp. 332–342, 2014.

[3] T. Ma, P. L. Shrestha, M. Hempel, D. Peng, H. Sharif, and H. Chen, "Assurance of energy efficiency and data security for ECG transmission in BASNs," *IEEE Trans. Biomed. Eng.*, vol. 59, no. 4, pp. 1041–1048, 2012.

[4] Z. Zhang, H. Wang, A.V. Vasilakos, and H. Fang, "ECG-cryptography and authentication in body area networks," *IEEE Trans. Inf. Technol. Biomed.*, vol. 16, no. 6, pp. 1070–1078, 2012.

[5] A. Banerjee, K. Venkatasubramanian, T. Mukherjee, and S. Gupta, "Ensuring safety, security, and sustainability of mission-critical cyber–physical systems," *Proceedings of the IEEE*, vol. 100, no. 1, pp. 283–299, 2012.

[6] M. Patel and J. Wang, "Applications, challenges, and prospective in emerging body area networking technologies," *Wireless Commun.*, vol. 17, no. 1, pp. 80–88, 2010.

[7] J. Biswas, J. Maniyeri, K. Gopalakrishnan, L. Shue, J. Phua, H. Palit, Y. Foo, L. Lau, and X. Li, "Processing of wearable sensor data on the cloud – a step towards scaling of continuous monitoring of health and well-being," in *Proc. 2010 Annual Int'l Conf. of the IEEE Engineering in Medicine and Biology Society (EMBC)*, September 2010, pp. 3860–3863.

[8] U.S. Deptarment of Health & Human Services, "The health insurance portability and accountability act of 1996 (HIPAA)," 1996.

[9] H. Tseng, S. Sheu, and Y. Shih, "Rotational listening strategy (rls) for ieee 802.15.4 wireless body networks," *IEEE Sensors J.*, vol. 11, no. 9, pp. 1841–1855, 2011.

[10] Y. W. Law, J. Doumen, and P. Hartel, "Survey and benchmark of block ciphers for wireless sensor networks," *ACM Trans. Sens. Netw.*, vol. 2, pp. 65–93, 2006.

[11] S. Keoh, E. Lupu, and M. Sloman, "Securing body sensor networks: Sensor association and key management," in *Proc. IEEE Int'l Conf. on Pervasive Computing and Communications (PerCom '09)*, March 2009, pp. 1–6.

[12] J. Sun, Y. Fang, and X. Zhu, "Privacy and emergency response in e-healthcare leveraging wireless body sensor networks," *Wireless Commun.*, vol. 17, no. 1, pp. 66–73, 2010.

[13] H. Wang, D. Peng, W. Wang, H. Sharif, H. hwa Chen, and A. Khoynezhad, "Resource-aware secure ecg healthcare monitoring through body sensor networks," *Wireless Commun.*, vol. 17, no. 1, pp. 12–19, 2010.

[14] C. Tan, H. Wang, S. Zhong, and Q. Li, "Ibe-lite: A lightweight identity-based cryptography for body sensor networks," *IEEE Trans. Inf. Technol. Biomed.*, vol. 13, no. 6, pp. 926–932, 2009.

[15] X. Lin, R. Lu, X. Shen, Y. Nemoto, and N. Kato, "Sage: a strong privacy-preserving scheme against global eavesdropping for ehealth systems," *IEEE J. Sel. Areas Commun.*, vol. 27, no. 4, pp. 365–378, 2009.

[16] Y. Zhu, S. L. Keoh, M. Sloman, and E. Lupu, "A lightweight policy system for body sensor networks," *IEEE Trans. Netw. Service Manag.*, vol. 6, no. 3, pp. 137–148, 2009.

[17] S. Nabar, J. Walling, and R. Poovendran, "Minimizing energy consumption in body sensor networks via convex optimization," in *Proc. 2010 Int'l Conf. on Body Sensor Networks (BSN '10)*, June 2010, pp. 62–67.

[18] M. Quwaider, J. Rao, and S. Biswas, "Body-posture-based dynamic link power control in wearable sensor networks," *IEEE Commun. Mag.*, vol. 48, no. 7, pp. 134–142, 2010.

[19] K. Venkatasubramanian, A. Banerjee, and S. Gupta, "Pska: Usable and secure key agreement scheme for body area networks," *IEEE Trans. Inf. Technol. Biomed.*, vol. 14, no. 1, pp. 60–68, 2010.

[20] F. X. Lin, A. Rahmati, and L. Zhong, "Dandelion: a framework for transparently programming phone-centered wireless body sensor applications for health," in *Proc. Int'l Conf. on Wireless Health (WH '10)*, 2010, pp. 74–83.

[21] D. Kotz, S. Avancha, and A. Baxi, "A privacy framework for mobile health and home-care systems," in *Proc. of the First ACM Workshop on Security and Privacy in Medical and Home-Care Systems*, 2009, pp. 1–12.

[22] T. Dorflinger, A. Voth, J. Kramer, and R. Fromm, "My smartphone is a safe! the user's point of view regarding novel authentication methods and gradual security levels on smartphones," in *Proc. of 2010 Int'l Conf. on Security and Cryptography (SECRYPT '10)*, July 2010, pp. 1–10.

[23] K. Vu, R. Zheng, and J. Gao. Efficient algorithms for k-anonymous location privacy in participatory sensing. In *Proc. of IEEE INFOCOM 12*, 2012, pp. 2399–2407.

[24] I. Boutsis and V. Kalogeraki. Privacy preservation for participatory sensing data. In *Proc. of 2013 IEEE International Conference on Pervasive*

Computing and Communications (PerCom '13), pp. 103–113, 2013.

[25] D. Christin, C. Rosskopf, M. Hollick, L.A. Martucci, and S.S. Kanhere. Incognisense: An anonymity-preserving reputation framework for participatory sensing applications. In *Proc. of 2012 IEEE International Conference on Pervasive Computing and Communications (PerCom '12)*, pp. 135–143, 2012.

[26] C. Costa, C. Laoudias, D. Zeinalipour-Yazti, and D. Gunopulos. Smarttrace: Finding similar trajectories in smartphone networks without disclosing the traces. In *Proc. of 2011 IEEE 27th International Conference on Data Engineering (ICDE '11)*, pp. 1288–1291, 2011.

[27] E. Cristofaro and C. Soriente. Participatory privacy: Enabling privacy in participatory sensing. *IEEE Network*, vol. 27, no. 1, pp. 32–36, 2013.

[28] S. Gao, J. Ma, W. Shi, G. Zhan, and C. Sun. Trpf: A trajectory privacy-preserving framework for participatory sensing. *IEEE Transactions on Information Forensics and Security*, vol. 8, no. 6, pp. 874–887, 2013.

[29] M. Groat, B. Edwards, J. Horey, W. He, and S. Forrest. Enhancing privacy in participatory sensing applications with multidimensional data. In *Proc. of 2012 IEEE International Conference on Pervasive Computing and Communications (PerCom '12)*, pp. 144–152, 2012.

[30] S. Hachem, A. Pathak, and V. Issarny. Probabilistic registration for large-scale mobile participatory sensing. In *Proc. of 2013 IEEE International Conference on Pervasive Computing and Communications (PerCom '13)*, pp. 132–140, 2013.

[31] K. Huang, S. Kanhere, and W. Hu. A privacy-preserving reputation system for participatory sensing. In *Proc. of 2012 IEEE 37th Conference on Local Computer Networks (LCN '12)*, pp. 10–18, 2012.

[32] L. Kazemi and C. Shahabi. Towards preserving privacy in participatory sensing. In *Proc. of 2011 IEEE International Conference on Pervasive Computing and Communications Workshops (PerComW '11)*, pp. 328–331, 2011.

[33] C. Wang and W. Ku. Anonymous sensory data collection approach for mobile participatory sensing. In *Proc. of 2012 IEEE 28th International Conference on Data Engineering Workshops (ICDEW '12)*, pp. 220–227, 2012.

[34] W. Ren, J. Lin, Y. Ren, LibTiP: A lightweight and robust scheme for data trustworthiness and privacy protection in participatory sensing, International Journal of Embedded Systems, 2015, preprint.

[35] W. Ren, uLeepp: An ultra-lightweight energy-efficient and privacy-protected scheme for pervasive and mobile WBSN-cloud communications, Ad Hoc & Sensor Wireless Networks, vol. 27, no. 3-4, pp. 173–195, 2015.

第三部分　信任与认证

第 10 章　物联网信任与信任模型

10.1 引　言

本章旨在研究确保物联网部署中节点间信任与通信安全的框架。信任框架捕获通信对等节点的身份以及凭证或权限中的信任，因此处理的是认证与授权方面的事务；通信安全框架为对等节点间数据交换的隐私和完整性提供一定程度的保障。本章所指信任不是对数据本身有效性的信任：例如，传感器或其他数据源是否提供正确读数的问题。此类问题与传感器和设备信誉问题相关，正如 Ganeriwal 等人[1]探讨的那样。

信任与安全基于信任管理基础设施提供的令牌或凭证，嵌入在设备中并可能在设备间共享（注意，本章将使用对等节点、设备和（端点）实体来描述物联网节点）。这些令牌（可能是对称密钥或数字证书等）的完整性和健壮性是信任与安全的基础，有助于阻止未持有凭证的实体发起的外部攻击，但无法阻止凭证或凭证持有节点已遭泄露的内部攻击。

10.1.1 设备信任与安全

物联网设备在很多方面都十分脆弱，所以提供和维护信任与安全（例如长时间保障令牌完整性）是一项很困难的工作。一旦令牌完整性被破坏，例如，从设备恢复出秘密网络密钥，再使用该密钥伪造恶意节点，那么整个网络就对内部攻击不设防了。

在物理层面上，设备外壳往往扛不住干扰或篡改；设备能被打开，其硬件可通过探针和排针访问。设备中央处理器（CPU）是低成本组件，往往缺乏通过其联合测试行动组（JTAG）保护自身代码、数据和令牌免遭外部访问的复杂方法。这就导致了攻击者能够克隆整台设备或篡改软件和数据；例如，篡改血糖仪使其提供错误读数。如果设备部署在无监督环境，则恶意第三方有可能偷偷访问或篡改设备，不被任何人发觉。

此外，物联网设备常基于低功耗硬件，可能只能够处理复杂度低的令牌。这会对令牌的健壮性造成影响，导致可通过暴力破解（穷举法）攻击再造或恢复令牌。

因此，物联网部署的任何信任管理系统都必须具备动态撤销单个设备信任的能力。同样，单个设备必须能够动态验证通联的其他节点的可信度。

如果信任与安全凭证是在制造或部署的时候分发的，设备便具有了初始可信度。这份可信度可能会随时间流逝而衰减，且基于许多假设和先决条件，包括如下几点。

（1）设备硬件及其制造/集成的所有阶段皆可信且合理。例如，不能有可抽取程序代码和数据的 JTAG 排针。

（2）与之类似，固件及其开发过程（从规范到测试）均可信且遵循最佳实践。例如，设备不能有开发人员故意留下的非法软件后门。

（3）令牌的生成、管理和部署均可信且合理。例如，伪随机数字生成器必须有足够的熵来避免生成弱密钥或可预测的密钥。

可信固件环境的一个普遍问题是很多内置处理器（即使运行在现代多任务操作系统下）并不通过内存虚拟化提供进程封装。因此，固件镜像中的恶意代码能够访问和篡改其他系统进程所用凭证，从而发起内部攻击。所以，单独确定固件组件的可信度是不够的，必须验证整个固件镜像。

如果上传机制本身为攻击提供了潜在的后门，那么相比可以现场动态更新的设备（即，通过固件下载），具有静态（“工厂刷入”）固件镜像的设备更能长期维持较高的可信度。如果此类机制允许升级单个固件组件，固件镜像变化数量便会陡然增加，使得验证所有固件镜像变化变成了极其困难的任务。尽管如此，安全的设备固件更新或补丁机制，如嵌入式 Linux 系统中的那种，仍然是维护安全不可或缺的部分，否则一个漏洞就能破坏大量系统。网络级更新机制最好纳入平滑有效的补丁过程，包括健壮的完整性和真实性检查、最大限度地减少服务中断，以及允许必要时的版本回滚。

10.1.2 安全密钥存储

安全存储设施（也称为密钥存储库）可以增强物联网信任管理基础设施（如证书颁发机构或认证中心）中所用信任令牌的健壮性。被动密钥存储库提供了安全保存和检索凭证的方法：加密操作由设备的 CPU 在这些存储库之外执行。相较之下，主动密钥存储库允许通过应用程序接口（API）内部执行加密操作，因而不会暴露凭证。下面的章节将描述各种类型的密钥存储库。

1. 硬件存储库

此类密钥存储库的高端代表是硬件安全模块（HSM）。HSM 在加密需求量大的信任管理基础设施中占有一席之地。

通用 HSM 提供非常安全、通常可配置的管理；可按需适当调整的安全级别；还有覆盖 HSM 整个生命周期的工具（如安全密钥备份等）。

HSM 的主要不足在于缺乏处理不常见令牌格式或算法的灵活性。

加密智能卡（嵌入式或其他类型）和加密通用串行总线（USB）加密狗是低成本的 HSM。此类 HSM 特别适合资源受限节点或低成本信任管理基础设施。不利的一面是，智能卡和加密狗可能没有 HSM 那样的高安全认证：其默认管理选项通常很有限，安全级别设置也不那么灵活。

2．可信平台模块

可信赖平台模块（TPM）是补充和替代上述几个选项的专用处理器。TPM 旨在保护硬件（通过验证设备，或证明存在特定硬件）、启动过程等，也可用于以更通用的方式在启动后存储和检索凭证。但是，TPM 的接口不同于上述 HSM 中的接口；而且，符合 TPM 1.1b 规范的设备是特定于供应商的。

3．软件存储库

软件存储库天然适合安全要求低的设备或没有配备物理连接硬件模块的低成本嵌入式系统。

可用于物联网系统的主动和被动软件存储库都很多。PKCS#12 存储库基于同名公钥密码标准（PKCS），最初由 RSA Security 公司（现归属易安信公司 EMC Corporation 旗下）定义，后来历经 RFC 7292[2]等多个征求修正意见书（RFC)扩展和修正。该标准定义了一套数据结构语法，可以包含加密对象（密钥、证书等），也可以包含经加密和签名的任意数据。原则上，PKCS#12 定义两种类型的完整性/隐私模式：非对称加密模式和基于口令的模式。

隐私增强电子邮件（PEM）存储库是包含 Base 64 版 ASN.1 格式证书和（经加密）密钥的一系列文件，出于方便用可读邮件头加以封装。

Java 存储库是 Java 加密架构/Java 加密扩展（JCA/JCE）编程框架的一部分。该框架定义了基于提供商的可插拔架构，其中包含密钥存储库实现等许多事物。其中一个密钥存储库实现是由 Sun 公司自 Java 早期版本开始便在所有发行版中提供的，将密钥存储库实现为专有口令保护的 Java KeyStore（Java 密钥库（JKS））文件。

10.1.3 网络信任与安全

在网络运营过程中，设备与其他对等节点建立起静态或动态（如短期）通信链路。这些链路可以是点对点的，也可以囊括一系列节点。从设备的角度看，问题在于验证其他对等节点的真实性和授权，以及建立安全的通信链路以规避攻击场景，如图 10-1 所示。为此，需交换和验证信任令牌，或者创建新的会话令牌（即从主密钥导出会话密钥）。

总地来说，必须满足以下要求。

（1）数据：机密性。

（2）数据：完整性。

（3）对等节点：真实性。

（4）对等节点：授权证明。

（5）通信：服务与系统可用性。

（6）通信：不可抵赖性。

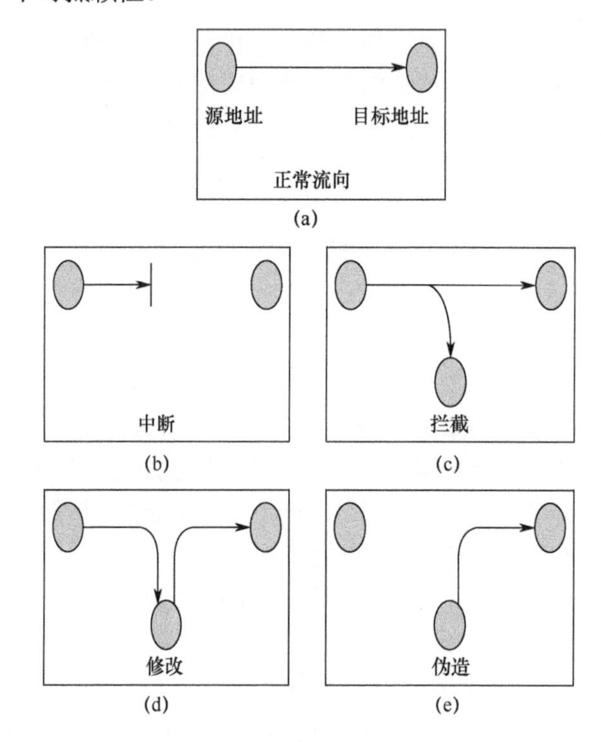

图 10-1　物联网设备通信中的主要攻击途径

保障数据完整性（可选择与通过加密提供的数据机密性相结合）可以为节点发送或接收的数据提供可信度。例如，在体域网中，无线血糖仪向集成胰岛素泵发送血糖读数。必须保护这一信息免遭意外或故意篡改，与此同时，考虑到患者隐私，需要对数据进行加密。数据完整性和机密性（辅以额外的协议特定功能，如序列号或时间戳）是应对拦截、中断和修改等主要攻击途径的基础。

数据机密性通常通过直接在硬件中实现的对称加密（高级加密标准[AES]算法是事实上的行业标准）提供，而数据完整性则由数据有效负载随附的消息验证码或密码散列提供。

对等节点真实性与在通信链路建立前如何验证另一对等节点的身份相关；即，胰岛素泵须能够验证自身确实连接的是可信血糖仪（且后续也是从可信血糖仪接收数据）而不是恶意设备。

对等节点真实性与系统可用性密切相关。举例来说，拒绝服务（DoS）类攻击通常是外部攻击（例如，这种攻击常由物联网部署辖区之外的外部节点发起），所以，能够早期验证并在必要时丢弃数据或连接请求（即针对传输控制协议[TCP]连接的 SYN 洪水攻击）的能力，有助于缓解此类攻击。

授权证明可以保证对等节点有权（a）与另一对等节点通信和（b）执行特定操作；例如以下两点。

（1）血糖仪只接受来自胰岛素泵的数据请求（不会接受血压监测仪的数据请求）。此外，血糖仪和胰岛素泵都必须来自同一制造商。

（2）血糖仪传感器应仅在胰岛素泵具备所需授权级别时，才会执行胰岛素泵发来的复位指令（在传感器重新配置后）。

因此，授权证明是抵御伪造攻击的可行机制。

不可抵赖性（例如，确保通信对等节点无法否认其行为的真实性）又链接回对等节点令牌。

数据完整性和数据机密性基于只有通信对等节点知道的凭证（即共享密钥）。如果这些凭证是即时动态创建的，那就必须在密钥生成阶段相互验证（用以避免 Diffie - Hellman 密钥交换中可能的中间人[MitM]类型的攻击）。

与之类似，对等节点认证和真实性亦由相互可用且能相互验证的其他设备描述符提供。

10.2 信任模型概念

下一节将描述 3 种信任模型。这 3 种信任模型为信任管理基础设施提供了概念基础。

10.2.1 直接信任模型

直接信任模型中，对等节点以即时取信的方式获得其他对等节点的凭证。一种常见做法是在部署网络之前预先分发对等节点凭证。本节简要描述两种方法：一种基于对称密钥，另一种使用静态白名单。

第一个选项使用成对共享对称密钥作为凭证（在制造或系统集成期间安装），提供数据的机密性和完整性，以及隐含的对等节点真实性及授权证明；后者可以通过各个设备中的附加对等节点描述符表进行扩展，表中描述符关联了各个对等节点的其他属性。

直接信任模型基于 n 个节点的成对共享对称密钥，需要总共 $n*(n-1)/2$ 个密钥，其中每个节点存储$(n-1)$个密钥，并不适合大规模部署。而且，令牌的撤销或更新也非常麻烦，因为每个节点都必须通知到。

至于第二个选项，在参考文献[3]中有所讨论的静态白名单方法，则采用非对称密钥和包含证书引用的白名单（如下面所述）。此处，每个设备都配备了属于自己的经颁发机构签名的证书（包含其身份标识、公钥和其他设备属性），并补充了一张包含不可伪造的证书标识符的白名单，限定该设备可以与哪些对等节点通信。证书标识符可以是证书的散列值、公钥或序列号。

虽然此解决方案大幅减少了网络中分发的凭证数量（每个设备持有一张包含一个密钥对的证书），但白名单的管理不适用于大规模开发或非静态开发。与基于对称密钥的方法类似，令牌的撤销或更新非常麻烦。

总之，由于其管理方面的制约和较大的内存要求，直接信任模型方法仅适用于小型静态网络。

10.2.2 信任网模型

信任网模型中，仅当凭证经过另一已信任对等节点验证有效（如签名）时，对等节点才会接受此凭证；也就是说，在体域网中，血糖仪接受外部编程设备的凭证（然后与之建立连接）的条件，是这些凭证经过可信胰岛素泵的签名。良好隐私密码法（PGP）协议中实现了信任网模型，单个用户在密钥环中维护一张凭证（如公钥）列表。插入来自另一对等节点的密钥时，用户会为密钥赋予完全信任（例如，完全确信凭证为另一对等节点所有）、略微信任或不信任的密钥合法性值。

然而，在物联网环境中，信任网模型不适用于非静态网络，因为该模型下新的未知节点无法加入网络。例如，PGP 协议所用非托管密钥服务器就容易遭遇身份欺骗攻击，无法解决这一问题。

而且，由于需跨整个网络向所有节点广播，信任的撤销十分繁琐。

此外，物联网设备可能在监管非常严格的环境中运行（例如，医疗或关键基础设施），这种环境根本无法接受信任网模型，需要探讨的严密、集中的信任管理方式。

10.2.3 层次信任模型

层次信任模型中，信任由一个或多个信任锚点管理，多个锚点形成层次结构。

1. 信任中心基础设施

信任中心基础设施（TCI）中，一个或多个锚点管理着网络节点间的即时连接请求。网络认证系统 Kerberos[5]即基于此方法，系统中单个客户端接收（具有特定生命周期的）票据（ticket），用以向其他节点验证和授权自身。

图 10-2 呈现了基于单个专用信任锚点（TA）的 TCI。该 TA 与网络中每个节

点共享一个唯一的令牌（对称密钥 $K[x]$）。TA 也可以为每个设备维护一张描述符表 $D[x]$。

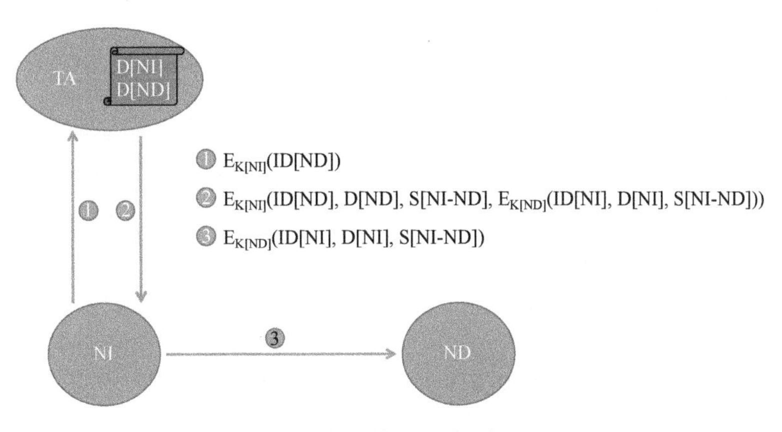

图 10-2　信任中心基础设施中的节点认证

每当两个节点 NI 和 ND 建立网络连接时，发起节点 NI 首先参考 TA（步骤 1）验证 ND 的身份 ID[ND]，从而获得 ND 的描述符表 D[ND]（以解决认证和授权问题），以及获得随机生成的会话密钥 S[NI-ND]，以便稍后与 ND 共享。关于 NI 的类似信息也会提供给 ND，不过是以用 TA 和 ND 间共享的密钥 K[ND]编码的形式。两个部分共同形成响应，并在传输前用 K[NI]编码此响应。NI 接收并解码响应，验证 ND 的身份和授权级别，并将第二（仍是编码的）部分发送给 ND（步骤 3），由 ND 验证 NI 的身份和授权级别。最后，两个对等节点使用 S[NI-ND]建立安全通信链路。

使用 TA 的情况下，节点的撤销（标记节点为不可信）简单直观。而且，每个节点只需要一个密钥 K[x]和 TA 的身份标识（即其媒体访问控制[MAC]地址或互联网协议[IP]地址），从设备的角度看真是非常节约资源的一种方法。

不利的一面则是 TA 引入了单点故障风险，举例来说，一个信任锚点被黑（比如成为了 DoS 攻击的受害者），就会破坏整个网络的完整性和可用性。无法撤销 TA 又进一步加重了复杂性。

由于 TA 持有 TCI 管理的所有设备的信息，该方法仅适用于静态网络，或者运营商可以即时添加和删除设备信息的环境。

2．公钥基础设施

公钥基础设施（PKI）是层次信任概念的另一种实现。PKI 比较不容易遭到可用性攻击，因为此类基础设施在部署之前就为网络节点提供可验证的凭证（也称为公钥证书），可以不用访问 TA 就验证这些凭证。与 TCI 不同，PKI 还表现出了更好的可扩展性和可管理性。

根据互联网工程任务组（IETF）PKIX 工作组的表述，PKI 是“创建、管理、存储、分发和撤销公钥证书所需的一系列硬件、软件、人员、策略和过程。”[6]

因此，PKI 不局限于硬件、软件、网络基础设施、协议或算法等严格意义上的技术要素。PKI 需要人员、策略和程序等其他代理和资源的参与，渗透到了管理和使用自身的组织中。

公钥证书（也称为数字证书或身份证书）、证明证书的公钥加密程序和技术，以及信任关系，构成了 PKI 的基础。基于证书颁发的信任关系反过来又依赖于公钥加密，使得 PKI 区别于其他形式的安全构造，也决定了 PKI 的属性。

证书生命周期是 PKI 的核心。通常，名为认证中心（CA）的实体通过数字签名一系列（与身份相关的和其他的）属性来颁发身份证书，属性中包括（公钥加密语境下公钥-私钥对中的）公钥。证书颁发即证明了属性和公钥持有之间存在联系。通过以公钥-私钥对中自身持有的私钥签名证书，CA 声明了这些属性与持有公钥对的实体相关联。

在多级 PKI 层次结构中，颁发的证书还可颁发其他证书是常见的做法。PKI 还允许颁发和管理属性证书等其他类型的证书。

证书颁发是构建 PKI 的起点事件，常以连续步骤出现在其整个存在过程中。其他事件也塑造了 PKI 的生命周期。

总体上，证书的生命周期包括以下事件。

（1）最终实体注册；

（2）证书颁发；

（3）证书发布；

（4）证书撤销；

（5）撤销声明数据生成；

（6）证书及密钥资料存档及恢复。

PKI 中信任起关键作用。其中关键概念是信任的传递。鉴于支持 PKI 技术的算法的数学特性，由可信证书直接或间接（通过中间证书，形成一个完整的颁发链）颁发的格式正确的证书也可以信任。最简单的场景中，只需要通过完全可验证的信道交换一个初始可信证书。这些信道的形式可以多种多样，但都必须符合以下两个条件。

（1）数据的真实性须通过公认特别值得信赖的方法来保证，并匹配将要建立的层次结构的重要性。

（2）该机制决不能依赖于其所要建立的层次结构的任何组成部分的信任。

鉴于上述原因，此前未知实体能够安全通信。事实上，能够安全通信的此前未知实体的数量在理论上没有任何限制，所以 PKI 具有极好的可扩展性。当然，由于信任可以相对容易地沿着信任链向下传递，因此必须不惜一切代价保护初始信任源或根信任锚点。

10.3 PKI 架构组件

PKI 中的常见组件如下。

（1）证书颁发机构。

（2）注册机构。

（3）验证机构。

（4）中心目录。

作为可选项，时间戳机构和证书撤销机构也可以纳入 PKI。

此外，在完全不同的层面上，PKI 囊括了一系列策略（其中证书/认证策略是最突出的例子）、程序和人员。

10.3.1 证书颁发机构

CA 是 PKI 的主干和信任锚点。CA 颁发证书，在许多情况下还连同关于所颁发证书的撤销状态数据（例如，证书撤销列表（CRL）），并发布这两类产品。证书颁发机构通常是分层结构，于是形成了层次机构的 PKI。

10.3.2 注册机构

注册机构（RA）充当证书颁发机构的前端，负责识别和验证请求证书的实体，然后将证书请求发送到 CA，并将证书路由回请求实体。某些情况下，RA 仅仅是 CA 的一个特殊组件。

10.3.3 验证机构

验证机构（VA）负责验证证书。证书验证实际上由几个步骤组成（验证签名、获取证书（可能）、检查撤销状态）。通常假设 VA 仅提供与检查撤销状态相关的服务，一般通过在线证书状态协议（OCSP）服务执行。因此，VA 通常是 OCSP 服务器。

10.3.4 中心目录

其他实体可通过中心目录获取证书。由于策略或 CRL 等其他数据也需发布，中心目录存储了所有这些数据供取用。中心目录通常以轻型目录访问协议（LDAP）服务器的形式实现。

10.3.5 时间戳机构

时间戳机构（TSA）的特点是能够发布基于 PKI 的可信时间戳。可信时间戳可以证明数据在时间戳发布之前已经存在；因此，可以使用“时间感知”验证机制（即考虑打上时间戳的签名生成的时刻）。凭借此特性，时间戳有可能成为某些高级签名机制的重要组成部分，如 CAdES-T/CAdES-X 或 XAdES-T/XAdES-X[7]。

10.3.6 证书撤销机构

证书撤销机构（CRA）是撤销证书的专门机构。通常情况下，撤销职责由归属每个 CA 的专用服务执行。然而，每当所颁发证书的数量很多，或者撤销程序的复杂性增加，或者 CA 的数量和种类增加时，专门机构 CRA 就会发挥作用，单个集中式 CRA 可以替代多个 CA 上的等效撤销服务。

CRA 提供以下好处：

（1）CRA 解耦证书颁发与撤销，缓解资源占用。由于能在甚至证书颁发机构不可用的情况下提供已颁发证书的撤销信息，CRA 有助于提升整个系统的可用性。很多 PKI 的正常运行离不开在特定期限内提供撤销信息的能力。此外，策略通常会为此类信息的更新设置特定期限，所以，若不能在特定期限内提供，其后果可能不仅仅是系统不可用。

（2）CRA 可以在 CA 实际上已停止工作后继续撤销证书，使 CA 寿命的终结变得更容易些。如果有必要的话，撤销机构甚至可以撤销 CA 颁发的每一个证书，模拟证书颁发 CA 证书的撤销。

（3）PKI 若含有基于不同产品或技术的多个活跃 CA，会发现使用 CRA 大有裨益。CRA 可为所有证书提供服务，无需使用特定 CA 来撤销这些证书。

（4）将 CRA 服务从 CA 服务中分离出来，可以防止 CA 服务不必要地暴露在仅需撤销服务或数据的实体面前，从而提升系统安全。相比保护 CRA 的安全，防护 CA 尤为重要，因为对 CA 的攻击可能导致不必要的证书颁发，而对 CRA 的攻击最多意味着不必要的证书检索。

10.4 公钥证书格式

10.4.1 X.509 证书

国际电信联盟电信标准化部门（ITU-T）的 X.509 建议中描述了 X.509 身份证书[8]。此类证书是以抽象语法标记 1（ASN.1）作为规范语言的自描述实体。其使用 ASN.1 的高级结构表示如下：

```
Certificate ::= SEQUENCE {
tbsCertificate TBSCertificate,
signatureAlgorithm AlgorithmIdentifier,
signatureValue BIT STRING }
```

TBSCertificate 进一步（以 ASN.1 标记）定义证书中表示的数据字段（图 10-3），而算法标识符（Algorithm Identifier）通过对象标识符（OID）描述；也就是说，举个例子，“1.2.840.113549.1.1.4”代表“MD5withRSA”：用 CA 的 RSA 私钥编码的 MD5 散列算法组合。签名（经签名的散列值）本身存储为位串。

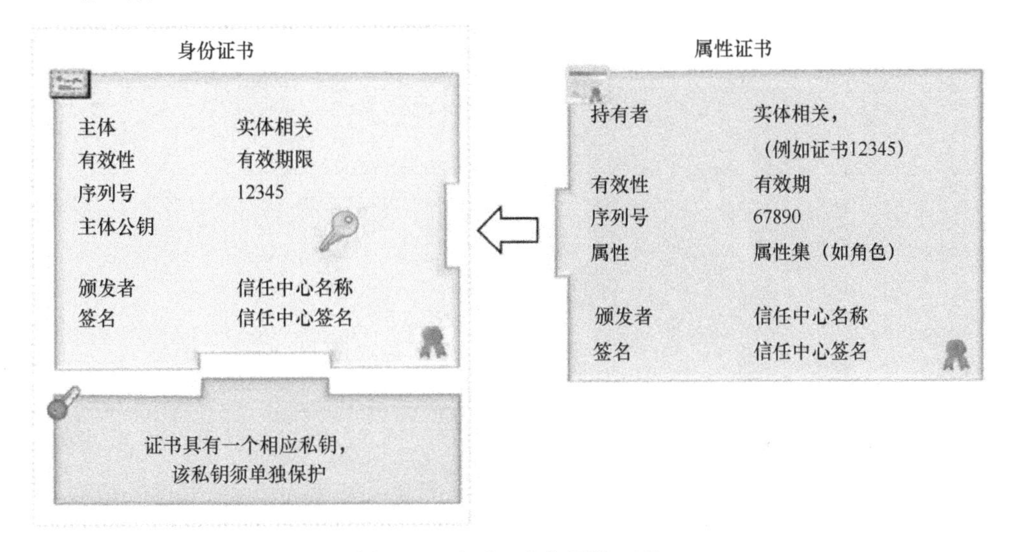

图 10-3　身份证书与属性证书

X.509 证书采用唯一编码规则（DER）编码[9]（图 10-4），并存储为 ASCII 字符串。

X.509 标准区分了 3 种身份证书版本（见图 10-5），版本 3 证书是最常用也最通用的一种。

物联网设备的数字证书应至少包含以下信息。

（1）证书中公钥绑定的主体名称，例如设备身份。注意，典型的服务器端证书（其中实体由其域名系统[DNS]名称标识）与设备证书（还可由统一资源标识符[URI]、MAC 地址或 IP 地址标识）存在概念性差别；

（2）公钥及相关的加密算法。

（3）证书的序列号（出于撤销目的）和有效性。

（4）颁发者名称（例如 CA）。

```
0000 : 30 82 03 05                 ; SEQUENCE (305 Bytes)
0004 :     30 82 01 f1                 ; SEQUENCE (1f1 Bytes)
0008 :     | a0 03                 ; OPTIONAL [0] (3 Bytes)
000a :     | | 02 01                   ; INTEGER (1 Bytes)
000c :     | |    02
000d :     | 02 10                 ; INTEGER (10 Bytes)
000f :     | | 6e 92 35 46 0e db b5 94  4d 59 f9 f1 a8 f1 cf e6
001f :     | 30 09                 ; SEQUENCE (9 Bytes)
0021 :     | | 06 05                   ; OBJECT_ID (5 Bytes)
0023 :     | | | 2b 0e 03 02 1d
           | | |    ; 1.3.14.3.2.29 sha1RSA (shaRSA)
0028 :     | | 05 00                   ; NULL (0 Bytes)
002a :     | 30 1a                 ; SEQUENCE (1a Bytes)
002c :     | | 31 18                   ; SET (18 Bytes)
002e :     | |    30 16                ; SEQUENCE (16 Bytes)
0030 :     | |       06 03             ; OBJECT_ID (3 Bytes)
0032 :     | |       | 55 04 03
           | |       |    ; 2.5.4.3 Common Name (CN)
0035 :     | |       13 0f             ; PRINTABLE_STRING (f Bytes)
0037 :     | |          4d 6f 72 67 61 6e 20 53  69 6d 6f 6e  73 65 6e
           | |             ; "Morgan Simonsen" (3 Bytes)
0046 :     | 30 1e                 ; SEQUENCE (1e Bytes)
0048 :     | | 17 0d                   ; UTC_TIME (d Bytes)
004a :     | | | 31 33 30 34 31 36 30 38 35 37 31 37 5a
           | | |    ; 16.04.2013 10:57
0057 :     | | 17 0d                   ; UTC_TIME (d Bytes)
```

图 10-4　ASN.1 DER 编码的证书[10]

（出自 Morgan Simonsen 的博客。https://morgansimonsen.wordpress.com/2013/04/16/understanding-x-509-digital-certificate-thumbprints/）

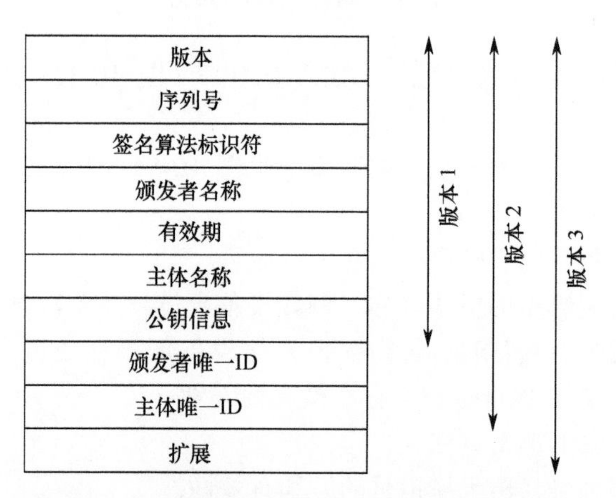

图 10-5　X.509 身份证书版本 1、版本 2 及版本 3

（5）证书中公钥的用途和限制。

X.509 证书相当大（约 2KB），结构复杂（如图 10-4 所示），需要复杂的解析器；在内存和计算需求方面资源受限的物联网设备可能难以处理。因此，接下来的两节我们探讨其他替代格式。

10.4.2 自描述卡可验证证书

自描述卡可验证证书（CVC）是非常紧凑的公钥证书，适合智能卡等资源受限设备。尽管 CVC 仍采用 DER 编码（因此是自描述的），却只包含身份证书各个字段的子集[11]。

```
cvcBody ::= SEQUENCE {
profileId   UNSIGNED INTEGER,
issuer      CHARACTER STRING,
pubKey      CHARACTER STRING,
subject     CHARACTER STRING,
notBefore   DATE,
notAfter    DATE }
```

10.4.3 非自描述卡可验证证书

此类证书不是 DER 编码的，因而不具备类型标记。证书内部结构的信息由与证书本身分开存储的头字段提供。非自描述 CVC 可通过静态抽象数据类型以其最简单的形式表示；例如，C 语言中的结构体：

```
typedef struct simpleNonSelfDescriptiveCVC {
char version;
char owner[20];
char issuer[20];
char alg; // Note that OIDs are omitted here
...
} tSimpleNonSelfDescriptiveCVC;
```

融入动态长度字段的格式可以节省内存，但需要简单的解析器进行处理（因为无法再映射到固定长度的数据结构），此类格式形如：

```
typedef struct dynamicNonSelfDescriptiveCVC {
char version;
char ownerLength;
char owner[ownerLength];
char issuerLength;
```

```
    char issuer[issuerLength];
    char alg; // Note that OIDs are omitted here
    ...
    } tDynamicNonSelfDescriptiveCVC;
```

10.4.4 属性证书

相较于常规公钥或身份证书，属性证书仅向最终实体分配权限。参考文献[12]详细说明了 X.509 属性证书。此类证书具有如下 ASN.1 结构：

```
AttributeCertificateInfo ::= SEQUENCE {
version                           AttCertVersion -- version is v2,
holder                            Holder,
issuer                            AttCertIssuer,
signature                         AlgorithmIdentifier,
serialNumber                      CertificateSerialNumber,
attrCertValidityPeriod            AttCertValidityPeriod,
attributes                        SEQUENCE OF Attribute,
issuerUniqueID                    UniqueIdentifier OPTIONAL,
extensions                        Extensions OPTIONAL }
```

属性证书由属性机构颁发并签名，有一定的生命周期，且绑定授权（无论何种性质）到最终实体。此类证书还可选扩展字段。但是，正如上面的列表中所看到的，属性证书中不包含公钥，而是与身份证书绑定，如图 10-3 所示。

这种隔离使得身份证书和属性证书可以拥有不一样的生命周期，在数字版权管理中应用广泛。数字版权管理中，消费者通过属性证书获取在可能有限的期限内访问特定数字内容的权限。消费者本身由其身份证书标识。

10.5 数字证书设计考虑

10.5.1 设备标识符

数字身份证书中，证书拥有者和签名证书的 CA 都必须唯一标识。尽管 CA 数量相对较少（每个 CA 可能管理数百万个证书），也需要适合数十亿节点的可扩展命名方案。

设备标识符构造方案可以基于多种方法。这些方法可以包含随机数据、层次结构标识符、附加信息（如制造商）编码，或者加密操作（如公钥散列）[16]。一个方案可以同时应用多种方法，如表 10-1 所示[15]。

表 10-1 设备标识符构造方案及其底层方法

项目或架构	命名方案	应用方法
IPv6	URI	层次结构标识符；编码附加信息
IPv6	IPv6	层次结构标识符
Glowbal IP 协议	AAID	编码附加信息
GS1	GS1 标识密钥	随机数据；编码附加信息
SWE	传感器 UID	编码附加信息
IoT@Work	命名空间中的节点名称	层次结构标识符；编码附加信息
NDN	数据名称	层次结构标识符；编码附加信息；加密操作
移动优先	GUID	编码附加信息；加密操作
RFID	RFID	随机数据
802.15.4	MAC 地址	随机数据
译者注：AAID—安卓广告标识；GS1—GS1 全球标准 1；SWE—传感器网络强化；UID—UID 用户身份证明；NDN—命名的数据网络；GUID—全局唯一标识符。		

今天的互联网，URI 是标识网络资源名称的事实命名方案。在网络层次上，设备由其静态或动态 IP 地址（v4 或 v6）标识。DNS 将主机名转换为 IP 地址。

然而，尽管这种方法适用于证书颁发机构的层次结构，却不一定适用于物联网网络，因为：①这样的网络如果无法访问 DNS 服务就会成为孤岛；②物联网设备的预期数量是传统 URI 方法承载不了的。此外，机器对机器（M2M）通信未必需要人类可读的 URI。

一个替代方案是用设备的 IPv6 地址作为其唯一设备标识符。IPv6 地址由 16 个八位字节组成；整个地址空间约可容纳 1038 个可能地址[13]。

底层 IPv6 网络通信协议已经被标准网络（基于 IEEE 802.3 以太网和 IEEE 802.11 Wi-Fi）广泛采用，并通过低功耗无线个人局域网（6LoWPAN）通信标准引入物联网，因而是物联网命名方案的潜在候选。

通常情况下，IPv6 地址分为各 64 位的两段，前半段是网络的子网地址。大多数物联网网络中，该地址会在部署阶段分配，所以制造期间生成的证书无法预测到这个地址。此外，该地址还可能随时间流逝而改变。后半段 64 位是设备的 MAC 地址，不仅唯一，还可用于在制造过程中生成证书。

表 10-1 列出了可以纳入考虑的其他命名方案如下。

（1）基于 64～92bit 唯一标识符的射频识别（RFID）命名方案[13]。

（2）GS1 标识密钥[14]。

（3）传感器网络支持与传感器 UID[15]。

（4）IoT@Work 命名方案[16]。

（5）移动优先[17]。

10.5.2 证书有效性

X.509 证书生命周期有限，在有效性字段编码了这个有限的生命周期。该字段包含两个日期：notBefore（不早于）和 notAfter（不晚于）均含有 UTCTime 编码格式的时间戳。

检查证书的有效性要知道准确的时间，而由于嵌入式系统中的低成本振荡器每天的漂移高达几秒钟[18]，所以应该考虑使用网络时间协议（NTP）或精确时间协议（PTP）等时间同步协议。

如果最终实体证书到期而设备并未停用，那就需要更新证书。这造成了重大管理难题和技术挑战，因为 PKI 必须能够向潜在的大量设备提供证书并进行动态管理，同时设备本身还需要安全的下载和存储机制。此外，底层信任机制必须确保设备只接受和重刷真实的证书。

类似的，CA 证书也会到期，会影响设备所提供签名的有效性；例如，操作期间点对点认证协议中的初始握手。总之，有以下 3 种不同的有效性模型。

（1）RFC 5280[19]中概述的 shell 模型规定，只有在签名验证之时整个 CA 链（上至根 CA）的所有证书都有效的情况下，最终实体提供的签名才视为有效。

（2）链模型只要求最终实体证书在签名创建之时有效。CA 链的证书只需要在最终实体证书本身创建之时有效。

（3）RFC 5126[20]中概述的改进 shell 或混合模型规定，如果签名创建时在 shell 模型中是有效的，例如签名创建时整个 CA 链有效，那么最终实体签名就是有效的。

后两种模型的缺点在于，即使底层信任链已遭破坏，例如 CA 链中某个证书因密钥泄露而被撤销，但最终实体签名仍然有效。

10.5.3 公钥密码体制

公钥密码体制提供公开加密密钥不同于保密解密密钥的成对密钥。此类密码体制位于 PKI 的核心，因为它们：①提供了使用 CA 的私钥对数字证书的散列值进行数字签名（例如加密）的方法；②能够验证数字证书的完整性：使用 CA 的公钥解码先前编码的散列值，并将之与由证书计算得出的散列值进行比较（因而提供授权证明）；③允许设备对消息进行数字签名或解密（因而提供消息机密性、消息完整性和对等认证）。

RSA 和椭圆曲线密码（ECC）是两种流行的公钥密码体制。RSA 基于因数分解两个大质数乘积的实际困难度，而 ECC 基于有限域上椭圆曲线的代数结构，是相对较新的公钥密码。

RSA 算法多年来广泛应用于 PKI，其算法复杂度比基于 ECC 的算法低很多，但需要更长的密钥长度才能提供同等的安全性。因此，ECC 被认为比 RSA 更快速，已成为资源受限的嵌入系统的公钥密码体制之选。举个例子，3072bitRSA 密钥的密码强度才相当于 256bitECC 密钥或 128bitAES 对称密钥。

ECC 已被美国国家安全局颁布的套件 B 密码（Suite B Cryptography）加密算法采用。该密码体制有一系列标准化 ECC 曲线和参数，其有效密钥长度在 160～512bit 之间[21]。然而，一些 ECC 算法还存在几个未解决的专利和许可问题。

10.5.4 散列函数

加密散列函数是将可变长度位串转换为固定长度散列值的单向函数，用于数字签名证书。散列函数有 4 个重要的数学和算法特性：应具备低计算复杂度，同时还是不可逆的“单向”函数。此外，应无法在不改变散列值的情况下更改输入，且同一散列值无法对应两个不同输入。后两个要求也称为强抗碰撞性和弱抗碰撞性。

目前在用的不同散列算法中有好几种经得起未来考验，最著名的是 SHA-2 和 SHA-3 算法，具备 224～512bit 可自定义散列长度。MD5 和 SHA-1 等旧有散列函数正逐渐被淘汰，因为这些散列函数被认为不再足够安全（如抗碰撞性）。

10.6 物联网公钥参考基础设施

10.6.1 证书格式

相比 DER 编码的证书，自描述或非自描述 CVC 对资源的需求更低。然而，大多数现成的开源认证协议实现（如 OpenSSL）仅支持 DER 编码的证书，只有极少数实现支持非 DER 编码的证书[23]。

因此，许多物联网实现，尤其是基于 TCP/IP 协议栈或需要互联网互操作性的那些，不得不使用标准 DER 编码的 X.509 证书。

与此相反，在证书存储空间稀缺但又必需 DER 编码证书的情况下，可以考虑采用下列证书转换过程：

（1）CA 使用其私钥签名 DER 编码证书并返回给 RA。

（2）RA 执行证书解析器，抽取签名散列等设备特定的非通用证书字段，并复制到非自描述 CVC 的相应字段中。此处假设特定字段是静态且相同的，或者特定部署中的所有设备都可预测（例如，版本字段或根 CA 引用）。

（3）RA 将此 CVC 转发给设备保存。

（4）在须出示原始 DER 证书的场景，设备会解析此 CVC 并重新构建。

10.6.2 证书生命周期和设备证书数量

单个设备中嵌入的多个证书可以：

（1）在不同的时间段内有效（因而降低证书在其生命周期内的风险）。

（2）按需远程激活/禁用，如果证书已确认遭泄露的话。

（3）用于不同目的（例如网络控制与设备控制操作）。

除了额外的存储需求，上述场景也意味着可以访问安全时间或管理接口来启用/禁用证书，从而为网络攻击打开其他潜在的后门。

因此，可以设想，除非上述问题已解决，否则物联网设备就只包含一个通用证书，且其生命周期就是该设备预期的使用寿命。受损设备（例如证书遭泄露的设备）应被丢弃或回厂重刷。

同样，根 CA 证书的有效性须扩展涵盖到其控制下的所有网络的使用期限，而中间 CA(iCA)证书的有效期可以更为严格，例如受到所服务网络的预期使用期限的限制。

上述证书运行在改进 shell 有效性模型之下，以在线证书验证机制作为补充，如 10.6.7 节所讨论的那样。

10.6.3 组合身份与属性证书

物联网设备认证与授权需要额外的可自定义设备凭证，超出了 X.509v3 身份证书中标准字段的能力和用途。属性证书不是填补这一空白的可行解决方案，因为：

（1）物联网设备不随时间流逝而改变，因而设备属性和身份证书可以拥有相同的生命周期；所以，从概念上讲，没必要支持两种不同的证书类型。

（2）多个证书需要额外的证书存储和解析空间。

（3）多种证书类型增加了 PKI 的管理开销。

不过，身份证书中额外的设备属性存储可通过 X.509v3 证书的扩展字段获得。扩展字段由以下部分组成。

（1）标识扩展类型的 OID。例如，爱尔兰网络安全组 OSNA 颁发的设备证书使用 OSNA OID 前缀为 1.3.6.1.4.1.44409 的证书扩展。

（2）表明扩展是否关键的标志，即扩展是否包含重要信息。依赖方如果不识别关键扩展，即不支持此扩展，应认为证书无效。如果扩展被标记为不重要，那在不理解的情况下可以忽略。

（3）实际扩展字段。

如果缺乏标准化框架来编码在证书中包含授权凭证的设备属性，就必须定义特定于域的自定义 OID 扩展。例如，体域网中可穿戴医疗传感器的设备属性可以考虑使用以下扩展（上述 OSNA OID 之下）及其可能的值（表 10-2）。

表 10-2　医疗设备描述符及其 OID

OID 后缀	名称	数值含义
1	设备类型	“1”：血糖仪 “2”：单信道 ECG 监测仪 “3”：胰岛素泵 “4”：网络控制器
2	对等通信权限	“1”：无对等设备数据访问权限 “2”：传感器数据只读权限 “3”：对等设备完全控制权

由于每个设备都有具备上述描述符的自定义组合身份与属性证书，以及相应的认证/授权协议实现，因此可以确保：

（1）网络控制器只会连接类型为“1”“2”或“3”的传感器。

（2）传感器只会与设备类型为“4”的网络控制器建立点对点连接。但血糖仪（设备类型为“1”）还会接受来自胰岛素泵的连接请求。

（3）胰岛素泵具备对等通信权限级别“2”，可以从权限级别为“1”（如心电图 [ECG] 监测仪）的血糖仪获取读数。

（4）网络控制器的权限级别为“3”，可以完全控制整个网络。

与设备属性类似，X.509v3 证书通过两个附加扩展字段 KeyUsage 和 ExtendedKeyUsage 规范其公钥的用途和范围。关于上述示例，这些字段表明网络控制器是否能够签名并分发固件更新，或者是否能够生成并签名其他网络设备的撤销列表。

10.6.4　物联网对等认证协议

在物联网部署中，设备可以同时与一个或多个节点建立多个点对点连接。每个连接都基于端点的授权级别；例如，执行特权指令或访问保密传感器数据。从协议栈的角度出发，安全设备认证与通信必须在数据端点之间进行，例如从进程到进程。因此，应在数据链路或网络协议之上选择应用层认证与通信协议。

在基于 IP 的环境中，所选应用层协议是传输层安全（TLS）协议。TLS 与 X.509 身份证书密切相关，因为在初始握手阶段会交换和验证两个对等节点的证书，并使用证书中编码的公钥协商会话密钥。

TLS 历经多次迭代，但若要应用到物联网部署，则推荐使用其 RFC 5246[24]中描述的最新版本（v1.2）（注：2018 年 8 月发布了 TLS 1.3 版）。特别是，必须符合 RFC 6176[25]的建议；例如，TLS 会话不会协商使用安全套接字层（SSL）v2.0，因为后者存在已知安全缺陷，包括加密采用弱散列函数（如 MD5）、不受保护的握手消息（可致中间人诱使客户端选择较平时更弱的密码套件），以及中间人插入 TCP FIN（结束）消息导致的会话终止。

此外，在物联网通信场景中，需配置 TLS 提供客户端认证的握手，供对等节点相互交换和验证对方的证书。这与 TLS 的典型应用（即安全互联网浏览）相反，典型应用中客户端仅验证服务器证书。

最近在依照 RFC 6520[26]实现的 OpenSSL 中发现的心脏出血（Heartbleed）漏洞，以及陆续披露的某些政府机构大量捕获并存储加密网络通信（供以后进行密码分析）的事件，更加强调了完全前向保密（PFS）的必要性。PFS 是密码系统的一个特性，确保导出自一系列公钥和私钥的会话密钥不会因为此后某个私钥遭泄露而受损。TLS 可通过强制使用瞬时 Diffie－Hellman 密钥交换建立会话密钥来实现 PFS。

而且，现有 TLS 实现不提供验证证书中编码授权级别的功能，因为这些都是自定义的扩展。不过，各种 TLS 实现支持握手阶段的可选回调函数，可供集成此类功能。

10.6.5 CA 层次结构

当今互联网中，信任由超过 600 个公营证书颁发机构提供，这些机构通过 CA 层次结构相互连接。这一树形层次结构由顶层自签名证书根 CA 和一系列中间 CA 构成，中间 CA 的证书由另一中间 CA 或根 CA 签名。为推动信任链验证过程，每个证书都包含 IssuedTo 和 IssuedBy 字段。原则上，这种信任网络中任意 CA 颁发的设备证书都可作为 TLS 握手的一部分进行验证。但是，最近 CA 机构中的高层数据泄露（如 2011 年的 Comodo 数据泄露事件）[27]和证书盗窃或伪造已表明，该分布式信任网络存在一些重大缺陷。

物联网部署可能只在其边界内运行，比如，可能没必要颁发可以全球验证的证书。而且，物联网 PKI 必须严密控制设备证书的生成，同时赋予供应商和系统集成商即时颁发证书的能力。

因此，建议采用由一个根 CA 和一系列中间 CA（iCA）构成的两层 CA 层次结构，如图 10-6 所示。每个 iCA 由一组明确的利益相关者（例如设备制造商）使用。取决于其规模，此类 PKI 会为单个部署（如专用家庭自动化网络）、单一应用类型（如无线医疗设备网络）或单个客户（如单个公共事业公司的智能电表/智能电网基础设施）颁发设备证书。

从设备的角度看来，这种两层组织结构的主要优势在于，每个节点仅需要两个 CA 证书（即根证书及签名其证书的 iCA 证书）来验证 PKI 颁发的每个证书，即使该证书是由另一个 iCA 签名的。

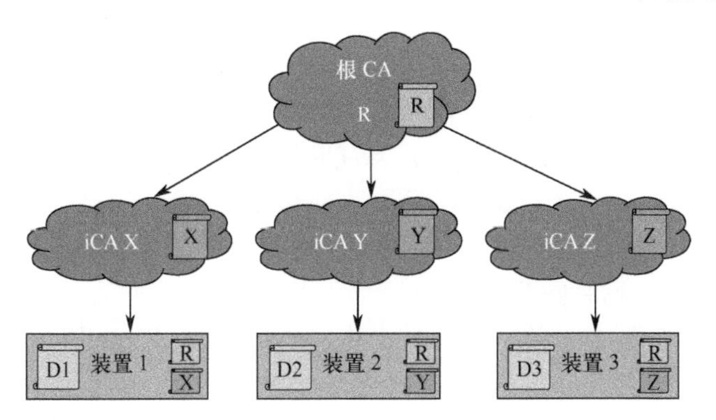

图 10-6　两层 PKI 中的证书分发，其中 R、X、Y、Z 为 CA 证书，D1、D2 和 D3 是设备证书。

10.6.6　证书生成

嵌入式系统通常不适合生成自身公-私密钥对，因为它们没有足够的熵来提供充分随机数。因此，作为设备与 CA 间接口的注册机构（可选择结合加密硬件支持）必须介入并提供此类数据。RA 必须在证书颁发给设备之后处置所生成的全部密钥材料，否则如果 RA 受到损害，则整个部署的完整性可能会受到影响。

与之类似，每个 RA 都需要一个合适的接口将材料安全地传回设备（例如，通过 JTAG 接口），也需要合理的机制来获取插入到设备证书里的设备特定属性（如 MAC 地址、设备功能等）[28]。

设备证书的颁发和存储必须在可控、可审计的安全环境中进行；例如，在制造车间，而不是在网络部署或集成现场这种可以更容易地破坏此过程的环境。

10.6.7　证书验证

物联网部署须能抵御外部网络攻击，因此，最好是自给自足的，并尽可能与互联网隔离。上述两层 CA 层次结构实现了这一点，该层次结构允许在 TLS 握手期间进行简单的证书验证如下。

（1）正如上面提及的，每个设备都持有（自签名）根 CA 证书的副本，以及自身设备证书和签名该设备证书的 iCA 证书副本。

（2）在初始握手期间，两个设备交换各自设备证书。如果两个设备证书均由同一 iCA 签名，验证就采用此 iCA 证书中嵌入的公钥进行。

（3）如果设备是从不同 iCA 收到证书，便交换 iCA 证书并用根 CA 的公钥进行验证。

PKI 可以在证书到期前作废（例如撤销）信任链中的证书；例如，与 iCA 证书的公钥相对应的私钥已被泄露的情况下。正如最近发现的 Java 运行时环境配置漏洞所凸显的，在握手完成前执行证书状态检查是很不错的操作：该漏洞导致恶意

Java 代码（由被盗已撤销证书签名）在客户计算机上执行[29]。

如前所述，X.509 提供了以下两种主要机制来验证证书的状态。

（1）证书撤销列表（CRL）是 CA 或 CRA 签名的已撤销证书的列表。CRL 更新一般通过向 CRL 中插入新撤销的证书，或编译为增量 CRL。希望获取撤销信息的设备需从某个存储库下载 CRL，并本地处理此 CRL。因此，CRL 解决方案不适合资源和带宽受限的物联网节点。

（2）RFC 2560[30]中定义的 OCSP 允许客户端通过 OCSP 服务器实时查询单个证书的状态。已撤销的证书可即时添加进去，令 OCSP 的响应性远高于 CRL，更适合物联网部署中的实时证书状态验证。但是，如果 OCSP 服务器返回证书的“OK”消息，则设备应仅保留与另一个客户端的连接。这会使 OCSP 服务器成为单点故障，因为对服务器的 DoS 攻击将会阻止其响应请求。

RFC 6066[31]也称为 OCSP 装订（注：正式名称为 TLS 证书状态查询扩展），为 OCSP 面对 DoS 攻击的脆弱性提供解决方案。该解决方案中，客户端定期请求 OCSP 服务器验证自身证书，并本地保存验证响应（由服务器打上时间戳并进行数字签名）。发起新 TLS 握手时，设备向另一对等节点发送其自身证书和此 OCSP 响应。这么做可以顶上 OCSP 服务器暂时不可用的缺。

然而，OCSP 装订仅运行在 TLS 连接握手期间，并不支持连接建立后的证书验证。由于物联网设备终止连接再重新握手的开销通常不低，所以有必要考虑扩展 OCSP 装订，实现已建立连接的证书验证。该功能可以参照 RFC 6520 中的 TLS 心跳扩展实现，以便能够在 TLS 记录层上实现两个对等节点间的 OCSP 更新查询与响应。

10.7 本章小结

引入和管理信任将是物联网面临的一个重大挑战，由于缺乏信任管理基础设施提供的健壮、通用和可验证的信任凭证，设备间通信的数据机密性和完整性的基本要求，以及对等认证和授权，不会得到充分满足。

本章概述了提供信任的感知问题和潜在的解决方案，并提出了一种适用于物联网的可扩展且健壮的信任管理解决方案。此解决方案以严格限制的公钥基础设施与基于 X.509v3 和自定义扩展字段的组合身份/属性证书为基础。

参 考 文 献

[1] S. Ganeriwal, L. K. Balzano, M.B. Srivastava, Reputation-based framework for high integrity sensor networks. *ACM Transactions on Sensor Networks*

(TOSN), 4(3), 15, 2008.

[2] K. Moriarty, S. Parkinson, A. Rusch, M. Scott, PKCS #12: Personal Information Exchange Syntax v1.1, RFC 7292, July 2014.

[3] R. Falk, S. Fries, Managed certificate whitelisting—A basis for internet of things security in industrial automation applications. *SECURWARE 2014, The Eighth International Conference on Emerging Security Information, Systems and Technologies*, 2014, Munich, Germany.

[4] G. Guo, J. Zhang, Improving PGP web of trust through the expansion of trusted neighborhood. *IEEE/WIC/ACM International Conference on Web Intelligence and Intelligent Agent Technology (WI-IAT)*, 2011, University of Saskatchewan, Canada.

[5] C. Neuman, T. Yu, S. Hartman, K. Raeburn, The Kerberos Network Authentication Service (V5), IETF RFC 4120, July 2005.

[6] A. Arsenault, S. Turner, Internet X.509 public key infrastructure PKIX roadmap, IETF Roadmap, September 8, 1998.

[7] Technical Specification. XML Advanced electronic signatures (XAdES), ETSI TS 101 903, June 2009.

[8] Recommendations X.509 ITU-T, Information Technology—Open Systems Interconnections—The Directory: Public Key and Attribute Certificate Frameworks, August 2005.

[9] Recommendations X.690 ITU-T, Information Technology—ASN.1 Encoding Rules: Specification of Basic Encoding Rules (BER), Canonical Encoding Rules (CER) and Distinguished Encoding Rules (DER), July 2002.

[10] Morgan Simonsen's Blog. https://morgansimonsen.wordpress.com/2013/04/16/understanding-x-509-digital-certificate-thumbprints/

[11] J. A. Buchmann, E. Karatsiolis, A. Wiesmaier, *Introduction to Public Key Infrastructures*. New York: Springer Verlag, 2013.

[12] S. Farrell, R. Housely, An internet attribute certificate profile for authorisation, IETF RFC 3281, April 2002.

[13] L. Atzori, A. Iera, G. Morabito, The internet of things: a survey. *Computer Networks*, 54(15), 2787–2805, 2010.

[14] M. Bourlakis, I. P. Vlachos, V. Zeimpekis (editors), *Intelligent Agrifood Chains and Networks*, Wiley-Blackwell, 2011.

[15] Y. Li, Naming in the Internet of Things, Washington University in St. Louis, 2013.

[16] M. Bauer, P. Chartier, K. Moessner, Catalogue of IoT Naming, Addressing and discovery schemes in IERC projects V1.7, IERC-AC2-D1, 2013.

[17] J. Li, Y. Zhang, K. Nagaraja, D. Raychaudhuri, Supporting efficient machine-to-machine communications in the future mobile internet, *Wire-*

less Communications and Networking Conference Workshop (WCNCW), 2012, IEEE, New York.

[18] J. Shannon, H. Melvin, A. G. Ruzzelli, Dynamic flooding time synchronisation protocol for WSNs, IEEE GLOBECOM, 2012.

[19] D. Cooper, S. Santesson, S. Farrell, S. Boeyen, R. Housley, W. Polk, Internet X.509 Public key infrastructure certificate and certificate revocation list (CRL) profile, IETF RFC 5280, May 2008.

[20] D. Pinkas, N. Pope, J. Ross, CMS advanced electronic signatures (CAdES), IETF RFC 5126, February 2008.

[21] E. Barker, L. Chen, A. Roginsky, Recommendation for pair-wise key establishment schemes using discrete logarithm cryptography, NIST Special Publication 800-56A Revision 2, May 2013.

[22] W. Yu, C. Jianhua, H. Debiao, A new collision attack on MD5, *International Conference on Networks Security, Wireless Communications and Trusted Computing (NSWCTC '09)*, 2009.

[23] M. Schukat, Securing critical infrastructure, *The 10th International Conference on Digital Technologies*, 2014, Zilina, Slovakia.

[24] T. Dierks, E. Rescorla, The transport layer security (TLS) protocol version 1.2, RFC 5246, August 2008.

[25] S. Turner, T. Polk, Prohibiting secure sockets layer (SSL) version 2.0, RFC 6176, March 2011.

[26] R. Seggelmann, M. Tuexen, M. Williams, Transport layer security (TLS) and datagram transport layer security (DTLS) Heartbeat extension, RFC 6520, February 2012.

[27] P. Hallam-Bake, Comodo SSL affiliate; the recent RA compromise. https://blogs.comodo.com/uncategorized/the-recent-ra-compromise/.

[28] A. R. Metke, R. L. Ekl, Security technology for smart grid networks. *IEEE Transactions on Smart Grid*, 1(1), 99–107, 2010.

[29] E. Romang, When a signed Java JAR file is not proof of trust. http://eromang.zataz.com/2013/03/05/when-a-signed-java-jar-file-is-not-proof-of-trust/.

[30] M. Myers, R. Ankney, A. Malpani, S. Galperin, C. Adams, X.509 Internet Public Key Infrastructure Online Certificate Status Protocol—OCSP, RFC 2560, June 1999.

[31] D. Eastlake, Transport layer security (TLS) extensions: Extension definitions, RFC 6066, January 2011.

第 11 章　自组织“事物”及其软件代表的可信伙伴关系：物联网安全与隐私新兴架构模型

11.1　引　言

很多物联网难题都不是增量解决方案或应用已有模型能够解决的。由于当前的云技术和网络技术及其协议天生局限于几个预期场景，我们需要拿出新的架构模型[25]。本章中，我们将要介绍的一些示例包括实体命名、标识、移动性、设备标识符与定位符解耦、可扩展性、控制和管理、数据完整性、溯源，以及物理与虚拟资源联合编排等。

当前互联网命名非常有限，且不注重安全[6,14,36]，不存在“事物”的唯一标识。名称解析局限于将域名解析为互联网协议（IP）地址，不仅不支持服务名称，也不支持物联网场景的许多其他重要名称。命名在数据完整性与溯源方面也有重要作用，我们接下来将进一步讨论。

主机移动性导致服务会话状态发生变化[5]，引起应用行为不稳定。IP 地址同时具有两个用途：主机标识和定位。当节点从一个网络移动到另一个网络时，其定位应发生改变，使数据报能传送到新的位置；然而，IP 地址变更会影响将 IP 地址当作主机标识符的上层套接字。标识符/定位符分离是让节点在不改变自身标识符的情况下移动的一种方法，可以保持会话状态不变性[5]。当前互联网中寻址和路由的可扩展性也是令人担忧的问题[5-6,14]。

现实世界资源、服务和内容的联合编排也远远超出当前互联网支持的需求。用于设备控制和管理的现有模型是在设备数量小了几个数量级的时代设计的。物联网场景中的控制和管理需要自驱动的方法，降低运营成本，迎接即将到来的设备数量、交互性和流量规模考验。

在未来几十年里，面对这些问题，我们需要新兴的融合信息范式。从本质上讲，增量解决方案具有局限性，因为此类解决方案在规划时根本没有考虑到未来几年我们将经历的现实世界与虚拟世界间那令人惊叹的交互。很多科幻小说中的场景将以惊人的速度成为现实。生物传感器、植入物、监控设备、可穿戴电子设备、智能服装、令我们的生活更轻松舒适的住宅等都是即将到来的技术。增强现实、触觉系统、触摸界面、虚拟现实、半机械人、机器人、自组织装机、泛在计算都是跨现实世界和计算系统的技术范例。

在本章中，我们将讨论迈向未来场景的路径，探讨这些新兴技术如何协同、优雅、安静地融合在一起。我们从架构的角度讨论安全问题，而不是（如文献中通常所做的那样）从具体的点来讲述。我们先考察当前一些可能局限物联网潜力的重要架构限制（11.2 节），并介绍文献中解决这些明确短板的当代范式。然后，我们提出一种新型物联网架构模型，将这些范式整合到未来物联网架构中（11.3 节）。

该模型中，“事物群”由可信“服务群”代表和控制，这些服务群自我组织，从而建立所需的安全、隐私和信任级别。由于预期设备数量非常多，因此预计会有更多的自主行为[28]，降低物联网设备控制与管理的人为干预程度。我们将再次讨论命名与名称解析的作用，并将之与源身份验证和数据完整性及溯源联系起来。对名称绑定的分布式存储的支持，使表示现实世界中事物、服务和内容之间的关系成为可能。我们需要的是集成生命周期循环的物理资源、内容和服务，采用基于信任的新兴安全和隐私方法实现生命周期循环。

此新兴架构模型在名为 NovaGenesis（NG）的信息与通信技术（ICT）架构环境中开发[1]。NG 始于 2008 年，旨在将许多未来互联网（FI）要素整合到一个融合信息架构（CIA）中。CIA 仅集成一个设计信息处理、存储和交换[2]，比旨在组合各个计算机网络的互联网更广泛，支持端到端计算机程序（进程）通信。相比当下的互联网，CIA 更深入地应对物联网挑战，因为物联网需求不仅广布各项网络技术，还横跨云计算、分布式计算和移动计算。图 11-1 示意了这一概念。

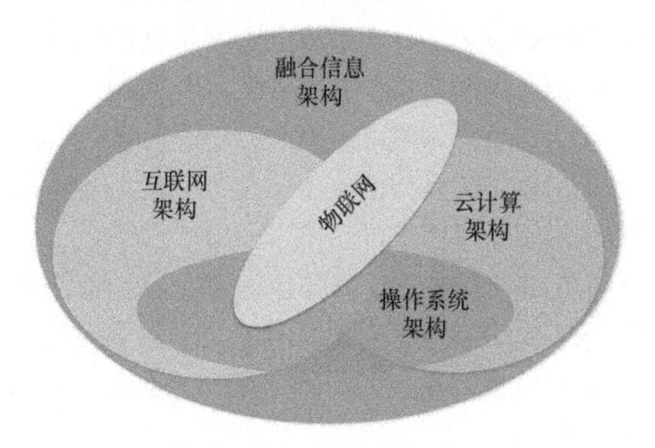

图 11-1　操作系统和云计算架构重在计算机节点，即节点内部信息处理、存储和交换。互联网架构旨在计算机网络互联，即全球节点间信息交换。融合信息架构整合全球范围内所有此前的信息处理、存储和交换架构。

NG 是集成了信息中心网络（ICN）[38]、服务中心网络（SCN）[8]、面向服务架构（SOA）[26]、软件定义网络（SDN）[1,20]等热门 ICT 主题的 CIA。在 NG 中，上下文感知服务建立基于合约的协作，借此实现网络运营商目标、规则和条例。能源感知与容断/容迟通信功能已启用。物联网设备、服务和内容已命名并协同集成，以满足极具挑战性的物联网先决条件。NG 提出了一种新的控制和管理模型，其中物理设备由称为代理网关控制器（PGC）的命名服务表示[1]。这些 PGC 公布节点功能，协商并建立合约，封装 NG 消息，并根据软件实现的控制器配置设备。

NG 实现了一个实验性的概念验证，检验了该模型的多个方面。有鉴于上述情况，本章在 11.4 节以一个示例场景结束，基于当前概念验证设计阐述所提出的架构。

11.2 物联网当前技术限制与新兴解决方案

当今时代，物联网技术应用随处可见，其中[24]：

（1）IEEE 802.15.4：这是适用于低功率、低数据速率、短距离无线电覆盖传感器和执行器网络的无线通信标准[15]，在 IEEE 802.15 个人局域网（PAN）工作组内开发。其典型数据速率为 250kbit/s，最大数据包大小是 127B（字节），因此可用有效载荷限制在 86B 左右，最高 116B。该标准定义了物理层（16 个直接序列扩频信道）和媒体访问控制（MAC）层；可应用于多跳网络，但需要全时段开启广播。该标准采用单通道接续制，存在多径衰落和阴影问题。

（2）IEEE 802.15.4e：采用时间同步信道跳频（TSCH）技术避免干扰、阴影和多径衰落[24]。这个电气与电子工程师协会（IEEE）重新设计的 MAC 协议支持相邻节点间通信的集中式或分布式时隙调度，采用时频结构使用特定时隙/频率信道在相邻站点间创建虚拟链路。该标准没有定义特定虚拟链路的时隙/频率对调度方法。

（3）消息队列遥测传输（MQTT）[17]：这是个“轻量级”消息传递协议，运行在传输控制协议/互联网协议（TCP/IP）之上。该协议遵循发布/订阅中心辐射范式，代理服务器异步转发消息到一个或多个感兴趣的节点。命名主题用于信息共享。发布者发往命名主题（例如“我家/一楼/客厅/温度”）的所有消息都会传递给代理。特定主题的订阅者从代理获取发布的信息。此协议提供了不可知的二进制载荷。节点必须连接代理服务器。

（4）高级消息队列协议（AMQP）[35]：AMQP 是开放标准消息中间件规范，基于面向主题的消息队列范式，可供以不同语言编写的不同平台产品交换消息。尽管是个标准化协议，但并非每个实现都完全遵循了这个标准。完整的 AMQP 标准由具有内部路由功能的发布者、订阅者和代理组成。AMQP 规范（版本 1.0）定义了用于发布者/订阅者与其消息代理通信的线路级协议。代理可基于一系列规则或标准修改入站消息，决定需要将消息转发到哪个队列来送达一个或多个订阅者。

（5）数据分发服务（DDS）[27]：DDS 拥有全局数据空间（GDS），节点可使用主题和关键字发布/订阅（pub/sub）数据。数据对象采用自然语言操作。本地对象缓存可由全局数据提供。还支持服务质量（QoS）合约。DDS 使用所谓简单发现协议（SDP）自动化发布者与订阅者的发现。

（6）基于低功耗无线个人局域网的 IPv6（6LoWPAN）：IPv6 数据包对于 IEEE 802.15.4 而言太大了。6LoWPAN 为分段和重组 IPv6 数据报提供了适配层。如图 11-2 所示，6LoWPAN 属于互联网工程任务组（IETF）物联网协议栈[34]，提供 IPv6 报头压缩功能。6LoWPAN 协议数据单元（PDU）可直接在 IEEE 802.15.4 上封装。不过，802.15.4e 需要 6top 适配协议。

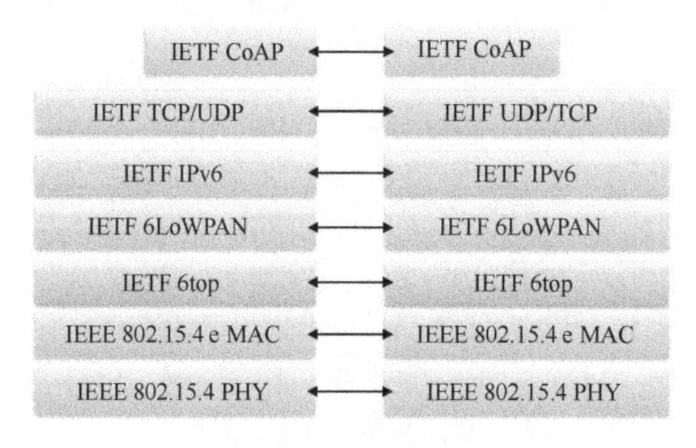

图 11-2　结合 IETF 和 IEEE 标准的物联网协议栈

（7）6TiSCH 操作子层（6top）：基于 IEEE 802.15.4e TSCH 模式的 IPv6（6TiSCH）提供准入或撤销 TSCH 网络节点的机制，包括使用相邻节点的可用时隙/频率信道来调度连接该节点的虚拟信道，还进行了必要的调整，可以支持适用 802.15.4e 节点低功耗有损网络(LLN)的 IETF 路由协议。

（8）受限应用协议（CoAP）：为 REST 风格 LLN 提供专用 web 传输协议。每个设备都有一个统一资源标识符（URI）。不同于超文本传输协议（HTTP），CoAP 使用用户数据报协议（UDP）而非 TCP 来支持低复杂度解析的异步消息交换。HTTP-CoAP 映射是标准化的。

（9）GS1 EPCglobal：EPCglobal 是一项 GS1 倡议，旨在为电子产品代码（EPC）制定行业驱动的标准，支持在当今快速移动、信息丰富的交易网络中使用射频识别（RFID）。尤其是 EPC 信息服务（EPCIS），作为一项 EPCglobal 标准，旨在实现企业内部和企业之间与 EPC 相关的数据共享。这样一来，数据加密至少在不同公司间传输数据时就很恰当了，因为这种情况下用的是通用互联网链接。

MQTT 通常用于机器到服务器（M2S）场景，而 AMQP 一般用在服务器到服务器（S2S）场景。DDS 专注机器对机器通信。尽管 MQTT 不支持实时操作，但 DDS 的重点是支持设备间及时数据分发。至于与当下互联网的关系，MQTT 和

AMQP 在 TCP/IP 套接字上转发，而 DDS 明确规定了可靠实时发布/订阅线路协议 DDS 互操作性线路协议规范（DDS-RTPS），针对 UDP/IP 协议栈或其他数据封装（TCP/IP 或节点内直接共享内存）。除了传统 TCP/IP 协议栈，CoAP 还可运行在 6LoWPAN 之上。

MQTT 也可以采用传感器网络 MQTT（MQTT-SN）的改进型标准绕过 TCP/IP。该标准支持在 6LoWPAN 甚或 ZigBee 上直接传输 MQTT-SN 消息。发布者/订阅者建立到消息代理的 AMQP 连接。首先，他们必须打开 TCP 套接字，由初始交换消息定义双方的功能和限制。对于受限网络，每次连接都交换这些信息的开销很大，所以 AMQP 设置了一套机制来省略连续连接中的一些协商消息。尽管依赖现有互联网协议栈好处多多，但也存在许多局限，我们将在接下来的章节里看到这些限制。

MQTT、AMQP 和 DDS 的共同点在于采用了发布/订阅通信范式。该范式中，信息拥有者（主体）向授权的对等方发布测量数据。发布者和订阅者之间的互操作性可能会给 MQTT 造成问题，因为各对等方需在数据传输前商定消息有效载荷格式。DDS 是发布/订阅用于需要限制延迟的任务关键应用的一个例子。其挑战在于处理大量发布/订阅节点。京浩安（Kyoungho An）等人[4]探索了 DDS 发布/订阅发现协议的可扩展性。发布/订阅直接关系到架构安全和隐私。IETF 物联网协议栈没有采用发布/订阅模型，而是基于经典请求/回复模型。

特别考虑到物流和供应链领域，我们可以着重采用 EPCglobal 1 类 2 代标准[18]，该标准提供了 EPC 概念，可以唯一标识 RFID 标签中存储的物理对象。简单讲，EPCglobal 的主要目标是提供一个架构，方便从异构 RFID 环境采集并筛选大量原始数据，将之编译成可用数据结构，然后发送至计算系统。为达成这一目标，EPCglobal 定义了以下组件[30]：RFID 读取器（也指 RFID 传感器）；采集和筛选 EPC 数据的应用层事件（ALE）；用于存储 EPC 数据和在 EPCglobal 网络上交换此数据的 EPC 信息服务（EPCIS）；作为 ALE 和 EPCIS 中间件的 EPC 捕获应用，用于规范前者向后者发送数据的方式。每个公司都有自己的一套组件，因此，我们的想法是提供一种标准的方法，用以从特定应用领域（例如供应商、企业、分销商、客户、楼宇、用户等）所涉合作伙伴之间的对象捕获数据，从而产生价值。

鉴于传感器及相关设备所产生数据的潜在规模，我们需在网络内处理与聚合技术和将数据流出到外部支持系统之间做出权衡。这种权衡绝非易事，取决于分布式传感器网络、传感器网络与支持系统之间的通信信道，以及支持系统自身的能力。某些情况下，网络延迟或间歇性连接可能阻碍外部支持，需要物联网节点提供更多算力。这种平衡可能会影响节点上花费的能量，从而限制节点在安全问题上花费的能量。

下面的章节中，我们将分析这些技术与未来 ICT 架构的新兴范式如何关联。我们认为，物联网面临的挑战与当今互联网面临的挑战类似。我们将从这些先进范式的角度重点阐述上述技术的几个局限，主张需要更多协同方法来最大限度地发挥物联网的潜力。

11.2.1 命名与名称解析

名称存在于人类思维中。人们喜欢用名称来表示物品。名称是用来表示一个或多个存在的符号。这种情况下，表示意味着用标志代表某物。根据定义，名称表示内涵和意义。然而，有些名称是近乎随机生成的，具有“弱语义”。可以给一辆车命名为“xyzwertyu”，但这种名称仅对该车辆拥有者或其他与之关系密切的人有意义。另举一例：可以用通常具有“弱语义”的一系列符号来表示一辆车，即，车牌上的数字和字母（如图 11-3 中的 1ABC234）。或者，也可以用车辆的品牌命名，例如“Bugatti Veyron”（布加迪威龙）这种较“强语义”的名称。最后的例子是散列算法输出获得的二进制字。该二进制字（也称为散列码）可用作名称：自验证名称（SVN）。这种情况下，散列函数的二进制输入可以是物体自身的物理存在（例如计算机程序可执行文件、源代码或信息文件），或者与被命名的实体相关的其他二进制输入（例如实体的长久属性）。在第一种情况下，名称被认为是可自验证的，因为在任何时候，该存在的二进制字都可以被再次散列，从而得到完全相同的名称。在第二种情况下，不会改变的物理存在属性可以重新数字化，从而验证其名称。图 11-3 展示了几个为物理存在和虚拟存在计算出的散列名称。例如，“Hash 1”（散列 1）可从美国“Bidwell Mansion”（比德维尔大厦）的物理比例等长久属性获得。“Hash 2”（散列 2）可由底盘号或序列号等车辆属性导出。“Hash 3”（散列 3）可以基于人体生物特征。“Hash 4”（散列 4）可从设备序列号或处理器唯一 ID 算出。“Hash 6”（散列 6）可由整个可执行二进制文件产生。

新兴范式，例如信息中心网络（ICN）[12,14,38]和服务中心网络（SCN）[3,8,37]，将命名置于架构设计的核心。依照这些新兴方法，以主机为中心的互联网不再适合内容分发、网络内缓存、基于名称路由、名称解析和命名服务链等现代需求。基于名称路由指的是在包头中采用内容或服务名称而非 IP 网络地址的一种路由方式。名称解析指通过名称定位实体，就像当下互联网中将域名解析为 IP 地址一样。基于名称的服务链指使用服务名称而非其位置来创建服务链。这些新兴范式的作者主张内容和服务应该直接命名，独立于主机命名。这样一来，套接字和统一资源标识符（URI）就不能满足需求了。在当前互联网上实现这些新想法的唯一途径是将万维网作为覆盖使用。这些范式希望用名称替换当下的 TCP/IP 协议栈“窄腰”。当下的互联网命名解决方案，无论是 v4 还是 v6，都对物联网有着巨大影响。物联网也需要信息对象命名、网络内缓存或命名服务链等上述改进来提升其功效、安全性、溯源、流动性支持。

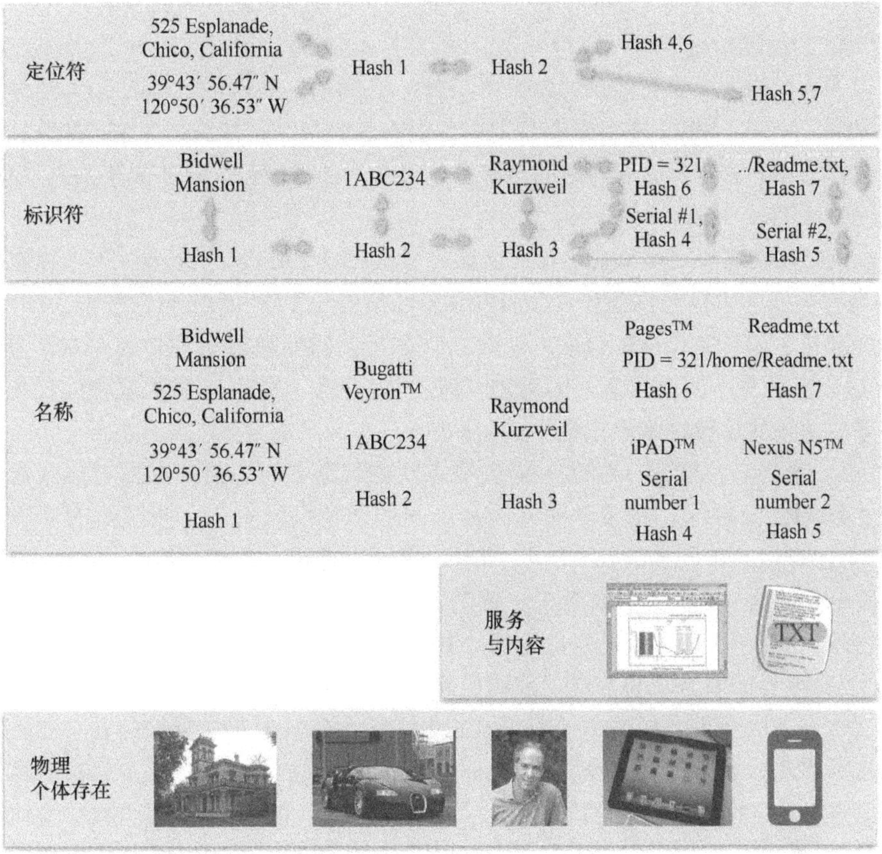

图 11-3　人们将“弱语义”和有意义的名称加诸于物理（如车辆或房屋）和虚拟存在（计算机程序或文件）。如果这些名称在一定范围内是唯一的，就可以用作标识符和定位符。因此，名称之间的绑定（或称名称绑定）可以捕获虚拟和物理存在之间所有类型的关系。它们可以表示“包含”、“被包含”或“邻近”等语义关系。本示例场景中，车辆“邻近”房屋，“包含”平板电脑和智能手机。此外，人“被包含”在车里。

一些现有物联网技术提出增量解决方案来克服互联网命名局限。MQTT 采用统一码转换格式（UTF-8）字符串来创建分层命名主题，促进发布者和订阅者的对接。MQTT 代理根据主题筛选消息。主题形如：“巴西/米纳斯・吉拉斯/圣丽塔・萨普卡/伊内塔尔/房间 II-17/温度”。然而，MQTT 主题属于人类可读名称类别[14]，因而受制于：与产生该信息的现实世界实体的弱绑定；对名称可信度的安全依赖；以及面对恶意相似名称类网络钓鱼攻击的脆弱性。

Sastry 和 Wagner 分析了 IEEE 802.15.4[32]的安全问题。地址是 IEEE 定义的 64 位扩展唯一标识符（EUI-64）。这些地址包含标识节点背后组织和公司的数字。由于 IEEE 直接参与这些 ID 的生成，所以提供了与现实世界机构的名称绑定。IEEE 802.15.4e 的情况与之类似。

很多人将 IPv6 寻址视为 IPv4 和 IPv6 之间的主要改变。这是因为全球有效 IPv4 地址已耗尽。IPv6 被用来命名主机。由于其大尺寸（128bit），6LoWPAN 出现了。IETF 6top 标准为加入网络的节点分配 16bit 的标识符。目前尚不清楚这些 ID 是如何生成的。

CoAP URI 定义为：coap[s]: <host>: <port>/<path> <query>。可以看到，URI 具有类似的主机名称依赖。CoAP 遵循经典的 HTTP 请求/响应模型。IETF 用代理标准化了 HTTP-CoAP（HC）映射。TCP 连接需要映射 HTTP 到 CoAP 方向的 UDP 分段。两种不同协议之间的 URI 需要 URI 映射：这是一项很复杂的任务，例证了采用两种协议栈会制造出更多的复杂性。

DDS 全局名称空间（GNS）提供节点间的数据中心通信。数据对象（内容）通过主题和密钥寻址。发布者和订阅者之间的通信仅发生在主题匹配的情况下。DDS 主题可以有不同的语法，并以脚本编程语言指定，如接口定义语言（IDL）、可扩展标记语言（XML），或者统一建模语言（UML）等。主题名称通常是自然语言字符串，例如用于温度相关主题的“TempSensorTopic”（温度传感器主题），并且与 32bit 整数标识的域名绑定。密钥也是整数，用于标识同一主题的记录。

这些例子展示了物联网技术中命名的多样性。命名在 ICT 架构的安全和隐私中起到重要作用，物联网也不例外。Ghodsi 等人[14]主张自验证名称（SVN）具有比自然语言名称（NLN）更好的安全属性，因为 SVN 可以直接验证名称与实体间的绑定。SVN 融合与物联网是现今很大程度上尚未深入探索的两大主题。目前上述技术无一使用 SVN，而且很多技术即使想用也没条件使用。这是物联网有待弥补的巨大空白。

11.2.2 标识符/定位符分离

只要在一定范围内是唯一的，名称就可用作标识符。这个范围可以是一个域、一座城，或者一个国家。因此，要在一定范围内当成标识符使用，名称就必须在此范围内是唯一的。例如，某个小城市中，“John Smith”可以作为标识符使用，而在其他大城市里面可能不止一个人叫这个名字。所以，我们可以将标识符定义为在某种程度上将某个个体存在与其他个体存在明确区分开来的符号。名称“Raymond Kurzweil”标识这位全球闻名的企业家兼发明家。

定位符表示个体存在位于或依附于某个空间的当前位置。空间是某个体存在位于或依附于的所有可能位置的集合。因此，可以从特定空间定义确定两个存在间距离多近或多远。有趣的是，如果可以从名称的解释中得出距离的概念，则名称也可以是定位符。例如，地理坐标系由三个名称组成：纬度、经度和海拔。在图 11-3 中，以美国著名的“Bidwell Mansion”（比德维尔大厦）为例。名称“39° 43' 56.47"*N* 121° 50' 36.53"*W*”，还有地址“525 Esplanade, Chico, California”，都可用作这个物理存在的定位符。甚至，如果全国范围内唯一的话，标识符“Bidwell Mansion”也可以用作定位符。有趣的是，通过某些映射机制可以导出名称为“Bidwell Mansion”、“39° 43' 56.47"*N*”和“1ABC234”的实体之间的距离概念。

IP 网络地址具有两个功能[5]：不仅是 IP 网络（或子网）上路由的数据报定位符，也是 TCP/IP 协议栈上层的主机标识符。IP 地址，连同端口号和所用传输层协议（TCP 或 UDP）信息组成互联网套接字的一部分。服务采用套接字标识其他目标服务。因此，若计算机从一个网络移动到另一个网络，其 IP 地址会发生改变，影响已建立的套接字，造成会话状态不稳定[5]。而且，我们可以看到，该解决方案将服务名称与主机定位符绑在一起，妨碍了服务独立于主机位置进行通信。此外，这么做还会模糊标识符，因为标识符将被限制在自治系统中：位于网络地址转换器（NAT）屏障之后。

借助标识符/定位符分离，应用和传输层就能使用标识符标识节点，而网络层可以使用定位符在拓扑中对其逻辑定位，并在节点间路由数据包。将用于标识节点的名称与新的定位符重新绑定可以支持移动性。图 11-4 展示了互联网节点移动性的当前状态，以及自验证名称（SVN）作为标识符和定位符的未来解决方案。

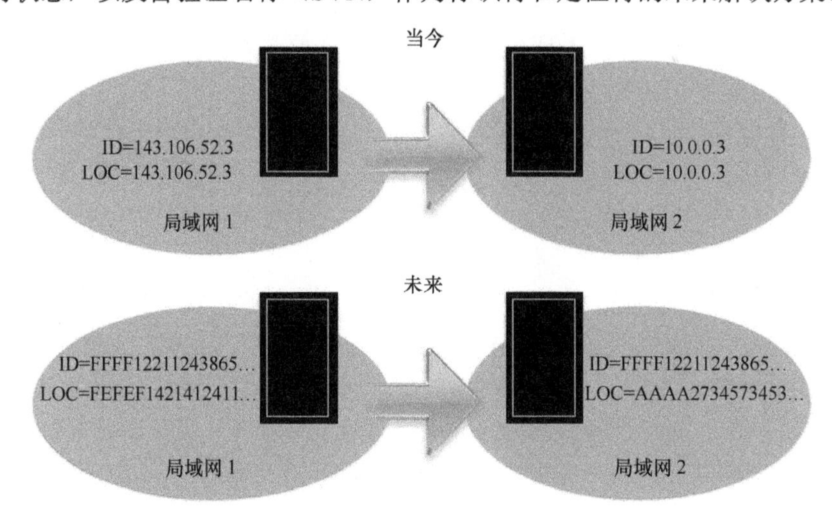

图 11-4　当前互联网中，节点从一个网络移动到另一个网络时，其 IP 地址发生改变（从 143.106.52.3 变为 10.0.0.3），影响节点标识符（ID）与定位符（LOC）。定位符发生改变不会产生问题，但改变标识符会造成上层应用中的状态不一致。在将来的架构中，标识符和定位符解耦。标识符仅在实体本身变动时会发生改变。很多新兴 ICT 方法使用自验证名称作为标识符或定位符，但在物联网全景图中这远非现实。

大部分现有物联网技术不支持传感器和执行器的标识符/定位符分离。结合移动 IPv6（MIPv6）的 6LoWPAN 可能是个例外。Montavont 等人[22]主张 MIPv6 可与 6LoWPAN 成功结合使用。Kim 等人[19]提出了一种基于标识符/定位符分离的无线传感器网络移动性支持方法。他们还主张，尽管存在能量特征，但节点仍可支持标识符/定位符分离。

至于物联网服务，CoAP 没有将 URI 与定位符解耦。DDS 采用 SDP 进行服务发现。SDP 基于专门的主题提供服务公布与发现，因而支持标识符与底层网络定位符解耦。为此，主题名称应映射到 DDS-RTPS 定位符。

我们可以预期大部分物联网设备将是移动的。因此，物联网架构应支持标识符/定位符分离。然而，联网设备不是物联网场景中唯一移动的东西。服务移动性也是一项前提。服务标识符/定位符是基于互联网的面向服务架构(SOA)中一个尚未广泛探索的问题。物联网服务需要长久持续的标识符，以便能够独立于其定位符加以访问。此外，为改善信息的可追溯性和溯源，也需要为服务和设备提供唯一的标识符。采用网络地址转换的物联网会创建不透明的标识符，割裂端到端可追溯性。

11.2.3 资源、服务和内容编排

我们设想了与设备间自发交互以及分布式系统对此的支持相关的挑战。例如，识别和定位传感器等设备常会创建和销毁设备间的关联。Presser 等人[28]认为，“社交设备”的概念不仅需要节点具有唯一标识，还需要节点能够发现对等节点并建立可信关系，包括服务水平协议（SLA）。

DDS 标准提供了公开节点兴趣的机制，以及每个节点可以提供的信息类型。DDS 自动连接订阅者和主题相关发布者。此外，节点（或支持系统）必须能够解释信息语义，朝着共同目标相互协作。MQTT 提供类似的服务间基于主题的协作。有趣的是，MQTT-SN 允许多个代理发现。

CoAP 提供足以应对低功耗有损网络（LLN）的表征状态转移（REST）Web 服务。IETF RFC 6690[33]定义了受限环境中的 REST 风格资源发现。此 RFC 提出的受限 RESTful 环境（CoRE）概念旨在执行适合当前物联网节点的高效 REST。其目的在于发现 CoAP Web 服务器背后的物联网资源及其属性和格式。对查询的响应是特定于 CoRE 的链接，标识并提供关于物联网资源的元数据。CoRE 提供了创建物理网络资源目录的途径。

物联网需要联合编排物理资源（传感器和执行器节点）、服务和内容/信息。当前技术分别实现这些编排，复制多个系统来处理每个架构组件的生命周期。

“语义丰富”的编排需要自然语言名称（NLN）支持。然而，如前所述，自然语言名称需与自验证名称绑定才能增强安全性。传播未加密的自然语言名称或自验

证名称以表达意图可能会侵犯用户或节点的隐私。尽管披露相关主题是语境化信息交换的基础，但公开披露所有兴趣就可能会影响人和机器的隐私了。

此外，所有方法都缺失了对物理资源及服务编排的 SLA 支持。对等节点需要连接在一起，物联网资源/服务间需要创建信任网络。而现行标准中显然缺乏管理发布者和订阅者间隐私与机密性程度的协议。内容处理、交换和存储需要通过安全的合约（即 SLA）加以管理，这些合约为可靠、私密、安全的操作、控制和管理创建所需的信任网络。

物理世界的资源需要由软件安全暴露出来，由软件代表这些资源与可信对等节点协商 SLA。这一过程需要更加自动化，减少对人为干预的依赖。面对物联网未来几十年里将达到的惊人规模，这一点尤为重要。我们需要创新方法对服务、内容和物理资源实施安全、集成的生命周期管理，这是物联网走向成功的必要条件。信誉系统、信任网络信息、实体社交行为、创新分布式算法、命名、名称解析，以及许许多多其他新兴方法，需要优雅整合到一起。表征、“语义丰富”的展示和订阅、受限资源，以及安全问题之间的平衡，对未来物联网技术的设计者提出了巨大的挑战。

11.2.4 安全、隐私与信任

作为分布式系统，物联网面对与分布式移动自组织网络（MANET）[9]相同的性能障碍和安全威胁。Zhang 在参考文献[39]中描述了对信任和信誉系统形成严峻挑战的一些常见攻击。

对安全构成威胁的控制系统可能会使用敏感信息，恶意节点可能试图传播虚假或损坏的信息。系统设计应最大限度地限制自私和恶意行为，并支持灵活的安全与隐私机制。

应用可能需要各种协议与安全机制。从简单的公钥基础设施（PKI）端到端安全信道，到分布式信誉和投票系统，我们可以使用各种精巧的协议，包括对称和非对称密码体制，加密密钥管理，认证、授权和记账（AAA）系统、阈值密码等。

网络本身的运行和管理也可能需要安全机制来验证真实性、完整性和信誉特征。可以综合使用多种分布式加密、信任、信誉和现有系统来推动产生整体信任解决方案，使之成为服务组合所构建应用的理想之选。

目前已提出了一些复杂的信任与信誉系统，其中几个甚至提供任何节点、消息或信息可用的分布式信誉与质量保证。设计出的模型包括以数据为中心的信任建立（DCTE）[31]框架和基于自适应进化的分布式应急协作[21]。

安全交换数据和习得知识的能力也是 Presser 等人确定的前提条件[28]。MQTT v3.1.1[10]仅提供通用的安全指南。MQTT 安全缺乏标准化的机制。但是，建议采用代理通过 TCP 8883 端口实现传输层安全。根据这一标准，MQTT 只是一个传输协议，安全机制并未纳入其考虑范围。Neisse 等人[23]讨论了 MQTT 安全问题，并提出了 MQTT 层策略实施规则。

AMQP 安全基于 TCP 上的 TLS，可以使用简单认证与安全层（SASL）或传统的安全套接字层（SSL）。访问 URI 时可能需要人为干预为认证提供用户名和口令。不过，如果选择 TCP 与 SSL，则可以采用数字证书。可以加密 AMQP 有效载荷以增加通信安全性。

2014 年，DDS 标准化了更为通用的安全模型[29]，此模型规定了用户需求；提供了保护主题和数据对象安全的机制；具备执行主题和数据对象访问或操作的授权。该模型的目标是保护整个 DDS 全局数据空间。依照 DDS 安全标准 1.0[29]，DDS 提供数据对象的保密性、完整性和不可否认性，以及数据读写程序的认证和授权。有些功能受到限制，例如域加入、新主题定义、特定主题发布或订阅，甚至读/写主题密钥标识的主题值。

IEEE 802.15.4(e)解决链路层安全问题。Sastry 等人[32]提出，其目标是设备认证；保护消息保密性和完整性；以及防止重播攻击。对称加密用于创建校验和，校验和在帧头上传输，并在接收端验证。因此，发送端和接收端秘密共享密钥。机密性基于语义安全技术，采用一次性随机数值（nonce）向加密过程引入可变性。重放保护基于序列编号。

尽管很多现有物联网技术提供安全解决方案，但通常是增量式的，而且重在个别要求，常常依赖我们当前臭名昭著的问题协议。更广泛的架构性解决方案比较难产，因为新技术一般不得不与老技术共存，而很多老技术是在安全和隐私考虑甚至都不存在的时代设计的。我们主张对架构进行更深入的重新考虑，真正解决物联网安全、隐私和信任方面的挑战。

11.3 引入 NG 作为物联网架构

NG①项目始于 2008 年，考虑以下问题：假设现在没有互联网架构；我们怎么用当代最好的技术来设计这个架构？抱着设计新互联网架构的想法广泛考察过新兴范式之后，我们得到了一份精选基础要素清单。其中就有所谓的物联网。该项目旨在将这些要素整合成一个整体统一的设计，要素间互相促进，催化整体潜力。从这个意义上讲，物联网与许多其他 NG 要素有关，如基于名称的内容和服务编排。

未来互联网架构的近期进展表明，基于 IP 的互联网架构在物联网对象与设备

① http://www.inatel.br/novagenesis/.

领域的设备互联方面存在局限。可扩展性和可移植性是 NG 胜过其他互联网架构的两个优点。NG 架构原生支持分布式系统，具备功能进化能力，能够随时间推移适应始料未及的新型数据交换和分发请求。

目前已开发出可以嵌入物联网节点中的一个简单 NG 服务。该服务旨在实现 NG 在传感器和执行器上的一些新颖功能，让传感器和执行器能够交换基于名称的消息，如 11.3.1 小节所讨论的那样。对小容量物联网节点而言，代理/网关（PG）服务可以在 NG 云中表示自身，以“事物”的名义建立动态合约。PG 服务（PGS）模型为异构物联网平台、协议和设备实现提供了分布式网关和互操作解决方案。PGS 还可以扩展，修改受控物联网节点的配置并检测它们的状态。该模型走的是软件定义物联网路线，软件定义物联网中的节点由 NG 服务控制。互联网架构遵循“窄腰”设计，严重影响当下互联网的成功。“窄腰”设计迫使应用和协议建在“腰部”上方，支持“腰部”下方的物理媒体、物理层和接入技术。但这种方式存在缺陷，尤其是在 IP 地址和报文头过时字段双语义方面。随着技术的发展，我们将要面对的是数十亿设备的互联。这就是当前互联网架构面临的问题，也是 IPv6 发挥作用的地方。但由于同样的“窄腰”和过大的数据报头，IPv6 一样需要解决各种问题。

NG 发布/订阅“窄腰”类似 DDS 链路协议，但具备集成多个未来互联网架构（FIA）要素的优势，如命名结构、绑定解析、软件定义、方便移动、自组织、面向服务的设计。事实上，NG 在很多方面扩展了 DDS，包括“语义丰富”的内容、服务和物联网资源综合编排。NG 提供具备动态消息传递的更新命名方案，其中标识符与定位符解耦，通过重建名称绑定来支持移动性。NG 协议族以服务形式实现，支持动态协议编排、自适应和进化发展。借助 NG 协议，我们可以开发出更为高效和现代的物联网协议，解决网络运营中的能源、延迟、通信机会等问题。

11.3.1 命名与名称解析

NG 采用自然语言名称（NLN）和自验证名称（SVN）在一定范围内标识实体（物理实体或虚拟实体）。服务会在初始化后发布多个自然语言名称和自验证名称之间的绑定，还可能发布描述符公开其特征。代表服务可以揭示物理世界资源的功能与状态。

可以通过递归订阅这些初始绑定来寻址任意服务。由于端口号与 IP 的组合唯一寻址当前互联网中的端口，自验证名称元组为 NG 服务提供同样的支持。以驻留操作系统的代理服务为例。该服务可以生成一个自验证名称，记为 A1，假定该名称是此服务在本地操作系统中的地址。

与之类似，操作系统可以生成一个自验证名称，记为 B1，假定该名称是此操作系统在特定主机中的地址。主机同样可以生成一个自验证名称，记为 C1，用于在域（D1）中寻址该主机。这样就产生了元组 A1 - B1 - C1 - D1，可供任何其他服务全局寻址消息到此代理服务。此外，与此元组关联的自然语言名称还能方便搜索和发现服务接入点。

目前的互联网上，主机从一个自治系统移动到另一个自治系统时，其 IP 地址可能会发生改变，导致主机标识符也随之改变。这会造成不必要的可追溯性损失，以及可能的连接丢失。NG 方法则不会导致可追溯性损失，因为主机在移动后仍然沿用原有的自验证名称。假设上述代理服务的主机移动到一个新域 D2，则自验证名称元组变为 A1 - B1 - C1 - D2，尽管发生了移动，主机继续沿用原有自验证名称 C1。因此，NG 方法中主机的移动性需要从名字解析服务中移除第一组名称绑定（C1 - D1），以及公布 C1 和 D2 之间的新名称绑定。这一解决方案是自相似的，可以应用于任何存在的移动性，包括内容、服务、主机等。

如图 11-5 所示，NG 自验证名称由实体的不可变模式生成。只要实体保持其不变属性，它的自验证名称就维持原样。因此，即使是在瞬时自组织网络中，实体也可以保留其自验证名称，同时适时连接和通信。NG 服务维护与实体自验证名称绑定的合约。所以，实体的信誉可基于合约分析加以确定。此外，NG 发布/订阅服务可以支持数据驱动的信任等新技术[31]。

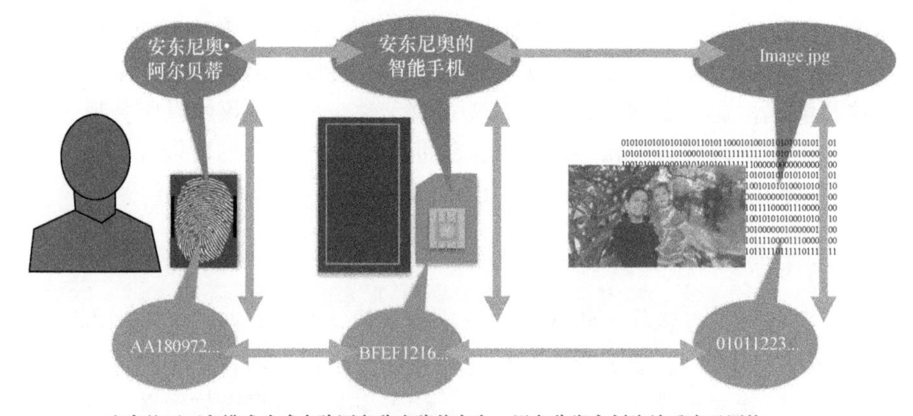

图 11-5　NovaGenesis 命名与名称绑定。自然语言（有意义）名称相互关联，形成本体。同时绑定自验证名称（SVN）以创建有意义的自由名称图表。自然语言名称到自验证名称的绑定或逆绑定所创建的联系不仅适宜“语义丰富”的编排，也适合内容溯源。

11.3.2 标识符/定位符分离

NG 允许将名称用作标识符和定位符。采用自验证名称作为标识符和定位符的概念借鉴自其他 ICT 架构，尤其是 NetInf[11]和表达性互联网架构（XIA）[16]。如前所述，定位符应该提供某个空间中实体之间距离的概念。正如所料，自验证名称是扁平的（无语义名称），无法从自验证名称导出这种距离概念。NG 通过自验证绑定来提供距离概念。

验证名称经过认证，可以随时检查它们的完整性。由于不依赖网络层次，自验证名称是扁平的，只有其间绑定会随网络层次而变化。自验证名称全局唯一，规避了 IPv4 互联网目前的地址荒。至于主机移动性，服务的地址（元组）会改变，但其标识符（也就是自验证名称）保持不变（参见图 11-4）。换句话说，只有名称绑定发生变化。只要实体不改变其二进制模式或属性，自验证名称就保持不变。总之，NG 将标识符/定位符分离泛化到了所有实体。

11.3.3 资源、服务和内容编排

NG 服务可向其他服务发布其名称（自然语言名称和自验证名称）绑定。这类似于发布名称图。发布过程可以揭示服务与设备、人员和内容的关系。图 11-6 示意了这一过程。服务可以公开或私下披露其特征、兴趣和意图。对于物联网开发人员来说，这比发布主题中的数据或转发基于主题的消息更为广泛和有用。NG 使用自然语言名称和自验证名称提供整个服务。

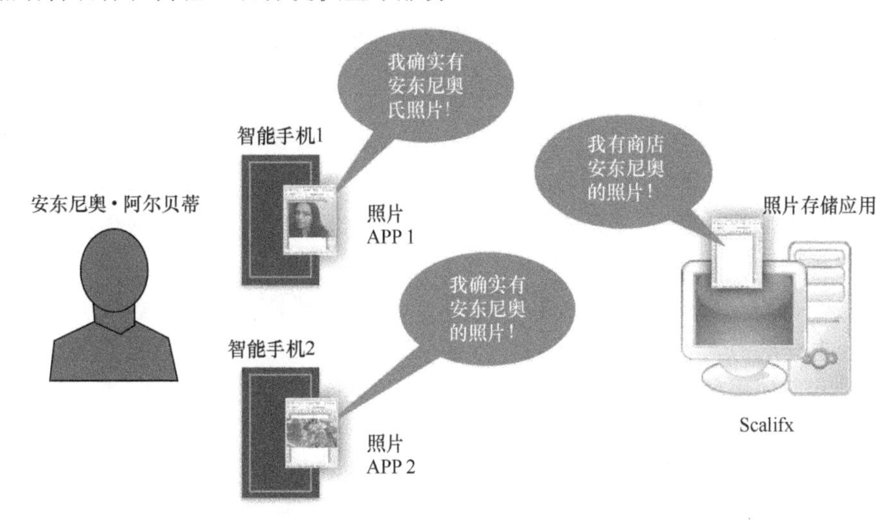

图 11-6 Antonio 的几个应用使用 NovaGenesis 发布/订阅服务发布其名称绑定。我们称此服务为展示阶段。此例中，“Photo App 1”（照片应用 1）和“Photo App 2”（照片应用 2）宣称拥有 Antonio 的照片，而“Photo store App”（照片存储应用）宣称自己存储 Antonio 的照片。注意，自然语言名称与每个实体的自验证名称绑定。因此，语义编排先使用自然语言名称，再使用自验证名称来改善安全。

披露名称图后，服务搜寻可能的对等方。图 11-7 展示了 NG 服务发现阶段。服务订阅与其合约利益相关的自然语言名称。当然，开发人员需要提供有意义（语义丰富）的关键字来推动查找良好候选。如果服务发现了良好候选（需要进行评估），就发布合约/SLA 要约。

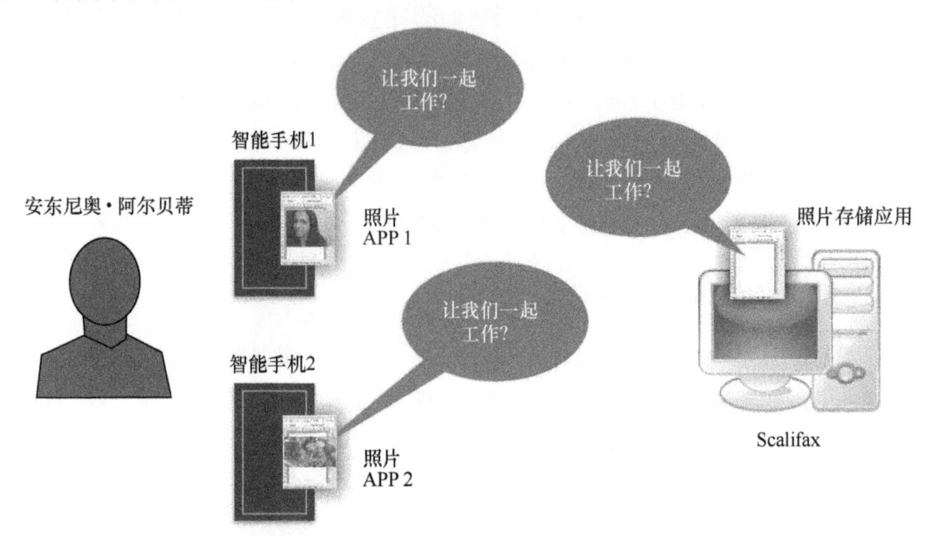

图 11-7 Antonio 的服务使用有意义关键字（自然语言名称）发现彼此，并向候选对等方发布合约/SLA 要约。发布/订阅可以采用非对称加密方法加密。因此，SLA 要约能够保密。

注意，可以为“事物”开发代表服务。这些服务可以披露传感器和执行器的物理特征，以“事物”的名义协商合约，并配置和管理设备，反映受限环境所需的服务质量、能源限制和调整。这种方法对于物联网来说已经足够，因为我们不能期望当代物联网设备能够自己建立合约。

NG 使服务能够形成信任网络，网络中每个服务都具有信誉，就像在 eBay 等当今在线电子商务网站中一样。服务合约（SLA）建立之前会验证每个服务具有的信誉。由此评估服务的潜在威胁和风险。安全的优质服务将会兴旺发达，而疑似不安全的糟糕服务则会遭遇信誉降低，自然迫使其改善或消亡。

服务可以与其他服务签订协议，评估其共同 SLA 的信誉。这些信誉服务（RpS）可以为任意节点、消息或信息分布式提供信誉与质量保证。信息本身得到保护，其传播仰赖合约的建立和传统的保密与诚信机制。

只有在建立了协议之后，服务才开始安全地交换命名信息。图 11-8 阐明了这一点。有趣的是，对于那些有权查看的实体来说，内容来源可以得到广泛的验证，如图 11-9 所示。NG 通过关系表示的分布式网络发布名称绑定，使经授权的服务能够在内容、服务和硬件关系之间定位。经授权的服务可以导出完整的关系图，明确源头、不可否认性和其他安全属性。名称绑定可采用非对称加密方法加密，将实体与自验证名称关联，如 Ghodsi 等人建议的那样[14]。

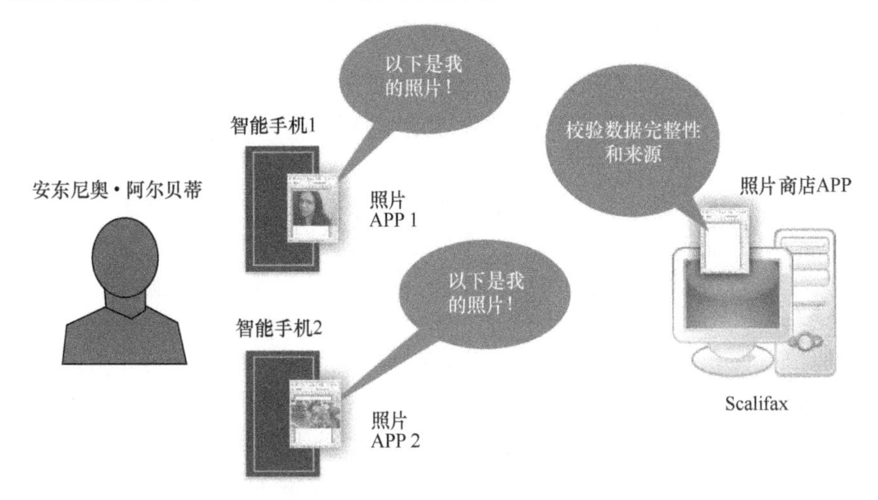

图 11-8　SLA 建立后，服务可以向其对等方安全发布和订阅数据。现在，数据完整性可以利用自验证名称及其绑定了。这两个照片应用程序将其照片发送给到"Photo store app"（照片存储应用）。

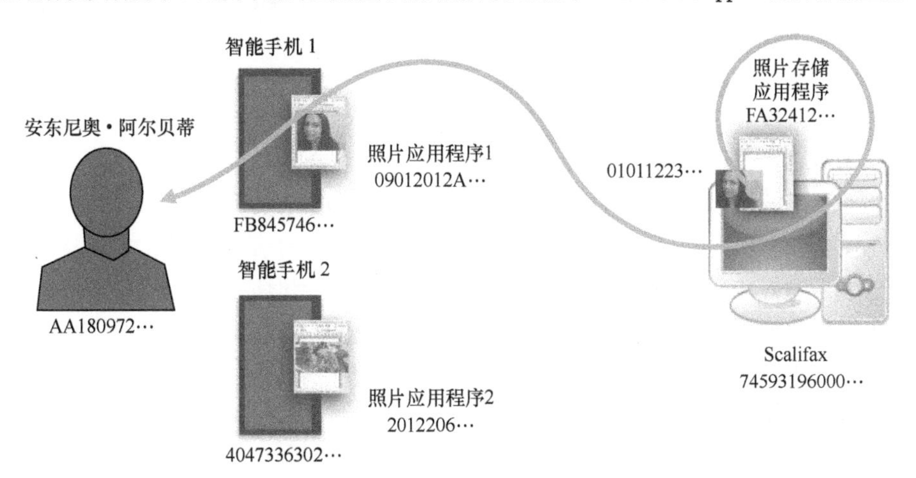

图 11-9　可以从订阅者服务上溯至原始内容发布者来反向解密自验证名称，从而确定源头。例如，那张女性照片的自验证名称"01011223…"可与"Photo store app"（照片存储应用）自验证名称"FA32412…绑定。通过解析名称绑定，经授权的实体可以确定所交换数据的源头和完整性。此方法可以结合服务间建立的 SLA，在物联网环境中创建代表软件"事物"的可信关系。

PKI、分布式信誉和投票系统等传统安全服务需映射至 NG 抽象。NG 服务框架与当代安全技术的结合能够催生新的方法。但这一课题仍处于起步阶段，尚需深入研究。

11.3.4 安全、隐私与信任

NG 安全模型建立在以下基础上。

（1）自验证名称：自验证名称的安全属性优于自然语言名称[14]：自验证名称提供数据完整性查验，可以通过名称绑定聚合，且具有非常好的消息/数据包转发或路由可扩展性。

（2）发布/订阅通信模型：发布/订阅模型代表从传统“接收者接受所有”范式到松耦合发布/订阅模式的转变[13]。发布/订阅范式中，内容由服务发布，并由其他服务订阅。因此，服务发布内容并授权其他服务订阅。目标通信服务需要经过身份验证并获得授权才可以访问特定信息。发布/订阅实现了发布者和订阅者之间的安全异步交会。NG 以服务间 SLA 扩展了该模型，添加了已发布绑定和数据的撤销，以及授权变更功能。

（3）基于合约的模型：可用信息仅在建立 SLA 之后才通过发布/订阅传输。这样可以形成服务间的信任网络，尤其是代表物理世界“事物”的那些服务。“事物”不能自行计算（或许在未来可以），所以需要软件代表。代表服务能够以“事物”的名义建立 SLA，向对等编排服务公布其特征、功能、限制、状态等。策略实施可以在协商好 SLA 的条件下进行。

（4）自组织服务：自组织服务可以形成服务的“社交行为”，促进对非法/不良行为服务及恶意内容的识别，将类似免疫系统的功能纳入物联网场景。可以预见，恶意设备将试图非法访问或威胁物联网服务，造成真实的破坏，尤其是在智能家居、电子医疗、智能电网和公共服务领域。此外，维护安全和隐私所需的很多操作将是大规模且密集的。因此，基于用户策略的自组织方法是个不错的前提[28]。

（5）无偏好的合约、信誉和信任评估：此类资源会形成安全与隐私解决方案不断增强的良性循环。自治决策周期需要精确评估所获 SLA 结果。如果对信誉和信任有准确可靠的估计，就可以更好地确定可靠性和风险。

（6）内置策略定义和实施：服务合约可以实现用户/机器策略，在“事物”（代表服务）的自主循环中施行其应用。

（7）分布式算法：发布/订阅和基于 SLA 的编排创建了偏好分布式密钥生成和加密的环境。可以建立投票和实体协同推进“社交设备”、安全、隐私和信任。分布式/分层认证链也是可能性之一。

（8）确定性构建：自验证名称保障源代码的确定性构建（或编译）。这种确定性编译保证特定程序每次编译都生成同样的自验证名称。因此，但凡服务中插入了任何额外的可执行代码，其自验证名称就会发生改变，揭示潜在的后门。

NG 可以为物联网提供上述基础的协同增效集成，构筑深度解决物联网难题的现代架构。现有技术将面临命名、名称解析、通信模式、移动性支持、灵活性、弹性、可扩展性等方面的局限。本模型提供的机制可以创建社交自组织“事物”的新兴可信关系及其软件即服务代表，构建先进的架构以面对未来互联网需要达到的安全、隐私和信任要求。

11.4 示例场景

未来几十年，互联网上的设备数量会呈指数级增长。“事物”会构成设备的主体，如果没有“事物”，互联网也就不复存在了。因此，互联网无疑会感受到联网设备大军的压力，需要可扩展性、唯一命名、寻址、信息安全与隐私处理、移动性等功能和特性。物联网所带来的好处无疑是巨大的，但其背后的挑战也是巨大的。“事物”将是我们不断融合人-机技术的感知和致动系统。每个应用都会凭借详细的物理世界信息做出更好的决策。软件定义的微米和纳米级“事物”将最终促成所谓可编程物质的出现。

不过，为说明本章所述观点，我们选择了当下一个普通场景：将智能家居环境与气候监测系统融合在一起。图 11-10 应用上述 NG 范式阐述了该场景。图中，以自然语言名称和自验证名称命名的代表服务揭示“事物”、功能与状态，在合约建立和发布/订阅信息交换与存储过程中表示之。

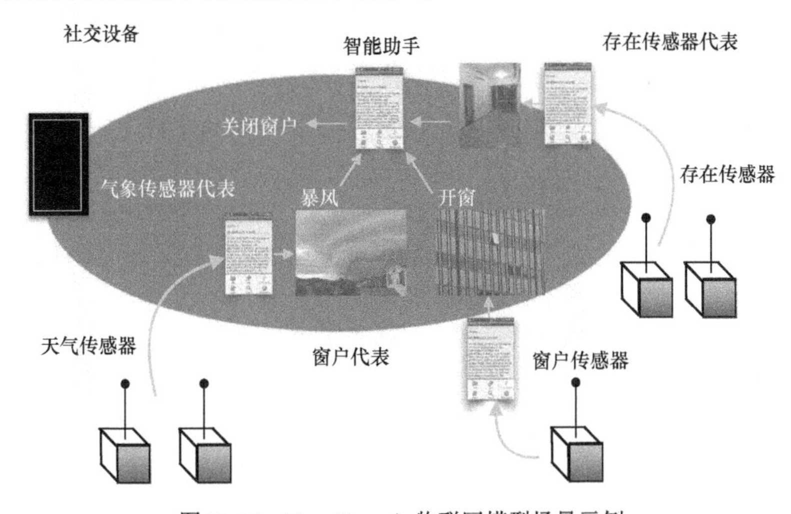

图 11-10 NovaGenesis 物联网模型场景示例

所需操作作为“事物”、其软件代表和智能助理的“社交行为”出现，目的是在家里没人而暴风雨降至时关上窗户。由一个服务代表窗户。很多其他软件应用可以代表确定家里没人的存在传感器。所有这些代表软件应用都应与智能家居助理处于同一“伙伴关系”中。一旦发生触发事件，智能助理能够关联可用知识并确定是否关闭窗户。业主可以事先指定管理和控制“事物”的政策，包括发生自然灾害时的安全程序。

由于是分布式且自底向上的，利用了发布/订阅和自验证命名，该解决方案的可扩展性非常好。想象一下，家里不止有一扇窗户，而是成千上万的“事物”组成了一张可信设备关系网。谁来管理或控制这些设备呢？业主吗？显然不是。这些设备会根据业主（或某个经营者）定义的策略来自我管理。物联网需要安全的自动控制：由设备、代表、助理/控制器组成的自驱动社会；能够处理几十亿设备及其隐私、秘密和内容溯源的智能解决方案。图 11-11 阐明了这一点。

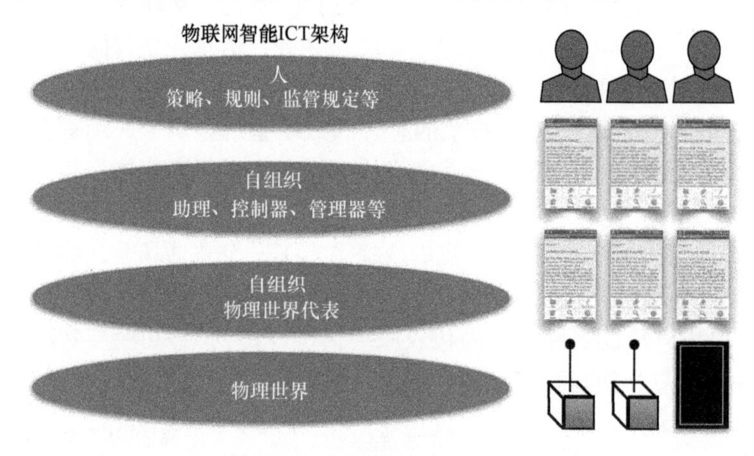

图 11-11　构建安全可信物联网的 NovaGenesis 方法

我们设想未来的互联网以物理世界代表服务“群”来代表我们的物理世界资源，如计算机、汽车、公路、街道、能源系统、森林、交通运输系统、农场等。这些代表将组成基于名称的可信关系，丰富智能助理、控制器和管理器的决策。遵循合适的策略，这些物联网服务“群”可帮助我们的信息社会解决当前的重大难题，包括环境问题、社会问题、经济问题和安全问题等。

总之，物联网智能 ICT 架构将使人能够表达其意图、偏好和策略，推动智能应用更好地利用和共享物理世界中的固定或移动资源，创建可以动态变更协议以提升效率、安全性和隐私的自组织解决方案，随着互联网扩展到天文数字般庞大而缓解易出错的烦琐任务。NG 提供了开发和部署此类想法的良好环境，让我们得以整合“事物”、服务和信息安全、隐私与信任。

致　谢

本章获得了国家自然科学基金（NSFC）项目（项目号：61422201、61370159、

U1201253)、广东省自然科学基金（项目号：S2011030002886)、广东省高等教育优秀青年教师培养计划（项目号：YQ2013057）和广州市科技计划项目珠江新星计划（项目号：2014J2200097）的支持。

参考文献

[1] A.M. Alberti, V.H. de O Fernandes, M.A.F. Casaroli, L.H. de Oliveira, F.M. Pedroso, and D. Singh. A novagenesis proxy/gateway/controller for openflow software defined networks. In *Network and Service Management (CNSM), 2014 10th International Conference on*, 394–399, November 2014.

[2] A.M. Alberti. Searching for synergies among future internet ingredients. In Geuk Lee, Daniel Howard, Dominik Slezak, and YouSik Hong (Eds.), *Convergence and Hybrid Information Technology*, vol. 310 of *Communications in Computer and Information Science*, 61–68. Berlin, 2012. Springer.

[3] A.M. Alberti, A. Vaz, R. Brandão, and B. Martins. Internet of information and services (IoIS): A conceptual integrative architecture for the future internet. In *Proceedings of the 7th International Conference on Future Internet Technologies, CFI '12*, 45, New York, 2012. ACM.

[4] K. An, A. Gokhale, D. Schmidt, S. Tambe, P. Pazandak, and G. Pardo-Castellote. Content-based filtering discovery protocol (CFDP): Scalable and efficient OMG DDS discovery protocol. In *Proceedings of the 8th ACM International Conference on Distributed Event-Based Systems, DEBS '14*, 130–141, New York, 2014. ACM.

[5] R. Atkinson, S. Bhatti, and S. Hailes. Evolving the Internet architecture through naming. *Selected Areas in Communications, IEEE Journal on*, 28(8):1319–1325, October 2010.

[6] M.F. Bari, S. Chowdhury, R. Ahmed, R. Boutaba, and B. Mathieu. A survey of naming and routing in information-centric networks. *Communications Magazine, IEEE*, 50(12):44–53, December 2012.

[7] F. Belqasmi, R. Glitho, and Chunyan Fu. Restful web services for service provisioning in next-generation networks: A survey. *Communications Magazine, IEEE*, 49(12):66–73, December 2011.

[8] T. Braun, V. Hilt, M. Hofmann, I. Rimac, M. Steiner, and M. Varvello. Service-centric networking. In *Communications Workshops (ICC), 2011 IEEE International Conference on*, 1–6, June 2011.

[9] L. Buttyan and J.-P. Hubaux. *Security and Cooperation in Wireless Networks: Thwarting Malicious and Selfish Behavior in the Age of Ubiquitous Computing*. Cambridge University Press, New York, 2007.

[10] A. Banks and R. Gupta (Eds.). MQTT version 3.1.1, OASIS Standard.

[11] C. Dannewitz. NetInf: An information-centric design for the future internet. In *Proc. 3rd GI ITG KuVS Workshop on The Future Internet*, 2009.

[12] C. Dannewitz, D. Kutscher, B. Ohlman, S. Farrell, B. Ahlgren, and H. Karl. Network of information (NetInf): An information-centric networking architecture. *Comput. Commun.*, 36(7): 721–735, April 2013.

[13] N. Fotiou, G. Marias, and G. Polyzos. Publish–subscribe Internet working security aspects. In Luca Salgarelli, Giuseppe Bianchi, and Nicola Blefari-Melazzi (Eds.), *Trustworthy Internet*, 3–15. Milan, 2011. Springer.

[14] A. Ghodsi, T. Koponen, J. Rajahalme, P. Sarolahti, and S. Shenker. Naming in content-oriented architectures. In *Proceedings of the ACM SIGCOMM Workshop on Information-centric Networking, ICN '11*, 1–6, New York, 2011. ACM.

[15] J.A. Gutierrez, M. Naeve, E. Callaway, M. Bourgeois, V. Mitter, and B. Heile. IEEE 802.15.4: A developing standard for low-power low-cost wireless personal area networks. *Network, IEEE*, 15(5):12 –19, September/October 2001.

[16] D. Han, A. Anand, F. Dogar, B. Li, H. Lim, M. Machado, A. Mukundan, W. Wu, A. Akella, D. G. Andersen, J. W. Byers, S. Seshan, and P. Steenkiste. XIA: Efficient support for evolvable internetworking. In *Proc. 9th USENIX NSDI*, San Jose, CA, April 2012.

[17] IBM Corporation. Message queue telemetry transport (MQTT), June 2014.

[18] M. Kang and D.-H. Kim. A real-time distributed architecture for RFID push service in large-scale EPCglobal networks. In Tai-hoon Kim, Hojjat Adeli, Hyun-seob Cho, Osvaldo Gervasi, StephenS. Yau, Byeong-Ho Kang, and JavierGarcía Villalba (Eds.), *Grid and Distributed Computing*, vol. 261 of *Communications in Computer and Information Science*, 489–495. Berlin, 2011. Springer.

[19] J. Kim, J. Lee, H. K. Kang, D. S. Lim, C. S. Hong, and S. Lee. An ID/locator separation-based mobility management architecture for WSNs. *Mobile Computing, IEEE Transactions on*, 13(10):2240–2254, October 2014.

[20] N. McKeown, T. Anderson, H. Balakrishnan, G. Parulkar, L. Peterson, J. Rexford, S. Shenker, and J. Turner. OpenFlow: Enabling innovation in campus networks. *SIGCOMM Comput. Commun. Rev.*, 38(2):69–74, March 2008.

[21] M. M. Mejia, N. M. Peña, J. L. Muñoz, O. Esparza, and M. A. Alzate. DECADE: Distributed emergent cooperation through adaptive evolution in mobile ad hoc networks. *Ad Hoc Networks*, 10(7):1379–1398, 2012.

[22] J. Montavont, D. Roth, and T. Noël. Mobile IPv6 in internet of things: Analysis, experimentations and optimizations. *Ad Hoc Netw.*, 14:15–25, March 2014.

[23] R. Neisse, G. Steri, and G. Baldini. Enforcement of security policy rules for the Internet of Things. In *Wireless and Mobile Computing, Networking and Communications (WiMob), 2014 IEEE 10th International Conference on*, 165–172, October 2014.

[24] M.R. Palattella, N. Accettura, X. Vilajosana, T. Watteyne, L.A. Grieco, G. Boggia, and M. Dohler. Standardized protocol stack for the Internet of (important) Things. *Communications Surveys Tutorials, IEEE*, 15(3): 1389–1406, 2013.

[25] J. Pan, S. Paul, and R. Jain. A survey of the research on future internet architectures. *Communications Magazine, IEEE*, 49(7):26 –36, July 2011.

[26] M.P. Papazoglou, P. Traverso, S. Dustdar, and F. Leymann. Service-oriented computing: State of the art and research challenges. *Computer*, 40(11): 38–45, November 2007.

[27] G. Pardo-Castellote. OMG data-distribution service: Architectural overview. In *Proceedings of the 2003 IEEE Conference on Military Communications - Volume I, MILCOM'03*, 242–247, Washington, DC, 2003. IEEE Computer Society.

[28] M. Presser, P. Daras, N. Baker, S. Karnouskos, A. Gluhak, S. Krco, C. Diaz, I. Verbauwhede, S. Naqvi, F. Alvarez, and A. A. Fernandez-Cuesta. Real world Internet. Technical report, *Future Internet Assembly*, 2008.

[29] OMG. DDS security 1.0. Document number: ptc/2014 06-01. June 2014.

[30] D. C. Ranasinghe, M. Harrison, and P. H. Cole. EPC network architecture. In Peter H. Cole and Damith C. Ranasinghe (Eds.), *Networked RFID Systems and Lightweight Cryptography*, 59–78. Berlin, 2008, Springer.

[31] M. Raya, P. Papadimitratos, V. D. Gligor, and J.-P. Hubaux. On data-centric trust establishment in ephemeral ad hoc networks. In *INFOCOM*, 1238–1246. IEEE, 2008.

[32] N. Sastry and D. Wagner. Security considerations for IEEE 802.15.4 networks. In *Proceedings of the 3rd ACM Workshop on Wireless Security, WiSe '04*, 32–42, New York, 2004. ACM.

[33] Z. Shelby. Constrained RESTful environments (CoRE) link format. RFC 6690 (proposed standard), August 2012.

[34] Z. Sheng, S. Yang, Y. Yu, A. Vasilakos, J. McCann, and K. Leung. A survey on the IETF protocol suite for the Internet of Things: standards, challenges, and opportunities. *Wireless Communications, IEEE*, 20(6):91–98, December 2013.

[35] S. Vinoski. Advanced message queuing protocol. *IEEE Internet Computing*, 10(6):87–89, 2006.

[36] W. Wong and P. Nikander. Secure naming in information-centric networks. In *Proceedings of the Re-Architecting the Internet Workshop, ReARCH '10*, 12:1–12:6, New York, 2010. ACM.

[37] Q. Wu, Z. Li, J. Zhou, H. Jiang, Z. Hu, Y. Liu, and G. Xie. SOFIA: Toward service-oriented information centric networking. *Network, IEEE*, 28(3): 12–18, May 2014.

[38] G. Xylomenos, C.N. Ververidis, V.A. Siris, N. Fotiou, C. Tsilopoulos, X. Vasilakos, K.V. Katsaros, and G.C. Polyzos. A survey of information-centric networking research. *Communications Surveys Tutorials, IEEE*, 16(2):1024–1049, 2014.

[39] J. Zhang. A survey on trust management for VANETs. In *Advanced Information Networking and Applications (AINA), 2011 IEEE International Conference on*, 105–112, March 2011.

第12章　防止传感器数据未授权访问

移动自组织网络中，要求邻居节点合作的合作认证是一种重要的认证技术。然而，当节点参与合作时，其位置很容易被行为不良的节点追踪，同时还会消耗自身资源。以上两个因素催生了自私节点，也就是不愿参与合作的节点，降低了正确认证的概率。为鼓励节点参与合作，我们提出了一种基于议价机制的合作认证动态博弈模型，用以分析节点的动态行动，帮助节点确定是否参与合作。而且，为分析节点的动态决策过程，我们讨论了两种情况：完全信息动态博弈和不完全信息动态博弈。完全信息动态博弈情况下，得到子博弈精炼纳什均衡，指导节点选择最优策略以最大限度地提高其效用。实际上，节点经常对其他节点的效用所知甚少（这种情况常称为“不完全信息”）。为处理这种情况，我们建立精炼贝叶斯纳什均衡来消除不合理均衡。在此模型的基础上，我们分别设计了完全信息和不完全信息两种算法，而模拟结果表明，在我们模型中，参与合作的节点能够提高正确认证的概率，最大限度地保护其位置隐私并减少资源消耗。两种算法均可提高合作认证的成功率，并将网络生存期延长到当前值的160%～360.6%。

12.1　引　言

作为生境监测和环境监测等许多应用的泛在方法，移动自组织网络已经成为近年来的研究重点[1]。从技术上讲，MANET 是没有固定基础设施[2]的多跳无线自治系统，且具备以下三个重要特征：①节点资源（如计算和通信资源）有限；②通过无线链路互联，如自组织模式下蓝牙和 Wi-Fi 形成的无线链路；③常部署在公开敌对环境中[3]。因此，MANET 面临越来越多的高风险安全威胁（如未授权访问和虚假数据注入）。

为应对这些安全威胁，业界最近几年提出了合作认证[4-13]的概念。通常，合作认证中有 3 种节点：源节点、邻居节点和汇聚节点（这些将在第 12.3 节中详细讨论）。如果源节点想要向汇聚节点证明其消息的真实性，则源节点请求其邻居节点参与合作。如果所有邻居节点均认为消息是真实的，那么汇聚节点也认为消息是真实的。这种方法可有效提高正确认证概率①（PCA）。通常，参与合作的邻居节点越

① 只要正确识别真实或虚假消息，认证就是正确的。

多，PCA 的值就越高。合作认证不仅能够大幅提高正确认证概率，还可以减少汇聚节点的验证开销。

尽管合作认证展现出了这些优势，但自私节点仍有可能出于以下原因而不愿意参与合作。①位置隐私泄露：通常，节点间的通信主要依赖开放无线信道，节点的位置很容易暴露给行为不端的节点[14-15]。②资源消耗：参与合作往往会消耗更多的节点资源，缩短节点的总生存期。这两个因素促使节点不愿参与合作，降低了PCA。因此，激励适当数量的节点参与合作就成了一个关键问题。

为解决上述问题，我们提出了基于议价机制的动态决策，用以平衡“提高PCA”和“减少参与合作的节点损失”之间的冲突。我们针对这一问题的核心思想是：使用虚拟货币激励适当数量的邻居节点参与合作，并通过动态博弈以可接受的成本最大化参与合作的邻居节点利益。总而言之，我们的主要贡献如下。

（1）为激励适当数量的邻居节点参与合作，我们提出了基于议价机制的合作认证动态博弈模型①，用以分析所有节点的动态行动，帮助节点决定是否参与合作。

（2）为分析节点的动态决策，我们探讨了两种动态博弈情况，分别是完全信息动态博弈和不完全信息动态博弈。我们分别在完全信息动态博弈和不完全信息动态博弈下获得了子博弈精炼纳什均衡和精炼贝叶斯均衡，以之指导节点选择最优策略最大限度地提高其效用。

（3）在此模型的基础上，我们设计了完全信息和不完全信息状态下的两种算法，模拟结果显示，参与合作的节点可最大限度地保护其位置隐私并减少资源消耗，同时确保 PCA 值。两种算法均可提高认证的成功率，并将网络生存期延长到当前值的 160%～360.6%。

本章余下部分组织如下：第 12.2 节，我们介绍现有相关工作。第 12.3 节讲解 MANET 中合作认证的机制。第 12.4 节提出基于议价机制的合作认证动态博弈模型。第 12.5 节分析此动态博弈模型，并基于分析结果提出两种算法。第 12.6 节以实验结果证明模型的有效性。最后，第 12.7 节总结整章内容，并介绍未来工作。

12.2 相关工作

很多研究人员已经研究过移动自组织网络的认证问题、隐私问题和动态行为问题。本节中，我们介绍移动自组织网络中合作认证机制与位置隐私保护，以及激励策略和博弈论等方面的研究成果。

① 我们假定邻居节点是理性的；即邻居节点根据自身效用本地决定是否参与合作。

12.2.1 合作认证

由于资源有限和计算能力弱，大多数适用于互联网的认证机制并不适合无线网络。为解决这个问题，人们提出了很多认证机制，合作认证就是其中很重要的一个。

Nyang 等人[6]提出了合作公钥认证方案，其中节点存储少量其他节点的散列密钥，使用这些密钥合作认证消息。该方案避免了加密操作，可用于资源受限网络。然而，此方案只适用于单跳认证，在常规多跳无线网络中既不实际也没效率。为此，Moustafa 等人[12]采用了 Kerberos 认证模型，采用由网络服务提供商管理的 Kerberos 服务器作为自组织节点的可信第三方。

这些方案尽管提供了一定程度的认证，却加重了认证负担和节点的计算开销。为解决这一问题，Zhu 等人[7]使用散列消息认证码来合作认证消息，通过仅验证少量消息来减轻认证负担。此外，Hao 等人[5,8,13]提出了车载网络合作消息认证协议，旨在通过共享验证结果的方式减少车辆的计算开销。

这些机制可以减轻认证负担和节点计算开销。但是，由于这些机制都依赖节点间验证结果共享，而可靠的结果共享需要信任传递，所以认证的准确性和可靠性可能很低。为解决这个问题，Lu 等人[4]提出了节省带宽的合作认证方案，以高路由过滤概率检测并滤出注入的虚假数据。该方案采用了合作邻居和基于路由器的过滤机制。此外，Vijayakumar 等人[10]提出了高度安全的合作可信通信，采用对象链路状态路由协议和节点间消息认证。但是，合作节点过多导致认证开销太大。Lin 等人[9]提出的合作认证方案可以清除不同车辆的相同消息所造成的冗余认证。该方案能够减少车辆的认证开销，并能缩短认证延迟。

尽管这些机制能够改善认证的准确性和可靠性，却都要求节点的无私与合作。这些要求往往导致合作节点泄露位置隐私和消耗资源，进而又降低了节点的合作意愿。因此，增强合作意愿和减少合作节点损失之间就出现了冲突。少有研究将重点放在这一冲突上。如今，平衡这种冲突已经成为合作认证领域的关键挑战。

12.2.2 合作激励

为鼓励节点参与合作，人们提出了各种各样的激励策略，如基于价格的激励策略[16-18]和基于信誉的激激励策略[19]。基于价格的激励策略通过向提供服务的节点支付虚拟货币的方式实施激励。Zhang 等人[16]考虑将带宽交换作为激励合作的报酬。Zhang 等人[17]提出将受控编码数据包作为商品货币，用以诱导合作行为和减少开销。基于信誉的激励策略使用节点的历史行为来评估其信誉，然后通过设置信誉阈值来区分合作节点和恶意（自私）节点。Refaei 等人[19]介绍了时隙机制，并提出了基于信誉的自适应激励机制，用以快速准确地监测节点行为的变化。考虑到影响合作意愿的各种因素，我们将财富作为虚拟货币提供合作激励。

12.2.3 冲突平衡

博弈论是一种数学理论，擅长模拟冲突情形，分析参与者的行为并预测其决策。Manshaei 等人[20]综述了博弈论方法在网络安全和隐私方面的研究现状。Freudiger 等人[15]分析了 MANET 中位置隐私保护与假名变更成本之间的冲突，实现了最大限度地保护位置隐私与尽量减少成本之间的平衡。Chen 等人[21]使用联盟博弈理论评估车载自组网络（VANET）中的合作，同时提出了一种促进消息转发合作的方案。在之前的研究[22]中，我们建立了一个静态的合作认证博弈模型帮助节点做出决策，并假设参与者同时选择操作。然而，这种假设并不适合动态决策的情形，动态决策情形下参与者根据其他节点的串行策略执行一系列操作。静态模型不适合动态决策的原因如下：后续参与者做决策时，会很自然地根据早期参与者的策略调整自身策略选择。所以，有必要研究动态博弈模型，帮助节点决定是否参与合作。

12.3 准备工作

如图 12-1 所示，合作认证由一个汇聚节点 n_s 和一组随机部署在某一区域的移动节点 MN = $\{n_0, n_1, \cdots\}$构成[4]，其中 n_s 是有足够资源的数据采集单元，任意两个节点共享一组认证密钥对。

图 12-1 中，如果 n_0（也称为源节点）想要通过已建立的路由路径向数据采集单元 n_s 发送消息 m 并证明其真实性，那该节点需先从所有邻居节点（记为 NNs= $\{n_1, \cdots, n_N\}$，其中 $k\leqslant N^4$，如果 $k>N$，合作认证过程失败；只要 $k>N$ 一直为真，就表明网络已经过期，且 N 是 NNs 的个数）中选择 k 个邻居节点（记为 k-NNs=$\{n_1, \cdots, n_k\}$）①，然后将消息 m 发送给其 k-NNs 个邻居节点，并请求这些邻居节点合作认证 m。k-NNs 个邻居节点各返回 1bit 消息认证码（MAC）指示 m 是否真实。收到 MAC 后，节点 n 将消息 m 和 k 位 MAC 发送给数据采集单元 n_s。如果全部 k-NNs 个邻居节点都认为消息 m 是真实的，那么数据采集单元 n_s 也认为此消息是真实的。否则，此消息即为虚假消息并被拒绝。一般情况下，节点遭对手入侵的概率为 ρ。如文献[4]所示，只要同时满足以下条件，任何虚假身份/消息都会被识别出来：①至少一个正常邻居节点 NN 参与合作；②对手无法完全正确地猜出正常邻居节点 NNs 生成的所有 MAC。正确认证概率（PCA）由式（12.1）计算得出：

① 节点的所有邻居节点 NNs 指的是在其一步传输范围内的节点。

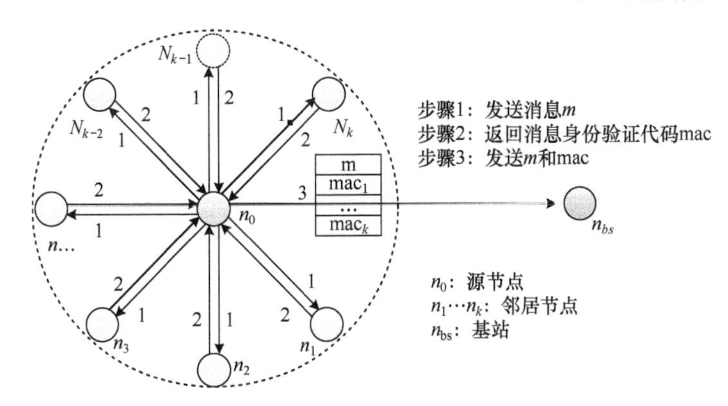

图 12-1 合作认证基础网络模型

$$\mathrm{PCA}=1-\sum_{i=0}^{k}\binom{k}{i}\times\rho^{i}\times(1-\rho)^{k-i}\times\frac{1}{2^{k-i}} \tag{12.1}$$

给定 PCA 和 ρ，可以通过式（12.1）计算出 k，即，应该参与合作的最小邻居节点数量（记为 minCNN）。minCNN 越大，消耗的资源越多，暴露的位置隐私也越多。所以，我们的目标是精准激励 minCNN 个节点参与合作。

12.4 基于议价机制的合作认证动态博弈模型

本节中，我们提出基于议价机制的合作认证动态博弈模型，详细介绍一种改进的议价机制[22]以激励适当数量的邻居节点参与合作，并设计动态博弈来支持动态决策。

12.4.1 议价机制

为激励自私节点，我们考虑将合作节点提供的认证服务作为“商品”，并提出议价机制来提高节点参与合作的意愿。在我们的机制中，买方是源节点 n_0，卖方是邻居节点 NNs。

1．影响价格的因素

我们先讨论影响招/投标价格的因素。

1）消息 m 的属性

认证消息的属性包括消息长度 l_m、消息生存时间 TTL_m 和消息的重要性 Imp_m，这些都是影响保留价格的重要因素。消息长度越长，重要性越强，保留价格就越高。

2）位置隐私泄露

类似于考虑量化位置隐私的大多数方法[23]，用对手的不确定性衡量节点 n_i 的

位置隐私水平 Priv_i，如式（12.2a）所示。

$$\text{Priv}_i = -\sum_{d=1}^{M} P(\text{loc}_d \mid \text{loc}_i)\log_2 p(\text{loc}_d \mid \text{loc}_i) \tag{12.2a}$$

$$\text{Priv}_{\max}^{i} = \log_2 M \tag{12.2b}$$

$$\text{DLPP}_i = \frac{\text{Priv}_i}{\text{Priv}_{\max}^{i}} \qquad 0 \leqslant \text{DLPP}_i \leqslant 1 \tag{12.2c}$$

式中：$p(\text{loc}_d|\text{loc}_d)$表示预测位置 loc_d 对应真实位置 $\text{loc}_i(1\leqslant i\leqslant N)$的条件概率；$M$ 是位置的数量。

如果条件概率是均匀分布，则 Priv_i 达最大值 $\text{Priv}_{\max}^{i}$，如式（12.2b）中所示。式（12.2c）中的 DLPP_i 表示节点 n_i 的位置隐私保留度。为简单起见，$\text{Priv}_{\text{cons}}^{i}$ 表示合作进程的位置隐私泄露，$\text{DLPP}_{\min}$ 是暴露位置隐私的较低阈值。

3）节点能量

我们用 3 个指标来衡量节点 n_i 的能量：初始能量 $\text{Priv}_{\max}^{i}$，当前剩余能量 $\text{Ener}_{\text{remn}}^{i}$ 和合作认证进程已消耗能量 $\text{Ener}_{\text{cons}}^{i} = \alpha_m + \beta_m \times l_m$（其中 α_m 和 β_m 为权重)。令 $\text{Ener}_i = \text{Ener}_{\text{remn}}^{i} / \text{Ener}_{\max}^{i}$ 表示节点 n_i 剩余能量之比，而 $\text{Ener}_{\min}$ 为生存阈值。

4）带宽

我们假定信道带宽为 $\text{BW}_{\max}$。对于任意给定值 m，$\text{BW}_m = l_m/\text{TTL}_m$ 为所需的带宽。带宽利用率表示为 $\text{BW}_i = \text{BW}_m/\text{BW}_{\max}$。

5）所需合作邻居节点数量

为保证 PCA 达到给定阈值，必须确保给定数量的邻居节点参与合作认证过程。请注意，合作节点的数量越多并不一定意味着服务质量越好：参与合作认证的邻居节点越多，达到的 PCA 值就越高，同时消耗的资源也越多。给定正确认证概率（PCA），所需合作邻居节点数量可通过式（12.1）获得，该数量由 minCNN 表示，且需要 $\text{minCNN} \leqslant N$。

6）财富

我们将财富作为虚拟货币为每次认证服务付费，提供合作激励。令 FT_i 表示节点 n_i 的财富，FL_i 表示节点 n_i 的财富水平，$\text{FL}_{\min}$ 表示节点的支付能力阈值，其中 FL_i 的定义见式（12.3）。

$$\text{FL}_i = \begin{cases} \text{FT}_i / \text{pl} & \text{FT}_i \leqslant \text{pl} \\ (2\text{FT}_i + \text{wl} - \text{pl}) / (\text{pl} + \text{wl}) & \text{pl} \leqslant \text{FT}_i \leqslant \text{wl} \\ 2(\text{wl} - \text{pl}) / (\text{pl} + \text{wl}) + \text{FT}_i / \text{wl} & \text{FT}_i \geqslant \text{wl} \end{cases} \tag{12.3}$$

式中：pl 表示“贫困线”，wl 表示“富裕线”，pl＜wl。

2．基于议价机制的价格

基于议价机制的价格由买方提出的价格和卖方索要的价格构成。

1）买方报价

如果源节点 n_0 要求邻居节点 NNs 认证消息 m。n_0 首先根据消息属性和认证请求计算成本价 C_0、保留价 R_0（R_0 是 n_0 愿意为认证服务支付的最高价格）和无认证的损失 LONA_0，然后根据 C_0 和 R_0 给出报价 B_0，如下式所示。

$$\begin{cases} C_0 = w_{C_0} \times \mathrm{minCNN} \times l_m \times \mathrm{BW}_m & C_0 > 0 \\ R_0 = w_{R_0} \times \mathrm{Imp}_m \times \mathrm{FL}_0 \times C_0 & R_0 \geqslant C_0 \\ B_0 = w_{B_0} \times R_0 + (1 - w_{B_0}) \times C_0 & C_0 \leqslant B_0 \leqslant R_0 \text{和} B_0 \leqslant \mathrm{FT}_0 \\ \mathrm{LONA}_0 = w_{L_0} \times \mathrm{Imp}_m & \mathrm{LONA}_0 > 0_0 \end{cases} \tag{12.4}$$

式中：w_{C_0}、w_{R_0}、w_{B_0}、w_{L_0} 为权重。

2）卖方要价

在参与合作之前，卖方节点 n_i（$1 \leqslant i \leqslant N$）计算自身成本价 C_i 和保留价 R_i（R_i 是节点 n_i 同意提供认证服务的最低价格），然后基于 C_i 和 R_i 给出要价 A_i，如下式所示。

$$\begin{array}{ll} C_i = w_{C_i} \times l_m \times \mathrm{BW}_m \times \left(v_{C_i} \times \mathrm{Priv}_{\mathrm{cons}}^i + \left(1 - v_{C_i}\right) \times \mathrm{Ener}_{\mathrm{cons}}\right) & C_i > 0 \\ R_i = w_{R_i} \times (1 - \mathrm{DLPP}_i) \times (1 - \mathrm{Ener}_i) \times \mathrm{BW}_i \times C_i / \mathrm{FL}_i & R \geqslant C_i \\ A_i = w_{A_i} \times R_i & C_i \leqslant R_i \leqslant A_i \end{array} \tag{12.5}$$

式中：w_{C_i}（$w_{C_i} > 0$）、v_{C_i}（$0 \leqslant v_{C_i} \leqslant 1$）、$w_{R_i}$ 和 w_{A_i} 是权重。我们假定节点同等对待 $\mathrm{Priv}_{\mathrm{cons}}^i$ 和 $\mathrm{Ener}_{\mathrm{cons}}$，并将 v_{C_i} 设为 0.5。

3．议价程序

节点 n_0 请求其邻居节点 NNs 认证消息 m 时，买方和潜在卖方之间的议价按下列程序进行。

1）买方给出报价

买方节点 n_0 首先通过式（12.4）计算成本价 C_0、保留价 R_0 和无认证的损失 LOAF_0，由此选择并给出合适的报价 B_0。然后，n_0 向所有邻居节点 NNs 广播消息认证请求，参数为 $m(l_m, \mathrm{TTL}_m, \mathrm{Imp}_m, \mathrm{Ener}_{\mathrm{cons}})$。

2）潜在卖方给出要价

节点 $n_i(1 \leqslant i \leqslant N)$ 收到认证请求后，通过式（12.5）计算成本价 C_i 和保留价 R_i，然后选择并给出要价 A_i。

3）买方选择卖方联盟

令 $C = \{C \in 2^{\mathrm{NNs}} \mid \sum_{n_i \in C} A_i \leqslant B_0 \text{和} |C| \geqslant \mathrm{minCNN}\}$ 表示一组潜在卖方的联盟，其中，C 是符合 $\sum_{n_i \in C} A_i \leqslant B_0$ 且卖方数量不少于 minCNN 的卖方联盟。如果 $|C| \geqslant 1$，那

么买方选择联盟 $\mathrm{SC}=\underset{C^j\in c}{\operatorname{argmin}}\sum_{n_i\in C^j}A_i$ 作为卖方联盟。如果 $|C|=0$，则议价失败。这种情况下，想要成功议价，源节点 n_0 可以在 $B_0\leqslant R_0$ 的限制条件下提高报价 B_0。

4）买方支付认证服务费用

如果 SC 存在，议价按式（12.6）中商定价格 AP 达成。买方按商定价格 AP 支付认证服务费用：

$$
\begin{aligned}
&\mathrm{AP}=\alpha\times B_0+(1-\alpha)\times\sum_{n_i\in \mathrm{SC}}A_i \qquad 0\leqslant\alpha\leqslant 1\\
&\mathrm{AS}_i=A_i+(\mathrm{AP}-\sum_{n_i\in \mathrm{SC}}A_i)/|\mathrm{SC}|
\end{aligned}
\tag{12.6}
$$

5）卖方执行认证：

每个合作卖方节点 $n_i\in\mathrm{SC}$ 收到由式（12.6）算出的分配价格 AS_i 作为服务费用，认证源节点 n_0 的消息。其他节点什么都没有。

12.4.2 动态博弈

在合理环境下，我们考虑位置隐私泄露和资源消耗问题，提出了一种合作认证动态博弈。其中每个节点都寻求以最低成本获取最高收益。

定义 12.1：$G=(P, S, U)$表示合作认证动态博弈，其中 P、S 和 U 分别是参与者集合、策略和效用函数。

1．参与者

$P=\{P_i\}_{i=0}^{N}$ 是参与者集合，P_0 表示源节点 n_0，$P_i(1\leqslant i\leqslant N)$代表 n_i（其中 $n_i\in\mathrm{NNs}$）。

2．策略

$S=\{s_i\}_{i=0}^{N}$ 是所有参与者的策略集。$s_i(0\leqslant i\leqslant N)$是参与者 P_i 的策略，而策略集 s_{-i} 表示其他参与者选择的策略。为简单起见，S 可重新记为 $S=(s_i, s_{-i})$。合作认证中：①当 P_0 需要认证消息 m 时，它有两个选项：合作（CP），也就是说要求 P_i（$1\leqslant i\leqslant N$）认证 m；以及不合作（NC），表明拒绝将 m 发送给 P_i 进行认证。②当 P_i（$1\leqslant i\leqslant N$）收到认证请求时，它也有两个选项：合作（CP），表示 P_i 会认证消息 m；以及不合作（NC），表示 P_i 拒绝认证 m 的请求。因此，P_i 的策略集 $S_i(0\leqslant i\leqslant N)$是{CP, NC}。

3．效用函数

$U=\{u_i\}_{i=0}^{N}$ 是一组效用函数的集合，$u_i(s_i, s_{-i})$表示 P_i 在策略集 s_i 下的效用函数，而 $u_i(s_i, s_{-i})(0\leqslant i\leqslant N)$的定义如式（12.7）和式（12.8）所示：

$$u_0(s_0,\ s_{-0})=\begin{cases}R_0-\text{AP} & s_0=\text{CP且}\exists\text{SC}\\ -C_0 & s_0=\text{CP且}\nexists\text{SC}\\ -\text{LONA}_0 & s_0=\text{NC}\end{cases} \tag{12.7}$$

式（12.7）中的 $u_0(s_0,\ s_{-0})$表明：①如果议价成功，P_0赚到 R_0 和 AP 间的差价。②如果 P_0 选择合作 CP，但议价失败，则 P_0 应支付 C_0 作为因其不合理报价 B_0 所致失败的惩罚。该惩罚很现实，因为可以迫使 P_0 提出合理的报价 B_0 以提高成功议价的概率。③如果 P_0 选择不合作 NC，则 P_0 应支付 LONA_0

$$u_i(s_i,s_{-i})(1\leqslant i\leqslant N)=\begin{cases}\text{AS}_i-R_i & s_i=\text{CP且}P_i\in\text{SC}\\ -C_i & s_i=\text{CP且}P_i\notin\text{SC}\\ -0 & s_i=\text{NC或}s_0=\text{NC}\end{cases} \tag{12.8}$$

式（12.8）中的 $u_i(s_i,\ s_{-i})(1\leqslant i\leqslant N)$表示：①如果议价成功，且 $P_i\in\text{SC}$，则 P_i 获得作为分配价 AS_i 与保留价 R_i 之间差价的效用。②如果 P_i 选择合作 CP，但 $P_i\notin\text{SC}$，则支付 C_i 作为其不合理要价 A_i 的惩罚。这一惩罚在动态博弈中有其现实重要性，因为它可以阻止过多参与者加入合作，避免导致额外的资源消耗，并且可以让 P_i 提出合理的要价 A_i 以提高议价成功率。③如果 P_i 拒绝合作，则不会获得效用。

12.5 合作认证动态博弈模型分析

本节中，我们讨论动态博弈 G 的两种情形：分别是完全信息动态博弈（C-G）和不完全信息动态博弈（I-G）。C-G 要求每个参与者都能观察行动，并对其他参与者的策略空间和效用函数有共同的认识。I-G 知道“自然”参与者的所有策略类型和每种类型对应的概率，但不知道其他参与者的行动属于哪种类型。“自然”参与者指的是为每个参与者分配一个随机变量的参与者，该随机变量可以取各参与者的类型值，并将概率或概率密度函数与这些类型相关联。

12.5.1 完全信息动态博弈

完全信息动态博弈 C-G 中，每个理性参与者都想选择最大化其效用的最优策略。

定义 12.2：P_i 对其他参与者策略的最佳响应是策略 s_i^*，满足 $s_i^*=\arg\max\limits_{s_i} u_i(s_i,s_{-i})$。

定义 12.3：如果针对每个 $P_i(0\leqslant i\leqslant N)$，有 $u_i(s_i^*,s_{-i}^*)\geqslant u_i(s_i^*,s_{-i}^*)$，则策略组合 s_i^* 是纳什均衡（NE）。

完全信息动态博弈 C-G 中，每个参与者根据其他参与者的串行策略采取顺序行动，遵循序贯理性前提；也就是说，买方做出决定时会自然根据卖方的行动调整策略选择，而每一个卖方理性预期这种情形，并考虑其策略选择对买方的影响。这一前提要求任意参与者应根据周围环境动态选择器最优策略，而不是坚持已有策略。这就导出了子博弈概念①，并将我们导向子博弈精炼纳什均衡（SPNE）的本质[24]。

定义 12.4： 如果原博弈的每个子博弈都是纳什均衡（NE），则以扩展博弈树（也称为扩展型）描述的战略组合 $S^*=(S_1^*,\cdots,S_n^*)$ 是子博弈精炼纳什均衡。

完全信息动态博弈（C-G）中，策略组合由成功议价的参与者为争取更多效用而所采取的合作（CP）策略和其他参与者为避免更多损失而采取的不合作（NC）策略共同组成，满足子博弈精炼纳什均衡。

定理 12.1：

令 $C^k(C^k\subset(P-P_0))$ 为合作参与者集，这些参与者满足 $\sum_{P_i\in C^k}A_i\leqslant B_0$ 且 $|C^k|\geqslant$ minCNN。只要存在满足以下条件的合作参与者集 C^k，策略组合 s_i^* 就满足完全信息动态博弈（C–G）子博弈精炼纳什均衡：

$$s_i^*=\begin{cases}\mathrm{CP} & P_i=P_0\\ \mathrm{CP} & P_i\in \mathrm{SC}\\ \mathrm{NC} & \text{其他}\end{cases}\quad(1\leqslant i\leqslant N)$$

证明： 在条件 $\sum_{P_i\in C^k}A_i\leqslant B_0$ 且 $C^k|\geqslant$ minCNN 下，没有任何参与者，P_0 或 $P_i\in C^k$，有动机单方面从合作转向不合作；于是没有不在 $P_0\cup C^k$ 中的参与者（这种参与者的集合记为 D）单方面从不合作转向合作。对 P_0 而言，当其策略是合作(CP)时，其效用相当于 $u_0=R_0-\mathrm{AP}>0$；当其策略是不合作时，其效用大于此效用 $-\mathrm{LONA}_0$（因为 $\sum_{P_i\in C^k}A_i\leqslant B_0$ 且 $0\leqslant\alpha\leqslant1$，因而 $\mathrm{AP}=\alpha\times B_0+(1-\alpha)\times\sum_{P_i\in C^k}A_i\leqslant B_0$；而且，由于 $R_0\geqslant B_0$ 且 $\mathrm{LONA}_0>0$，所以 $R_0-\mathrm{AP}>0>-\mathrm{LONA}_0$）。因此，$P_0$ 的最佳策略是合作（CP）。对于任意参与者 $P_i\in C^k$，当其选择合作策略时，其效用 $u_i=\mathrm{AS}_i-R_i=A_i+(\alpha\times B_0+(1-\alpha)\times\sum_{n_i\in C^k}A_i-\sum_{n_i\in C^k}A_i)/|C^k|-R_i=A_i-R_i+(\alpha(B_0-\sum_{n_i\in C^k}A_i))/|C^k|>0$（因为 $\sum_{P_i\in C^k}A_i\leqslant B_0$ 且 $R_i\leqslant A_i$）而如果其策略是不合作(NC)，那么效用等于零。

所以，该参与者 P_i 不单方面从合作转为不合作。与之类似，如果任意参与者 $P_i\in D$ 单方面将其策略从不合作（NC）改为合作（CP），那么其效用 $u_i=-C_i<0$，因

① 扩展型有限博弈的子博弈是原博弈的一部分，由单个信息集中的初始节点和所有后续节点组成。

为 $C_i>0$ 总是比零小，等于其不合作（NC）策略的效用。因此，没有参与者单方面改变其策略以获取更多效用，策略组合 s_i^* 在 $|C^k|>1$ 的情况下达成子博弈精炼纳什平衡。

注意：定理 12.1 的前提是存在合作参与者集 C^k。然而，在合作参与者集 C^k 确实不存在的情况下，P_i（$1\leqslant i\leqslant N$）总是选择不合作（NC）策略以获取更多效用，而 P_0 的决策随其成本价和无认证的损失 $LONA_0$ 而改变。因此，我们能够推导出两个引理。

引理 12.1：

设 $C^k(C^k\subset(P-P_0))$ 为合作参与者集，这些参与者满足 $\sum_{P_i\in C^k}A_i\leqslant B_0$ 且 $|C^k|\geqslant$ minCNN。策略组合 s_i^* 满足完全信息动态博弈（$C-G$）子博弈精炼纳什均衡的条件是，合作参与者集 C^k 不存在，且无认证的损失 $LONA_0>C_0$，其中

$$s_i^*=\begin{cases}\mathrm{CP} & P_i=P_0\\ \mathrm{NP} & P_i\quad(1\leqslant i\leqslant N)\end{cases}$$

证明： 与定理 12.1 的证明类似，P_0 不单方面从合作转为不合作，因为其效用 $u_i=-LONA_0$ 会比 C_0 少（因为 $LONA_0>C_0>0$）。与之类似，没有参与者 P_i（$1\leqslant i\leqslant N$）有动机单方面将其策略从不合作转变为合作，因为其效用 $u_i=-C_i<0$（由于 $C_i>0$）总是小于零，等于其不合作(NC)策略的效用。因此，没有参与者单方面改变其策略以获取更多效用，策略组合 s_i^* 达成子博弈精炼纳什均衡。

引理 12.2：

设 $C^k(C^k\subset(P-P_0))$ 为合作参与者集，这些参与者满足 $\sum_{P_i\in C^k}A_i\leqslant B_0$，且 $|C^k|\geqslant$ minCNN。策略组合 s_i^* 满足完全信息动态博弈（C−G）子博弈精炼纳什均衡的条件是，合作参与者集 C^k 不存在，且无认证的损失 $LONA_0\leqslant C_0$，其中

$$s_i^*=\begin{cases}\mathrm{NC} & P_i=P_0\\ \mathrm{NC} & P_i\quad(1\leqslant i\leqslant N)\end{cases}$$

证明： 与引理 12.1 的证明类似，P_0 不单方面将其策略从不合作转为合作，因为其效用 $u_i=-C_0$ 会比 $-LONA_0$ 少（因为 $LONA_0\leqslant C_0$）。与之类似，对于任意参与者 P_i（$1\leqslant i\leqslant N$），如果选择合作（CP）策略，则其效用 $u_i=-C_i<0$（因为 $C_i>0$）；而如果其策略是不合作（NC），那么其效用等于零。所以，没有参与者 P_i（$1\leqslant i\leqslant N$）有动力单方面将其策略从不合作转变为合作。因此，没有参与者单方面改变其策略以获取更多效用，策略组合 s_i^* 达成子博弈精炼纳什均衡。

在完全信息动态博弈 C-G 中，每个参与者根据其他参与者的串行策略采取顺序行动，精炼和完全信息静态博弈中产生的不合理纳什均衡（难以置信的威胁和承

诺）可采用子博弈精炼纳什均衡概念加以消除。所以，单个子博弈精炼纳什均衡肯定可以达成，并总会被选中来最大化参与者的效用。基于以上分析，我们提出了一种完全信息动态博弈算法，如算法 12.1 所示。

算法 12.1：合作认证完全信息动态博弈算法
所需参数：具有消息长度 l_m、消息生存时间 TTL_m 和消息的重要性 Imp_m 的给定消息 m 需要进行认证，源节点 n_0 选择合适的正确认证概率（PCA）并根据式（12.1）计算应该参与合作的最小邻居节点数量 minCNN，选择系数 α、pl、wl；n_0 选择合适的权重 w_{C_0}、w_{R_0}、w_{B_0}、w_{L_0}；每个 n_i（$1\leqslant i\leqslant N$）选择合适的权重 w_{C_i}、v_{C_i}、w_{R_i} 和 w_{A_i}。 （1）n_0 通过式（12.3）计算消耗能量 $Ener_{cons}$ 和所需带宽 BW_m、财富水平 FL_0，由式（12.4）计算成本价 C_0、保留价 R_0，以及无认证的损失 $LONA_0$；n_0 向所有邻居节点 NNs 广播带参数$(m, l_m, TTL_m, Imp_m, Ener_{cons})$的认证请求。 （2）对于每个 $n_i\in$ NNs，n_i 收集参数$(Ener_i, BW_i, Priv_{cons}^i, DLPP_i, FL_i)$并通过式（12.5）计算成本价 C_i 和保留价 R_i。 （3）n_0 由式（12.4）计算并提交其报价 B_0。每个 $n_i\in$ NNs 通过式（12.5）计算并提交要价 A_i。 （4）令 $C=\{C\in 2^{NNs}\|C\geqslant\|minCNN 且 \sum_{n_i\in C} A_i\leqslant B_0\}$，$SC=\arg\min_{C^j\in c}\sum_{n_i\in C^j} A_i$。 （5）如果$\|C\geqslant\|\geqslant 1$，则 S_0^*=CP 且 S_i^*=CP，$n_i\in$ SC，S_i^*=NC($n_i\notin$ SC)；否则，S_i^*=NC 且 S_0^*=CP($LONA_0>C_0$)，S_0^*=NC($LONA_0\leqslant C_0$)。 （6）如果$\|C\geqslant\|\geqslant 1$，议价达成商定价格 AP，根据式（12.6）认证消息 m 并分配效用 AS_i 给 $n_i\in$ SC；否则，议价失败

12.5.2 不完全信息动态博弈

博弈之前，不完全信息动态博弈 I-G 的每个参与者根据其他参与者的所有策略类型和对应每种类型的概率分布做出其初步判断。博弈时，每个参与者都可以通过观察其他参与者的行动来获得该采取什么行动的实用信息，然后根据这些判断的变化来修正自己的初始判断，并选择最优策略。这就导出了贝叶斯推理的概念，形式化表达为式（12.9），引导我们探寻到精炼贝叶斯纳什均衡（PBNE）的本质。

$$\text{Prob}_i(\theta_j\mid a_j^h)=\frac{\text{Prob}(a_j^h,\theta_j)}{\sum_{\tilde{\theta}_j\in\Theta_j}\text{Prob}(a_j^h\mid\tilde{\theta}_j)\text{Prob}(\tilde{\theta}_j)} \tag{12.9}$$

式中：$\text{Prob}(\tilde{\theta}_j)$ 是 P_j 为类型 θ_j 的概率，由“自然”（nature）决定。P_j 为类型 θ_j

时，以概率 $\mathrm{Prob}(a_j^h \mid \theta_j)$ 采取行动 a_j^h。如果 P_i 在信息集 h_i 观察到 P_j 的行动 a_j^h，则可以推导出这样的信念：在信息集 h_i 上出现行动 a_j^h 的条件下，P_i 对 P_j 的 $\mathrm{Prob}_i(\theta_j \mid a_j^h)$（也表示为 $\tilde{\mathrm{P}}\mathrm{rob}_{ik}(\theta_j)$）是类型 θ_j，如式（12.9）所示。

定义 12.5： 在 I-G 中，信念组合 $\tilde{\mathrm{P}}\mathrm{rob}=(\tilde{\mathrm{P}}\mathrm{rob}_1,\cdots,\tilde{\mathrm{P}}\mathrm{rob}_n)$ 和类型依赖的策略组合 $S^*(\theta_1,\cdots,\theta_n)=(S_1^*(\theta_1),\cdots,S_n^*(\theta_n))$ 构成精炼贝叶斯纳什均衡（PBNE）。条件是，对于信息集 h 上每个 $P_i(0\leqslant i\leqslant n)$，满足

$$S_i^*(\theta_i)|_h=\underset{S_i(\theta_i)|h}{\arg\max}\sum_{\theta_{-i}}\tilde{\mathrm{P}}\mathrm{rob}_i\left(\theta_{-i}\mid a_{-i}^h\right)u_i\left(S_i(\theta_i)|_h,S_{-i}^*(\theta_{-i}),\theta_i,\theta_{-i}\right)$$

式中：$\tilde{\mathrm{P}}\mathrm{rob}$ 是先验概率集 $\mathrm{Prob}_i(\theta_{-i}|\theta_i)$，所以 $\tilde{\mathrm{P}}\mathrm{rob}_i=\mathrm{Prob}_i(\theta_{-i}|\theta_i)$是 P_i 在信息集 h 上的所有信念 $\tilde{\mathrm{P}}\mathrm{rob}_{ih}$ 的组合；Θ_i 是 P_i 的类型空间，$\theta_i\in\Theta_i$ 是 P_i 的一种类型；$u_i=u_i(S_1^*(\theta_1),\cdots,S_n^*(\theta_n),\theta_i,\theta_{-i})$是 P_i 类型依赖的效用函数。

总而言之，精炼贝叶斯纳什均衡（PBNE）将策略与博弈中所有参与者的信念相结合。参与者根据每个参与者对其他参与者类型的给定信念来选择其最优策略。在均衡路径上，$\tilde{\mathrm{P}}\mathrm{rob}_{ih}$ 可由观察到的信息($\mathrm{Prob}_i(\theta_{-i}|\theta_i)(\theta_{-i})$、$a_{-i}^h$ 和 $S_{-i}^*(\theta_{-i})$)，以及通过式（12.9）导出。I-G 可表示为图 12-2 所示扩展型；h_1 和 h_2 均是 $P_i(1\leqslant i\leqslant N)$的信息集。

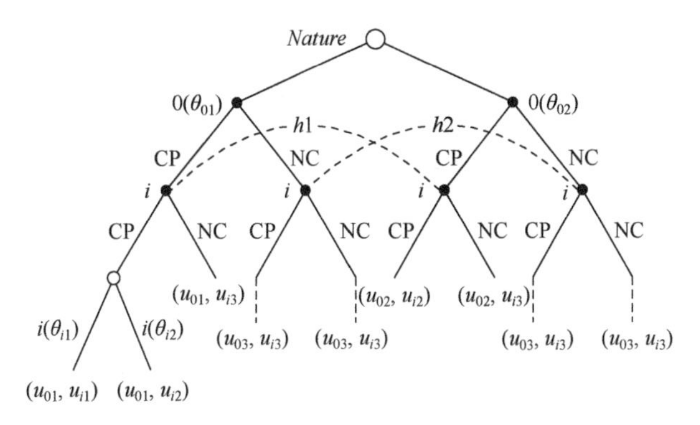

图 12-2　不完全信息动态博弈 I-G 的扩展型，其中 $u_{01}=R_0-AP$，$u_{02}=-C_0$，$u_{03}=-LOAF_0$，$u_{i1}=AS_i-R_i$，$u_{i2}=-Ci$，$u_{i3}=0$。

通过式（12.7）我们知道，P_0 的策略与其报价 B_0、所有要价 A_i 之和，以及$|C|$有关。我们可以获得 P 的类型依赖策略 $S_0^*(\Theta_0)$为 $S_0^*(\theta_{01})$=CP,$S_0^*(\theta_{02})$=NC，其中 θ_{01} 为 $\left\{\sum_{P_i\in \mathrm{SC}}A_i\leqslant B_0\text{和}|\mathrm{SC}|\geqslant \mathrm{minCNN}\right\}$，$\theta_{02}$ 为 $\left\{\sum_{P_i\in \mathrm{SC}}A_i> B_0\text{或}|\mathrm{SC}|< \mathrm{minCNN}\right\}$。应用贝叶斯法则，可以推导出在给定信息集和类型依赖策略下，P_i 对参与者 P_0 的类型的信念，如下式所示：

$$\begin{cases}\tilde{\text{P}}\text{rob}_{ih1}=(\tilde{\text{P}}\text{rob}(\theta_{01}\mid CP_0^{h_1}),\tilde{\text{P}}\text{rob}(\theta_{02}\mid \text{CP}_0^{h_1}))\\ \tilde{\text{P}}\text{rob}_{ih2}=(\tilde{\text{P}}\text{rob}(\theta_{01}\mid NC_0^{h_2}),\tilde{\text{P}}\text{rob}(\theta_{02}\mid \text{NC}_0^{h_2}))\end{cases} \tag{12.10}$$

同样，参与者 P_i 也与其要价相关。我们得到 P_i 的类型依赖的策略 $S_i^*(\Theta_i)$ 为 $S_i^*(\theta_{i1})$=CP，$S_i^*(\theta_{i2})$=NC，其中 θ_{i1} 是

$$\left\{\sum_{P_i\in\text{SC}}A_i\leqslant B_0\ \&\ |\text{SC}|\geqslant \text{minCNN 且 }A_i\leqslant(B_0-\sum_{P_j\in\text{SC},j\neq i}A_j)\right\}$$

而 θ_{i2} 是

$$\left\{\sum_{P_i\in\text{SC}}A_i> B_0\text{ 或 }|\text{SC}|<\text{minCNN 或 }A_i>(B_0-\sum_{P_j\in\text{SC},j\neq i}A_j)\right\}$$

我们可以推导出 P 对 P_i 在给定信息集 f_1、f_2 和类型依赖策略条件下的信念，如式（12.11）所示：

$$\begin{aligned}&\tilde{\text{P}}\text{rob}_{0f_1}=(\tilde{\text{P}}\text{rob}_0(\theta_{i1}\mid \text{CP}_i^{f_1}),\tilde{\text{P}}\text{rob}_0(\theta_{i2}\mid \text{CP}_i^{f_1}))\\&\tilde{\text{P}}\text{rob}_{0f_2}=(\tilde{\text{P}}\text{rob}_0(\theta_{i1}\mid \text{NC}_i^{f_2}),\tilde{\text{P}}\text{rob}_0(\theta_{i2}\mid \text{NC}_i^{f_2}))\end{aligned} \tag{12.11}$$

因此，我们能够推导出两个定理。

定理 12.2：

不完全信息动态博弈（I-G）中存在策略组合

$$S_i^*=\begin{cases}\text{CP} & \text{如果}P_i=P_0\text{ 且 BP}\\ \text{CP} & \text{如果}P_i\in \text{NN}s\text{ 且 BP}_i\\ \text{NC} & \text{其他}\end{cases}$$

形成精炼贝叶斯纳什均衡（PBNE），其中：

$$\text{BP}_0\equiv\begin{pmatrix}\tilde{\text{P}}\text{rob}_0(\theta_{i1}\mid \text{CP}_i^{f_1})>(C_0-\text{LONA})_0/(R_0-\text{EAP}^{f1}+C_0)\text{且}\\ \tilde{\text{P}}\text{rob}_0(\theta_{i1}\mid \text{NC}_i^{f_2})>(C_0-\text{LONA})_0/(R_0-\text{EAP}^{f1}+C_0)\end{pmatrix}$$

$$\text{BP}_i\equiv\left(\tilde{\text{P}}\text{rob}_i(\theta_{01}\mid \text{CP}_0^{h_1})>C_i/(\text{Prob}_i(\text{ISC})(\text{EAS}_i-R_i+C_i))\right)$$

$$\text{Prob}_i(\text{ISC})=\text{Pr}\left(\sum_{P_i\in\text{SC}}A_i\leqslant B_0\text{且}|\text{SC}|\geqslant\min\text{CNN且}A_i\leqslant\left(B_0-\sum_{P\in\text{SC},j\neq i}A_j\right)\right)$$

是以下情况的概率。

（1）P_i 属于卖方联盟。

（2）EAS_i 是 AS_i 的例外值。

（3）EAP^{f1} 和 EAP^{f2} 分别是 AP 在给定 f_1 和 f_2 条件下的例外值。

证明：通过式（12.7）我们知道，P_0 的策略与其报价 B_0、所有要价 A_i 之和，以及合作节点数量 $|C|$ 相关。我们获得 P_0 的类型依赖策略 $S_0^*(\Theta_0)$，记为

$S_0^*(\theta_{01})$=CP，$S_0^*(\theta_{02})$=NC，其中 θ_{01} 是 $\left\{\sum_{P_i\in C^k} A_i \leqslant B_0 \text{和} |C| \geqslant \min\text{CNN}\right\}$，而 θ_{02} 是 $\left\{\sum_{P_i\in C^k} A_i > B_0 \text{或} |C| < \min\text{CNN}\right\}$。

给定 $P_i(1\leqslant i\leqslant N)$的信息集 h_1 和 h_2，可以应用贝叶斯法则推导出 P_i 对于参与者 P 在给定信息集和类型依赖策略条件下的信念，如下式所示。

$$
\begin{aligned}
\widetilde{\text{Prob}}_{ih1} &= (\widetilde{\text{Prob}}_i(\theta_{01} \mid \text{CP}_0^{h_1}), \widetilde{\text{Prob}}_i(\theta_{02} \mid \text{CP}_0^{h_1})) \\
\widetilde{\text{Prob}}_{ih2} &= (\widetilde{\text{Prob}}_i(\theta_{01} \mid \text{NC}_0^{h_2}), \widetilde{\text{Prob}}_i(\theta_{02} \mid \text{NC}_0^{h_2}))
\end{aligned} \tag{12.12}
$$

我们设 $\text{Prob}_i(\text{ISC})$是 P_i 属于卖方联盟的概率。对于给定 $S_0^*(\Theta_0)$，参与者 P_i 在信息集 h_1 上选择合作（CP）策略的预期效用如下式所示：

$$
\begin{aligned}
u_i(\text{CP}) = {} & \widetilde{\text{Prob}}_i(\theta_{01} \mid \text{CP}_i^{h_1})\big(\text{Prob}_i(\text{ISC})(\text{EAS}_i - R_i) + (1 - \text{Prob}_i(\text{ISC}))(-C_i)\big) + \\
& \widetilde{\text{Prob}}_i(\theta_{02} \mid \text{CP}_0^{h_1})(-C_i)
\end{aligned} \tag{12.13}
$$

其中 EAS_i 是 AS_i 在给定信息集 h_1 条件下的例外值。

与之类似，参与者 P_i 在信息集 h_1 上选择不合作（NC）策略的预期效用如下式所示：

$$
u_i(\text{NC}) = \widetilde{\text{Prob}}_i(\theta_{01} \mid \text{CP}_0^{h_1})(0) + \widetilde{\text{Prob}}_i(\theta_{02} \mid \text{CP}_0^{h_1})(0) = 0 \tag{12.14}
$$

对于给定 $S_0^*(\Theta_1)$，参与者 P_i 在给定信息集 h_2 条件下选择合作（CP）策略的预期效用如下式所示：

$$
u_i(\text{CP}) = \widetilde{\text{Prob}}_i(\theta_{01} \mid \text{NC}_0^{h_2})(0) + \widetilde{\text{Prob}}_i(\theta_{02} \mid \text{NC}_0^{h_2})(0) = 0 \tag{12.15}
$$

与之类似，参与者 P_i 在信息集 h_2 上选择不合作（NC）策略的预期效用如下式所示：

$$
u_i(\text{NC}) = \widetilde{\text{Prob}}_i(\theta_{01} \mid \text{NC}_0^{h_2})(0) + \widetilde{\text{Prob}}_i(\theta_{02} \mid \text{NC}_0^{h_2})(0) = 0 \tag{12.16}
$$

当 $u_i(\text{CP})\geqslant u_i(\text{NC})$，$P_i$ 会选择合作（CP）以获得更多效用。为确保参与者不偏离其在信息集 h_1、h_2 的合作策略和类型依赖策略 $S_0^*(\Theta_0)$，所需条件如下式所示：

$$
\widetilde{\text{Prob}}_i(\theta_{01} \mid \text{CP}_i^{h_1}) > C_i / \big(\text{Prob}_i(\text{ISC})(\text{EAS}_i - R_i + C_i)\big) \tag{12.17}
$$

因此，对于给定信息集 h_1、h_2 和类型依赖策略 $S_0^*(\Theta_0)$，策略

$$
S^* = \begin{bmatrix}
(\text{CP},\text{NC}),(\text{CP},\text{NC}),\big(\text{Prob}_i(\theta_{01}),\text{Prob}_i(\theta_{02})\big), \\
\widetilde{\text{Prob}}_i(\theta_{01} \mid \text{CP}_i^{h_1}) > C_i / \big(\text{Prob}_i(\text{ISC})(\text{EAS}_i - R_i + C_i)\big), \\
\widetilde{\text{Prob}}_i(\theta_{01} \mid \text{CP}_i^{h_1}) \leqslant C_i / \big(\text{Prob}_i(\text{ISC})(\text{EAS}_i - R_i + C_i)\big)
\end{bmatrix}
$$

是精炼贝叶斯纳什均衡（PBNE）。

同样，参与者 P_i 也与其要价 A_i、报价 B_0、所有要价 A_i 之和，以及合作节点数量$|C|$相关。我们获得 P_i 的类型依赖 $S_i^*(\Theta_i)$ 为

$$S_i^*(\theta_{i1})=\mathrm{CPS}_i^*(\theta_{i2})=\mathrm{NC}$$

式中：θ_{i1} 是

$$\left\{\sum_{P_i\in C^k}A_i\leqslant B_0 \text{ 且 } |C|<\min\mathrm{CNN} \text{ 且 } A_i\leqslant\left(B_0-\sum_{P_j\in C^k,j\neq i}A_j\right)\right\}\frac{-b\pm\sqrt{b^2-4ac}}{2a}$$

而 θ_{i2} 是

$$\left\{\sum_{P_i\in C^k}A_i>B_0 \text{或} |C|<\min\mathrm{CNN} \text{或} A_i>\left(B_0-\sum_{P_j\in C^k,j\neq i}A_j\right)\right\}$$

我们可以应用贝叶斯法则推导出 P_0 对于在给定信息集 f_1、f_2 和类型依赖策略下参与者 P_i 的类型的信念，如下式：

$$\begin{aligned}\tilde{\mathrm{P}}\mathrm{rob}_{0f1}&=(\tilde{\mathrm{P}}\mathrm{rob}_0(\theta_{i1}\mid\mathrm{CP}_i^{f_1}),\tilde{\mathrm{P}}\mathrm{rob}_0(\theta_{i2}\mid\mathrm{CP}_i^{f_1}))\\ \tilde{\mathrm{P}}\mathrm{rob}_{0f2}&=(\tilde{\mathrm{P}}\mathrm{rob}_0(\theta_{i1}\mid\mathrm{NC}_i^{f_2}),\tilde{\mathrm{P}}\mathrm{rob}_0(\theta_{i2}\mid\mathrm{NC}_i^{f_2}))\end{aligned}\tag{12.18}$$

参与者 P_0 在信息集 f_1 上选择 CP 策略的预期效用如下式：

$$u_0(\mathrm{CP})=\tilde{\mathrm{P}}\mathrm{rob}_0(\theta_{i1}\mid\mathrm{CP}_i^{f_1})(R_0-\mathrm{EAP}^{f_1})+\tilde{\mathrm{P}}\mathrm{rob}_0(\theta_{i2}\mid\mathrm{CP}_i^{f_1})(-C_0)\tag{12.19}$$

式中：EAP^{f_1} 为 AP 在给定信息集 f_1 条件下的例外值。

与之类似，参与者 P_0 在给定信息集 f_1 条件下选择不合作策略（NC）的预期效用如下式：

$$u_0(\mathrm{NC})=\tilde{\mathrm{P}}\mathrm{rob}_0(\theta_{i1}\mid\mathrm{CP}_i^{f_1})(-\mathrm{LONA}_0)+\tilde{\mathrm{P}}\mathrm{rob}_0(\theta_{i2}\mid\mathrm{CP}_i^{f_1})(-\mathrm{LONA}_0)\tag{12.20}$$

参与者 P_0 在给定信息集 f_2 条件下选择 CP 策略的预期效用如下式：

$$u_0(\mathrm{CP})=\tilde{\mathrm{P}}\mathrm{rob}_0(\theta_{i1}\mid\mathrm{NC}_i^{f_2})(R_0-\mathrm{EAP}^{f_2})+\tilde{\mathrm{P}}\mathrm{rob}_0(\theta_{i2}\mid\mathrm{NC}_i^{f_2})(-C_0)\tag{12.21}$$

式中：EAP^{f_2} 为 AP 在给定信息集 f_2 条件下的例外值。

与之类似，参与者 P_0 在信息集 f_2 条件下选择不合作（NC）策略的预期效用如下式：

$$u_0(\mathrm{NC})=\tilde{\mathrm{P}}\mathrm{rob}_0(\theta_{i1}\mid\mathrm{NC}_i^{f_2})(-\mathrm{LONA}_0)+\tilde{\mathrm{P}}\mathrm{rob}_0(\theta_{i2}\mid\mathrm{NC}_i^{f_2})(-\mathrm{LONA}_0)\tag{12.22}$$

当 $u_0(\mathrm{CP})\geqslant u_0(\mathrm{NC})$时，$P_0$ 选择 CP 以获得更多效用。为确保参与者不偏离其在信息集 f_1、f_2 的 CP 和类型依赖策略 $S_i^*(\Theta_0)$，所需条件如下式：

$$\begin{cases}\tilde{\mathrm{P}}\mathrm{rob}_0(\theta_{i1}\mid\mathrm{CP}_i^{f_1})>(C_0-\mathrm{LONA}_0)/(R_0-\mathrm{EAP}^{f_1}+C_0)\\ \tilde{\mathrm{P}}\mathrm{rob}_0(\theta_{i1}\mid\mathrm{NC}_i^{f_2})>(C_0-\mathrm{LONA}_0)/(R_0-\mathrm{EAP}^{f_2}+C_0)\end{cases}\tag{12.23}$$

所以，对于给定的 f_1、f_2 值和 $S_i^*(\Theta_i)$，下列策略是精炼贝叶斯纳什均衡（PBNE）：

$$S^* = \begin{bmatrix} (\text{CP},\text{NC}),(\text{CP},\text{NC}),\left(\text{Prob}(\theta_{i1}),\text{Prob}(\theta_{i2})\right), \\ \tilde{\text{P}}\text{rob}_0(\theta_{i1} \mid \text{CP}_i^{f_1}) > (C_0 - \text{LONA}_0)/(R_0 - \text{EAP}^{f_1} + C_0) \\ \tilde{\text{P}}\text{rob}_0(\theta_{i1} \mid \text{NC}_i^{f_2}) > (C_0 - \text{LONA}_0)/(R_0 - \text{EAP}^{f_2} + C_0), \\ \tilde{\text{P}}\text{rob}_0(\theta_{i1} \mid \text{CP}_i^{f_1}) \leqslant (C_0 - \text{LONA}_0)/(R_0 - \text{EAP}^{f_1} + C_0) \| \\ \tilde{\text{P}}\text{rob}_0(\theta_{i1} \mid \text{NC}_i^{f_2}) \leqslant (C_0 - \text{LONA}_0)/(R_0 - \text{EAP}^{f_2} + C_0) \end{bmatrix}$$

因此，我们能够推导出定理：策略

$$S_i^* = \begin{cases} \text{CP} & \text{如果} P_i = P_0 \text{ 且 } BP \\ \text{CP} & \text{如果} P_i \in NNs \text{ 且 } BP_i \\ \text{NC} & \text{其他} \end{cases}$$

产生精炼贝叶斯纳什均衡（PBNE）。

整体上看，PBNE 可帮助不完全信息动态博弈 I-G 决定是否参与合作，并根据其关于其他参与者的信念最大化其效用。信念可通过应用贝叶斯法则从给定信息集（如观察到的行动的历史记录、类型的概率分布）获取。基于上述分析，我们设计出了算法 12.2 所示适用于 I-G 的不完全信息动态博弈算法。

算法 12.2： 合作认证不完全信息动态博弈算法

所需参数：选择合适的系数 α、pl、wl。给定信息集(f_1, f_2, h_1, h_2)、类型依赖策略$(S_0^*(\Theta_0), S_i^*(\Theta_i))$，以及报价 B_0 和要价 A_i 的概率分布。考虑到带有参数 l_m、TTL_m 和 Imp_m 的消息 m 需要认证，节点 n_0 选择合适的正确认证概率 PCA 并按式（12.1）计算最小邻居节点数量 minCNN，选择合适的权重 w_{C_0}、w_{R_0}、w_{B_0}、w_{L_0}；每个 $n_i(1 \leqslant i \leqslant N)$选择合适的权重 w_{C_i}、v_{C_i}、w_{R_i} 和 w_{A_i}。

（1）n_0 通过式（12.3）计算消耗能量 $\text{Ener}_{\text{cons}}$ 和所需带宽 BW_m、财富水平 FL_0，由式（12.4）计算成本价 C_0、保留价 R_0，以及无认证的损失 LONA_0，然后预测信念 $\tilde{\text{P}}\text{rob}_{0f_1}$ 和 $\tilde{\text{P}}\text{rob}_{0f_2}$；$n_0$ 向所有邻居节点 NNs 广播带有参数$(m, l_m, \text{TTL}_m, \text{Imp}_m, \text{Ener}_{\text{cons}})$的认证请求。

（2）对于每个 $n_i \in \text{NNs}$：n_i 采集参数$(\text{Ener}_i, \text{BW}_i, \text{Priv}_{\text{cons}}^i, \text{DLPP}_i, \text{FL}_i)$，通过式（12.5）计算成本价 C_i 和保留价 R_i，然后预测信念 $\tilde{\text{P}}\text{rob}_{ih1}$ 和 $\tilde{\text{P}}\text{rob}_{ih2}$。

（3）n_0 由式（12.4）计算并提交报价 B_0。每个 $n_i \in \text{NNs}$ 通过式（12.5）计算并提交要价 A_i。

（4）设 $C=\{C \in 2^{\text{NNs}} \| C \geqslant |\text{minCNN} \text{ 且 } \sum_{n_i \in C} A_i \leqslant B_0\}$，$\text{SC} = \arg\min_{C^j \in c} \sum_{n_i \in C^j} A_i$。

（5）如果 BP_0 为真，则 S_0^*=CP；否则 S_0^*=NC；如果 BP_i 为真，则 S_i^*=CP；否则 S_i^*=NC。

（6）如果$|C|\geqslant 1$，则议价达成商定价格 AP，根据式（12.6）认证消息 m 并分配效用 AS_i 给 $n_i \in SC$；否则，议价失败

12.6 实验结果

本节中，我们通过 MATLAB®模拟评估基于议价机制的合作认证动态博弈模型的性能。

在我们的模拟研究中，考虑的网络拓扑有 2000 个节点，传输范围 R=50m，节点随机分布在 1000m×1000m 的范围内。给定 PCA=99.8%且 ρ=2%，我们通过式（12.1）设 minCNN=8，也就是说，至少应该鼓励 8 个邻居节点 NNs 参与合作。为证明我们的策略能够有效减少位置隐私泄露和资源消耗，我们将之与两种方案进行比较。一种是所有节点都参与合作的“所有节点合作”方案，另一种是节点随机选择参与合作的“节点随机合作”方案。在模拟中，我们遵循 $B(6,6)$和 $N(2,1)$分别设置系数 w_{B_0} 和 w_{A_i}。

12.6.1 位置隐私泄露

如图 12-3 所示，在位置隐私泄露方面，模拟结果表明，3 种策略中的平均隐私均随着成功合作认证次数的增加而近线性下降。我们策略中的指标下降速度远低于其他策略。

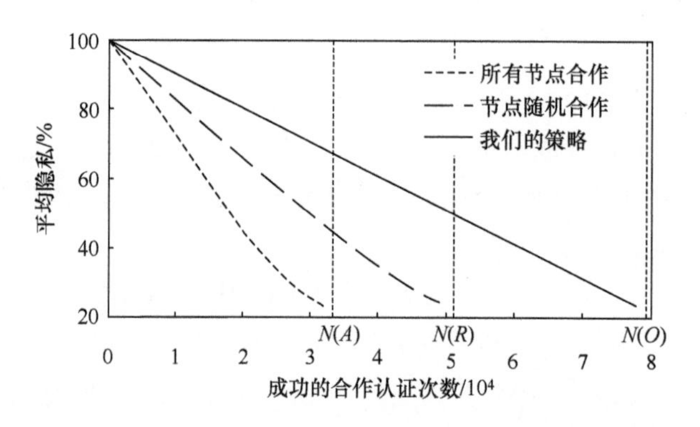

图 12-3　3 种策略中平均隐私随成功合作认证的次数而变化

12.6.2 资源消耗

如图 12-4 所示，在资源消耗方面，模拟结果表明，3 种策略中的平均能量随成功合作认证次数的增加而近线性下降。我们策略中的指标下降速度远低于其他策略。

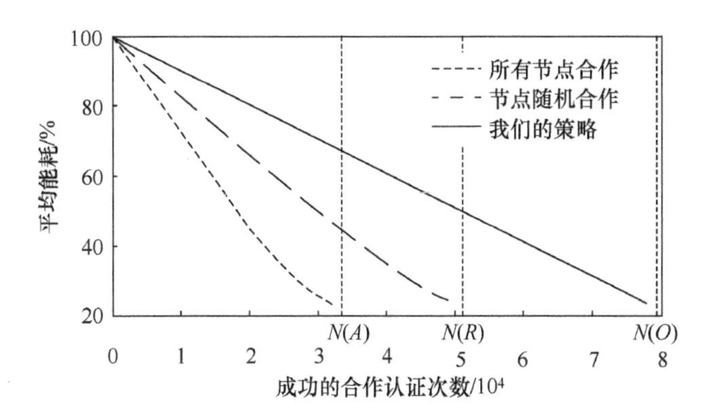

图 12-4　三种策略中平均能量随成功合作认证的次数而变化

如图 12-3 和图 12-4 所示，我们策略中的平均隐私和平均能量下降到 20%是在 $N(O)$次成功合作认证后，而“所有节点合作”方案和“节点随机合作”方案中平均隐私和平均能量下降到这一百分比的成功合作认证次数分别是 $N(A)$和 $N(R)$。不难看出 $N(O)>N(R)>N(A)$。原因在于，我们的策略中，节点在计算效用时考虑并衡量位置隐私泄露的损失和资源消耗，然后根据此效用决定是否参与合作。而其他两种方案并未采取任何措施减少位置隐私泄露和资源消耗。

12.6.3　网络生存

移动自组织网络中，由于资源有限，生存是很重要的一个指标。在我们的模拟中，给定节点 n_i，如果 $\mathrm{DLPP}_i \geqslant \mathrm{DLPP}_{\min}$、$\mathrm{Ener}_i \geqslant \mathrm{Ener}_{\min}$ 且 $\mathrm{FL}_i \geqslant \mathrm{FL}_{\min}$，我们就称 n_i 为存活节点。我们评估我们策略中存活节点的性能和网络生存时间。

存活节点的百分比随 3 种策略中发起合作认证的次数和 3 种不同策略的网络生存期而变化。

如图 12-5（a）所示，我们可以看到，3 种策略中，随着发起合作认证的次数增多，存活节点的百分比迅速下降。我们策略中的指标下降速度远低于其他策略。模拟结果表明，在发起同样次数($N(R)$)的合作认证之后，相比其他策略，我们的模型留有更多的存活节点。因此，出现($N(R)$)次合作认证后，我们的模型中发起合作认证成功的概率高于其他策略。

图 12-5（b）描述了三种策略的网络生存期。我们模型的网络生存期是“所有节点合作”方案的两倍长，比“节点随机合作”方案长 60%。模拟结果证明，对比“所有节点合作”方案和“节点随机合作”方案，我们提出的策略能够增加合作认证的成功率，并延长网络生存期。

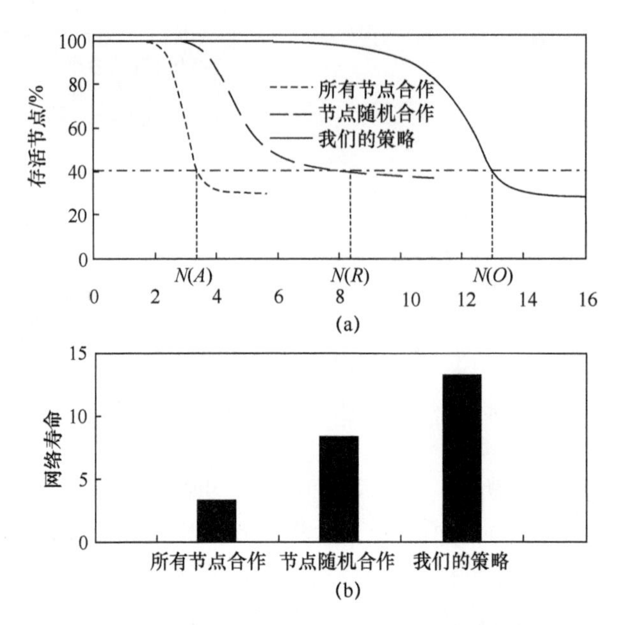

图 12-5　比较三种策略的存活节点和网络生存期

（a）发起合作认证的次数；（b）策略。

12.7　本章小结

面对提高正确认证的概率和参与认证时位置隐私泄露与资源消耗导致的邻居节点不合作之间的冲突，我们需要解决两个关键问题：合作意愿的激励策略和冲突平衡。我们讨论了动态博弈下合作认证的激励策略，并考虑节点是理性个体，能够本地决定是否参与合作。本章中，我们提出了基于议价机制的合作认证动态博弈模型。该模型包含的改进型基于议价的合作认证机制脱胎于我们之前的研究，可以激励节点参与合作。此外，该模型还含有合作认证动态博弈，能够分析所有节点的动态行为，帮助节点决定是否参与合作。我们讨论的动态博弈的两种变体，分别是完全信息动态博弈和不完全信息动态博弈。完全信息条件下获得的子博弈精炼纳什均衡可以指导节点选择其最优策略，从而最大化其效用。由于现实中节点不知道其他节点的效用，于是我们考虑了不完全信息动态博弈，并建立了精炼贝叶斯均衡，用以消除不合理均衡。我们根据分析结果设计了两种算法，模拟结果证明我们的算法实现了既定目标，参与合作的节点可最大化其位置隐私并最小化其资源消耗，同时提高正确认证的概率。两种算法均可提高合作认证的成功率，并将网络生存期延长到当前值的 160%～360.6%。

为了提高合作认证的性能，未来需要研究更多的新策略，如通过观察和学习对手的历史行为而非类型的概率分布，来预测参与者的策略。

参考文献

[1] C. E. Perkins. *Ad Hoc Networking*. New York: Addison-Wesley Professional, 2008.

[2] N. Devi. Mobile ad-hoc networks for wireless systems. *International Journal of Computer Science & Communication*, 3(1): 245–248, 2012.

[3] N. Islam and Z. A. Shaikh. Security issues in mobile ad hoc network. In S. Khan and A.-S.K. Pathan (Eds), *Wireless Networks and Security, SCT*, Berlin: Springer-Verlag, 49–80, 2013.

[4] R. Lu, X. Lin, H. Zhu, X. Liang, and X. Shen. BECAN: A bandwidth-efficient cooperative authentication scheme for filtering injected false data in wireless sensor networks. *IEEE Transactions on Parallel and Distributed Systems*, 23(1): 32–43, 2012.

[5] Y. Hao, T. Han, and Y. Cheng. A cooperative message authentication protocol in VANETs. In *IEEE Global Communications Conference*, GlobeCom, IEEE, Anaheim, CA, 5562–5566, 2012.

[6] D. Nyang and A. Mohaisen. Cooperative public key authentication protocol in wireless sensor network. In *International Conference on Ubiquitous Intelligence and Computing, UIC*, Beijing, 864–873, 2006.

[7] X. Zhu, S. Jiang, L. Wang, and H. Li. Efficient privacy-preserving authentication for vehicular ad hoc networks. *IEEE Transactions on Vehicular Technology*, 63(2): 907–919, 2014.

[8] W. Shen, L. Liu, X. Cao, Y. Hao, and Y. Cheng. Cooperative message authentication in vehicular cyber-physical systems. *IEEE Transactions on Emerging Topics in Computing*, 1(1): 84–97, 2013.

[9] X. Lin and X. Li. Achieving efficient cooperative message authentication in vehicular ad hoc networks. *IEEE Transactions on Vehicular Technology*, 62(7): 3339–3348, 2013.

[10] A. Vijayakumar and K. Selvamani. Node cooperation and message authentication in trusted mobile ad hoc networks. *International Journal of Engineering and Technology*, 6(1): 388–397, 2014.

[11] X. Li, X. Liang, R. Lu, S. He, J. Chen, and X. Shen. Toward reliable actor services in wireless sensor and actor networks. In *IEEE International Conference on Mobile Ad-Hoc and Sensor Systems, MASS*, IEEE, Valencia, 351–360, 2011.

[12] H. Moustafa, I. Moulineaux-cedex, and G. Bourdon. Authentication and services access control in a cooperative ad hoc environment. In *International Conference on Broadband Communications, Networks and Systems, IEEE Broadnets*, Raleigh, NC, 38–40, 2008.

[13] Y. Hao, Y. Cheng, Z. Chi, and S. Wei. A distributed key management framework with cooperative message authentication in VANETs. *IEEE Journal on Selected Areas in Communications*, 29(3): 616–629, 2011.

[14] R. Shokri, G. Theodorakopoulos, C. Troncoso, J.-P. Hubaux, and J.-Y. Le Boudec. Protecting location privacy: Optimal strategy against localization attacks. In *ACM Conference on Computer and Communications Security, CCS*, Denver, CO, 617–627, 2012.

[15] J. Freudiger, M. H. Manshaei, J.-P. Hubaux, and D. C. Parkes. Non-cooperative location privacy. *IEEE Transactions on Dependable and Secure Computing*, 10(2): 84–98, 2013.

[16] D. Zhang, R. Shinkuma, and N. Mandayam. Bandwidth exchange: an energy conserving incentive mechanism for cooperation. *IEEE Transactions on Wireless Communications*, 9(6): 2055–2065, 2010.

[17] C. Zhang, X. Zhu, Y. Song, and Y. Fang. C4: A new paradigm for providing incentives in multi-hop wireless networks. In *INFOCOM, 2011 Proceedings IEEE*, University of Florida, Gainesville, FL, 918–926, 2011.

[18] M. Guizani, A. Rachedi, and C. Gueguen. Incentive scheduler algorithm for cooperation and coverage extension in wireless networks. *IEEE Transactions on Vehicular Technology (TVT)*, 62(2): 797–808, 2013.

[19] M. T. Refaei, L. A. Dasilva, M. Eltoweissy, and T. Nadeem. Adaptation of reputation management systems to dynamic network conditions in ad hoc networks. *IEEE Transactions on Computers*, 59(5): 707–719, 2010.

[20] M. H. Manshaei, Q. Zhu, T. Alpcan, T. Basar, and J.-P. Hubaux. Game theory meets network security and privacy. *ACM Computing Surveys (CSUR)*, 45(3): 1–39, 2013.

[21] T. Chen, L. Zhu, F. Wu, and S. Zhong. Stimulating cooperation in vehicular ad hoc networks: A coalitional game theoretic approach. *IEEE Transactions on Vehicular Technology*, 60(2): 566–579, 2011.

[22] G. Yunchuan, Y. Lihua, L. Licai, and F. Bingxing. Utility-based cooperative decision in cooperative authentication. In *IEEE International Conference on Computer Communications, INFOCOM*, IEEE, Toronto, ON, 1006–1014, 2014.

[23] R. Shokri, G. Theodorakopoulos, J.-Y. Le Boudec, and J.-P. Hubaux. Quantifying location privacy. In *IEEE Symposium on Security and Privacy, SP*, IEEE, Berkeley, CA, 247–262, 2011.

[24] M. J. Osborne. *Introduction to Game Theory*. New York: Oxford University Press, 2009.

第 13 章　物联网中的认证

从 IPv4 过渡到 IPv6 的地址暴涨，使连接空间从高尔夫球般大小变成太阳那般大。但直到今天，我们都还没有证明自己有能力管理高尔夫球的安全。当我们移居到“太阳”，周围的一切都是连接点，每样东西都是攻击者的入口点，那时我们该怎么办？

艾米丽·弗莱（Emily Frye），MITRE 公司首席工程师

2015 年 IEEE 国土安全技术国际研讨会网络安全专题讨论组开幕词

认证通过在入口点验证身份来管理安全，从而保护连接空间不受攻击者的侵害。这种标识既适用于操作数据的实体，也适用于数据携带的信息本身。通信实体应相互识别。通信期间的信息交换应该就其来源、时间、内容等进行验证。因此，认证常分为两大类：实体认证和消息认证。

本章先阐述认证的基本原理，然后考虑与连接我们周围一切的物联网相关的实体认证和消息认证，为每一类认证给出物联网行业应用案例研究，如交通运输行业或医疗保健行业。最后一节中，我们阐述应用于医疗保健行业的体域网（BAN）密钥管理。认证常受到加密技术支持，而加密技术又需要密钥管理。对称密钥加密需要在想秘密通信的双方之间设立共享密钥，而关于共享密钥的知识可以用来验证参与者的身份。非对称密钥加密需要可信第三方将实体的身份绑定到其公钥，以便其他实体能够与之保密通信，而该绑定即为验证实体身份的证书。由于计算资源和能耗的限制，以上传统密钥管理方式均不适用于体域网。为了人类的生命，医疗保健行业的高等级安全需求，给体域网的设计带来了挑战。不过，人体为采用生物特征识别的新型认证方法提供了独特的机会。

13.1　认证的基本原理

认证指的是保证实体是其所宣称的身份或信息没有遭到未授权方篡改的过程。认证按特定于服务的安全目标进行分类，如消息认证、实体认证、密钥认证、不可否认性，以及访问控制。消息认证确保信息的完整性和来源。作为消息认证的同义词，数据完整性保护信息免遭未授权篡改，而数据源认证保证数据发起方的身份：因为发起方不再是修改后的消息源，数据源认证意味着数据完整性。实体认证，也

称为端点认证或标识，确保声称方在过程中的身份和存在。身份的即时验证可以是相互的，如当发送方和接收方双方相互确认时；也可以是单边的，如果只有一方能确定另一方的身份。密钥认证保证实体及其密钥间的联系，这种联系延伸到密钥管理的多个方面，包括密钥建立/协商、密钥分发、密钥使用控制和密钥生命周期。在用户无法面对面交换密钥，或相互认识可以验证密钥的互联网时代，密钥认证起着至关重要的作用。可信第三方作为证书颁发机构即认证中心（CA）介入，负责为密钥的真实性提供担保，如将密钥与不同个体绑定，维护证书使用，以及撤销证书[1]。不可否认性可以阻止实体否认其先前的行动；这往往需要可信第三方来解决由于实体否认自己采取了某种行动或没有采取行动而导致的争端。实体认证成功后，访问控制或授权对实体使用数据/资源施加选择性限制。

为澄清认证方面的混乱，本章按时效性将认证分为两类，其他类型都可由此派生。

（1）实时实体认证：通信中的 Alice 和 Bob 无延时地确认对方的身份。

（2）弹性时间框架内的消息认证：Alice 和 Bob 交换消息时，即使在以后的时间也能保证消息的完整性和来源。

传统上（20 世纪 70 年代中期以前），认证与保密之间存在内在联系。例如，古代战争时期的口令认证就是个共享的秘密，如双方之间的一句话；说出这句话表明知道这个秘密，就证实了实体的身份，然后实体就可以获准进入领地了。涉及时不变口令的固定口令方案被认为是弱认证，易遭受窃听和穷举搜索攻击。为加强保密性，固定口令方案应用了各种技术。用加密口令代替明文口令，从而让口令难以理解，或者用随机字符串加盐/扩充，增加字典攻击的复杂度。

不过，认证不需要保密，正如散列函数和数字签名所表明的那样。散列函数是将任意长度二进制串映射为固定长度二进制串的单向函数，该固定长度二进制串称作散列值，是输入串的紧凑表示。散列函数可用于认证的两个特征如下。

（1）找到具有相同散列值的两个不同输入，即，两个不同输入 x 和 y 满足 $h(x)=h(y)$，在计算上是不可行的。

（2）给定特定散列值 v，找出具有此散列值 v 的输入 x，即，给定 v，预映射 x 满足 $h(x)=v$，在计算上是不可行的。

对称密钥加密是共享一个密钥的单密钥密码体制；非对称加密是双密钥密码体制，拥有由一个公钥和一个私钥组成的一对密钥。散列函数可用于保证数据完整性，在不保密的情况下认证消息。使用散列函数保证数据完整性的典型过程如下。

（1）Alice 计算消息对应的散列值，然后将消息连同其散列值一起发送给 Bob。

（2）Bob 计算所收到消息的散列值，并将此计算出的散列值与提取出的散列值做比较。比较结果可以验证消息是否被篡改。

如果 Eva 在传输途中篡改了消息，Bob 可以检测到这一改动，从而在无需对 Eva 保密的情况下保持数据完整性。注意，无法找出具有相同散列值的两个不同输入，满足了数据完整性的安全要求。否则，Eva 就可以用具有相同散列值的另一消息欺骗 Bob，让他无法检测出消息遭遇了改动。带密钥散列函数使用共享密钥加密散列值，称为消息认证码（MAC）算法，专用于消息认证（数据源认证和数据完整性）。

散列函数还可以用于数字签名。数字签名使用名为签名的标签将实体的身份与信息绑定。典型过程如下。

（1）Alice 通过计算散列值签名长消息，然后将消息连同其散列值一起发送给 Bob，该散列值通常作为 Alice 的签名予以加密。

（2）Bob 收到消息，计算其散列值，然后验证所收到的签名是否匹配此散列值。

再次提请注意，散列函数的无碰撞属性可以防止 Alice 稍后声称已签名另一条消息，因为一条消息上的签名不会与另一条消息上的签名相同。此外，不必为了数据签名而对 Eva 保密消息，因为增强不可否认性是通过加密散列值而不是加密消息本身实现的。

散列函数的第三个密码学用途是标识或实体认证。借助共享密钥和质询的单向（不可逆）函数，声称方可以通过向验证者提供散列值而非密钥，来证明自己知道共享密钥，而验证者可以核验收到的散列值是否匹配计算出的散列值，从而确认声称方的身份。质询是为了防止重放攻击。

尽管标识和实体认证被认为是同义词，但还是可以加以区分的，因为标识仅用于宣称（声明）身份，而实体认证（或称身份验证）用于证实身份。与之类似，数字签名与实体认证密切相关，但涉及可变消息，要在事后签名这个可变消息以确保不可否认，而实体认证采用声称的身份等固定消息来允许/拒绝无生存期的即时访问。

实体认证各方如下。

（1）声称方（示证者）：将其身份声明为消息的实体，常作为质询－响应协议响应早前消息，以证明自身真实性。

（2）验证者：另一个实体，通过检查消息的正确性证实声称方的身份确实如其所声明的那样，从而防止假冒。

（3）可信第三方：在双方之间斡旋的实体，作为可信机构提供身份验证服务。

实体认证的目标如下。

（1）确定性：实体认证的结果要么是接受声称方的身份为真实身份而完成，要么是拒绝接受而终止。

（2）可传递性：标识不可传递，以免验证者重用与申请人的标识交换向第三方冒充申请人。

（3）假冒：除了声称方，任何实体都几乎不可能扮演声称方的角色来让验证者接受声称方的身份完成认证，即，没有实体能够假冒声称方。甚至即使对手已经在多个实例中参与了之前与声称方和验证者中的一方或双方的认证，无假冒的事实依然牢不可破。

实体认证的要素如下。

（1）所知道的：声称方通过口令、个人标识号（PIN）、共享密钥或私钥等表明对秘密的了解。

（2）所拥有的：声称方通常出示物理权标作为通行证。例如，用磁条卡、智能/IC 卡和智能手机提供时变口令。

（3）所固有的：声称方提供承自人类生理特征和无意识行为的生物特征，如指纹、视网膜模式、步态和动态击键特征。这些技术现已不止应用于个人认证，还扩展到了设备指纹认证。

实体认证的级别如下。

（1）弱认证：如果此前未知方在不涉及可信第三方的情况下验证其身份，那么实体认证方案被认为是弱认证。单因素认证可能不是弱认证，如一次性口令被视为不可破解的，可防止窃听和后续假冒。作为“所知道的”因素，一次性口令确保每个口令仅使用一次。

（2）强认证：使用至少两个因素的实体认证技术被称为强认证。质询 - 响应协议是强认证，声称方通过表明对已知与自身关联的秘密的了解来向验证者证明其身份，无须在协议质询期间向验证者披露秘密本身。因为声称方对时变质询的响应依赖声称方的秘密（如其私钥）和质询（如名为 nonce 的非重复随机数）二者，所以协议使用了双因素。

（3）零知识（ZK）认证：基于零知识的认证协议在执行时不披露任何部分信息。简单的口令方案会披露整个秘密，因为声称方向验证者提交口令后，验证者就可以通过重放口令来假冒声称方。质询-响应协议以时变方式表明对秘密的了解，无须给出秘密本身，改善了这一方面，从而令对手验证者无法直接重用该信息。然而，质询-响应协议披露了关于声称方秘密的部分信息，容易遭到选择文本攻击。零知识协议则允许声称方在不披露任何信息供验证者用于假冒的情况下表明对秘密的了解。因此，声称方仅证明断言的真实性，类似于从可信先知处获得的答案。但是，零知识属性并不保证协议是安全的，除非其攻击问题是难以计算的。

用户感兴趣的实体认证属性如下。

（1）标识互惠性：双方相互证实为双向认证，一方证实另一方为单向认证。固定口令方案等单向认证容易被对手冒充验证者获得请求者的口令以实施重放攻击。

（2）计算效率：认证协议的计算复杂度。

（3）通信效率：协议的通信开销。

（4）第三方：实体认证技术可能涉及在希望以可信方式通信的双方之间的第三方。

（5）参与及时性：第三方可能保持在线，实时提供认证服务，如将公共对称密钥分发给通信方以进行实体认证的 Kerberos 协议。证书颁发机构常在线下运作，颁发或撤销公钥证书。

（6）信任性质：第三方可能是分发公钥证书的不可信目录服务。需要第三方具有的信任性质包括信任第三方会提供正确的结果。

（7）安全保证性质：例如，可证明的安全和零知识属性。

（8）秘密存储：指的是在哪里用何种方法存储关键密钥材料，如本地磁盘、智能卡，或者软件或硬件形式的云。

13.2 实体认证：VANET 中的节点驱逐

车联网具有高速移动、短时连接和无基础设施组网的特点，形成了车载自组网络（VANET）。图 13-1 描述了 VANET 的典型网络架构，其中路侧单元（RSU）有两种运行模式：基础设施模式和自组网模式。运行在基础设施模式下的 RSU 连接互联网或蜂窝网络等网络基础设施，获取出行广告和电子不停车收费系统等外部组件提供的服务。自组网模式下，RSU 偶尔与车辆的车载单元（OBU）通信。车载单元在自组网模式下也会相互通信。车载单元包含第二代车载诊断系统（OBD-Ⅱ），用一组传感器测量车辆自身状态，如其刹车、识别位置的 GPS、侦测附近其他车辆的雷达，以及与 RSU 和其他车辆通信的收发器（TRX）。这些组件向专用计算机 Codriver 馈送信息，监测道路安全并处理出行服务。因此，VANET 是典型的物联网，汽车就是该物联网上连接的一些大物件。

除了故障车载单元等故障节点会影响 VANET 性能，造成安全应用出现致命后果，还有恶意节点会故意向 VANET 注入错误消息，导致严重破坏[2]。即时清除 VANET 中的错误节点至关重要。节点驱逐方案伴随着网络安全中的认证机制。传统上，集中式 CA，如机动车辆注册机构，可以撤销错误节点的证书。然而，VANET 的性质让基于 CA 的方法毫无效果。VANET 中现行的节点驱逐方案允许节点做出决策并对其他错误节点采取操作，无论是分布式的还是本地的。本地节点驱逐方案可归为 5 个类别。

（1）信誉：由于 VANET 缺乏强认证基础设施，简单的节点不良行为有可能造成灾难性后果，导致 VANET 严重降级。例如，自私节点可能会向上游发送大量虚假拥塞消息，从而扰乱交通来为自己开路，但这可能会导致一连串的事故。作为一种安全机制，单个节点通过自己的直接观察和其他节点提供的信息，形成/更新与之交互的其他节点的信誉指标。各个节点不会再与曾经有过不好经历的节点交互。最终，信誉不良的节点会被排除在 VANET 之外。CoRE 是典型的协作信誉机制，迫使节点为留在移动自组织网络中而表现出良好的行为。基于信誉的方法能够防止误报，但对事件响应缓慢。

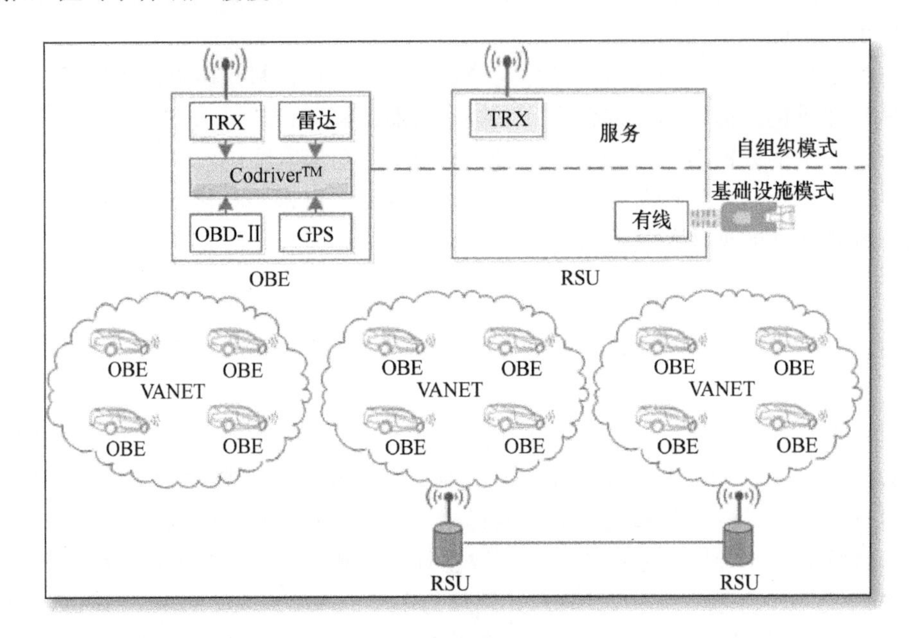

图 13-1　VANET 的网络架构

（2）投票：Raya 等人提出了由投票评估者在本地驱逐攻击者（LEAVE）的协议[4]。CA 从见证节点错误行为的不同节点收集指控，并在达到阈值时撤销被指控的节点。LEAVE 以不良行为检测系统增强了这一依托基础设施的撤销协议，使各个节点能够保护自己。投票方案使节点具备快速反应和自我保护能力。然而，当骗子节点数量超过诚实节点数量的时候，投票就不公平了。

（3）自杀：为确保指控者的责任，自杀类方案允许节点单边撤销另一节点，代价就是自身也被撤销，所谓业力自杀[5]。个中动机来自大自然，就好像蜜蜂会对蜂巢受到的威胁做出反应而蜇人，但同时自己也失去生命。业力自杀撤销方案通过周期性可用的信任机构（TA）来激励自杀节点：合理自杀的节点可以获准重回 VANET。自杀方案继承了投票方案的快速撤销过程，同时还提高了准确性。

（4）弃权：弃权类方案相当于极端信誉方案：节点不公开对其他节点的信誉评级。经历过不良节点的不当行为后，节点被动地远离不良节点，但不报告任何信息，期望其他节点最终将此不良节点驱逐出网络。每个节点可在撤销过程中采取这 3 种行动之一：弃权、投票，或者自杀。瞬时网络最优撤销（OREN）是基于信任的本地撤销博弈论框架，可动态适应其成本参数，保证以最富社会效益的方式成功撤销。

（5）警察：警察类方案适用于交通运输领域的撤销，但很大程度上没在 VANET 中做过这方面的探索。特种车辆，如警车，在道路网上巡逻，一检测到不当行为节点就立即予以撤销。该类方案很准确，因为证据是一手的；但尽管最终能够驱逐，其速度却取决于节点被抓到的概率。

影响节点驱逐方案性能的因素多种多样。道路拓扑、RSU 的部署、车辆速度、驾驶员的行为，以及恶意节点的数量等不过是其中几例。

我们采用基于代理的方法模拟上述节点驱逐方案。之所以选择基于代理的模拟，是因为其富有灵活性且易于生成，如能够建模各个节点的行为和目标，移动性和方案配置等。这对于极端复杂系统的建模十分有用，如涉及驾驶员行为、车速和个别目标的智能交通系统。递归疏松代理模拟工具包（Repast）具备平台独立、地理信息系统（GIS）无缝集成、学习资源库庞大、用户友好和可编程控制的特性[8]，所以我们选择 Repast 作为我们的代理模拟工具。

模拟场景包括网格中的环形道路设置，其中不同速度的车辆在道路上循环行驶，并在接近时彼此通信或与 RSU 通信。RSU 将信息中继给 CA。系统组件的行为取决于所使用的方案。

在我们的模型中，节点驱逐方案和接触频率是隐式的。接触频率指的是节点彼此接触并交换消息的频率，可严重影响方案的性能。各个节点的速度差及其初始位置则会影响接触频率。

在模拟中，我们试图回答方案能否最终将恶意节点与诚实节点分隔在两类网络中的问题，并试图弄清实现这一结果需要耗费多长时间。任何节点驱逐方案都应该尝试优化动态环境条件下的平均时间、风险和效用指标。在模拟中，我们研究了这些评估参数随网络中恶意节点的百分比而变化的情况。网络所用节点的总数是 60，其中一个是警察节点。

我们将驱逐过程建模为一系列状态和状态转换。这一过程最终将所有节点分到了两个子网：子网Ⅰ和子网Ⅱ。出于方便考虑，节点无论好坏都先加入其中任一子网。当从子网Ⅰ移动到子网Ⅱ，或者从子网Ⅱ移动到子网Ⅰ时，节点状态发生转换。正如老话所言，“物以类聚”，子网Ⅰ或子网Ⅱ最终会汇聚同类节点，即，每个子网中仅有良好节点或不良节点。整个系统建模为由证书控制的谁想从谁那里接收消息的网络。每个节点都维护有一张其他节点的有效证书列表（LVC）。

正如所预测的，由于每一起事件都会触发隔离，投票类方案在平均易受攻击时间方面表现最好，我们只要将阈值设置为 0.5，将节点投出网络就只需要一半的人。警察类方案性能次优，因为一旦抓到节点发送恶意消息，警察节点就会将之作为不良节点隔离出去。由于警察节点及时赶到需要时间，该方案所需时间随不良节点百分比增加而延长。弃权类方案表现最差，因为只有所有节点都将不良节点从自身 LVC 中删除，该不良节点才能被移动到子网Ⅱ。当不良节点的百分比增加时，由于遇到不良节点的概率较高，所需时间会略有下降。图 13-2 展示了时间模拟结果。

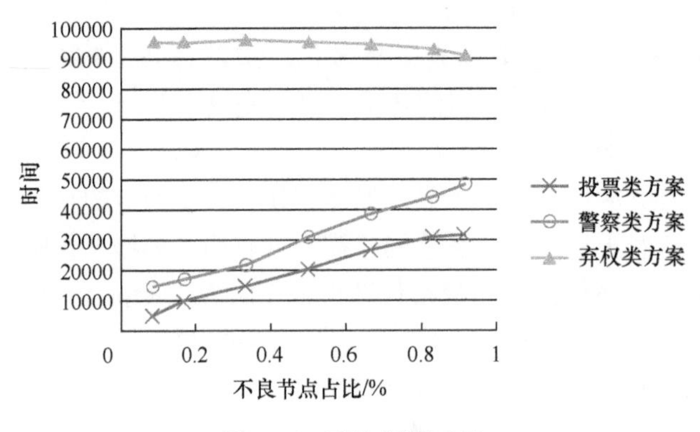

图 13-2　平均漏洞时间

图 13-3 和图 13-4 总结了准确性模拟结果。准确性是最佳分类，统一性最高而风险最低。警察方案和弃权方案的统一性值均为 1，对不良节点的百分比不敏感：因为他们的行动取决于第一手信息。不会出现虚假指控；因此，良好节点与不良节点泾渭分明。投票类方案的统一性值在不良节点比例达到其阈值设置 0.5 时开始减小，因为不良节点的虚假指控会将良好节点移动到子网Ⅱ。

警察类方案的风险这 3 种当中最低的，因为每个检测都会触发不良节点从子网Ⅰ移动到子网Ⅱ。最后，良好节点和不良节点基本上区隔开来，几乎没有任何风险。然而，随着不良节点百分比增加，多个不良节点会在不同位置同时出现，单个警察节点变得难以及时捕获所有不良节点。而且，警察节点也有可能永远抓不到某些不良节点，表现出风险上升。投票类方案在不良节点百分比低时也具有较低的风险值，但是，随着不良节点比例增加到超过其阈值设置 0.5，风险就会在两个原因的作用下突然上升：参与报告的良好节点较少，不良节点提出的虚假指控较多；因而，留下来的良好节点更少了。随着模拟达到平衡状态，几乎所有节点，无论是良好节点还是不良节点，都落到子网Ⅱ中，回到初始状态的镜像。弃权类方案风险最高，因为仅在所有其他节点都避开的情况下，此不良节点才会被移出子网Ⅰ。风险随不良节点百分比的增加而上升。某些时候，风险会波动，因为从子网Ⅰ中移除了良好节点。注意，不良节点的比例达到 0.5 后，弃权类方案的风险值就会低于投票类方案的风险值，因为扭曲事实的不良节点比良好节点多。

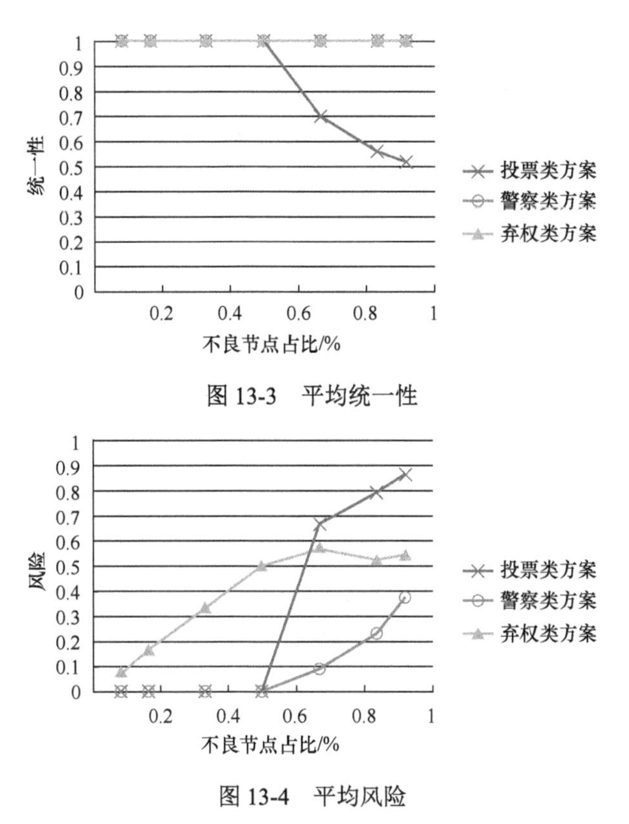

图 13-3 平均统一性

图 13-4 平均风险

13.3 消息认证：VANET 中的内容分发

VANET 应用的核心仰赖为驾驶员提供及时准确的信息，即内容分发[10]。然而，由于 VANET 分布式、开放和移动的性质，VANET 内容分发带来了机密性、完整性和认证等方面的严重安全威胁[11]。人们提出了各种各样的安全机制，然而，只要缺乏衡量这些机制有效性的通用指标，消费者的信心就无法得到保证，特别是在关键的道路安全问题上[12]。不幸的是，安全测量很难[13]，而且不同于其他类型的策略，如交通运输的服务水平[14]，或者无线多媒体的服务质量[15]。

我们提出了衡量 VANET 内容分发安全方案完整性水平的安全指标，即非对称损益马尔可夫（APLM）模型[16]。该模型采用黑箱方法，将检测到数据损坏的事件记录为收益，而将接受已损坏数据的事件记录为损失。我们用马尔可夫链来记录被评估系统是如何根据损益自我调整自身行为的：损失状态比收益状态多，系统就是非对称的。然后，我们介绍如何指导 VANET 内容分发完整性方案设计的优化，测量没有部署任何完整性方案的普通 VANET 内容分发和分别部署了信誉、投票、信誉投票（VOR）和随机完整性方案的 VANET 内容分发的结果。

VANET 经过 RSU 时，车辆上的 OBU 向 RSU 传送上游路段的交通状况。交通状况可用车流密度表示，即带时间戳的每英里等效乘用车数量。每当车辆位于 RSU 附近时，其上 OBU 就会响应 RSU 对上游路段交通状况的反复请求。为突出重点，我们不考虑 RSU 为获取全局信息而交换消息、OBU 相互通信以规避车辆碰撞，或者 RSU 为 OBU 提出备选路线建议等其他内容分发情况。

如图 13-5 所示，RSU 会接入自己附近的 VANET。然后，RSU 与 VANET 中所选车辆上的 OBU 建立并发传输控制协议（TCP）连接。每个 OBU 包含内容片段的一个子集。RSU 通过 TCP 连接向每个 OBU 反复请求其内容片段，直到将所有片段成功组装成完整内容。此过程中，RSU 决定从哪个 OBU 获得下一个片段。

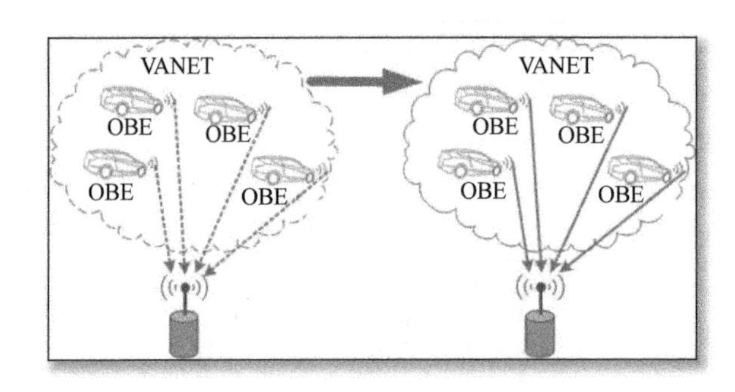

图 13-5　VANET 内容分发架构

我们的 VANET 内容分发应用架构具有可伸缩性、可扩展性和灵活性等颇具吸引力的特性。与点对点（P2P）架构中的文件分发类似，我们的 VANET 内容分发可以自我伸缩，对于 VANET 中任意数量的车辆，分发时间有限。其功能可扩展到 RSU 和 OBU 之间的其他双向内容分发。该架构支持灵活应用，适用于从碰撞规避到出行效率的多种应用场景。然而，正如我们前面讨论过的，由于其分布式、开放和移动的性质，此架构面临一些安全挑战。

我们提出了名为 VANET 信誉投票（VOR4VANET）的新型完整性方案。该方案包含以下两个阶段。本地信誉计算：RSU 依据自身与 OBU 以往成功交易的评估，为每个 OBU 分配一个信誉评级；随后是信誉加权投票：不是经多数投票，而是按 OBU 间信誉加权投票，解决内容差异。

本地信誉是在下载完内容组装所需全部数据片段时，根据以往信誉评级的指数加权移动平均值计算得出的：

$$R_t = (1-\alpha)R_{t-1} + \alpha M$$

式中：$R_0 = 0$。如果 OBU 分发良好数据片段，则 M=1；如果分发不良数据片段，则 $M = -1$。本测试中，α 落在[0,1]区间，建议值为 0.125。

当来自多个 OBU 的数据片段具有不同值时，信誉加权投票可以确定数据片段的正确版本。我们用相应 OBU 的信誉来调整列表的模式计算：

$$\text{OBU}=\text{mode}\{R^h \text{ incidences of } F^h\}$$

式中：R^h 是非负整数信誉值。

例如，如果 RSU 收到来自 4 个 OBU 的数据片段副本，其中仅 1 个 OBU 分发了“良好”片段，其余 3 个 OBU 分发的都是“不良”片段，按多数投票，RSU 将接受“不良”片段。而如果纳入表 13-1 中列出的信誉，该列表等同于 3 个 G（“良好”）和 2 个 B（“不良”），得出结果模式 G；因此，RSU 将接受“良好”片段。

表 13-1　多数投票与信誉加权投票对比

	H_1	H_2	H_3	H_4	OBU
F^h	B	G	B	B	B
R^h	1	3	0	1	G

当新的 VANET 驶入 RSU 附近时，RSU 检查其信誉库，查看该 VANET 中车辆上所有 OBU 的信誉值，选择其中所携数据片段可覆盖整个内容的高信誉 OBU。然后，RSU 与所选 OBU 建立并发 TCP 连接，向这些 OBU 请求其数据片段。如前面所述，单个 OBU 所携数据片段可能不足以覆盖整个内容。通过正确选择 OBU，RSU 可收到组装内容所需的所有片段，其中大部分可能是重复的。由于某些 OBU 受损而导致特定片段的值出现差异时，RSU 启动投票方案来解决这一问题。RSU 收到所有片段并组装出全部内容后即可达成裁定。然后，RSU 更新其信誉库。如果内容未通过完整性检查，RSU 重复其选择过程并重新请求片段，直到内容分发成功，或者 VANET 驶出其附近区域。

我们的内容完整性指标 APLM 模型采用 VANET OBU 等内容主机和 RSU 等内容检索器。APLM 模型的理念基础在于，有效完整性方案应能使内容检索器规避“不良”内容主机，向“良好”内容主机请求组装特定内容集所需的片段。每个状态代表着毫无所觉地获取了至少一个受损数据片段的内容检索器的具体数量。因此，马尔可夫链状态空间由（n+1）个内容检索器状态构成，0 值表示没有内容检索器接受了“不良”片段，1 值表示其中一个内容检索器持有受损片段，诸如此类，而 n 表示所有内容检索器均持有“不良”数据片段，没有检测出来并丢弃。状态 0 表示收益，而所有其他状态表示损失；这代表了非对称损益，因为损失状态多于收益状态。该启发式算法符合下一状态仅依赖于当前状态的马尔可夫性质。通过黑箱观察，我们可以获得状态转换的概率。在马尔可夫矩阵 $\boldsymbol{P}$ 中，$p_{i,j}$ 表示从状态 i 转换到状态 j 的概率，如约束 2 所表明的，从状态 i 转换到所有状态（包括其自身）的概率之和为 1。

$$\boldsymbol{P}=\begin{bmatrix} p_{0,0} & \cdots & p_{0,n} \\ \vdots & & \vdots \\ p_{n,0} & \cdots & p_{n,n} \end{bmatrix} \tag{13.1}$$

$$\sum_j p_{i,j}=1 \tag{13.2}$$

采用向量 $\boldsymbol{\pi}$ 表示所有稳定状态的概率，$\boldsymbol{\pi}_i$ 表示网络处于状态 i 的概率。假设马尔可夫过程具有遍历性，则式（13.3）和式（13.4）成立。通过求解式（13.3）和式（13.4）中任意（$n-1$）个等式组成的线性方程组，可以推导出稳态概率 $\boldsymbol{\pi}_i$。

$$\boldsymbol{\pi}\boldsymbol{P}=\boldsymbol{\pi} \tag{13.3}$$

$$\sum_i \boldsymbol{\pi}_i=1 \tag{13.4}$$

找到稳态概率向量 $\boldsymbol{\pi}$，就能根据损益计算出完整性得分，如式（13.5）所示。$f(\boldsymbol{\pi})$的值域为$[-1,1]$，其中“-1”代表最坏情况，“1”代表最好情况，“0”表示系统处于好坏平衡状态。第一项计算保持在状态 0($\boldsymbol{\pi}_0$)所获得的收益，通过其系数 $g(0)$归一化为 1。第二项求取其他状态 $\boldsymbol{\pi}_i$ 的损失之和，通过 $g(0)$归一化为-1。式（13.5）反映出非对称特征，仅一个状态有收益，其余 n 个状态均造成损失。

$$f(\boldsymbol{\pi})=g(0)\boldsymbol{\pi}_0-\left(\sum_{i=1}^{n} g(i)\times\boldsymbol{\pi}_i\right) \tag{13.5}$$

APLM 采用黑箱方法度量完整性方案，无须详细审查其实现；因而 APLM 提供了测量过程的可行性和自主性，无须常与白箱方法相关联的专业知识。通过利用记录为收益和损失的历史统计数据，APLM 测量 5 种情况下的完整性级别：没有部署任何完整性方案的正常情况、借鉴 P2P 文件分发的两种方案、我们的 VOR4VANET，以及随机方案。令 APLM 模型的内容主机表示 VANET 中的 OBU，而内容检索器表示 RSU。我们还演示了 APLM 如何指导我们 VOR4VANET 的设计。

（1）正常 VANET 内容分发：图 13-5 所示 VANET 内容分发架构中，RSU 从那些持有数据片段的任意 OBU 获取数据片段。收到所有内容片段后，RSU 将之组装起来并检查内容完整性。如果某个数据片段受损（这种情况 RSU 无法在片段传输过程中检测到，只有在下载完成后才能发现），RSU 会向所有在其附近的 OBU 重复发出请求，获取缺失的片段。正常情况下，RSU 会从响应更快的 OBU 处获得数据片段。

（2）单个 OBU 信誉方案：采用信誉方案，RSU 维护有本地信誉库，库中装有路经 RSU 的 VANET 中所有 OBU 的信誉值。RSU 基于信誉列表选择 OBU 来请求所需数据片段。因此，想要提升内容完整性级别，需付出延迟分发的代价。这一想法借鉴自 P2P 文件分发，P2P 文件分发中的信誉库通常由可信中央服务器维护。我们的信誉方案允许单个 RSU 本地维护自己的信誉库，而且以分布式的方式维护信誉库可以减小集中式方案的瓶颈效应。RSU 可以采取多种方式根据 OBU 分发“良好”或“不良”数据片段的过往表现为每个 OBU 分配信誉评级。我们选择动态信誉公式，该公式采用以往评级的指数加权移动平均值，通过最近的测量反映系统中的当前状态。

（3）数据片段投票方案：此投票方案针对信誉方案中的遗留问题：在下载完所有数据片段之后才检测到损坏。这个问题严重降低了内容分发的效率。借鉴 P2P 文件分发，RSU 通过并发 TCP 连接向几个信誉良好的 OBU 请求数据片段的多个副本。如果副本之间存在差异（注意，不是损坏），则进行多数投票，确定接受哪一个片段。很明显，此投票方案需要更大的处理开销。从直觉上讲，在保证内容完整性和分发效率方面，此投票方案应该优于信誉方案。然而，APLM 模型的结果令人惊讶，正如下一个方案 VOR4VANET 所示，受到不良影响的多数投票会产生错误的结果。这项研究证明了我们的 APLM 模型在指导安全方案设计优化方面的有效性。

（4）VOR4VANET：VANET 信誉投票（VOR4VANET）完整性方案包含两个阶段：本地信誉计算和信誉加权投票。第一个阶段与单个 OBU 信誉方案相同；第二个阶段不同于上述数据片段投票方案。VOR4VANET 方案不采用多数投票，在投票中赋予高信誉 OBU 更多权重。在“不良”OBU 数量超过“良好”OBU 的情况下，多数投票会产生选中受损数据片段的不良结果。可通过向规程中引入信誉，为高信誉 OBU 赋予更多权重，来纠正这种情况。实验结果证实了我们的假设。我们 VOR4VANET 方案中的 APLM 模型直接防止此类设计欺诈使用数据片段投票方案。

（5）随机 OBU 选择：在计算机科学/工程领域，当优化依赖于启发法时，随机性往往会产生奇迹，如缓存替换算法。我们也提出了一种随机选择 OBU 的方案。RSU 从经过附近的 VANET 中的所有 OBU 里随机选择几个 OBU 请求数据片段。这样的方案几乎不涉及任何开销，但改善了正常 VANET 内容分发。

图 13-6 呈现了正常设置下 VANET 模拟的结果。

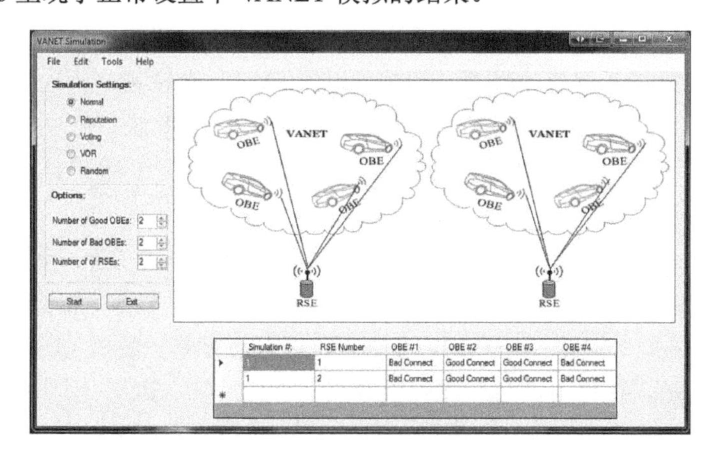

图 13-6　VANET 模拟

13.4 密钥管理：无线体域网中的生理密钥协商

物联网的另一应用领域是医疗信息物理系统（MCPS），此类系统借助嵌入式/分布式计算过程和无线/有线通信网络监测/控制患者的生理动态。MCPS 的高质量医疗服务和低成本泛在医疗保健对社会产生了巨大影响。将物理世界与网络空间融合在一起的主要组件，是由患者佩戴或植入的医疗传感器和执行器所组成的无线体域网（WBAN）。MCPS 攸关人的生命，要求安全且有效的系统设计。MCPS 必须在恶意攻击之下也能安全运行。认证是 MCPS 的第一道防线，确保医疗设备是其所声称的身份，执行其所声称的操作。由于存在计算、通信和能量资源方面的约束，依赖密码的传统认证机制不适用于 MCPS。最近的移动无线传感器网络安全创新采用多传感器融合以节省能耗，但并不足以保护 MCPS 的安全。尽管面临这些挑战，MCPS 凭借 WBAN 独特的物理特性，为非密码认证和人工辅助安全提供了巨大的机会。本章提出一种 MCPS 认证框架。该创新设计研究了医疗过程并调查了医疗保健领域中的对手，跨越了物理世界和网络空间之间的边界。由于不均衡的资源分配，资源匮乏的 WBAN 没有利用加密进行认证。对该认证协议的评估表明，该协议具有良好的适应性和应用前景。

MCPS 代表着生理闭环系统，其中自动控制器通过传感器持续监测患者的生命体征，并在输液泵等执行器的帮助下根据需要给药。闭环控制被应用到医疗设备行业，但大多局限于单机植入物。例如，起搏器通过电池供电的电极传递电脉冲，通常与除颤器配合使用，无须人工干预即可调节心脏病患者的心跳。然而，一些不基于阈值的临床场景需要协调分布式医疗设备。例如，由于患者对药物的反应不同，目前基于阈值的脑氧监测方法认为癫痫发作检测是无效的。因此，生理闭环控制依赖个性化患者建模，还需要可靠的看护者接口。图 13-7 为典型 MCPS 的控制回路。方框代表医疗设备，椭圆表示 MCPS 用户。实线示意工作流，虚线示例维护规程。

由宾夕法尼亚大学的一支团队与美国食品药品管理局（FDA）研究人员联合开发的病人自控镇痛（PCA）就是用例之一。PCA 输注泵为术后疼痛管理给送阿片类药物。因为各人对药物的反应不同，患者可以不同遵循看护者规定的时间表，自行调整剂量。但是，过量用药会引发呼吸衰竭，导致死亡。PCA 闭环系统能够解决这一安全问题。脉搏血氧仪（传感器）持续监测两个与呼吸有关的生命体征：心率（HR）和血氧饱和度（SpO2），并将这些生理信号传输给控制器。检测到呼吸抑制时，控制器命令输注泵（执行器）停止给病人配送止痛药。如果发生不良事件，控制器还会向可以超控 PCA 的看护者发送警报。维护规程包括传感器/执行器向控制器更新其运行状态，以及控制器配置传感器/执行器[18]。

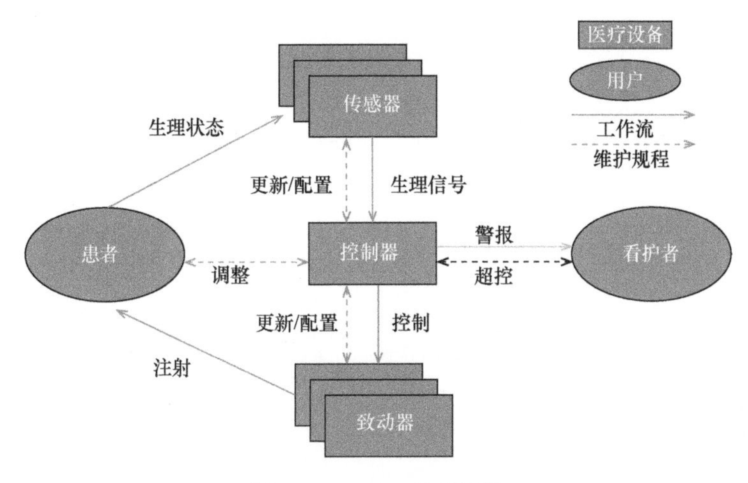

图 13-7　MCPS 控制回路

在物理世界中认证医疗设备可以利用人体生物特征来避免资源密集型加密[17]。为将认证框架扩展到物理世界，我们采用了 Venkatasubramanian 等人提出的流行非密码认证方案：基于生理信号的密钥协商（PSKA）。该框架适用于通用 WBAN，可用于基于心电图（ECG）等生物特征的任意认证方案。

PSKA 利用光电容积图（PPG）信号，通过其共同的生理特征来认证人体穿戴的传感器。这些特征随时间变化的随机个性和普遍可测量性确保了接受可佩戴传感器的信心，同时拒绝其他不在身体上的传感器。因此，PSKA 可在病人自己的帮助下有效认证医疗设备，既不涉及密码，也不涉及标识。

PSKA 还可起到密钥分发的作用，方便进行计算量较小的对称加密。利用模糊保险箱密码学原语，传感器用一组值 A 在名为保险箱（vault）的结构中锁定/隐藏秘密；只有部分值与集合 A 相同，另一传感器才能解锁/发现秘密。同一人体上的传感器共享同样的 PPG 信号，能够协商出共享密钥。因此，除了认证，PSKA 还为其在物理世界中的通信提供了保密装置。

我们将 MCPS 的可佩戴医疗设备重新分为两类：传感器/执行器作为数据设备（Ds），控制器作为单个信息聚合器（A）。我们在物理世界中的认证框架包含三个阶段：生理特征生成、非密码/非标识符认证，以及密钥协商。图 13-8 展示了 PSKA 过程，例证了我们的认证框架[19]。

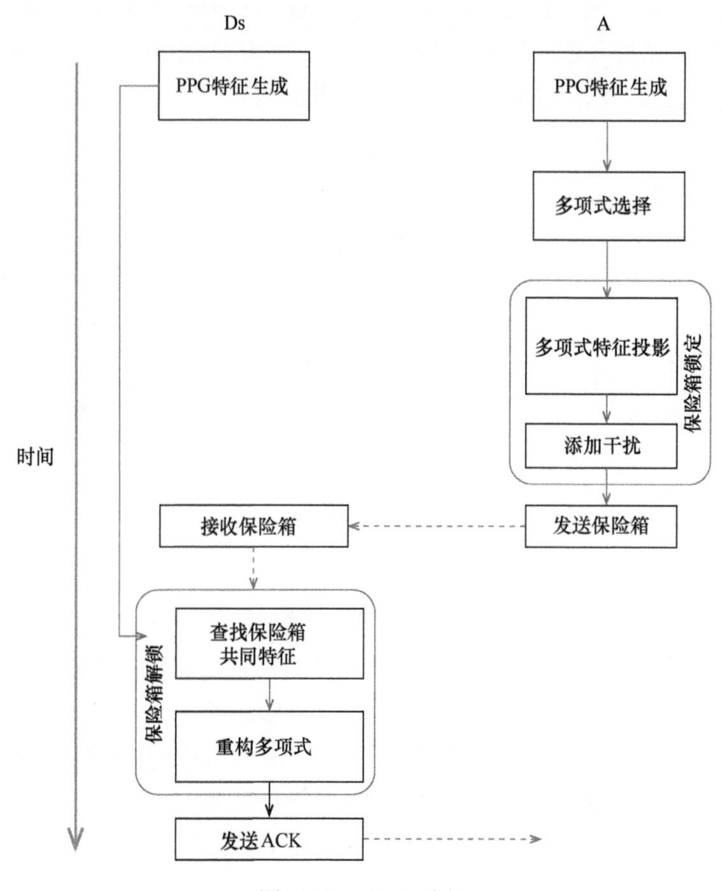

图 13-8 PSKA 过程

13.4.1 特征生成

所有数据设备 Ds 和信息聚合器 A 通过下面 4 个步骤获取基于生理信号的特征。

（1）Ds 和 A 以特定速率在同一时间采样 PPG 信号，无论信号来自人体的哪一部分。

（2）信号样本被划分为多个窗口，在每个窗口上执行快速傅里叶变换（FFT）。

（3）检测每个 FFT 系数的峰值。

（4）将每个峰值“索引-值”对量化为二进制串，连接起来形成特征。

然后由单次测量获得的各个特征形成特征向量。同个 WBAN 中的数据设备 Ds 和信息聚合器 A 拥有具备大量公共特征值的特征向量，可以对组内的所有对象进行认证。

13.4.2 组认证

A（MCPS 中的控制器表示为单个信息聚合器）发起包含 A 自身和 Ds 的组认证，将传感器和执行器表示为佩戴在同一人体上的数据设备。在上述松散同步的特征生成之后，组认证过程由以下 5 个步骤完成。

步骤 1：多项式选择：信息聚合器 A 生成一组随机数作为多项式的系数 $p(x)=\sum_{i=n}^{0}C_i x^i$ 。串连的系数形成发送给所有数据设备 Ds 的秘密消息。

步骤 2：保险箱锁定：信息聚合器 A 通过两个过程将秘密消息隐藏在保险箱中。首先，A 将上一小节生成的特征投影到多项式上，并计算另一组随机干扰点。然后，A 随机排列，确保合法点和干扰点不可区分。最终形成内藏秘密消息的保险箱。

步骤 3：保险箱分发：信息聚合器 A 将保险箱分发给所有数据设备 Ds。

步骤 4：保险箱解锁：收到保险箱后，每个数据设备 D 在保险箱中查找匹配的特征，然后重新构造多项式，基于已证明的模糊保险箱密码原语成功发现秘密消息。

步骤 5：保险箱确认：每个数据设备 D 以该秘密消息回复信息聚合器 A。

由此，只要 A 成功验证所有数据设备 Ds 的确认回复，Ds 就通过了 A 的认证。该组认证协议有效，因为只有与 A 处于同一 WBAN 上，同时测量相同生理信号的设备，才能够解锁保险箱并发现秘密消息。这种有效性是由某些人类生物特征的独特性和时空变异性所保证的。

13.4.3 密钥协商

除了组认证，信息聚合器 A 向所有数据设备 Ds 分发的秘密消息也可以用作共享密钥，促进可佩戴传感器之间的机密通信。图 13-9 展示了组认证和密钥协商的这一扩展 PSKA 功能。

（1）信息聚合器 A 将保险箱传输给所有数据设备 Ds，保险箱是合法点和干扰点的随机排列，内藏秘密消息：

$$A \rightarrow D: ID_A, V, Nonce$$

$$MAC(K_S, ID_A \| V \| Nonce)$$

式中：ID_A 是 A 的标识符；V 是保险箱；Nonce 是确保交易新鲜度的唯一随机数；MAC 是根据保险箱 V 中锁入的共享密钥 K_S 计算出的消息认证码。

（2）成功解锁保险箱 V 后，每个数据设备 D 向 A 回复所发现的秘密消息，也就是共享密钥 K_S：

$$D \rightarrow A: MAC(K_S, Nonce \| ID_D \| ID_A)$$

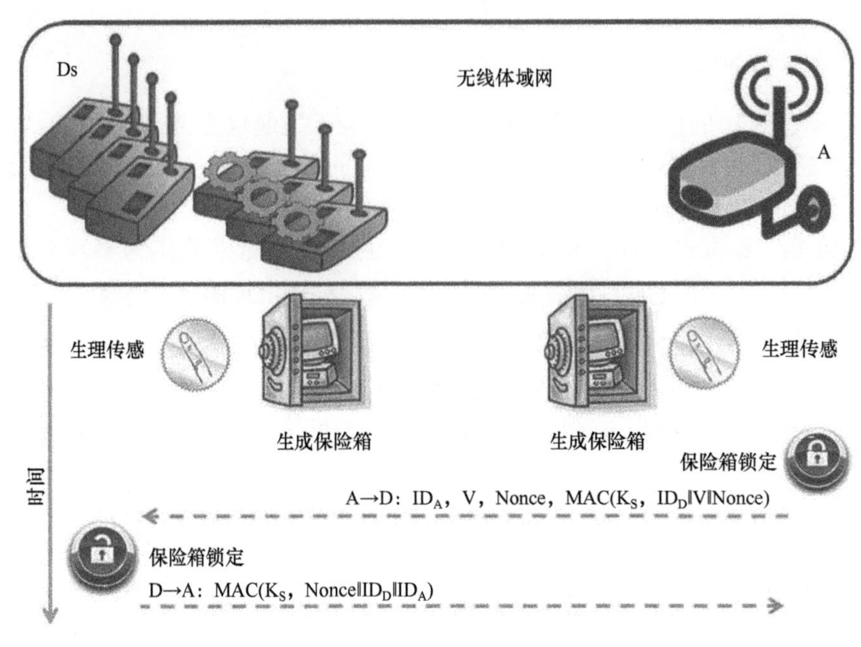

图 13-9　可佩带传感器组认证

MCPS 的网络空间或后端系统认证可能会应用传统的方法。

某些人类生物特征中的个体差异性、时间变异性和普遍可测性提供了保护 MCPS 的机会，如一次性密钥。而且，这些特性培育了非加密认证新分支。我们证明了在没有潜在加密部署的情况下，只要设备在同一时间采样同一人体的某些生理信号，就可以对可佩戴医疗设备进行组认证。这种组认证可以扩展到密钥协商。密钥协商是一种密钥管理方式，使用从 WBAN 转发到患者整个 MCPS 的会话密钥来强化对称加密。

参 考 文 献

[1] Alfred J. Menezes, Paul C. van Oorschot, and Scott A. Vanstone, *Handbook of Applied Cryptography*, CRC Press, Taylor & Francis Group, 1996.

[2] Jonathan Andrew Larcom and Hong Liu, Authentication in GPS-directed mobile clouds, in *Proceedings of IEEE Global Communications Conference 2013 (IEEE GLOBECOM 2013)*, pp. 470–475, Atlanta, GA, 9–13 December 2013.

[3] Pietro Michiardi and Refik Molva, Core: A collaborative reputation mechanism to enforce node cooperation in mobile ad hoc networks, in *Proceedings of the IFIP TC6/TC11 Sixth Joint Working Conference on Communications and Multimedia Security: Advanced Communications and Multimedia*

Security, pp. 107–121, Portoroz, Slovenia, September 2002.

[4] Maxim Raya, Panos Papadimitratos, Imad Aad, Daniel Jungels, and Jean-Pierre Hubaux, Eviction of misbehaving and faulty nodes in vehicular networks, *IEEE Journal on Selected Areas in Communications*, vol. 25, no. 8, pp. 1–12, 2007.

[5] Arzad Kherani and Ashwin Rao, Performance of node-eviction schemes in vehicular networks, *IEEE Transactions on Vehicular Technology*, vol. 59, no. 2, pp. 550–558, 2010.

[6] Igor Bilogrevic, Mohammad Hossein Manshaei, Maxim Raya, and Jean-Pierre Hubaux, OREN: Optimal revocations in ephemeral networks, *Computer Networks*, vol. 55, pp. 1168–1180, 2011.

[7] CAMP, Vehicle Safety CommunicationsApplications (VSC-A), National Highway Traffic Safety Administration, New Jersey, Final Report DOT HS 811 492AD, 2011.

[8] M.J. North, T.R. Howe, N.T. Collier, and J.R. Vos, A declarative model assembly infrastructure for verification and validation, in *Advancing Social Simulation: The First World Congress*, S Takahashi, D L Sallach, and J Rouchier, Eds. Heidelberg: Springer, 2007, pp. 129–140.

[9] Ikechukwu Kester Azogu and Hong Liu, Performance evaluation of node eviction schemes in inter-vehicle communication, *International Journal of Performability Engineering (IJPE)*, vol. 9, no. 3, pp. 345–351, 2013.

[10] Tamer Nadeem, Sasan Dashtinezhad, Chunyuan Liao, and Liviu Iftode, TrafficView: Traffic data dissemination using car-to-car communication, *ACM Mobile Computing and Communications Review (MC2R)*, vol. 8, no. 3, pp. 6–19, 2004.

[11] Panagiotis Papadimitratos et al., Secure vehiclar communication systems: Design and architecture, *IEEE Communication Magazine*, vol. 46, no. 11, pp. 100–109, 2008.

[12] Daiheng Ni, Hong Liu, Wei Ding, Yuanchang Xie, Honggang Wang, Hossein Pishro-Nik, and Qian Yu, Cyber-physical integration to connect vehicles for transformed transportation safety and efficiency, in *25th International Conference on Industrial, Engineering & Other Applications of Applied Intelligent Systems (IEA-AIE 2012)*, Dalian, China, 912 June 2012.

[13] Shari Lawrence Pfleeger and Robert K. Cunningham, Why measuring security is hard, *IEEE Transactions on Security and Privacy*, vol. 8, no. 4, pp. 46–54, 2010.

[14] Jean-Paul Rodrigue, Claude Comtois, and Brian Slack, *The Geography of Transport Systems*, 2nd edn. New York: Routledge, 2009.

[15] Angela YingJun Zhang, SoungChang Liew, and DaRui Chen, Delay analysis for wireless local area networks with multipacket reception under finite load, in *Proceedings of IEEE Global Telecommunications Conference (GLOBECOM 2008)*, pp. 1–6, New Orleans, LA, 30 November–4 Decem-

ber 2008.

[16] Ikechukwu Kester Azogu, Michael Thomas Ferreira, and Hong Liu, A security metric for VANET content delivery, *Proceedings of IEEE Global Communications Conference 2012 (IEEE GLOBECOM 2012)*, pp. 991–996, Anaheim, CA, December 3–7, 2012.

[17] C. C. Poon, Y.-T. Zhang and S.-D. Bao, A novel biometrics method to secure wireless body area sensor networks for telemedicine and m-health, *IEEE Communications Magazine*, vol. 44, no. 4, pp. 73–81, 2006.

[18] K. K. Venkatasubramanian, S. K. Gupta and A. Banerjee, PSKA: Usable and secure key agreement scheme for body area networks, In *IEEE Transactions on Information Technology in Biomedicine*, vol. 14, no. 1, pp. 60–68, 2010.

[19] Mohammed Raza Kanjee and Hong Liu, Authentication and key relay in medical cyber-physical systems, *Security Communication Networks* Special Issue (SCN-SI) on Security and Networking for Cyber-Physical Systems, May 2014.

第四部分　物联网数据安全

第 14 章　物联网及其他复杂系统的计算安全

尽管社会基本过程（如旅行、商业和娱乐需求）千年来一直没有改变，但随着这些过程变得越来越高效，生活和世界的复杂性也在不断上升[25]。底层复杂系统常被设想为相互关联的子单元网络（所谓结构性模型，由物理结构导出），或者作为捕捉相互依赖和关系的网络（所谓功能性模型，由逻辑结构导出）[19,47]。因此，网络模型是实体对之间的标量（通常是二进制）交互的集合。例如，生命物质是由生物分子、细胞、器官、组织、个体和群体的复杂相互作用形成的[51]。电信系统、道路和公共设施等社会经济基础设施是大型人造网络的几个例子。值得注意的是，社会系统和生物系统远比任何人造技术都复杂，人脑就是我们宇宙中已知最复杂的结构。

从历史的角度看，随着第三经济产业服务业（第二次世界大战后不久建立）的饱和，建立新的第四经济产业以提供新就业机会的压力也就自然而然地产生了。这一新经济产业将得益于 21 世纪的信息革命和不断扩张的知识数字经济。更重要的是，第四经济主要关注理解、控制和合成生物系统，从而提高人类的认知和其他能力。换句话说，20 世纪末是开发和部署信息通信技术，21 世纪初是探索活性物质与生命科学。例如，虽然存在诸多安全隐患，但合成生物学可以改变现有的有机体。

通过将互联网的触角延伸到物理世界，物联网可在现有复杂系统之间搭建沟通的桥梁。这将进一步集成人类世界与自然（下至纳米级层次），通过智能管理人员、商品和资产的流动，更高效地利用资源。我们的目标是构建可靠、不易察觉、自治和安全的泛在系统与环境。涉及物联网的智能系统与智能环境可以认为是互联网的泛化推广（参见技术的组合演化[43]）。具有大量混合接口的嵌套异构网络可以大幅增强这些系统和环境的能控性，从而形成极其复杂的系统体系。智能与接口密切相关，而对象和过程将被赋予各自唯一的标识（ID）。此类智能的相关信息流必须由信息安全策略管理，包括信息标签（分类）、更改、所有权和责任。物联网的激增将使人们能够随时随地获取有关任何环境和任何对象状态的信息。各种物联网传感器（物理设备）和标识（逻辑设备）推动了这些信息高速公路的建立。除了无处不在的传感器，射频识别标签是物联网的另一个主要推动力，即使这些标签的计算能力和内存容量通常极其有限（如只允许存储静态加密密钥的一次写入存储器）。截至目前，RFID 网络的安全涉及使用所谓阻塞标签（淹没标签读取器）和建立隐私区域[26]。

想要做出有意义的决策使系统转向理想状态，就必须从物联网报告的数据中提取信息。因此，物联网的出现将对世界上近乎所有系统的功能、动力学、过程和活动，包括安全，产生深远影响如下。

（1）现有（已经很复杂的）系统将更加紧密地相互连接与浸没。

（2）系统内部和系统之间组件的交互会增加。

（3）现有服务将被修改，而新服务将有机会涌现。

（4）我们对所处环境和现实的认知将发生改变。

（5）安全问题（及其他问题）的规模和范围将显著扩大。

例如，互联网重定义了社会交往[3]，并持续影响着人类大脑的结构和功能[55]。纳米粒子如今被用来感知生物细胞内的生化过程和药物释放[16,17]。公用电网通过安全数据聚合来优化能源消耗[33]。

物联网还将推动机器对机器通信。而且，机器对人（M2H）通信预计将变得越来越重要。例如，增强人脑功能，同时利用人脑的算力增强机器（举个例子，检测、分类和跟踪任意视觉场景中的多个对象就是一项极其复杂的任务）。物联网网络甚至可用于实现脑对脑通信[48]。总之，人脑是当前深入研究方兴未艾的主题[52]。例如，作为社会交往和我们绕过自然选择（进化）的能力的直接结果，人脑仅仅在 450 万年的时间里就变得如此复杂。与全体人类那极为相似的身体结构不同，大脑结构显示出了巨大的个体差异。由于人脑主要负责创造我们的文化和做出决策，我们的大脑和思维如今也是重大安全问题的主题。特别是，一份报告中概述了所谓以网络为中心的非线性/混合战争的新概念，称此类战争涉及政治、经济、社会、心理和信息的无接触冲突，以及常规军事行动[10]。这份互联网上备受争议的报告辩称，人类已经进入了战争常态化的新时代，目前的阶段是心理战，主要针对人类的思维和决策。除了互联网媒体，此类战争还可以利用来自手机传感器、增强个人通信和其他环境技术[41]的新型数据，来影响我们对于现实的认知，进而影响我们的决策（参考无处不在的广告）。总之，我们可以预测，未来可能会出现部署在多种环境中的事物相互连接的生态，其中牵涉多个产业和参与者，能够令我们生活的世界更加智能、可预测和可控制。

复杂系统是很多当前科学和技术研究的主要关注点。我们可以很方便地将这些系统建模为表示大量节点交互的图[14,47]。而这通常需要不同时空尺度上不同类型（结构或物理与功能或逻辑）的多个模型[32]。举个例子，图 14-1 展示了 3 个相互作用的系统，网络 B 作为网络 A 和网络 C 之间的桥梁或接口。例如，网络 A 是人脑，网络 C 是周围环境，而网络 B 是物联网传感器和执行器。即使我们已经全面研究和理解了计算机网络和网络系统的安全[50]，具有类网络结构的更一般的系统的安全似乎仍是一片未被探索的蓝海[38]。譬如说，由于生物网络和社会网络非常复杂，定义这两个网络的安全就可能极其不易。

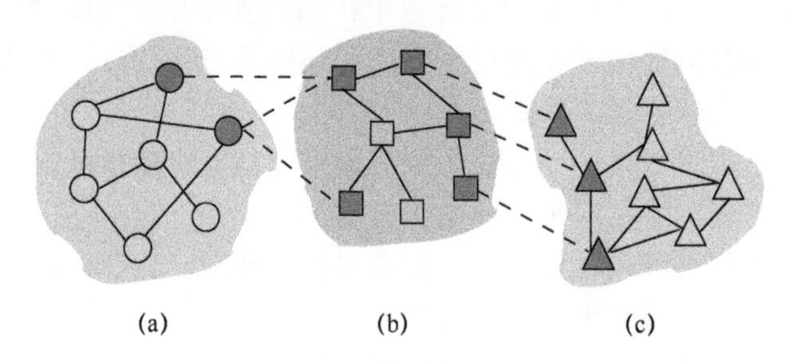

图 14-1　三个相互作用的网络的示例（实心节点是网关）
（a）人脑；（b）桥接其他两个网络的物联网网络；（c）周围环境。

一般来说，安全配置需要额外的资源（“没有免费的午餐”），而且常常需要权衡可靠性、可用性和安全性[4]。现有安全方法重在通过无处不在的监测加以预防和经由被动防御措施实施控制，或许是在模仿安全在自然界中的进化。所有系统的安全性都可以用安全策略和规程加以描述。对于涉及技术的网络，安全还必须考虑硬件和软件实现及其更新（由于潜在的频繁周转和现代化）。而考虑复杂社会技术网络的安全时，驱动其安全需求的主要挑战如下。

（1）系统高度碎片化，由多样化组件和混合接口组成。

（2）组件的安全认证、标准合规和互操作性级别各异。

（3）组件中既有设计了嵌入式安全功能的，也有将安全设计成附加功能的。

（4）市场环境竞争激烈，制造商、运营商、承包商、供应商等数量众多。

（5）信息技术（IT）和运营技术（OT）融合。

（6）远程访问和管理子系统的需求日益增长。

（7）物联网特性推动下，对手的动机和目标出现范式转变（例如，从小规模到大规模，从临时随机到精心策划，从单域攻击到跨多域并发攻击，从物质上或经济上到心理上，等等）。

最终，安全配置必须旨在以下目的。

（1）开发并支持物联网行业广为接受的良好安全实践。

（2）识别安全货币化机会并考虑潜在成本（如环境、社会和系统宕机成本）。

（3）开发通用的系统性整体安全方法，涵盖影响我们生活的所有复杂系统（如嵌入安全和创建安全平台及概念、安全智能、即插即用安全等）。

（4）开发适用于任意复杂系统或其子系统的自动化安全威胁（风险）评估与安全分析。

可以通过在多个尺度、不同部分（创建具有相应不同安全风险级别的安全区域、不太安全区域及不安全区域）和多个层次上（所谓的层次化安全，可抵御渗透攻击）实现安全，来应对其中一些挑战。与其他联网服务和功能类似，安全可以在网络核心内部实现，也可以在网络边缘实现，可行的网络安全可能需要核心与边缘两种实现方式。

关注安全的主要原因之一是安全会影响系统的可持续性[31]。例如，恶意行为、有害操作、故障和错误就有可能通过网络传播，进而永久更改系统的内部状态[47]。很多现实世界的网络系统和网络模型都是无标度的，这样在面对随机临时攻击时（随机移除边缘和节点）就能表现出非常好的健壮性[1]。然而，这些网络很难抵御针对性攻击，如移除集线器（高度连接的节点）会很快中断网络及其功能。举个例子，针对特定个人的网络钓鱼攻击（所谓鱼叉式网络钓鱼）可显著提高攻击成功的概率[4]。因此，考虑如何构建安全物联网时，重点应该放在防止有计划的针对性攻击上。尽管所致损坏的总成本可能十分巨大，但当今计算机网络中盛行的临时随机攻击通常只会造成暂时的服务中断。然而，精心策划的针对性攻击，就可能对很多一般的类网络系统造成影响重大而持续（甚至永久）的破坏。例如，对选定发电厂或配电网的小规模针对性攻击，可能导致长时间的全国停电。

大多数安全攻击的关键似乎是识别出系统的漏洞，从而绕过其防御机制。很明显，系统越复杂，防御越困难。正如人们所说："系统设计者必须保护所有东西，但攻击者只用找到一个漏洞。"最常见的漏洞就是对系统过程、系统状态、典型用户行为、预期输入格式等做出假设。攻击者可能会查找违反这些公认假设的情况，利用这些情况发起攻击。然而，由于所面对系统的复杂性，我们永远无法完全避免做出这些假设，所以没有哪个系统是绝对安全的。比如说，系统内部任何可预测的进程，都可以被视为可供攻击者利用的假设。因此，我们应该把安全视作不断发展的动态过程，而不是一次性的静态解决方案。

14.1 复杂系统特征提取

世界上很多系统都可以很好地建模成互联组件的网络。大量异构组件及其各种各样的时空非线性交互，令这些系统显得非常复杂（远不止复杂）。了解这些系统是保障这些系统安全的前提条件。复杂系统中，我们通常很难区分原因和结果，其间相互关系，也难以理清该如何描述系统行为[32]。在局部，组件的行为是随机的，并且只能预测其短时间内的行为（所谓的有组织简单性）。不过，很多组件的复合行为可以构成系统有意义的宏观特征，在较长的时间间隔内是可预测的（所谓有组织或无组织复杂性）。预测复杂系统的行为主要由于对扰动的非线性响应而变得复杂（整体并不等同于其局部的总和）。在数据驱动的建模中，测量个别组件可能十分简单；但是，测量组件或组件组之间的交互（有时称为协议）往往非常困难。

复杂系统具有大量典型固有特征：自组织和环境适应性、突发宏观行为，以及维持有序与混沌之间的动态内部状态[27]。其自组织通过完全分布式的方式达成；集中控制或可预测层级在复杂系统中是不可能的。适应性可描述为在不同时空尺度上求解不同约束优化问题（如从细胞内的持续稳态到进化过程中整个群体的习惯性行为）。长期适应性是系统可持续性和系统生存的关键。复杂系统通常可从小扰动中恢复，维持内部（稳定）状态的稳定性，但是一旦扰动变得够大，就可能过渡到新的状态。适应性可以反映静态变量值的变化，甚至反映内部结构更根本性的转变。而且，复杂系统无须从头开始演化。它们往往通过重用其他复杂系统的组件和子系统构建，从而大幅加速演化的发展（参考人类大脑、软件和组合进化）。

从根本上讲，所有复杂系统都可以从不同角度、领域、背景和时空尺度上来描述，如图 14-2 所示。因此，复杂系统提供的服务和功能因观察者而异。不同领域中的优化问题可能重点不同，所以这些问题的整体全局解决方案也取决于各个重点。例如，社会提供教育、医疗保健、邮件投递、应急响应服务、交通运输、供应链和其他服务。而领域可能还有子领域，如社会领域内的文化价值观和情感子领域。这会对复杂系统的安全产生重要影响，以致复杂攻击可以通过发现并利用漏洞而从一个子系统（上下文、服务平面或域）拓展到另一个子系统，直至攻击达到其预期目标。此类攻击，尤其是相应的防御问题，比针对计算机网络的所谓旋转（pivoting）攻击（可能还结合了社会工程作为另一个领域）更为棘手[4]，因为大量可用领域有助于完全隐藏攻击。因此，检测和阻止跨多个不同领域展开的攻击应该是不可能的。深入了解潜在目标和对手的动机（良好建模）可以大幅提高发现它们的概率（知道位置、时间和要找什么）。类似的，想要让软件环境更加安全，最好精简同时运行的应用程序和进程的数量[4]；然而，这一策略并不可行，至少不容易实现，因为复杂系统要为大量用户提供多个不同服务。

不同于复杂系统的设计者，攻击者不关心可靠性、新兴行为模式，以及这些系统的演进和适应性，他们主要考虑的是不被抓到。因此，攻击者可能采取随机试错策略和计算建模与规划相结合的方式来策划攻击，使自己具备比防御者大得多的优势。而且，由于复杂系统的适应性通常只是仅够（可能远未达到最佳状态）努力生存，如何利用这一点让复杂系统更加安全就是个值得关注的问题了。例如，更耐受扰动的复杂系统也可能更加安全（或者说，更容易保护其安全）。

向现有复杂系统引入物联网，将会形成增强这些系统的适应力和自组织能力所需的内在智能。由于物联网可在不同复杂系统之间构建接口和桥梁，我们可以预期，很多现有系统的能控性要么得到大幅提升，要么直接全新创立。由此产生的社会技术（或网络社会）系统可被视为建立在信息与通信技术和底层社会网络之上，具有不同的安全范围，如图 14-3 所示。

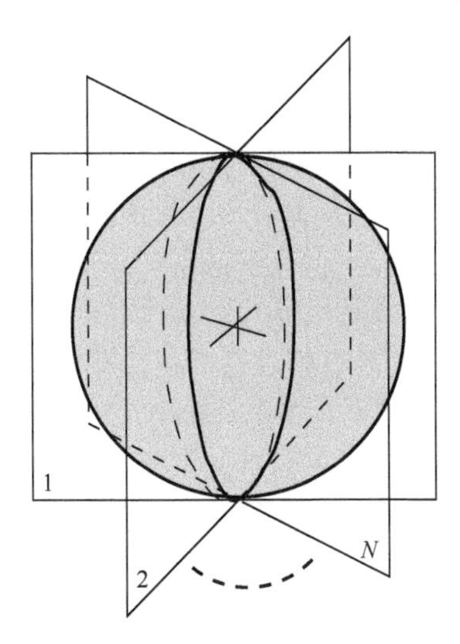

图 14-2　复杂系统（超球）投影（N 个超平面）

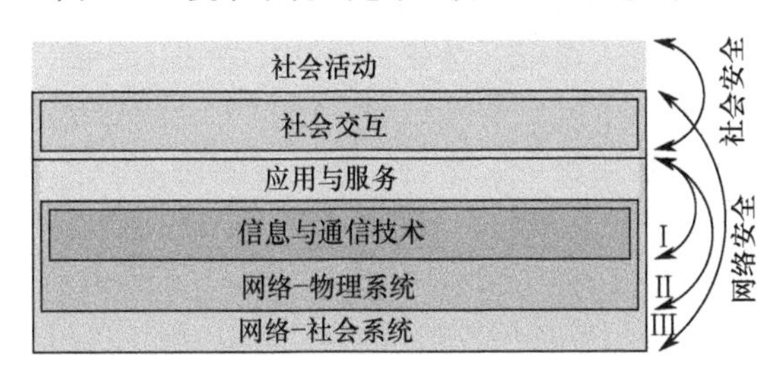

图 14-3　网络物理系统和网络社会系统的安全范围

复杂系统中的一类重要的优化问题是所谓的棘手问题[27]。这些问题非常难以解决，因为它们甚至难以精确描述，而且，即便解决了问题的某个方面也无济于降低其复杂度。棘手问题的解决方案通常只是近似解，甚至难以验证。这些解决方案既无法迭代获取，也不能通过穷举搜索来克服其复杂性。所有棘手问题都是独特的，解决任何一个此类问题对于解决其他类似问题毫无帮助。我们可以从不同角度或领域（图 14-2）来描述棘手问题，确定其解决方案的性质。复杂网络的安全，包括网络战和全球恐怖主义等，都是棘手问题的典型案例。

我们可以确定几个近期在复杂系统演化中起重要作用的趋势。这些趋势中许多都是众所周知的，在计算机科学领域里确立来开发计算系统。例如，虚拟化就是创建虚拟硬件及软件计算平台的一种技术[13]。虚拟化计算环境常用于计算机安全教育[9]。更为有趣的是，我们可以在其他类型的复杂系统中观察到网络虚拟化倾向。例如，金融市场中的法币和衍生品（相对于实体经济）、社交网站上的虚拟友谊（相对于现实社会中的人际关系）、科学出版物中报道的增量研究结果（相对于很难发表的大胆而冒险的研究问题）、在社会网络中制造感知和印象（相对于不仅仅使用元数据轻松操纵甚或人工制造信息标签）等。尤其是在社会网络中，持续不断的虚拟化引发固有过程的去相关、（曾长期存在的）价值观的改变和认知转变。例如，老年人的经验贬值，以及大学教育的贬值：因为大学教育不再保证能获得高薪工作和有前途的职业，高收入活动也不再满是风险和需要更多资源（如投资股票市场）。

而且，资源分发与汇集本就是用于构建云计算平台的又一技术样例[13]。通过利用多种类型的协作和交互，该策略可以更广泛地用于构建全新的产品和服务。例如，智能手表和智能手机之间可以共享功能，手机天线可用作衣服的可穿戴元件。现场即时医疗诊断可以在患者周围分散进行，而不是集中到实验室进行。实验室设备可以集中起来，通过定义好的接口远程访问[40]，诸如此类。

复杂系统内部状态的改变可以反映此前或仍在持续的扰动，还可能表示偏离正常运行条件的情况，如遭到安全攻击的后果。此类改变通常可用所谓的标记来推断，标记要么是可观测物质，要么是可测定量。例如，生物标志物或生物戳可以指示环境中存在生物，或者让人可以区分生命物质中发生的正常过程和致病过程。遗传标记是鉴定特定生物物种的脱氧核糖核酸（DNA）片段。所选系统过程的去相关可作为通用标记，量化系统稳定性和可持续性。故障率或流量等其他标记，则常用于监测所提供服务的质量。

下面的章节中，我们将仔细审查复杂系统的几个代表性样例，讨论与其安全相关的方面。

14.1.1 无线网络

无线访问是构建物联网、传感器网络等现代电信网络的基础。无线传输位于协议栈最底层（物理层）的性质形成了独特的挑战和机遇。无线传输的主要安全挑战在于干扰和窃听[56]。干扰站点有意无意地同时发射与合法站点同频带的信号，所造成的电磁干扰通常能够耗尽接收站点的容量，令其无法恢复出传输的信息。最佳干扰策略需要知道合法传输时间表；可以通过劫持合法站点并篡改其传输时间表和协议等方法来实现这一点。提高干扰效率和抗干扰能力则可落实到协作站点组可佩戴。干扰是夺取电磁频谱控制权的广义电子战的一部分。一般来说，无线网络中的站点可以监视彼此的行为，从而学习（以分布式协作的方式）和抑制（如惩罚）非法站点的任何可疑行为或异常行为。

传统的窃听防护措施基于密码学[56]。然而，对于物联网网络中部署的轻量级无线传感器节点来说，尽管也不是不可能，但密码的使用极其受限[29]。通常情况下，密码用于实现用户的认证和授权，以及创建数据机密性和信息流。例如，限制多媒体内容仅分发给付费客户。

最近，信息论安全方法得到广泛关注[42]。这些方法可以保证无法突破的安全传输（无论窃听者的算力有多强），甚至可以量化为最大安全传输速率。然而，尽管破除了关于窃听者的算力及其知悉传输时间表的假设，所考虑的所有无线物理层安全方案似乎仍然（以这样或那样的方式）建立在合法站点的传输条件优于窃听者的基础上；而这实际上永远无法保证。举个例子，时变和不可预测传播条件就几乎只有特定无线链路的终端站点知道。更重要的是，未知数量的窃听者可以协作绕过信息论保证。此外，使用多根发送和接收天线确实有可能改善信息论安全[42]。

14.1.2 生物网络

人们设计了很多功能网络模型和结构网络模型来研究生物系统[19]。此类模型包括基因调控网络、基因共表达网络、蛋白质残基网络、蛋白质-蛋白质相互作用网络、生化反应网络、代谢网络、细胞间网络、血管网络、大脑网络和许多其他网络。为捕获生物系统的复杂性，我们往往必须考虑多个可能表示不同时空尺度的层次模型。生物系统的网络模型可用于设计各种各样的“黑客方法”，修改这些系统的特定功能。例如，定义个性化药物[23]，合成人工生物成分[5]，或者使用可能伪装成转基因食品或医疗接种的新一代 DNA 生物武器破坏生物功能[45,53]。利用生物标志物的纳米技术和纳米级网络将推动弥合在细胞和亚细胞水平上控制生物功能的鸿沟。纳米毒理学关注的是纳米级物质和设备的安全性，也可以扩展到（纳米）安全问题。而且，物联网设备支持的创新医疗保健产品市场发展迅猛，主要应用在健身、长期医疗条件和预防用药上。

生物免疫是众所周知的天然安全系统，保护生物体免受外来物质的感染和侵入，免遭病毒、细菌和寄生虫的攻击。免疫系统的主要特性是能够区分自我和非我[57]。较简单生物体的免疫系统由离散通用效应细胞和分子构成。较复杂生物体也发展出了所谓的特异性免疫应答，能识别数十亿种外来病原体。前一个子系统被称为先天免疫，存在于大多数生物体中，还包括组织和皮肤等细胞边界，是抵御入侵的天然安全屏障（参考计算机网络中的防火墙）。后一个子系统从适应性和学习能力中获益匪浅，可以对入侵发起更复杂的反击。此外，免疫系统是完全分布式的（没有集中控制），能容忍小错误（故障），正常情况下还能保护自身。免疫系统的适应性还利用多样性结合构建大量抗体受体。

噬菌体攻击易感细菌细胞一个广为人知的例子就是大肠杆菌细胞 T7 噬菌体感染[18]。这一过程中，噬菌体会突破细菌的多层防御机制。简单讲，噬菌体附着在细菌上并注入其病毒 DNA，包括停止宿主 DNA 复制所需的蛋白质；然后利用宿主细胞机器开始复制病毒 DNA 及支持蛋白质。

14.1.3 社会网络

社会网络是大脑活动的主要产品，像任何其他网络一样容易受攻击和被黑[38]。许下承诺和违背承诺就是攻击社会体系的一个简单例子。与社会网络相关的资源通常具有抽象的性质：社会地位、思想、幸福、动机、自由、闲暇等。由于这些抽象资源可被拿走（被盗），所以它们是竞争主题，也是安全问题。对社会网络及社会网络内部最常见的攻击是各种类型的心理操纵，所用策略为假托、调虎离山、网络钓鱼等[4]。虽然这些攻击是明确的犯罪活动，比如说，精神病态者的行为可能对社会造成重大损害，但此类攻击很少导致刑事定罪。不同于通常仅造成有限财务损失的计算机黑客，精神病态者的行为可摧毁整个公司甚至国家经济（取决于此精神病态者的社会地位），因此，他们可能影响更多人的生活。事实上，相比计算机网络，社会网络可能更容易遭受攻击。

如今人们已经加深了对精神病态行为的理解[6]。在定义社会网络的安全性时，精神病态行为也很能说明问题。特别是，精神病态者会利用社会网络的漏洞，就好像计算机网络中的黑客一样。精神病近些年来被认为是个人生存策略，而不是人格障碍。这不仅具有许多法律含义，而且还意味着，正如实证数据和我们的日常生活经验所表明的那样，精神病可能作为一种流行病在社会中传播[59]。社会学家曾警告称，近期社会上病态行为的爆发可能会威胁社会和社会结构的可持续性。相对于相互间联系密切的传统社区，奖励个人主义（自私）行为的开放社会（文化和制度）中更容易发现精神病。精神病态者的思维似乎“毫无定势”，这一重要特质使他们能够快速适应各种日常情况，占据优势，最大化其个人利益（而非精神病态者似乎无法做出这样的适应）。同时，在外部观察者眼中，这种思维灵活性表现为一种缺乏长期目标的随机决策和不可预测行为的模式。所有精神病态行为的主要目标都是获得权力，从而完全控制他人的生活。精神病态者更容易为达目的而冒极大风险，注定会“不惜一切代价”胜出。

精神病态者是心理博弈大师。具体来说，他们似乎先天具备优越的心理技能来解读别人的思想，甚至短短一个照面就能发现他人的优势和弱点。精神病态者使用此类知识设计社会操纵方法去获取权力，同时伪装自己的意图，避过系统防御机制的侦测（如被组织中重要决策者感知到）。在社会网络中，精神病态者快速绘制社会结构并分类自己遇到的竞争者：可以操纵和利用的；对获取更多权力没有利用价值，因而可以忽略的；可能是威胁，需要清除的；代表着事业发展和权力攫取的好机会，因而必须好好培养的；等等。通过这种方式，他们能够从被心理操纵的个人那里获得真正的支持和赞赏，同时清除那些可能阻止或延缓他们获取更多权力从而爬上更高社会地位的人。因此，相对于非精神病态者，精神病态者的自我呈现、行为和思维之间的差异明显较大。有趣的是，社会体系中唯一能清晰识别正在进行的精神病态攻击的，恰恰是精神病态者认为毫无价值而忽略掉（也就没有受到心理操纵）的那些人。而且，精神病态者能够确认彼此，建立短期（极少长期）联盟，提高其对社会网络的攻击效率。

大型社会网络（文明社会）的一个简单模型是将人分类为：搭便车者（过度消耗资源而对社会贡献很少）、大多数用户（消费和贡献平衡）和贡献者（贡献超过消费）。这三个群体之间的平衡影响着社会网络的稳定性和可持续性。第二次世界大战后，搭便车者的比例空前增长，成为一个严重的（安全）问题。有人提出，主体（如人、物、甚至过程）对系统或网络可持续性的贡献水平应该通过简单地考虑是否向系统添加或从系统中删除特定的主体来进行评估。另一种社会学理论认为，大规模社会网络的稳定需要满足两个条件：所有成员都因遵守公认的规则（法律）而得到奖励（会有回报），以及大多数成员相信某些成员积累巨额奖励是当之无愧的。

互联网和物联网传感器会留下我们生活、旅行和参与诸多日常活动的痕迹与数字指纹。例如，可穿戴设备及其他医疗技术中的生物体征传感器就可被用于收集除目前社交网站上聚合的数据之外的个人数据。此类数据可用于构建个人及群体（集体意识）的精确预测模型。问题在于，这些模型不仅可利用来识别和压制精神病态（或恐怖主义）活动，也可用于设计强大的计算策略以摧毁或控制大规模社会网络。由于当前对人脑和思维的深入研究，（某些）个人的物联网生物特征数据的隐私甚至会成为国家安全主体。

14.1.4 经济网络

经济学研究服务和商品的生产与分发[60]，可为描述其他系统的动态提供丰富的通用工具。例如，曾经单纯由人类知识的发展驱动的学术出版，如今就是个复杂得多的过程[2]。尤其是，随着研究方法的不断改进和大量知识的出现，研究生产力大大提升。过去 20 年间，全球科学与技术研究人员的数量呈指数级增长，因此，想要在竞争激烈的学术界存活下来，就必须遵循市场营销和销售规则[11]。一项针对全球化结果的研究得出了以下 3 点（除其他外）重要观察：首先，全球化揭示出，科学和技术知识极具流动性，会流向金融资源充足的地区；其次，研究领域的全球竞争形成了巨大压力，要求以尽可能低的价格（所谓的荷兰式拍卖）交付研究成果，同时形成（不可持续的）“赢家通吃”竞争；第三，一旦被系统中的大多数参与者采用，“努力工作”就不再是制胜策略。

随着全球化极大提升了资源竞争，很多网络被迫在资源匮乏的情况下运营（如很多系统都变得更绿色了），与在资源充足的情况下经营差别很大。因此，作为实现地缘政治目标的手段，当今世界中的经济战愈趋激烈。例如，我们能够意识到一直持续的货币战争（如量化宽松、竞争性货币贬值）、金融战争（积累出口以改善贸易差额、操纵贵金属和石油等大宗商品的价格、制造可疑信用和其他评级、利用政府债务作为债务抵押等）、经济制裁（人为限制国际贸易），以及知识产权战争（通常涉及大型制药公司和高科技公司的专利产品组合）。理解经济战的关键在于，因为全球化，如今各国经济之间的联系更加紧密，所以任何负面影响都有可能通过全球经济网络扩散[20]。而且，利用经济不对称和创建相互间保护性经济要素结构，是当前经济战中使用的一些（总体）策略。

物联网将改善现有的经济过程，实现新的经济过程，如跟踪和管理商品库存、交付包裹、支持电子商务活动（网上购物）、优化供应链和制造、为辅助生活创造智能环境、个性化医疗等。遗憾的是，向这些经济过程中引入智能也为经济战中大大小小的复杂攻击和漏洞利用创造机会。

14.1.5 计算机网络

计算机安全一直是人们广泛研究的主题，所以关于安全的大部分研究都集中在这一领域。这些研究最有价值的成果就是，计算机网络中发现的安全原则可以迁移（可能需要一些修改）到可被建模为网络的其他系统。因此，所有网络都容易被黑、被劫持，或者遭到其他类型的攻击。例如，网络中持续的服务可能被中断，流氓行为可以通过网络自发传播。为更好地诠释针对计算机系统的攻击，我们描述一种名为 rootkit 的恶意软件的原理。

rootkit 软件的基本思想是在（手机、物联网中间件等）操作系统的内核或其附近安装一小段程序。通过这种底层部署，rootkit 能够对大多数其他程序和进程隐藏其存在，以隐身模式运行，在很长一段时间内不被发现[36]。rootkit 检测通常可以采用基于行为的方法、特征码和差异扫描，以及内存转储等。rootkit 常可为其他恶意软件打开后门，并能够以管理员权限访问系统；可以通过社会工程攻击获取初始系统管理员权限，或者入侵要分发到服务器上的内核更新等策略来部署 rootkit。例如，成功入侵公司内部计算机网络，往往是通过先未授权访问公司高管或关键员工亲密家庭成员那较不安全的个人计算机实现的。同样地，因为黑客会搜索脆弱节点来绕过防御措施，部署带防火墙的安全网关并不足以保护物联网设备网络的安全。由于算力受限的节点的存在，物联网网络不可避免地不如传统计算机网络安全，所以必须关注从此类物联网节点上发起的攻击，防止攻击升级为对整个计算机网络（互联网）的常规攻击。

最后，计算机（很快就会延伸到物联网）网络上的网络战[15]成为全球资源竞争的首要目标，而不仅仅是常规战争中的一个传统支持元素[10]。因此，这些战争就是出于政治目的和经济动机的大规模黑客攻击尝试。最近，多国政府公开承认，除了现有的网络防御战略之外，还在制定网络攻击战略。如文献[10]所述，网络战可能与其他类型的现代战争策略相结合。不幸的是，物联网可通过提供关于远程目标及环境（城市、建筑、个人、天气、配电网、供货网等）的精确信息而强化现代网络战。

14.2 复杂系统计算工具

实证数据是计算工程的核心，可用于创建复杂系统的有用模型，加速产品开发周期和缩短上市时间。有两种截然不同的数据驱动建模方法：第一种方法设计数学模型以拟合测量数据的所谓逆向建模，以及设计实验以获取给定建模策略最有用数据的正向建模。逆向建模方法在计算科学领域已应用多年。较新的正向建模方法旨在通过尝试直接重建真实世界系统的特征来开发计算视觉系统。第二种方法在预测系统属性和揭示未观察到的关系方面也有明显的优势。然而，总地来说，动态系统的建模非常困难，因为常受限于被认为是最重要的选定过程。当代黑客很有可能广泛利用这些计算方法，针对越来越复杂的系统设计出可能多尺度多领域且十分复杂的攻击，同时评估并限制自身被检测出来的概率。

一般说来，可以从（物联网）传感器收集数据，作为人机接口的输入生成数据，或者在数据库中存储数据并通过万维网远程访问。任何数据源都存在重大隐私问题和道德问题，无论是考虑到数据的生成地点还是存储地点。此外，仍然存在以下方面的不确定因素。

（1）要收集哪些数据；

（2）如何使用从数据中提取的信息。

这些不确定因素引发了很多开放性问题。例如，正如我们不会存储流经互联网的每个数据包，我们也不应该存储互联网中每个传感器的所有数据。在从数据中实时（在线）学习和所提取信息的准确性之间存在取舍。分布式数据必须在应用数据分析和可视化之前先聚合。由于“不带位置信息的感知数据毫无意义”，所以可通过利用时空上下文显著提高物联网的效用。这种所谓的地理空间分析是受早已有之的地理信息系统（GIS）启发的产物[37]。更重要的是，结构化数据和非结构化数据都越来越多地打上了元数据标记，用以辅助数据处理（挖掘），方便知识提取。或许，保护此类元数据比保护实际数据更为关键。

总之，计算方法现在正被引入生物学、医学、心理学、社会学甚至历史学等生命科学和人文学科的传统实验驱动型学科。引入计算方法的主要目标是在更严格的数学基础上重建这些学科。因此，对复杂系统进行更系统、更严谨研究的计算安全的出现只是时间问题。所有主要黑客攻击尝试都可能从随机发现并利用漏洞，转向采用更科学的方法。计算黑客攻击会努力实现类似的目标，但在不同规模上（如超大规模）更具系统性，还可能跨不同领域，远远超出传统的计算机网络。显然，计算安全关注的是实现安全的科学方法，而不是计算的安全性。

下面的章节里，我们将仔细考查几个极具前景的复杂系统计算安全分析建模方法。可以比照其他工程设计工作流来构建复杂针对性攻击（目标是预先设定好的）。例如，计算辅助的攻击可能涉及以下步骤。

（1）从现有来源识别和收集相关数据，或许还积极探索系统以获取更多有用数据。

（2）对目标系统进行数据评估和建模（可能需要不同规模和不同领域的多个模型）。

（3）采用计算机模拟对模型执行安全评估（由于模型的复杂性，数学分析可能很难进行）。

（4）利用已发现漏洞创建攻击的初始策略。

（5）在隐蔽性、可用时间段和资源，以及其他必要约束条件下，完善并实现攻击策略。

这些步骤可在攻击过程中不断迭代，逐渐提高成功率和攻击隐蔽性。

14.2.1 信号处理工具

由于系统模型中的不确定因素（参数值和模型结构）和很多复杂系统中常见的随机行为，必须采用统计描述和统计信号处理方法[30]。很多统计信号处理问题依赖模型中底层随机过程的遍历性（统计平均值不随时间变化）和平稳性（时间平均值不随机）。其核心思想是，对于绝大多数输入和系统内部状态而言，这些信号处理方法平均效果良好。最近，除了分别对应于统计均值和方差的一阶和二阶统计量之外，统计信号处理方法还将概率区间也纳入了考虑[24,28]。

统计推断是估计理论的基础，主要研究模型参数的取值问题。这些参数通常排列成离散有限维向量，也可以是连续时间信号。好的推断策略在很大程度上依赖于有多少关于参数的先验统计信息。此外，检验假设是检测理论的主要任务。这种情况下，所关心的参数是离散随机变量，我们想知道在事后观察一些数据时，这些参数产生不同结果的可能性（概率）有多大。估计理论和检测理论均建立在概率论基本原理的基础上。然而，对于更复杂的问题，如涉及高维和结构化数据的问题，人们已经开发出超越概率论基本原理的更实用的方法，如机器学习、模式识别和模糊逻辑[46]。例如，对手可以使用机器学习来识别系统进程的可预测模式，从而设计强大的攻击并规避检测。

深度学习尝试学习未标记数据的高效表示，然后遵循与多层非线性处理神经网络相似的原理[22]。

博弈论研究交互智能参与者间合作与竞争策略的数学模型。例如，可以运用博弈论设计最小资源约束条件下不可预测的安全检查时间表[58]。

为模拟复杂系统的集体动力学和解决困难问题，人们分别开发出了多智能体模型和多智能体系统[21]。后者涉及复杂网络中的多个智能代理。这些智能代理可采取算法搜索、函数或强化学习的形式推理。在多智能体模拟出现之前，复杂系统的动力学通常由一组表示系统内部状态的含时微分方程来建模。这些模型常导致新兴或周期性系统行为。然而，由于未考虑智能体在利用其智能时的时变关系，这些模型的描述能力通常局限于高度聚合的场景。网络共识学习研究复杂系统中信息扩散的分析与算法[49]，概括了扩展性差且会发生单点故障的集中式数据融合，以及十分脆弱的增量线性学习，如图 14-4 所示。分布式学习对链路和节点故障具有较好健壮性，对于小世界型网络具有很好的收敛速度。利用图论和控制论的结果，性能保证可以作为网络结构的函数给出[49]。图 14-4 中的模型（c）具有多种应用，包括耦合振荡器同步、群集、流言、信念传播和网络负载平衡。

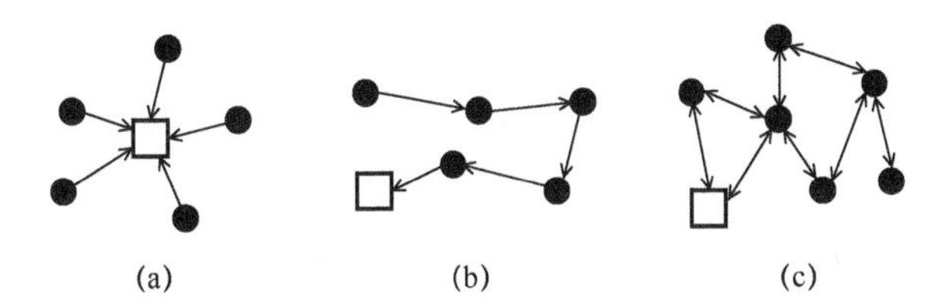

图 14-4 集中式融合、增量学习和完全分布式合作学习的信息共识（c）
（圆点：来源；方块：汇聚结点）

最后，算法是信号处理方法实现的重要步骤。其设计对于从大量数据源在线学习等大规模问题和时间关键型应用尤为重要。计算资源受限条件下的算法设计也十分棘手，如在物联网传感器节点中通过加密来保护信息就很困难。进化算法是大规模复杂系统模拟的常用算法[7]，是受达尔文进化论原理启发的试错随机优化方法。

14.2.2 网络科学工具

网络科学是为研究复杂网络开发数学工具的新兴领域，利用图论、统计力学和数据可视化及算法等许多其他学科的成果，发展势头迅猛[47]。由于最终目标是从系统的结构预测其属性，网络科学的初步工作主要集中在描述网络的结构上[54]。进一步工作则考虑的是网络中的过程和现象。当前的研究关注随时间演化的动态网络。网络科学研究的一些最重要的网络（复杂系统）属性是：连通性、自治性、涌现性、非平衡稳态、自组织和演化。连通性是个积分值：只有在非零时间间隔内才能确定两个节点是否连通。节点自治是节点能够智能决策的必要条件。尽管因局部相互作用而涌现的宏观行为是非随机的，但太过复杂，以至于不可预测。接近平衡态（不稳定）的存在是系统保持演化的关键条件。自组织是一种对实际或感知（预期）的外部扰动或事件的结构适应性。演化本身就是对外部环境的长期大规模适应。

网络模型通常导出自可用数据，经常不过是整个系统的近似或子图。文献[54]将网络结构研究作为社会网络分析（SNA）的研究。SNA 提供了不同类型的指标来评估网络连通性、集中性、传递性（如聚类）、相似性、可搜索性、路由、分区（如社区）和其他属性。例如，集中性指标评估网络结构内部节点（或边）的重要性；可以预测节点（边）对某些现象和事件的影响，如故障和失效、疾病传播和信息流。

总之，网络指标可以假设网络节点或边。可以为每个或每组节点或边本地定义指标，同时考虑网络是否表示有向图。网络指标假设单位权重边被广为接受。加权网络模型更加真实，但为此重新定义指标并不容易，所以文献中提出了许多这样的指标。另一个具有重要实际意义的课题，是指定具有所需结构属性的人工随机及非随机大规模网络模型的生成步骤。除了简单的纯随机网络生成器之外，更现实的无标度小世界网络构造采用偏好依附和随机重连。

网络抗故障的健壮性、流行病传播、信息级联，以及搜索和路由现象都是计算安全特别关注的问题。网络健壮性衡量删除或添加节点或边时网络指标的变化。与之相对，网络弹性则是网络抵御外部干扰所致变化的能力，指示网络在遭到外部扰动后恢复正常运作的速度。流行病传播和信息级联分别预测实体对象（如病毒和机械故障）和信息（如专业知识和新闻）通过网络的自治分发。对手可以利用这些现象预测和规划恶意对象（如恶意软件）和误导性信息（宣传）的分发。搜索网络的目的是在合理的时间内找到源-目的路径，而网络路由则旨在以最小的代价找出这样的路径。由于很多网络具有小世界属性（参考六度分隔），对手（理论上）可以只通过几步就到达这些网络中的任何节点，导致这些网络更加脆弱。

一般说来，许多网络模型似乎表现出了抗攻击的健壮性阈值。低于阈值的攻击通常就被网络吸收了；而一旦超过阈值，攻击就有可能对网络造成巨大的破坏。此阈值是网络结构（无标度、小世界）和网络内其防御机制的函数。换句话说，网络内采用的防御机制会影响攻击者感知网络结构的方式。取决于关于网络结构的知识，攻击可能会针对高度集中的（高度连通的）节点（称为中心节点：hub）。这种针对性攻击在破坏无标度网络（许多现实世界的网络是无标度的）方面非常有效。因此，知识渊博的攻击者非常强大，可以对系统造成重大损害（或者，出于同样的理由，可以更有效地根治顽疾）。然而，只要能随时间积累，即使是没有任何知识的纯随机攻击，在某些类型的网络中也会产生效果。

14.2.3 网络能控性与能观性

网络能控性和能观性是网络科学领域的重要课题，也是复杂系统计算安全的基础。聪明的攻击者可能想要至少获取系统的部分控制权并能访问其他资源，而不是尝试制造任何破坏。静态有向网络中所有节点和边都拥有各自的标量值[34-35]，可以得到最优网络能控性和能观性。节点值表示系统的内部状态，边值是节点状态的衰减。能控性定义为驱动系统从任意状态转到其他任何状态的能力。应找到最小数量的驱动节点，使其成为网络的外部输入，从而实现完全可控性。

暴力搜索驱动节点是个非确定性多项式（NP）困难问题。此外，对于大型网络，能控性的数学条件在数值上很难评估，而且在许多实际情况下，边权重通常是未知的。采用图匹配技术，如文献[34]所述，驱动节点的最小数量高度依赖度分布；令人惊讶的是，驱动节点通常是连通度小的节点（不是高度连通的中心节点）。因此，（可成为物联网代表的）稀疏异构网络比密集同构网络更难控制。

与之类似，复杂网络的能观性是要能从有限个观测值估计其内部状态。假设上面考虑的说明网络能控性的线性网络，我们可以定义一个对偶问题，在已知驱动节点的情况下，立即识别网络的观察（传感器）节点。为克服上述关于网络能控性的类似计算问题，可通过将网络分解为一组强连通分量来近似能观性；通常，在每个分量中选择一个传感器节点就足够了。同样地，部分能观性确定了重构某些（但不是全部）状态变量所需的传感器节点的最小数量。这类似于为复杂系统中的选定过程定义最佳标记的问题（图 14-2）。

采用常规随机试错攻击来发现网络漏洞可能会大大增加检测（和阻止）这些攻击的概率。因此，使用源自网络科学技术的更复杂的计算安全方法尤其具备吸引力。例如，有效网络攻击可能会针对网络的能控性和能观性。此类攻击依赖对手对目标网络的了解（如拓扑和权重）。很多情况下，我们可以假设对手至少掌握了关于目标网络的部分知识（如已知某些驱动节点和传感器节点），这些知识可以表示为原始网络的子网。然后，对手可利用概括的计算步骤来设计最佳攻击，包括首先尝试获得关于目标网络的其他信息。

14.2.4 网络层析成像

网络监测是上一小节中定义的网络能观性的推广。资源分配、所提供服务的质量保证，以及检测异常活动及行为以保证网络的可靠性和安全性等，都离不开对复杂系统的监测[8]。由于单独监测个别节点和边不切实际，所以我们需要采用主动网络探测或被动观测（如端到端测量）。这就导致了一个逆问题，即要么重构网络的内部状态，要么根据数量有限的观测值检验假设（以确定网络是否异常等）。从实现的角度看，这些问题可以解释为分布式或协作感知、推断，或者决策。

传统的数学层析成像利用断层或投影成像及随后的计算重建。然而，到目前为止，网络层析成像的大多数方法都是直接应用统计推断和假设检验，没有考虑网络结构和其他网络特性，或者考虑有限。此外，尽管传统数学层析成像提供了重建保证，网络层析成像重建却没有表现出唯一性，而是针对几个特定的网络实例。参考文献[8]建议假设图嵌入高维双曲空间，从而获得更具一般性的网络结构的重建证明。

很明显，网络层析成像对计算安全至关重要。很多情况下，识别网络漏洞的网络层析成像步骤可直接导致针对关键网络基础设施的有效攻击策略。例如，有研究人员研究了一种自适应迭代网络层析成像重建方法[8]，其中随着每一步重建出网络的一部分，观测节点也陆续被识别出来。这种迭代式网络探索可以很容易地与正在进行的恶意活动相结合。

14.2.5 通信工程经验教训

尽管可能以多种不同形式呈现，但持续的信息交换仍是将网络粘在一起的黏合剂。60 多年的通信工程揭示出如何高效实现信息流的一些反复出现的模式和策略[43,61]。尤其是，信息是不确定性的一种度量，由于这种不确定性随空间和时间而异，因此信息是时空坐标的函数[39]。由于传输介质中包含不确定性，传输过程中会产生额外的不确定性，从而导致信息失真。因此，成功的信息传输只能在统计意义上（平均）实现。

信息总是被嵌入某种形式的物质中，以便在称为“调制”的过程中通过物理介质传输。在复杂系统中，我们可以观察到调制模式，但我们可能不知道它们代表什么信息，也不知道信息源于哪个确切的时空位置，更不知道信息将在哪里提取，以及如何使用。此外，人造电信网络利用了许多简化的假设。例如，信息不随空间和时间变化，信息源地址和目的地址是确知的，并且从不考虑在电信网络之外使用信息。

实现可靠信息传输的唯一方法似乎是分集，也就是要求同一信息传输不止一次。如此一来，就更有可能在目的地址恢复出所传输的信息了。分集的另一种形式是使调制模式和格式适应传输介质。

信息传输经历了许多资源使用上的权衡。其中一条基本法则就是以能量换信息；目前尚不清楚信息是否可以转换回能量（在宏观系统中，而不是量子系统中）。如何在各种复杂系统中优化信息传输也尚不明确。例如，是最小化能量，还是最大化可靠性或其他目标，就取决于所考虑的系统。因为复杂系统倾向于维持其内部状态以实现稳定，外部扰动和内部状态的变化速度就受到了抑制。而由于更快过渡到稳定状态通常可以最小化能量，也就存在传递信息从而通连网络（及复杂系统）所需的最小能量。事实上，仅仅保持网络连通所需的资源，就大到令通过网络提供一些实用功能的整体效率非常之低了。

这些经验教训对于设计安全网络的主要意义在于，安全应该嵌入网络中，并从一开始就加以考虑。安全与可靠性之间似乎存在取舍；即更可靠的信息传输就不那么安全，而且，任何系统都无法保证绝对安全，也无法保证绝对可靠。此外，安全攻击如果保留系统的内部状态，或者不做大幅改动，那就更容易隐藏自身。

14.3 前瞻性研究方向

物联网桥接现实世界中的不同复杂系统。物联网网络跨越多个数量级的距离，小至纳米级。因此，在物联网网络的作用下，环境和系统被探索和受影响的程度前所未及。20 多年前，互联网在创建时没有考虑到安全问题，所以很快就被非法用户利用，造成现在每年给全球经济带来数十亿美元损失的局面。计算机安全领域自此诞生，并持续发展。

我们对世界的认知随着物联网的引入而发生改变。创新产品和服务的复杂性大幅增加，同时，各种各样的系统之间的边界逐渐模糊。这催生了对新型全面安全方法的需求，我们需要此类安全方法来反映周围环境复杂性的激增。尤其是，安全必须考虑不同时间尺度上的复杂系统，并跨越多个数量级的距离分布全球各地。同时，复杂系统的设计、部署和监测也须统计执行，且安全功能要尽可能早地从早期设计开始就嵌入系统中。更重要的是，安全如今似乎越来越关注代表新型战争的大规模攻击。

计算建模、计算工程、计算社会学等领域的发展，自然而然地激发了计算安全这一新领域。综合来自计算机安全、网络科学、网络理论、网络层析成像和人文科学（社会学、心理学）等多个学科的方法，可以使安全规定更加系统化和科学化。即使这些方法是高度数学化的，其在构建可证安全、稳定、可靠复杂系统方面的潜在好处也足以证明自身的合理性了。

本章中，我们从复杂系统及其网络表示的角度出发，概述了物联网网络即将带来的一些趋势。具体而言，我们讨论了无线电信网络和计算机网络等几个复杂人造系统，以及生物网络、社会网络和经济网络等一些其他泛在系统的安全问题。我们确定了为所有这些网络和系统定义通用安全原则的必要性。计算安全可能成为设计复杂攻击，以及设计广泛且有效的防御与对策。因此，计算方法将有助于从被动（怀疑）安全考虑过渡到主动（怀疑）安全考虑。

下面我们着重指出复杂系统和网络及其安全领域的几个前瞻性研究方向。

（1）以正确粒度多尺度多领域建模复杂动态系统是一个非常具有挑战性的问题，是普适物联网系统的安全基础。一般来说，设计评估模型有用性（如准确性）的指标很是重要。尽管尚不清楚其一般预测极限，但这些模型可以大大增强人们对复杂物联网系统的理解。

（2）总地来说，由于所有物理系统都试图保持其内部稳态（参见牛顿第一定律和低通滤波器类比），速度慢于系统（稳态）动力学或响应的安全攻击可能无法被检测到。此外，系统可能无法响应比此类动力学快得多的攻击。

（3）支配包括一般网络在内的复杂系统的普遍规律尚有待发现。在安全性和可靠性等其他网络特性之间存在明确取舍的联网系统和分布式系统亦有待设计。

（4）在资源匮乏条件下，即使是线性网络也不能线性扩展。生物网络和社会网络等非线性（复杂）系统内的安全攻击更为严重，因为小型针对性扰动可能对这些系统造成巨大影响。

（5）这些网络在效用供应方面似乎天生就极其低效。例如，大部分的能量似乎都消耗在维持网络结构上，而不是花费在交付安全等服务上。

（6）目前尚不清楚网络演化是一个开放的过程，还是所有的网络都在有限的时间段内成熟并解体，以及网络的生命周期是否因为安全漏洞而缩短。

（7）我们很有必要设计出能够预测网络和其他复杂系统内各种各样事件的标记。这些标记可以用作主动安全措施。例如，曾经相关的过程如果去相关了，就可能预示着即将发生系统性变化。

（8）许多复杂系统正在底层网络之间形成层次边界。这些边界可用于自然增强整个网络的安全性。

（9）在试图理解相应的安全含义时，没有考虑虚拟化系统和底层物理系统之间的交互。例如，保护社会网络并不能保护底层生物系统。

（10）未来的士兵将是在技术、生命科学、人文学科和其他跨学科专业方面训练有素的专家，因为传统战争正在向互联网（网络战）、社会网络（心理战）、经济网络（货币战争），以及生物网络（合成生物体战争）等其他空间、领域和界面转变。

参 考 文 献

[1] R. Albert, H. Jeong, and A.-L. Barabási, "Error and attack tolerance of complex networks," *Nature*, vol. 406, pp. 378–382, Jul. 2000.

[2] B. Alberts, "Impact factor distortions," *Science*, vol. 340, no. 6134, p. 787, May 2013.

[3] Y. Amichai-Hamburger, *The Social Net: Understanding Our Online Behavior*. Oxford, UK: OUP Oxford, 2013.

[4] J. R. Anderson, *Security Engineering: A Guide to Building Dependable Distributed Systems*. New York, USA: Wiley, 2008.

[5] E. Andrianantoandro, S. Basu, D. K. Karig, and R. Weiss, "Synthetic Biology: New engineering rules for an emerging discipline," *Mol. Systems Biol.*, vol. 2, no. 1, pp. 1–14, 2006.

[6] P. Babiak and R. D. Hare, *Snakes in Suits: When Psychopaths Go to Work*. New York, NY: Harper Business, 2007.

[7] T. Back, *Evolutionary Algorithms in Theory and Practice*. New York, NY: OUP USA, 1996.

[8] J. S. Baras, "Network Tomography: New rigorous approaches for discrete and continuous problems," in *Proc. ISCCSP*, 2014, pp. 611–614.

[9] S. M. Bellovin, "Virtual machines, virtual security?" *Commun. ACM*, vol. 49, no. 10, p. 104, Oct. 2006.

[10] J. Bērziņš, "Russia's new generation warfare in Ukraine: Implications for Latvian defence policy," Apr. 2014, nat. Defence Academy of Latvia.

[11] L. Bornmann and H.-D. Daniel, "The usefulness of peer review for selecting manuscripts for publication: A utility analysis taking as an example a high-impact journal," *PLoS One*, vol. 5, no. 6, 2010, doi:10.1371/journal.pone.0011344.

[12] P. Brown, H. Lauder, and D. Ashton, *The Global Auction*. New York, NY: OUP USA, 2011.

[13] R. Buyya, C. S. Yeo, S. Venugopal, J. Broberg, and I. Brandic, "Cloud computing and emerging IT platforms: Vision, hype, and reality for delivering computing as the 5th utility," *Future Gen. Comp. Sys.*, vol. 25, no. 6, pp. 599–616, 2009.

[14] G. Caldarelli, *Networks: A Very Short Introduction*. Oxford, UK: OUP Oxford, 2012.

[15] R. A. Clarke and R. Knake, *Cyber War*. New York, NY: Tantor Media Inc., 2014.

[16] M.-C. Daniel and D. Astruc, "Gold nanoparticles: Assembly, supramolecular chemistry, quantum-size-related properties, and applications toward biology, catalysis, and nanotechnology," *Chem. Rev.*, vol. 104, no. 1, pp. 293–346, 2004.

[17] W. H. De Jong and P. J. Borm, "Drug delivery and nanoparticles: Applications and hazards," *Int. J. Nanomed.*, vol. 3, no. 2, pp. 133–149, Jun. 2008.

[18] M. Demerec and U. Fano, "Bacteriophage-resistant mutants in Escherichia Coli," *Genetics*, vol. 30, no. 2, pp. 119–136, 1945.

[19] E. Estrada, *The Structure of Complex Networks*. New York, NY: OUP USA, 2011.

[20] D. J. Fenn, M. A. Porter, M. McDonald, S. Williams, N. F. Johnson, and N. S. Jones, "Dynamic communities in multichannel data: An application to the foreign exchange market during the 2007–2008 credit crisis," *Chaos*, vol. 19, no. 033119, 2009.

[21] J. Ferber, *Multi-Agent System: An Introduction to Distributed Artificial Intelligence*. Upper Saddle River, NJ: Addison Wesley Longman, 1999.

[22] L. Gomes, "Machine-Learning maestro Michael Jordan on the delusions of Big Data and other huge engineering efforts," *IEEE Spectrum*, 20 October 2014, online: spectrum.ieee.org.

[23] M. A. Hamburg and F. S. Collins, "The path to personalized medicine," *New England J. of Med.*, vol. 363, no. 4, pp. 301–304, 2010.

[24] M. A. M. Hassanien, "Non-ergodic error rate analysis of finite length received sequences," *IEEE Tr. Vehicular Tech.*, vol. 62, no. 7, pp. 3452–3457, Sep. 2013.

[25] C. S. Holling, "Understanding the complexity of economic, ecological, and social systems," *Ecosystems*, vol. 4, no. 5, pp. 390–405, 2001.

[26] A. Juels, "RFID security and privacy: A research survey," *IEEE JSAC*, vol. 24, no. 2, pp. 381–394, Feb. 2006.

[27] S. H. Kaisler and G. Madey, "Complex adaptive systems: Emergence and self-organization," 5 January 2009, online: www3.nd.edu/~gmadey.

[28] O. Kallenberg, *Foundations of Modern Probability*. New York, NY: Springer, 1997.

[29] C. Karlof, N. Sastry, and D. Wagner, "Tinysec: A link layer security architecture for wireless sensor networks," in *Proc. SenSys*, 2004, pp. 162–175.

[30] S. Kay, *Fundamentals of Statistical Signal Processing: Estimation and Detection Theory*. Upper Saddle River, NJ: Prentice Hall, 2001.

[31] D. Korowicz, "Catastrophic shocks through complex socio-economic systems: A pandemic perspective," *FEASTA*, pp. 1–10, Jul. 2013, online: feasta.org.

[32] J. S. Lansing, "Complex adaptive systems," *Annual Rev. Anthropology*, vol. 32, pp. 183–204, 2003.

[33] F. Li, B. Luo, and P. Liu, "Secure information aggregation for Smart Grids using homomorphic encryption," in *Proc. SmartGridComm*, 2010, pp. 327–332.

[34] Y.-Y. Liu, J.-J. Slotine, and A.-L. Barabási, "Control centrality and hierarchical structure in complex networks," *PLoS ONE*, vol. 7, no. 9, p. e44459, 2012.

[35] Y.-Y. Liu, J.-J. Slotine, and A.-L. Barabási, "Observability of complex systems," *Proc. Natl Acad. Sci. USA*, vol. 110, no. 7, pp. 2460–2465, 2013.

[36] A. Lockhart, *Network Security Hacks*, 2nd ed. Sebastopol, CA: O'Reilly, 2007.

[37] P. A. Longley, M. F. Goodchild, D. J. Maguire, and D. W. Rhind, *Geographic Information Systems and Science*, 2nd ed. Chichester, UK: J. Wiley & Sons, 2005.

[38] P. Loskot, "Security aspects of general networks," in *Proc. MIC-Electrical*, 2014, pp. 1–6.

[39] P. Loskot, "Why networking is way ahead to pool knowledge," 7 January 2013, Online: walesonline.co.uk.

[40] P. Loskot, B. Badic, and T. O'Farrell, "Development of advanced physical layer solutions using a wireless MIMO testbed," *Intel Tech. J.*, vol. 18, no. 3, pp. 162–181, 2014.

[41] P. Loskot, M. A. M. Hassanien, F. Farjady, M. Ruffini, and D. Payne, "Long-term drivers of broadband traffic in next-generation networks," *Ann. of Telecom.*, vol. 70, no. 1–2, pp. 1–10, Feb. 2015.

[42] D. Lun, H. Zhu, A. P. Petropulu, and H. V. Poor, "Improving wireless physical layer security via cooperating relays," *IEEE Tran. Sig. Processing*, vol. 58, no. 3, pp. 1875–1888, Mar. 2010.

[43] D. J. C. MacKay, *Information Theory, Inference, and Learning Algorithms*. Cambridge, UK: CUP Cambridge, 2003.

[44] M. Mazzucato, *The Entrepreneurial State: Debunking Public vs. Private Sector Myths*. London, UK: Anthem Press, 2013.

[45] M. Meselson, J. Guillemin, and M. Hugh-Jones, "Public health assessment of potential biological terrorism agents," *J. Emerg. Infect. Diseases*, vol. 8, no. 2, pp. 225–230, Feb. 2002.

[46] K. Murphy, *Machine Learning: A Probabilistic Perspective*. Cambridge, MA: MIT Press, 2012.

[47] M. Newman, *Networks: An Introduction*. Oxford, UK: OUP Oxford, 2010.

[48] M. Nicolelis, "Brain-to-brain communication has arrived. How we did it." Oct. 2014, Online: ted.com/talks.

[49] R. Olfati-Saber, J. A. Fax, and R. M. Murray, "Consensus and cooperation in networked multi-agent systems," *Proceedings IEEE*, vol. 95, no. 1, pp. 215–233, Jan. 2007.

[50] R. E. Pino (Ed.), *Network Science and Cybersecurity*. New York, NY: Springer, 2014.

[51] S. Ramaswamy, "The mechanics and statistics of active matter," *Ann. Rev. Cond. Matter Physics*, vol. 1, pp. 323–345, 2010.

[52] S. Saveljev, "Controlling the human brain (in Russian)," 15 February 2015, Online: youtube.com/watch?v=Oy5YQ-L2pSc.

[53] Q. Schiermeier, "Russian secret service to vet research papers," *Nature News*, no. 526, p. 486, Oct. 2015, doi:10.1038/526486a.

[54] J. Scott, *Social Network Analysis*, 3rd ed. London, UK: SAGE, 2013.

[55] D. Siegel, "How social media is rewiring our brains," 15 January 2015, Online: youtube.com/watch?v=CkMh6xdJNeM.

[56] N. Sklavos and X. Z. (Eds.), *Wireless Security and Cryptography*. Boca Raton, FL: CRC Press, 2007.

[57] L. M. Sompayrac, *How the Immune System Works*, 4th ed. Chichester, UK: Wiley-Blackwell, 2012.

[58] M. Tambe, *Security and Game Theory: Algorithms, Deployed Systems, Lessons Learned*. New York, NY: CUP USA, 2011.

[59] S. Wasserman and K. Faust, *Social Network Analysis*. Cambridge, UK: CUP Cambridge, 1994.

[60] C. Wheelan and B. G. Malkiel, *Naked Economics: Undressing the Dismal Science*, 2nd ed. New York, NY: W. Norton & Comp., 2010.

[61] J. M. Wozencraft and I. M. Jacobs, *Principles of Communication Engineering*. Prospect Heights, IL: Wiley New York, 1965.

第 15 章　物联网隐私保护时序数据聚合

15.1　引　言

近年来，各种设备间的联网和协作经历了大幅的增长。顺应这股潮流，物联网概念受到了学术界和工业界的广泛关注。从本质上讲，物联网以大量智能设备共享信息并协作决策为特征[1]。由于可以支持大量泛在特性且性价比高，现实世界中的物联网应用比比皆是，包括电子医务（eHealthcare）系统、智能家居、环境监测、工业自动化和智能电网，如表 15-1 所列。

表 15-1　物联网的典型应用及其优势

典型应用	优势
电子医务系统	提供更好医疗保健的远程患者监测
智能家居	实时远程安全与监视
环境监测	低成本有效监测
工业自动化	节省成本的远程设备管理
智能电网	可实时监测智能电网的智能电表和传感器

物联网吸引了诸多关注的目光；然而，尽管广受关注，物联网面临许多安全挑战和隐私问题的事实依然存在。由于大多数物联网设备常常部署在无人看顾的地方，这些设备很容易受到无法及时检测出来的物理攻击；而且，采用无线通信广播的性质也造成攻击者可以很容易地发起窃听攻击。关于物联网安全挑战，相关学者已经进行了大量研究，所以，在本章中，我们主要关注该如何解决物联网中的隐私问题。

为解决隐私问题（保护物联网中个人设备的数据），许多隐私保护数据聚合方案[2,3,5-6,10,27-30]应运而生。然而，大多数方案仅仅支持一维数据聚合，有时候达不到物联网场景下的准确性要求。我们之前提出的高效的隐私保护聚合（EPPA）方案虽然能处理多维数据聚合[10]，却不太能支持大空间数据聚合。因此，为解决上述问题，我们提出了创新性的物联网隐私保护时序数据聚合方案，该方案的特点是利用群 $\mathbb{Z}_{p^2}^*$ 的性质同时支持小明文空间和大明文空间的数据聚合，从而获得比传统数据聚合更高的效率。具体来说，该方案有 3 个方面的主要贡献。

首先，我们提出了基于群 $\mathbb{Z}_{p^2}^*$ 的创新隐私保护时序数据聚合方案。所提方案可使用单块聚合数据以隐私保护的方式同时实现小明文空间数据聚合和大明文空间数据聚合。

其次，采用形式化安全证明技术，我们证明了所提出的方案可保护每个节点的数据隐私。

最后，我们以 Java 实现了所提方案，进行了广泛的实验验证其在低计算成本和通信开销方面的有效性，并讨论了效用与差分隐私级别间的权衡取舍问题。

本章余下部分组织如下。在 15.2 节中，我们形式化系统模型和安全模型，并明确我们的研究目标。我们在 15.4 节中提出隐私保护集聚合方案的详细设计，随后分别在 15.5 节和 15.6 节给出安全性分析和性能评估。15.7 节综述几个相关工作，15.8 节总结整章内容。

15.2 模型与设计目标

本节中，我们形式化系统模型和安全模型，并明确我们在物联网时序数据聚合上的研究目标。

15.2.1 系统模型

我们的系统模型专注固定物联网场景，主要包括下列实体：一个可信权威、一个控制中心、一个网关和一组节点 $\boldsymbol{N}=\{N_1, N_2, \cdots, N_n\}$，如图 15-1 所示。其中 n 指示节点集 $\boldsymbol{N}$ 中元素的数量，其最大值表示为 $n_{\max}$。

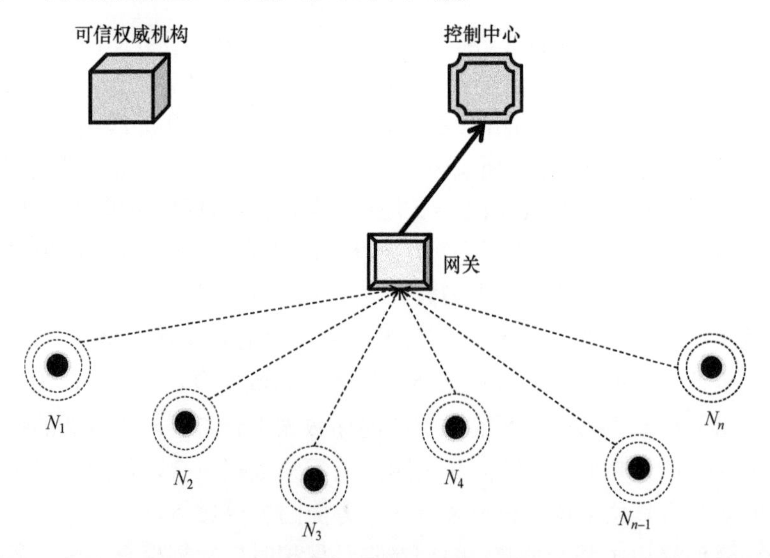

图 15-1　考虑的系统模型

（1）信任机构（TA）：信任机构是一个完全可信的实体，负责管理密钥材料并将之分发给系统中的其他实体。基本上，密钥分发之后，信任机构不会参与到后续的数据聚合过程中。

（2）控制中心：控制中心是系统的核心实体，负责数据收集、处理，以及分析来自 $\boldsymbol{N}$ 的时序数据，从而监测物联网场景。

（3）网关：网关在系统中充当中继器和聚合器的角色，即，网关将来自控制中心的信息中继到 $\boldsymbol{N}$，同时收集和聚合来自 $\boldsymbol{N}$ 的数据，并将聚合的数据转发到控制中心。

（4）节点集 $\boldsymbol{N}=\{N_1, N_2, \cdots, N_n\}$：每个节点 $N_i \in \boldsymbol{N}$ 都配备了传感器，这些传感器收集时序数据 $M_i=(m_i,x_i)$并通过网关向控制中心报告，其中 m_i 是大值而 x_i 是较小值。

不同于之前发表的数据聚合方案[2-3,5-6,10,27-30]，我们提出的物联网时序数据聚合可使控制中心不仅能获得小明文空间聚合，即 $\sum_{i=1}^{n} x_i$，还可获得大明文空间聚合，即 $\sum_{i=1}^{n} m_i$，使得控制中心能够执行更准确的数据分析，从而更好地管理和控制物联网。

15.2.2 安全模型

在我们的安全模型中，我们考虑普通对手 A 可能通过窃听节点到网关和网关到控制中心的通信数据而损害节点的隐私。我们还认为，协议参与者：控制中心和网关，是诚实但好奇的。也就是说，它们理应适当地遵循聚合协议（“诚实”）；但同时也会尝试各种方法来找寻和推断其他节点的知识（“好奇”）。在我们的物联网场景中，诚实但好奇的参与者不会篡改聚合协议：它们不会恶意地扭曲或删除任何接收到的值和中间结果，并会保持系统正常运行。然而，通过分析流经自身的消息和值，协议参与者会试图推断每个节点的数据。此外，节点集 $\boldsymbol{N}=\{N_1, N_2, \cdots, N_n\}$ 也是诚实的，即，没有 N_i 会向控制中心报告虚假数据，也不会与控制中心合谋获取其他节点的个别数据。注意，物联网场景中也可能出现其他类型的攻击，如恶意数据注入攻击[11]、DDoS 攻击。由于我们的重点在于隐私保护时序数据聚合，这些攻击目前不在我们的研究范围之内。

15.2.3 设计目标

我们的设计目标是开发高效的物联网隐私保护时序数据聚合方案，以便控制中心能够从单块聚合数据中获取到更丰富多样的信息。具体而言，应该满足以下两个理想目标。

（1）所提方案应是隐私保护的。仅控制中心能够读取所提方案中的聚合结果，且无人（包括控制中心）能够读取每个用户的数据。

（2）所提方案应是高效的。不仅仅是节点侧的加密和网关处的聚合，还包括在控制中心进行的解密，在计算成本方面都应该是经济高效的。此外，与其他数据聚合方案类似[6,12-13,27]，所提方案应采用单块聚合数据进行传输，从而实现高效通信。

15.3 准备工作

本节中，我们首先回顾 Shi 等人的时序数据聚合方案[6]，然后回想将作为我们所提聚合方案的群 $\mathbb{Z}^*_{p^2}$ 的性质。

15.3.1 Shi 等人的隐私保护时序数据聚合方案

为使不可信数据聚合器能够在不损害每个人隐私的情况下，对多个参与者的数据做一些理想的统计，Shi 等人[6]提出了一套高效的隐私保护时序数据聚合方案，且该方案的增强版本还纳入了差分隐私技术。在此，我们将回顾 Shi 等人所提方案的基本结构，也就是以下 3 个部分：设置、噪声加密，以及聚合解密。

（1）设置：给定参数 λ，首先选择素数阶 p 的循环群 Γ，其中$|p|=\lambda$ 且决定性 Diffie－Hellman 问题在 Γ 中是困难问题。接下来，可信中心选择随机数生成器 $g\in\Gamma$，以及 $n+1$ 个随机秘密 $s_0,s_1,\cdots,s_n\in Z_p$，使得

$$s_0+s_1+\cdots+s_n=0 \bmod p \tag{15.1}$$

之后，可信中心设置公共参数 param:=(G, g, p, H)，其中 H 是密码散列函数，即，H:$\mathbb{Z}\to\Gamma$，并将秘密密钥 $\mathrm{sk}_0=s_0$ 分配给数据聚合器，秘密密钥 $\mathrm{sk}_i=s_i$ 分配给每个参与者 i。

（2）噪声加密（NoisyEnc)：设 $\hat{x}_i$ 是参与者 i 在时间步长 t 内的噪声数据。那么，参与者 i 按以下等式计算密文

$$c_i = g^{\hat{x}_i}\cdot H(t)^{S_i} \tag{15.2}$$

（3）聚合解密：收到来自参与者的所有密文$(c_1, c_2, \cdots, c_n)$后，数据聚合器计算

$$V = H(T)^{s_0}\cdot\prod_{i=1}^{n} c_i \tag{15.3}$$

很明显，由于

$$V = H(T)^{s_0}\cdot\prod_{i=1}^{n} c_i = g^{\sum_{i=1}^{n}\hat{x}_i}\cdot H(t)^{\sum_{i=1}^{n}s_i} = g^{\sum_{i=1}^{n}\hat{x}_i}\cdot H(t)^0 = g^{\sum_{i=1}^{n}\hat{x}_i} \tag{15.4}$$

此外，$\sum_{i=1}^{n}\hat{x}_i$ 是在小明文空间，可以应用暴力搜索从 $g^{\sum_{i=1}^{n}\hat{x}_i}$ 解密 $\sum_{i=1}^{n}\hat{x}_i$。假设每个参与者的数据落在$\{0, 1, \cdots, \Delta\}$范围内，参与者总数将在落在$\{0, 1, \cdots, n\Delta\}$范围内。那么，采用波拉德方法[14]，解密 $g^{\sum_{i=1}^{n}\hat{x}_i}$ 的复杂度仅为 $O(\sqrt{n\Delta})$。

15.3.2 群 $\mathbb{Z}_{p^2}^*$ 的性质

在 Shi 等人的聚合方案[6]中，群 Γ 是 p 阶抽象循环群，因而仅支持小明文空间中的消息。接下来，我们讨论具体群 $\mathbb{Z}_{p^2}^*$，并利用其性质同时支持小明文空间和大明文空间。

给定安全参数 λ，我们选择安全素数 p=2q+1，其中$|p|=\lambda$ 且 q 也是个素数。然后，我们可以计算欧拉函数 $\varphi(p^2)$

$$\varphi(p^2)=p^2\left(1-\frac{1}{p}\right)=p(p-1)=2pq \tag{15.5}$$

证明总共有 $\varphi(p^2)=p(p-1)=2pq$ 个元素在群 $\mathbb{Z}_{p^2}^*$ 中。设 $x\in\mathbb{Z}_{p^2}^*$ 是小于 p 的整数；那么，根据费马小定理，我们得到 $x^{p-1}\equiv 1 \bmod p$。即，对某整数 k

$$x^{p-1}=1+k\cdot p \tag{15.6}$$

我们将式（15.6）的两侧均升至 p 阶，并取模量 p^2，得到

$$x^{p(p-1)}=(1+k\cdot p)^p=1+\sum_{i=1}^{p}\binom{p}{i}(k\cdot p)^i=1 \bmod p^2 \tag{15.7}$$

从式（15.7）可以看出当 k=1 时仍然成立。因此，设 y=p+1；得到 $\gcd(y, p^2)=1$，且

$$y^p=(p+1)^p=1+\sum_{i=1}^{p}\binom{p}{i}p^i=1 \bmod p^2 \tag{15.8}$$

综上所述，群 $\mathbb{Z}_{p^2}^*$ 具有以下两个性质，可以为我们提供更灵活的数据聚合。

（1）$\forall x\in\mathbb{Z}_{p^2}^*$，我们有 $x^{p(p-1)}=1 \bmod p^2$。

（2）对于 y=p+1，我们有 $y^p=1 \bmod p^2$。

15.4 所提时序数据聚合方案

本节中，我们提出新的隐私保护时序数据聚合方案，主要由 4 部分组成：系统设置、节点数据加密、网关数据聚合，以及控制中心聚合解密。

15.4.1 系统设置

给定安全参数λ，选择安全素数 $p=2q+1$，其中$|p|=\lambda$且 q 也是素数。此外，选择随机数 $g\in\mathbb{Z}_p^*$ 作为$\mathbb{Z}_{p^2}^*$的生成器，计算 $h=g^p\bmod p^2$，并选择安全密码散列函数 $H:\{0,1\}^*\to\mathbb{Z}_p^*$。则公共参数为 param:=$(p,g,h,H)$。

TA 选择 n 个随机数 $s_i\in\mathbb{Z}_{p(p-1)}$，$i=1,2,\cdots,n$，并计算 $s_c,s_g\in\mathbb{Z}_{p(p-1)}$，使得

$$s_{\mathrm{c}}+s_{\mathrm{g}}+\sum_{i=1}^{n}s_i=0\bmod p(p-1) \tag{15.9}$$

最后，可信权威通过安全信道将 s_{c} 作为秘密密钥发送给控制中心，s_{g} 作为秘密密钥发送给网关，而将 s_i 作为秘密密钥发送给每个相应的节点 $N_i\in\boldsymbol{N}=\{N_1,N_2,\cdots,N_n\}$。

15.4.2 节点数据加密

每个时间间隔 t 内，每个节点 $N_i\in\boldsymbol{N}$ 都会报告两类数据(m_i,x_i)，气候数据 m_i 位于大明文空间，即 $m_i\in\left\{0,1,2,\cdots,\left\lfloor\dfrac{p}{n_{\max}+1}\right\rfloor\right\}$，其中 $n_{\max}$ 是节点数量 n 的最大值，而数据块 x_i 位于小明文空间$\{0,1,2,\cdots,\varDelta\}$内。具体来说，每个节点 N_i 使用其秘密密钥 s_i 计算

$$c_i=(p+1)^{m_i}\cdot g^{x_i}\cdot H(t)^{s_i}\bmod p^2 \tag{15.10}$$

并向网关报告 c_i。

15.4.3 网关数据聚合

收到来自节点集 $\boldsymbol{N}=\{N_1,N_2,\ldots,N_n\}$的所有密文 c_i，$i=1,2,\cdots,n$ 后，网关使用其秘密密钥 s_{g} 执行下列聚合操作：

$$\begin{aligned}C&=\left(\prod_{i=1}^{n}c_i\right)\cdot H(t)^{s_{\mathrm{g}}}=\left(\prod_{i=1}^{n}(p+1)^{m_i}\cdot g^{x_i}\cdot H(t)^{s_i}\right)\cdot H(T)^{s_{\mathrm{g}}}\bmod p^2\\&=(p+1)^{\sum_{i=1}^{n}m_i}\cdot g^{\sum_{i=1}^{n}x_i}\cdot H(t)^{\sum_{i=1}^{n}s_i+s_{\mathrm{g}}}\bmod p^2\end{aligned} \tag{15.11}$$

并将结果 C 发送给控制中心。

15.4.4 控制中心聚合数据解密

收到聚合密文 C 后，控制中心执行下列步骤以恢复聚合数据。

步骤 1：控制中心使用其秘密密钥 s_{c} 计算

$$
\begin{aligned}
D &= C \cdot H(t)^{s_c} \bmod p^2 \\
&= (p+1)^{\sum_{i=1}^{n} m_i} \cdot g^{\sum_{i=1}^{n} x_i} \cdot H(t)^{\sum_{i=1}^{n} s_i + s_g} H(t)^{s_c} \bmod p^2 \\
&\xrightarrow{\because \sum_{i=1}^{n} s_i + s_g + s_c = 0 \bmod p(p-1)} \\
&= (p+1)^{\sum_{i=1}^{n} m_i} \cdot g^{\sum_{i=1}^{n} x_i} \bmod p^2
\end{aligned}
\tag{15.12}
$$

步骤 2：控制中心继续使用 p 计算

$$
\begin{aligned}
\bar{D} &= D^p \\
&= \left((p+1)^{\sum_{i=1}^{n} m_i} \cdot g^{\sum_{i=1}^{n} x_i} \right)^p \bmod p^2 \\
&\xrightarrow{\because (p+1)^p = 1 \bmod p^2} \\
&= g^{p\sum_{i=1}^{n} x_i} \bmod p^2 = h^{\sum_{i=1}^{n} x_i} \bmod p^2
\end{aligned}
\tag{15.13}
$$

由于 $\sum_{i=1}^{n} x_i$ 仍然在小明文空间{0, 1, 2, …, $n\Delta$}内，与 Shi 等人的方案[6]类似，我们也可以采用波拉德方法以计算复杂度 $O(\sqrt{n\Delta})$ 恢复 $\sum_{i=1}^{n} x_i$ 。

步骤 3：获得 $\sum_{i=1}^{n} x_i$ 后，控制中心计算

$$
\hat{D} = \frac{D}{g^{\sum_{i=1}^{n} x_i}} = \frac{(p+1)^{\sum_{i=1}^{n} m_i} \cdot g^{\sum_{i=1}^{n} x_i}}{g^{\sum_{i=1}^{n} x_i}} = (p+1)^{\sum_{i=1}^{n} m_i} \bmod p^2 \tag{15.14}
$$

由于 $m_i \in \left\{0,\ 1,\ 2, \cdots, \left\lfloor \frac{p}{n_{\max}+1} \right\rfloor \right\}$，有 $\sum_{i=1}^{n} m_i < p$ 。因此得到

$$
\hat{D} = (p+1)^{\sum_{i=1}^{n} m_i} = 1 + p \cdot \sum_{i=1}^{n} m_i + \sum_{i=2}^{\sum_{i=1}^{n} m_i} p^i \cdot \binom{\sum_{i=1}^{n} m_i}{i} = 1 + p \cdot \sum_{i=1}^{n} m_i \bmod p^2 \tag{15.15}
$$

由而，$\sum_{i=1}^{n} m_i$ 可通过下式计算得出

$$
\sum_{i=1}^{n} m_i = \frac{\hat{D} - 1}{p} \tag{15.16}
$$

因此，控制中心可分别获得大明文空间和小明文空间的两类聚合数据 $\sum_{i=1}^{n} m_i$、$\sum_{i=1}^{n} x_i$ 。

1. 基于差分隐私的隐私增强探讨

差分隐私是一种流行的隐私增强技术[15]，在隐私保护数据统计领域备受关注。借助差分隐私技术，适当的噪声，如从对称几何分布和拉普拉斯分布等提取出来的噪声，将会被添加到聚合结果中，从而使相似输入的输出变得无法区分。形式上，

如果仅单个元素不相同的任意两个数据 D_1 和 D_2，对于所有 $S\subset \text{Range}(A)$，$\Pr[A(D_1)\in S]\leqslant \exp(\varepsilon)\cdot \Pr[A(D_2)\in S]$成立，则我们称随机化算法 A 满足 ε-差分隐私。添加噪声是差分隐私的关键。由于所提方案中的聚合数据是离散的，所以我们应用了提取自几何分布的噪声。利用几何分布生成噪声是 Ghosh 等人的首创[16]，其中噪声选自对称几何分布 $\text{Geom}(\alpha)(0\leqslant\alpha\leqslant 1)$。于是，$\text{Geom}(\alpha)$可被视为拉普拉斯分布 $\text{Lap}(\lambda)$的离散近似，其中 $\alpha\approx\exp(-\frac{1}{\lambda})$。几何分布 $\text{Geom}(\alpha)$的概率密度函数（PDF）是

$$\Pr[X=x]=\frac{1-\alpha}{1+\alpha}\cdot\alpha^{|x|} \tag{15.17}$$

当聚合函数 $A(D)$对于至多有一个元素不相同的所有数据集 D_1 和 D_2 的灵敏度 $\Delta A=\max_{D_1,D_2}\ \|A(D_1)-A(D_2)\|_1$ 时，通过向原始聚合添加从 $\text{Geom}(\exp(-\frac{\varepsilon}{\Delta A}))$随机选择的几何噪声 r，受扰动的结果可实现 ε-差分隐私，即对于任意整数 $k\in\text{Range}(A)$，$\Pr[A(D_1)+r=k]\leqslant\exp(\varepsilon)\cdot\Pr[A(D_2)+r=k]$。

为增强所提时序数据聚合方案中的隐私，网关在聚合了所有密文 $c_1, c_2, \cdots, c_n$ 后，将执行以下几个步骤。

（1）由于聚合 $\sum_{i=1}^{n}x_i$ 的灵敏度是$\varDelta$，为在方案中实现 ε-差分隐私，网关首先从几何分布 $\text{Geom}(\exp(-\frac{\varepsilon}{\varDelta}))$抽取噪声 $\tilde{x}$。

（2）尽管 m_i 支持空间$\left[0,\left\lfloor\frac{p}{n_{\max}+1}\right\rfloor\right]$，我们仍然有理由认为在某些实际应用场景中，聚合 $\sum_{i=1}^{n}m_i$ 的灵敏度是$\varDelta'$，大于$\varDelta$，但仍然远小于$\left\lfloor\frac{p}{n_{\max}+1}\right\rfloor$。然后，类似于 $\sum_{i=1}^{n}m_i$，网关也会从几何分布 $\text{Geom}(\exp(-\frac{\varepsilon}{\varDelta'}))$抽取噪声 $\tilde{m}$。

（3）然后，网关执行下面的聚合

$$\begin{aligned}
C&=\left(\prod_{i=1}^{n}c_i\right)\cdot(p+1)^{\tilde{m}}\cdot g^{\tilde{x}}\cdot H(t)^{s_g}\\
&=\left(\prod_{i=1}^{n}(p+1)^{m_i}\cdot g^{x_i}\cdot H(t)^{s_i}\right)\cdot(p+1)^{\tilde{m}}\cdot g^{\tilde{x}}\cdot H(T)^{s_g}\bmod p^2\\
&=(p+1)^{\sum_{i=1}^{n}m_i+\tilde{m}}\cdot g^{\sum_{i=1}^{n}x_i+\tilde{x}}\cdot H(t)^{\sum_{i=1}^{n}s_i+s_g}\bmod p^2
\end{aligned} \tag{15.18}$$

并将结果 C 发送给控制中心。

（4）最终，在控制中心侧，聚合数据 $\sum_{i=1}^{n} m_i + \tilde{m}$ 和 $\sum_{i=1}^{n} x_i + \tilde{x}$ 可被恢复出来，进一步增强每个节点的隐私。

2. 动态节点加入与退出探讨

物联网场景中，节点频繁加入与退出是常态。因此，为适应这一动态环境，信任机构（TA）可采取以下动态密钥管理策略。

（1）节点加入：节点 N_j 加入时，信任机构（TA）随机选择节点集 $\boldsymbol{N}$ 的子集 $\{N_{a1}, N_{a2}, \cdots, N_{az}\}$，其中每个节点 N_{ai} 持有其秘密密钥 s_{ai}。然后，TA 给要加入的节点 N_j 分配随机秘密密钥 s_j，给每个节点 N_{ai} 分配一个新秘密密钥 $\overline{s}_{ai}$，使得

$$s_j + \sum_{i=1}^{z} \overline{s}_{ai} = \sum_{i=1}^{z} s_{ai} \bmod p(p-1) \tag{15.19}$$

采用这种策略，网关处的聚合和在控制中心进行的解密都不会受到影响。

（2）节点退出：与节点加入类似，节点 N_j 退出时，TA 随机选择节点集 $\boldsymbol{N}$ 的子集 $\{N_{a1}, N_{a2}, \cdots, N_{az}\}$，其中每个节点 N_{ai} 持有其秘密密钥 s_{ai}。然后，TA 给每个节点 N_{ai} 分配一个新秘密密钥 $\overline{s}_{ai}$，使得

$$\sum_{i=1}^{z} \overline{s}_{ai} = \sum_{i=1}^{z} s_{ai} + s_j \bmod p(p-1) \tag{15.20}$$

注意，上述动态密钥管理也适用于多用户加入和退出的场景。

15.5 安全性分析

本节中，我们分析所提时序数据聚合方案的隐私属性。具体而言，我们将遵循前面讨论的安全模型，证明每个节点的数据隐私可以得到保护。

所提聚合方案中，每个节点的数据以 $c_i = (p+1)^{m_i} \cdot g^{x_i} \cdot H(t)^{s_i} \bmod p^2$ 的形式加密。如果缺乏 $H(t)^{s_i}$ 屏蔽，则表示为 $M_i=(m_i, x_i)$的明文显然可以通过使用控制中心解密的相同步骤从 $(p+1)^{m_i} \cdot g^{x_i}$ 轻易导出。因此，明文 $M_i=(m_i, x_i)$的安全性高度依赖 $H(t)^{s_i}$。接下来，我们形式化证明 M_i 在选择明文攻击中是不可区分的，即使对手 A 知道节点 N_i 的秘密密钥 s_i 所对应的公钥 $Y_i = g^{s_i}$。

定义 15.1：$\mathbb{Z}_{p^2}^*$ 计算性 Diffie－Hellman 问题

给定群 $\mathbb{Z}_{p^2}^*$ 的生成器 g，以及未知 $a, b \in \mathbb{Z}_{p(p-1)}$ 的生成器 g^a、g^b，计算 $g^{ab} \in \mathbb{Z}_{p^2}^*$。

定义 15.2： $\mathbb{Z}^*_{p^2}$ **决定性 Diffie - Hellman 问题**

有两种分布

$$\begin{aligned}&\mathrm{DH}=\{(A,B,C)=(g^a,g^b,g^{ab})\,|\,\{g\in \mathrm{ii}^*_{p^2},a,b\in\mathbb{Z}_{p(p-1)}\}\\&\mathrm{Rand}=\{(A,B,C)=(g^a,g^b,R)\,|\,g,R\in \mathrm{ii}^*_{p^2},a,b\in\mathbb{Z}_{p(p-1)}\}\end{aligned}\qquad(15.21)$$

决定性 Diffie - Hellman(DDH)问题表述为，对于给定$(A,B,C)\in\mathbb{Z}^*_{p^2}$，决定$(A,B,C)\in(g^a,g^b,g^{ab})$或$(A,B,C)\in(g^a,g^b,R)$。区分器$D$的优势表示为

$$\mathrm{Adv}(D)=\left|\Pr_{\mathrm{DH}}[D(A,B,C)=1]-\Pr_{\mathrm{Rand}}[D(A,B,C)=1]\right|\qquad(15.22)$$

对于 DDH 假设，我们假定时间τ内不存在具有不可忽略优势 $\mathrm{Adv}(D)=\varepsilon$ 的概率多项式时间区分器D。

定理 15.1：

设A是节点N_i的对手，用时 τ 破解密文$c_i=M_i\cdot H(t)^{s_i}$。查询随机预言机 q_h次后，其优势ε不可忽略。则$\mathbb{Z}^*_{p^2}$中 DDH 问题可以另一概率 ε' 用时 τ' 解决，其中

$$\varepsilon'=\frac{\varepsilon}{2},\tau'\leqslant\tau+q_\mathrm{h}\cdot T_\mathrm{h}$$

式中：T_h表示每次散列查询的时间成本。

证明：假设对手A在多项式时间内操作，且在破解所提方案密文$c_i=M_i\cdot H(t)^{s_i}$的语义安全性方面有不可忽略的优势 ε，则可以构建另一算法 B，使其能够访问A，并在破解 DDH 问题实例（$A=g^a$, $B=g^b$, C）上获得不可忽略的优势 ε'。设 $A=g^a$是节点N_i对应秘密密钥$s_i=a$的公钥，尽管a的值未知。我们令$A=g^a$可为对手A所用，并允许对手A做q_h次散列预言机$H()$查询，其中$H()$建模为不同时间点t_i上的随机预言机[17]。

每次A在t_i上查询，B都选择随机数$r_i\in\mathbb{Z}^*_{p(p-1)}$，在散列表中存储（$t_i,r_i,B^{r_i}$），并向$A$返回$H(t_i)=B^{r_i}$。显然，由于$H()$建模为随机预言机，所以散列查询与现实世界无法区分。

在某个时间点上，A为时间段t^*内的密文查询选择两条消息$M_0,M_1\in\mathbb{Z}^*_{p^2}$，并发送给$B$。此时，$B$首先在散列表中以搜索条件$t^*$检索（$t_*,r_*,B^{r_*}$），翻转 1bit $\beta\in\{0,1\}$并生成密文$c_i=M_\beta\cdot H(t^*)=M_\beta\cdot B^{r_*}\bmod p^2$。最后，$B$将密文$c_i$发送给$A$。接收到$c_i$后，$A$向$B$返回一位$\beta'$作为其对$\beta$的猜测。$B$随后返回 1 表示$\beta'=\beta$，否则返回 0。

一方面，如果（$A=g^a$, $B=g^b$, C）出自随机分布 Rand，则密文$C_i=M_\beta\cdot B^{r_*}\bmod p^2$是均匀分布的，独立于$\beta$。因此，

$$\Pr_{\text{RAND}}[B(A,B,C)=1\,|\,\beta=\beta']=\frac{1}{2} \tag{15.23}$$

另一方面，如果（$A=g^a$, $B=g^b$, $C=g^{ab}$）出自 Diffie－Hellman(DH)分布，则可以认为$C_i=M_\beta\cdot B^{r_i}\bmod p^2$是$M_\beta$ 的有效密文，在可能的密文中遵循均匀分布。于是

$$\Pr_{\text{DH}}[B(A,B,C)=1\,|\,\beta=\beta']=\frac{1}{2}+\frac{\varepsilon}{2} \tag{15.24}$$

B 在区分 DH 和 Rand 分布上的优势是

$$\begin{aligned}\text{Adv}(B)=\varepsilon'&=\left|\Pr_{\text{DH}}[B(A,B,C)=1]-\Pr_{\text{DH}}[B(A,B,C)=1]\right|\\&=\left|\frac{1}{2}+\frac{\varepsilon}{2}-\frac{1}{2}\right|=\frac{\varepsilon}{2}\end{aligned} \tag{15.25}$$

通过简单的计算，我们还可以得出$\tau'\leqslant\tau+q_h\cdot T_h$。由此，证明完成。

从上面的定理可以看出，在 DDH 假设下，每个节点 N_i 的数据是隐私保护的（即使对手可以获得公钥$Y_i=g^{s_i}$）。接下来将证明，一旦采用差分隐私技术增强，我们所提出的方案也可防止差分攻击。

定理 15.2：

在增强聚合中，每个节点 N_i 的数据也可防止差分攻击。

证明：对于给定隐私级别 ε，网关扰动聚合而不恢复，但以密文的形式添加适当的几何噪声。采用这种方式，便可以实现 ε-差分隐私。具体而言，对于小明文空间中的数据，网关向确切聚合添加选自 $\text{Geom}(\exp(-\frac{\varepsilon}{\Delta}))$的噪声$\bar{x}$，从而获得受扰动的聚合。我们假设对手能够获得两块受扰动的聚合数据 $s+\bar{x}_s$ 和 $t+\bar{x}_t$，其中 s 和 t 是至多有一个元素不相同的两个数据集聚合，而$\bar{x}_s$ 和 $\bar{x}_t$ 是相应的两个几何噪声。类似地，在文献[12]中，由于$|s-t|\leqslant\Delta$，对于任意整数 k，有

$$\begin{aligned}\tau&=\frac{\Pr[s+\bar{x}_s=k]}{\Pr[s+\bar{x}_s=k]}=\frac{\Pr[\bar{x}_s=k-s]}{\Pr[\bar{x}_t=k-t]}\\&=\frac{\frac{1-\alpha}{1+\alpha}\alpha^{|k-s|}}{\frac{1-\alpha}{1+\alpha}\alpha^{|k-t|}}=\alpha^{|k-s|-|k-t|}\qquad \alpha=\mathrm{e}^{-\frac{\varepsilon}{\Delta}}\end{aligned} \tag{15.26}$$

由于

$$-|s-t|\leqslant|k-s|-|k-t|\leqslant|s-t|\qquad 0<\alpha<1 \tag{15.27}$$

有

$$e^{-\varepsilon}=(\mathrm{e}^{-\frac{\varepsilon}{\Delta}})^{\Delta}=\alpha^{\Delta}\leqslant\alpha^{|s-t|}\leqslant\tau\leqslant\alpha^{-|s-t|}\leqslant\alpha^{-\Delta}=(\mathrm{e}^{-\frac{\varepsilon}{\Delta}})^{-\Delta}=e^{\varepsilon} \tag{15.28}$$

同样地，我们还能证明，当噪声是从分布 Geom($\exp(-\frac{\varepsilon}{\Delta'})$)选择时，大明文空间中的数据也可实现 ε-差分隐私。证明完成。

15.6 性能评估

本节中，我们评估所提隐私保护时序数据聚合方案的计算成本和通信开销，并分析差分隐私增强版方案的效用。具体而言，我们通过 Java(JDK1.8)实现方案，并在配置了 3.1 GHz 处理器、8GB RAM 的 Windows 7 笔记本电脑上实验我们的方案。具体参数设置见表 15-2。

表 15-2 参数设置

参数	值
λ	λ=1024
$\mathbb{Z}_{p^2}^*$	$\mathbb{Z}_{p^2}^*$ 是一个群阶 $\varphi(p^2)=p(p-1)$，其中$\|p\|=\lambda$
$n_{\max}$	$n_{\max}$=1000
n	n=200, 400, 600, 800, 1000
Δ	Δ=20
ε	差分隐私级别 ε=1,2,3

尽管所提方案中小明文空间数据 $\sum_{i=1}^{n} x_i$ 的解密复杂度是 $O(n\Delta)$，且可能被物联网中强大的控制中心所接受，我们仍然构建了一张散列表（存储在约 167KB 的 zip 文件中）来加速实验中的解密查找过程，其中散列表里的每个条目都是 $h^j(0\leqslant j\leqslant(n_{\max}+1))$的散列值。我们做了 10 次实验，平均结果报告如下。

15.6.1 计算成本

从实验来看，节点端的加密平均耗时仅 35ms，对于物联网场景而言十分高效。图 15-2 显示，网关聚合和控制中心解密的计算成本随节点数量 n 从 200 增加到 1000 而变化，增量为 200。我们可以从图中看出，二者都很高效，且节点数量 n 对聚合和解密几乎没有影响，因为我们直接聚合密文，且预先构建了散列表以查找小明文空间解密。

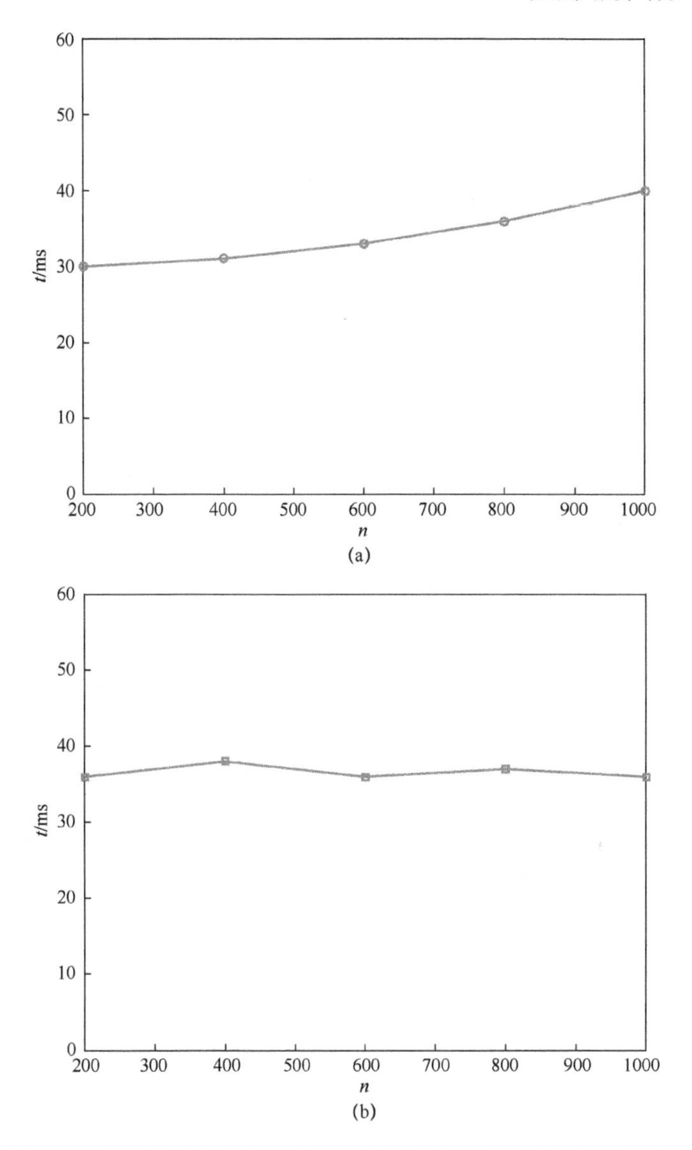

图 15-2　网关聚合与控制中心解密的计算成本随节点数量 n 而变化

15.6.2 通信成本

当$|p|=1024$时，群$\mathbb{Z}^*_{p^2}$中的任何密文（包括c_i和C）都小于或等于 2048 位。

15.6.3 差分隐私增强版方案的效用

我们所提出的方案支持两类数据聚合，这一新颖性使得我们的方案适用于物联网中的许多潜在实际场景。接下来，我们将重点放在差分隐私增强版方案的效用评估上。具体来说，此处以智能电网为例，详细说明我们增强版方案的优势和有效性。不同于之前发表的智能电网数据聚合方案，我们的方案能够支持用户测量数据聚合，不仅仅包括整数部分（小明文空间数据 $x_i\in[0,30]$），还包括小数部分（大明文空间数据 $m_i\in[0,999]$）。具体参数设置见表 15-3。

表 15-3　参数设置

描述	参数	值
用户数量	n	10000
用户测量结果	$x_i.m_i$	{0.000, 0.001, 0.002, ⋯, 29.999, 30.000}
差分隐私级别	ε	1,2,3
- 小明文空间数据灵敏度	Δ	30
- 大明文空间数据灵敏度	Δ'	999

与文献[18]中提出的聚合方案类似，我们扩展了 Richardson 等人[19]提出的基础模拟器，实现了可人工生成逼真的 1min 耗电轨迹的耗电模拟器。基于该模拟器，我们生成了 10000 户家庭的用电轨迹，且每户家庭的居民分布遵循 2011 年的英国家庭统计数据[20]。

图 15-3 和图 15-4 分别描述了小明文空间和大明文空间的实际总测量结果和含噪声总耗电量的轨迹。我们将这两个场景的差分隐私级别 ε 设置为 1、2、3，则 ε 越大，添加的噪声越小，效用就越高；而 ε 越小，包含的噪声越大，能保证的隐私级别就越高。与 $\varepsilon=3$ 的情况相比，$\varepsilon=1$ 时的效用更低，但仍可接受。因此，真实场景中，在隐私和效用方面存在取舍。

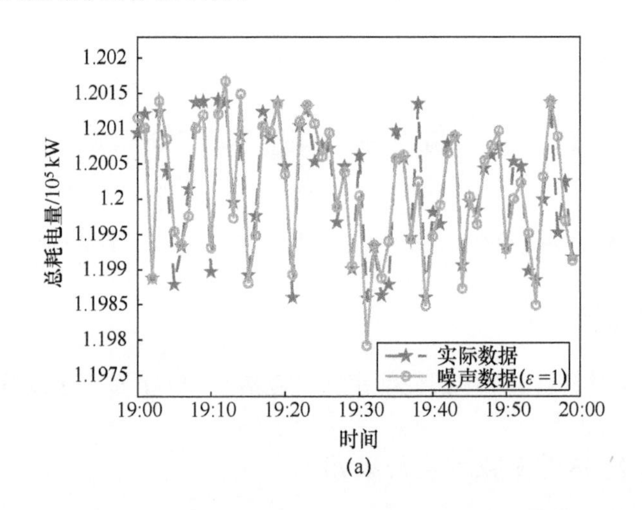

(a)

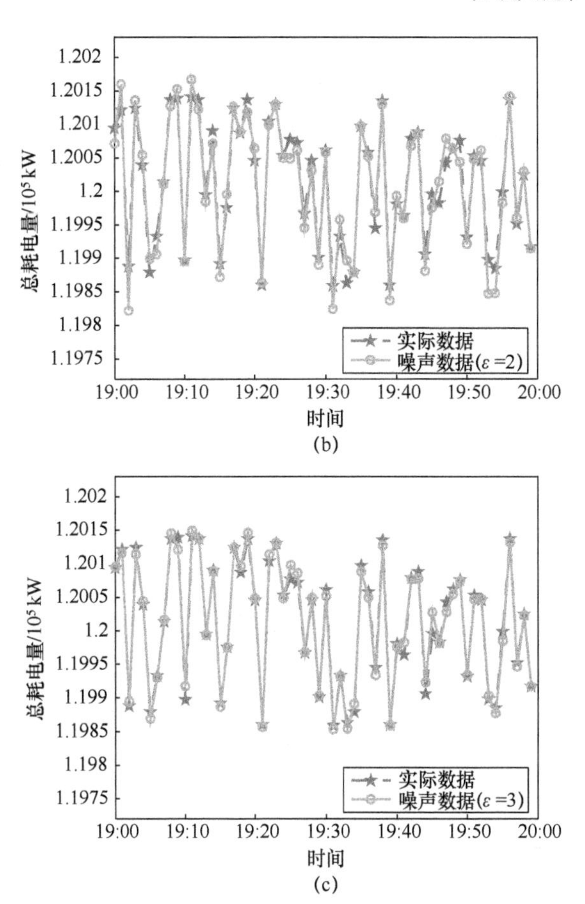

(b)

(c)

图 15-3 小明文空间数据聚合的差分隐私

（a）ε=1；（b）ε=2；（c）ε=3。

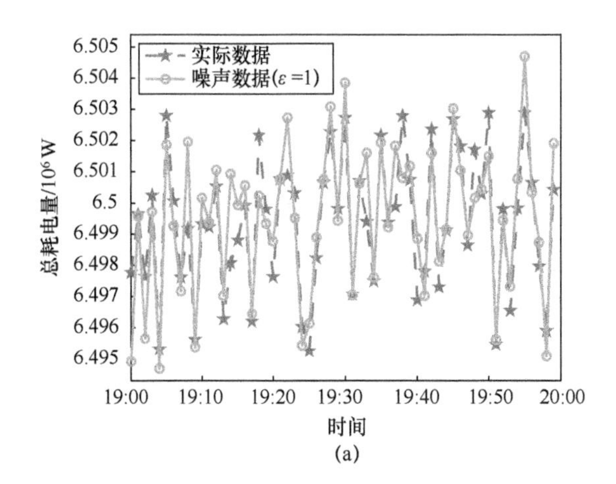

(a)

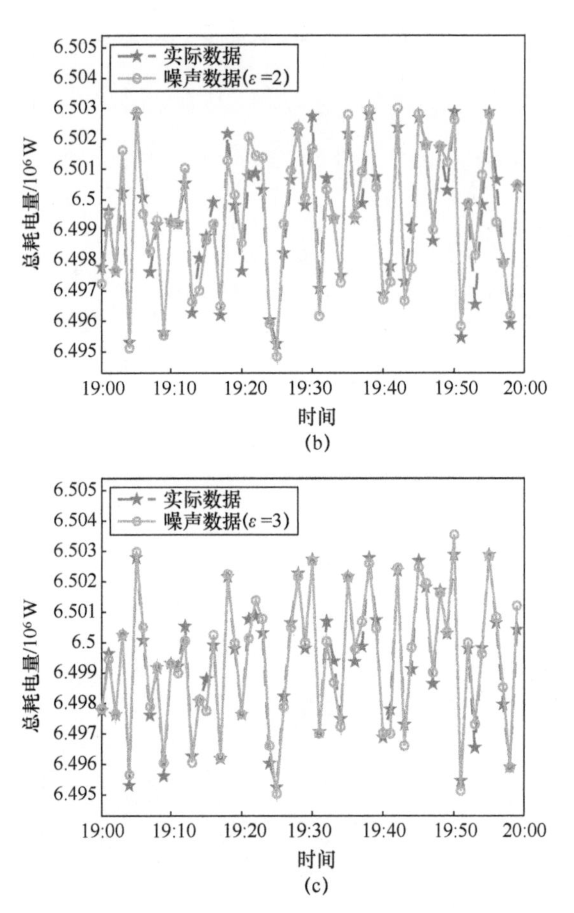

图 15-4 大明文空间数据聚合的差分隐私

（a）ε=1；（b）ε=2；（c）ε=3。

15.7 相关工作

本节中，我们简要讨论几个与我们的方案紧密相关的其他研究工作[6,12-13,18,21-24,27]。基于路由器信道模式（BGN）同态加密技术[25]，相关学者提出了一些数据聚合方案[6,12]，这些方案主要关注个人用户的隐私保护。文献[6,12]中的方案都能防止差分攻击。此外，文献[12]还研究了多函数数据聚合。然而，这两种方案都只支持一维数据聚合。而且，因为基于 BGN[25]的聚合方案依赖暴力搜索技术[14]来解密明文总和，所有类似的现有方案都存在将用户报告的测量结果限制在小明文空间的缺陷。为消除上述缺陷，基于 Pailier 的同态加密技术[26]，相关学者提出了一些隐私保护数据聚合方案[21,24,27]，消除了小明文空间限制。然而，与以往一样，基于 Paillier 同态加密的方案也只支持一维数据聚合。此外，相关学者还设计出了基于其他技术的数据聚合方案。例如，依托基于模加的加密，相关学者提出了用于智能电网通信的几个隐私保护聚合方案[18,23]，通过向真实测量结果添加拉普拉斯噪声来防止差分攻击。在文献[22]中，Jia 等人提出的隐私保护数据聚合方案通过多项式系数来隐藏用户的个人测量结果。但是，上述所有方案都无法同时支持多个维度的数据聚合，严重限制了其实际应用。

为提升效率，我们此前曾提出过一个支持多维数据聚合的高效 EPPA 协议[13]。EPPA 大幅削减了将多维数据加密至单一密文所需的计算开销和通信开销。然而，由于超递增序列是 EPPA 通过同态密码体制技术支持用户结构化数据加密与聚合的关键要求和特性，EPPA 可能仍然不能很好地支持多维大量数据聚合。

尽管我们此处提出的方案解决的是相同的问题，即在物联网中提供高效的隐私保护差分隐私聚合；相较于上述研究，我们的研究重点仍存在一些差异：①我们提出的方案支持小明文空间消息和大明文空间消息（与系统安全参数的长度相比具有任意长度）的数据聚合；②我们提出的方案可防止两类数据聚合的差分攻击，因而能够大幅增强安全性和提高效率与实用性。

15.8 小　结

本章中，我们提出了一种新颖的物联网隐私保护时序数据聚合方案。所提方案以利用群 $\mathbb{Z}^*_{p^2}$ 的性质同时支持小明文空间和大明文空间数据聚合为特征，因而比传统一维数据聚合更高效。详细的安全性分析表明，所提方案是隐私保护的，即没有人可以读取每个节点的数据，只有控制中心可以读取聚合结果。此外，应用差分隐私技术时，所提方案还能防止差分攻击。通过广泛的性能评估，我们还证明了所提方案在计算成本和通信开销方面的高效性。因此，我们提出的方案可以应用到各种各样的物联网场景中。

参考文献

[1] R. Lu, X. Li, X. Liang, X. Shen, and X. Lin, “GRS: the green, reliability, and security of emerging machine to machine communications,” *IEEE Communications Magazine*, vol. 49, no. 4, pp. 28–35, 2011.

[2] F. D. Garcia and B. Jacobs, “Privacy-friendly energy-metering via homomorphic encryption,” in *Security and Trust Management - 6th International Workshop, STM 2010, Athens, Greece, September 23-24, 2010, Revised Selected Papers*, 2010, pp. 226–238.

[3] Z. Erkin and G. Tsudik, "Private computation of spatial and temporal power consumption with smart meters," in *Applied Cryptography and Network Security - 10th International Conference, ACNS 2012, Singapore, June 26-29, 2012. Proceedings*, 2012, pp. 561–577.

[4] L. Chen, R. Lu, and Z. Cao, "Pdaft: A privacy-preserving data aggregation scheme with fault tolerance for smart grid communications," *Peer-to-Peer Networking and Applications*, vol. 8, no. 6, pp. 1122–1132, 2015.

[5] K. Alharbi and X. Lin, "LPDA: A lightweight privacy-preserving data aggregation scheme for smart grid," in *International Conference on Wireless Communications and Signal Processing, WCSP 2012, Huangshan, China, October 25-27, 2012*, 2012, pp. 1–6. [Online]. Available: http://dx.doi.org/10.1109/WCSP.2012.6542936

[6] E. Shi, T. H. Chan, E. G. Rieffel, R. Chow, and D. Song, "Privacy-preserving aggregation of time-series data," in *Proceedings of the Network and Distributed System Security Symposium, NDSS 2011, San Diego, California, USA, 6th February-9th February 2011*, 2011.

[7] Haiyong Bao and R. Lu, "A new differentially private data aggregation with fault tolerance for smart grid communications," *IEEE Internet of Things Journal*, vol. 2, no. 3, pp. 248–258, 2015.

[8] L. Chen, R. Lu, Z. Cao, K. Alharbi, and X. Lin, "Muda: Multifunctional data aggregation in privacy-preserving smart grid communications," *Peer-to-Peer Networking and Applications*, vol. 8, no. 5, pp. 777–792, 2015.

[9] C. Li, R. Lu, H. Li, L. Chen, and J. Chen, "PDA: a privacy-preserving dual-functional aggregation scheme for smart grid communications," *Security and Communication Networks*, vol. 8, no. 15, pp. 2494–2506, 2015.

[10] R. Lu, X. Liang, X. Li, X. Lin, and X. Shen, "EPPA: an efficient and privacy-preserving aggregation scheme for secure smart grid communications," *IEEE Trans. Parallel Distrib. Syst.*, vol. 23, no. 9, pp. 1621–1631, 2012. [Online]. Available: http://dx.doi.org/10.1109/TPDS.2012.86

[11] Y. Liu, M. K. Reiter, and P. Ning, "False data injection attacks against state estimation in electric power grids," in *Proceedings of the 2009 ACM Conference on Computer and Communications Security, CCS 2009, Chicago, Illinois, USA, November 9-13, 2009*, 2009, pp. 21–32. [Online]. Available: http://doi.acm.org/10.1145/1653662.1653666

[12] L. Chen, R. Lu, Z. Cao, K. AlHarbi, and X. Lin, "Muda: Multifunctional data aggregation in privacy-preserving smart grid communications," *Peer-to-Peer Networking and Applications*, pp. 1–16, 2014.

[13] R. Lu, X. Liang, X. Li, X. Lin, and X. Shen, "EPPA: An efficient and privacy-preserving aggregation scheme for secure smart grid communications," *IEEE Transactions on Parallel and Distributed Systems*, vol. 23, no. 9, pp. 1621–1631, 2012.

[14] A. J. Menezes, P. Van Oorschot, and S. Vanstone, *Handbook of Applied Cryptography*, CRC Press, 1996, p. 12.

[15] C. Dwork, "Differential privacy," in *Automata, Languages and Programming, 33rd International Colloquium, ICALP 2006, Venice, Italy, July 10-14, 2006, Proceedings, Part II*, 2006, pp. 1–12.

[16] A. Ghosh, T. Roughgarden, and M. Sundararajan, "Universally utility-maximizing privacy mechanisms," *SIAM J. Comput.*, vol. 41, no. 6, pp. 1673–1693, 2012. [Online]. Available: http://dx.doi.org/10.1137/09076828X

[17] M. Bellare and P. Rogaway, "Random oracles are practical: A paradigm for designing efficient protocols," in *CCS '93, Proceedings of the 1st ACM Conference on Computer and Communications Security, Fairfax, Virginia, USA, November 3-5, 1993.*, 1993, pp. 62–73. [Online]. Available: http://doi.acm.org/10.1145/168588.168596

[18] J. Won, C. Y. Ma, D. K. Yau, and N. S. Rao, "Proactive fault-tolerant aggregation protocol for privacy-assured smart metering," in *INFOCOM 2014*. IEEE, 2014, pp. 2804–2812.

[19] I. Richardson, M. Thomson, D. Infield, and C. Clifford, "Domestic electricity use: A high-resolution energy demand model," *Energy and Buildings*, vol. 42, no. 10, pp. 1878–1887, 2010.

[20] Office for National Statistics, "Families and households, 2001 to 2011," Jan. 2012, http://www.ons.gov.uk/ons/rel/family-demography/families-and-households/2011/rft-tables-1-to-8.xls.

[21] V. Rastogi and S. Nath, "Differentially private aggregation of distributed time-series with transformation and encryption," in *Proceedings of the 2010 ACM SIGMOD International Conference on Management of data*. ACM, 2010, pp. 735–746.

[22] W. Jia, H. Zhu, Z. Cao, X. Dong, and C. Xiao, "Human-factor-aware privacy-preserving aggregation in smart grid," *IEEE System Journal*, pp. 1–10, 2013.

[23] G. Acs and C. Castelluccia, "I have a dream! (differentially private smart metering)," in *Information Hiding*. Springer, 2011, pp. 118–132.

[24] F. Li, B. Luo, and P. Liu, "Secure information aggregation for smart grids using homomorphic encryption," in *2010 First IEEE International Conference on Smart Grid Communications (SmartGridComm)*. IEEE, 2010, pp. 327–332.

[25] D. Boneh, E.-J. Goh, and K. Nissim, "Evaluating 2-DNF formulas on ciphertexts," in *Theory of cryptography*. Springer, 2005, pp. 325–341.

[26] P. Paillier, "Public-key cryptosystems based on composite degree residuosity classes," in *Advances in cryptology - EUROCRYPT'99*. Springer, 1999, pp. 223–238.

[27] L. Chen, R. Lu, and Z. Cao, "Pdaft: A privacy-preserving data aggregation scheme with fault tolerance for smart grid communications," *Peer-to-Peer Networking and Applications*, vol. 8, no. 6, pp. 1122–1132, 2015.

[28] HaiyongBao and R. Lu, "A new differentially private data aggregation with fault tolerance for smart grid communications," *IEEE Internet of Things Journal*, vol. 2, no. 3, pp. 248–258, 2015.

[29] L. Chen, R. Lu, Z. Cao, K. Alharbi, and X. Lin, "Muda: Multifunctional data aggregation in privacy-preserving smart grid communications," *Peer-to-Peer Networking and Applications*, vol. 8, no. 5, pp. 777–792, 2015.

[30] C. Li, R. Lu, H. Li, L. Chen, and J. Chen, "PDA: a privacy-preserving dual-functional aggregation scheme for smart grid communications," *Security and Communication Networks*, vol. 8, no. 15, pp. 2494–2506, 2015.

第 16 章　实时绿色物联网安全路径生成方案

物联网有望带来极具前景的解决方案，改变交通运输系统和生产制造系统等许多现有系统的运行方式和功能作用，支持诸多领域中的应用。物联网旨在通过网络连接各种事物，为许多应用提供高效优质的服务。实时物联网应用程序必须在其环境规定的时间间隔内响应周围环境的刺激。必须产生结果的那一刻称为时限。

无线传感器网络最近受到诸多领域关注。物联网可被理解为通用传感器网络。WSN 将作为物联网范式不可或缺的一部分，应用到多个不同领域。由于传感器节点通常采用低成本硬件开发，很多传感器网络应用的开发存在一个重大挑战，即以有限的资源提供高安全性功能。本章中，我们首先提出一种考虑实时查询处理时限的路径生成框架。为满足时限，框架会为路由路径分配时间预算，然后根据分配的时间预算导出可行路径。接下来，我们提出名为半密钥的创新密钥建立方案。该方案基于著名的随机密钥预分发方案和单向设计小时交通量（DDHV-D）部署知识，提供适用于无线传感器节点的资源节约型密钥管理，减少节点的内存空间需求，并增强其安全性。最后，我们采用分析模型和一系列实验评估所提方案的性能。

16.1　引　言

16.1.1　物联网数据采集

计算时代的下一波浪潮将超越传统桌面的范畴。物联网是一种新型的网络范式，支持各种物理对象通过互联网进行通信[22]。物联网范式中，我们身边的许多物体将以这样或那样的形式出现在网络上[7,41,73]。WSN 技术驱动的泛在感知深入现代生活的方方面面，为人类提供了测量、推断和理解从微妙生态和自然资源到城市环境等各种环境指标的能力[3,25,54]。

最近的技术发展促成了低成本、低功耗、多功能传感器设备的开发。这些节点是集成了感知、处理和通信功能的设备。传感器技术使得一系列泛在计算应用成为可能，如农业、工业和环境监测[6,49-50,60,76]。如图 16-1 所示，WSN 可以作为物联网的一部分运行；其数据的采集和加工给挖掘和处理此类数据带来了前所未有的挑战。此类数据需要实时处理，这一处理过程在本质上可能是高度分布式的[1,39]。然而，传感器网络不同于传统网络。传感器网络具有一些物理资源约束和特殊性质，有利于推动绿色物联网概念[11,87,98]。我们需要重新设计管理方法。传感器网络的物理资源约束包括带宽和服务质量受限、算力受限、内存大小受限和能量供应受限。传感器的有效生命周期取决于其电源。节能是系统设计的主要问题之一。文献[28]证明了每个传感器节点的能耗是由传输成本决定的。例如，传感器传输 1bit 数据需要 5000nJ 能量，处理一条指令只需要 5nJ 能量。

科研环境下，WSN 可以作为智能数据采集工具；相关节点子集可被赋予感知物理世界并传输感知值的任务，通过多跳通信路径将感知结果传往基站集中处理[32]。由于处理数据的能量成本比传输数据的能量成本小一个数量级[13,35,37]，在 WSN 内部进行尽可能多的数据处理会更加节能，因为这样可以减少需传输到基站的字节数。从这一观点出发，WSN 内处理的一种方法是将 WSN 视为分布式数据库，而注入到节点中执行的处理任务则是评估查询求值计划（QEP）。为优化 QEP，许多机制[24,52]旨在开发传感器网络查询处理器（SNQP），以便大幅减少定制开发需求，同时确保能耗水平低至能够提供长期部署。

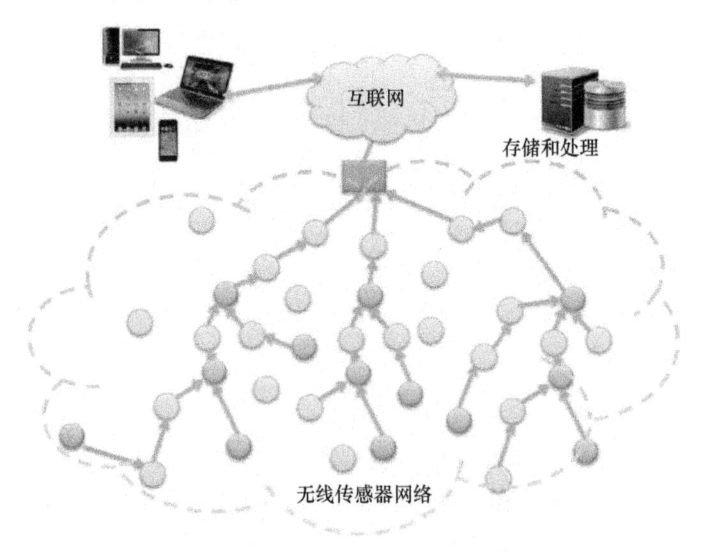

图 16-1　绿色物联网多跳通信系统模型

为支持 QoS 要求，实时路由协议（SPEED）[27]和多速度、多路径的实时路由协议（MMSPEED）[20]路由协议基于 QoS 为 WSN 提供软端到端数据包时限保证。SPEED 协议中，每个节点仅保留其近邻节点的信息，利用地理位置信息做出局部路由决策。MMSPEED 协议是 SPEED 协议的扩展，旨在提供及时性和可靠性方面的概率性 QoS 区分。MMSPEED 协议为每个入站数据包提供多种投递速度选项，根据其速度等级将每个入站数据包放入恰当的队列。多约束 QoS 多路径路由（MCMP）协议[31]按照以可靠性和时延表示的特定 QoS 要求，采用交织路由将数据包传送至汇聚节点。消息发起式基于约束的路由（MCBR）协议[95]由基于约束的目的地显式规范、对消息的路由约束和 QoS 要求，以及 QoS 感知元策略组成。通过将 QoS 路由问题确切阐述为受可靠性、回放时延和地理空间路径选择约束限制的能量优化问题，能量约束的多路径路由（ECMP）协议[4]在之前提出的 QoS 供应基准模型基础上扩展了 MCMP 协议。

此外，我们还需要考虑传感器网络的特性：传感器网络中存在大量传感器节点。各个传感器节点通过无线通信接口连接其附近的其他节点。因此，一些研究人员以减少干扰的影响为目标。干扰最小化多路径路由（I2MR）协议[23]旨在利用高带宽骨干网设计上的最新进展来支持低功耗 WSN 中的高速流。I2MR 试图构造区域不相交路径，并通过假设特殊网络结构和特定硬件组件可用性所发现的路径分发网络流量。低干扰节能多路径路由（LIEMRO）协议[58-59]通过构造足够数量的干扰最小化路径，提高事件驱动型传感器网络的性能要求（如时延、数据投递率、吞吐量和生命周期）。LIEMRO 协议利用自适应迭代方法构造足够数量的节点不相交路径，最小化每个事件区域对汇聚节点的干扰。通过在高质量低干扰路径上分发网络流量，LIEMRO 协议可改善事件驱动型应用的性能要求。

16.1.2 无线嵌入式系统密钥管理

近些年来，无线嵌入式系统（WEB）因适合监测复杂物理世界现象而广受关注[64,70,79,88,90]。无线嵌入式系统已经应用到多个领域，如环境监测[53]、家庭和工业自动化[78,81]、信息物理系统[61,71]、泛在计算[63]、安全增强与监视[83]，以及军事系统[2]，在感知、采集和传播有关环境现象的信息方面发挥着至关重要的作用。作为无线嵌入式系统的一个应用实例，WSN 通常由大量电池驱动的无线嵌入式传感器系统和一些基站构成。为保护无线嵌入式系统的安全，其数据传输必须经过加密和认证。由于传感器节点通常采用低成本硬件开发，很多无线嵌入式系统应用的部署存在一个重大挑战，即以有限的资源提供高安全性功能。

为无线嵌入式系统提供良好安全防护是个很重要的课题，相关学者基于密钥加密和管理做出了许多研究成果，用于增强无线嵌入式传感器系统的安全性。过去几年来，除了密钥加密[48,72,91,96]、密钥更新方案[47,82]和轻量级真正自举[33]方面的一些杰出工作，很多研究人员还提出了有效密钥管理方案，如文献[8,16-18,44,46,62,92-94]中描述的那些。Tseng[77]提出了适用于资源受限移动设备的认证组密钥协商协议。Xiao 等人在文献[86]中详尽综述了此类方案。

作为有效解决方案，Eschenauer 和 Glicor 提出了随机密钥预分发方案（RKPS），在部署前从密钥池为每个无线嵌入式传感器节点随机分配密钥子集[18]。RKPS 分为 3 个阶段：密钥预分发、共享密钥发现，以及路径密钥建立。如果两个邻居节点共享一个密钥，则可以建立直接链路。q-复合随机密钥预分发方案[8]扩展了随机密钥预分发方案，要求两个相邻通信传感器节点共享至少 q 个密钥。之所以要做出这样的扩展，是要为密钥管理提供更高的弹性。Liu 和 Ning[44]利用位置信息改善网络连通度。为减少无线嵌入式传感器系统的存储要求，以及解决扩展性问题，研究人员提出了基于组或基于部署信息的方法，如文献[17,45,94,97]中所描述的那些方案。尽管两个无线嵌入式传感器系统共享公共密钥信息的概率增加了，但不得不往每个无线嵌入式传感器节点预加载大量密钥信息，无论将来会不会用到其中某一特定信息。Perrig 等人[57]设计出一种安全架构，其中每个节点与基站共享一个秘密密钥。两个传感器节点应将基站用作可信第三方来设置新的密钥。Lai 等人[42]提出了一种基于信号主密钥的会话密钥协商协议。Wong 和 Chen[84]设计了适用于低功耗计算设备的密钥交换，其中密钥交换的参与方之一必须是服务器。

16.2 绿色物联网中的实时查询处理

本章中，我们提出一种适用于绿色物联网的实时查询处理框架。假设传感器有查询计划，则需要导出可行的查询传播计划来传输数据包。实时应用的主要挑战是保证数据包满足其时限。对于自然灾害监测系统这类实时应用，能耗是次要考虑。为支持绿色物联网实时查询，路由路径应适应数据包时限，并力求最小化能耗。

16.2.1 绿色物联网中的实时查询处理

数十亿联网设备预期接入物联网，以机器对机器的方式相互通信[12]。至于物联网的定义：物联网允许人和物通过任何路径/网络和任何服务（理想状态下）随时随地连接任何事物和任何人[80]。物联网有望带来极具前景的解决方案，改变交通运输系统和生产制造系统等许多现有系统的运行方式和功能作用，支持诸多领域中的各种应用。物联网旨在通过网络连接各种事物，为许多应用提供高效优质的服务。

实时应用（RTA）是在用户感觉即时或现时的时间框架内运行的应用程序[9,10,85]。正确的系统行为不仅仅取决于计算的逻辑结果，还有赖于这些结果产生的物理时间。所谓系统行为，我们指的是系统的时序输出。实时物联网应用程序必须在其环境规定的时间间隔内响应周围环境的刺激。必须产生结果的那一刻称为时限。很多应用都是时间关键型应用，如医疗、交通管制和警报监测。因此，物联网必须在给定的时限内从其事物（或传感器网络）采集数据。实时查询处理也就需要提供时效性高的结果。

由于传感器技术的发展，传感器变得越来越强大、便宜、精巧，刺激了其大规模部署。追根溯源，WSN 是为特定应用目的而设计、开发出来的。与之相反，物联网则不专注于特定应用。物联网可被理解为通用传感器网络[21]：不以采集特定类型的传感器数据为目标；而是将传感器部署到可以用于各种应用领域的地方。因此，WSN 将作为物联网范式不可或缺的一部分，应用到多个不同领域。注意，WSN 可脱离物联网而存在，但物联网无法脱离 WSN 而存在。这是因为 WSN 通过提供传感器节点接入而提供了大部分硬件基础设施支持。无论如何，WSN 传感器节点通常电量有限，因而需要节能技术来减少能耗，从而支持绿色物联网概念[87]。

基本上，WSN 的拓扑多种多样，可以是简单星型网络，也可以是高级无线网状网络。这里我们专注多跳无线网状网络类型。关于 WSN 的能效，已有相关学者做过这方面研究[14,36,74]。需要传输数据的传感器应采用多跳将数据中继到单个源。没有数据需要传输的节点，或者不中继其他节点数据的节点，则可以进入睡眠状态。可以通过减少活跃节点数量来提高能效。在不考虑时限的情况下，一些研究人员提出了能量均衡的 WSN 数据聚合指定路径方案。所提方案预先确定了一组路径并以轮询方式执行，这样所有节点都能参与到采集数据并将之传送给汇聚节点的工作中来。在本章中，我们进一步考虑了时间要求。注意，WSN 采集的数据不会在查询计划中直接传输。采集数据的真实路径（查询传播计划）必须满足时限，并尝试最小化总能耗。

16.2.2 绿色物联网中的查询处理

WSN 中，传感器利用有限的电量和无线电带宽采集和传输信息。采用传统方式部署此类应用需要几个月的设计和工程时间[75]。不过，使用数据库技术的传感器查询处理架构可以方便部署传感器网络，大幅减少许多此类应用的编程工作量和部署时间。TinyDB[52]、Directed Diffusion[34]和 Cougar[89]等查询处理系统为用户提供的 WSN 应用具备高级查询执行接口。用户通过简单的声明式查询指定感兴趣的数据，就好像在数据库系统中一样，而基础设施在传感器网络中高效采集和处理数据。

TinyDB 中的查询通过整个网络传播，并通过路由树采集。路由树的根节点是查询的端点，通常是发布查询的用户所在的位置。路由树中的节点维护父子关系，以便将结果正确传播到根节点。

回顾传统数据库，查询计划（或 QEP）是用于在 SQL 关系数据库管理系统中访问信息的一系列步骤[40,65-68]。这是访问计划关系模型概念的一个具体案例。由于 SQL 是声明式的，给定查询通常存在多种不同执行方式，各种执行方式之间性能差异很大[19]。查询提交到数据库时，数据库系统的查询优化模块通常会生成查询计划，该计划由查询连接、查询排序和表扫描等物理运算符的偏序组成，用于操作数据库数据。

WSN 中查询计划的作用不同于传统数据库。由于传感器网络的特性，查询需将数据传输给所有传感器，并从所有传感器采集数据。我们需要考虑 WSN 的能耗问题。传感器网络上采集的数据不应该直接传输给查询计划。我们需要生成更加现实的查询计划，也就是考虑到传感器特性的所谓传播计划，使用传播计划来采集传感器数据。如图 16-2 所示，查询数据采集分为 3 个阶段。第 1 阶段是数据从汇聚节点传播到传感器节点。数据传播通常通过广播实现。然后，传感器感知对象，检索信息。最后，传感器节点根据查询计划将数据包传输到汇聚节点。这一阶段，传感器节点一般通过单播传输数据包。

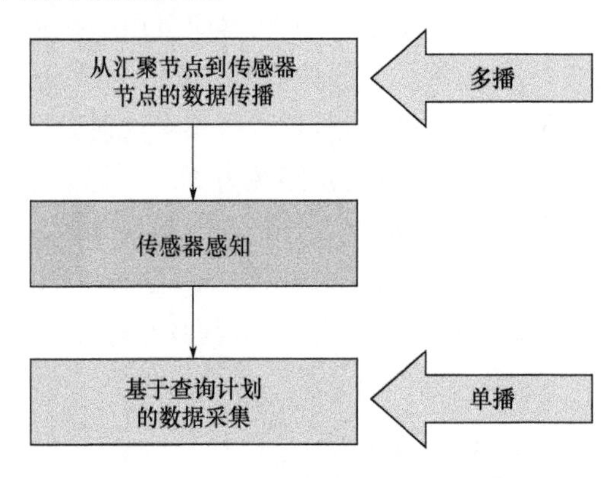

图 16-2　查询数据采集的 3 个阶段

16.2.3　网络模型与问题定义

考虑这样一个场景：用户通过声明式查询询问汇聚节点紧急问题，就像在数据库系统中那样，然后汇聚节点为查询生成高级查询计划。最后，基础设施执行源自查询计划的查询传播计划，从而高效采集和处理传感器网络中的数据。

本章中，我们研究节能网络问题，生成不超过给定时限的数据采集路径[51]。我们于本节提出用于实时查询处理研究的网络模型，并说明相关数据和问题定义。

1．查询处理与网络模型

本研究的目的是生成不超过给定时限 D 的查询计划数据采集路径，从而最小化整体能耗。我们考虑同构 WSN。WSN 由传感器节点集 $S=\{s_1, s_2, \cdots, s_M\}$组成。给定一组 K 离散功率电平 $P=\{P_1, P_2, \cdots, P_K\}$，其中如果 $i>j$ 则 $P_i>P_j$，使得更高的功率电平可在 WSN 中形成更大的传输范围来向另一传感器节点发送数据。每个功率电平 P_i 关联一个固定的信号传输范围 R_i，以及能源消耗量 $C(P_i)$，其中如果 $P_i>P_j$ 则 $R_i>R_j$ 且 $C(P_i)>C(P_j)$。

我们假设传感器节点可在运行时改变其功率电平，记为 E^s 的边集包含所有可能的边。边 $e_{i,j}\in E^s$表示传感器节点 s_i 和 s_j之间的连接。此外，每条边 $e_{i,j}\in E^s$可能

关联等于 $C(P_i)$的权重 $e_{i,j}$，其中权重表示信号传输的能量消耗。正如文献[28]中指出的，节点传输信号到另一个节点的能耗增大为两节点间距离的 n 次方，$n \geqslant 2$。假设节点 s_i 传输 k bit 数据，到节点 s_j 的距离为 d，则能耗函数如下：

$$C_{i,j}(k, d)=\varepsilon_{\mathrm{amp}}\times k\times d^{2} \tag{16.1}$$

传感器网络中的查询计划（QP）由物理运算符集（如筛选、连接、数据采集和聚合）及其偏序构成。系统可能同时有不止一个挂起或正在执行的 QP，如图 16-3 所示。许多数据库中，查询优化器可能考虑连接挂起或执行中的 QP，以便合并多个 QP 的相同节点或子树，如图 16-3 所示（除了虚线和虚拟根节点部分）。于是，合并后的 QP 集就可视为一个有向无环图（DAG）了。此外，我们还会为挂起/执行中的 QP 添加虚拟根节点，统一输入格式，如图 16-3 所示（包含虚线和虚拟根节点）。

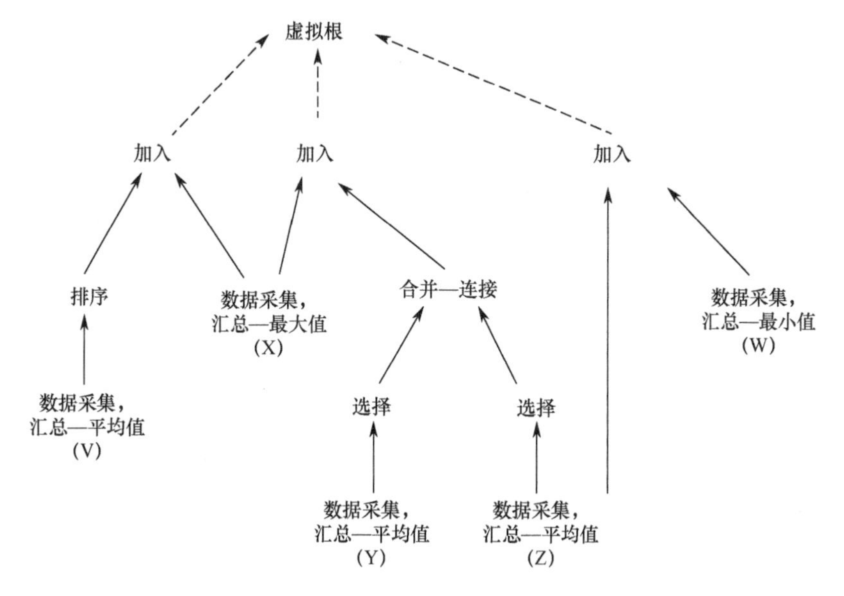

图 16-3　DAG 结构查询计划

如图 16-4 所示，数据采集计划可被视作查询计划 QP=(V, E^{q})；每条边 $e_{m,n} \in E^{\mathrm{q}}$ 表示需要将 $d(e_{m,n})$字节数据从顶点 v_m 传输到 v_n，如 $d(e_{C,D})$=200。QP 具有 E^{q} 偏序，如 $e_{i,j}$ 的数据传输必须在 $e_{j,k}$ 的数据传输之前处理。运行时数据采集路径定义为查询传播计划 EP=(V,E^{ep})。

运行时 EP 的路径如图 16-5 所示。每条边 $e_{i,j} \in E^{\mathrm{ep}}$ 表示从顶点 v_i 到 v_j 的 $\mathrm{data}_{i,j}$ 个数据单元。设 $X \rightarrow Y$ 为一条路径，如 $X-i-j-k-Y$ 是满足 EP=$\{\mathrm{ep}_i, \mathrm{ep}_i \in E^{\mathrm{q}}\}$的路径序列。函数 $\mathrm{st}(e_{i,j})$表示路径 $e_{i,j}$ 的起始时间，函数 $\mathrm{ft}(e_{i,j})$代表路径 $e_{i,j}$ 的结束时间。如图 16-5 所示，$A \rightarrow D$ 是一条路径。路径 $A-B-D$ 和 $A-i-B-j-D$ 都可以是 $E_{A,D}^{\mathrm{ep}}$ 的路径序列。由于能耗与距离之间是指数（约为 2）关系，我们容易看出，具有更高功

率电平的路径序列 A–B–D 的能耗大于路径 A–i–B–j–D 的能耗。然而，路径 A–i–B–j–D 的传输时间比路径 A–B–D 的更长。实时环境中，路径 A–i–B–j–D 可能无法满足时限要求。因此，我们需要调整节点的功率电平并设置路径以满足时限要求。

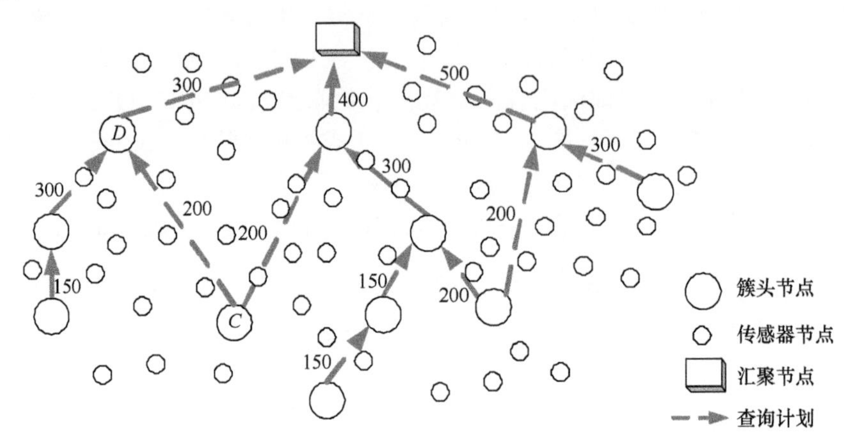

图 16-4　具有 DAG 结构查询计划的传感器网络

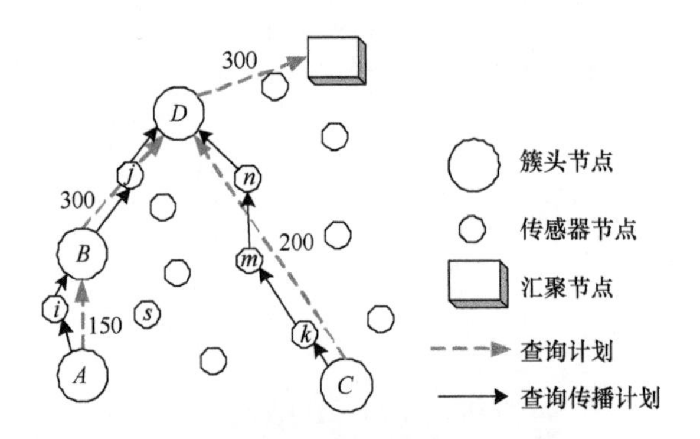

图 16-5　查询计划的数据采集路径

本章中，我们研究描述为实时查询处理（RTQP）问题的查询传播计划路径生成方法，从而为给定查询计划找出满足给定时限 D 且总能耗最小的数据采集路径。

2．问题定义

我们将本章中探讨的实时查询处理（RTQP）问题描述如下：

（1）问题 16.1

输入： 给定传感器网络 SN=(V,E^{s})，具有查询计划 QP=(V,E^{q})，以及给定时限 D。

输出： 查询传播计划 EP=(V,E^{ep})。

目标： 找出始于顶点 v_s 终于顶点 v_t 的执行路径 $EP_{s,t}$ 的序列（$EP_{s,t}$ 在 $EP_{s'=t,t'}$ 之前传输数据），使得 ft(sink)≤D 且 $\sum_{i,j}\sum_{e_{i,j}\in EP} p(e_{i,j})d(e_{i,j}^{q})$ 最小化。

这个问题很难直接解决。我们必须将此问题转化为两个子问题来减少复杂度。第一个子问题是时间预算分配问题，我们在问题 16.2 中概述，另一个子问题是标准远程通信协议（RSP）问题，我们在问题 16.3 中总结。

（2）问题 16.2

输入： 给定有向无环图 $G=(V,E)$ 及预算 B。每条边 $e_{m,n}\in E$ 表示需要将 $k_{m,n}=tr(e_{m,n})$ 字节数据从顶点 v_m 传输到 v_n，传输距离为 $d_{m,n}=dis(e_{m,n})$。边 $e_{m,n}$ 关联能耗函数 $p_{m,n}=p(km,n,bm,n,dm,n)$。

输出： 有向无环图 $GB=(V,E^b)$。每条边 $b_{m,n}\in E^b$ 表示 G 的预算。

目标： GB 的关键路径是 $CP=(V',E^{b''})\in GB$。问题在于分配预算 B，使得 $\sum E^{b'}\leqslant GB$ 且能耗 $\sum_{e\in G} p(k_{m,n},b_{m,n},d_{m,n})$ 最小化。

（3）问题 16.3

输入： 给定传感器网络 $SN=(V,E)$，开始节点 s，目标节点 t，时限 D，每条边 $e_{ij}\in E$ 关联正整数开销 $c_{i,j}$ 和正整数时延 $d_{i,j}$。

输出： 找出从 s 到 t 的路径。路径开销（各自时延）定义为所有边的开销（各个时延）的总和。

目标： 找到 SN 中开销最小的 s-t 路径，使得沿此路径的时延不超过给定时限 D。

实时查询处理问题是 NP 困难问题，我们以定理 16.1 证明。

定理 16.1： NP 难度

RTQP 问题是 NP 困难的。

证明：当我们仅考虑查询计划的一部分和时限 D 这种特殊情况时，问题直接归结为 RSP[26]问题。

16.2.4 路径生成框架

本节中，我们阐述所提出的框架。图 16-6 展示了我们所提机制的框架。其中包含 4 个主要过程：最小成本路径发现、关键路径发现、预算分配，以及路径重生成。第一个过程是最小能量路径发现；我们将节点设置在最小功率电平，然后应用 Dijkstra 算法查找各片段的最小能量路径。第二个过程是关键路径发现；我们采用上述方法来搜索关键路径。第三个部分是子时限；我们应用上述方法分配各片段的子时限。我们按照关键路径片段的传输时间比例为每个片段分配子时限。然后采取 RSP 方法导出新路径。

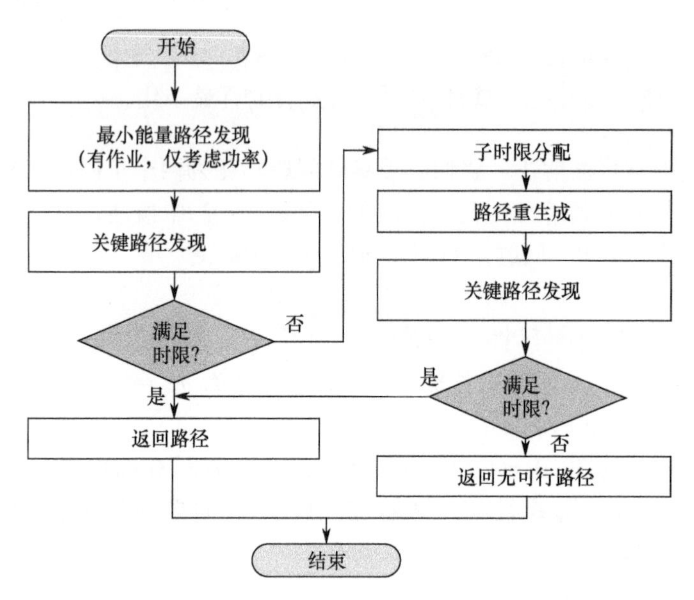

图 16-6　我们所提机制的框架

查询传播计划生成的主要函数记为算法 16.1，是我们所提机制的主要框架。算法在一开始假设所有节点都被设置成最小传输距离。此算法将调用另一个名为 MinimalCost–PathFinding_Dijkstra()的算法来导出成本最小的查询计划路径（第 2 行）。该算法采用 Dijkstra 算法搜索查询计划的最小成本路径。为分配可行的时间预算，我们需要知道最长传输路径。然后，该算法调用算法 16.3 以确定关键路径（第 3 行）。如果导出的路径未满足时限，该算法会调用算法 16.4 重新分配时间预算，然后通过算法 16.4 生成新的路径。

算法 16.1：传播计划生成

输入：传感器网络 SN = (V, E^{s})，查询计划 $Q = (V, E^{q})$，时限 D

输出：找到一组执行路径序列 EP={$EP_{i,j}$}

```
1 PROCEDURE: PropagationPlanGeneration(SN, Q)
2 begin
3 |  EP ← MinimalCostPathFinding(SN, Q);
4 |  CP ←CriticalPathFinding_PERT (SN, EP);
5 |  if Finish time of CP violate dead line then
6 |  BudgetReassignment(Q);
7 |  PathGenerating(SN, Q);
8 |  Return path EP;
9 end
```

算法 16.2 导出给定查询计划的最小成本传播计划。该算法由著名的 Dijkstra 算法的修正版修订而来[15]。给定传感器网络 SN=(V, E^{s})和查询计划 Q=(V, E^{q})，该算法查找传感器节点与其他各个传感器节点之间成本最小的路径，也可利用通过在确定了到达目标传感器节点的最小成本传播计划后即停止计算的方式，找出从单个传感器节点到单个目标传感器节点的最短路径成本。

算法 16.2：MinimalCostPathFinding_Dijkstra

```
输入：传感器网络 SN = (V, E^s)，查询计划 Q = (V, E^q)
输出：找到一组最小成本执行路径序列 EP={EP_{i,j}}
1 PROCEDURE: MinimalCostPathFinding(SN, Q)
2 begin
3  |  forall E^q ∈ Q do
4  |  |  MinimalCostPathFinding_Dijkstra(SN, E^q_{i,j});
5  |  Return path EP;
6 end
7 PROCEDURE: MinimalCostPathFinding_Dijkstra(SN, E^q_{i,j})
8 begin
9  |  initialize_signle_source(SN, S);
10 |  S ← ∅;
11 |  N ← V[SN];
12 |  while N ≠ ∅ do
13 |  |  u ← ExTract_Min(SN);
14 |  |  S ← S ∪ {u};
15 |  |  foreach vertex V ∈ Adj[u] do RELAX (u, v, w, t);
16 |  Return path EP_{ij};
17 end
18 PROCEDURE: ExTract_Min(N)
19 begin
20 |  Return the node that requires minimal transmit distance in the node set of
   |  minimal cost;
21 end
22 PROCEDURE: RELAX(u,v,w,t)
23 begin
24 |  if d[v] > d [u] + w(u, v) then
25 |  |  d[u] ← d [u] + w(u, v);
```

```
26  |  └Π[v] ← u;
27  |  if d [v] = d [u] + w(u, v) then
28  |  |  if R[v] > R[u] + r(u, v) then
29  |  |  └Π [v] ← u;
30 end
```

算法 16.3 展示了如何在 PERT 算法下找出关键路径（第 2～8 行）[69]。在这个算法中，我们计算到达末端汇聚节点的最长传感器路径，以及在不延长传输时间的情况下每个活动可以开启和结束的最早及最迟时间。该算法决定哪些路径是"关键的"（在最长路径上），哪些路径具有"总浮时"（可在不延长传输时间的情况下延迟）。

算法 16.3：关键路径发现

```
    输入：传感器网络 SN = (V, E^s)，查询计划 Q = (V, E^q)
    输出：关键路径 CP
 1 PROCEDURE: CriticalPathFinding_PERT (SN, Q)
 2 begin
 3  |  Initialize fin[v] ← 0;
 4  |  forall vertex v_j ∈ V, Consider vertices v in topological order do
 5  |  |  foreach edge v − w do
 6  |  |  set fin[w] = max( fin[w], fin[v] + time[w]);
 7  |  |  set DistanceMax[w] = max(DistanceMax[w], DistanceMax[v] +
    |  └  distance[w][v]);
 8  |  CP←Report_PERT_Critical_Path();
 9 end
```

算法 16.4 展示了预算重分配过程。如图 16-7 所示，传感器网络可通过计划评审技术（PERT）导出关键路径。为节省能量，可以减小某些传感器节点的传输范围。所以，我们需要知道能够达到的宽裕时间，然后通过算法 16.4（第 2 行）分配给传输路径。为探索路径的总时间预算，我们要先探索路径。在第 8 行，算法 16.3 通过检查父节点到叶节点路径的函数 ExplorePath()（算法 16.5）探索路径。接下来，调用算法 16.8（第 9 行）为节点分配时间预算。此后，调用函数根据节点预算重分配片段预算（第 10 行）。

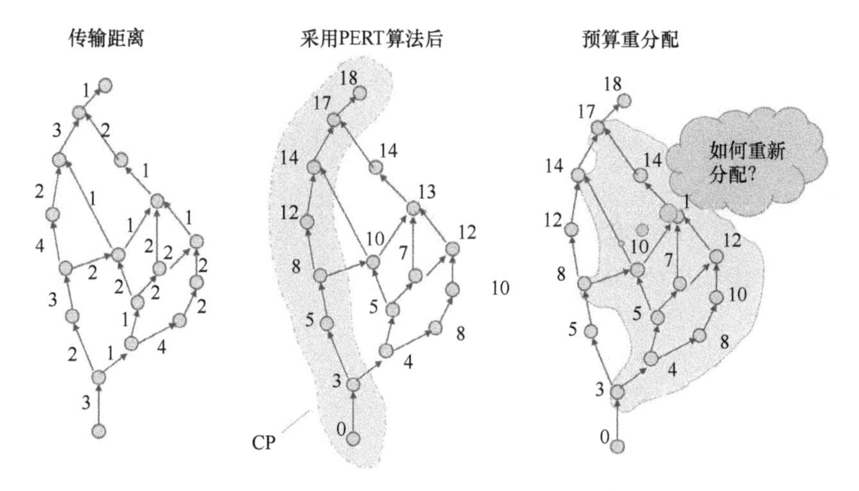

图 16-7　非关键路径节点的预算重新分配

算法 16.4：预算重分配
输入：传感器网络 $SN=(V,E^s)$，查询计划 $Q=(V,E^q)$，时限 D 输出：各个片段的时间预算 $TB=\{TB_{i,j}\}$ 1 PROCEDURE: BudgetReassignment(Q) 2 begin 3 　SlackComputing(Q); 4 　$NodeTB_{Sink} \leftarrow$ DeadLine; 5 　NodeTBVirtualLea$f \leftarrow 0$; 6 　repeat 7 　　Select the node set of smallest slack into setA; 8 　　node t ← select the biggest node from setA; 9 　　$P \leftarrow$ ExplorePath(t); 10 　　NodeBudgetReassign(P); 11 　until all of path have been reassign; 12 　SegmentBudgetReassign(); 13 end

算法 16.5 导出查询计划片段的宽裕时间。给定传感器网络 $SN=(V,E^s)$、查询计划 $Q=(V,E^q)$，以及时限 D，算法 16.5 导出各个叶节点到汇聚节点的宽裕时间（第 5 行）。算法 16.6 检查父节点到叶节点的路径。算法 16.7 和算法 16.8 重分配节点预算：根据片段在关键路径中的占比为每个查询计划节点分配新的子时限。片段的新预算将被重分配为

$$\text{NodeTB}_{\text{currentNode}} = \text{NodeTB}_{\text{child}} - \frac{P_{i,j}}{|\text{Path}|} \times \text{TB}_{\text{subsegment}}$$

算法 16.5：宽裕时间计算（确定时间预算重分配序列）

输入：传感器网络 SN = (V, E^{s})，查询计划 $Q = (V, E^{q})$，时限 D

输出：每个片段的宽裕时间 SP={$SP_{i,j}$}

```
1 PROCEDURE: SlackComputing(Q)
2 begin
3     forall vertex v_j ∈ V do
4         slack_node[j] ← ∞;
5     slack_node[virtual Leaf] ← 0;
6     SlackNodeComputing(Sink);
7 end
8 PROCEDURE: SlackNodeComputing(node v)
9 begin
10    if node v = virtual Leaf then
11            slack_node[v] ← 0;
12    else
13        foreach edge v − w, do slack_node[v] =
          min(SlackComputing(w)+SlackEdgeComputing(v, w));
14    return slack_node[v]
15 end
16 PROCEDURE: SlackEdgeComputing(node v, node w)
17 begin
18            return DistanceMax[w] − DistanceMax[v] − distance[w][v];
19 end
```

算法 16.6：探索路径

输入：查询计划 $Q = (V, E^{q})$，基准节点

输出：找到一组传输路径序列 TP={T $P_{i,j}$}

```
1 PROCEDURE: ExplorePath(t)
2 begin
3     c ← child(t);
4     TP ← Q^q_{c,t};
5     repeat
```

```
6  |  | p ← parent(t);
7  |  | TP ← Q^q_{t,p};
8  | until parent(t) have already computed;
9  | return TP;
10 end
```

算法 16.7：节点预算重分配

输入：查询计划片段 P，时间预算基准 $TB_{segment}$

输出：片段中节点的时间预算 $NodeTB=\{NodeTB_i\}$

```
1 PROCEDURE: NodeBudgetReassign(P)
2 begin
3   repeat
4     Basis ← TB_subsegment;
5     proportion ← P_{i,j} / |Path|;
6     NodeTB_currentNode ← NodeTB_child − proportion × Basis;
7   until all TB of nodes in this subpath have been reassign;
8 end
```

算法 16.8：片段预算重分配

输入：查询计划片段 P，节点时间预算 TB

输出：片段时间预算 $TB=\{TB_{i,j}\}$

```
1 PROCEDURE: SegmentBudgetReassign(Q)
2 begin
3   forall Q^p_{u,v} do
4     TB_{u,v} ← NodeTB_v − NodeTB_u;
5 end
```

最后，我们采用算法 16.9 和算法 16.10 生成执行路径。

算法 16.9：路径生成

输入：传感器网络 $SN=(V,E^s)$，查询计划 $Q=(V,E^q)$，时间预算 TB，时限 D

输出：找到一组执行路径序列 $EP=\{EP_{i,j}\}$

```
1 PROCEDURE: PathGenerating(SN, Q)
2 begin
```

```
3    forall vertex v_j ∈ V do
4        status[j] ← WAITING;
5        edge status[j] ← WAITING;
6    repeat
7        chose the leaf node CP_j from CP;
8        EdgeGenerating(j);
9        remove CP_j from CP;
10   until CP has no element;
11 end
```

算法 16.10：边生成

/* 注意：本版算法不考虑两条路径使用同一条边 $e_{i,j}$ 的情况。 */

输入：传感器网络 SN = (V, E^{s})，边 $j \in Q = (V, E^{q})$，时间预算 TB，时限 D

输出：找到一组执行路径序列 $EP_j=\{EP_{i,j}\}$

```
1 PROCEDURE: EdgeGenerating(j)
2 begin
3    status[j] ← COMPUTING;
4    forall vertex v_i ∈ Adj[j] do
5        if status[i] = WAITING then
6            EdgeGenerating(i);
7    forall vertex v_i ∈ Adj[j] do
8        if edge status[i][j] = WAITING then
9            if RS P[i] = ∞ then
10               RS_P[i] ← 0;
11           RS[i][j]←RS_P[i]];
12           Budget ← B[i][j] + S[i][j] + RS[i][j];
13           EP_{i,j} ← edgeRouting(P_{i,j}, Budget);
             /* 采用 RSP 算法或使用运行时确定算法查找路径 P_{i,j} */
14           RS_P[i]←Min(RSP[i], remaining budget);
15           edge_status[i][j]←COMPUTED;
16   status[j] ← COMPUTED;
17 end
```

我们用 QEP 推导示例来说明所提出的方案。如图 16-8（a）所示，考虑传感器网络 WSN=(V, E^{s})上的查询计划 QP=(V, E^{q})，其中 E^{q} 中每条边都是查询计划边。

深色节点是查询计划节点。其他节点是中继传感器节点。假设目标是导出可行查询传播计划 EP=(V, E^{ep})。以无线传感器网络为例阐述此算法。一开始，所有传感器节点都设置为可连通的最小功率电平。接下来，我们应用 Dijkstra 算法（算法 16.2）导出最小能量路径。

经过这一过程，我们可以导出查询传播计划 QEP，如图 16-8（b）所示。所导出的 QEP 不等同于 QP。这是因为，Dijkstra 算法已经发现了能耗小于查询计划中路径的一些路径。于是，我们可以计算查询计划片段的传输时间。变量 ti=查询计划片段的传输时间。例如，t_5 是片段 EB。变量 t_{jk}=节点 j 与节点 k 之间的传输时间。例如，t_5 是节点 E 到节点 B 的传输时间，为 $t_{Eu}+t_{uv}+t_{vB}$，如图 16-8（c）所示。最终，如图 16-8（d）所示，我们可以用所得 QEP 导出 QP 的全部传输时间。

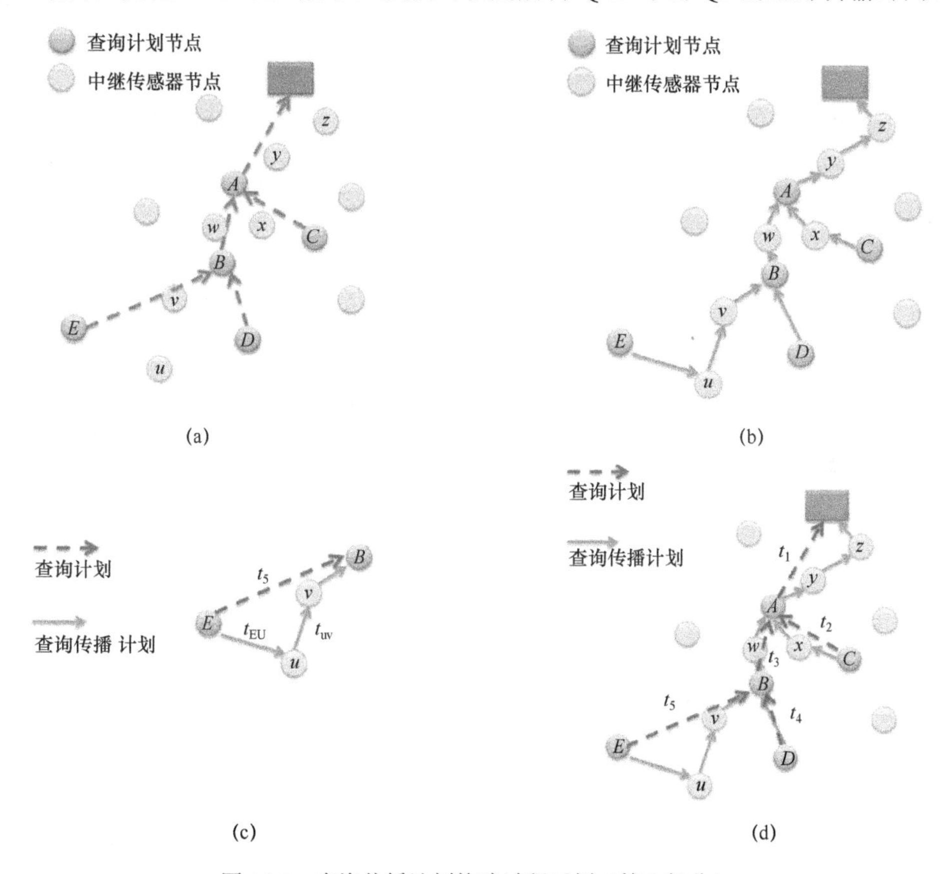

图 16-8　查询传播计划构建过程示例（第 I 部分）

接下来，我们采用 PERT 算法（算法 16.4）导出关键路径。我们按拓扑序列初始化所有节点（算法 16.3 第 3 行），并遵循 PERT 方法（第 4～7 行）查找所有路径中传输时间最大的。之后，我们确定此关键路径，如图 16-9（a）所示。然后，此过程向算法 16.1 返回关键路径。

在算法 16.1 第 4 行处，我们检查关键路径的传输时间。本案例中，$t_{CP}=t_1+t_3+t_5$。如果关键路径 t_{CP} 小于或等于时限 D，那么导出的查询传播计划可满足所返回计划的全部要求。否则，必须为与关键路径相关联的每个片段导出新的传播计划。我们需要为各片段分配子时限。在图 16-8 中，关键路径是 E–B–A–Sink。我们采用两阶段机制处理片段，EB、DB、BA、CA，以及 A–Sink。

我们调用算法 16.4 分配子时限。查询计划中片段 i 的子时限记为 D_i。如图 16-9（b）所示，其基本概念就是根据关键路径中每个片段的传输时间占比来分配子时限。例如：

$$D_1 = D \times \frac{t_1}{t_1 + t_3 + t_5},\ D_5 = D \times \frac{t_5}{t_1 + t_3 + t_5}$$

分配了子时限之后，如图 16-9（c）、16-9（d）和 16-9（e）所示，我们采用 RSP 算法导出每个片段的新路径以满足其子时限。例如，由于具有子时限 D_5，片段 EB 将生成新路径 EVB 替换掉路径 $EuvB$。由于 D_4 够大，片段 DB 通过路径 DB 传输数据。最后，所返回的查询传播计划如图 16-9（f）所示。

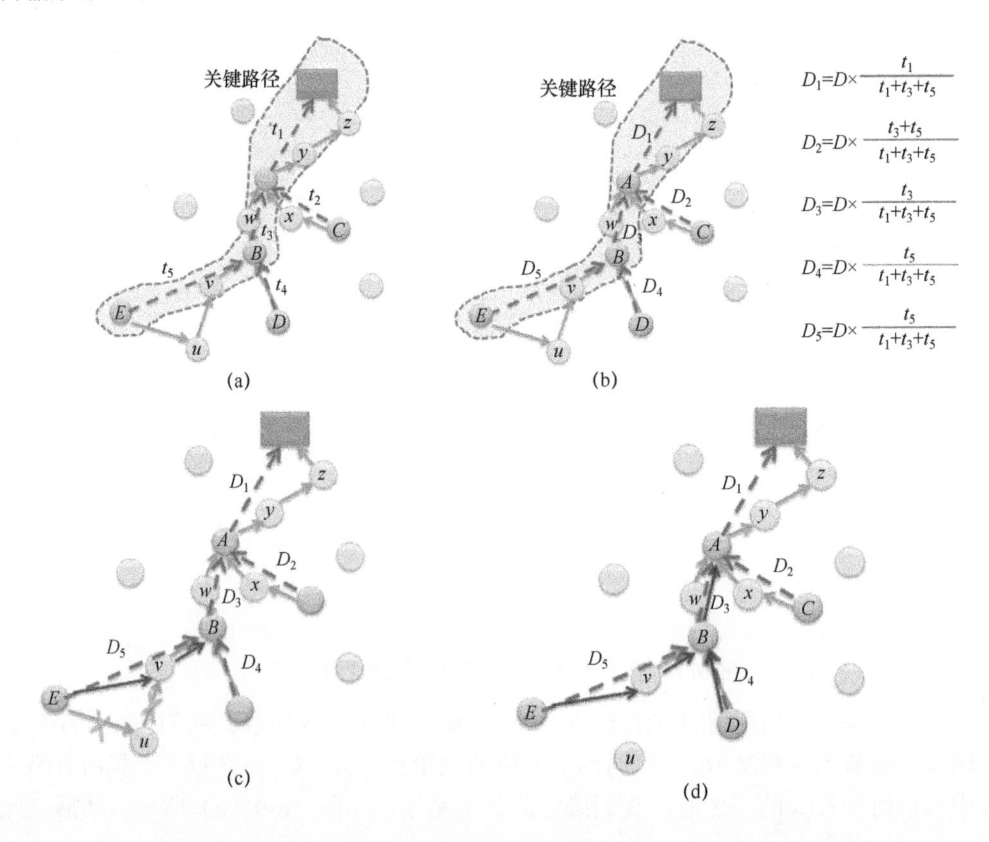

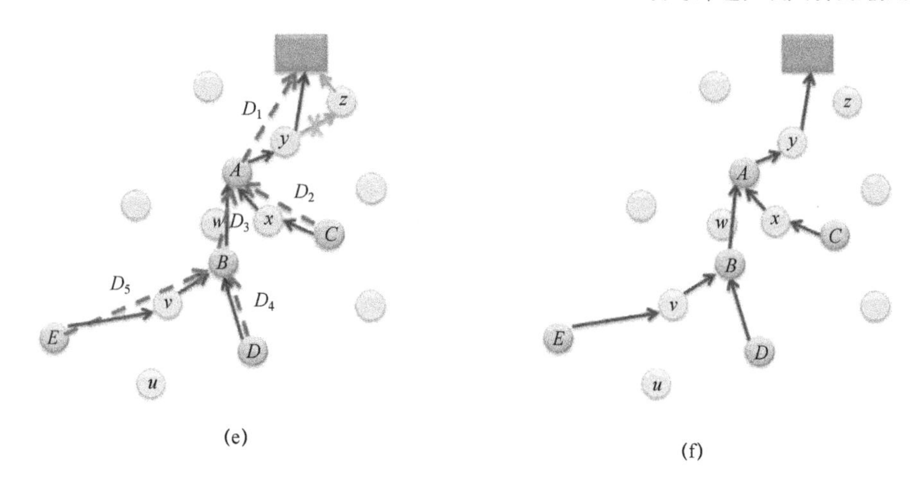

图 16-9　查询传播计划构建过程示例（第Ⅱ部分）

16.2.5 特性

本节中，我们阐述所提框架的特性：①传输时间与传输距离之间的关系；②传输范围设置；③时间预算与能量消耗函数；④时间预算分配策略；⑤预算重分配算法的完备性；⑥路径生成算法的完备性。

引理 16.1：

传输时间与传输距离之间的关系。设传感器节点传输范围为 r，单位数据包传输单位距离需要能量 Tu，则距离 $\text{Distance}_{s,t}$ 的传输时间 Tb 为 $T=\left\lceil \frac{\text{Distance}_{s,t}}{R} \right\rceil \times \text{Tu}$。

证明：总距离为 $\text{Distance}_{s,t}$。单位数据包传输单位距离需要能量 Tu，可能需传输 $\left\lceil \frac{\text{Distance}_{s,t}}{R} \right\rceil$ 次，因此，传输数据包耗时 $T=\left\lceil \frac{\text{Distance}_{s,t}}{R} \right\rceil \times \text{Tu}$。

引理 16.2：

传输范围设置。设单位数据包从 s 传输到 t，传输距离为 $\text{Distance}_{s,t}$，单位数据包传输单位距离需要能量 Tu，传输时间预算为 Tb。则传感器节点所需最小传输范围 R 为

$$R=\frac{1}{\left\lceil \frac{\text{Tb}}{\text{Tu}} \right\rceil} \times \text{Distance}_{s,t}$$

证明：此数据包至多可传输 $\left\lceil \frac{\text{Tb}}{\text{Tu}} \right\rceil$ 次。因此，传感器节点所需最小传输范围是

$$R = \frac{1}{\left\lceil \frac{\text{Tb}}{\text{Tu}} \right\rceil} \times \text{Distance}_{s,t}$$

推论 16.1：

时间预算和能量消耗函数。假设节点 s_j 从 s_i 接收 k bit 数据，单位数据包传输单位距离需要消耗能量 Tu，该传输的时间预算是 $T_{i,j}$,且从节点 s_i 到节点 s_j 的传输距离为 $\text{Dis}_{i,j}$,则能耗函数为

$$\boldsymbol{C}_{(i,j)}(k, T_{i,j}, \text{Dis}_{i,j}) = k\left\{\varepsilon_{\text{amp}}\left(\frac{(\text{Dis}_{i,j})^2}{\left\lceil \frac{T_{i,j}}{\text{Tu}} \right\rceil}\right)\right\} \tag{16.2}$$

证明：我们可以很容易地从引理 16.2 和式（16.1）推导出这一点。

特性 16.1：时间预算分配策略。查询计划片段的时间预算根据关键路径的传输距离比例分配。

证明：我们可以从预算重分配算法中看出，所有传感器节点都会通过 NodeBudgetReassign(*P*)重新分配新的时间预算。该算法的第 4 行表明，我们的预算是根据关键路径中传输距离所占比例重新分配的。

特性 16.2：完备性。预算重分配算法会为所有查询计划片段重新分配时间预算。

证明：算法 16.4 中，在第 2 行计算出宽裕时间，然后在第 9 行分配给所有节点。第 11 行为各路径片段分配时间预算。

特性 16.3：完备性。路径生成算法会生成所有查询计划片段的路径。

证明：算法 16.1 中，所有查询计划在第 6 行生成路径。因此，路径生成算法（算法 16.9）可为所有查询计划片段生成路径。

16.2.6 性能评估

我们使用带动态传输功率控制扩展的网络模拟器 ns-2(ns-2.35)[29-30]来执行模拟。假设时限是关键路径传输时间的 80%、50%和 30%。于是，我们需要重路由传输路径以满足时限要求。我们评估 3 种方法的能耗。这 3 种方法是：我们所提出的方案（RTQP）、传输范围最大的快速传输方案（Fast），以及查询计划的每个片段都分配相同时间预算的平均方案（Avg）。图 16-10 展示了我们模拟的 WSN。为进一步讨论所提方案的效果，我们基于图 16-11 中绿色物联网的 WSN 评估了 9 种不同的查询计划。通过执行算法 16.2 我们可以导出查询计划拓扑的传播计划。注意，这些拓扑的关键路径是 *A-B-C-D*。片段 *B-C* 具有关键路径上最长的传输时间。

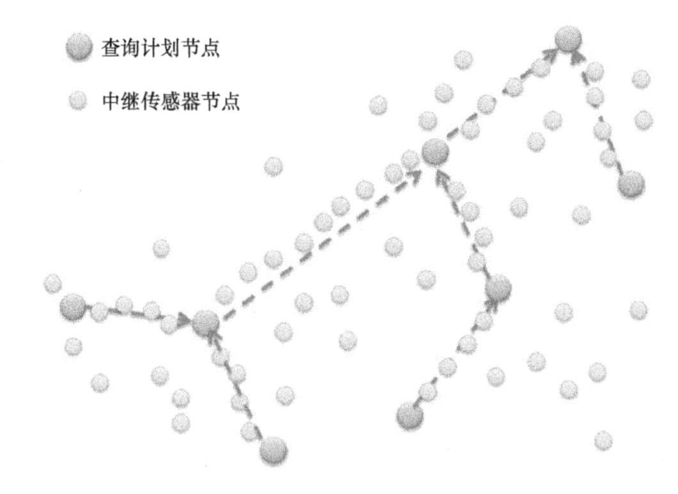

图 16-10　我们实验中的物联网无线传感器网络

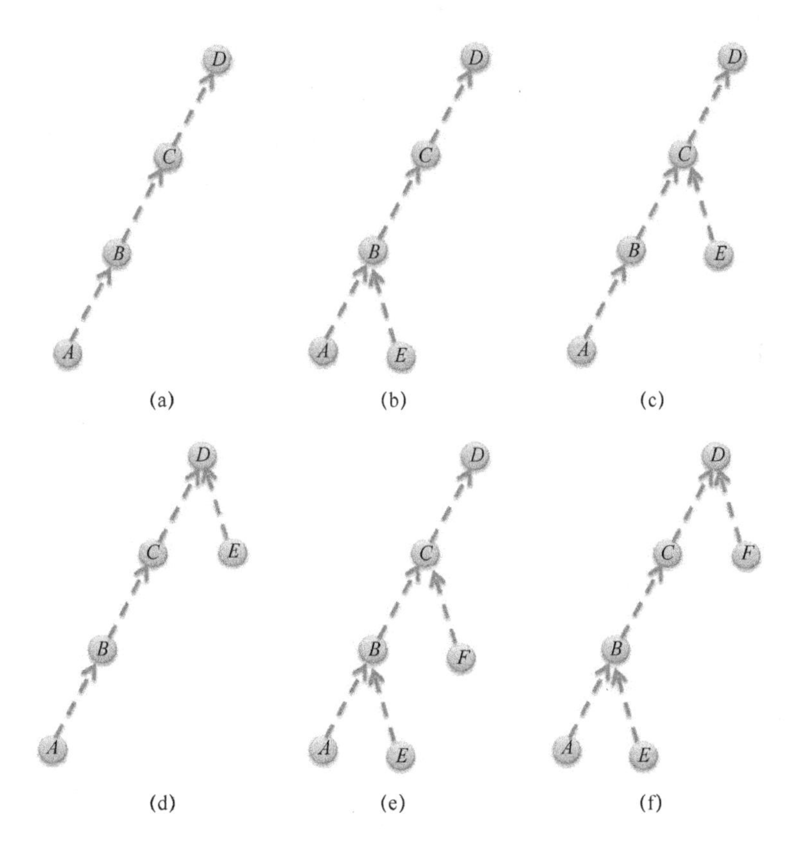

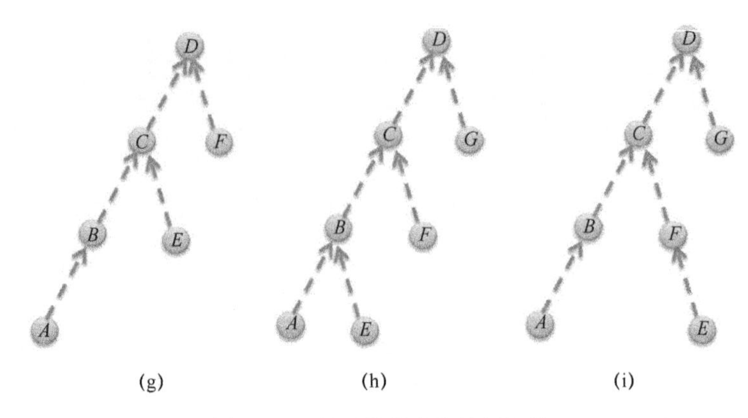

图 16-11 经评估的查询计划拓扑

图 16-12 展示了评估结果。每个子图表示相应拓扑的结果，如图 16-12（a）表示图 16-11（a）中拓扑的评估结果。其中，x 轴指示被评估的方案，y 轴指示查询计划的能耗。由于快速方案总是采用最大传输范围，消耗的能量也就总是最多。如图所示，在时限为关键路径传输时间的 80%时，RTQP 和平均方案表现出相似的结果。这是因为无线传感器节点可以跨短距离传输数据。因为 RTQP 方案的查询计划片段子时限分配较好，所以在时限仅为关键路径传输时间的 50%时，其性能总是优于平均方案。时限为 30%的情况下，我们也发现 RTQP 方案的性能优于平均方案。

图 16-12（a）中，RTQP 方案的能耗低于其他两种方案，因为节点时间预算按关键路径比例重分配了。RTQP 方案中节点的功率电平比其他算法具有更好的平衡性。因此，RTQP 方案消耗的能量比其他方案少。图 16-12（b）到图 16-12（i）显示的结果与图 16-12（a）的结果类似。每个场景也会调用相同的行为。

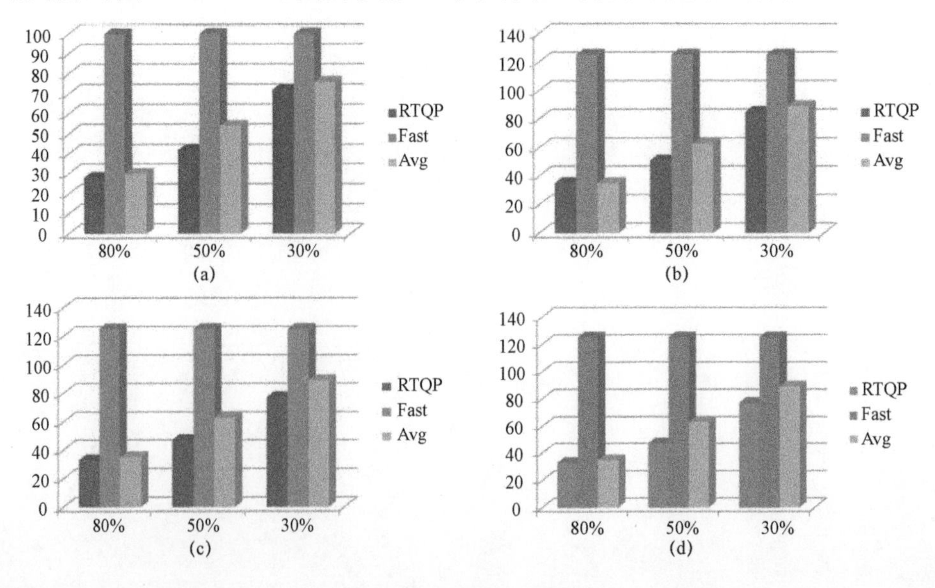

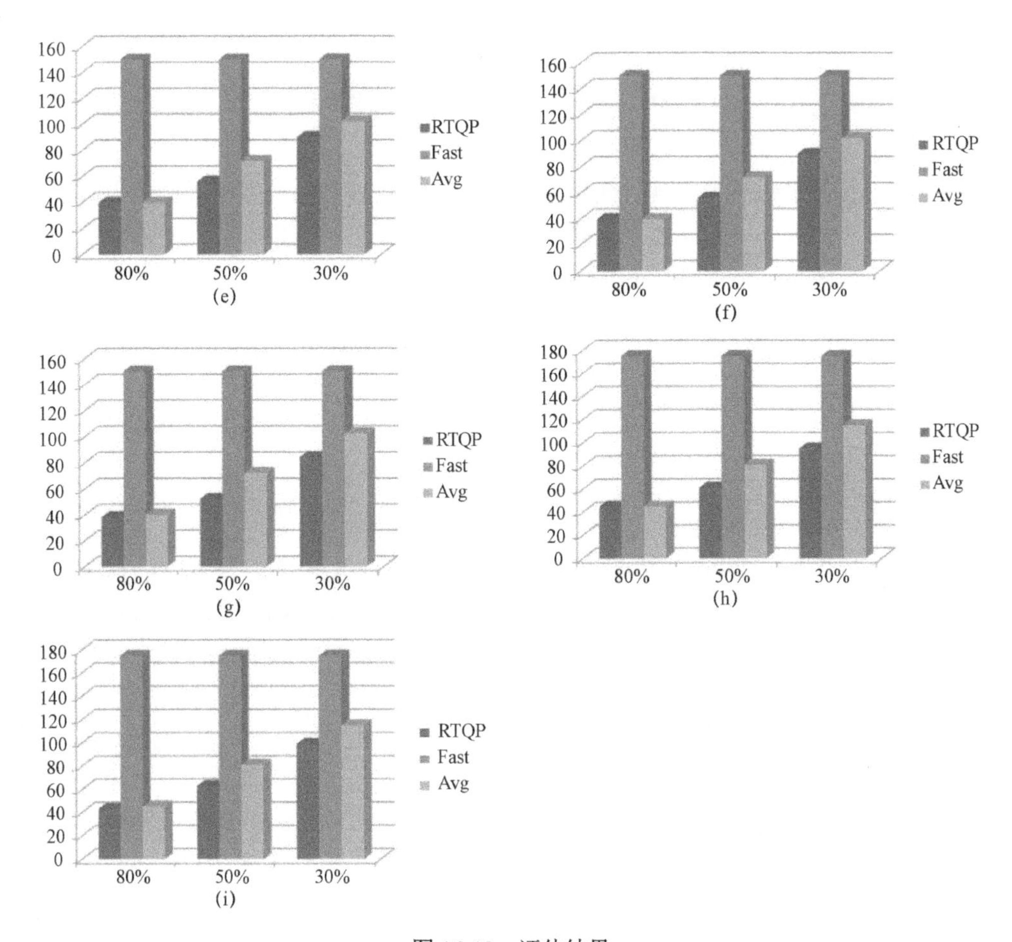

图 16-12 评估结果

16.2.7 本节小结

WSN 可起到智能数据采集工具的作用，我们可将之用作物联网的数据库。假设汇聚节点能够生成可行的查询计划，而传感器节点能够在运行时导出可行的查询传播计划。本研究提出了一种查询传播计划的路径生成方法，并将之描述为实时查询处理问题，从而为给定查询计划找出满足给定时限且总能耗最小的数据采集路径。我们还讨论了所提算法的各项特性。为评估所提 RTQP 方案的性能，我们用 ns-2.35 构建了模拟模型，比较了 RTQP 方案与其他相关机制的性能。与其他方案相比，RTQP 方案呈现的结果非常令人振奋。

16.3 半密钥密钥管理

之前已有很多研究和实现针对网络连通度和节点捕获后的链路受损问题展开，本章主要研究如何减少传感器网络密钥预分发的内存空间需求，以及更好地实现传感器数据传输安全。本节中，我们基于著名的 DDHV-D 方案[17]提出一种半密钥方法，实现资源节约型密钥管理。我们提出了一个分析模型来利用所提方法在连通度、候选会话密钥数量和节点捕获后链路受损方面的特性，并通过一系列实验评估了所提方法的性能，得到了非常振奋人心的结果。

16.3.1 准备工作

1．背景方案

实际环境中，在单个部署点周围部署一组无线嵌入式传感器节点的情况很常见。这种基于组的部署模式建模如下：要在任意目标环境 S_f 部署 N 个节点，每个节点 $i(i=1,\cdots,N)$遵循一定的概率密度函数(pdf)$f_i(x,y)$分布，其中$(x,y)\in S_f$ 是节点的坐标。

要部署的传感器节点被分为 $t\times n$ 个同样大小的组 $G_{i,j}(i=1,\cdots,t;\ j=1,\cdots,n)$，其中$(i,j)$称为组（或网格）索引。每个网格 $G_{i,j}$ 的中心(x_i,y_j)称为部署点，是相应组中节点的理想位置。由于部署过程的随机性，一组节点可能围绕其部署点局域分布。因此，DDHV-D 假设每组节点的真实位置遵循一定的分布 $f_{i,j}(x,y)=f(x,y,\mu_x,\mu_y)$，其中$(\mu_x,\mu_y)\in S_f$是该组的部署点坐标。

如果我们考虑部署节点的正态分布，如节点从直升机上抛撒下来，我们假设组 $G_{i,j}$ 中任意节点 u 的部署分布遵循二维高斯分布。当组 $G_{i,j}$ 的部署点位于(x_i,y_j)，组 $G_{i,j}$ 中节点 u 的概率密度函数为[43]：

$$f(x,y\,|\,u\in G_{i,j})=\frac{1}{2\pi\sigma^2}\mathrm{e}^{\frac{-\left[(x-\mu_{x_i})^2+(y-\mu_{y_j})^2\right]}{2\sigma^2}} \tag{16.3}$$

式中：σ^2 是分布的方差。

给定全局密钥空间池 S 和重叠因子 a 与 b，用$|S_c|$表示 $S_{i,j}$ 的大小（简单起见，本例中设所有 $S_{i,j}$ 大小相同）。DDHV-D 采用下列步骤选择每个密钥空间池 $S_{i,j}$ 的密钥空间。首先，从 S 选出第一组 $S_{1,1}$ 的密钥空间；然后，从 S 及其左侧邻居选出第一行中各组的密钥空间。接下来，从 S 及其左侧、左上、上方和右上邻居选出从第二行到最后一行中各组的密钥空间。DDHV-D 对每一行从左至右执行此过程。

节点部署后，设 $\xi(ij,i'j')$表示组 $G_{i,j}$ 和 $G_{i',j'}$ 之间共享密钥空间的数量。采用

DDHV-D 部署知识的密钥预分发方案 $\xi(ij,i'j')$可计算如下：

$$\xi(ij,i'j')=\begin{cases}|S_c| & (ij)=(i'j');\\ a|S_c| & (ij)\text{和}(i'j')\text{水平或垂直近邻；}\\ b|S_c| & (ij)\text{和}(i'j')\text{水平或垂直近邻；}\\ 0 & \text{其他}\end{cases}$$

此外，为实现更好的弹性，DDHV 方案结合 Blom 方案[5]提供重要阈值属性 λ-安全：只要受损节点数量不超过 λ，所有未受损节点链路的通信都将保持安全。DDHV[16]方案假设商定有限域 GF(h)上$(\lambda+1)\times N$ 范德蒙矩阵 $\boldsymbol{G}$，其中 N 为网络大小，且 $h>N$。此矩阵 $\boldsymbol{G}$ 为公开信息，且可能由多个系统共享；甚至对手也可以知道 $\boldsymbol{G}$。在密钥生成阶段，汇聚节点在有限域 GF(h)上创建随机$(\lambda+1)\times(\lambda+1)$对称矩阵 $\boldsymbol{D}$，并计算 $N\times(\lambda+1)$矩阵 $\boldsymbol{A}=(\boldsymbol{D}\cdot\boldsymbol{G})^{\mathrm{T}}$，其中$(\boldsymbol{D}\cdot\boldsymbol{G})^{\mathrm{T}}$是 $\boldsymbol{D}\cdot\boldsymbol{G}$ 的转置。矩阵 $\boldsymbol{D}$ 必须保密，不应泄露给对手或任何传感器节点。因为 $\boldsymbol{D}$ 是对称的，很容易看出：

$$\boldsymbol{A}\cdot\boldsymbol{G}=(\boldsymbol{D}\cdot\boldsymbol{G})^{\mathrm{T}}\cdot\boldsymbol{G}=\boldsymbol{G}^{\mathrm{T}}\cdot\boldsymbol{D}^{\mathrm{T}}\cdot\boldsymbol{G}=\boldsymbol{G}^{\mathrm{T}}\cdot\boldsymbol{D}\cdot\boldsymbol{G}=(\boldsymbol{A}\cdot\boldsymbol{G})^{\mathrm{T}} \tag{16.4}$$

即 $\boldsymbol{A}\cdot\boldsymbol{G}$ 是对称矩阵。如果设 $\boldsymbol{K}=\boldsymbol{A}\cdot\boldsymbol{G}$，我们知道 $\boldsymbol{K}_{ij}=\boldsymbol{K}_{ji}$，其中 $\boldsymbol{K}_{ij}$为 $\boldsymbol{K}$ 中第 i 行第 j 列的元素。我们考虑将 $\boldsymbol{K}_{ij}$（或 $\boldsymbol{K}_{ji}$）用作节点 i 和节点 j 之间的成对密钥。每个节点 u 仅需要①存储矩阵 $\boldsymbol{A}$ 第 u 行和②矩阵 $\boldsymbol{G}$ 第 u 列。节点 i 和 j 可按下列方式由每个节点独立计算出 $\boldsymbol{K}_{ij}$ 和 $\boldsymbol{K}_{ji}$：

$$\boldsymbol{K}_{ij}=\boldsymbol{A}_{\mathrm{c}}(i)\cdot\boldsymbol{G}(j)=\boldsymbol{A}_{\mathrm{c}}(j)\cdot\boldsymbol{G}(i)=\boldsymbol{K}_{ji}$$

2．研究动机

相关工作中的密钥或密钥空间存储单元通常存储完整密钥或完整密钥空间。例如，DDHV[16]中，如果公共密钥大小是 64bit，则密钥空间矩阵 $\boldsymbol{A}_i$ 的大小是$(\lambda+1)\times 64$bit。这是因为密钥空间矩阵 $\boldsymbol{G}$ 定义在有限域 GF(2^{64})上。

本研究[50]的动机是 WSN 密钥维护中的内存局限。我们感兴趣的是半密钥空间预分发方案，想让节点无须存储完整密钥或密钥空间。所以，在所提出的方案中，传感器节点存储一半大小的密钥或密钥空间，并且在需要彼此通信时，可以将两个半密钥连接成公共会话密钥。

16.3.2 半密钥空间预分发方案

此方案的目标是让传感器能够在部署后导出与每个邻居节点的公共会话密钥。我们的方案由两个阶段组成：密钥空间预分发和会话密钥建立。密钥空间预分发行为与 DDHV-D 方案[17]类似，但由于会话密钥是通过两个半密钥导出，会话密钥阶段大不相同。

1．离线阶段：密钥空间预分发

这一阶段中，我们首先用$|S|$半密钥空间生成全局密钥空间池。由于一个会话

密钥可由两个半密钥连接组成，每个半密钥空间的大小就只有完整密钥空间大小的一半。此阶段在传感器节点部署前离线执行。类似于 DDHV-D，我们首先将密钥空间池 S 分割成 $t\times n$ 个密钥空间池 $S_{i,j}(i=1,\cdots,t;\ j=1,\cdots,n)$，且 $S_{i,j}$ 对应于部署在相邻（或附近）位置的部署组。

1）设置密钥空间池

在描述所提方案前，我们先将密钥空间定义为矩阵 $\boldsymbol{D}$，就像在上一节中定义的一样。该矩阵中元素的大小是完整密钥的一半。如果节点 i 存储了秘密信息，我们就说节点 i 持有密钥空间 $\boldsymbol{D}$，如采用 Blom 方案从$(\boldsymbol{D},\boldsymbol{G})$生成的密钥空间矩阵 $\boldsymbol{A}$ 的对应行 $\boldsymbol{A}(i)$。注意，两个节点可以计算一个半密钥，如果二者持有公共密钥空间。

基本上，所提方案就是按照 DDHV-D 来设置密钥空间池。我们为全局半密钥空间池 S 生成$|S|$个半密钥空间，将半密钥长度设置为完整密钥的一半，如果会话密钥是 64bit，那么半密钥就是 32bit。对于全局半密钥空间池 S，我们采用下列步骤生成其中半密钥空间。

步骤 1：生成矩阵 $\boldsymbol{G}$。我们首先从有限域 GF(h)选择基本元素，其中$|h|$大于理想半密钥长度（且 $h>2\frac{N}{t\times n}$），以之创建大小为$(\lambda+1)\times 2\frac{N}{t\times n}$的生成器矩阵 $\boldsymbol{G}$。设 $\boldsymbol{G}(j)$表示 $\boldsymbol{G}$ 的第 j 列。我们向节点 j 提供 $\boldsymbol{G}(j)$。注意，因为可以通过改变矩阵 $\boldsymbol{D}$ 或矩阵 $\boldsymbol{G}$ 的值来生成新的密钥空间，我们改变矩阵 $\boldsymbol{G}$ 并为所有半密钥空间生成 φ（其中 $\varphi=|S|$）个矩阵 $\boldsymbol{D}$。

步骤 2：生成矩阵 $\boldsymbol{D}$。我们生成 φ 个大小为$(\lambda+1)\times(\lambda+1)$的随机对称矩阵 $\boldsymbol{D}_1,\cdots,\boldsymbol{D}_\varphi$。每个元组 $s_i=(\boldsymbol{D}_i,\boldsymbol{G})(i=1,\cdots,\varphi)$称为一个密钥空间。接下来计算矩阵 $\boldsymbol{A}_i=(\boldsymbol{D}_i\cdot\boldsymbol{G})^{\mathrm{T}}$。设 $\boldsymbol{A}_i(j)$表示 $\boldsymbol{A}_i$ 的第 j 行。

由于每个半密钥空间具有 $2\frac{N}{t\times n}$ 行，所以（仅）可被两组节点共享。为避免两个不同节点存储同一行半密钥空间，我们需要制定策略来将这些秘密信息分配给节点。对于每个半密钥空间池，如果某个半密钥空间从全局半密钥空间池选择，我们就将之定义为局部空间；否则，定义为访问空间。下列步骤描述了我们怎样为部署组的每个半密钥空间池选择密钥空间：

对于组 $S_{1,1}$，从全局半密钥空间池 S 选择$|S_c|$个半密钥空间作为局部空间；然后，从 S 中移除这$|S_c|$个半密钥空间。

对于组 $S_{1,j}$，$j=2,\cdots,n$，从半密钥空间 $S_{1,j-1}$ 选择 $a\cdot|S_c|$个密钥空间作为访问空间；然后，从全局半密钥空间池 S 选择 $\omega=(1-a)\cdot|S_c|$个半密钥空间作为局部空间，并从 S 中移除所选的 ω 个半密钥空间。

对于组 $S_{i,j}$，$i=2,\cdots,t$ 且 $j=1,\cdots,n$，从每个半密钥空间池 $S_{i-1,j}$ 和 $S_{i,j-1}$（如果存在）选择 $a\cdot|S_c|$个半密钥空间作为访问空间；选择全局密钥空间池 S 并从 S 中移除这 ω 个半密钥空间。

$$\omega=\begin{cases}(1-(a+b))\cdot|S_c| & j=1\\(1-2(a+b))\cdot|S_c| & 2\leqslant j\leqslant n-1\\(1-(2a+b))\cdot|S_c| & j=n\end{cases}$$

2）密钥空间预分发

算法 16.11 展示了密钥空间预分发过程。假设每个传感器节点的存储大小是 τ 个单元（每个单元为一个完整密钥）。由于每个半密钥空间的大小是 $\frac{\lambda+1}{2}$ 个单元，每个传感器节点可以存储 $\frac{2\tau}{\lambda+1}$ 个半密钥空间。所以，在密钥空间池设置好后，对于部署组 $G_{i,j}$ 中的每个传感器节点，我们从其相应的半密钥空间池 $S_{i,j}$（第 2 行）随机选择 $\frac{2\tau}{\lambda+1}$ 个密钥空间；然后，对于每个所选密钥空间，我们将其矩阵的相应行加载至该节点的内存。由于每个半密钥空间可由两组节点共享，也就是说，作为局部空间或访问空间，要避免碰撞，对于每个半密钥空间，如果此空间是局部空间（第 3～5 行），则节点加载此空间上半部分的行；否则，加载此空间下半部分的行（第 6～8 行）。

算法 16.11：密钥空间预分发（对于每个节点 $n_{ij.l}$）

```
1 for m = 1 to 2τ/(λ+1) do
2     n_ij.l randomly select one new key space A_x from S_ij;
3     if A_x is a local space then
4         k = l;
5         Assign A(k) to n_i j.l;
6     else
7         k = l + N/(t×n);
8         Assign A(k) to n_ij.l;
```

2．在线阶段：会话密钥建立

传感器网络初始化过程中，每个节点必须发现在其无线通信范围内与其邻居节点共享的全部半密钥空间。共享半密钥空间的发现可通过在节点中广播密钥空间标识符加以实现。如果两个邻居节点间共享的半密钥空间数量超出用户定义的阈值 q，则称这两个节点可以建立通信链路；否则，这两个节点间不存在通信链路。此设置背后的原理是要避免潜在的攻击，因为候选会话密钥数量不足。

算法 16.12 展示了会话密钥的建立。如果两个邻居节点 i 和 j 间可以建立通信链路，而 i 想要发送数据给 j，那么此通信链路可按以下步骤初始化。

节点 i 先在 i 和 j 的公共半密钥空间集里随机选取一个半密钥空间 s_x，并将所选半密钥空间标识符 id_x 发送给节点 j。当节点 j 收到此标识符时，节点 j 也在 i 和 j

的公共半密钥空间集里随机选取一个半密钥空间 s_y，并将所选半密钥空间标识符 id_y 发送给节点 i。然后，这两个节点就可以按 Blom 方案计算所选半密钥 $k_{x,ij}$ 和 $k_{y,ij}$ 了：最初节点 i 持有 $A_c(i)$和 $G(i)$，而节点 j 持有 $A_x(j)$和 $G_x(j)$。交换了 $G_x(i)$和 $G_x(j)$ 后，节点 i 和 j 之间的共享半密钥 $k_{x,ij}$=$k_{x,ji}$，此共享半密钥可由每个节点采用以下方式独立计算得出：

$$k_{x,ij} = A_x(i) \cdot G_x(j) = A_x(j) \cdot G_x(i) = k_{x,ji}$$

由于两个节点共享半密钥空间 s_x 和 s_y，且各自标识符 n_i 和 n_j 已知，所以这两个节点可通过将 $k_{x,ij}$ 和 $k_{y,ij}$ 分别用作此会话密钥的前缀和后缀的方式，在各自一侧创建会话密钥。该会话密钥可用于数据加密/解密，直到新的会话密钥通过类似的方法生成。注意，为避免密码分析攻击，参与数据传输的任意两个节点都应在指定时间间隔内更换其会话密钥。下一节中，我们将利用所提半密钥方法的一些安全相关的特性。

算法 16.12：会话密钥建立
1 n_i 在公共半密钥空间集 n_i 和 n_j 中随机选取一个半密钥空间 s_x；
2 n_i 将所选半密钥空间的标识符（种子）id_x 发送给 n_j；
3 n_j 接收到标识符后，在公共半密钥空间集 n_i 和 n_j 中随机选取一个半密钥空间 s_y；
4 n_j 将所选半密钥空间的标识符 id_y 发送给 n_i；
5 n_i 和 n_j 计算前缀半密钥 $k_{x,ij} = A_x(i) \cdot G_x(j) = A_x(j) \cdot G_x(i) = k_{x,ji}$；
6 n_i 和 n_j 计算后缀半密钥 $k_{y,ij} = A_y(i) \cdot G_y(j) = A_y(j) \cdot G_y(i) = k_{y,ji}$；
7 n_i 和 n_j 导出会话密钥：k_s=$k_{x,ij} \| k_{y,ij}$；

16.3.3 分析研究

本节旨在提出分析模型供评估所提方案的性能。本研究中，有 3 个特性被纳入了考虑：候选会话密钥的数量、连通度，以及抗节点捕获的弹性。连通度定义为两个邻居节点间共享的半密钥数量不少于给定阈值 q 的概率。候选会话密钥的数量定义为数据加密/解密所用会话密钥的最小可能数量。抗节点捕获的弹性定义为在一定数量的节点被对手捕获后，安全链路遭破坏的百分比。注意，节点共享密钥或半密钥的可能性使分析变得复杂。

1. 候选会话密钥分析

在基础密钥预分发方案下[18]，参与数据传输的两个邻居节点需要一个共享密钥。因为仅需要一个共享密钥，此方案的候选会话密钥数量为一[18]。随机密钥预分发方案[8]要求任意两个邻居节点在共享 q 个密钥时才能相互通信。候选会话密钥数量至少是 q。由于本研究中提出的半密钥方案通过合并两个共享半密钥创建会话密钥，当两个邻居节点在共享 q 个半密钥的情况下相互通信时，候选会话密钥的数量至少是 q^2。

2．基于部署知识的半密钥空间预分发方案连通度分析

引理 16.3[8]：

设 p'_q 传输的任意两个节点都应在指定时间间隔内为 q-复合密钥预分发方案下传感器网络的连通度。如果传感器网络中每个传感器节点的内存大小固定，则传感器网络的连通度 p'_q 由下式得出：

$$P'_q = 1 - \frac{(P-K')!)^2}{(P-2K')!\ \ P!} \times \sum_{i=0}^{q-1} \frac{(P-2K')!(K'!)^2}{i!(P-2K'+i)!((K'-i)!)^2} \tag{16.5}$$

式中：K'是每个传感器节点所分配密钥的数量；P 是密钥池的大小。

引理 16.4[17]：

设 $A(u,v)$为节点 u 和 v 是邻居的情形；设 $B'(u,v)$为 u 和 v 共享至少一个公共密钥空间的情形。则局部连通度 P_{local}^1（两个邻居节点能够找到公共密钥空间的概率）为以下条件概率：

$$\begin{aligned} P_{\text{local}}^1 &= \Pr(B'(u,v) \mid A(u,v)) = \frac{\Pr(B(u,v) \text{ 和 } A(u,v))}{\Pr(A(u,v))} \\ &= \frac{\sum_{i\in\psi}\sum_{j\in\psi}\Pr(B(n_i,n_j))\cdot\Pr(A(n_i,n_j))}{\sum_{i\in\psi}\sum_{j\in\psi}\Pr(A(n_i,n)_j)} \end{aligned} \tag{16.6}$$

设 $A(u,v)$为 u 和 v 是邻居的事件；设 $B^q(u,v)$为 u 和 v 共享至少 q 个共享密钥空间的事件。则局部连通度 P^q（两个邻居节点能够找到公共密钥空间的概率）为以下条件概率：

$$\begin{aligned} P_{\text{local}} &= \Pr(B^q(u,v) \mid A(u,v)) = \frac{\Pr(B^q(u,v) \text{ 和 } A(u,\ v))}{\Pr(A(u,\ v))} \\ &= \frac{\sum_{i\in\psi}\sum_{j\in\psi}\Pr(B^q(n_i,n_j))\cdot\Pr(A(n_i,n_j))}{\sum_{i\in\psi}\sum_{j\in\psi}\Pr(A(n_i,n_j))} \end{aligned} \tag{16.7}$$

定理 16.2：

设 p_q 为传感器网络的连通度，该传感器网络采用所提半密钥空间预分发方案，并具有用户定义的参数 q。如果传感器网络中每个传感器节点的内存大小是固定的，那么传感器网络的连通度 p'可通过下式导出：

$$P_q = 1 - \frac{(P-K)!)^2}{(P-2K)!\ \ P!} \times \sum_{i=0}^{q-1} \frac{(P-2K)!(K!)^2}{i!(P-2K+i)!((K-i)!)^2} \tag{16.8}$$

式中：K 是每个传感器节点所分配半密钥的数量（注意，$K=2K'$）；P 是密钥池的大小。

证明：此定理的正确性来自引理 16.3。

引理 16.5[17]：

设 $g_i=g(z_i|n_i\in G_i)$表示组 G_i 的传感器节点 n_i 位于攻击圈内的概率。此概率 g_i 可通过下列等式导出：

$$g_i=1\{z<R\}\left[\ell-\mathrm{e}^{-\frac{(R-z)^2}{2\sigma^2}}\right]+\int_{z-R}^{z+R}\ell\arccos\left(\frac{\ell^2+z^2-R^2}{2\ell z}\right)f_{\mathrm{R}}\left(\ell\mid n_i\in G_i\right)\mathrm{d}\ell \qquad (16.9)$$

式中：$\ell\{.\}$是集合指示函数；$f_{\mathrm{R}}(\ell|n_i\in G_i)$由式（16.2）给出。

引理 16.6[17]：

设 $\Pr(A(n_i, n_j))$为节点 n_i 和节点 n_j 是邻居的情形。如果部署模型是正态分布，两个传感器节点 n_i 和 n_j 是邻居的概率 $\Pr(A(n_i, n_j))$可通过下列等式导出：

$$\Pr(A(n_i,n_j))=\int_{y=0}^{Y}\int_{x=0}^{X}f_R(d_{j\theta}\mid v\in G_j)\cdot g(d_{i\theta}\mid u\in G_i)\mathrm{d}x\mathrm{d}y \qquad (16.10)$$

式中：$d_{j\theta}$为 θ 与组 j 的部署点之间的距离；$g(d_{j\theta}|u\in G_i)$是组 G_i 的传感器节点 n_i 位于 θ-圈内的概率。

定理 16.3：

如果传感器网络中每个传感器节点的内存大小是固定的，设 $B^q(n_i, n_j)$为任意两个节点 n_i 和 n_j 共享至少 q 个密钥空间以形成安全通信的概率。则 $B^q(n_i, n_j)$可通过下列等式导出：$B^q(n_i, n_j)=1-(p(i,j,0)+p(i,j,1)+\cdots+p(i,j,q-1))$，其中

$$p(i,j,x)=\frac{\sum_{k=0}^{\min(\tau,\xi(i,j))}\binom{\xi(i,j)}{k}\binom{|S_{\mathrm{c}}|-\xi(i,j)}{\tau-k}\binom{k}{x}\binom{|S_{\mathrm{c}}|-k}{\tau-x}}{\binom{|S_{\mathrm{c}}|}{\tau}}$$

证明：设 $p(i,j,x)$为任意两个节点 n_i、n_j 恰有 x 个公共密钥空间的概率。任意给定节点可以用$\binom{|S_{\mathrm{c}}|}{\tau}$种不同方式从大小为$|S_{\mathrm{c}}|$的密钥池选择其 τ 密钥空间。因此，两个节点各自选择 τ 个密钥空间的总方法数量为$\binom{|S_{\mathrm{c}}|}{\tau}^2$。假设两个节点共用 x 个密钥。第一个节点从 ξ 个共享密钥空间选择 k 个密钥空间，然后从非共享密钥空间选择剩余的 $\tau-k$ 个密钥空间。至于第二个节点，有$\binom{k}{x}$种方法可供选择 x 个公共密钥空间。由于第二个节点仅与第一个节点共享 x 个密钥空间，它必须从其密钥空间池剩余的$|S_{\mathrm{c}}|-k$个密钥空间中选择 $\tau-x$ 个密钥空间。

因此，我们得到

$$p(i,j,x)=\frac{\sum_{k=0}^{\min(\tau,\xi(i,j))}\binom{\xi(i,j)}{k}\binom{|S_c|-\xi(i,j)}{\tau-k}\binom{k}{x}\binom{|S_c|-k}{\tau-x}}{\binom{|S_c|}{\tau}^2}$$

设 $B^q(n_i,n_j)$是任意两个节点 n_i 和 n_j 共享的密钥空间数量足以形成安全通信的概率。则 $B^q(n_i,n_j)$=1−(两个节点共享的密钥数量不足以建立连接的概率)，于是，$B^q(n_i, n_j)=1-(p(i,j,0)+p(i,j,1)+\cdots+p(i,j,q-1))$。

3．半密钥空间弹性分析：基于部署知识的预分发方案

本研究中，我们考虑这样一个真实场景：对手入侵无线嵌入式系统内部某个区域，随机捕获并破坏此区域内的 x_c 个无线嵌入式传感器节点。假设该区域是点 $Z(x,y)$处一个半径为 R_c 的圆。我们将此圆称为攻击圈，并称 R_c 为攻击半径。

在提出对弹性的详细分析前，为表达清晰起见，我们的方法总结如下：基于上述假设，我们可以计算攻击圈内所有传感器中部署自各个组的传感器的平均数量。由于对手随机破坏攻击圈内的传感器，所以通过引理 16.5 和 16.7 导出部署自特定组的受损传感器的平均数量；然后，我们根据定理 16.4 中 x_c 个被捕获节点检索到的信息，计算出对手可以破坏的其他通信占比。

引理 16.7[17]：

假设对手在点 $Z(x,y)$处半径为 R_c 的圆形区域内随机捕获节点。由于 N 个传感器被分成了 n 组，所以每组具有 N/n 个传感器节点。设 $x_i(x, y, R_c, x_c)$表示部署自组 G_i 的被捕获节点预期数量。设 $X_i(x, y, R_c, x_c)$表示从所有组捕获的节点的加权总数。预期数量 $X_i(x, y, R_c, x_c)$可通过式（16.11）导出：

$$\begin{aligned}X_i(x,y,R_c,x_c)&=\sum_{j\in\psi_i}\left(\frac{\xi(i,j)}{|S_c|}\cdot x_i(x,y,R_c,x_c)\right)\\&=\sum_{j\in\psi_i}\left(\frac{\xi(i,j)}{|S_c|}\cdot x_c\cdot\frac{g_i}{\sum_{j\in\psi}g_j}\right)\end{aligned}\tag{16.11}$$

引理 16.8：

设 c 为密钥共享图中两个未受损节点间的一条链路，K 为该链路所用通信密钥。在 x 个节点受损情况下 c 被破坏的概率为

$$\Pr(c\text{ is broken}\mid C_x)=\sum_{j=\lambda+1}^{x}\binom{x}{j}\left(\frac{\tau}{\omega}\right)^j\left(1-\frac{\tau}{\omega}\right)^{x-j}\tag{16.12}$$

式中：λ 为 λ−安全；ω 是组池大小；每个节点从组密钥池选择 τ。

定理 16.4：

设 x_c 为被对手捕获的传感器节点数量，r 为所提方案抗节点捕获的弹性。x_c 个

节点受损导致 r 条链路被破坏的比例可通过下式导出：

$$\begin{aligned}&\Pr(c \text{ is compromised} \mid A(u,v) \text{ 和 } B(u,v))\\&\leqslant \frac{1}{XY}\left(\sum_{i\in\psi}\frac{\sum_{j\in\psi}p(\xi(i,j))\cdot \Pr(A(n_i,n_j))}{\sum_{i'\in\psi}\sum_{j\in\psi}p(\xi(i',j))\Pr(A(n_{i'},n_j))}\right)^2\\&\cdot\int_{y=0}^{Y}\int_{x=0}^{X}\left(\sum_{a=\lambda+1}^{X_i(x,y,R_c)}\binom{X_i(x,y,R_c)}{a}\left(\frac{\tau}{|S_c|}\right)^a\left(1-\frac{\tau}{|S_c|}\right)^{X_i(x,y,R_c)-a}\right)^2\mathrm{d}x\mathrm{d}y\end{aligned} \tag{16.13}$$

证明：设 c 为 u 和 v 之间的链路，且 $C(x, y)$为攻击圈以(x, y)为圆心的事件。设 K_i 和 K_j 为 c 分别由 S_i 和 S_j 中密钥空间导出的事件。由于 $C(x, y)$独立于 $A(u, v)$和 $B(u, v)$，所以得到

$$\begin{aligned}&\Pr(c \text{ is compromised} \mid A(u,v) \text{ 和 } B(u,v))\leqslant\\&\frac{1}{XY}\int_{y=0}^{Y}\int_{x=0}^{X}\sum_{i\in\psi}\sum_{j\in\psi}\{\Pr_1\cdot\Pr_2\times\Pr(c \text{ is compromised} \mid K_j \text{ 和 } C(x,y)\text{和}\\&A(u,v)\text{和 } B(u,v))\cdot\Pr(K_j \mid A(u,v) \text{ 和}B(u,v))\}\mathrm{d}x\mathrm{d}y\end{aligned}$$

其中

$$\Pr_1=\Pr(c \text{ is compromised} \mid K_i \text{ 和 } C(x,y)\text{和 } A(u,v)\text{和 } B(u,v))$$

$$\Pr_2=\Pr(K_i \mid A(u,v)\text{和 } B(u,v))$$

根据 Du 等人给出的结果[17]，对可被任意链路使用的属于组 G_i 的任意$|S_c|$个密钥，得到

$$\begin{aligned}&\Pr(c \text{ is compromised} \mid K_i \text{ 和 } C(x,y) \text{ 和 } A(u,v)\text{和 } B(u,v))\\&=\sum_{l=\lambda+1}^{X_i(x,y,R_c)}\binom{X_i(x,y,R_c)}{l}\left(\frac{\tau}{|S_c|}\right)^l\left(1-\frac{\tau}{|S_c|}\right)^{X_i(x,y,R_c)-l}\end{aligned} \tag{16.14}$$

根据 DDHV-D[17]给出的结果，得到

$$\Pr(K_j \mid A(u,v) \text{ 和}B(u,v))=\frac{\Pr((K_i \text{ 和 } B(u,v)) \text{ 和 } A(u,v))}{\Pr(A(u,v) \text{ 和}B(u,v))} \tag{16.15}$$

式中

$$\begin{aligned}&\Pr((K_i \text{ 和}B(u,v)\text{和 } A(u,v)\ )\\&=\frac{1}{(nt)^2}\sum_{j\in\psi}p(\xi(i,j))\cdot\Pr A(u,v)\mid u\in G_i \text{ 和 } v\in G_j)\end{aligned} \tag{16.16}$$

$$\begin{aligned}&\Pr(A(u,v) \text{ 和 } B(u,v))\\&=\frac{1}{(nt)^2}\sum_{i\in\psi}\sum_{j\in\psi}\Pr(A(n_i,n_j))\Pr(B(n_i,n_j))\end{aligned} \tag{16.17}$$

于是，得到

$$
\begin{aligned}
&\Pr(K_j \mid A(u,v)\ \text{和}\ B(u,v)) \\
&= \frac{\dfrac{1}{(nt)^2}\sum_{j\in\psi} p(\xi(i,j))\cdot \Pr(A(n_i,n_j))}{\dfrac{1}{(nt)^2}\sum_{i\in\psi}\sum_{j\in\psi}\Pr(A(n_i,n_j))\Pr(B(n_i,n_j))} \\
&= \frac{\sum_{j\in\psi} p(\xi(i,j))\cdot \Pr(A(n_i,n_j))}{\sum_{i\in\psi}\sum_{j\in\psi}\Pr(A(n_i,n_j))\Pr(B(n_i,n_j))}
\end{aligned} \tag{16.18}
$$

结合式（16.18）和引理 16.8，得到

$$
\begin{aligned}
&\Pr(c \text{ is compromised} \mid A(u,v)\ \text{和}\ B(u,v)) \\
&\leqslant \frac{1}{XY}\int_{y=0}^{Y}\int_{x=0}^{X}\sum_{i\in\psi}\sum_{j\in\psi}\{\Pr(c \text{ is compromised} \mid K_i\ \text{和}\ C(x,y)\ \text{和}\ A(u,v)\ \text{和}\ B(u,v))\} \\
&\cdot \Pr(K_i \mid A(u,v)\ \text{和}\ B(u,v)) \times \Pr(c \text{ is compromised} \mid K_j \text{和}\ C(x,y)\ \text{和}\ A(u,v)\ \text{和}\ B(u,v)) \cdot \\
&\Pr(K_j \mid A(u,v)\ \text{和}\ B(u,v))\}\mathrm{d}x\mathrm{d}y
\end{aligned} \tag{16.19}
$$

由于链路 c 使用来自 K_i 和 K_j 的密钥空间的事件是独立的，得到

$$
\begin{aligned}
&\Pr(c \text{ is compromised} \mid A(u,v)\ \text{和} B(u,v)) \\
&\leqslant \frac{1}{XY}\left(\sum_{i\in\psi}\frac{\sum_{j\in\psi} p(\xi(i,j))\cdot \Pr(A(n_i,n_j))}{\sum_{i'\in\psi}\sum_{j\in\psi} p(\xi(i',j))\Pr(A(n_{i'},n_j))}\right)^2 \cdot \\
&\int_{y=0}^{Y}\int_{x=0}^{X}\left(\sum_{a=\lambda+1}^{X_i(x,y,R_c)}\binom{X_i(x,y,R_c)}{a}\left(\frac{\tau}{|S_c|}\right)^a\left(1-\frac{\tau}{|S_c|}\right)^{X_i(x,y,R_c)-a}\right)^2\mathrm{d}x\mathrm{d}y
\end{aligned}
$$

16.3.4 性能评估

本节旨在评估所提方案，即半密钥预分发方案（HKPS）的性能。我们构建了一个模拟模型用于性能评估，其中节点及其邻居关系是随机数生成的。我们对比 q-复合随机密钥预分发方案（RKPS）[8]评估了 HKPS 方案的性能。注意，在网络部署前，每个节点就分配了从密钥池随机选择的密钥子集。在 HKPS 和 RKPS 方案下，如果两个邻居节点间共享至少 q 个密钥，其中 q 为实验中用户定义的参数，则可在这两个邻居节点间建立通信链路。实验的性能指标是连通度、候选会话密钥数量，以及抗节点捕获的弹性。

16.3.5 连通度

图 16-13 显示了参数 q 设为 1 时在 HKPS-D 和 RKPS-D 方案下（注意，XXX-D 表示基于部署知识的“XXX”方案），从实验结果中观测到的连通度。图中 y 轴表示连通度，x 轴表示在 HKPS-D 和 RKPS-D 方案下每个节点存储半密钥或完整密钥所需的内存大小。可以看出，内存空间越大，连通度越好。这是因为，每个节点中存储的（半）密钥数量会随内存大小增长而增加。HKPS-D 方案优于 RKPS-D 方案是因为半密钥（HKPS-D 方案下）的长度是完整密钥（RKPS-D 方案下）长度的一半。此外，当每个节点的内存空间等于 40 时，即内存空间能存储 40 个半密钥时，HKPS-D 方案的连通度接近 0.6。而 RKPS-D 的连通度仅为约 0.3。

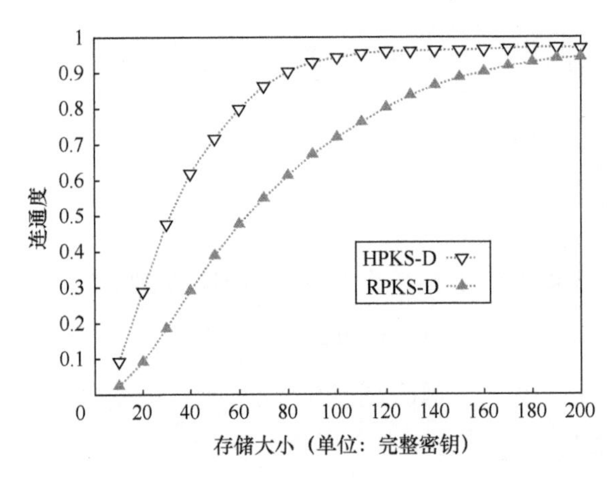

图 16-13　HKPS-D 方案和 RKPS-D 方案在 q=1 时的连通度

假设实验中的传感器节点具有同样大小的内存空间，且在 HKPS 和 RKPS 方案下的候选会话密钥数量相同，即 1 个或 9 个。连通性设为 0.5，存储大小设为 200。注意，密钥池越大，通常能够提供更好的安全支持。对 HKPS 和 RKPS 方案下抗节点捕获弹性的实验可以揭示这一点。

图 16-14 显示了 HKPS 和 RKPS 方案下，当 λ 被设为 0 且 q 设为 1 时抗节点捕获的弹性。图中 x 轴表示被捕获节点的数量，y 轴表示受损链路占所有链路的比例，也就是抗节点捕获的弹性。结果表明，我们所提出的方案优于 RKPS-D。同样，图 16-15 显示了 HKPS 和 RKPS 方案下，当 λ 被设为 19 且 q 设为 1 时抗节点捕获的弹性。图 16-16 显示了在 HKPS 和 RKPS 方案下，当 λ 被设为 19 且 q 设为 9 时抗节点捕获的弹性。如实验结果所示，我们所提出的 HKPS-D 方案明显优于 RKPS-D 方案。

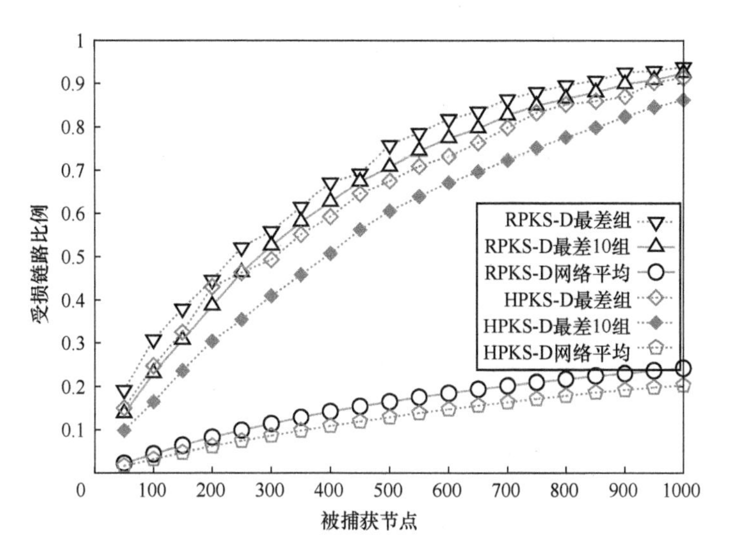

图 16-14 HKPS-D 方案和 RKPS-D 方案下抗节点捕获的弹性
（m=200，λ=0，q=1）

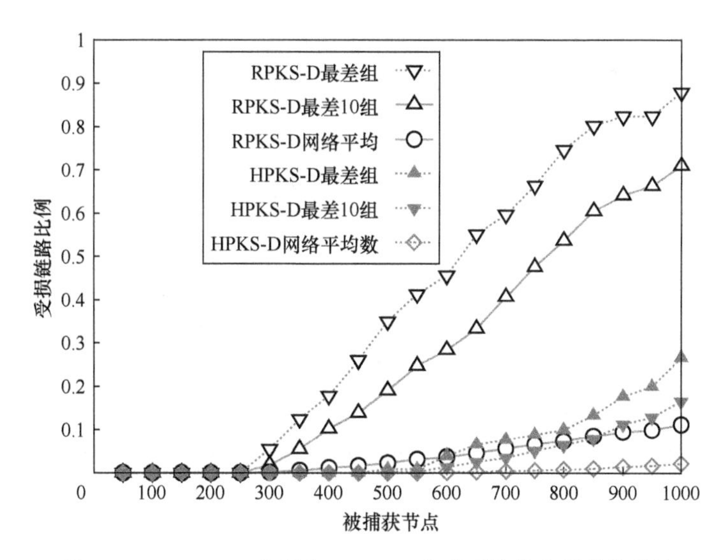

图 16-15 HKPS-D 方案和 RKPS-D 方案下抗节点捕获的弹性
（m=200，λ=19，q=1）

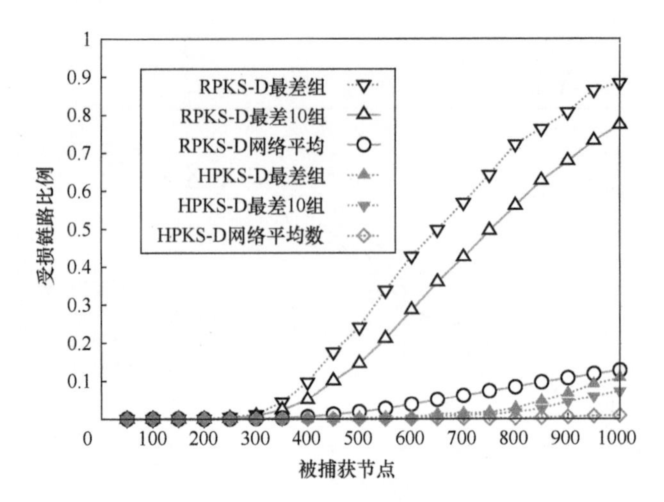

图 16-16 HKPS-D 方案和 RKPS-D 方案下抗节点捕获的弹性（m=1200，λ=19，q=9）

16.3.6 本节小结

本研究提出了基于随机密钥预分发方案[8]和 DDHV-D 部署知识[17]的半密钥方法，用以实现无线嵌入式系统资源节约型密钥管理。不同于以往的研究，本研究专注减少无线嵌入式传感器节点密钥预分发对内存空间要求，以及更好地实现传感器数据传输安全。我们提出了一个分析模型来利用所提方法在连通度和抗节点捕获的弹性方面的特性，并通过一系列实验评估了所提方案的性能。评估结果表明，分析结果与实验结果非常吻合。实验结果也表明，所提方案还大幅改善了这两个特性。

参 考 文 献

[1] Charu, C. Aggarwal, Naveen Ashish, and Amit Sheth. The internet of things: A survey from the data-centric perspective. In Charu C. Aggarwal, editor, *Managing and Mining Sensor Data*, 383–428. Springer, 2013.

[2] Isaac Amundson and Xenofon D. Koutsoukos. A survey on localization for mobile wireless sensor networks. In *Proceedings of the 2nd International Conference on Mobile Entity Localization and Tracking in GPS-Less Environments, MELT'09*, 235–254, Berlin, 2009. Springer-Verlag.

[3] Luigi Atzori, Antonio Iera, and Giacomo Morabito. From "smart objects" to "social objects": The next evolutionary step of the internet of things. *Communications Magazine, IEEE*, 52(1):97–105, January 2014.

[4] Antoine B. Bagula and Kuzamunu G. Mazandu. Energy constrained multipath routing in wireless sensor networks. In *Proceedings of the 5th International Conference on Ubiquitous Intelligence and Computing*, UIC '08, 453–467, Berlin, 2008. Springer-Verlag.

[5] Rolf Blom. An optimal class of symmetric key generation systems. In *Proc. of the EUROCRYPT 84 Workshop on Advances in Cryptology: Theory and Application of Cryptographic Techniques*, 335–338, New York, 1985. Springer-Verlag.

[6] Chiara Buratti, Andrea Conti, Davide Dardari, and Roberto Verdone. An overview on wireless sensor networks technology and evolution. *Sensors*, 9(9):6869–6896, 2009.

[7] Jesús Carretero and J. Daniel García. The Internet of Things: Connecting the world. *Personal Ubiquitous Comput.*, 18(2):445–447, February 2014.

[8] Haowen Chan, Adrian Perrig, and Dawn Song. Random key predistribution schemes for sensor networks. In *S&P '03: Proceedings of the 2003 IEEE Symposium on Security and Privacy*, 197, Washington, DC, 2003. IEEE Computer Society.

[9] Yuan-Hao Chang, Ping-Yi Hsu, Yung-Feng Lu, and Tei-Wei Kuo. A driver-layer caching policy for removable storage devices. *Trans. Storage*, 7(1):1:1–1:23, June 2011.

[10] Jian-Jia Chen and Chin-Fu Kuo. Energy-efficient scheduling for real-time systems on dynamic voltage scaling (DVS) platforms. In *Proceedings of the 13th IEEE International Conference on Embedded and Real-Time Computing Systems and Applications, RTCSA '07*, 28–38, Washington, DC, 2007. IEEE Computer Society.

[11] Yan Chen, Feng Han, Yu-Han Yang, Hang Ma, Yi Han, Chunxiao Jiang, Hung-Quoc Lai, et al. Time-reversal wireless paradigm for green internet of things: An overview. *Internet of Things Journal, IEEE*, 1(1):81–98, February 2014.

[12] Yen-Kuang Chen. Challenges and opportunities of internet of things. In *Design Automation Conference (ASP-DAC), 2012 17th Asia and South Pacific*, 383–388, January 2012.

[13] T.S. Chou, S.Y. Chang, Y.F. Lu, Y.C. Wang, M.K. Ouyang, C.S. Shih, T.W. Kuo, J.S. Hu, and J.W.-S. Liu. EMWF for flexible automation and assistive devices. In *Real-Time and Embedded Technology and Applications Symposium, 2009. RTAS 2009. 15th IEEE*, 243–252, April 2009.

[14] Felipe da Rocha Henriques, Lisandro Lovisolo, and Marcelo Goncalves Rubinstein. Algorithms for energy efficient reconstruction of a process with a multihop wireless sensor network. In *Circuits and Systems (LASCAS), 2013 IEEE Fourth Latin American Symposium on*, 1–4, Feb 2013.

[15] Edsger W. Dijkstra. A note on two problems in connexion with graphs. *Numerische Mathematik*, 1:269–271, 1959.

[16] Wenliang Du, Jing Deng, Yunghsiang S. Han, and Pramod K. Varshney. A pairwise key predistribution scheme for wireless sensor networks. In *CCS '03: Proceedings of the 10th ACM conference on Computer and communications security*, 42–51, New York, 2003. ACM Press.

[17] Wenliang Du, Jing Deng, Yunghsiang S. Han, and Pramod K. Varshney. A

key predistribution scheme for sensor networks using deployment knowledge. *IEEE Trans. Dependable Secur. Comput.*, 3(1):62, 2006.

[18] Laurent Eschenauer and Virgil D. Gligor. A key-management scheme for distributed sensor networks. In *CCS '02: Proceedings of the 9th ACM conference on Computer and communications security*, 41–47, New York, 2002. ACM.

[19] Hua-Wei Fang, Mi-Yen Yeh, Pei-Lun Suei, and Tei-Wei Kuo. An adaptive endurance-aware b+-tree for flash memory storage systems. *Computers, IEEE Transactions on*, PP(99), 2013.

[20] Emad Felemban, Chang-Gun Lee, and Eylem Ekici. MMSPEED: Multipath multi-speed protocol for QoS guarantee of reliability and timeliness in wireless sensor networks. *IEEE Transactions on Mobile Computing*, 5(6):738–754, June 2006.

[21] Bernhard Firner, Robert S. Moore, Richard Howard, Richard P. Martin, and Yanyong Zhang. Poster: Smart buildings, sensor networks, and the internet of things. In *Proceedings of the 9th ACM Conference on Embedded Networked Sensor Systems*, SenSys '11, 337–338, New York, 2011. ACM.

[22] Stefan Forsström and Theo Kanter. Continuously changing information on a global scale and its impact for the internet-of-things. *Mob. Netw. Appl.*, 19(1):33–44, February 2014.

[23] Bin Fu, Renfa Li, Xiongren Xiao, Caiping Liu, and Qiuwei Yang. Non-interfering multipath geographic routing for wireless multimedia sensor networks. In *Multimedia Information Networking and Security, 2009. MINES '09. International Conference on*, 1:254–258, 2009.

[24] Ixent Galpin, Christian Y. Brenninkmeijer, Alasdair J. Gray, Farhana Jabeen, Alvaro A. Fernandes, and Norman W. Paton. SNEE: a query processor for wireless sensor networks. *Distrib. Parallel Databases*, 29(1-2):31–85, February 2011.

[25] Jayavardhana Gubbi, Rajkumar Buyya, Slaven Marusic, and Marimuthu Palaniswami. Internet of things (IoT): A vision, architectural elements, and future directions. *Future Gener. Comput. Syst.*, 29(7):1645–1660, September 2013.

[26] Refael Hassin. Approximation schemes for the restricted shortest path problem. *Mathematics of Operations Research*, 17(1):36–42, 1992.

[27] Tian He, John A. Stankovic, Chenyang Lu, and Tarek Abdelzaher. SPEED: A stateless protocol for real-time communication in sensor networks. In *Proceedings of the 23rd International Conference on Distributed Computing Systems*, ICDCS '03, 46–55, Washington, DC, 2003. IEEE Computer Society.

[28] Wendi Rabiner Heinzelman, Anantha Chandrakasan, and Hari Balakrishnan. Energy-efficient communication protocol for wireless microsensor networks. In *HICSS*, 2000.

[29] Pei Huang. Dynamic transmission power control (in ns2). *dekst.awardspace.com*.

[30] Pei Huang, Hongyang Chen, Guoliang Xing, and Yongdong Tan. SGF: A state-free gradient-based forwarding protocol for wireless sensor networks. *ACM Trans. Sen. Netw.*, 5(2):14:1–14:25, April 2009.

[31] Xiaoxia Huang and Yuguang Fang. Multiconstrained QoS multipath routing in wireless sensor networks. *Wirel. Netw.*, 14(4):465–478, August 2008.

[32] Yu-Kai Huang, Chin-Fu Kuo, Ai-Chun Pang, and Weihua Zhuang. Stochastic delay guarantees in zigbee cluster-tree networks. In *Communications (ICC), 2012 IEEE International Conference on*, 4926–4930, June 2012.

[33] Muhammad Ikram, Aminul Haque Chowdhury, Bilal Zafar, Hyon-Soo Cha, Ki-Hyung Kim, Seung-Wha Yoo, and Dong-Kyoo Kim. A simple lightweight authentic bootstrapping protocol for IPv6-based low rate wireless personal area networks (6LoWPANs). In *IWCMC '09*, 937–941, New York, 2009. ACM.

[34] Chalermek Intanagonwiwat, Ramesh Govindan, and Deborah Estrin. Directed diffusion: a scalable and robust communication paradigm for sensor networks. In *MobiCom '00: Proceedings of the 6th annual international conference on Mobile computing and networking*, 56–67, New York, 2000. ACM Press.

[35] Farhana Jabeen and Alvaro A. A. Fernandes. An algorithmic strategy for in-network distributed spatial analysis in wireless sensor networks. *J. Parallel Distrib. Comput.*, 72(12):1628–1653, December 2012.

[36] Yan Jin, Ling Wang, Ju-Yeon Jo, Yoohwan Kim, Mei Yang, and Yingtao Jiang. Eeccr: An energy-efficient m-coverage and n-connectivity routing algorithm under border effects in heterogeneous sensor networks. *Vehicular Technology, IEEE Transactions on*, 58(3):1429–1442, March 2009.

[37] Holger Karl and Andreas Willig. *Protocols and Architectures for Wireless Sensor Networks*. John Wiley, 2005.

[38] Yong-ki Kim, R. Bista, and Jae-Woo Chang. A designated path scheme for energy-efficient data aggregation in wireless sensor networks. In *Parallel and Distributed Processing with Applications, 2009 IEEE International Symposium on*, 408–415, August 2009.

[39] Chin-Fu Kuo, Lieng-Cheng Chien, and Yung-Feng Lu. Scheduling algorithm with energy-response trade-off considerations for mixed task sets. In *Proceedings of the 2013 Research in Adaptive and Convergent Systems*, RACS '13, 410–415, New York, 2013. ACM.

[40] Kam-Yiu Lam, Jiantao Wang, Yuan-Hao Chang, Jen-Wei Hsieh, Po-Chun Huang, Chung Keung Poon, and Chun Jiang Zhu. Garbage collection for multi-version index on flash memory. In *Proceedings of the Conference on Design, Automation & Test in Europe, DATE '14*, 57:1–57:4, Leuven, Belgium, 2014. European Design and Automation Association.

[41] Ivan Lanese, Luca Bedogni, and Marco Di Felice. Internet of things: A process calculus approach. In *Proceedings of the 28th Annual ACM Symposium on Applied Computing*, SAC '13, 1339–1346, New York, 2013. ACM.

[42] Bocheng Lai, Sungha Kim, and Ingrid Verbauwhede. Scalable session key construction protocol for wireless sensor networks. In *IEEE Workshop on Large Scale Real-Time and Embedded Systems*, 2003.

[43] Alberto Leon-Garcia. *Probability and Random Processes for Electrical Engineering*. Addison-Wesley, 2nd edition, 1994.

[44] Donggang Liu and Peng Ning. Location-based pairwise key establishments for static sensor networks. In *SASN '03: Proceedings of the 1st ACM workshop on Security of ad hoc and sensor networks*, 72–82, New York, 2003. ACM.

[45] Donggang Liu, Peng Ning, and Wenliang Du. Group-based key predistribution in wireless sensor networks. In *WiSe '05: Proceedings of the 4th ACM workshop on Wireless security*, 11–20, New York, 2005. ACM.

[46] Donggang Liu, Peng Ning, and Rongfang Li. Establishing pairwise keys in distributed sensor networks. *ACM Trans. Inf. Syst. Secur.*, 8(1):41–77, 2005.

[47] Zhihong Liu, Jianfeng Ma, Qingqi Pei, Liaojun Pang, and YoungHo Park. Key infection, secrecy transfer and key evolution for sensor networks. *IEEE Trans. Wireless. Comm.*, 9:2643–2653, August 2010.

[48] Javier Lopez. Unleashing public-key cryptography in wireless sensor networks. *J. Comput. Secur.*, 14(5):469–482, 2006.

[49] Yung-Feng Lu, Chin-Fu Kuo, and Ai-Chun Pang. A half-key key management scheme for wireless sensor networks. In *Proceedings of the 2011 ACM Symposium on Research in Applied Computation*, RACS '11, 255–260, New York, 2011. ACM.

[50] Yung-Feng Lu, Chin-Fu Kuo, and Ai-Chun Pang. A novel key management scheme for wireless embedded systems. *SIGAPP Appl. Comput. Rev.*, 12(1):50–59, April 2012.

[51] Yung-Feng Lu, Jun Wu, and Chin-Fu Kuo. A path generation scheme for real-time green internet of things. *SIGAPP Appl. Comput. Rev.*, 14(2): 45–58, June 2014.

[52] Samuel R. Madden, Michael J. Franklin, Joseph M. Hellerstein, and Wei Hong. TinyDB: an acquisitional query processing system for sensor networks. *ACM Trans. Database Syst.*, 30(1):122–173, 2005.

[53] Alan McGibney, Antony Guinard, and Dirk Pesch. Wi-Design: A modelling and optimization tool for wireless embedded systems in buildings. In *LCN*, 640–648, 2011.

[54] Wei-Chen Pao, Yung-Fang Chen, and Chia-Yen Chan. Power allocation schemes in OFDM-based femtocell networks. *Wireless Personal Communications*, 69(4):1165–1182, 2013.

[55] Wei-Chen Pao, Yung-Feng Lu, Wen-Bin Wang, Yao-Jen Chang, and Yung-Fang Chen. Improved subcarrier and power allocation schemes for wireless multicast in OFDM systems. In *Vehicular Technology Conference (VTC Fall), 2013 IEEE 78th*, 1–5, September 2013.

[56] Charith Perera, Arkady B. Zaslavsky, Peter Christen, and Dimitrios Georgakopoulos. Context aware computing for the internet of things: A survey. *CoRR*, abs/1305.0982, 2013.

[57] Adrian Perrig, Robert Szewczyk, Victor Wen, David Culler, and J.D. Tygar. SPINS: Security protocols for sensor networks. In *Proceedings of MOBICOM*, 2001.

[58] Marjan Radi, Behnam Dezfouli, Shukor Abd azak Razak, and Kamalrulnizam Abu Bakar. Liemro: A low-interference energy-efficient multipath routing protocol for improving QoS in event-based wireless sensor networks. In *Sensor Technologies and Applications (SENSORCOMM), 2010 Fourth International Conference on*, 551–557, 2010.

[59] Marjan Radi, Behnam Dezfouli, Kamalrulnizam Abu Bakar, Shukor Abd Razak, and Mohammad Ali Nematbakhsh. Interference-aware multipath routing protocol for QoS improvement in event-driven wireless sensor networks. *Tsinghua Science and Technology*, 16(5):475–490, 2011.

[60] Sutharshan Rajasegarar, Christopher Leckie, and Marimuthu Palaniswami. Hyperspherical cluster based distributed anomaly detection in wireless sensor networks. *J. Parallel Distrib. Comput.*, 74(1):1833–1847, January 2014.

[61] Ragunathan Rajkumar, Insup Lee, Lui Sha, and John A. Stankovic. Cyber-physical systems: the next computing revolution. In *DAC*, 731–736, 2010.

[62] Amar Rasheed and Rabi Mahapatra. Key predistribution schemes for establishing pairwise keys with a mobile sink in sensor networks. *IEEE Trans. Parallel Distrib. Syst.*, 22:176–184, January 2011.

[63] Joel J. P. C. Rodrigues and Paulo A. C. S. Neves. A survey on IP-based wireless sensor network solutions. *International Journal of Communication Systems*, 23(8):963–981, 2010.

[64] Roy Shea, Mani B. Srivastava, and Young Cho. Optimizing bandwidth of call traces for wireless embedded systems. *Embedded Systems Letters*, 1(1):28–32, 2009.

[65] Pei-Lun Suei, Che-Wei Kuo, Ren-Shan Luoh, Tai-Wei Kuo, Chi-Sheng Shih, and Min-Siong Liang. Data compression and query for large scale sensor data on cots dbms. In *Emerging Technologies and Factory Automation (ETFA), 2010 IEEE Conference on*, 1–8, September 2010.

[66] Pei-Lun Suei, Victor C. S. Lee, Shi-Wu Lo, and Tei-Wei Kuo. An efficient b+-tree design for main-memory database systems with strong access locality. *Inf. Sci.*, 232:325–345, May 2013.

[67] Pei-Lun Suei, Yung-Feng Lu, Rong-Jhang Liao, and Shi-Wu Lo. A

signature-based grid index design for main-memory RFID database applications. *J. Syst. Softw.*, 85(5):1205–1212, May 2012.

[68] Pei-Lun Suei, Jun Wu, Yung-Feng Lu, Der-Nien Lee, Shih-Chun Chou, and Chuo-Yen Lin. A novel query preprocessing technique for efficient access to XML-relational databases. In *Database Technology and Applications, 2009 First International Workshop on*, 565–569, April 2009.

[69] H. S. Swanson and R. E. D. Woolsey. A PERT-CPM tutorial. *SIGMAP Bull.*, (16):54–62, April 1974.

[70] Matthew Tancreti, Mohammad Sajjad Hossain, Saurabh Bagchi, and Vijay Raghunathan. Aveksha: a hardware-software approach for non-intrusive tracing and profiling of wireless embedded systems. In *Proceedings of the 9th ACM Conference on Embedded Networked Sensor Systems*, SenSys '11, 288–301, New York, 2011. ACM.

[71] Lu An Tang, Xiao Yu, Sangkyum Kim, Jiawei Han, Chih-Chieh Hung, and Wen-Chih Peng. Tru-Alarm: Trustworthiness analysis of sensor networks in cyber-physical systems. In *ICDM*, 1079–1084, 2010.

[72] Somanath Tripathy. Lisa: Lightweight security algorithm for wireless sensor networks. In *ICDCIT*, 129–134, 2007.

[73] Chun-Wei Tsai, Chin-Feng Lai, Ming-Chao Chiang, and L.T. Yang. Data mining for internet of things: A survey. *Communications Surveys Tutorials, IEEE*, 16(1):77–97, 2014.

[74] Kun-Yi Tsai, Yung-Feng Lu, Ai-Chun Pang, and Tei-Wei Kuo. The speech quality analysis of push-to-talk services. In *Wireless Communications and Networking Conference, 2009. WCNC 2009. IEEE*, 1–6, April 2009.

[75] Hsueh-Wen Tseng, Shiann-Tsong Sheu, and Yun-Yen Shih. Rotational listening strategy for IEEE 802.15.4 wireless body networks. *Sensors Journal, IEEE*, 11(9):1841–1855, September 2011.

[76] Hsueh-Wen Tseng, Shan-Chi Yang, Ping-Cheng Yeh, and Ai-Chun Pang. A cross-layer scheme for solving hidden device problem in IEEE 802.15.4 wireless sensor networks. *Sensors Journal, IEEE*, 11(2):493–504, 2011.

[77] Yuh-Min Tseng. A secure authenticated group key agreement protocol for resource-limited mobile devices. *Comput. J.*, 50:41–52, January 2007.

[78] Dan Stefan Tudose, Andrei Voinescu, Madi-Tatiana Petrareanu, Andrei Bucur, Dumitrel Loghin, Adrian Bostan, and Nicolae Tapus. Home automation design using 6LoWPAN wireless sensor networks. In *DCOSS*, 1–6, 2011.

[79] Nikos Tziritas, Thanasis Loukopoulos, Spyros Lalis, and Petros Lampsas. Agent placement in wireless embedded systems: Memory space and energy optimizations. *Parallel and Distributed Processing Workshops and PhD Forum, 2011 IEEE International Symposium on*, 0:1–7, 2010.

[80] Ovidiu Vermesan, Peter Friess, Patrick Guillemin, Sergio Gusmeroli,

Harald Sundmaeker, Alessandro Bassi, Ignacio Soler Jubert, Margaretha Mazura, Mark Harrison, Markus Eisenhauer, and Pat Doody. Internet of things strategic research roadmap. *Technical report, Cluster of European Research Projects on the Internet of Things (CERP-IoT)*, 2011.

[81] Berta Carballido Villaverde, Susan Rea, and Dirk Pesch. InRout: a QoS aware route selection algorithm for industrial wireless sensor networks. *Ad Hoc Networks*, 10(3):458–478, 2012.

[82] Gicheol Wang, Deokjai Choi, and Daewook Kang. A lightweight key renewal scheme for clustered sensor networks. In *ICUIMC '09*, 557–565, New York, 2009. ACM.

[83] Xue Wang, Sheng Wang, and Daowei Bi. Distributed visual-target-surveillance system in wireless sensor networks. *Trans. Sys. Man Cyber. Part B*, 39:1134–1146, October 2009.

[84] Duncan S. Wong and Agnes H. Chan. Efficient and mutually authenticated key exchange for low power computing devices. In *Advances in Cryptology, ASIACRYPT 2001*, December 2001.

[85] Jun Wu. CA-SRP: An energy-efficient concurrency control protocol for real-time tasks with abortable critical sections. In *Proceedings of the International C* Conference on Computer Science and Software Engineering*, C3S2E '13, 125–127, New York, 2013. ACM.

[86] Yang Xiao, Venkata Krishna Rayi, Bo Sun, Xiaojiang Du, Fei Hu, and Michael Galloway. A survey of key management schemes in wireless sensor networks. *Comput. Commun.*, 30(11-12):2314–2341, 2007.

[87] Elias Yaacoub, Abdullah Kadri, and Adnan Abu-Dayya. Cooperative wireless sensor networks for green internet of things. In *Proceedings of the 8th ACM Symposium on QoS and Security for Wireless and Mobile Networks*, Q2SWinet '12, 79–80, New York, 2012. ACM.

[88] Poonam Yadav and Julie A. McCann. EBS: decentralised slot synchronisation for broadcast messaging for low-power wireless embedded systems. In *Proceedings of the 5th International Conference on Communication System Software and Middleware*, COMSWARE '11, 9:1–9:6, New York, 2011. ACM.

[89] Yong Yao and Johannes Gehrke. The cougar approach to in-network query processing in sensor networks. *SIGMOD Rec.*, 31(3):9–18, 2002.

[90] In-Su Yoon, Sang-Hwa Chung, and Jeong-Soo Kim. Implementation of lightweight TCP/IP for small, wireless embedded systems. In *Proceedings of the 2009 International Conference on Advanced Information Networking and Applications*, 965–970, Washington, DC, 2009. IEEE Computer Society.

[91] Chia-Mu Yu, Yao-Tung Tsou, Chun-Shien Lu, and Sy-Yen Kuo. Practical and secure multidimensional query framework in tiered sensor networks. *IEEE Transactions on Information Forensics and Security*, 6(2):241–255, 2011.

[92] Chia-Mu Yu, Chun-Shien Lu, and Sy-Yen Kuo. A simple non-interactive

pairwise key establishment scheme in sensor networks. In *SECON'09: Proceedings of the 6th Annual IEEE communications society conference on Sensor, Mesh and Ad Hoc Communications and Networks*, 360–368, Piscataway, NJ, 2009. IEEE Press.

[93] Chia-Mu Yu, Chun-Shien Lu, and Sy-Yen Kuo. Noninteractive pairwise key establishment for sensor networks. *IEEE Transactions on Information Forensics and Security*, 5(3):556–569, 2010.

[94] Zhen Yu and Yong Guan. A key management scheme using deployment knowledge for wireless sensor networks. *IEEE Trans. Parallel Distrib. Syst.*, 19(10):1411–1425, 2008.

[95] Ying Zhang and M. Fromherz. Message-initiated constraint-based routing for wireless ad-hoc sensor networks. In *Consumer Communications and Networking Conference, 2004. CCNC 2004. First IEEE*, 648–650, 2004.

[96] Jianliang Zheng, Jie Li, Myung J. Lee, and Michael Anshel. A lightweight encryption and authentication scheme for wireless sensor networks. *IJSN*, 1(3/4):138–146, 2006.

[97] Li Zhou, Jinfeng Ni, and Chinya V. Ravishankar. Efficient key establishment for group-based wireless sensor deployments. In *WiSe '05: Proceedings of the 4th ACM workshop on Wireless security*, 1–10, New York, 2005. ACM.

[98] Liang Zhou. Green service over internet of things: a theoretical analysis paradigm. *Telecommunication Systems*, 52(2):1235–1246, 2013.

第 17 章　物联网接入网络安全协议

如今，我们沉浸在由大量传感器和设备按各种方式相互连接所构成的数字世界里。互联网协议和新兴物联网协议标准带来了新的服务和应用。此外，IP 设备和非 IP 设备的异构性需要新颖的安全技术，使得非 IP 设备能够通过中介网关短距离连接，然后形成毛细管访问网络。在传统互联网中提供安全和隐私已经很困难；而在物联网中，由于全局连通性和资源受限的异构设备，想要提供安全和隐私更是难上加难。

本章介绍了物联网场景下单向和双向终端安全算法的背景知识。我们回顾了现有物联网安全与隐私解决方案，讨论了新型物联网安全与隐私解决方案的研究挑战。我们还特别论述了基于本地密钥更新的安全算法，该算法执行时仅考虑本地时钟时间。最后，我们于本章末尾概述了结论和未来趋势。

17.1　物联网简介

近年来，大量设备（对象）接入互联网，接入数量比人都多。2020 年，连接互联网的事物数量预期为 500 亿，每个人将持有七台联网设备。这些联网对象将会产生大量数据和信息。

为利用自动化、感知等领域的众多应用创建机会，我们必须拥有标准化且灵活的平台来管理正蓬勃发展的物联网。这是能够在无人干预的情况下管理环境中广泛分布的“对象”所产生信息的新范式[2,3]。其基本特征是能够寻址（每个对象都应该可以唯一识别）、监测（能够与环境交互）、连接（能够将数据注入互联网）、分析系统（能够执行复杂或简单的计算①）和做出响应（能够与环境交互）。环境中的对象可产生信息流和数据流并将之发往互联网，大量对象催生了对一系列应用和服务的需求。物联网中创新应用开发的主要领域是交通运输和物流领域、医疗保健领域、智慧城市领域、个人和社会领域，以及其他充满未来感的领域，如与增强游戏相关的领域。物联网驱动的主要应用领域示例如下。

（1）交通运输和物流领域：库存清单、产品管理、目标跟踪、泊车/交通。

（2）医疗保健领域：数据采集、人员/药品跟踪。

① 在日本和韩国，这一特征尤为重要。事实上，人们常用普适计算一词而非物联网。

（3）智慧城市领域：（工业/商业）能源和智能电网、智能电表、工厂、基础设施/公共事业、农业；（个人）智能家居、智能楼宇、环境监测、安全（如消防和电梯）与监控、供暖通风与空调（暖通空调）、照明、传感器（如温度、湿度、存在的气体）。

（4）个人和社会领域：娱乐、社交网络、个人物品（丢失、失窃）、家电。

技术进步也引发了物联网潜力的改变。如今，物联网架构基于 4 个主要支柱，令人回想起支持自动化或人机交互相关常见垂直应用的那些主要技术[1]。

第一大支柱是射频识别[4]。它是应用最广泛的技术，旨在通过环境中留存的或附着在物体上的标签识别和跟踪物体。然后，用户就可以连接扫描到的标签和存有信息的中央服务器。电子产品代码的标准化有利于其在行业间的普及。

第二大支柱是机器对机器通信。尽管如今含义广泛，在 2004 年初，M2M 通信还仅限于设备/产品与远程（和专用）应用平台/服务器之间通过蜂窝网络或固定广域网进行的通信。

第三大支柱是无线传感器网络，此类网络由广泛散布在环境中的多个传感器组成，能够监测物理量（如温度、湿度、运动、压力和污染物）和以多跳模式进行无线通信。WSN 的参考标准是 IEEE802.15.4[5]，市场上的许多设备都遵从此标准。此外，现代 WSN 可以是双向的，即使具有非时间关键特性，传感器节点也能够本地动作。全双工使得无线传感器和执行器网络（WSAN）成为可能。

最后，第四大支柱是数据采集与监视控制（SCADA）系统。这类系统是自治系统，能够在人工控制或干预不可行的情况下，通过闭环控制理论监测往往带有实时要求的智能系统（复杂工业过程）。

物联网中一个不可忽视的方面是如何管理从环境到互联网的数百亿（或更多）对象将产生的大量数据。云平台成为存储、计算和可视化数据的基础，可将数据转换为有意义的信息。文献[3]为此提出了一种可能的实现。

关于物联网普及的一些主要问题，我们列举以下几点。

（1）通用（和标准化）平台的缺失，迫使软件开发人员实现各种垂直（和刚性）的架构以提供特定服务。

（2）需要寻址每个对象。

（3）终端异构性：协议栈并非众物平等，导致每个对象具有不同的处理能力和支持功能。

（4）需要保证每个对象所采集的数据及其向应用平台传输的安全性，这是物联网普及和标准化过程的基础。

本章内容组织如下。在 17.2 节中，我们回顾物联网场景中安全与隐私问题的由来，并描述用于解决这些问题的主要技术。在 17.3 节中，我们讨论单向和双向（非 IP）通信的几种安全连接算法。最后，在本章末尾，我们讨论物联网环境中的认知安全，总结整章结论。

17.2 安全协议相关工作

想要在物联网场景下提供安全和隐私约束一直是个挑战，这主要是因为异构设备数量庞大（设备数量在 2013 年约为 200 亿台，到 2020 年将增长到 320 亿台），且数据通过不安全连接交换。此外，安全的概念延伸到不仅仅指设备对设备通信（端到端数据机密性和完整性），也涵盖了网络方面（设备和网络接入的真实性）。举个例子，很多黑客创建虚假网络（所谓僵尸网络（botnets））来盗取数据和用户隐私信息。

牵涉物联网设备的网络钓鱼和垃圾邮件攻击也逐渐成为问题。2014 年 1 月，安全提供商 Proofpoint 的研究人员发现了利用联网设备（家庭路由器、电视机和冰箱等家用电器）发送恶意垃圾邮件的物联网网络攻击。随后，僵尸物联网（thingbots）诞生，四处祸害联网事物。此外，隐私问题也被证明解决起来比想象中更为复杂，因为物联网网络中的设备与人关联，而这会造成隐私缺失。

基本上，保障网络和数据的安全应解决不同安全需求。首先，要限制仅有授权用户（设备）能够访问网络和数据就有必要保证机密性。其次，应保证数据完整性和真实性，从而成功传输消息，并保障接收者收到的是可靠的消息。最后，应提供数据认证和可用性，以及恶意入侵者检测。

物联网场景中，人们已开发出许多技术来实现信息隐私和安全目标[6]，如改善物联网机密性和完整性的传输层安全（TLS），加密并混合不同来源互联网流量的洋葱路由技术，以及在传输路径上使用公钥将数据加密到多个层中。此外，最近还出现了关于互联网安全方面的深入综述[7]。

物联网平台将因下面两个主要支撑技术而成为现实：基于低功耗无线个人局域网的 IPv6（6LoWPAN）[8]和受限应用协议（CoAP）[9]。6LoWPAN 使嵌入式节点能够使用 IPv6 地址的子集，而针对小型低功耗传感器的软件协议 CoAP 则使这些设备能够向其他机器提供服务，实现资源节省。具体讲，6LoWPAN 概念是 IPv6 与 IEEE802.15.4 的结合。IPv6 数据包的大小是最重要的不同之处，所以互联网工程任务组（IETF）6LoWPAN 工作组提出了一个适配层，通过分片和组装优化 IPv6 数据包，从而受 IEEE802.15.4 链路层支持。

6LoWPAN 网络由一个或多个 LoWPAN 网络通过边缘路由器连接互联网构成，边缘路由器控制进出 LoWPAN 的流量。LoWPAN 设备以其短程无线电、低数据率、低功率和低成本为特征。LoWPAN 中存在两种类型的设备：①全功能设备（FFD）和②精简功能设备（RFD），RFD 连接边缘路由器，负责与互联网通信。此外，LoWPAN 支持两种拓扑：星型拓扑和网状拓扑。星型拓扑中，节点与负责管理网络内通信的协调器通信；网状拓扑中，节点可以直接相互通信。LoWPAN 内，设备不使用 IPv6 地址或用户数据报协议完整报头通信；依然是边缘路由器与外界通信。最后，6LoWPAN 的路由问题由 IETF-ROLL（低功耗有损网络路由）工作组解决，找寻适用于此类网络的路由解决方案。IETF-ROLL 提出 RPL（低功耗有损网络路由协议）[10]，打开了研究和开发的新领域。

Rghioui 等人在文献[11]中分析了 6LoWPAN 安全问题。6LoWPAN 可能遭到针对安全级别的多种攻击，这些攻击旨在直接破坏网络，或者盗取网络上的机密信息。攻击可被分为两种类型：由恶意节点发起的内部攻击，以及由未授权设备执行的外部攻击。另外，这些攻击可以是被动的，也就是攻击者的主要目的是监听网络并捕获秘密信息；也可以是主动的，也就是攻击者直接干扰网络的性能并引起故障，如拒绝服务（DoS）攻击。在文献[12]中，Kasinathan 等人描述了适用于 6LoWPAN 的 DoS 检测架构，往 6LoWPAN 中集成了入侵检测系统（IDS）。最后，威胁有多种，6LoWPAN 协议栈每层都会经历发生在不同层上的特定攻击[11]。Palattella 等人在文献[13]中呈现了针对物联网主要协议栈的调查研究，Tan 和 Koo 的研究论文[14]中也有涉及。

17.3 基于时间的安全密钥生成与更新

基于时间的安全密钥生成方法旨在高效管理（和更新）安全连接的密钥，同时保证通过安全信道传输的数据的完整性。其主要功能是本地密钥同步和生成，通过在通信信道的两端（发送者端和接收者端）生成对称加密密钥来实现。具体而言，发送者（接收者）会通过从共享密钥序列抽取的加密（解密）密钥来加密（解密）数据。而且，为增强数据传输的安全级别，还会在传输过程中变更所选密钥。

密钥变更可以按时间或事件规划，而且显然必须在通信双方之间同步进行。图 17-1 为基于时间的安全密钥生成原理。

本方法中，密钥生成过程是由通信双方独立执行的操作。事实上，不同于任何其他密钥管理算法，本方法中的协商密钥不需要交换任何额外的消息，唯一的要求是密钥生成函数应基于设备时间戳（图 17-1 中的 TS）为通信双方创建相同的密钥。安全密钥的有效性受到时间间隔的限制，所以，基于有效消息（利用以往时间间隔内生成的密钥所发送的消息）的重放攻击就会被丢弃。利用这些功能，我们可以证明，基于时间的安全密钥生成方法的一个主要优势是无须服务器来管理安全密钥。而且，密钥在通信链路两端（发送者和接收者）本地生成，并通过连接链路共享。图 17-1 中，我们假设时钟锁定到全球定位系统时标。在物联网场景下，由于设备可能无法接收 GPS 信号，或者没有配备 GPS，或许难以实现这一点。但是，如 17.4 节所述，这一原理可以延伸至所考虑的异构物联网场景。

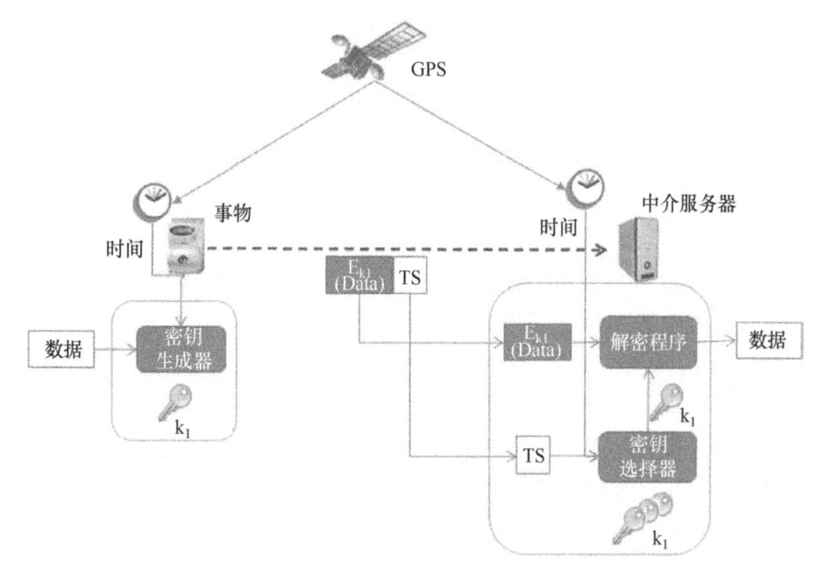

图 17-1　基于时间的安全密钥生成原理

接下来的小节中，我们提出单向数据传输和双向数据传输两种情况下的安全访问算法。

17.3.1　单向数据传输的安全访问算法

由于其简单性，单向设备无法执行任何安全程序以保护与中介服务器之间的安全密钥交换。发送者仅仅发送消息，无须任何反馈；发送者不接收任何信号，且采用不准确的内部时钟。然后，为以安全的方式向网关/中介服务器发送数据，通用非 IP 单向终端执行以下步骤。

（1）基于本地时钟测定的时间，本地生成加密密钥。

（2）创建消息并以生成的密钥加密消息；消息包含有效载荷，并（可能）含有用于增强安全的任何其他数据。

（3）以消息文本和所生成的密钥计算散列值，并将之附到消息上。

（4）向网关/中介服务器发送消息。

消息包含的各个字段可以分为明文部分和加密部分，如图 17-2 所示。

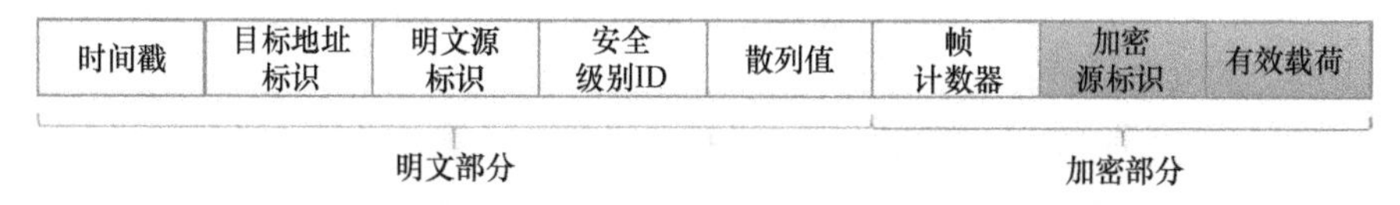

图 17-2　非 IP 终端发往中介服务器的消息格式

（1）明文部分：时间戳（获取自本地时钟）；明文部分标识（使网关/中介服务器能够在密钥生成等安全程序中本地识别之）；散列值（用于评估消息完整性；如果散列值是采用消息文本（图 17-2）和所生成的加密密钥计算得出的，那么此散列值也可用于验证发送者的身份）；安全级别参数，在应用程序级允许不同类型的消息采用多个安全级别时提供（如简单状态数据和设置传感器数据就可采用不同的安全级别）。

（2）加密部分（可选）：加密部分标识，可用于增强认证；帧计数器，每发送一帧加一；有效载荷（用于将信息传送给远程服务器上运行的应用程序）。

中介服务器接收到加密消息时，可以从随附的时间戳开始生成正确的解密密钥，从而解密消息。事实上，基于时间戳所提供的信息，中介服务器可以计算或选择密钥来解密给定消息；如果当前时间和时间戳之间的时间差超出了预设阈值，消息就会被丢弃。网关/中介服务器也可以使用连续时间戳值估计单向设备在相位和漂移方面的时钟行为，从而能够跟踪设备时钟的演变，然后轻松调整时间戳的有效时间窗口。我们注意到，能够验证所接收的时间戳时间序列是单调递增的就可以避免重放攻击。

网关/中介服务器可使用接收表中的所有联网终端组织消息接收。表中每个条目由三字段索引：<plain identity,timestamp,SLP>。其他字段包含解密所接收消息的密钥。与时间戳相关的有效性过期后，条目从表中移除。安全级别参数（SLP）可指示用于解密的安全算法（如保证机密性的 AES 或保证完整性的安全哈希算法（SHA）），这些算法在安装阶段就预设好了。这种组织方式允许使用关联周期性传感器检测、设置参数或关键检测数据的简单物联网终端进行多个并行通信。表 17-1 给出了接收表样例。

表 17-1 接收表样例

明文 ID	时间戳	SLP	密钥
ID 51	dd mm yy, 173545	1	$a_0a_1\cdots a_{n-1}$
ID 27	dd mm yy, 181011	1	$b_0b_1\cdots b_{n-1}$
ID 74	dd mm yy, 174457	2	$c_0c_1\cdots c_{n-1}$
⋮	⋮	⋮	⋮

17.3.2 双向数据传输的安全访问算法

对于双向终端（每台设备既能发送数据包，也能接收数据包），中介服务器可以使用专用消息[15]周期性广播其时钟定时，并在该消息的明文部分广播其标识。终端可将自身本地时钟与网关/中介服务器时钟对齐，然后根据上述算法生成安全密钥。

由于设备靠近网关/中介服务器，所以传播时延可以忽略。此外，与单向终端的情况类似，安全密钥具有足够长的有效时间间隔，可以传输一个或多个数据包，吸收可能出现的重传或任何其他不必要的时延。这种情况下，甚至密钥更新都可以通过基于时间的生成算法进行。

注意，每个终端可以由多个中介网关提供服务（在多个中介网关的覆盖区域中）。因此，中介网关标识是双向传输中区别多个中介网关的基础，而多个中介网关的时钟走时也可能（略有）不同。所以，终端应当在所发送消息中插入中介网关标识；否则，消息可能由于潜在的网关去同步而无法正确解密，造成使用错误的密钥加密。

注意，对基于公钥密码体制的潜在解决方案的分析超出了本章的讨论范围。举个例子，对于网关到物联网设备的传输，网关/中介服务器可以在此范围内广播公钥。物联网设备使用该密钥加密其标识和数据，并与网关/中介服务器通信。这种情况下，需要解决的唯一问题，就是保证安全接收切实保护了所传输数据包的完整性。而这个问题可以通过给物联网设备所传输数据包添加一个散列字段来解决。

17.4 认知安全

传统健壮静态安全是不足以应对当今数字世界需求的，尤其是在无线通信方面(缺乏固定基础设施)，这意味着持续的监视和缺乏隐私。此外，协作型无线协议更加脆弱，而动态网络条件也导致无法区分正常和异常。

随着无线技术的爆发式部署，移动设备和应用的快速发展，以及完全分布式控制的松散安全管理，移动设备面临安全取舍。如今，我们需要一种新的方法来提供安全，因为甚至是自适应的安全都已经不够了。这种新方法就是所谓的认知安全[16]。众所周知，认知涉及有意识的智力活动，如认识和感知，并且基于已简化为经验实证知识的可能性。认识安全方法利用机器学习、知识表示和网络控制与管理等技术添加认知，同时解决安全问题。

认知安全通过持续学习和更新特定于用户的属性、模式或知识来认证用户。

图 17-3 是认知安全应用到毛细管网络的原理图。认知引擎在中介服务器处收集来自毛细管网络中各终端接收的数据。可以收集的潜在参数包括每个终端的数据帧发送-接收时间差、传输频率、数据包长度、队列长度等。如果是单向终端，与所接收数据帧相关的时间戳差异提供了源发送速率的信息，源发送速率应与目标发送速率作比较。如果是双向终端，其在中介服务器处测得的时间戳差异应与设定值做比较。

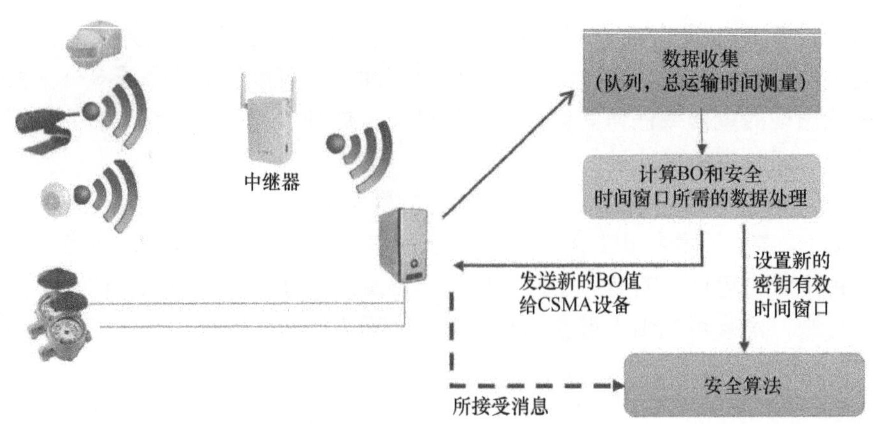

图 17-3　认知安全应用于毛细管网络原理图（BO：退避时间；CSMA：载波侦听多路访问）

基于这些参数和与历史数据的比较，认知安全算法应能够调整安全阈值，从而应对潜在的入侵者/干扰者，或者未正常运行的终端。举个例子，认知安全引擎可以修改相同终端的退避时间（BO），从而增加其访问共享信道和所传输数据帧的概率。检测到某终端出现流量异常时，中介服务器分析该终端（视为潜在的干扰者）的标识，即此终端的 ID 参数。如果认为受干扰情况不可信（终端安全），中介服务器会修改毛细管网络中终端的传输参数，增加双向发送帧，并向此 ID 标识的干扰者通告毛细管网络中的管理实体。与之相反，如果终端异常的情况可信，中介服务器就将此终端的 ID 通报给管理实体，告知管理实体此终端已被入侵。

因此，可能的对策如下。

（1）中介服务器基于应用层信息修改一组终端的访问参数。可修改的访问参数包括：帧生成速率；重新发起信道访问的退避时间（缩短）；检测存在另一终端传输的测量时间（如缩短短帧间间隔）。

（2）终端可执行数据包聚合以改善其性能。

（3）中介服务器修改安全密钥的有效期，从而避免重放攻击或时钟去同步。

由于毛细管网络中收集的数据，中介服务器能够通过恰当修改与信道访问、安全技术或流量传输特征相关的某些参数来强化网络安全：简而言之，通过应用认知安全范式来强化网络安全。

17.5　本章小结

本章中我们分析了与物联网网络访问相关的安全方面。具体而言，我们区分了从网关/中介服务器到非 IP 单向及双向物联网设备的通信。

基于时间的物联网安全问题解决方案生成并更新安全交易密钥，适用于单向及双向非 IP 设备。这一概念基于使用本地发送者的时间戳（插入所发送数据帧的明文部分）确定加密密钥。接收者利用此时间戳选择合适的安全密钥，在不无线交换密钥或额外消息的情况下解密。这种技术可大幅减少安全攻击，极大简化设备功能，是物联网环境的基础。

最后，我们介绍了认知安全的概念，并将之应用到基于时间的安全解决方案上，描述了可由参与者（毛细管网络中的中介服务器）监视并测量的主要参数，用以在物联网等各种各样的场景中实现和强化安全。

参考文献

[1] H. Zhou, *The Internet of Things in the Cloud: A Middleware Perspective*, CRC Press, Boca Raton, FL, 2012.

[2] L. Atzori, A. Iera, and G. Morabito, "The Internet of Things: A survey", *Computer Networks*, Vol. 54, 2010, pp. 2787–2805.

[3] J. Gubbi, R. Buyya, S. Marusic, and M. Palaniswami, "Internet of Things (IoT): A vision, architectural elements and future direction", *Future Generation Computer Systems*, Vol. 29, 2013, pp. 1645–1660.

[4] RFID guide. http://www3.nd.edu/g̃madey/Activities/CAS-Briefing.pdf.

[5] IEEE Standard for Local and metropolitan area networks–Part 15.4: Low-Rate Wireless Personal Area Networks (LR-WPANs), available online at https://standards.ieee.org/getieee802/download/802.15.4-2011.pdf.

[6] R.H. Weber, "Internet of Things: New security and privacy challenges," *Computer Law & Security Review*, Vol. 26, No. 1, 2010, pp. 23–30.

[7] H. Suo, J. Wan, C. Zou, and J. Liu, "Security in the Internet of Things: A review," in *Proc. of Intl. Conf. on Computer Science and Electronics Engineering (ICCSEE)*, vol. 3, pp. 648–651, March 2012.

[8] G. Mulligan, "The 6LoWPAN architecture," in *Proc. 4th ACM workshop on Embedded Networked Sensors (EmNets '07)*, pp. 78–82, 2007.

[9] Z. Shelby, K. Hartke, C. Bormann, and B. Frank, "Constrained Application Protocol (CoAP)," IETF draft, January 2012.

[10] T. Winter, P. Thubert, A. Brandt, J. Hui, R. Kelsey, P. Levis, K. Pister, R. Struik, J.P. Vasseur, and R. Alexander, "RPL: IPv6 routing protocol for low-power and lossy networks," Request for Comments (RFC): 6550, March 2012.

[11] A. Rghioui, M. Bouhorma, and A. Benslimane, "Analytical study of security aspects in 6LoWPAN networks," in *Proc. of 5th Intl. Conf. on Information and Communication Technology for the Muslim World*, 2013.

[12] P. Kasinathan, C. Pastrone, M.A. Spirito, and M. Vinkovits, "Denial-of-Service detection in 6LoWPAN based Internet of Things," in *Proc. of IEEE 9th Intl. Conf. on Wireless and Mobile Computing, Networking and Communications (WiMob)*, 2013, pp. 600–607, 7–9 October 2013.

[13] M.R. Palattella, N. Accettura, X. Vilajosana, T. Watteyne, L.A. Grieco, G. Boggia, and M. Dohler, "Standardized protocol stack for the Internet of (important) Things," *IEEE Communications Surveys & Tutorials*, vol. 15, no. 3, pp. 1389–1406, 2013.

[14] J. Tan, and S.G.M. Koo, "A survey of technologies in Internet of Things," in *Proc. of IEEE Intl. Conf. on Distributed Computing in Sensor Systems (DCOSS)*, 2014, vol., no., pp. 269–274, 26–28 May 2014.

[15] R. Giuliano, A. Neri, and D. Valletta, "End-to-end secure connection in heterogeneous networks for critical scenarios", *WIFS 2012, Proc. of the 2012 IEEE Intl. Workshop on Information Forensics and Security*, pp. 264–269, Tenerife, Spain.

[16] K. Witold, "Towards cognitive security systems", in *Proc. of Cognitive Informatics Cognitive Computing (ICCI*CC), 2012 IEEE 11th International Conference on*, pp. 539–539, August 2012.

Bibliography

daCosta, F. *Rethinking the Internet of Things: A Scalable Approach to Connecting Everything*, Apress Open, 2013.

Evans, D. "The Internet of Things: How the next evolution of the Internet is changing everything," White Paper, April 2011, available online: http:// www.iotsworldcongress.com/documents/4643185/3e968a44-2d12-4b73-9691- 17ec508ff67b.

Giuliano, R., F. Mazzenga, A. Neri, and A.M. Vegni, "Security access protocols in IoT networks with heterogenous non-IP terminals," in *Proc. of IEEE Intl. Conf. on Distributed Computing in Sensor Systems (DCOSS)*, pp. 257–262, 18–26 May 2014, Marina Del Rey.

Giuliano, R., F. Mazzenga, A. Neri, A.M. Vegni, and D. Valletta, "Security implementation in heterogeneous networks with long delay channel," in *Proc. of 2012 IEEE 1st AESS European Conference on Satellite Telecommunications, ESTEL 2012*, pp. 1–5, Rome.

Giuliano, R., F. Mazzenga, and M. Petracca, "Consumed power analysis for mobile radio system dimensioning", *IEEE International Conference on Communications (ICC 2013)*, June 2013, Budapest, Hungary.

Giuliano, R., F. Mazzenga, M. Petracca, and R. Pomposini, "Performance evaluation of an opportunistic distributed power control procedure for wireless multiple access", in *Proc. of 5th Intl. Symp. on Communications Control and Signal Processing, ISCCSP 2012*, May 2012, Rome.

Giusto, D., A. Iera, G. Morabito, and L. Atzori (Eds.), *The Internet of Things*, Springer, 2010. ISBN: 978-1-4419-1673-0.

Inzerilli, T., A.M. Vegni, A. Neri, and R. Cusani, "A location-based vertical handover algorithm for limitation of the ping-pong effect," in *Proc. of 4th IEEE Intl. Conf. on Wireless and Mobile Computing, Networking and Communications (WiMob 2008)*, pp. 385–389, 12–14 October 2008, Avignon, France.

Mionardi, D., S. Sicari, F. De Pellegrini, and I. Chlamtac, "Internet of Things: Vision, application and research challenges", *Ad Hoc Networks*, Vol. 10, 2012, pp. 1497–1516.

Palma, V. and A.M. Vegni, "On the optimal design of a broadcast data dissemination system over VANET providing V2V and V2I communications: The vision of Rome as a smart city," *Journal of Telecommunications and Information Technology (JTIT)*, no.1, 2013, p.4148.

Petracca, M., R. Giuliano, and F. Mazzenga, "Application of UWB technology for underlay signaling in cognitive radio networks", *Recent Patents on Computer Science* 2012, vol. 5, no. 2, pp. 109–116.

Spiess, P., S. Karnouskos, D. Guinard, D. Savio, O. Baecker, L. Souza, and V. Trifa, "SOA-based integration of the Internet of Things in enterprise services", *Proceedings of IEEE ICWS 2009*, July 2009, Los Angeles, CA.

Su, K., J. Li, and H. Fu, "Smart city and the applications," in *Proc. of International Conference on Electronics, Communications and Control (ICECC)*, pp. 1028–1031, 9–11 September 2011.

Vienna University of Technology. European Smart Cities. http://www.smart-cities.eu/.

第五部分　社会认知

第 18 章　以用户为中心的物联网隐私与信任分散治理框架

物联网（IoT）正在改变人们共享信息和与周围环境通信的方式，促成人与物之间有时候无意识的持续数据交换。这种情况要求采用新型安全与隐私保护解决方案来应对物联网环境的动态与泛在特性。

本章概述了 SocIoTalEU 项目范围内开发的主要安全与隐私增强技术，如用于安全数据共享的基于属性的密码技术、用于最小化个人数据披露的匿名凭证系统，以及基于能力令牌的访问控制机制。这些机制包含在一个新的物联网安全框架中，该框架基于架构参考模型（ARM），并强调将上下文管理作为推动安全决策的基石。可通过面对面使能器和室内定位使能器等以设备为中心的各种使能器来获取和推断上下文。

18.1　引　言

最近，连接互联网的对象和设备数量已超过了全球人口总数，标志着物联网新时代的到来。一开始，互联网设备的推出主要是由以工业和企业为中心的用例推动的。尽管大多数用户没有意识到隐私和数据所有权的影响，一些最终用户应用和“自我量化”却已越来越为人所接受。然而，利用智能设备解决个人、用户群或社会需求的潜力在这一阶段是有限的，对很多人来说并不明显。

释放物联网的全部潜力意味着要超越以企业为中心的系统和迈向公民包容型物联网，激励由人提供的物联网设备和信息流。这样将可解锁一系列以公民为中心的新型物联网信息，建立新一代高社会价值服务。

迈向鼓励由公民提供物联网设备并贡献信息流的公民包容型物联网，会对人类和整个社会产生重大影响。想要促成此类包容性物联网解决方案，就必须克服一系列技术性社会经济障碍。尤其是，人类对物联网的认知对于社会各领域成功普及物联网起着至关重要的影响。对物联网技术的信任和信心水平是形成物联网民意的关键，因而是必须解决的重要挑战。物联网解决方案必须解决这个真正的挑战才能如预期般地无缝后台运行，对用户不可见。

为确保社会各领域大规模采用物联网，物联网架构和包容性物联网生态系统的协议必须简单，且能促使每位公民不断贡献家中物联网设备和信息流，融入所处社区乃至整个物联网环境。除了系统使用方式上的简单性，以及系统为每位用户带来的明显好处，物联网系统还必须以确保充分的控制与透明度的方式实现。这是增强信心和更好地了解所提供信息与设备的必要条件。如果社区生长的物联网系统没有充分解决透明度和用户控制问题，就存在用户对挂载和卸载此类系统抱有怀疑和不信任态度的危险，可能造成用户反对和排斥物联网技术，阻碍物联网的广泛部署。

SocIoTal[1]项目调查、设计并提供可靠、安全、可信物联网环境的主要使能器，促成建立具有社会意识的以公民为中心的物联网。该方法一方面激励人们贡献自己的物联网设备和信息流，另一方面促使人们通过访问其他用户提供的信息而获益。SocIoTal 将提供技术-社会基础，解锁几十亿新增物联网信息流，采取以公民为中心的物联网方法，创建符合社会利益的大规模物联网解决方案。通过为社区配备增加用户对物联网环境信心的安全可信工具，SocIoTal 可使其过渡到智能街道、智能社区和智慧城市。

该方法的目标是建立以信任、用户控制和透明度为核心的物联网生态系统，从而获得普通用户和公民的信赖。提供足够的社会认知工具，配备简化复杂度并降低进入门槛的机制，将会鼓励公民参与到物联网中来。由于这些障碍和门槛大多与安全和隐私顾虑相关，本章重点阐述 SocIoTal 范围内设计的主要机制，解决这些问题。例如，提供灵活安全共享模型的隐私保护解决方案、支持最小化隐私信息披露的身份管理（IdM）机制，以及访问控制机制。这些安全与隐私解决方案由上下文驱动，旨在应对物联网普遍和泛在的特性。因此，本章也描述 SocIoTal 中两大主要使能器：面对面使能器和室内定位使能器，是如何提供和推断上下文的。上下文感知安全解决方案是在一个新颖的安全框架范围内构建的，该框架在 SocIoTal 项目范围内设计和实现。

18.2 研究背景与现状

为在共同认知下设计物联网服务和应用，欧洲多项倡议定义了不同的框架。这些方法通常不考虑物联网的全球性，专为特定领域定制，只满足一小部分需求。物联网普及的主要障碍之一正在于此。在普及物联网的方向上，EU FP7 IoT-A 项目（http://iot-a.eu）代表着欧洲物联网统一愿景最具标志性的倡议，通过优化物联网应用孤岛间的互操作性，创建共识之下的全球服务生态系统。IoT-A 项目的主要成果是定义了物联网系统的 ARM[4]，通过描述基本构件块来推动高度抽象层上的共识。IoT-A 项目产出的各个成果催生了将 ARM 作为设计活动起点的其他倡议，如 EU FP7 IoT6[28]或 BUT-LER[3]项目。然而，这些工作所形成的各种架构有一个共性：这些架构并未专注适用于物联网场景的安全与隐私机制定义，支持设计隐私和数据最小化原则等方面。

从这个意义上讲，Daidalos（http://www.ist-daidalos.org/）、SWIFT（http://ist-swift.sit. fraunhofer.de/）和 Primelife（http://primelife.ercim.eu/）等相关项目已经开始应用以用户为中心的隐私保护身份管理方案，能够处理物联网场景安全与隐私问题的整体架构在定义上缺乏明确性的问题。在 18.3 节提出物联网安全框架基于 ARM 架构，并以安全和隐私保护方面的创新机制扩展了 ARM 架构。

我们需要根据所设想的物联网场景调整现有的安全与隐私保护解决方案，使之能够在保护隐私的同时采用更灵活的共享模型（超越经典的请求/响应方法），促进实体之间的快速动态关联。隐私增强技术有助于解决这一问题，提供实现匿名性、假名、数据最小化和不可关联性及其他技术的方法，从而保证敏感数据的机密性和完整性。用户应能控制其个人数据中有哪些可以在何种情况下被谁收集。同时，物联网范式隐含内存、计算、存储和电量等设备限制，意味着在设计物联网安全与隐私框架时还应将可用性方面也纳入考虑。

这种情况下，我们物联网框架中采用的身份管理解决方案建立在将部分身份用作身份保护机制的基础上，允许用户根据自己的真实身份定义其个人属性的子集，从而在给定上下文中标识自身。这么做是为了避免在使用服务时用到整个凭证（如用户 X.509 证书），因为实际上可能只有一小部分凭证属性是真正需要的。匿名凭证系统（如 Idemix[7]或 Uprove[21]）允许用户发送加密证明而非整个凭证，表明自己拥有特定属性或所有权。此类匿名凭证系统中，实体首先从凭证颁发机构（颁发者）获取凭证，然后生成定制加密证明，并将之发送给另一方（如服务），使其确信自己拥有该凭证。我们的框架将匿名凭证功能用作身份管理功能组的一部分。用户可利用部分身份向物联网服务认证自身，从而在仅披露最少量个人数据的情况下安全地访问这些服务。匿名凭证和部分身份适用于用户和物联网服务之间的同步或异步信息交换。

此外，为信息交换提供机密性和完整性也是物联网环境中仍需解决的重要安全问题。为此，物联网框架应允许根据上下文为从数据生产者到数据消费者的每个数据交易选用不同的部分身份。可以采用基于属性的加密（ABE）[14]机制确保数据交换期的机密性。ABE 可依靠第 18.3 节提出的物联网框架所采用的匿名凭证系统，在用部分身份证明了拥有这些属性后，获取与特定用户属性相关联的私钥。只要遵从属性共享策略，数据消费者就可以使用这些私钥解密由数据生产者加密的信息。这种依托 ABE 的安全数据传播方法在第 18.3.4 节提出。

物联网场景的实现给隐私和访问控制带来了大量限制，因为日常物理对象被无缝集成到了互联网基础设施中。当前的访问控制机制需要考虑采用高效而恰当的身份管理方案，以便能够在保留端到端安全的情况下应对具有数十亿对象的各种场景。此外，物联网场景很容易遇到需要管理特别敏感数据的情况，因为任何信息泄露都可能严重损害到用户的隐私。由于接入互联网的任何实体都能够产生新的信息并与任何其他实体通信，这一问题在物联网中更为突出。传统访问控制解决方案在设计时并未考虑这些方面，在大多数情况下，传统方案都无法满足这些早期生态系统在可扩展性、互操作性和灵活性方面的需求。这些问题与挑战逐渐引起安全社区的重视，最近已兴起了针对这一方向的一些工作。文献[27]中提出了物联网使用控制（UCON）模型的抽象。该提案基于信任管理中心，信任管理中心负责更新每个使用请求中各设备和服务的信任值。

在文献[11]著述的基于授权的访问控制（ZBAC）和简单公钥基础设施（SPKI）证书理论基础上，考虑物联网场景下基于能力的访问控制（CapBAC）的应用，研究人员扩展了 EUFP7IoT@Work 项目的工作。该方法[15]通过由服务查询的策略决策点（PDP）来获取授权决策。因此，当主体试图访问特定资源的数据时，用户就会将能力令牌附到访问请求上。随后，策略决策点根据所接收的能力和资源所定义的内部规则，决定是否授权实体。有研究人员也考虑采用 CapBAC 方法实现安全的服务访问[22]。服务一旦验证了能力，就会为后续通信建立起受保护的会话。在这些工作的基础上，安全社区最近引入了基于能力的分布式访问控制（DCapBAC）[17]，作为物联网部署的一种可行访问控制方法，即使物联网部署采用了资源受限设备也适用。DCapBAC 采用分布式方法，受限设备可通过调整通信技术和数据交换格式实现授权逻辑。第 18.3.3 节中提出并阐述的访问控制系统即采用了 DCapBAC 和其他访问控制与安全功能，提供全面的物联网访问控制系统。

18.3 SocIoTal 安全框架

某种程度上，SocIoTal 安全框架是在 IoT-AEU 项目范围内设计的 IoTARM 架构的安全功能组实现。尽管如此，我们的物联网安全框架不同于 ARM，特别重视隐私保护机制和安全数据共享。因此，除了 IoT-A 定义的 5 个经典模块之外，该框架还包含了一些其他模块。也就是说，该框架以上下文管理器扩展了 ARM，将之作为横向组件组织框架内其他组件应对物联网的普遍与泛在特性。此外，该框架还包含隐私保护身份管理系统，为用户提供基于匿名凭证系统实现匿名性、数据最小化和不可关联性的方法。而且，此安全框架引入了一组管理器组件，可处理用户或智能对象或二者的气泡中更为灵活的安全共享模型。图 18-1 展示了 SocIoTal 安全框架的主要组件。可以看到，图中描述了七个主要组件，即认证、授权、身份管理、信任与信誉、上下文管理器和组管理器。

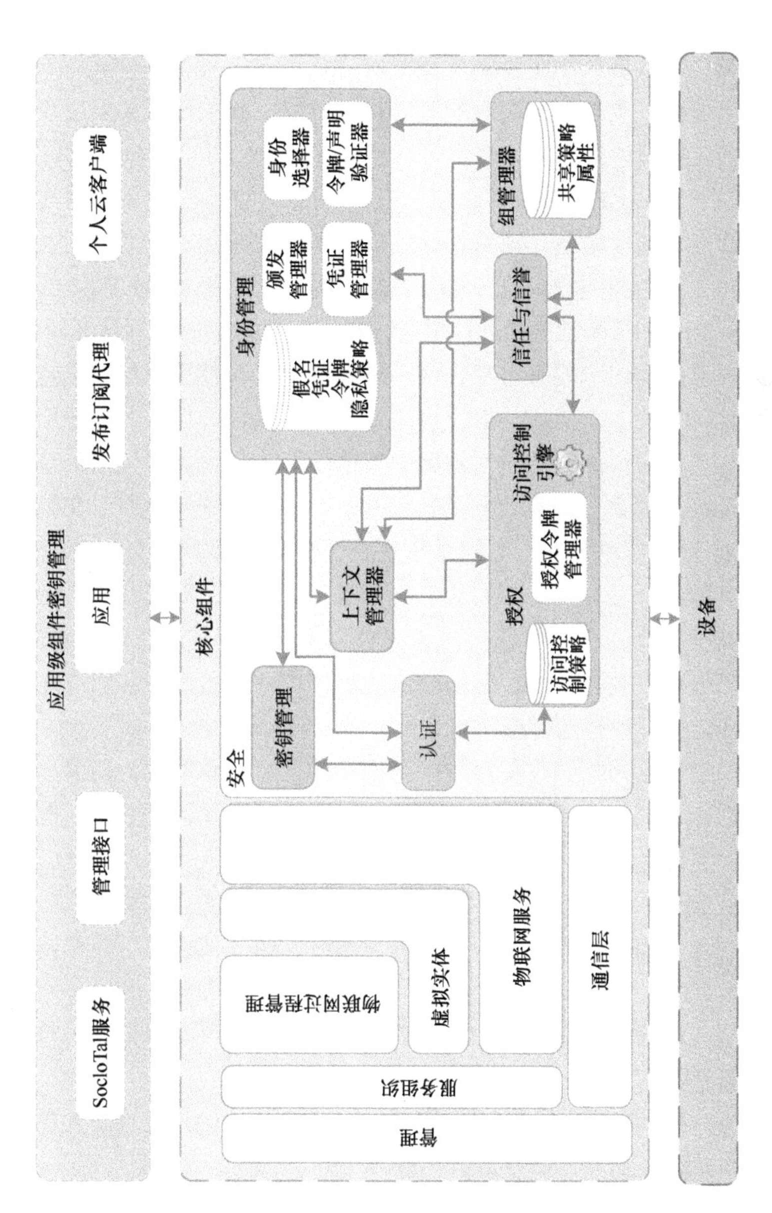

图 18-1 基于 ARM 的物联网安全框架

认证组件基于所提供的凭证认证用户和智能对象，允许为主体绑定真实身份。认证过程生成可用于后续授权过程的断言，声明特定主体已成功认证。从这个意义上讲，我们的框架使用了安全声明标记语言（SAML）协议（http://docs.oasis-open.org/security/saml/v2.0）来处理认证令牌。即使是在新兴物联网范式中，登录口令和电子 ID 等传统认证机制也得到了妥善解决。同时，我们的框架还通过确保隐私和属性最小化披露，实现了更高级的认证执行方法。我们在框架中用身份管理组件处理这种隐私保护的认证方式。身份管理系统在第 18.3.2 节详细描述。

密钥交换与管理（KEM）组件在建立安全上下文的过程中帮助参与通信的对等节点，如设置安全通信隧道。该组件提供加密密钥交换和对等节点间互操作性，从而就通信所用安全功能达成协议。我们的框架主要关注 KEM 组件部分，通过 CP-ABE 加密方案处理隐私保护身份管理系统和组管理器中的密钥管理问题。

信任与信誉组件实现可信且可靠物联网环境的建立，使用户能安全地与物联网服务交互。物联网场景中，信任与信誉模块计算出的信任与信誉评分适用于多种不同情况。因此，信任与信誉组件允许框架中其他安全组件根据量化的信任评分进行安全与隐私决策。这些评分有两个方面的目的：一方面，评分可用于在物联网服务中安全交互。对于生产者而言，可根据信任评分针对数据共享做出授权决策；同时，消费者可根据评分以可靠的方式从生产者处获取数据，即仅从满足特定信任评分要求的服务获得数据。另一方面，信任评分可用于管理气泡（信任圈），根据上下文和信任值在气泡中共享数据。信任与信誉组件可评估气泡中各用户之间的社会交互程度。信任与信誉组件通常遵循包含 4 个主要操作的过程，如下。

（1）信任与信誉组件持续收集系统中各实体的信息以获取行为信息。实体可以指用户、智能对象，乃至整个社区（或圈子）。信任与信誉组件主要从框架的上下文管理器组件收集信息。

（2）收集到信息后，可使用各种算法和技术计算给定实体的可信度，过程中需将计算限制、能量限制和存储限制考虑在内。最终，信任与信誉组件得出实体的信任评分。

（3）基于信任评分和可能需要的其他有用信息，实体可选择最佳对等实体进行交互，或者干脆拒绝交互。

（4）对于进一步的交互，一旦实体间建立起通信，信任与信誉组件便会更新目标实体的评分，奖励或惩罚此类交互。

该安全框架的其他 4 个组件，即上下文管理、身份管理、授权和组管理，采用物联网专用的创新安全技术设计和实现，因而是本章的重点。接下来的 4 个小节里，我们详细介绍 SocIoTal 框架中的这 4 个安全组件。

18.3.1 上下文驱动的安全与隐私

如图 18-1 所示，上下文的作用是 SocIoTal 安全框架的核心。下列组件都需要访问上下文管理器：

（1）身份管理器：创建并管理与给定用户/设备相关联的多个身份，根据设备上下文加载这些身份并向其他设备和架构组件公布。

（2）授权管理器：根据提供者和消费者的上下文，实现基于能力的用户设备数据与服务访问。

（3）组管理器：根据设备的上下文定义并标识组（如气泡），并通过在特定组内分发私钥实现组间数据安全共享。

（4）信任与信誉管理器：根据设备和用户上下文计算设备信誉评分，并定义给定设备相对于另一设备的可信度级别。

图 18-2 展示了 SocIoTal 上下文管理器的架构和所提供的功能。由于 SocIoTal 应对的是分布式架构和嵌入式设备与移动/静态设备的混合环境，上下文管理器的部分或全部模块与功能可以托管在设备、关联网关，或者云/后端基础设施（或这两者）上。

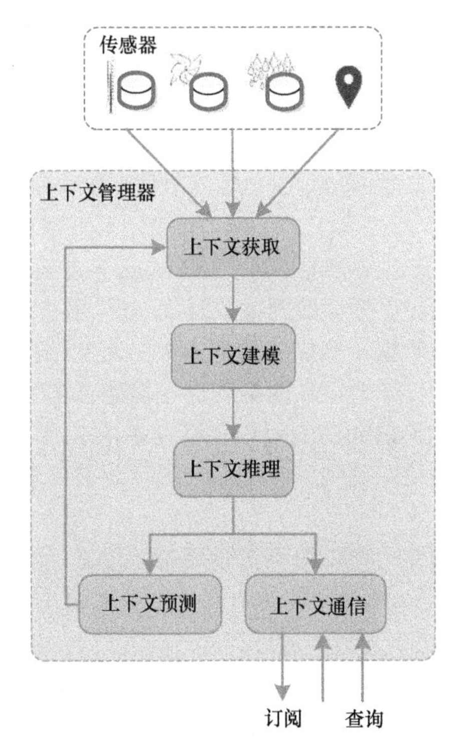

图 18-2　上下文管理器架构

为向外部组件和第三方组件与开发人员提供 SocIoTal 生成的上下文，取决于目标场景和所涉设备（静态与移动设备、传感器探头与智能手机），我们设想了两种不同的上下文通信机制：

（1）基于查询的上下文通信机制：需要上下文的组件（上下文消费者）发起查询请求，作为上下文存储库的上下文管理器可以根据该查询产生所请求的结果。

（2）基于发布/订阅的上下文通信机制：上下文消费者通过描述其上下文要求，向上下文管理器订阅。然后，作为上下文代理的上下文管理器周期性返回结果，或者在事件发生（超出阈值）时返回结果。

为支持此类功能，SocIoTal 上下文代理基于 FI-WARE Orion 上下文代理[13]模块实现，为从所选组件共享和访问 SocIoTal 上下文信息提供后端/云功能。由此，产生上下文的每台设备都将作为注册到后端 SocIoTal 上下文代理的 NGSI 上下文提供者实现其上下文通信模块。借助标准化接口（NGSI-9 registerContext），可以按照定义明确的模型注册特定上下文概念。一旦上下文推理模块提取出特定上下文值，就可以使用 NGSI-10 update-context 方法将其推送到 SocIoTal 上下文代理，并通过基于查询的方法将其分发至订阅模块，或存储起来供进一步访问。

需要指出的是，与上下文代理之间的通信受安全机制（如授权和加密）的约束，从而确保仅可信设备能与之交互。

为了使用简单且高度可转换的格式共享上下文，我们根据开放移动联盟（OMA）上下文管理规范[12]定义了用于将上下文概念传达给目标模块的 JSON 消息。该规范将每个上下文定义为由上下文元素集合构成的特定上下文实体，上下文元素由属性和元数据表示。根据 SensorML 属性规范[8]，属性集合将用于定义每个特定的 SocIoTal 上下文。

取决于设备功能，上下文推理模块可根据上下文建模提供的定义，直接在 SocIoTal 设备上运行，或在更强大的网关或云/后端服务上运行。上下文建模基于上下文获取模块提供的不同数据流源提取所需上下文元素。在特定 SocIoTal 场景下，上下文推理模块由第 18.4 节中定义的两种设备使能器实现，即面对面使能器和室内定位使能器。这两种使能器允许为用户手机设备指定上下文，基于设备的室内位置组成新的组或气泡，并检测其间社会关系。提供此类信息的抽象共享 SocIoTal 上下文模型包含下列属性。

（1）定位：根据特定室内定位坐标提供设备的位置。

（2）关系：提供表示设备 ID 的假名列表（最终清空），检测面对面关系及其类型。

（3）日期时间戳：获取上述两个上下文属性时的时间参考。

最后，为了管理智慧城市传感器等所设想 SocIoTal 设备上的可用稀缺资源，或者保留用户智能手机等其他设备用户体验，我们设计了上下文预测模块，利用观察到的上下文的周期性来优化上下文推理操作，这样可减轻持续获取感知数据和提取上下文信息的负担。至于社会关系和室内位置的情况，预计用户随身携带 SocIoTal 设备（如产生和共享数据的智能手机）时可观测到用户行为的周期性。

18.3.2 隐私保护的身份管理

身份管理包含的技术和过程旨在控制和管理对信息与资源的私密安全访问，同时保护用户信息或智能对象配置文件。身份管理应提供存储标识符、凭证和假名等实体信息的方法，还应负责定义、管理和发布实体的标识与凭证，考虑到物联网环境中实体既可以指人，也可以指智能对象。

身份管理通常提供接口供用户和管理员访问身份信息和进行管理。传统身份管理系统缺乏恰当的隐私保护处理方法，且通常不向用户提供实现最小化隐私信息披露的手段。采用常见凭证的传统身份管理系统中，服务提供商通常会存储收到的所有令牌和用户凭证（如 X.509 证书）。但问题在于，服务提供商可以将这些令牌和凭证都关联起来。因此，用户应获得自身数据的完全控制权，确定哪些情况下可以披露哪些隐私数据。身份管理应提供恰当的机制根据上下文以私密的方式管理其部分身份，也就是提供匿名性和不可关联性。

该安全框架的身份管理组件是一种匿名凭证系统，能够在访问物联网服务时确保用户隐私和最小化个人信息披露。此组件基于 Idemix[7]匿名凭证系统，但适应物联网场景。也就是说，为了应对通常部署了智能手机的 SocIoTal 用例，先实现了身份管理组件来处理基于 Android 的智能手机部署。在最终用户处部署了部分身份管理后，智能手机允许对手机中的个人数据进行控制和管理，定义部分身份并描述根据上下文定义其个人信息披露方式的规则。此类场景下，用户可以与其他对等方、社区成员和气泡直接交互，共享信息并访问对方的物联网服务，使得用户设备能够充当信息的消费者和生产者。

不同于 Fiware[13]等传统身份管理，SocIoTal 身份管理解决一小部分功能，专注认证过程和隐私保护机制，使用户能够根据上下文使用不同部分身份访问目标设备。传统 Web 环境中的其他身份管理功能，如用户资料管理和单点登录（SSO），在 SocIoTal 中交由现有解决方案处理，这些解决方案已经成功提供了此类功能。SocIoTal 安全框架中的隐私保护身份管理系统依赖两大主要操作：凭证颁发和凭证表示过程。下面我们详细讨论这两个操作。

凭证颁发过程和表示过程都是匿名凭证系统所需的主要协议。图 18-3 描述了凭证颁发操作的主要交互过程。

（1）首先，主体物联网设备向颁发实体请求凭证。如果主体是第一次请求凭证（且未提供另一凭证或证明），颁发者必须通过带外认证过程或其他引导电子认证来识别主体。

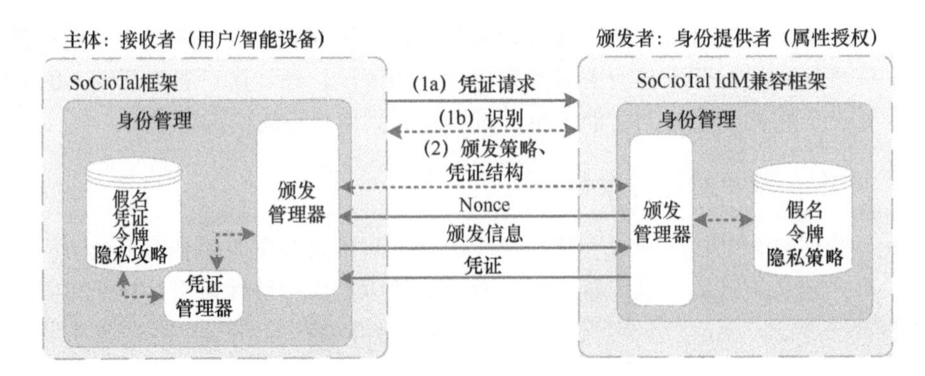

图 18-3　身份管理凭证颁发

（2）主体需要定义凭证结构才能获得凭证。凭证结构定义了凭证的属性结构，可由颁发者提供，或已被主体获悉。取决于具体实现方式，颁发者也可向主体提供颁发策略，指定主体必须持有哪些现有凭证才可获颁新的凭证。或者，凭证基于另一现有凭证的情况下，凭证结构应描述新凭证中将重用哪些属性。

（3）双方完成初始化并共享相同凭证定义后，颁发者计算名为 nonce 的随机值，发送给主体。主体计算加密消息（也称为令牌），该消息包含要纳入凭证中的属性，遵循凭证结构，满足颁发策略（可选），但省略了签名和加密方案的详细数学描述，因为这些取决于底层加密引擎实现。

（4）向颁发者发送携有令牌的颁发消息。根据实现，如果第 2 步中颁发者请求颁发策略，则需验证令牌是否满足此一策略。然后，颁发者创建凭证的加密部分，以其秘密密钥签名属性，同时还会创建正确性证明。出于追责的目的，颁发者可保存假名和上下文。

（5）在回复中，颁发者向主体发送带有正确性证明的加密消息和属性签名。主体确认加密材料接收，基于此消息生成凭证，并存储凭证。

表示过程是隐私保护身份管理系统提供的主要操作，建立在匿名凭证的基础之上。图 18-4 描述了表示过程，以及与主体之间的交互，其中主体想要证明其部分身份（此凭证）具有特定属性。

（1）主体向物联网服务（验证者）发出请求，验证者要求主体提供拥有凭证或特定属性的某些加密证明。

（2）验证器计算称为 nonce 的随机值，并发送给主体。基于实际上下文，主体的身份选择器模块利用凭证管理器，从其数据库已有凭证或假名中，选择最佳凭证（部分身份）或假名交由验证者验证。或者，如果底层加密引擎支持，在主体已知物联网服务所需证明规范的情况下，验证者可向主体发送表示策略，声明用户需披露哪些数据才能获得所请求物联网服务的权限。换句话说，表示策略定义了哪些凭证和属性是必需的，或者哪些条件是属性或凭证和属性都必须满足的。

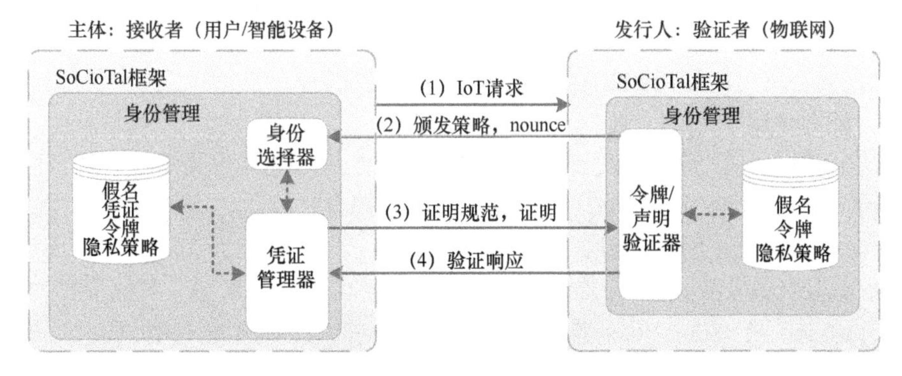

图 18-4　身份管理表示过程

（3）主体（作为示证者）定义所选凭证的证明规范供验证者验证使用。该证明包含 nonce、属性和关于属性的声明。然后，示证者构建加密对象作为证明，并将此证明随规范发给验证者。

（4）验证者以加密证明验证入站证明规范，计算验证协议以核验属性声明和假名是否有效。

（5）验证者根据验证结果向主体回以肯定或否定的响应。如果身份验证成功，物联网服务可将主体重定向至授权组件，从而基于授权策略做出授权决策。

表示过程可用于在隐私信息最小化属性披露的情况下匿名认证用户和智能对象。主体想要访问物联网服务，且双方都具有 SocIoTal 隐私保护身份管理系统时，用户可在凭证表示过程之后提供凭证证明，以此作为获得物联网服务访问权的认证手段。

18.3.3　基于能力的物联网访问控制

DCapBAC 被认为是可部署在物联网场景中的一种可行方法[17]，即使物联网中存在资源紧张的设备。这种方法的轻量级灵活设计允许授权功能嵌入物联网设备上，为物联网提供在可扩展性、互操作性和端到端安全方面的分布式安全方法优势。该方法的关键要素是能力概念，此概念源自文献[10]，作为“授权持有者访问计算机系统中的实体或对象的令牌、票据或密钥”提出。这种令牌通常由授予持有令牌的实体的一组权限构成。此外，令牌必须能防篡改且明确标识，以便在真实环境中加以考虑。因此，即使面对资源受限设备，也有必要考虑采用合适的加密机制，实现端到端安全访问控制。这一概念被应用到物联网环境，并通过定义在受限设备上进行本地验证的条件加以扩展。由于智能对象读取的任意参数都可在授权过程中使用，这一特性增强了 DCapBAC 的灵活性。DCapBAC 采用 JavaScript 对象表示法（JSON）[9]作为令牌的表示格式，并使用了受限应用协议[25]和 WPAN 等新兴通信协议，以及适用于椭圆曲线加密（ECC）的一组加密优化。SocIoTal 采用 DCapBAC 和基于可扩展的访问控制高标示语言（XACML）的策略机制，作为推断嵌入能力令牌中的访问控制权限的访问控制系统。

1．能力令牌

能力令牌的格式基于 JSON。相较于更传统的 XML 等格式，物联网场景下学术界和产业界都更青睐 JSON，因为它能够提供简单、轻量、高效且表达性强的数据表示，适用于受限网络和设备。

清单 18-1 描述的能力令牌示例允许主体设备（智能对象 A）对（智能对象 B 中的）position 资源执行 Get 操作。能力令牌还指示目标设备（执行授权决策）仅在主体设备信任指数高于 5 的情况下授予主体设备访问权。注意，该功能需要目标设备部署 SocIoTal 框架负责量化信任度的信任管理器组件。

清单 18-1　信任感知能力令牌示例


```
{"id": "Jd93_jZ8Ls5V0qP",
"ii": 1412941013,
"is": "coap://tokenManager.um.es",
"su": "aB4wSICIXC1pm2pkW9YMPQyFudc=CPhYdgOAQwc0YgURwP1q02WSv=",
"de": "coap://smartObjectB.um.es",
"si": "TqZaXuxZ5dmZU6k3PtiWwI3NrjH=7u5By5OHzl0Otq4TmkrZU2JPd=",
"ar": [
    { "ac": "GET"
    "re": "position"
    "co": [{
        "t": 5,
        "u": trust,
        "v": 0.7}]}
    "nb": 1412941013,
    "na": 1412941456
} Legend: "id"-> identifier "ii"-> issued time "is"->issuer "su"->
subject "de"-> device "si"-> signature "ar"-> accessRights "ac"->
action "re"-> resource "co"-> condition "t"-> type "u"-> unit "v"->
value "nb"-> not before "na"-> not after
```


2．DCapBAC 场景

典型 DCapBAC 场景中，实体（主体）试图访问另一实体（目标）的资源。通常，第三方（颁发者）为主体生成令牌，确定其具备哪些权限。主体试图访问目标上托管的资源时会附上颁发者生成的令牌。然后，目标评估令牌，确定是允许还是拒绝访问资源。因此，希望访问目标上特定信息的主体需要将令牌与请求一起发送。这样，收到此类令牌的目标设备才能知道主体具有的权限（包含在令牌中），才能充当策略执行点（PEP）。这么做可以简化访问控制机制，也是物联网场景的一个重要功能，因为不需要在端点设备上部署复杂的访问控制策略。

图 18-5 展示了 DCapBAC 的基本操作。第一步，颁发者实体（可由设备所有者或负责智能对象的另一实体实例化）向主体颁发用以访问此类设备的能力令牌。除此之外，为了避免安全问题，此类令牌经由颁发者签名。SocIoTal 访问控制系统中，这一过程采用 XACML 策略实现。因此，在“许可”决策情况下，生成的能力令牌具有该特定权限。此外，XACML 策略可用于嵌入上下文条件，供目标设备进行本地验证。主体一旦接收到能力令牌，就会尝试访问设备数据。出于这个目的，主体（通过使用 CoAP）生成附有令牌的请求。如图 18-4 所示，该请求无需被任何中介实体读取。目标接收到访问请求时执行授权过程。首先，应用检查令牌的有效性（是否过期）和需验证的权限与条件。然后，应用使用相应的公钥验证颁发者签名。取决于具体场景，该密钥可在调试或制造过程传递给智能对象，或者从预定义的位置恢复出来。最后，一旦授权过程完成，目标就会基于授权决策生成响应。

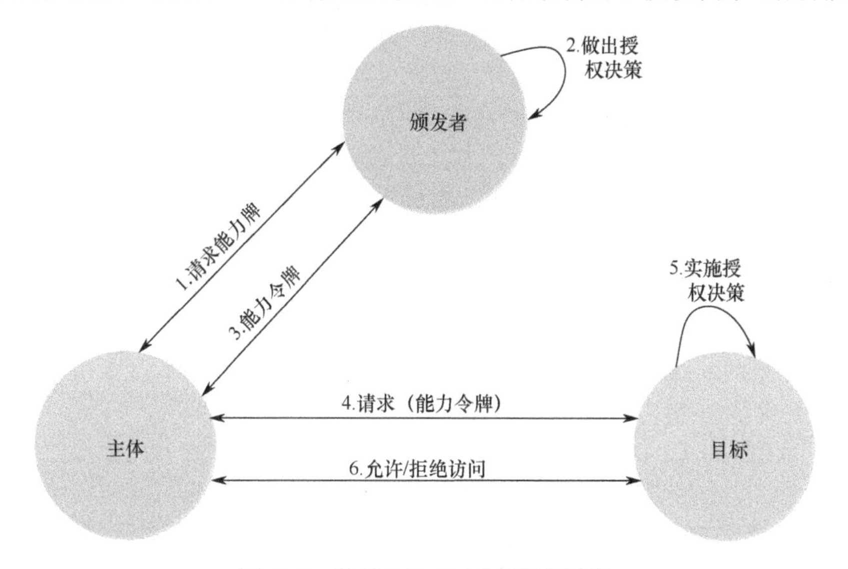

图 18-5 基于 DCapBAC 的授权过程

此外，该方法还为访问委托等高级功能提供支持。访问委托情况下，拥有能力令牌 CT 的主体 S（作为委托人）可为 S'（作为受托人）生成另一令牌 CT'，其中嵌入 CT 的权限子集。因此，CT'可以被 S'用来访问目标智能对象中的资源。而且，S 可授权 S'再行委托。该功能有利于解决物联网场景和日常生活的动态性与普遍性。例如，老年人可以提供临时权限或将之委托给家庭护理人员，以便他们能在发生紧急情况时进到家中。在委托的情况下，有必要用相应特权子集签名每个新的功能令牌，从而实现完全可审核的访问，避免安全漏洞。

18.3.4 安全组数据共享

实现由实体组成动态社区的场景需要定义恰当的机制，以便为设想的用例设计可扩展的分布式安全解决方案。不同于当前的互联网，此类动态联盟中，物联网交互模式往往基于实体间不稳定的短时关联，缺乏之前建立的信任链接。为这些数据交换提供基本安全属性是个需要妥善解决的重大安全问题，需在保护所涉实体隐私的情况下，实现更灵活的共享模型（除了传统的请求/响应模式）和实体间瞬时动态关联。

因为用的是资源受限的设备，对称密钥加密（SKC）广泛应用于物联网，要求生产者和消费者共享特定密钥。然而，这种方法无法为数十亿异构智能对象遍布全球的未来提供足够的可扩展性和互操作性。公钥加密（PKC）可以处理这一问题，但引入了高得多的计算和存储需求，还需要管理相应的证书。SKC 和 PKC 都允许生产者加密只有特定消费者才能访问的信息。但是，鉴于物联网泛在、动态和分布式的特点，我们有必要考虑一些不同场景，在这些场景中某些信息可由一组消费者或未知接收者共享，因而无法预先寻址。

从这个意义上讲，基于身份的加密（IBE）[6]被设计成无 PKC 证书的替代方案，其中实体的身份不由公钥确定，而是由一串字符决定。由于数据生产者可以与身份由特定字符串描述的一组消费者共享数据，这种方法能够提供更先进的共享模式。遵循同一设计思路，基于属性的加密[14]代表了 IBE 的一般化，其中参与方的身份不由单个字符串表示，而是由与其身份相关的一组属性表示。与 IBE 类似，ABE 也不使用证书，加密凭证由通常称为属性权威（AA）的实体管理。如此，相较于之前的方案，ABE 可提供高度的灵活性与表达性。在 ABE 方案中，真实（可能未知）身份基于特定属性集的一组实体可以访问信息。

基于 ABE 的 CP-ABE 方案[5]中，密文在属性策略下加密，而参与方的密钥与属性集相关联。采用这种方案，数据生产者可以完全控制信息向其他实体传播的方式，而消费者的身份可由特定私钥直观反映。而且，为在受限环境中应用 CP-ABE，该方案还可以与 SKC 结合使用。因此，可以用对称密钥保护消息，而对称密钥又能在特定策略下用 CP-ABE 加密。至于不能直接应用 CP-ABE 的智能对象，加密和解密功能可以由可信网关等更强大的设备实现。此外，CP-ABE 可依赖身份管理系统（如匿名凭证系统）从特定属性权威（AA）获取与特定用户属性相关联的私钥，前提是证明其部分身份拥有此类属性。于是，只要消费者满足用于加密的策略，就可以使用这些私钥加密由生产者传播的数据。

下面介绍安全数据共享场景。

实现由实体组成动态社区的物联网场景需要定义恰当的机制，以便为设想的用例设计可扩展的分布式安全解决方案。不同于当前的互联网，此类动态联盟中，物联网交互模式往往基于实体间不稳定的短时关联，缺乏之前建立的信任链接。为这些数据交换提供基本安全属性是个需要妥善解决的重大安全问题，需在保护所涉实体隐私的情况下，实现更灵活的共享模型（除了传统的请求/响应模式）和实体间瞬时动态关联。

图 18-6 展示了特定智能对象为了仅可对特定实体集可见而传播信息的场景。此过程基于 CP-ABE 加密方案，该方案用于实现同一气泡中实体之间的安全通信。该案例中，智能对象 A（源自气泡 A）试图访问气泡 B 中共享的数据。假设气泡 X 中的智能对象持有至少一个关联属性“bubbleX”的 CP-ABE 密钥，而“bubbleX”属性可使这些智能对象能够安全交换信息。于是，为了访问气泡 B 中对象之间共享的数据，智能对象 A 需要获取关联这个属性的 CP-ABE 密钥。

如图 18-6 所示，每个气泡都有一个组管理器，作为负责生成实现安全共享所用 CP-ABE 密钥的实体。因此，在离线阶段，智能对象 A 联系气泡 B 的组管理器以获得 CP-ABE 密钥，从而得以访问气泡 B 中智能对象间传播的信息。访问控制过程与之类似，在完成密钥生成过程之前，组管理器验证请求者是其所声称的智能对象。这一过程可以依托传统认证机制（如基于登录/口令或 X.509 证书）。也可以使用匿名凭证系统（如 Idemix）保护智能对象的隐私。一旦智能对象 A 通过认证，组管理器就会生成并发送关联“bubbleB”属性的 CP-ABE 密钥。此外，这一密钥还可以关联在认证过程中得到证明的其他身份属性（如 Idemix 证明中的属性），根据身份属性值的不同组合构成子气泡。智能对象 A 接收到相应加密密钥后，在在线阶段可以利用此密钥解密气泡 B 中智能对象传播的信息。

除了可以静态定义的气泡（社区），鉴于 SocIoTal 设想场景的泛在和动态特性，有必要考虑应用安全机制应对所谓机会气泡的要求。机会气泡是未在任何地方注册为静态社区的一类动态共享组。与前述方法不同，此类气泡利用设备间的机会性接触和自组织连接，模拟现实世界中人类沟通的方式。机会气泡自发形成，尤其依赖物理上的邻近，采用无须基础设施的短距离通信技术。由于智能对象（如手机等）固有的移动特性，这一模型特别适合应用于物联网。例如，现实生活场景中，用户可以在走入餐厅与满足特定身份属性组合的其他人共享信息时，就可以创建一个机会性的手机网络。

这一机会实体组的创建是因为实体可以用属性组合加密某些数据，使这些数据只能对所持密钥满足这一属性组合的实体集可见。不同于传统加密方案（如基于对称组密钥的加密方案），这种加密方法无须生成新的密钥就可以实现实体分组之间的安全共享。事实上，信息可在不同 CP-ABE 策略下加密，并由同一 CP-ABE 密钥解密。这样一来，在共享期间可引入任意第三方，实现智能对象间的安全自组织通信。

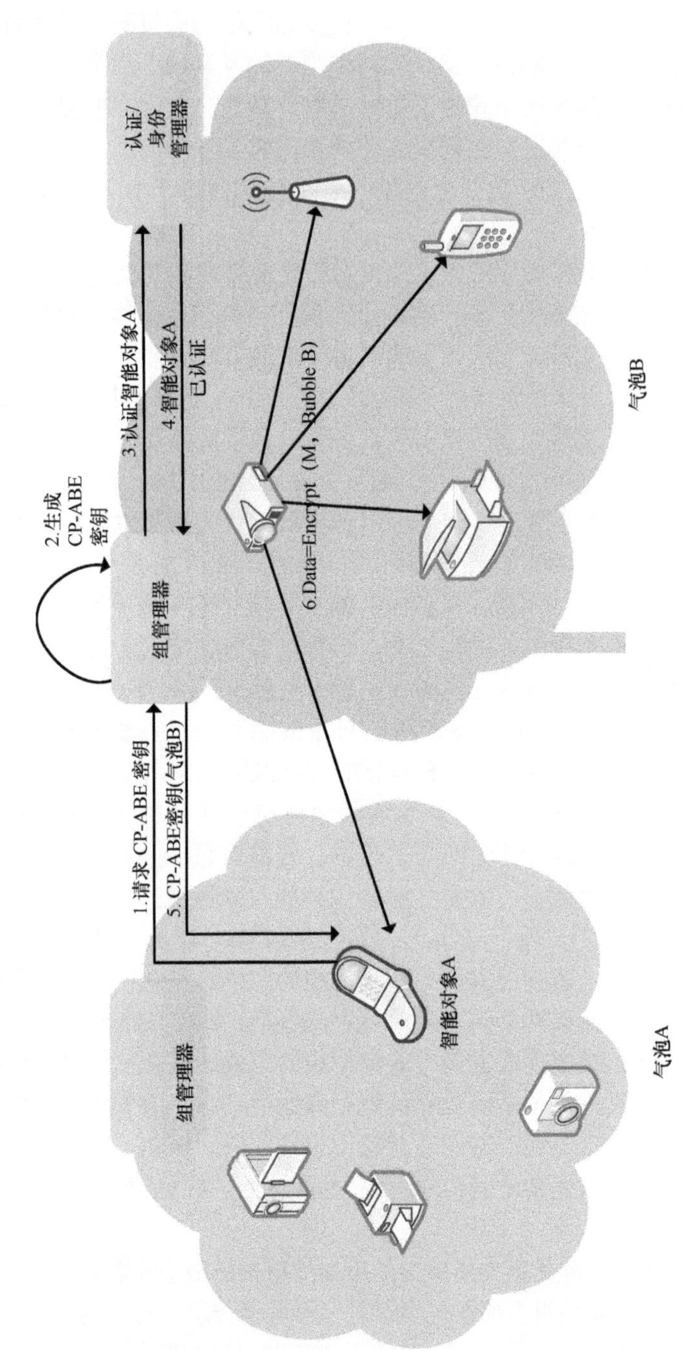

图 18-6　气泡中的安全数据共享

18.4 以设备为中心的隐私与信任使能器

本节介绍 SocIoTalEU 项目范围内开发的两种主要的以设备为中心的使能器。一方面，面对面使能器可以测量基于现成智能手机的机会性社会交互。另一方面，室内定位使能器可以通过测量磁场来确定设备在建筑内部的位置。这些使能器是推断上下文信息的基础，上下文信息可用于做出安全决策，如量化可信度或支持访问控制过程。本节还首次评估了这两种使能器，以证明其准确性和可行性。

18.4.1 面对面使能器，从上下文到信任

面对面使能器是基于现成智能手机的一种准确可靠的系统，可在无须任何外部硬件的情况下机会性测量社会交互。首先，该使能器由基于层次化机器学习的创新方法构成，只需 6 个蓝牙（BT）接收信号强度指示（RSSI）样本即可估计用户之间的人际距离，展示了用于检测交互区域和推断用户是否邻近的两种模型。其次，面对面使能器融入社会交互检测过程，可计算用户的相对方位，无论身体佩戴位置如何都可估计。再次，该使能器引入了协作感知机制，允许设备交换感知到的信息，如用户的朝向和蓝牙接收信号强度指示测量结果。这些组件都被纳入一个关联系统中，实现对真实世界社会交互的准确泛在感知。

鉴于其代表使能技术的性质，SocIoTal 面对面使能器将提供实现专用物联网服务的软件组件。在设想中，这样的服务将部署在作为 SocIoTal 平台一部分的设备上。由于面对面物联网服务提取的信息与用户的个人空间相关，在参与 SocIoTal 平台时，智能手机明显会成为获益于此类信息的目标设备。可以多种不同方式利用面对面物联网服务提供的信息，以便 SocIoTal 设备共享的参与和信息能够更加安全和隐私保护，从而满足预期的平台要求。更多细节留在接下来的章节中详细叙述。

1. 从面对面到上下文

如前所述，面对面（F2F）使能器可根据用户的方位和人际距离分类人与人之间发生的社会关系，提取关于人际关系性质的信息。此类信息的利用方式多种多样。首先，定期提取面对面信息或根据规划好的事件提取此类信息，可以提供更加精确的设备上下文特征化。一方面，这样的特征化可以更好地分类给定 SocIoTal 设备（如智能手机）的周围环境，明确所发现周围设备及与这些设备的关系。作为 SocIoTal 设备，智能手机能够提供额外的物联网服务，这些服务与其嵌入式传感器和用户所生成信息的生产和消费相关，可以支持创建以公民为中心的服务。根据可用物联网服务和附近检测到的设备及所发现关系的性质，提取的上下文可用于本地决定设备可以共享哪些信息。另一方面，提取的上下文信息可用于注释生成的所有

信息，从而保证根据特定的授权策略（由 SocIoTal 授权组件全局应用）访问这些信息。举个例子，如果检测到发起设备处于周围只有关系亲密设备的上下文中（家庭环境），就不能共享特定信息。

2．从上下文到信任

可使用并分析每部 SocIoTal 智能手机设备产生的关于面对面关系的信息，从而建立关于不同设备及其用户的关系。此类信息可馈送给 SocIoTal 信任与信誉管理器（T&RM），用于计算信誉评分，分类两个给定用户及其设备间反复出现的社会关系。基于此类信息，每台 SocIoTal 设备都能根据真实社会交互的类型和频率创建其用户社交图。根据这些关系的类型和频率，可将不同信誉评分与不同设备相关联，并随着时间的推移不断演变，纳入新的信息。通过采用面对面使能器并本地消费其所提取的信息，每台设备将可提取这一信誉评分并与 T&RM 共享，或者共享的上下文信息可由专用基础设施模块来提取并更新类似知识。这样一来，就可以控制仅有符合预设信任与信誉评分的特定设备，才能成功请求和共享给定设备生成的信息。例如，之前从未与所考虑设备（办公室同事的设备）共享过亲密社交关系的设备，即使发出请求，也无法共享特定信息。

3．相关物联网服务

按照 SocIoTal 架构，面对面使能器提供物联网服务，生成并暴露定义明确的信息，可通过指定应用编程接口访问这些信息。正如上面描述的，授权和信任与管理构件消费这些信息。可用于创建、检索、修改和删除的使能器数据在接下来的章节中概述（也可参见图 18-7）。

面对面交互检测使能器融入了以下两个具体的物联网服务。

（1）DirectionData（方向数据）。这个物联网服务检索用户的朝向，即用户躯干正面所面对的方向，由用户的步行运动推断得出。知晓用户的朝向可以计算用户的相对方位。而相对方位是面对面交互检测的重要参数之一。

（2）NearbyDevicesData（附近设备数据）。这个物联网服务检索关于用户附近设备的信息，利用蓝牙发现等通信手段获取信号强度、设备详情等数据。根据所采集到的数据，

使能器能够估计用户的人际距离，从而推断是否发生了面对面交互。

这两个物联网服务将数据传送给执行面对面交互检测的虚拟实体（VE）和系统中其他多个实体。虚拟实体提供的组合信息，以及所实现物联网服务提供的简单原子信息，可以直接访问（使用专用 API），也可以通过上下文管理器共享的上下文信息重分发。

4．与身份、信任和信誉管理块交互

面对面使能器将提取周围设备的社会关系信息。此类信息可以提供上下文信息，供信任管理器用于验证主体设备 B 相对于所考虑设备 A 的可信度，在向设备

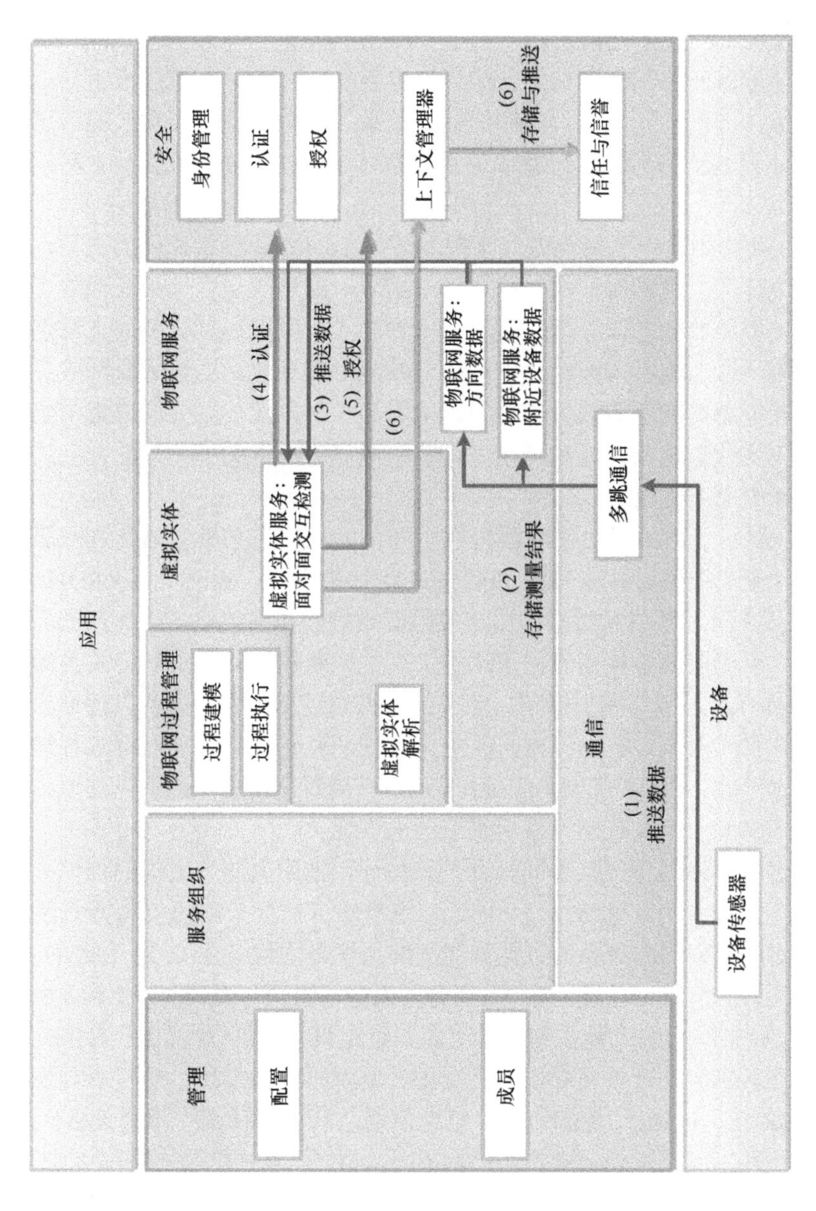

图 18-7 遵循 IoT-A 的面对面使能器架构（功能/信息视图）

A 请求服务（如数据共享）时使用。此外，该信息可用于验证授权管理器请求的规则，即基于设备检测到的上下文（例如，设备处于公共环境中，周围环绕许多不可信[非]SocIoTal 设备）。

如图 18-8 所示，可以建模需提取（如使用上下文推断模块）和共享（如使用上下文通信模块）的上下文信息。

面对面使能器能够识别正在进行的现实世界交互。而且，通过推断社会交互发生的交互区域，可以估计人与人之间的社会关系。社会关系所涉实体的信息由关联相应 SocIoTal 设备的假名提供，并以关系类型（如个人、社会或公共）和发生位置的信息注释。

SocIoTal 架构中设想了两种方式来授权访问 SocIoTal 设备提供的服务，如数据共享。两种情况下，隐私保护的数据访问根据所检测到的与目标和其他附近设备的社会关系的类型和数量加以管理。采用第一种方式，服务通过设备间点对点通信直接访问。然而，该功能不向面对面使能器之外的组件开放。这些物联网服务构成正确面对面交互检测推断所需的内部功能。采用第二种方式，服务通过集中架构利用 SocIoTal 上下文代理访问。这种情况下，物联网服务提供关于面对面交互的信息和关于特定推断的上下文数据。

图 18-9 展示了由面对面使能器提供，并作为运行在手机上的物联网服务暴露出来的信息，是怎样生成并与其他 SocIoTal 组件集成的。当两个 SocIoTal 设备 A 和 B 接近时，其面对面关系类型的测定采用蓝牙射频和估计设备距离及朝向的其他移动传感器。所提取的原始信息被馈送到上下文推断模块，关于社会关系的知识则根据预设 SocIoTal 上下文模型提取。此类信息可通过相关设备间的直接通信共享，实现实时和分布式操作，但也可与其他中央 SocIoTal 组件共享，实现远程访问与使用。利用所提供的 NSGI-9（如 registerContext）接口，设备上的上下文通信模块通过集中式 SocIoTal 上下文代理共享所提取的上下文。

信任与信誉管理器访问共享的社会关系估计，推断人与人之间的信任关系，并计算信誉评分。设备/用户相对于另一设备/用户的可信度最初可以认为是两个定义明确的设备间所观察到的关系的数量和类型的加权平均值（在 0 到 1 之间）。举个例子，人际关系的权重可以是 0.5，而社会关系的权重可以是 0.3，公共关系的权重可以是 0.2。如果经历的人际关系数量更多，给定设备/用户对就更容易信任对方。这样便可建立从真实社会关系导出的社交图，既可以单独使用，也可以与现有社交图（如 Facebook、Twitter、LinkedIn）搭配使用，从而评估两个不同设备/用户之间的关系度。此外，可以综合设备产生的所有社会关系，建立信誉评分。信誉评分可以是给定设备所观察到的所有类型关系的加权平均值（在 0 到 1 之间），包括与（非）SocIoTal 设备之间的关系。举个例子，人际关系的权重可以是 0.3，而社会关系的权重可以是 0.2，公共关系的权重可以是 0.1，与（非）SocIoTal 设备之间的关

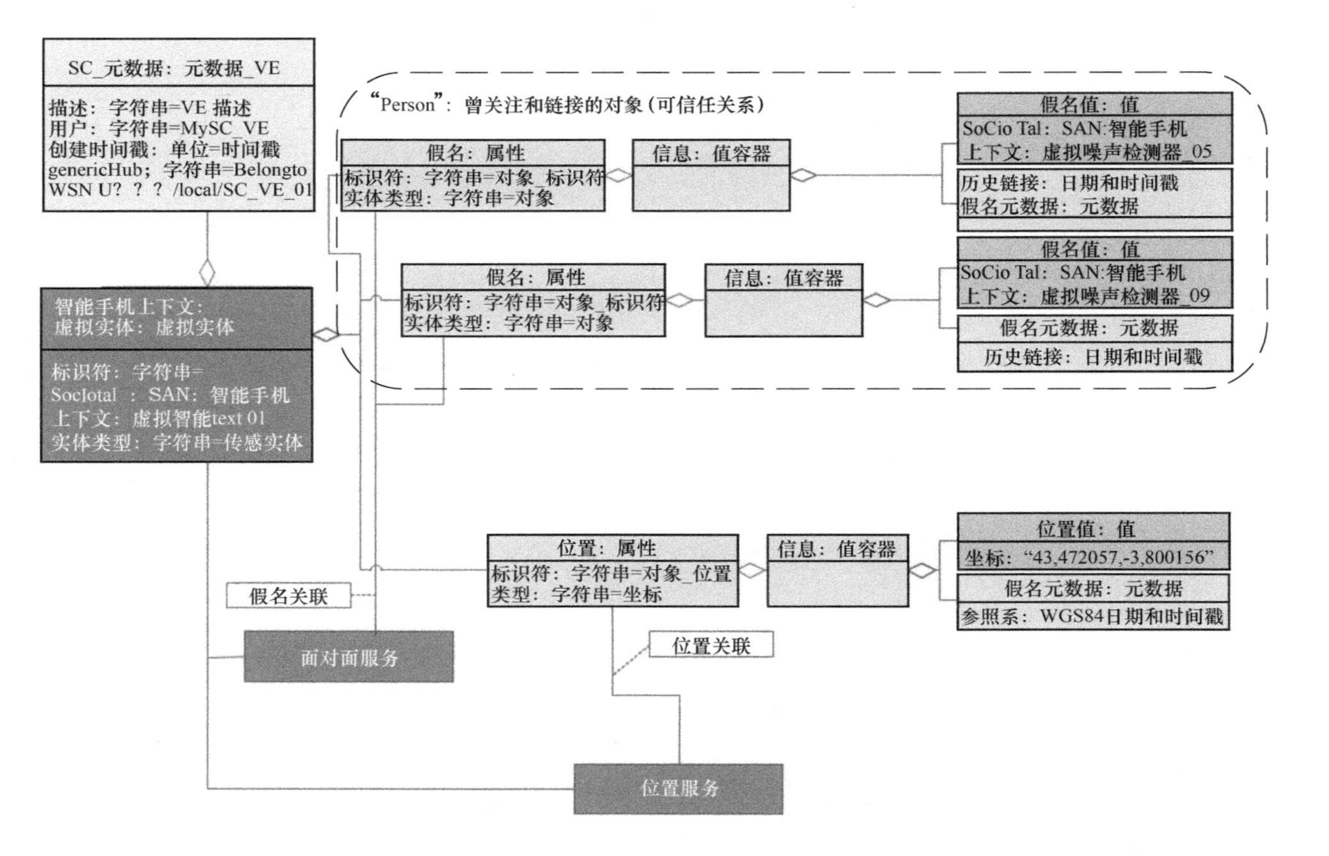

图 18-8 面对面使能器上下文信息与模型

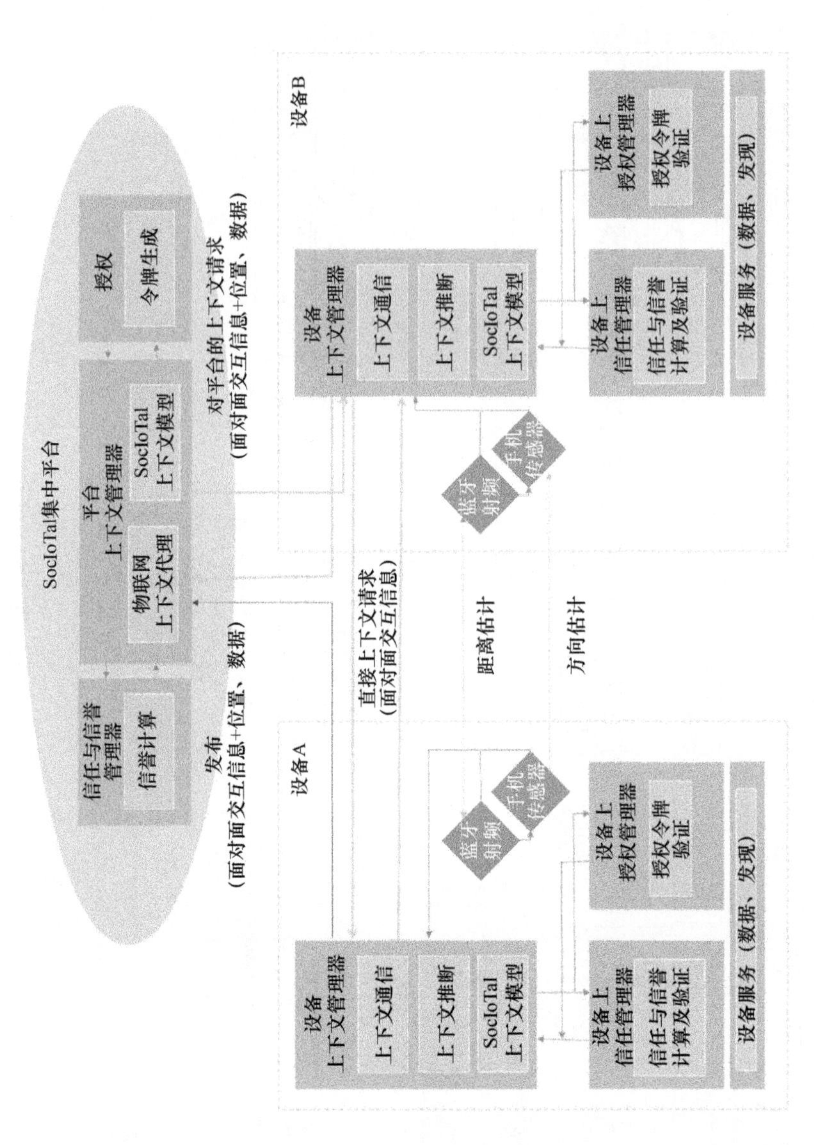

图 18-9　面对面使能器集成

系可平均为 0.4。这样一来，由于可能处于暴露在更多安全威胁的情况下，可与很多（非）SocIoTal 设备交互的设备就会接收到较低的信誉评分。检测到信誉评分变化时，此类信息会经 NSGI-10 updateContext 接口推送回上下文代理，供能通过 NSGI-10 subscribeContext 接口订阅代理的组件评估。

与之类似，设备上信任管理器也可以本地评估此信息，内部计算信誉评分，从而避免与外部组件共享任何信息，实现隐私保护。此外，通过上下文代理和中央信任与信誉管理器，设备上信任管理器可请求需访问设备所提供服务（如数据共享）的给定设备的信誉评分，并以之验证该设备是否适合访问所需功能。

而且，设备 A 生成的面对面使能器信息会通过 SocIoTal 上下文代理传递给授权组件，用于根据设备和观察到的关系定义围绕设备的上下文。授权组件依据此信息来应用各种规则控制设备 B（最终之前就与设备 A 通联）可以请求和访问设备 A 的哪些服务。此类信息可以单独使用，也可以搭配信任与信誉管理器提供的信息来颁发能力令牌。此类令牌通过上下文代理或专用直接接口提供给设备 B 并呈现给设备 A，由设备 A 用其设备上授权管理器加以验证，确定是否授予访问所需服务的权限。

虽然该方法假设通过直接访问提供数据的既定设备来消费数据，但如果共享信息是通过上下文代理访问的，那么面对面上下文信息就会作为一种属性被用于注释给定设备提供的任何感知数据，且集中授权管理器应按同样的方式管理请求设备 B 如何访问上下文管理器。

5. 面对面使能器初步评估

面对面使能器在实时检测社会交互方面的可行性和健壮性通过现实世界实验来评估和证明。我们还以精确有源射频识别（RFID）方法[26]为标准来了解能否达到同样的精度。需要指出的是，整个交互检测过程在用户的设备上在线进行。

我们招募了 8 位参与者进行这组实验。所有参与者都是年龄在 25～30 岁的博士生。实验在装修过的办公室里进行。我们做了 3 组实验。每一组实验中，5 名随机参与者相互交流。每位参与者获发一部移动设备（HTC One S），上面预装了 SocIoTal 应用和文献[26]中描述的有源 RFID 标签。此外，由于参与者人数不太多，基准真相由一名人类观察员确定。

参与者以任意方向将此移动设备放到裤兜里（用户个人选择），并行走几秒钟（未指定方向），直到 uDirect[19]相交。然后参与者进入办公室进行实验。参与者胸部也贴上了 RFID 标签。房间里部署了一个 RFID 读取器，读取器连接笔记本电脑以记录 RFID 标签检测到的交互。

通过实证评估，我们从面对面使能器中收集到 756 个社会交互推论，从 RFID 中收集到 4 万个社会互动推论[26]。表 18-1 总结了这些实验的结果。基于 RFID 的技术仅提供检测到的交互，不给出关于未检出交互的任何证据。我们的初步评估证实，我们的原型系统能够仅依靠 6 个 RSSI 样本就正确识别 81.4%的交互。得益于协作感知，面对面使能器获得 RSSI 样本的速度比基于智能手机的先进解决方案更快。这表明面对面使能器能以合理的精度检测以往解决方案检测不到的短时交互。

表 18.1　社会交互检测总体精度

	面对面使能器		RFID 方法[26]	
	阳性	阴性	阳性	阴性
阳性	**117**	47	**25950**	—
阴性	93	**499**	12846	—

RFID 等可穿戴技术可提供更频繁的估计，从而改善数据的粒度。我们实验中观察到的一个显著现象是朝向在减少误报错误上的作用。表 18-1 也证实了我们的方法中误报和真阳性之间的比例远小于 RFID 解决方案（超过 9%）。然而，我们的方法表现出了漏报错误数量的上升。总体上，可以从这些观察结果推断，我们所提出的解决方案相对基于 RFID 的解决方案较为保守。这一推论基于更加确凿的证据，即二者均匹配朝向和邻近度，形成更多漏报和更少误报错误。相较之下，基于 RFID 的方法表现出在交互识别方面更加自由的决策，造成了更多误报。

6. 面对面使能器即工具

如“相关物联网服务”小节所述，面对面使能器将实现适合智能手机的物联网服务，供智能手机提取与其他 SocIoTal 设备产生的社会关系类型。这种使能器将以黑箱形式实现，作为一种框架提供给用户，可通过实现了 API 的软件开发工具包（SDK）访问，从而扩展其他应用和集成其他组件。在更简单的方式中，所产生的信息最初将通过 SocIoTal 上下文代理暴露给其他基础设施组件和开发人员，实现集成简化和标准化。可使用并分析每部 SocIoTal 智能手机设备产生的关于面对面关系的信息，从而建立关于不同设备及其用户的关系。此类信息可馈送给该框架的信任与信誉管理器组件，用于计算信誉评分，分类两个给定用户及其设备间反复出现的社会关系。基于此类信息，每台 SocIoTal 设备都能根据真实社会交互的类型和频率创建其用户社交图。

18.4.2 室内定位使能器：从上下文到访问控制

本节提出基于常见智能手机内置磁强计的室内定位创新方法。不同于当前大多数基于手机的定位提案[18]，我们的系统不依赖额外的支持基础设施。我们的解决方案仅需要一部能够感知建筑内部磁场的个人智能手机。在第一阶段，我们的系统为需解决定位问题的建筑绘制包含磁场剖面的地图。这是系统的离线训练阶段。然后，在线训练阶段，用户向系统提供其手机感知到的磁场向量测量结果，我们的系统即可精确定位用户。我们基于收集到的数据样本评估所提出的机制，并与 Wi-Fi

等其他现有手机解决方案做性能比较。

1. 从上下文到访问控制

室内定位使能器提供的位置数据被用于实现智能对象分布式访问控制。该访问控制机制建立在分布式 CapBAC[17]的基础之上。该系统利用基于应用内编程（IAP）的通信架构和 6LoWPAN 或 CoAP 等专为资源受限环境设计的新兴协议。

我们访问控制机制的基本操作如下。第一步，系统的颁发者实体（可以是设备的拥有者或管理者）向主体颁发功能令牌，授予设备权限。颁发者实体签名此令牌以防止安全隐患。主体收到能力令牌后尝试使用智能对象：靠近目标设备所处地理位置时，主体生成包含磁场值和能力令牌的请求。此外，该请求还必须经过签名，以便能够访问目标智能对象。为达成此目的，我们扩展了 CoAP 请求格式，加上 3 个请求头：能力、签名和磁场向量。

授权引擎要执行的第一项任务是评估主体是否位于智能对象所处同一建筑区域内。我们的评估基于与此类区域中确定的地标相关的磁场特征。这些地标的质心由关联各个磁场特征的平均值和偏差值表示。偏差值参数指示该区域被各地标磁场覆盖的延伸范围。

因此，给定位于建筑区域内的设备（区域已确定具有质心 Cj 的磁场地标 lj），被请求的设备必须评估地标质心的平均值与从用户发送的测量结果中提取的磁场特征向量之间的距离是否小于与此地标的质心相关联的偏差值。若小于偏差值，则可认为主体位于设备所处同一建筑区域内。否则，授权过程中止，服务请求被拒绝。如果满足上述要求，则执行第二个评估任务，评估访问请求随附的能力令牌。如果能力令牌成功通过评估，则授权引擎涉及的最后一个任务启动。这最后一步评估主体是否位于所请求服务的安全区域（可记为 SZ）内。要执行这步评估，首先得使用为相关地标定义的径向基函数（RBF）估计主体的位置。估计出主体的位置后，计算出主体与设备之间的距离 Z_k，然后评估这一距离是否小于 SZ。这最后一步评估中，估计主体位置时考量了与所利用径向基函数相关的平均精度值（z）。

信任与信誉计算等其他安全机制也可以考虑使用类似的方法。此外，取决于离线阶段应用的聚类粒度，该室内定位机制可以提供不同级别的数据精度。通过这种方式，可以根据所实现安全机制的最终要求，考虑不同级别的计算成本和时间消耗。

2. 相关物联网服务：室内定位

从架构的角度出发，图 18-10 展示了室内定位使能器的功能视图。视图阐述如下。

磁性设备传感器将数据推送给 MagneticMeasurement（磁场测量）物联网服务。此处，当设备通过物联网服务进行推送操作时，应考虑以下安全因素。数据被推送给室内位置检测虚拟引擎（VE）服务，该服务计算设备 A 的室内位置。（注

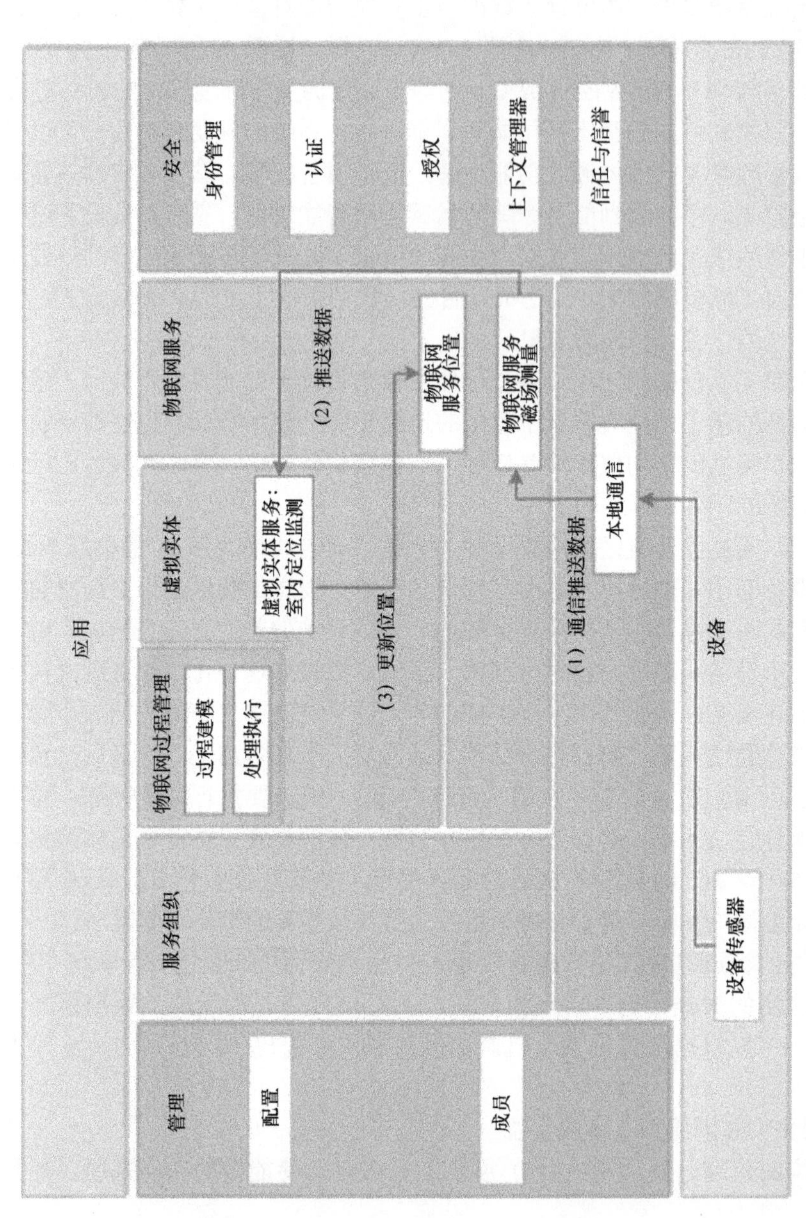

图 18-10 遵循 IoT-A 的室内定位使能器架构（功能/信息视图）

意，VE 服务可置于设备 B 上，不同于 MagnecticMeasurement 物联网服务所处的位置。）若是涉及两个设备的情况，则应考虑以下安全因素：物联网服务试图以用户或应用所采取的方式访问 VE 服务。这种情况下，量化位置发送回设备 A，而 VE 服务更新物联网 LocationPosition 服务中的定位位置。若是涉及两个设备的情况，则应考虑以下安全因素：VE 服务试图以用户或应用所采取的方式访问物联网服务。然后，室内定位服务可在不同场景中使用，为框架的上下文管理器馈送信息，再根据定位上下文做出安全决策。

3．与身份、信任和信誉管理块交互

定位使能器的主要交互在 SocIoTal 安全框架的上下文管理器组件中进行。室内定位使能器将所获得的定位信息馈送给上下文管理器。从安全的角度，从使能器获得的定位数据随后传递给上下文管理器。接下来，上下文主要被框架的授权组件用于做出相应的授权决策。

SocIoTal 安全框架中上下文管理器的作用是向不同架构模块提供上下文注释，从而支持其活动。设备上下文管理器支持新型安全倡议（NGSI）标准合规并处理本地上下文，且能够从全局上下文代理获取上下文。定位服务可以通过 NGSI 接口与上下文管理器交互。

上下文可在后端全局管理，也可在设备或网关本地管理。SocIoTal 安全组件在做出安全决策时能综合考虑其本地上下文和来自后端的上下文。上下文管理器可以将原始上下文事件（如出自传感器的事件）或详细事件（作为上下文管理器引擎所处理事件的结果）发布到后端上下文代理。上下文代理通常位于云端或数据中心，以便维护和处理来自不同设备的上下文事件。除了发布事件，上下文管理器还可以接受来自任意 NGSI 合规事件生产者的事件。因此，设备可以接到上下文代理关于哪些上下文事件需要作出安全决策的通知。

身份管理器、授权组件、组管理器和信任与信誉等不同安全组件都可订阅上下文引擎，根据上下文管理器推断（复杂事件处理（CEP））引擎中定义的规则推理做出安全决策。这样一来，只要有规则被触发，安全组件就会收到由规则导出的后续信息的通知。图 18-11 展示了此安全框架的不同安全组件是怎么访问上下文管理器并做出相应安全决策的。

通过调用 NGSI-9 registerContext 操作，设备上下文管理器可注册为肯定联用的后端物联网上下文代理中的 NGSI 上下文提供者。注册上下文后，上下文管理器可以通过调用后端 NGSI 接口的 NGSI-10 updateContext 方法来发送事件。上下文代理则充当事件消费者。

此外，设备上下文管理器可订阅出自物联网上下文代理的上下文。需要指出的是，与上下文代理之间的通信受安全机制的约束，从而确保仅可信设备能与之交互。因此，设备可以在需要的时候基于上下文本地做出安全决策。这种情况下，上下文代理充当上下文提供者的角色。主要安全组件可以访问本地上下文引擎中推断出的上下文数据。

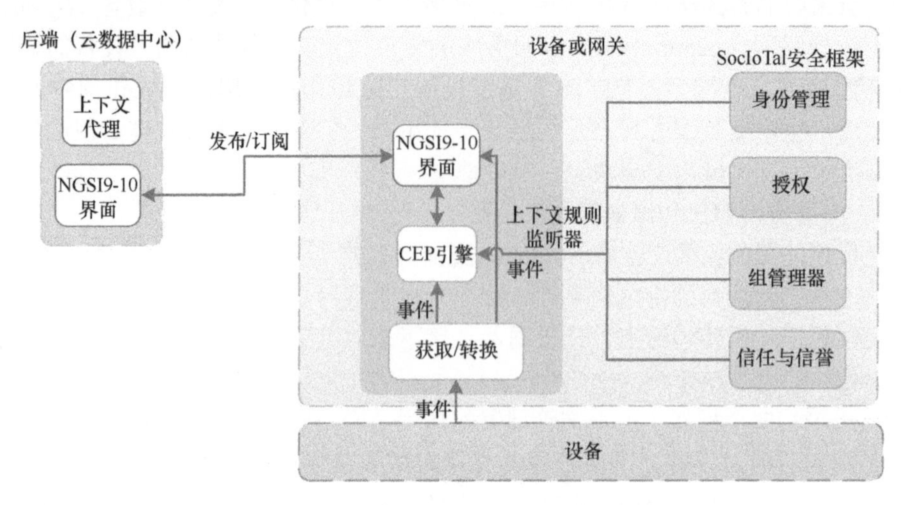

图 18-11　上下文管理器与安全组件的主要交互

SocIoTal 安全框架的授权功能组件基于访问控制模型和技术的结合。为实现所提系统的主要功能，上下文信息是做出访问控制决策时需要考虑的主要方面。根据 SocIoTal 访问控制系统，一种主体实体通过获取能力令牌来从目标设备获得访问数据。该令牌通常由颁发者实体生成，颁发者实体在令牌中嵌入访问控制决策。因此，主体实体试图访问托管在目标实体中的资源时，会提供之前获得的能力令牌。目标设备评估令牌时，这种令牌可包含需本地验证的上下文限制。此时，目标设备可以使用从其本地上下文管理器获得的上下文信息，以及源自后端部署的物联网上下文代理的其他数据。图 18-12 描述了这一过程，其中目标设备在验证能力令牌时使用出自上下文管理器的上下文信息。

4．室内定位使能器即工具

磁场定位使能器可实现室内定位服务。如 18.5 节开头所描述的，该服务能够通过分析磁场测量结果来确定主体设备的位置。连接互联网的任何设备都可以访问该服务。此外，定位结果也会暴露并提供给上下文代理，使其他基础设施组件更容易利用定位信息。而且，为简化集成过程和应对室内定位访问控制场景，我们将实现一个 Android 应用，让智能手机能够访问室内定位服务，从而获得正在分析的设备的位置信息。

5．室内定位使能器初步评估

评估室内定位机制首先要从构成该机制的不同技术设计中选择最佳参数。为此，在需要解决定位问题的目标建筑中，有必要收集整个目标建筑空间的磁场分布数据。运用收集到的数据，在分析过定位错误结果之后，就能够获得所涉各种技术的最佳配置了。因此，在本节中，我们描述西班牙穆尔西亚大学计算机科学学院进行的实验，获取实现所提定位机制的最佳参数，并对训练数据集进行 10 次交叉验证，证明该机制的有效性。

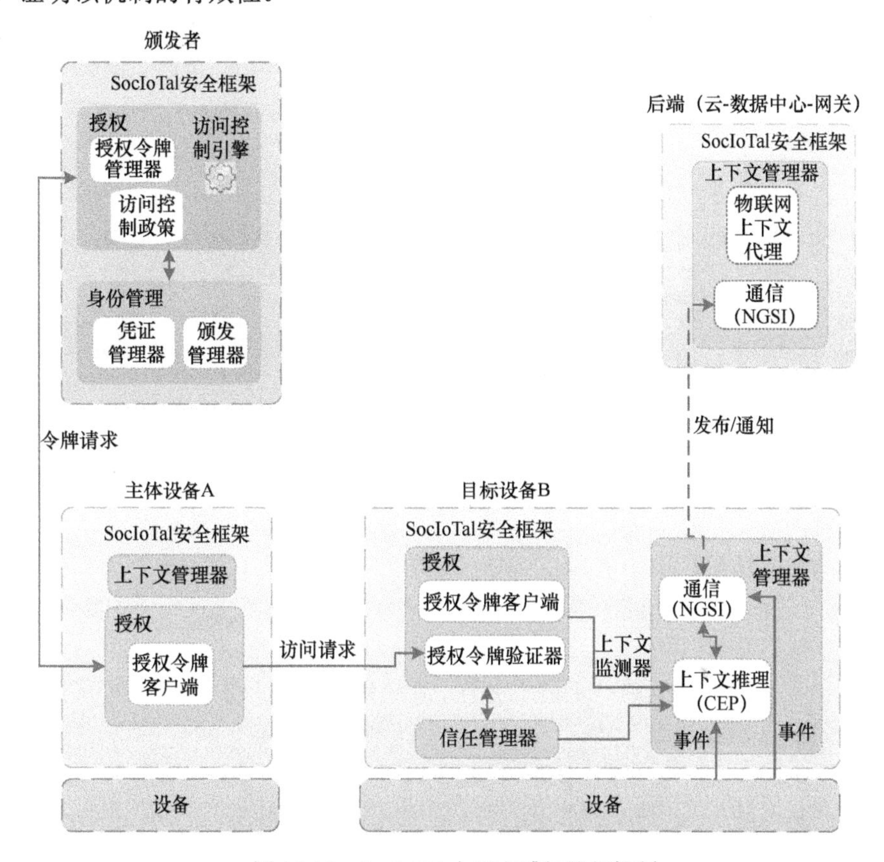

图 18-12　SocIoTal 上下文感知访问控制

我们开发了基于 Android 的感知应用，并部署在 HTC One 智能手机上。该手机配备了三轴霍耳效应地磁传感器 3。该传感器实现了动态偏移估计（DOE）算法，可自动补偿磁偏移波动，更能抵御设备内磁场变化[56]。此外，高频效应、环境噪声也通过在手机校准前平均测量结果而缓解了。我们的应用能够以 25Hz 的频率收集磁强计信号，并将之记录在位于外部平台（实验中我们使用了 Dropbox）上的数据库中。

我们从穆尔西亚大学信息与通信工程系挑选了 10 位实验对象来进行数据收集实验。如此一来，收集到的数据便可覆盖一天中同一时刻和不同日子里该建筑内部的不同用户路径。穆尔西亚大学对以人为对象的实验没有伦理要求，但我们审慎对待与参与者隐私及保密相关的各个方面。数据收集过程中，实验对象被要求沿着计算机科学系一楼的预设轨迹走动。他们手上拿着手机，在相对于参考坐标系的固定方向上沿着这些基线轨迹行走。考虑到相同的手机方位，所有参与者都将手机放在相同的位置。

由于数据收集持续数天，在同一天的不同时段进行，因此我们的基础数据集中包括了环境条件的可变性。最终，测试数据集的大小为 1065 个测量结果。然后，我们采用该数据集，对 6.2.2 节描述的数据处理技术进行分析，并考虑其 MATLAB™ 实现的不同值。

为提供对定位机制所达效果的详细分析，我们关注图 18-13 中描绘的计算机科学学院一楼采集到的定位结果。相对于电梯所在区域，沿此楼层的磁场分布并没有表现出高可变性。这种建筑物缺乏最佳上下文条件，无法按照使用内部感应磁场的方法应用定位解决方案。在该楼层获得的定位结果涵盖了此类建筑的情况。我们定位系统的离线训练阶段获得了包含该建筑磁场特征和径向基函数的二维（2-D）地图。该地图与预设的手机方位和实验参与者携带手机的位置相关联。

考虑训练阶段所生成磁场剖面的建筑物地图，我们评估了负责为每个所属区域分配新测量结果的分类机制。首先，我们获取用于估计用户位置的每个径向基函数所达到精度的平均值和偏差值。表 18-2 展示了结果。从表中能够看出，可以获得非常精确的定位结果，平均值为 3.9m，偏差 2.7m。然而，需注意的是，在所分析的场景中，不同磁场扰动源的数量并不多，这与采用磁场测量进行室内定位的解决方案的主要缺点有关。

为验证我们的机制所获结果的有效性，我们以文献[20]中描述的最为类似的工作为参考对照。在此项研究中，考虑曼哈顿距离的最近邻（NN）算法[2]被用于估计用户位置，即作为一种回归技术。我们比较了考虑这种回归技术所获得的结果和我们将径向基函数作为回归机制的所提方案相关联的结果。在我们的方法中，作者还提出了使用该建筑内部测得磁场测量结果的三个元素来解决室内定位问题。现在，我们关注图 18-13 所描绘走廊的定位结果。由于此处散布多个实验室，该走廊呈现出较高的人类活动水平。而且，这个走廊还是所选测试楼层中较长的区域（28m）。

基于我们在该走廊测得的磁场数据集，一旦已知用户所处建筑区域，我们就应用最近邻技术估计用户位置。我们以精度的形式呈现此比较结果。最终，径向基函数达到的平均精度为 3.9m，而最近邻技术的平均精度则是 5.7m。所以，我们应用径向基函数解决定位估计的方法改善了相关研究提供的结果。基于所提室内定位系统的评估，我们得出结论：智能手机内置磁强计测得的磁场，代表着在含有电梯、电子设备、机器等地磁扰动源的建筑物中定位的一种可行且准确的解决方案。值得注意的是，用于测试的参考建筑物呈现中等水平的磁场扰动，因此本章提供的结果适用于类似的建筑类型。此外，所提生成磁场剖面图的机制、分类器设计和估计过程对于任何建筑物都是完全可重复的。

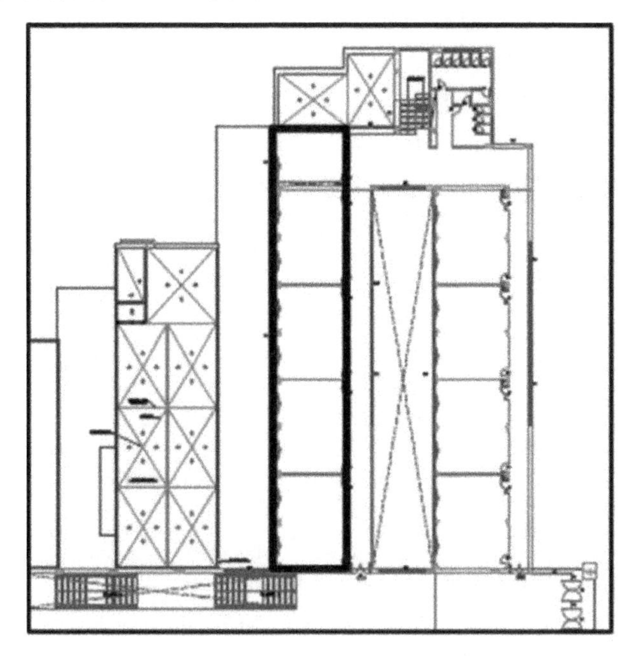

图 18-13　走廊中确定的磁场地标

表 18-2　位置估计精度和精度偏差

位置精度估计/m	精度偏差/m
5.3	4.0
1.5	1.2
0.4	0.2
5.5	3.3
4.1	3.0
3.8	4.3
2.1	1.5
2.1	2.1

18.5 小　结

本章介绍了在 SocIoTalEU 项目范围内设计的基于 ARM 的物联网安全框架。该框架扩展了原始 ARM 安全功能组，重点关注安全和隐私问题，从而应对泛在物联网场景所需的更多动态共享模型。

本章展示了 SocIoTal 项目范围内正在设计和实施的主要安全与隐私保护解决方案。例如，提供灵活共享模型的安全组数据共享解决方案、支持最小化隐私信息的身份管理机制，以及基于能力令牌的访问控制机制。

此外，本章还概述了框架的安全组件如何使用上下文信息开发适用于物联网的自适应安全机制。从这个意义上讲，本章描述并评估了 SocIoTal 的两个主要上下文使能器，即面对面使能器和室内定位使能器，展示了如何以这两种使能器为基准来驱动框架内的安全行为。

参考文献

[1] SOCIOTAL. Creating a socially aware citizen-centric Internet of Things. EU FP7 SocIoTal Project, 2013.

[2] David W. Aha, Dennis Kibler, and Marc K. Albert. Instance-based learning algorithms. *Machine Learning*, 6(1):37–66, 1991.

[3] Deliverable 3. Integrated system architecture and initial Pervasive BUTLER proof of concept. EU FP7 Butler Project, 2013.

[4] Alessandro Bassi, Martin Bauer, Martin Fiedler, Thorsten Kramp, Rob van Kranenburg, Sebastian Lange, and Stefan Meissner. Springer, Berlin, 2013.

[5] John Bethencourt, Amit Sahai, and Brent Waters. Ciphertext-policy attribute-based encryption. In J. Kilian (ed.) *Security and Privacy, 2007. SP'07. IEEE Symposium on*, pages 321–334. IEEE, 2007.

[6] Dan Boneh and Matt Franklin. Identity-based encryption from the Weil pairing. In *Advances in Cryptology—CRYPTO 2001*, pages 213–229. Springer, Berlin, 2001.

[7] Jan Camenisch and Els Van Herreweghen. Design and implementation of the idemix anonymous credential system. In *Proceedings of the 9th ACM Conference on Computer and Communications Security*, pages 21–30. ACM, New York, 2002.

[8] Open Geospatial Consortium. Sensor Model Language (SensorML), 2015.

[9] D. Crockford. RFC 4627: The application/JSON media type for javascript object notation (JSON). IETF RFC 4627, July 2006. http://www.ietf.org/rfc/rfc4627.txt.

[10] Jack B. Dennis and Earl C. Van Horn. Programming semantics for multiprogrammed computations. *Communications of the ACM*, 9(3):143–155, 1966.

[11] C. Ellison, B. Frantz, B. Lampson, R. Rivest, B. Thomas, and T. Ylonen. SPKI Certificate Theory. RFC 2693 (Experimental), September 1999.

[12] Fi-WARE. NGSI-9/NGSI-10 information model, 2014.

[13] Fi-WARE. Publish/subscribe context broker — orion context broker, 2015.

[14] Vipul Goyal, Omkant Pandey, Amit Sahai, and Brent Waters. Attribute-based encryption for fine-grained access control of encrypted data. In *Proceedings of the 13th ACM Conference on Computer and Communications Security*, pages 89–98. ACM, New York, 2006.

[15] Sergio Gusmeroli, Salvatore Piccione, and Domenico Rotondi. A capability-based security approach to manage access control in the Internet of Things. *Mathematical and Computer Modelling*, 58(5):1189–1205, 2013.

[16] Marit Hansen, Peter Berlich, Jan Camenisch, Sebastian Clauß, Andreas Pfitzmann, and Michael Waidner. Privacy-enhancing identity management. *Information Security Technical Report*, 9(1):35–44, 2004.

[17] José L. Hernández-Ramos, Antonio J. Jara, Leandro Marín, and Antonio F. Skarmeta. DCapBAC: Embedding authorization logic into smart things through ECC optimizations. *International Journal of Computer Mathematics*, 1–22, 2014.

[18] Jeffrey Hightower and Gaetano Borriello. Location systems for ubiquitous computing. *Computer*, 34(8):57–66, 2001.

[19] Seyed Amir Hoseinitabatabaei, Alexander Gluhak, Rahim Tafazolli, and W. Headley. Design, Realization, and Evaluation of uDirect: An approach for pervasive observation of user facing direction on mobile phones. *IEEE Transactions on Mobile Computing*, 13(8):1981–1994, 2014.

[20] Binghao Li, Thomas Gallagher, Andrew G. Dempster, and Chris Rizos. How feasible is the use of magnetic field alone for indoor positioning? In *International Conference on Indoor Positioning and Indoor Navigation*, Sydney, volume 13, page 1–9. IEEE, New York, 2012.

[21] Wojciech Mostowski and Pim Vullers. Efficient u-prove implementation for anonymous credentials on smart cards. In M. Rajarajan, F. Piper, H. Wang, and G. Kesidis (eds) *Security and Privacy in Communication Networks*, pages 243–260. Springer, Berlin, 2012.

[22] Martin Naedele. An access control protocol for embedded devices. In *Industrial Informatics, 2006 IEEE International Conference on*, pages 565–569. IEEE, New York, 2006.

[23] E Rissanen. Extensible access control markup language (XACML) version 3.0 oasis standard, 2012.

[24] Ravi Sandhu and Jaehong Park. Usage control: A vision for next generation access control. In V. Gorodetsky, L. Popyack, and V. Skormin (eds), *Computer Network Security*, pages 17–31. Springer, Berlin, 2003.

[25] Z. Shelby, K. Hartke, and C. Bormann. The constrained application protocol (COAP). *IETF RFC 7252*, 10, June 2014.

[26] Juliette Stehlé, Nicolas Voirin, Alain Barrat, Ciro Cattuto, Lorenzo Isella, Jean-François Pinton, Marco Quaggiotto, Wouter Van den Broeck, Corinne Régis, Bruno Lina, and Philippe Vanhems. High-resolution measurements of face-to-face contact patterns in a primary school. *PLoS ONE*, 6(8):e23176, 2011.

[27] Guoping Zhang and Wentao Gong. The research of access control based on UCON in the Internet of Things. *Journal of Software*, 6(4):724–731, 2011.

[28] Sébastien Ziegler, Cedric Crettaz, Latif Ladid, Srdjan Krco, Boris Pokric, Antonio F. Skarmeta, Antonio Jara, Wolfgang Kastner, and Markus Jung. Lecture Notes in Computer Science, 7858:161–172, 2013. Springer, 2013.

第 19 章　基于策略的物联网知情同意方法

知情同意是信息与通信技术系统数据保护的重要部分，因为数据主体（如公民）的同意常是第三方合法处理个人数据的必要条件。为提供事关个人数据使用的知情同意，公民必须明确了解 ICT 应用将如何使用其个人数据。这可能不是件容易的事，特别是对不太了解 ICT 复杂性的公民而言，因为最终用户许可协议（EULA）往往过于复杂或过于通用，难以理解。在物联网中，个人数据收集可以多种方式实现，而这些方式对用户来说往往是不透明的，所以知情同意在物联网中就变得更为关键了。我们需要定义新的知情同意模式，从而①解决物联网系统用户和应用用户的不同能力和特性，②使提供知情同意变得更加方便。在本章中，我们描述了一种基于策略框架的知情同意方法，其中，更适合物联网复杂性且可根据用户或用户类别的具体特征加以细化的策略可用于实现 EULA 或更复杂的知情同意形式。

19.1 引　言

“知情同意”一词起源于医学领域，描述了在患者充分了解医疗程序的好处与风险并同意采用此程序的基础上，从患者处获得医疗程序执行许可的过程。只有具备足够的推理能力，且在给予知情同意时了解并掌握所有相关情况的患者，才能给予知情同意。

知情同意过程如今已被用于规范数字世界中公民之间的互动。从法律的角度来看，知情同意的概念对于信息与通信技术系统的数据保护至关重要，因为第三方合法处理个人数据通常需要获得数据主体（如公民）的同意。在欧盟，数据保护指令[1]规定了可以处理个人数据的情况，指定必须“自由给予”同意，且是在“具体、知情和明确”的情况下。该规定的预期发展[2]进一步强化了同意的定义，将其缩小为“明确、清晰的确认行为”，从而排除隐含同意的可能性。

为提供事关个人数据使用的知情同意，公民必须明确了解 ICT 系统和应用将如何使用其个人数据。这可能不是件容易的事，特别是对 ICT 的复杂性知之甚少的公民而言。此外，知情同意必须在使用 ICT 应用之前取得。这就催生出了最终用户许可协议（EULA），但此类协议对于大多数 ICT 应用用户而言太过复杂或过于通用了。当前 EULA 实例的复杂程度和长度（如通常为数十页）已经形成了一种同意疲劳，大多数用户通常读都不读就默认接受许可协议[3]。由于无论用户在 ICT 应用使用中的角色或熟练程度如何，所有用户看到的 EULA 通常都是一样的，EULA 的通用本质很是明显。

尽管存在这些问题，但因为缺乏广泛可用的替代方案，EULA 还是广为使用。相对于用户而言，就只能在“不能访问 ICT 应用”和“在遥远而模糊的未来冒一些潜在的风险”之间选择了。近些年来，后者变得不那么模糊了且更具威胁性了，因为隐私照片和信息如今常常公开发布。

此外，EULA 长期固定不变，且不针对特定上下文或特定领域。例如，很多情况下，无论是出于个人原因还是出于商业原因使用 ICT，EULA 都是一样的。而且，ICT 应用开发人员往往不修改 EULA，即使个人数据使用可能因技术趋势（如云计算）原因而改变，或者与其他应用交互。

我们有必要采用更先进的工具实现知情同意，至少要能提供以下功能。

（1）横跨数字鸿沟支持所有不同用户类型（从熟练掌握 ICT 知识的用户到根本不懂何谓 ICT 的用户），并且/或者支持不同用户角色。

（2）可定制，以便用户可以根据法规或应用开发人员的定义，在预先设定的参数范围内更改设置。

（3）支持环境中不同类型的上下文或更改。

除了 ICT 领域，随着物联网的发展，提供具备这些功能的“知情同意”工具的问题变得更加棘手。由于物联网设备处理能力有限、物联网的分布式性质，以及数字世界与现世世界的融合，最终用户的 EULA 定义可能更加复杂。在完全部署的物联网中，潜在数据操作的庞大数量也使得采用 EULA 不那么实际。此外，所需知情同意的性质可因物联网设备提供的数据和相关数据流而异。

换句话说，在数据驱动的新型环境物联网中，物联网设备制造商应为个人数据处理提供更去中心化的控制，以便用户能够更好地了解自身被收集了哪些数据，以及这些数据是如何使用的。在物联网中提供知情同意的新方法的定义应反映出这一点。

在本章中，我们提出一种新的方法及其相关工具，用以解决前面所述问题，支持上述功能。该方法通过策略框架定义、部署和采用策略。

策略由授权和义务构成，授权和义务均指定为事件-条件-动作（ECA）执行规则。这些规则以一组相互关联的设计模型为参考，其中各个模型代表物联网系统和相关数据流的不同方面。

策略框架由元模型集合构成，元模型用于指定计算机系统结构、信息、行为、上下文、身份、组织角色和安全规则。策略框架采用通用设计语言来表示跨应用领域和抽象级别的分布式系统架构，包括交互系统设计语言（ISDL）[4]启发的关系细化。

如本章其余部分所述，可以使用一系列策略来定义知情同意的概况。策略框架提供了针对不同类型的用户和不同类型的物联网环境或条件调整知情同意定义的灵活性。

本章内容组织如下：第 19.2 节分析在物联网中实现有效知情同意过程的问题和挑战。第 19.3 节概述物联网潜在知情同意方法的当前研究成果。第 19.4 节描述基于策略框架的知情同意系统设计。该系统描述了通用框架以及如何应用该框架在物联网系统和设备中提供知情同意。最后，第 19.5 节总结整章内容。

19.2 物联网知情同意问题定义

知情同意是一个起源于医学研究领域的术语，描述了使患者或研究参与者等个体完全了解医疗程序的好处和风险并同意采用此医疗程序的过程。知情同意应基于明确认识和理解同意行为的事实、影响和未来后果。为了给予知情同意，相关个人必须具备足够的能力，并在给予知情同意时掌握所有相关信息。

从法律角度来看，同意的概念在数据保护中至关重要，因为第三方想要合法处理个人数据通常需要获得数据主体的同意。在欧盟，数据保护指令[3]规定了可以处理个人数据的情况，指定必须“自由给予”同意，且是在“具体、知情和明确”的情况下。该规定的预期发展[4]进一步强化了同意的定义，将其缩小为“明确、清晰的确认行为”，排除隐含同意的可能性。

在欧洲，第 29 条工作组（Article 29 Working Party）发布了关于移动应用隐私问题的意见[5]，该意见还可以延伸到物联网的未来发展。该工作组向行业参与者（如应用开发商、应用商店、应用和服务提供商、移动设备制造商）提出了具体建议。这些建议包括提供可供自由给予特定知情同意的工具，以及“可读、易懂、好获取”的隐私策略。第 29 条工作组强调，应“在对消费者有影响的时间点，即在应用收集此类信息之前”发出通知。初始通知应包含欧盟法律框架所需最低限度的信息，并通过链向隐私策略全文的链接提供详细信息。工作组还定义了应包含的最低限度的信息：①身份与联络信息，②需要知情同意的应用所处理的准确数据类别，③关于是否将向第三方披露数据的信息，以及④用户在撤回同意和删除数据方面的权利。

工作组的分析指出了下列需通过知情同意新方法解决的方面。

（1）缺乏控制和信息不对称。如本章前面所述，物联网系统和设备产生的大量数据使用传统系统可能难以控制。换句话说，用于确保充分保护数据主体利益和权利的传统工具难以管理数据流的生成。

（2）用户同意的质量。用户可能感知不到特定对象执行的数据处理，也不会确知对象是否连接和何时连接。

（3）从数据和重用原始处理导出的推论。现代分析技术可以交叉关联不同来源的数据，从而提取可能指向个人数据的信息，即使单个数据流并未包括个人数据。

（4）安全风险：安全与效率。正如本章前面所述，在设计和实现保密性、完整性和可用性措施，与优化对象和传感器如何使用计算资源和能量之间存在权衡。

确保这一“知情同意”水平本身就可能成为传统 ICT 应用的一个问题，而该问题的技术和法律复杂性可能成为通知潜在最终用户的障碍。于是，所谓最终用户许可协议应运而生。在 ICT 应用中，EULA 通常显示为文本框，包含大量的法律文本，并具有可供阅读整个文档的滚动功能。此文本框具有要求用户在阅读和理解 EULA 内容的基础上批准 EULA 的过程（如复选框）。如果回答是肯定的，ICT 应用将允许访问所请求的服务。EULA 在应用到 ICT 并扩展至物联网领域时存在诸多问题。这些问题如下。

（1）EULA 文本所有用户都一样。没有根据特定类别的用户或特定环境（如家庭或办公室）调整 EULA 文本。一方面，这是可以理解的，因为生成 EULA 的法律框架通常是通用的；另一方面，相对于知情同意概念起源的医疗领域，ICT 中的知情同意和个人数据处理略有不同。

（2）EULA 文本通常又长又复杂，普通用户难以阅读和理解。因此，存在先前确定的条件无法满足的情况，即缺乏“对同意行为的事实、影响和未来后果的明确认识和理解”。

物联网中的知情同意比 ICT 系统中的更为复杂，因为还可能出现以下挑战。

（1）因为数据可能嵌入其他设备中，所以收集数据的“事物”可能不太明确。例如，未来用于医疗保健的可穿戴传感器可以收集和传输用户感知不到的医疗保健信息。

（2）由于缺乏实现同意机制的可识别地点和时间（如驾驶员何时使用了向远程服务器提供信息的智能汽车），所以请求知情同意存在困难。

（3）选择退出特定服务存在困难。如果物联网设备支持多种应用，则可能很难弄清用户何时能以何种方式选择退出某些服务，并维持其他服务的同意。

（4）虽然在预设地点或环境中（如在家中）获取特定 ICT 应用的知情同意可能相对容易，但环境的变化（如从家到办公室，或者人的角色发生变化）可能需要新的知情同意，但在当前情况下可能不容易实现这一点。

此外，物联网数据收集和处理可能比当前特定网站或应用的模型更加复杂和普遍，后者的人机界面（HCI）定义良好，并且特定于 Web 门户或 HCI 应用。数据可以从各种物联网设备收集并分发，个人可以在同一时间和地点使用这些设备。例如，个人可以在同一时刻佩戴可穿戴医疗设备、使用移动电话或驾驶联网车辆。此外，所有这些设备都可以独立向外部服务器或远程应用传输数据。这种情况下，还可能有适用个人数据的不同接口、数据采集点和数据流。即使为每个特定设备或应用单独提供知情同意，也可以使用远程分析工具来利用所收集和处理的数据组合，从而识别可能影响个人隐私的相关信息。例如，即使通过降低从 GNSS 系统所获信息的精度来模糊汽车的位置，也可以采用其他事件（如公路收费或来自蜂窝基站的位置）以更准确的方式确定个人的位置。这个例子表明，应对物联网日益增长的复杂性，需要更加精巧的知情同意过程。我们提出基于策略的框架来解决这一复杂性问题和上面提及的各个问题。

19.3 研究现状

19.3.1 动态上下文感知方法

为应对物联网的动态特征和分布式性质，建议考虑应用运行时的上下文以影响授权[6]和信息披露[7]。特别是，研究人员解决了高度动态环境中标准访问控制可能无法有效工作的问题[6]，因为授权通常是静态或由应用控制的，这可能导致用户即使在上下文发生变化后也被视为已授权。对于上下文更改的情况，即使用户仍可通过认证，我们也不能假定用户在使用应用期间已获授权。为此，本章提出一种基于动态授权的方法，尽管授权只是其中一项功能，但该方法也可用于知情同意。采用类似的方式，有研究呈现了一种称为动态披露控制方法（DDCM）的方案[7]，该方案通过代理提供位置隐私保护。代理提供的位置隐私方法通过采用有效的上下文分析过程来适应上下文的变化。此外，该方案还考虑了用户和对象操作员的隐私偏好。本章提出的方法基于这些迈向动态和上下文感知信息披露的现有趋势。

19.3.2 半自治代理

文献[8]中讨论了使用以用户为中心的半自治代理，根据用户定义的规则和偏好，与第三方应用协商用户同意。

这种方法的优势在于（通过明确定义规则）保持最终用户的控制，同时允许扩展到大量数据授权操作（匹配完全部署的物联网的需求）。然而，文献[8]中提出的隐私教练仅适用于单一技术（即 RFID），且没有考虑任何上下文信息。

19.3.3 信誉系统

依赖信誉系统是进一步增强物联网最终用户隐私和数据保护信息的一种补充和具前景的方法。文献[9-10]中提供了基于信誉的可信通信系统的初步例子。

我们提出对之进行扩展和推广，使最终用户能够了解这些系统，并整合用户对物联网应用尊重隐私的反馈和看法。这种排名不仅可以为最终用户提供信息，还可以在半自动选择可信节点进行信息共享时加以考虑。

19.3.4 行为建模

如文献[11-13]所述，人们已经开发出先进的技术来建模和分析人类行为及其相互之间和与 ICT 技术之间的交互。这些模型可用于创建文献[14]中所述的用户自适应系统，该系统描述了根据用户个人偏好调整的服务。

虽然建模分析本身会导致隐私问题，但我们认为，在必要的保护措施[15]下，可以运用这种分析更好地理解个人用户隐私要求。我们建议采用建模分析来向用户自动提出符合其先前决策的数据操作授权决策。

19.3.5 最终用户许可协议分析

标准化许可协议有 3 种各不相同但连贯的版本可用：完整的法律文本（可强制执行的法律文本）、简化的文本（大多数用户可以理解的简短文本）和机器可读的版本（支持自动处理）。如文献[16]所述，所有这些形式在版权领域都取得了某种程度上的成功。

在本节中，我们介绍几种用于改进基础 EULA 模型的新技术和工具。在这方面，已经有研究人员进行了很好的分析[17]，确定了各种技术，如 EULAlyzer[18]，这个实例分析 EULA 的文本，试图识别可能暗示个人数据（如广告或移动商务）特定用途的字词。然后，该工具向用户通告这些字词，并显示单词识别位置的上下文（如 EULA 文本的一部分）。采用这种方法，应用可提醒用户可能存在个人数据滥用情况。EULAlyzer 很好地代表了一类工具，这类工具分析 EULA 并保护用户免遭 Web 应用误用的侵害。但这类工具的一个潜在问题是，Web 应用可以针对分析器修改 EULA，并使用其他词语或特定术语混淆个人数据的使用。另一个潜在问题在于，这类工具没有解决引言中描述的一些 EULA 面对的基本挑战，即在所有用户拿到的 EULA 仍然相同的情况下，实现为不同类别的用户定制知情同意。正如本章前面所述，物联网环境中，EULA 存在太多限制。

19.4 系统概述

本章提出的基于策略的方法综合考虑这些不同趋势，为物联网中的知情同意问题提供解决方案。

如图 19-1 中所描述的，该系统以用户为中心。用户能够使用图形用户界面定义一组嵌入策略里的规则，这些规则应该既足够简单又足够复杂，简单的一面是为了方便用户理解，复杂的一面则是要便于高级用户能够在必要时对其进行微调。用户还可以定义系统如何以及何时联系并通知上下文中的更改。

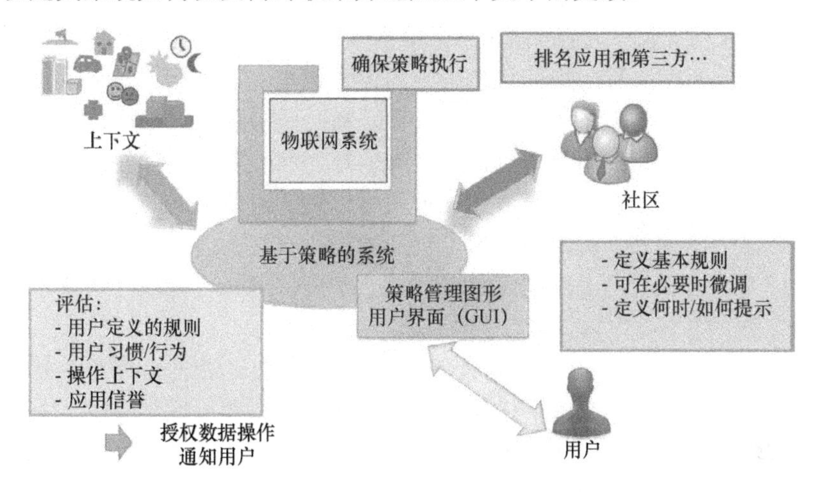

图 19-1　系统概述

基于策略的系统本身是个半自治代理，其主要功用是代表用户授权或拒绝数据操作。做出每个决策的过程中，这个代理评估用户定义和选择的规则/策略，但同时也考虑上下文因素，最终还参考与用户行为和第三方信誉相关的信息。

为处理信誉系统，用户可加入社区，评估和排名物联网应用和第三方（如服务提供商和应用开发商）。

为确保策略执行，整个系统建立在内嵌策略执行组件和策略框架的物联网平台之上，如本章余下部分所述。想要成功实现，系统必须满足以下要求。

（1）横跨数字鸿沟支持所有不同用户类型（从熟练掌握 ICT 知识的用户到不太了解 ICT 的用户），并且/或者支持不同用户角色。这包括在易于使用的 GUI 中向用户提供容易理解的信息，以及设立培训和激励用户定义策略的机制（确保系统正常使用）。

（2）能够定制，以便用户可按需修改设置。定制功能存在的挑战之一是根据用户的熟练程度调整 GUI。

（3）支持物联网环境中不同类型的上下文或更改，并确保用户选择的策略得到执行。

我们在第 19.4.1 节描述所提基于策略的框架是如何解决这些挑战的。

19.4.1 基于策略的框架

我们提出采用基于模型的安全工具包（SecKit）来实现知情同意规则的规范和执行[19]。SecKit 包含安全工程过程所需的一系列元模型、运行时组件和特定于技术的策略执行点。SecKit 中指定的模型用于表示物联网系统数据、身份、行为、结构、上下文、角色、信任关系、风险分析的威胁场景，以及作为已识别威胁的反应性或预防性安全对策的安全策略规则。

从方法论的角度来看，规范策略规则的第一步是建模目标物联网系统，这一建模过程在 SecKit 中完成，使用通用设计语言来表示跨应用领域和抽象级别的分布式系统架构。系统设计分为两个域：实体域和行为域，实体与行为之间存在分配关系。在实体域中，设计者指定实体和表示通信机制的实体之间的交互点。在行为域中，设计者详细描述每个实体的行为，包括动作、交互、因果关系、数据和身份信息属性。行为域中的活动可以处理用户数据或身份。例如，物联网气象站可提供特定人员（身份）的当前室内温度（数据）。

第二步是根据业务角色、上下文信息和/或情境以及信任关系等安全要求，指定必要的支持模型。上下文模型指定上下文信息的类型和上下文情境。上下文信息是在特定时刻获取的有关实体一类的简单信息，而上下文情境是一种复杂类型，可以建模特定时刻开始和结束的特定条件[20]。例如，“GPS 位置”是一种上下文信息，“在家”和“在工作”列举了个人或员工（目标实体）在其家庭或工作环境中的上下文情境。在家或在工作的人被分配了相应特定情境中的角色。

上下文情境监测的结果就是该情境开始和结束时生成的事件。这些事件包含对情境参与实体的引用，可用于支持策略规则的规范。可以指定策略规则来表示在情境开始时要准予的授权，以及在情境结束时应履行的数据保护义务。例如，可以在紧急情况开始时允许访问患者数据，但有义务在紧急情况结束时删除所有数据。例如，可以指定安全策略在情境开始时放行数据访问，而在情境结束时触发数据删除。XACML[21]等现有策略语言标准仅支持将上下文规范为属性，以及规定在授权数据访问时（而不是在未来）要履行的义务。

安全策略必须分发给设备，供其以安全的方式收集所需数据。设备应根据策略触发并应用恰当的机制，以应用所需的确切格式传输数据。其中包括两个步骤：首先，设备必须将应用的策略映射到特定的数据收集策略；其次，设备应确定数据的加密/安全级别，从而确定适当的传输机制，同时考虑设备的能效要求（使用自适应加密方案）。例如，在交通监测场景中，汽车内的用户可能在应用服务器中发送交通相关信息。应用应仅知道每个路段的交通量。用户的手机能够发送各种类型的交通相关数据，即每秒所处准确位置、每秒移动速度、移动方向等。如果应用想要估测交通，用户的设备应考虑相关策略，仅发送每个时间段和路段的平均速度，避免披露各个时间点上用户的确切位置（从设计着手确保隐私安全）。实际上，中间节点（网关）也应该考虑这些策略，并且只向应用服务器发送聚合/平均数据，以便对应用来隐藏用户的位置。需要知道用户确切位置的其他应用（取决于其访问控制策略）实际上将由设备本身识别，由这些设备来传输确切位置（供用户追踪器被盗车辆）。

这一安全规则模型包含指定要强制施行的安全规则模板（又称策略规则），以及这些模板的配置规则。安全规则模板是事件-条件-动作规则，动作部分是允许、拒绝、修改或延迟物联网设备或系统中的服务或数据的执行动作。此外，动作部分还可以触发要执行的附加动作，或者指定信任管理策略，从而增加/减少特定信任方面的信任证据。出于知情同意的目的，我们还支持执行征求用户同意抽象活动，并可根据当前用户情境（繁忙、空闲、会议中等）和之前指定的用户偏好实例化此抽象活动。从知情同意的角度出发，用户有两种选择：①预先指定允许、拒绝、修改或延迟活动的同意规则；或者②指定用于声明应何时以交互方式明确请求用户同意的规则。考虑第二种备选方案，我们的策略语言极具表现力，用户可以为知情同意规则指定时间和基数约束。例如，如果数据访问请求每天不超过 10 次，则应每小时或每天明确请求一次同意。

安全规则语义基于时序逻辑，并采用可配置的观测事件离散时间步长窗口（如 30s）进行评估。安全规则模型的详细信息可参见之前发表的研究论文[19]。我们在下一节给出场景实现所用的安全策略规则示例。

从架构的角度来看，代表用户知情同意要求的策略规则可在物联网场景中相互协作的管理域之间交换。例如，当智能设备与用户手机交换数据时，智能设备可以交换知情同意策略，这些策略管理着应由手机执行的与所交换数据相关联的授权和义务。这种黏性流策略的委托必须得到信任管理机制的支持，从而保证或提高手机执行策略规则的保障水平。

19.4.2 策略执行

在本节中，我们将展示 FP7 iCore 项目中已定义的物联网架构如何应用 SecKit，并基于虚拟对象和复合虚拟对象的概念来表示物联网设备和物联网系统及应用。文献[22]中描述了这一架构，我们在这里描述该架构的主要概念。

iCore 项目的主要概念是根据每个物联网节点的能力使其具备多种功能。为此，除了必要的物理层（PHY）、媒体访问控制（MAC）子层和网络层等连接层外，还确定了三个关键的通信抽象层，分别是虚拟对象（VO）层、复合虚拟对象（CVO）层，以及服务层。各个节点/设备应用 VO 抽象可以方便重用物联网设备。图 19-2 描述了这一架构。

例如，智能建筑中的环境光控制确实可以使用投影仪 VO 来实现在特定房间投影电影或幻灯片时关闭灯光。其理念在于在多个应用中重用物联网设备。CVO 层使物联网设备能够与其他设备交互，并可以混搭多个 VO 来提供智能应用。例如，智能家居在节能、灯光控制、温度控制和安全方面有严格的要求。综合使用多个

VO，就能满足这些要求。可以在服务层满足多个应用需求。沿用前面的示例，服务层使得环境光控制应用能够通过查询附近的物联网设备（或服务）来使用出自投影仪的信息，从所获信息中学习，并做出明智决策。当然，这还需要所有相应层具备语义互操作性。

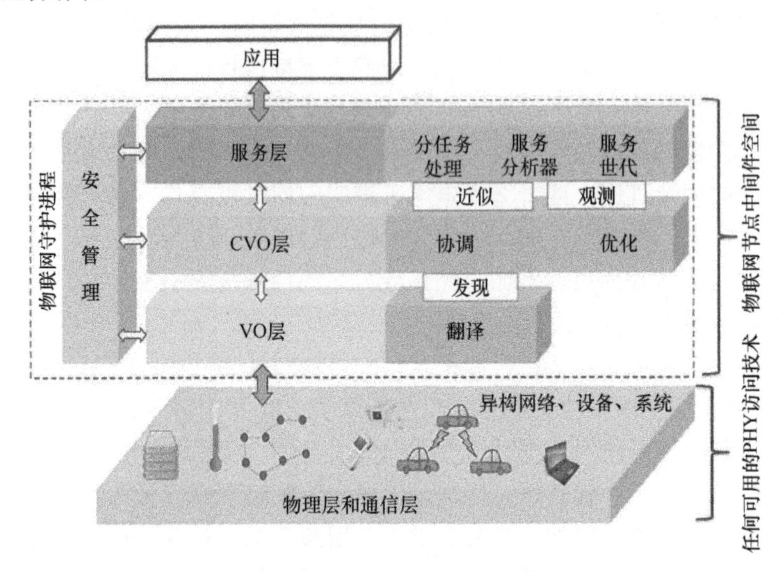

图 19-2　FP7 iCore 架构

图 19-1 描绘了 SecKit 执行组件。在我们的执行架构中，物联网框架与平台由特定于技术的策略执行点监测，PEP 观测并拦截服务、CVO 及 VO 调用，同时将策略决策点的（PDP）的事件订阅考虑在内。PEP 组件将这些事件通告 PDP，并在触发假设事件时接收执行动作。如果需要进行策略评估，PDP 可实现自定义动作，检索 VO 和 CVO 的状态信息，并使用上下文管理器组件订阅上下文信息和情境事件，两种动作均采用物联网框架提供的现有功能。

为切实实现具体场景，必须运用特定于技术的运行时监测组件扩展 SecKit。在 iCore 项目中，我们提供了一个扩展，通过 MQTT 代理来支持策略监测与执行，MQTT 代理也是大多数项目合作伙伴用来支持 VO 和 CVO 间通信的技术。SecKit 可用于医院场景，其中 VO 和 CVO 代表使用 MQTT 中间件通信的工作人员和所用医疗设备。可以指定策略来控制对医院工作人员信息（如位置）和表示为 VO 的医疗设备的访问。

19.4.3 SecKit 框架在物联网知情同意中的应用

图 19-3 呈现了物联网系统行为和同意管理器行为类型的设计，该行为类型实例化请求用户同意的操作类型。此动作表示与用户交互并请求同意特定操作的抽象

活动。交互式同意策略规则实例化此行为类型以请求用户同意。

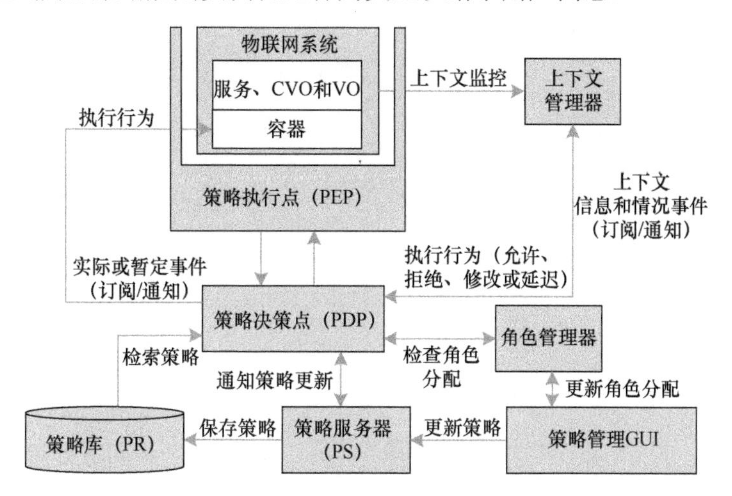

图 19-3　物联网系统行为模型

图 19-4 演示了上下文信息和情境类型的设计。在这个图中，我们突出显示上下文情境工作中，为当前正在进行此活动的人员建模。

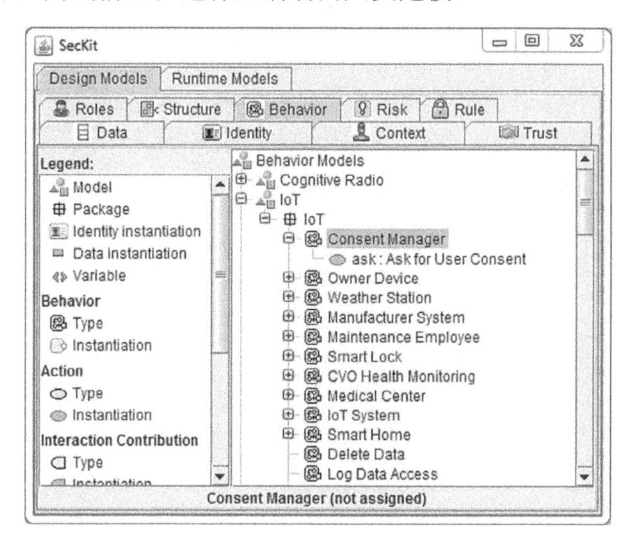

图 19-4　上下文模型

图 19-5 展示了我们用来规范策略规则语言中所用信任信念的方法。其中，我们为特定信任方面指定信任关系。例如，为实现隐私偏好，我们给这方面的特定实体分配一个信任值。在这个例子中，欧盟委员会联合研究中心（JRC）被认为在这方面非常值得信赖。信任信念的度量采用主观逻辑意见三角来实现，该三角将信念、怀疑和不确定性值分配给意见。文献[23]中已完整描述了我们所采用的方法。

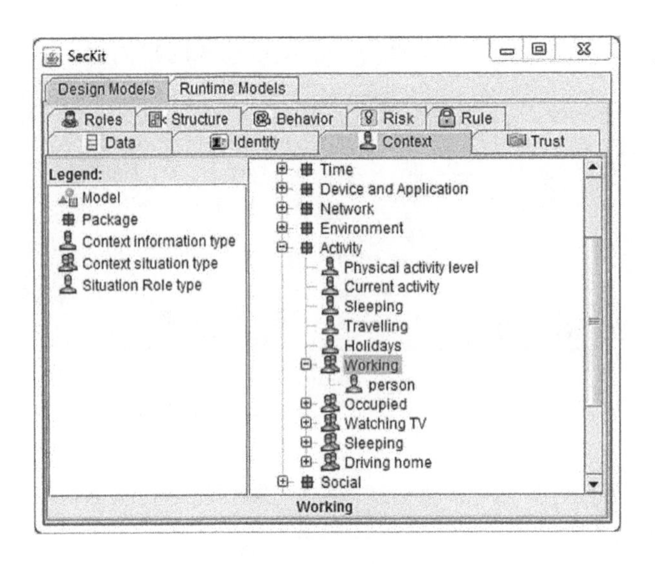

图 19-5　信任信念和信誉值可视化

图 19-6 示例了一个交互式同意策略规则模板。这条规则中，每当事件检测到对用户数据的访问，且相关人员当前未处于工作状态，就会实例化同意管理器，以交互方式请求同意，从而允许、拒绝、修改或延迟数据访问。我们还说明了该规则模板中变量的规范，用以表示应实例化并应用该模板的特定人员。变量还可用于参数化所涉的事件，并指定适用于特定子类型的所有活动的通用同意规则。例如，可以为对个人信息、照片等的所有访问请求指定一组规则。

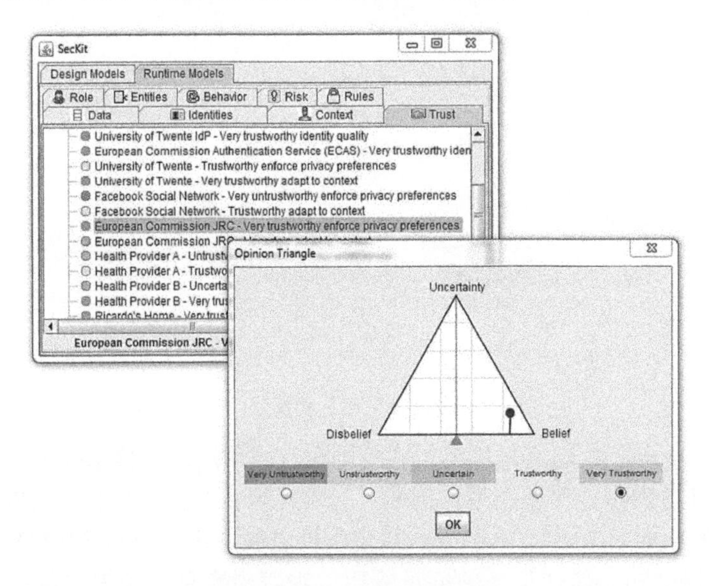

图 19-6　交互式知情同意规则

图 19-7 示意了一个知情同意规则模板，该模板由用户预先定义，允许所有数据访问，但匿名化用户身份。此处的匿名化指的是将身份属性简单地替换成匿名一词。取决于具体要求，匿名化还可以包括使用特定于服务的用户假名进行替换/修改。

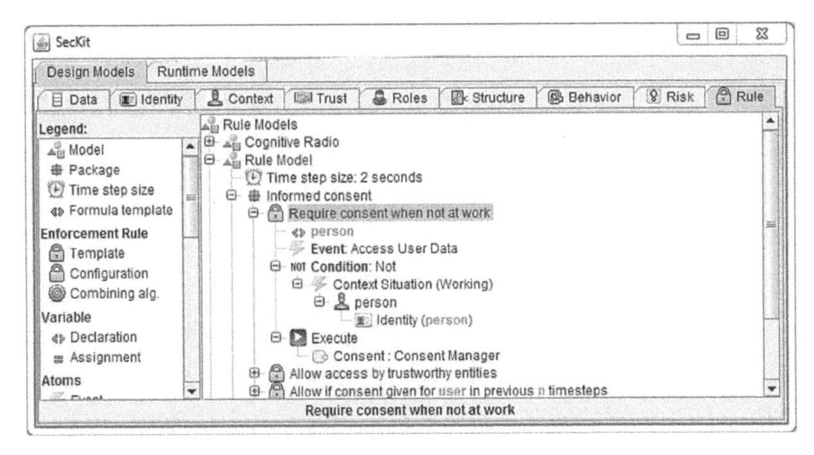

图 19-7 离线知情同意匿名化规则

图 19-8 示例了允许可信实体执行任意操作的策略规则。这条规则是通用规则，不在事件部分指定应允许的特定活动，如允许任何数据访问请求。此类通用规则可使策略规则的规范具有更好的通用性。

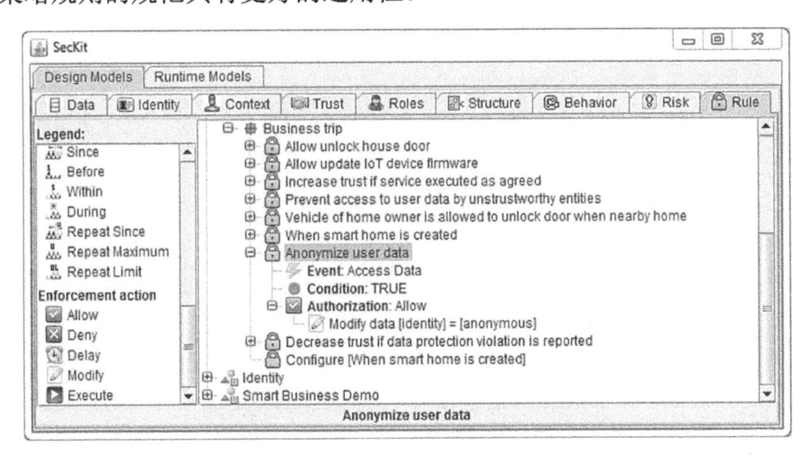

图 19-8 基于信任的通用访问规则

图 19-9 示例了一个策略规则模板，该模板在由变量标识的特定用户在前 n 个时间步长内给予同意（结果=真）的情况下允许访问。由实例化此模板的每个用户指定系统需征询其同意的频率，如每天或每小时。可以在此规则模板中指定额外的变量，以确定比其他活动更频繁请求同意的特定活动。

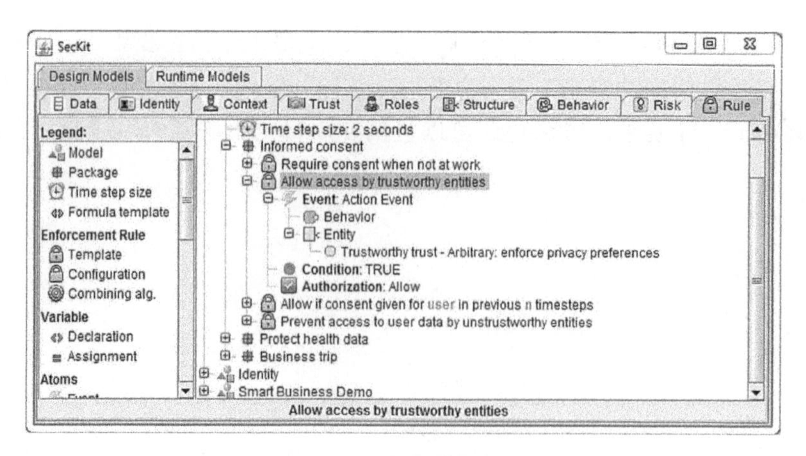

图 19-9　同意检查规则

图 19-10 示例的策略规则模板在一个更复杂的模板中实例化了前面描述的策略规则，演示了我们的策略规则语言中采用的冲突解决方法。在这个例子中，默认情况下，试图访问用户数据的所有不可信实体的访问请求均被拒绝。但是，如果可信实体试图访问数据，或者如果用户在前 n 个时间步长内明确表示同意，则允许访问。这里采用的组合算法策略名为允许覆盖（Allow overrides），指的是只要任意嵌套规则允许访问，容器规则模板选择的最终结果就是允许。

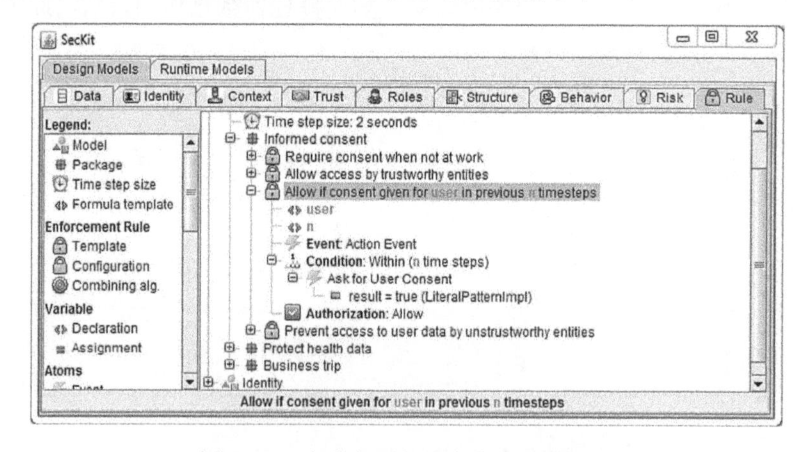

图 19-10　复合规则与组合算法冲突消解

19.5　结论与未来发展

本章中，我们介绍了一种创新方法来处理物联网中的数据操作授权，通过结合之前引入的一系列不同方法，生成基于规则的半自治代理，以之通过 SecKit 机制集成上下文感知与执行。

我们认为，这种方法可以显著改善知情同意问题的处理方式。规则的定义可以非常具体（考虑到数据类型、操作类型、请求数据操作的第三方身份以及操作的上下文），最终用户可以进行精细化控制。现在可以设想进一步的发展，以便完善该系统，并加深其对物联网最终用户知情同意的影响：用户知情、培训与激励，以及促进规则定义与策略执行。我们在下面的章节描述这些影响。

19.5.1 用户知情、培训与激励

仅靠定义数据策略规则和根据使用上下文高度定制其应用的能力本身，并不足以切实达成大量最终用户（其中一些用户数字素养较低）对数据操作的“知情同意”。想要确保基于策略的系统有助于告之、训练和激励用户真正关注自身隐私并定义策略，尚需要付出不懈的努力。因此，必须考虑对系统进行以下补充。

（1）开发上下文帮助机制并嵌入策略管理 GUI 中，从而告知用户系统的行为及其决策的潜在影响。

（2）渐进式用户界面复杂度：可以考虑实现复杂度级别不同的策略管理 GUI，以适应从新手（需要简单的 GUI 来开始定义策略 UI 则）到专家级别（需能定义复杂定制规则）的各类用户。可以创建教程，辅助培训用户定义其第一条规则，并介绍物联网环境中的数据保护挑战。

19.5.2 促进规则定义与策略执行

策略规则的定义（由我们所提的系统提供）可能需要花费大量的时间和精力。为实现广泛普及和进一步提升所提系统的效率，还应致力于促进策略规则的定义。应考虑以下可能性。

（1）应用于相似情境、相似参与者（如访问数据的第三方）、数据操作或数据类型的规则，可借助 GUI 机制十分方便地重新组合和可视化，这种 GUI 机制能够帮助用户定义其规则集，并验证规则集是否涵盖用户所关心的内容。

（2）为快速填充新用户的策略存储库，可设计向用户介绍物联网中隐私问题的调查问卷，用这种易操作的问卷所定义的规则初步填充系统。

（3）可添加规则建议引擎，以便在策略存储库中的任何规则都不适用时自动向用户建议规则，这样可以有效帮助最终用户定义策略规则。FP7 BUTLER 项目[24]确定了基于行为建模[4]和社区系统的机制，可采用这种机制分析用户做出的个人决策。通过收集决策方面的知识，系统最终能够向用户建议决策和新规则。如果遇到用户定义的规则未考虑到的情境，“基于策略的系统”将首先检查行为建模组件，然后检查社区系统，收集有关可向最终用户建议的潜在决策的见解。最终用户有机

会要么执行一次此决策，要么将之定义为其策略存储库中的一条策略规则，供未来所有匹配此特征的操作使用。

19.6 致　谢

本研究由欧盟 FP7 项目 iCore（287708）和 BUTLER（287901），以及 H2020 项目 FESTIVAL（643275）资金支持。

参考文献

[1] European Union, Directive 95/46/EC of the European Parliament and of the Council of 24 October 1995 on the protection of individuals with regard to the processing of personal data and on the free movement of such data. 1995, http://eur-lex.europa.eu/ (last accessed 27 March 2015).

[2] European Union, Proposal for a directive of the European Parliament and of the Council on the protection of individuals with regard to the processing of personal data by competent authorities for the purposes of prevention, investigation, detection or prosecution of criminal offences or the execution of criminal penalties, and the free movement of such data. 2013, http://eur-lex.europa.eu/ (last accessed 27 March 2015).

[3] T. Ploug and S. Holm, Public health ethics: Informed consent and routinisation. *Journal of Medical Ethics*, 39(4), 214–218, 2013.

[4] D. Quartel, Action relations—Basic design concepts for behaviour modelling and refinement. PhD Thesis, 1998, University of Twente, the Netherlands.

[5] European Union, Article 29 Data Protection Working Party. 2013, http://ec.europa.eu/justice/data-protection/article-29/documentation/opinion-recommendation/files/2013/wp202_en.pdf (last accessed 27 March 2015).

[6] J.-Y. Tigli, S. Lavirotte, G. Rey, V. Hourdin and M. Riveill, Context-aware authorization in highly dynamic environments. *IJCSI International Journal of Computer Science Issues*, 4(1), 2013.

[7] M. Elkhodr, S.Shahrestani and H. Cheung, A contextual-adaptive location disclosure agent for general devices in the Internet of Things. *Proceeding of the 38th IEEE Conference on Local Computer Networks (LCN)*, October 2013, Sydney, Australia.

[8] G. Broenink, J.H. Hoepman, C. van't Hof, R. Kranenburg, D. Smits and T. Wisman, The privacy coach: Supporting customer privacy in the internet of things. In Michahelles, F. (Ed.), *What Can the Internet of Things Do for the Citizen (CIOT)*, 2010, pp. 72–81, Radboud University Nijmegen, the

Netherlands.

[9] A. Boukerche and X. Li, An agent-based trust and reputation management scheme for wireless sensor networks. *Global Telecommunications Conference 2005, GLOBECOM'05*. Volume 3, 2005, IEEE, New York.

[10] D. Chen, G. Chang, D. Sun, J. Li, J. Jia and X. Wang, TRM-IoT: A trust management model based on fuzzy reputation for internet of things. *Computer Science and Information Systems*, 8(4),1207–1228, 2013.

[11] T. Henderson and S. Bhatti, Modelling user behaviour in networked games. *Proceeding Multimedia '01, Proceedings of the Ninth ACM International conference on Multimedia*, 2001, pp. 212–220, ACM, New York.

[12] C. A. Yeung and T. Iwata, Modelling user behaviour and interactions: augmented cognition on the social web. *Foundations of Augmented Cognition. Directing the Future of Adaptive Systems—Sixth International Conference*, Lecture Notes in Computer Science, 2011, Volume 6780, pp. 277–287, Orlando, FL.

[13] S. Angeletou, M. Rowe and H. Alani, Modelling and analysis of user behaviour in online communities. *The Semantic Web—ISWC 2011*, Lecture Notes in Computer Science, 2011, Volume 7031, pp. 35–50.

[14] R. Rawat, R. Nayak and Y. Li, Individual user behaviour modelling for effective web recommendation. *2nd International Conference on E-Education, E-Business, E-Management and E-Learning (IC4E 2011)*, 2011, IEEE, Mumbai, India.

[15] A. Kobsa and J. Schreck, Privacy through pseudonymity in user-adaptive systems.*Journal ACM Transactions on Internet Technology (TOIT) TOIT Homepage*, 3(2), 149–183, 2003.

[16] H. Abelson, B. Adida, M. Linksvayer and N. Yergler, The Creative Commons Rights Expression Language Technical Report. 2008, Creative Commons, http://wiki.creativecommons.org/Image: Ccrel-1.0.pdf (last accessed 27 March 2015).

[17] C. Flick, Informed consent in information technology: Improving end user licence agreements. *Professionalism in the Information and Communication Technology Industry*, 3, 127, 2013.

[18] Brightfort, Eulalyzer. https://www.brightfort.com/eulalyzer.html (last accessed 30 April 2015).

[19] R. Neisse,I. Nai Fovino,G. Baldini, V. Stavroulaki, P. Vlacheas and R. Giaffreda, A Model-based security toolkit for the Internet of Things. *International Conference on Availability, Reliability and Security (ARES)*, 2014, University of Fribourg, Switzerland.

[20] P.D. Costa,I. T. Mielke, I. Pereira,and J. P. A. Almeida,A model-driven approach to situations: Situation modeling and rule-based situation detection. *Enterprise Distributed Object Computing Conference (EDOC), 2012 IEEE 16th International*, 2012, pp. 154, 163, Tsinghua University, Beijing, China.

[21] E. Rissanen, XACML: Extensible Access Control Markup Language v3.0, 2010, http://docs.oasis-open.org.

[22] C. Sarkar, S. N. Akshay Uttama Nambi, R. Venkatesha Prasad, A. Rahim, R. Neisse, and G. Baldini, DIAT: A scalable distributed architecture for IoT. *IEEE Internet of Things Journal*, 2(3), 230–239, 2015.

[23] R. Neisse,M. Wegdam,and M. van Sinderen, Trust management support for context-aware service platforms. In A. Aldini and A. Bogliolo (Eds.), *User-Centric Networking (Lecture Notes in Social Networks)* 2014, pp. 75–106, Springer.

[24] Butler FP7 European Union collaborative project. Requirements and exploitation strategy. 2012, http://www.iot-butler.eu/ (last accessed 27 March 2015).

第 20 章　移动网络物联网（IoT）安全与影响

移动网络技术的快速发展和向 IPv6 过渡可能会推动这一趋势，催生出可通过蜂窝网络访问其中每件消费品的生态系统。互联网与蜂窝移动网络的融合正在孕育新的机器对机器（M2M）通信系统，为物联网发展壮大搭建底层基础平台[1]。

背靠网络运营商的大量投资，基于蜂窝网络的物联网应用正经历巨大的增长[2]。当前研究预测，蜂窝物联网的盈利能力超出移动数据 1000 倍，对运营商来说，其有利可图程度不亚于短信服务（SMS）[3]。面对竞争激烈的市场和逐渐下滑的营收，对蜂窝网络运营商而言，蜂窝物联网不啻为极具吸引力的新兴市场。因此，物联网应用是移动技术创新和蜂窝技术创新共同的投资重点。蜂窝网络运营商正在联网汽车[4]和远程医疗保健系统[5]等市场寻求有价值的伙伴关系。事实上，有预测估计，健康产业将成为未来几年物联网市场的主要驱动力之一[6]。

业内共识认为，M2M 和嵌入式移动应用将带来移动蜂窝连接的巨大增长。预计将有超过 500 亿非个人数据专用移动设备加入现有移动网络，为大量新兴应用提供支持[7]。因此，为向物联网提供泛在宽带连接，大规模设备连接（数十亿个联网设备）是未来 5G 移动系统设计和规划的主要目标之一[8]。

第四代移动网络，也就是长期演进，被设计为大幅增加容量，以便为大量联网设备提供支持。因此，LTE 大幅改善了无线接入网络（RAN），并向演进分组核心网（EPC）引入了更灵活的纯 IP 架构。尽管当前 M2M 系统有很大一部分在传统第二代和第三代（2G 和 3G）移动网络上运行，但 LTE 将成为在蜂窝网络上催生物联网的主要驱动力[9]。

物联网应用及其底层 M2M 设备在移动网络上的大规模部署，给网络运营商带来了巨大挑战。众所周知，许多物联网应用的流量特征迥异于出自智能手机和平板电脑的用户流量，可导致网络资源利用效率低下[10]。物联网可能对 LTE 移动网络产生的潜在影响愈发引起重视，尤其是考虑到流量和控制平面负载激增的情况下。此外，传统移动网络中的已知安全漏洞已被用于窃听 M2M 嵌入式设备和逆向工程物联网系统之间的通信。

在蜂窝网络上安全部署和扩展物联网系统的巨大挑战，推动研究社区和标准化领域双双展开多项工作，提高移动蜂窝网络环境下物联网的安全性。

20.1 物联网嵌入式设备与系统面临的安全威胁

嵌入式设备由于其在连接、算力和电量方面的独特局限性而面临各种新兴威胁，使得安全和隐私成为物联网需解决的两大主要挑战。通过蜂窝网络提供 M2M 设备间安全通信是个新兴的研究领域，目前正采用各种不同方法加以探索。一方面，各项工作旨在保护设备本身[12]；另一方面，提出了一些基于网络/提供商的架构，利用蜂窝电信运营商现有的鉴权方法[13]。与此同时，隐私正日益成为这类系统的主要关注点之一，尤其是在处理关键信息的应用数量激增的情况下。在某些物联网系统类别中，隐私是个特别重要的领域，如网络医疗环境[14]。

尽管 M2M 通信安全越来越受重视，但仍需努力设计更有效的安全架构，并将之转换成实际的系统部署。一些应用中竟然缺乏基本安全功能的情况，促使研究人员发现了针对物联网系统的新型漏洞和攻击途径，如可致远程启动汽车引擎的漏洞[15]，以及家庭自动化连接集线器 root 权限获取[16]。媒体还报道了其他基本安全缺陷，如可使用默认凭证或无须访问凭证即可通过互联网远程访问各种类型的联网设备[17]。

物联网服务提供商常依赖隐式无线网络加密和鉴权来保护流量，防止窃听和中间人（MitM）攻击。大多数部署利用传统蜂窝 2G 链路，这些链路采用过时加密方案，通常被认为是不安全的，可造成无线通信被解密和窃听[18]。例如，近期一篇研究发现，某流行地理定位平台在短信正文中以明文形式传输应用信息。安全研究人员借此成功逆向工程出整个 M2M 应用[19]。

蜂窝 M2M 系统在设计时应假设任意攻击者都可以窃听无线流量，所以建议增加额外的加密层。然而，一些计算资源有限的低功耗嵌入式设备可能无法进行额外的强加密。总体而言，新型 M2M 系统实现应利用 LTE 移动网络，并采用最先进的加密和鉴权方案，保护流量隐私与安全。此外，尽管研究表明，通过部署恶意基站[20]发起攻击并控制基于网络的设备是可行的，但这在相互鉴权的 LTE 接入链路上是不可能的。

20.2 物联网对移动网络的安全影响

除了物联网设备的安全和隐私，无线移动网络上的 M2M 系统部署也会对网络本身产生重要安全影响。对于蜂窝网络提供商大量使用的移动基础设施而言，为数百万嵌入式设备分配资源是一个巨大的挑战[7]。除了庞大物联网流量负载下的网络运营挑战，M2M 流量也被认为是整个 LTE 网络安全框架的重要一环[21]。定义移动网络安全的主要安全威胁与要求的行业与标准化论坛切实强调了物联网及其潜在影响。

众所周知，许多物联网应用的流量特征迥异于智能手机和平板电脑产生的用户流量，可导致网络资源利用效率低下[10]。因此，M2M 系统对 LTE 网络正常运行可能产生的影响引发关注，如果架构设计不当，LTE 网络可能会被流量和信令负载激增所压垮[11]。考虑到针对嵌入式设备的威胁途径数量，被黑设备僵尸网络和恶意信令风暴的潜在影响也备受关注[22]。

随着移动网络的发展和向 5G 过渡，无线接口的容量和吞吐量不断增加，以实现大规模设备连接和容量增加 1000 倍的目标。为此，研究人员已在开发高频毫米波先进系统的原型，并实现大规模多入多出（MIMO）系统。然而，主流 5G 行业论坛上的一个常见讨论话题是，这不仅仅与速度有关，还关乎可扩展性[23]。容纳数十亿嵌入式设备接入现有 LTE 网络和未来 5G 网络的可扩展性，是物联网安全领域的主要可用性挑战之一。

20.2.1 LTE 网络运营

基于图 20-1 所描述的架构，LTE 移动网络提供移动设备和互联网之间的 IP 连接。LTE 移动网络分为两个独立部分：RAN（无线接入网）和称为 EPC（演进分组核心网）的核心网。

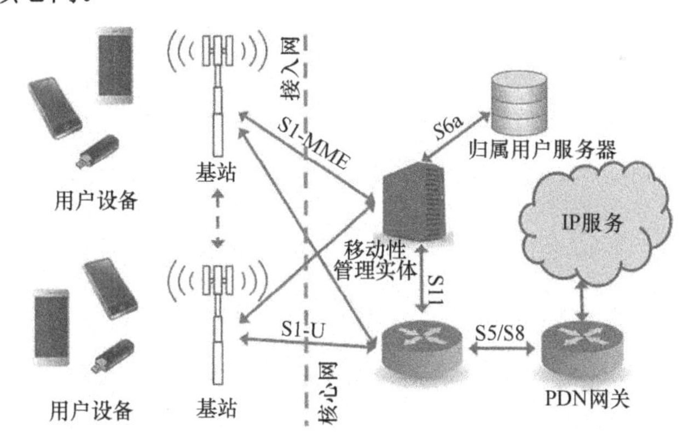

图 20-1　LTE 网络架构

许多用户设备（UE）（移动终端），以及 eNodeB（LTE 基站）组成 RAN。LTE 网络的该无线接入部分控制着向移动终端分配无线资源、管理其无线资源利用、执行访问控制，且在 eNodeB 间实现 X2 接口的情况下甚至独立于 EPC 管理移动性和切换。

EPC 是负责建立和管理 UE 与互联网之间点对点 IP 连接的核心网。此外，RAN 上的某些 MAC（媒体访问控制）操作由核心网触发或控制。EPC 由下列网络节点组成。服务网关（SGW）和公用数据网（PDN）网关（PGW）是锚定点对点连接的路由节点，称为 UE 与互联网之间的承载。移动性管理实体（MME）管理控制平面承载逻辑、移动性和其他网络功能。为了实现最终用户鉴权，MME 与存储所有 UE 的鉴权参数和秘密密钥的归属用户服务器（HSS）通信。

为了运营网络和提供连接，LTE 网络执行一系列信令过程，称为非接入层（NAS）功能[24]。此类功能通过 LTE 网络节点间的非用户数据消息加以协调和触发，称为控制平面信令流量。

设备开机后，执行一系列步骤和算法以达到连接状态。这一阶段，UE 和 PGW 之间建立起 IP 默认承载，UE 分配到一个 IP 地址。设备执行小区搜索过程以获取时间和频率同步，并通过随机接入过程，将无线资源分配给 UE，建立设备与 eNodeB 之间的无线资源控制（RRC）连接。然后，UE 与 MME 之间执行 NAS 标识与鉴权过程，MME 又与 HSS 通信。此时，通过 SGW 和 PGW 的数据流量承载已建立起来，UE 的 RRC 连接根据 UE 请求的 IP 服务类型和服务质量重新配置。

图 20-2 示例了整个 NAS 附着过程，直观呈现了连接移动设备时 EPC 各元素间交换的大量消息[25]。注意，为了简单起见，随机访问过程、RRC 连接建立，以及 NAS 鉴权与标识过程涉及大量图中未显示的消息。

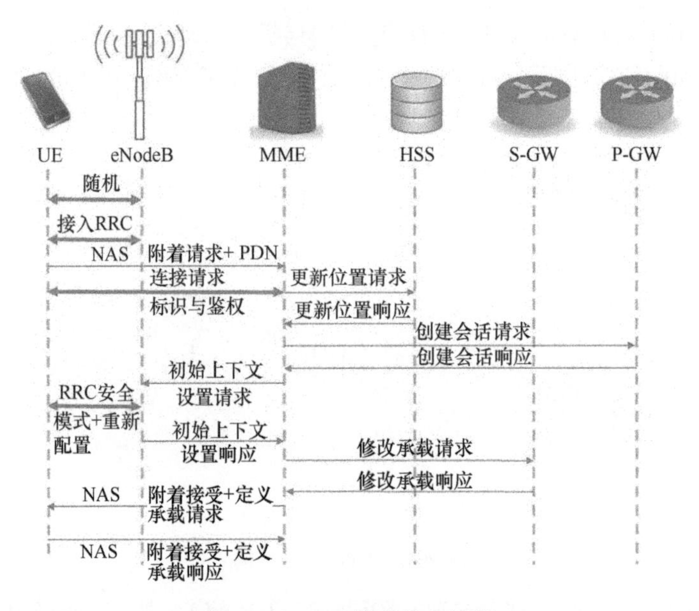

图 20-2　NAS 附着信令过程

尽管所有设备都分配了用于通信的无线资源，但是没有足够的资源支持同时连接所有 UE。因此，为有效分配和管理频谱，实施了严格的资源管理和再利用策略。每当 eNodeB 观察到 UE 空闲超过几秒（通常在 10～15s），就会释放该 UE 的

RRC 连接，其相关无线资源被释放出来供重复利用并分配给另一台设备，此 UE 转为空闲状态[26]。尽管仅一条从 eNodeB 到 UE 的消息便足以将其转换为空闲 RRC 状态，但该过程仍然涉及 EPC 节点间用于释放专用承载的一系列消息。同时，处于空闲状态，但需要发送或接收数据的 UE 必须转换回连接状态。为此，需执行与 NAS 附着类似的过程。其主要区别在于不需要某些鉴权和承载操作。例如，从空闲状态转换到连接状态的 UE 不需要分配新的 IP。注意，UE 从空闲状态转换到连接状态必须始终从随机访问和 RRC 连接开始。

移动网络的功能涉及此处未列出的其他信令过程，如寻呼和切换。介绍上述网络功能是因为这些功能涉及 NAS 信令过程，而在标准化机构的讨论中，NAS 信令过程被认为是 LTE 移动网络中信令风暴的潜在触发因素。

20.2.2 控制平面信令风暴

物联网应用在移动网络上的普及给 LTE 分组核心网带来了安全隐患。无线嵌入式设备利用蜂窝连接来防止网络利用率低下及潜在的大范围网络可用性威胁，在设计无线嵌入式设备之前必须考虑移动网络的运营情况。如前所述，物联网设备和其他移动设备或互联网之间的每个交易或信号流形成 EPC 上的控制平面信令。不必要的连接建立与释放信令可能会使核心网负担过重，降低其他设备的 QoS[27]。

文献[28]介绍了控制平面信令引出的移动核心网过载概念，该概念描述了蜂窝网络理论上的信令过载威胁。低容量攻击由发送给大量移动设备的小数据分组组成，理论上可导致大量 RRC 状态转换，从而致使移动网络的分组核心网过载。在这种情况下，某些类型的 M2M 设备以小而频繁的通信突发为特征[10]。这种流量模式不同于 LTE 要支持的典型智能手机或平板电脑使用模式。当设备在空闲状态和连接状态之间转换时，这种频繁的流量突发可能会导致网络中出现大量信令。

过去几年来，在表 20-1 摘录的一系列信令风暴中，我们已经观测到控制平面过载的负面影响了。

表 20-1　已知信令过载事件样本

起因	事件	参考
聊天应用	即时通信应用检查新消息太过频繁引发美国运营商宕机	[29]
信令峰值	全球第六大运营商 300 万用户断网	[30]
智能手机	主要移动操作系统之一的原生应用	[31]
原生应用	导致日本运营商信令过载	
聊天应用	开放移动峰会上运营商讨论采取行动缓解聊天应用的信令峰值	[32]
流行应用中的广告	流行手机游戏中显示的广告引发信令峰值	[33]
连接 LTE 的平板电脑	来自流行平板电脑的连接大幅增加控制平面信令	[34]
移动云服务	频繁尝试重连宕机云服务造成信令峰值	[35]

上述所有信令风暴实例都是由行为不端的移动应用引起的。然而，安全研究人员认为，通过被黑 M2M 设备组成的恶意僵尸网络，信令风暴有可能从网络内部触发[36]。研究人员讨论了构建和运营此类僵尸网络的可行技术与平台[37]，包括潜在的命令与控制信道。

此外，还有一些 M2M 设备在预设时间段收发流量。例如，安全摄像头每隔几分钟报告一幅照片，或温度传感器定期报告读数。大量设备采用这种模式工作可能会产生信令和数据流量峰值，从而影响核心网。外部事件触发大量设备报告或通信，造成所有设备同时转换为 RRC 连接状态，也会引起类似的情况。这是标准化机构正在讨论的控制平面信令过载的一个特定用例[27]。

除了 M2M 相关的信令过载和网络拥塞，过去几年里，安全研究人员从理论上提出了过载和拥塞 LTE 移动网络的几种恶意方法。拥塞可能以两种不同方式发生。RAN 拥塞是对同一 eNodeB 的多个 M2M 连接请求、修改和释放同时发生的结果[38]。当大量 M2M 设备附着到不同小区，在 RRC 状态之间转换，并移动到不同跟踪区域时，核心网中的拥塞会影响 MME、SGW 和 PGW[28]。研究人员还理论化了传统 2G 和 3G 网络中 HSS 节点信令过载的潜在影响，称为归属位置注册（HLR）[39]。

20.2.3 围绕 M2M 通信的行业与安全标准化工作

标准化机构正积极提出新的安全架构来保护移动 M2M 系统和物联网。某些行业论坛尤为致力于提出各种方法，用以缓解物联网蜂窝系统激增可能带来的潜在信号过载和其他安全威胁。

第三代合作伙伴计划积极参与定义缓解蜂窝 M2M 系统中控制平面信令峰值的框架[27]，在 3GPP 环境中称为机器类通信（MTC）。该工作专注一系列威胁场景，范围从节点故障后附着信令负载的突发洪水直至移动终接事件洪水。

表 20-2 列举了该 3GPP 任务组提出的主要威胁场景和拟议解决方案。此项工作提出的大多数解决方案为 HSS 提供了过滤甚至阻止其入站信令负载的方法。例如，定义了一项新功能，使 HSS 能够在流量出现峰值时通知 MME。然后，MME 无须事先与 HSS 握手就可以拒绝来自移动设备的连接尝试。而且，该工作还提出了针对各种 HSS 操作的优化。

表 20-2　3GPP 所提缓解 HSS 控制平面信令过载的主要威胁场景和解决方案

威胁场景	所提解决方案
无线接入技术（RAT）覆盖和 RAT 节点故障	优化周期性跟踪区域更新（TAU）信令
注册泛洪	NAS 拒绝解决方案
RRC 资源分配泛洪	HLR/HSS 过载通知
位置信息报告泛洪	订阅数据下载优化

除了蜂窝物联网安全架构，3GPP 还积极参与提出蜂窝网络 MTC 流量增强建议[40]。最后，3GPP 还在一些领域进行讨论，这些领域虽然与物联网安全没有直接关系，但会产生重大影响。例如，提出了在 RRC 状态转换期间减少控制平面信令负载量的新增强建议[41]。

与欧洲电信标准协会（ETSI）密切相关的 oneM2M 组织，也开展了一些活跃项目，试图在 oneM2M 第 1 版规范框架内定义适用于物联网蜂窝部署的安全架构[42]。oneM2M 专注实现通过移动网络提供的物联网服务应用层安全。从删除存储在嵌入式设备内存中的服务加密密钥，到处理 M2M 核心服务提供商网络中的恶意或崩溃软件，都是其所分析的一些威胁场景。

此外，该组织还发布了一系列建议，以确保蜂窝 M2M 系统的机密性和可用性。文献[43]所列的早期版本规范中已经定义了这些建议，确保在应用层应用强加密，且加密密钥单独存储在安全隔室中。注意，考虑到传统 2G 蜂窝链路的隐私威胁，仅依靠无线链路加密来保护 M2M 流量不是什么良好做法。

如何缓解移动网络中潜在控制平面流量峰值的问题受到普遍关注，促使某些行业参与者开发用于移动网络基础设施的设备。这些安全解决方案设计为控制平面防火墙，位于 RAN 和 MME 之间，并监测信令峰值，缓解对移动核心网的影响[44]。移动基础设施制造商也在加大努力，提供新工具帮助分组核心网优化控制平面，最小化过载风险[45]。

20.2.4 物联网安全研究

大量研究旨在设计新的网络机制，以便有效处理源自物联网的蜂窝流量激增。已有研究提出了针对 LTE 上 M2M 流量的新型拥塞控制技术[46]和其他技术[47]。还有文献[48]介绍了新的自适应无线资源管理，旨在有效处理 M2M 流量，而另一文献[49]提出了将 LTE 系统随机接入信道（RACH）增强以应对大量嵌入式无线设备。

20.3 蜂窝物联网系统大规模部署的可扩展性

电信行业越来越热衷于了解和预测 LTE 网络上物联网增长的可扩展性动态。考虑到预期的规模和设备数量，移动网络运营商预计数据流量和控制平面流量都将大幅增加，网络资源必须适应这种情况。

该领域的研究工作也在此必要性的推动下大量涌现。例如，一项研究[10]首先详细描述了新兴 M2M 应用的流量特征。作者强调，这些通信系统的无线资源和网络资源效率低下是移动基础设施面临的一个挑战。其他研究项目分析了 LTE 移动网络上物联网流量的特征[50]，得出了类似的结论：某些 M2M 应用会发送周期性的小突发流量，导致频繁的 RRC 状态转换，因而在网络资源利用方面并不高效。

想要能够预测和了解移动网络上物联网的可扩展性，准确建模 M2M 系统与蜂窝网络的交互至关重要。此类建模的主要目的是了解控制平面信令流量的非线性，因为控制平面信令流量会随所连设备的数量而扩展。不同 M2M 设备类别的异构流量模式导致了信令流量负载统计数据的巨大差异。某些设备类型定期报告测量结果，产生非常低的数据负载（100kbit/h 的测量数据），却会导致大量 RRC 状态转换，从而形成控制平面信令负载。同时，发送大量每日读数摘要（100Mbit）的设备会注入 1000 倍的数据流量，但对信令负载的影响微乎其微。

研究 LTE 移动网络上物联网的可扩展性需要进行大规模分析。实验室测试平台不足以衡量物联网安全威胁的实际效果和影响。更重要的是，基于实验室的研究无法提供大规模 M2M 安全技术的快速原型和测试手段。信令过载和被黑嵌入式设备移动僵尸网络，它们的潜在风险，要求仅在模拟测试平台上进行安全分析。

例如，可以使用完全符合 LTE 标准的安全研究测试平台[51]。该测试平台的设计和实现完全符合标准，可通过多台虚拟机加以扩展，从而模拟任意大小的场景。此外，该测试平台模拟的移动设备所运行的统计流量模型源自美国一级运营商完全匿名的实际 LTE 移动网络跟踪，因而可以为智能手机流量和智能电网、资产跟踪、LTE 连接汽车、远程医疗、远程报警系统和安全摄像头等多个物联网设备类型生成高度逼真的结果。

利用此测试平台，可以深入了解移动网络上物联网设备的可扩展性[52]。实验包括部署模拟通用 LTE 网络，其中包含 EPC 实例（MME、SGW、PGW 和 HSS）。IP 通信发生在 UE 和外部互联网服务器之间。假定此服务器的容量是无限的，避免干扰 EPC 的可扩展性影响。在此模拟网络上部署不同 M2M 类别（远程医疗、资产跟踪、智能电网等）的多台物联网设备，且不断增加设备数量，过程中收集 EPC 上多个负载指标。

图 20-3（a）和（b）汇总呈现了通用实验的结果，实验考察 MME-SGW 链路负载和 MME 中央处理器使用情况，以便深入了解 M2M 设备扩展的信令影响。很明显，M2M 类别的控制平面信令负载影响最大（图 20-3 所示实验中的资产跟踪和个人跟踪设备），MME CPU 使用增长也最多。图中的负载测量结果经过了归一化。

信令负载最高的两个设备类别，125 台设备时在 MME-SGW 链路上产生的负载大致相同。然而，资产跟踪设备的负载增长要快得多，设备数量同为 2000 台时，资产跟踪设备导致的信令负载比个人跟踪设备高出 42.6%。在 MME CPU 使用方面也能观测到类似的趋势。125 台个人跟踪设备和 125 台资产跟踪设备引起的 MME CPU 使用大致相同。然而，与相同数量的个人跟踪设备相比，2000 台资产跟踪设备产生的负载高出 32.5%，在 4000 台设备的情况下，负载高出 50.5%。

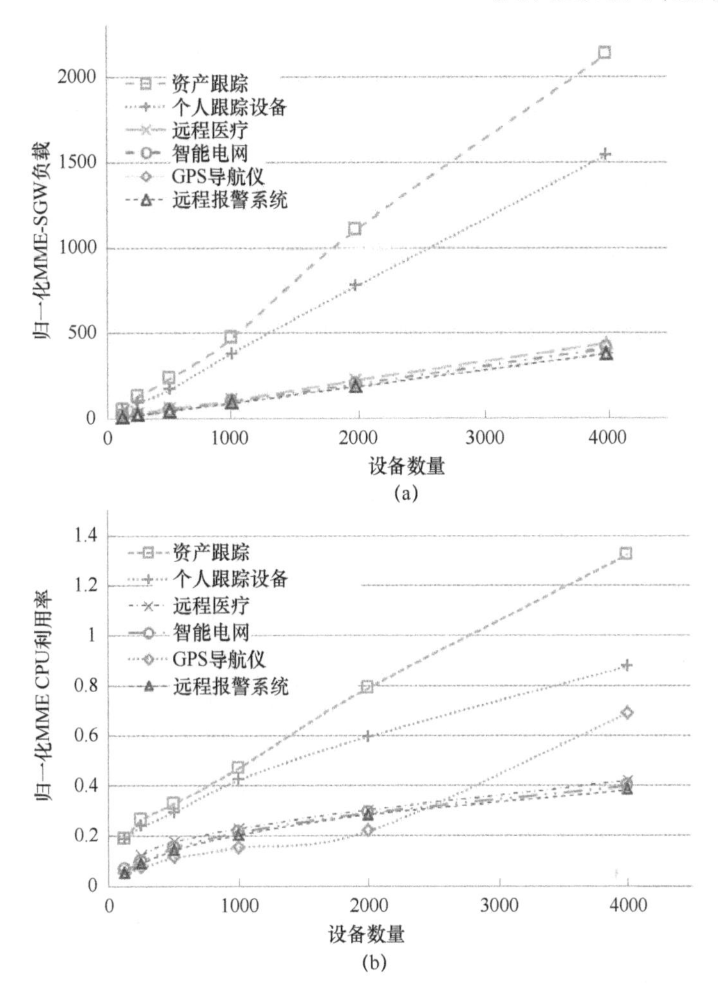

图 20-3　M2M 可扩展性信令影响

（a）归一化 MME-SGW 负载；（b）归一化 MME CPU 使用。

这些结果可供深入了解 LTE 移动网络上物联网的可扩展性动态。正如预期的那样，控制平面信令负载随连接设备数量的增多而增长。这种增长是线性的，表明不应预期负载会呈指数增长。但是，不同物联网类别很大程度上异构的可扩展性特征给网络运营商带来了挑战。这是因为，相对于当前移动网络主要针对智能手机流量进行优化，物联网连接及资源使用必须针对非常多样化的流量动态进行优化。

在移动网络上部署和扩展物联网系统的挑战是标准化机构讨论和攻克的主要领域之一，也是 5G 移动系统设计的主要挑战之一。尽管物理层先进技术提供的容量和吞吐量将比当前无线链路多几个数量级，但 5G 系统的设计必须确保核心网不会因控制平面信令问题而成为容量瓶颈。

20.3.1 移动物联网系统的新网络增强功能

蜂窝运营商正在积极推动并确保 M2M 节点正确使用网络资源[53]。其他指南中还提出了给硬件和系统制造商的一些建议，旨在防止应用反复查询服务器或发送几乎没有流量控制的零星数据流量。换句话说，M2M 应用在蜂窝网络中的行为应不同于在无线局域网或有线连接中的行为。至关重要的是，所有网络运营商都应确保正确实现此类指南，最大限度地减少接入移动网络的 M2M 设备激增的影响。

行业和标准化社区已经提出了一些解决上述威胁的方案[27,54]。虽然可以从应用/设备本身进行一定程度的改进，但以网络为中心的解决方案是最有效的。上述场景的缓解措施具有挑战性，很难实现和测试，因而难以了解其潜在好处。例如，为降低设备在 RRC 状态之间转换的频率，已提出了延长 UE 空闲超时时间的方案[54]。然而，这么做可能会导致成本增加，因为要为活动设备会话保留更长时间的资源，如无线链路上的无线资源。安全收益和这一成本之间的权衡非常难以确定。其他拟议解决方案设想采用各种技术过滤信令负载，如 MME 信令负载，从而避免 HSS 过载[27]。

与此同时，研究界和标准化组织正在开展大量工作，提出通过蜂窝网络为物联网设备提供数据链路的新技术，最小化对移动核心网的影响。其中一项有趣的提案介绍了一种无连接协议，可以在零控制平面信令的情况下，通过 LTE 蜂窝链路与物联网设备通信[55]。这项技术针对具有周期性小流量突发的 M2M 设备类别，在 3GPP 标准框架内设计，无须修改标准。

如图 20-2 所示，物联网无连接通信利用 RACH 过程所用的 LTE 物理层信道。每当移动设备需要通信并转换到 RRC 连接状态时，都会执行 UE 和 eNodeB 之间的握手。这一握手过程中的第一条消息还用于实现与 eNodeB 的上行链路（UL）同步。

RACH 信道上的传输由小区或扇区内所有用户共享，并且遵循时隙 ALOHA（S-ALOHA）/码分多址（CDMA）协议，因此可能发生冲突。从 64 个可能的签名中随机选择签名，并通过 RACH 发送前导分组。在接收到前导码时，eNodeB 生成称为随机接入响应（RAR）的应答消息。该消息包含 5 个字段：接收前导的时频时隙 ID、所选签名、时间对齐指令、初始 UL 资源授权，以及 UE 的网络临时 ID（无线网络临时标识符（RNTI））。图 20-4 展示了标准 RACH 过程的真实实验室捕获，包括智能手机和商业实验室 eNodeB 之间的握手。此捕获是通过现成的 LTE 流量嗅探器获得的[56]。

LTE 网络上物联网流量的无连接链路在 RACH 前导码中编码上行链路流量。从 64 个可用签名中选出一个来编码 6 bit 信息。给定每 10 msLTE 帧 k 个 RACH 资源，则给定小区中总可用吞吐量为每帧 $\frac{k \cdot 6}{0.01}$ bit。注意，该吞吐量将由小区内所有物联网设备共享，并与同一小区内普通智能手机和其他移动设备的 RACH 流量共享。然而，网络测量数据表明，在非常密集的区域，RACH 信道基本上未得到充分利用，为无连接链路留下了巨大空间[55]。

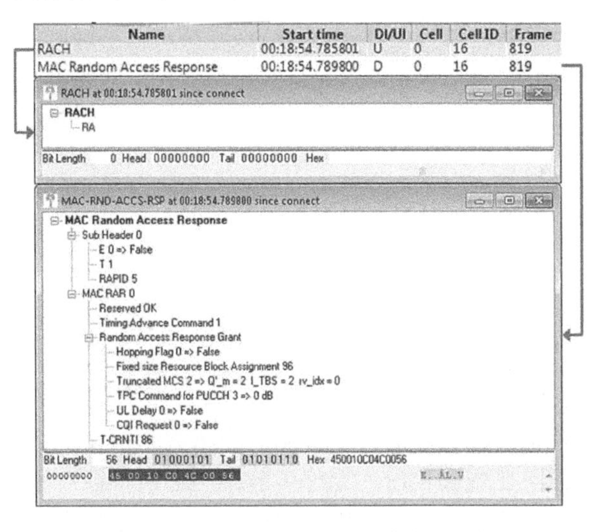

图 20-4　LTE 随机访问过程与真实网络捕获

考虑标准中定义的 LTE RACH 的可能配置，k 的范围为 1～10。$k=10$ 是在每个时隙都分配了一个 RACH 资源的情况下[57]。给定 RACH 碰撞概率 $p_{\text{collision}}^{\text{UE}}=1\%$，包含碰撞和解码错误，$k=10$ 且 64 个签名，一条无连接链路可支持高达 $R_{\text{RACH}}^{\max}=-10\times 64\times \ln(1-p_{\text{collision}}^{\text{UE}})=6.432$ 个前导码每帧的上行链路负载。这导致最大吞吐量为 $R_{\text{UL}}^{\max}=$（6.432×6）/0.01 = 3.86kbit/s。

与此同时，下行链路流量在 RAR 的 16bit RNTI 字段中编码，这对无连接链路而言是不必要的。假定系统配置相同（$k=10$），可通过无连接链路交付的最大下行链路吞吐量为(10 · (16+11))/0.01 = 27kbit/s。该总原始容量也将由给定小区内的所有物联网设备以及发送给普通移动设备和智能手机的 RAR 消息共享。

移动设备发起的无连接链路由一系列具有预定义签名模式的前导码触发，而网络发起的链路则利用 LTE 寻呼消息尾部的三个未使用填充位来触发。

图 20-5 概括呈现了人口密集区同等实际负载下无连接链路的系统模拟。结果表明，人口密集区的 RACH 背景负载不会影响链路的性能。因此，假设 M2M 部署受控且没有对抗 UE，那么无连接链路对常规 LTE 通信的影响几乎为零。考虑到信令过载威胁缓解，以及大量行为不端或受感染物联网嵌入式设备可能触发其他大规模安全威胁的情况，这个实验结果显得尤为振奋人心。

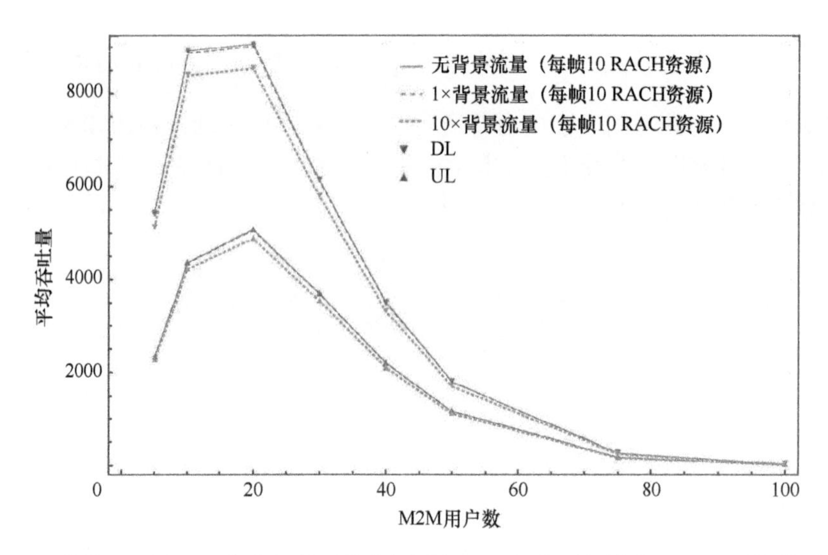

图 20-5 背景 LTE RACH 负载条件下的上行链路（UL）和下行链路（DL）无连接吞吐量

无连接链路是通过移动网络向物联网设备提供连接的可行解决方案，而且不会给核心网带来成本高昂的控制平面信令影响。恶意物联网设备组成的僵尸网络可触发针对蜂窝核心网的潜在饱和攻击，无连接链路的上述特征对于保护网络免遭此类攻击而言举足轻重。与此同时，行业联盟和研究实验室正探索进一步的实现，试图减轻移动网络上大规模 M2M 部署的影响，确保物联网系统和移动网络本身的安全性和可用性。

参考文献

[1] A. Iera, C. Floerkemeier, J. Mitsugi, and G. Morabito, “Special issue on the Internet of Things,” in *IEEE Wireless Communications*, vol. 17, 2010, pp. 8–9.

[2] K. Benedict, *M2M News Weekly*, Sys-Con Media, 2011, http://goo.gl/CI7T4D.

[3] T. Norman, “Machine-to-machine traffic worldwide: Forecasts and analysis 2011–2016,” Analysys Mason, Technical Report, 2011.

[4] “The connected car: making cars smarter and safer,” AT&T, 2014, http://goo.gl/PJYp3g.

[5] A. Berg, “Gadgets: New connected devices put smartphones in the middle,” *Wireless Week*, 2012, http://www.wirelessweek.com/articles/2012/01/gadgets-new-connected-devices-put-smartphones-middle.

[6] “M2M News Weekly,” *Connected World Magazine*, 2012, http://goo.gl/n6DB04.

[7] Ericsson, "More than 50 billion connected devices," Ericsson White Paper, 2011, http://goo.gl/7LGq4h.

[8] NTT Docomo, "5G radio access: Requirements, concept and technologies," NTT Docomo, 2014, http://goo.gl/L72689.

[9] D. Lewis, "Closing in on the future with 4G LTE and M2M," Verizon Wireless News Center, 2012, http://goo.gl/ZVf7Pd.

[10] M. Shafiq, L. Ji, A. Liu, J. Pang, and J. Wang, "Large-scale measurement and characterization of cellular machine-to-machine traffic," *Networking, IEEE/ACM Transactions on*, vol. 21, no. 6, pp. 1960–1973, 2013.

[11] A. Prasad, "3GPP SAE-LTE security," in *NIKSUN WWSMC*, Princeton, NJ July 25–27, 2011.

[12] A. Ukil, J. Sen, and S. Koilakonda, "Embedded security for Internet of Things," in *Emerging Trends and Applications in Computer Science (NCETACS), 2011 2nd National Conference on*, 2011, pp. 1–6.

[13] S. Agarwal, C. Peylo, R. Borgaonkar, and J. Seifert, "Operator-based over-the-air m2m wireless sensor network security," in *Intelligence in Next Generation Networks (ICIN), 2010 14th International Conference on*, 2010, pp. 1–5.

[14] A. Jara, M. Zamora, and A. Skarmeta, "An architecture based on Internet of Things to support mobility and security in medical environments," in *Consumer Communications and Networking Conference (CCNC), 2010 7th IEEE*, 2010, pp. 1–5.

[15] C. Miller and C. Valasek, "A survey of remote automotive attack surfaces," in *Blackhat USA*, 2014, http://goo.gl/k61KzN.

[16] C. Heres, A. Etemadieh, M. Baker, and H. Nielsen, "Hack all the things: 20 devices in 45 minutes," in *In DefCon 22*, 2014, http://goo.gl/hU7a8G.

[17] A. Cui and S. J. Stolfo, "A quantitative analysis of the insecurity of embedded network devices: Results of a wide-area scan," in *Proceedings of the 26th Annual Computer Security Applications Conference*. ACM, 2010, pp. 97–106. Austin, TX.

[18] K. Nohl and S. Munaut, "Wideband GSM sniffing," in *27th Chaos Communication Congress*, 2010, http://tinyurl.com/33ucl2g.

[19] D. Bailey, "War texting: Weaponizing machine to machine," in *BlackHat USA*, 2011, https://www.nccgroup.trust/globalassets/newsroom/us/news/documents/2011/isec_bh2011_war_texting.pdf.

[20] Hunz, "Machine-to-machine (M2M) security," in *Chaos Communication Conference Camp*, 2011, https://events.ccc.de/camp/2011/Fahrplan/attachments/1883_m2m.pdf.

[21] A. R. Prasad, "3GPP SAE/LTE security," in *NIKSUN WWSMC*, 2011, http://goo.gl/e0xAWQ.

[22] R. Piqueras Jover, "Security attacks against the availability of LTE mobility networks: overview and research directions," in *Wireless Personal Multimedia Communications (WPMC), 2013 16th International Symposium on*, Atlantic City, NJ, 2013, pp. 1–9.

[23] "2015 5G Brooklyn Summit," http://brooklyn5gsummit.com/.

[24] S. Sesia, M. Baker, and I. Toufik, *LTE, The UMTS Long Term Evolution: From Theory to Practice*. Published online. Wiley, 2009.

[25] S. Rao and G. Rambabu, "Protocol signaling procedures in LTE," Radisys, White Paper, 2011, http://goo.gl/eOObGs.

[26] 3rd Generation Partnership Project; Technical Specification Group Radio Access Network, "Evolved Universal Terrestrial Radio Access (E-UTRA) - Radio Resource Control (RRC) - protocol specification. 3GPP TS 36.331," vol. v8.20.0, 2012.

[27] 3rd Generation Partnership Project; Technical Specification Group Services and Systems Aspects, "Study on core network overload and solutions. 3GPP TR 23.843," vol. v0.7.0, 2012.

[28] P. Lee, T. Bu, and T. Woo, "On the detection of signaling DoS attacks on 3G wireless networks," in *INFOCOM 2007. 26th IEEE International Conference on Computer Communications. IEEE*, 2007.

[29] M. Dano, "The Android IM app that brought T-Mobile's network to its knees," *Fierce Wireless*, 2010, http://goo.gl/O3qsG.

[30] "Signal storm caused Telenor outages," *Norway News in English*, 2011, http://goo.gl/pQup8e.

[31] C. Gabriel, "DoCoMo demands Google's help with signalling storm," *Rethink Wireless*, 2012, http://goo.gl/dpLwyW.

[32] M. Donegan, "Operators urge action against chatty apps," *Light Reading*, 2011, http://goo.gl/FeQs4R.

[33] S. Corner, "Angry Birds + Android + ads = network overload," *iWire*, 2011, http://goo.gl/nCI0dX.

[34] E. Savitz, "How the new iPad creates 'signaling storm' for carriers," *Forbes*, 2012, http://goo.gl/TzsNmc.

[35] S. Decius, "OTT service blackouts trigger signaling overload in mobile networks," Nokia Networks, 2013, http://goo.gl/rAfs96.

[36] J. Jermyn, G. Salles-Loustau, and S. Zonouz, "An analysis of DOS attack strategies against the LTE RAN," *Journal of Cyber Security*, vol. 3, no. 2, pp. 159–180.

[37] C. Mulliner and J.-P. Seifert, "Rise of the iBots: Owning a telco network," in *Proceedings of the 5th IEEE International Conference on Malicious and Unwanted Software (Malware)*, Nancy, France October 2010 IEEE.

[38] M. Khosroshahy, D. Qiu, M. Ali, and K. Mustafa, "Botnets in 4G cellular networks: Platforms to launch DDoS attacks against the air interface," in *Mobile and Wireless Networking (MoWNeT), 2013 International Conference on Selected Topics in*. Montreal, Canada August 2013 IEEE, pp. 30–35.

[39] P. Traynor, M. Lin, M. Ongtang, V. Rao, T. Jaeger, P. McDaniel, and T. La Porta, "On cellular botnets: Measuring the impact of malicious devices on a cellular network core," in *Proceedings of the 16th ACM Conference on Computer and Communications Security*, ser. CCS '09. New York, NY, United States: ACM, 2009, pp. 223–234.

[40] 3rd Generation Partnership Project; Technical Specification Group Services and System Aspects, "Machine-type and other mobile data applications communications enhancements. 3GPP TR 23.887," vol. v12.0.0, 2013.

[41] 3GPP work item description, "Signalling reduction for idle-active transitions. 3GPP RP-150426," 2015.

[42] oneM2M R1, "Security solutions. ETSI TS 118 103," vol. v1.0.0, 2015.

[43] ETSI, "Machine-to-machine communications (M2M: Threat analysis and counter-measures to M2M service layer. ETSI TR 103 167," vol. v1.1.1, 2011.

[44] "Open channel traffic optimization," Seven Networks, Tech. Rep., 2015, http://goo.gl/uz5YOH.

[45] "9471 Wireless Mobility Manager," Alcatel Lucent, Tech. Rep., 2015, http://goo.gl/0n2v8F.

[46] S. Duan, "Congestion control for M2M communications in LTE networks," Technical Report, University of British Columbia, 2013.

[47] S.-Y. Lien and K.-C. Chen, "Massive access management for QoS guarantees in 3GPP machine-to-machine communications," *Communications Letters, IEEE*, vol. 15, no. 3, pp. 311–313, 2011.

[48] Y.-H. Hsu, K. Wang, and Y.-C. Tseng, "Enhanced cooperative access class barring and traffic adaptive radio resource management for M2M communications over LTE-A," in *Signal and Information Processing Association Annual Summit and Conference (APSIPA), 2013 Asia-Pacific*. Kaohsiung, Taiwan October 2013 IEEE, pp. 1–6.

[49] A. Laya, L. Alonso, and J. Alonso-Zarate, "Is the random access channel of LTE and LTE-A suitable for M2M communications? A survey of alternatives," *Communications Surveys Tutorials, IEEE*, vol. 16, no. 1, pp. 4–16, 2014.

[50] C. Ide, B. Dusza, M. Putzke, C. Muller, and C. Wietfeld, "Influence of M2M communication on the physical resource utilization of LTE," in *Wireless Telecommunications Symposium (WTS), 2012*. London, UK April 2012 IEEE, pp. 1–6.

[51] J. Jermyn, R.P. Jover, M. Istomin, and I. Murynets, "Firecycle: A scalable test bed for large-scale LTE security research," in *Communications (ICC), 2014 IEEE International Conference on*. Sydney, Australia June 2014 IEEE, pp. 907–913.

[52] J. Jermyn, R.P. Jover, I. Murynets, and M. Istomin, "Scalability of machine to machine systems and the Internet of Things on LTE mobile networks," in *IEEE International Symposium on a World of Wireless, Mobile and Multimedia Networks (WoWMoM)*. Boston, MA June 2015 IEEE.

[53] L. Iyengar, Y. Zhang, J. Jun, and Y. Li, "AT&T network ready device development guidelines," AT&T Network Ready Laboratory, Tech. Rep., 2011, http://goo.gl/nmUrSl.

[54] "System improvements for machine-type communications (MTC). 3GPP TS 23.888," vol. v11.0.0.0, 2012.

[55] R. P. Jover and I. Murynets, "Connection-less communication of IoT devices over LTE mobile networks," in *IEEE International Conference on Sensing, Communication and Networking (SECON)*. Seattle, WA June 2015 IEEE.

[56] Sanjole, "WaveJudge 4900A LTE analyzer," http://goo.gl/ZG6CCX.

[57] 3rd Generation Partnership Project; Technical Specification Group Radio Access Network, "Evolved Universal Terrestrial Radio Access Network (E-UTRAN); Physical channels and modulation. 3GPP TS 36.211," vol. v10.3.0, 2011.

主 编 介 绍

胡飞（Fei Hu），现任阿拉巴马大学（美国塔斯卡卢萨）电子与计算机工程系教授。1999 年于同济大学（中国上海）获得信号处理专业博士学位，2002 年于克拉克森大学（美国纽约）获得电子和计算机工程专业博士学位。他发表了 200 多篇期刊/会议论文和多部著作。近几年获得了美国国家科学基金会、思科、斯普林特等项目的资助。主要研究领域为安全、信号、传感器技术。（1）安全：涉及如何在复杂的无线或有线网络中防御网络攻击，近期专注于网络物理系统安全和医疗信息安全；（2）信号：智能信号处理，即采用机器学习算法以智能方式处理传感信号并进行模式识别；（3）传感器：微传感器设计及无线传感器网络等。

撰写人名录

Krishnashree Achuthan
阿米里大学网络安全系统和网络中心
印度喀拉拉邦

Kemal Akkaya
电气和计算机工程系
佛罗里达国际大学
佛罗里达州迈阿密

Antonio Marcos Alberti
巴西国家电信研究所
巴西圣丽塔-杜萨普卡伊

Gianmarco Baldini
欧洲联盟委员会联合研究中心
意大利伊斯普拉

Haiyong Bao
南洋理工大学电气和电子工程学院
新加坡

Jorge Bernal Bernabe
穆尔西亚大学信息和通信工程系
西班牙穆尔西亚

Fang Bingxing
北京邮电大学计算机科学学院
中国科学院信息工程研究所
中国北京

Abdur Rahim Biswas
创建网
意大利特伦托

Andreas Brauchli
夏威夷大学马诺阿分校信息和计算机科学系
夏威夷檀香山

Kwang-Cheng Chen
通信工程研究生学院
台湾大学
中国台湾省台北市

Pin-Yu Chen
密歇根大学电气工程和计算机科学系
密歇根州安娜堡

Xiang Chen
中山大学信息科学与技术学院
中国广州

Shin-Ming Cheng
台湾科技大学计算机科学与信息工程系
中国台湾省台北市

Bertrand Copigneaux
英诺集团
法国索菲亚-安提波利斯市

Pablo Cortijo Castilla
爱尔兰国立大学 OSNA 网络安全研究小组
爱尔兰高威

Edielson Prevato Frigieri
巴西国家电信研究所
巴西圣丽塔-杜萨普卡伊

Romeo Giuliano
古格列尔莫马可尼大学创新技术和工艺系
意大利罗马

Jose Luis Hernandez
西班牙穆尔西亚大学信息和通信工程系
西班牙穆尔西亚

Cheng Huang
南洋理工大学电气和电子工程学院
新加坡

Xumin Huang
广东工业大学自动化学院
中国广州

Bharat Jayaraman
纽约大学布法罗分校计算机科学与工程系
纽约州布法罗

Na. Jeyanthi
韦洛尔理工大学信息技术与工程学院
印度韦洛尔

Roger Piqueras Jover
美国电话电报公司安全研究中心
纽约州纽约

Jiawen Kang
广东工业大学自动化学院
中国广州

Jinesh M. Kannimoola
甘露大学网络安全系统和网络中心
印度喀拉拉邦

Chin-Fu Kuo
高雄大学计算机科学与信息工程系
中国台湾省高雄市

Depeng Li
夏威夷大学马诺阿分校信息和计算机科学系
夏威夷檀香山

Liu Licai
北京邮电大学计算机科学学院
中国科学院信息工程研究所
中国北京

Yin Lihua
中国科学院信息工程研究所
中国北京

Xiaodong Lin
安大略理工大学商业和信息技术学院
加拿大奥沙瓦

Hong Liu
麻省大学达特茅斯分校电气和计算机工程系
马萨诸塞州北达特茅斯

Pavel Loskot
斯旺西大学工程学院
英国斯旺西

Rongxing Lu
南洋理工大学电气和电子工程学院
新加坡

Yung-Feng Lu
台中科技大学计算机科学与信息工程系
中国台湾省台中市

Liangli Ma
中国人民解放军海军工程大学电子工程学院
中国武汉

Franco Mazzenga
罗马第二大学企业工程系
意大利罗马

Hugh Melvin
爱尔兰国立大学 OSNA 网络安全研究小组
爱尔兰高威

Klaus Moessner
萨里大学通信系统研究中心
英国萨里

Mara Victoria Moreno
穆尔西亚大学信息和通信工程系
西班牙穆尔西亚

Michele Nati
萨里大学通信系统研究中心
英国萨里

Ricardo Neisse
欧洲联盟委员会联合研究中心
意大利伊斯普拉

Alessandro Neri
罗马第三大学工程系
意大利罗马

JasonM. O'Kane
南卡罗来纳大学计算机科学与工程系
南卡罗来纳州哥伦比亚

Niklas Palaghias
萨里大学通信系统研究中心
英国萨里

Ranga Rao Venkatesha Prasad
数学与计算机科学系
荷兰 Delft 大学

Wei Ren
中国地质大学计算机科学学院
中国武汉

Yi Ren
新竹交通大学计算机科学系
中国台湾省新竹市

Rodrigo da Rosa Righi
西诺斯谷大学跨学科项目
巴西圣莱奥波尔多

Nico Saputro
佛罗里达国际大学电气和计算机工程系
佛罗里达州迈阿密

Michael Schukat
爱尔兰国立大学 OSNA 网络安全研究小组
爱尔兰高威

Antonio Skarmeta
穆尔西亚大学信息和通信工程系
西班牙穆尔西亚

Arif Selcuk Uluagac
佛罗里达国际大学电气和计算机工程系
佛罗里达州迈阿密

Anna Maria Vegni
罗马第三大学工程系
意大利罗马

Miao Xu
南卡罗来纳大学计算机科学与工程系
南卡罗来纳州哥伦比亚

Wenyuan Xu
南卡罗来纳大学计算机科学与工程系
南卡罗来纳州哥伦比亚

Rong Yu
广东工业大学自动化学院
中国广州

Guo Yunchuan
中国科学院信息工程研究所
中国北京

Ali Ihsan Yurekli
佛罗里达国际大学电气和计算机工程系
佛罗里达州迈阿密